U0171643

"十四五"时期国家重点出版物出版专项规划项目

国家出版基金项目

中国东南沿海植被书系

福建植被志

李振基　丁　鑫　江凤英

王晓晨　朱　攀　邱思婧晖　◎ 著

孔祥海　叶　文　吕　静

海峡出版发行集团 | 福建科学技术出版社

THE STRAITS PUBLISHING & DISTRIBUTING GROUP | FUJIAN SCIENCE & TECHNOLOGY PUBLISHING HOUSE

图书在版编目（CIP）数据

福建植被志 / 李振基等著 . —福州：福建科学技术
出版社，2021.11
（中国东南沿海植被书系）
ISBN 978-7-5335-6541-1

Ⅰ.①福… Ⅱ.①李… Ⅲ.①植物志 – 福建 Ⅳ.
① Q948.525.7

中国版本图书馆 CIP 数据核字（2021）第 168027 号

书　　名	福建植被志
	中国东南沿海植被书系
著　　者	李振基　丁　鑫　江凤英　王晓晨　朱　攀　邱思婧晖
	孔祥海　叶　文　吕　静
出版发行	福建科学技术出版社
社　　址	福州市东水路 76 号（邮编 350001）
网　　址	www.fjstp.com
经　　销	福建新华发行（集团）有限责任公司
印　　刷	福州德安彩色印刷有限公司
开　　本	889 毫米 ×1194 毫米　1/16
印　　张	40.5
图　　文	648 码
版　　次	2021 年 11 月第 1 版
印　　次	2021 年 11 月第 1 次印刷
书　　号	ISBN 978-7-5335-6541-1
定　　价	290.00 元

书中如有印装质量问题，可直接向本社调换

参加调查与编写人员

蔡光贤　蔡芷琼　陈　炜　侯学良　陈鹭真　陈圣宾　陈宇新　陈峥玲

戴德昇　邓传远　邓燕瑜　丁　鑫　方思晴　樊正球　高元龙　耿晓磊

关亚楠　何建源　贺婷婷　黄承勇　黄黎晗　黄清山　黄文文　黄琰彬

黄永辉　黄雨佳　黄允杰　黄志森　江凤英　江昕怡　孔祥海　兰志春

赖志华　李　林　李　由　李楠楠　李文斌　李远智　李振基　黎维英

廖玲琪　林建丽　林木木　林沁文　刘　辉　刘　敏　刘初钿　刘德荣

刘进山　刘美玲　刘小芬　刘韵真　吕　静　吕　霖　宋羽茜　孙　影

田宇英　彭小玲　邱思婧晖　王晓晨　汪秀芳　巫渭欢　吴卫江　夏玉叶

肖　醉　肖霜霜　徐新武　徐自坤　许浩杨　许可明　姚家曦　叶　文

余迭生　赵玉强　张海龙　张静雅　张茂林　张萍萍　张文超　朱　攀

朱琦翀　朱小龙

"中国东南沿海植被书系"
出版说明

　　生态文明建设是关系中华民族永续发展的根本大计。党的十八大以来，以习近平同志为核心的党中央，深刻总结人类文明发展规律，将生态文明建设纳入中国特色社会主义"五位一体"总体布局和"四个全面"战略布局，开创了生态文明建设的新局面。

　　保护生态环境，建设一个天蓝、地绿、水净的美好家园，是全社会共同的愿望。

　　植被是地球表面最显著的自然特征，在生态系统中有着举足轻重的作用。它是生态系统的主要组成部分及物种基因库，环境多样性与复杂性的指示者，也是人类和其他生物赖以生存、不可替代的物质基础和生活资源。无论是气候、地质地貌，还是土壤、水文，都与植被息息相关。因此，植被是生态保护和建设的基础与标志，一个地区的植被整体状况综合反映了该地区的生态本底。

　　我国东南沿海地区，地跨暖温带到亚热带再到热带区域数个气候带，热量足，降水丰沛；地处我国地势三大阶梯的最后一级，有五指山脉、南岭山脉、台湾山脉、武夷山脉、泰山山脉等山系，五指山、尖峰岭、鼎湖山、罗浮山、十万大山、玉山、武夷山、戴云山、天目山、云台山、泰山和崂山等名山；我国三大河流——黄河、长江、珠江的出海口也都在此地区，形成了著名的大河三角洲。高异质性的生境，孕育了东南沿海丰富多样的地带性植被类型：温性针叶林、温性针阔叶混交林、暖性针叶林、热性针叶林、落叶阔叶林、常绿落叶阔叶混交林、常绿阔叶林、硬叶林、季雨林、雨林、珊瑚岛常绿林、红树林、竹林、落叶阔叶灌丛、常绿阔叶灌丛、灌草丛、稀树草原，以及非地带性的草甸、沼泽、水生植被、滨海植被，等等。数千年人类生活生产活动，更增加了这一地区植被的多样性和复杂性。

　　东南沿海地区，涵盖珠三角、长三角和黄三角等我国经济最发达的地区，如何践行"两山论"，加强生物多样性保护，特别是植被的保护，走生态优先、绿色发展之路是一个重大的课题。

　　显然，深入认识东南沿海地区植被现状至关重要。基于此，我社决定组织出版"中国东南沿海植被书系"。书系采用"志"的形式，力图全面系统地记述东南沿海地区各省（直辖市、自治区）植被类型与分布。邀约一批长期致力于东南沿海各区域植被调查研究的专家学者担任作者。作者团队在主持完成诸多国家级或省部级有关植被生态的课题，以及各区域自然保护地综合科学考察中，积累了丰富的第一手资料，取得了许多重要的原创性研究成果。书系充分反映作者团队对东南沿海地区植被调查研究的最新成果。

人不负青山，青山定不负人。我们相信，"中国东南沿海植被书系"的出版，对于东南沿海地区植被资源保护和合理利用，乃至生态环境保护和生态文明建设将起到积极的推动作用。

福建科学技术出版社

2020 年 8 月

前言

应福建科学技术出版社之邀，经过了 3 年的整理与撰写，我们终于完成了书稿编写工作。

30 年前，我的导师林鹏教授主编的《福建植被》就是在福建科学技术出版社出版的。该书已经述及了福建的植被概况、特征和一般规律，主要的植被类型，福建植被的分区，植被在自然界中的意义及保护与开发利用的建议。这是 20 世纪 80 年代以来林鹏、丘喜昭、赵昭昞、曾文彬、俞新妥、郑清芳、黄绳全、连玉武、陈希荣、何建源、卢昌义、郑文教、黄友儒、何敦煌、张大鹏、郑元球等先生共同努力的成果，很多成果至今仍有参考价值。

福建的植被生态研究可以追溯到 1946 年，当时何景先生到福建工作，在交通不便的情况下，调查了福建福州鼓山、延平茫荡山（三千八百坎）、德化戴云山、泰宁峨嵋峰、长乐天池山等地的植被，1951 年在《中国科学》上发表了《福建之植物区域与植物群落》一文。文中报道了福建大致的植被类型及其垂直分布，也分析了福建的地形、气候等特点，为他日后出版《植物生态学》奠定了基础。此后，大概从 1951 年开始，厦门大学生物系选择南靖和溪南亚热带雨林（季风常绿阔叶林）作为生产实习基地，着重对南靖和溪的南亚热带雨林的群落结构、种类成分、主要树种的种群特性、种群物候型阶段、物质累积、根系分布、藤本植物等问题进行研究，对群落的形成和组合规律进行了深入的生态分析，其成果见《从福建南靖县和溪镇"雨林"的发现谈到我国东南亚热带雨林区》（何景，1955）和《福建境内亚热带雨林分布及其名称的商讨》（林鹏，1961）。此后较长时间，未见相关研究报道。

大概从 1979 年开始，在赵修复先生呼吁保护武夷山的生物多样性之后，福建省科学技术委员会组织了武夷山自然保护区综合科学考察，林鹏先生带领的团队与黄绳全先生带领的团队分别就武夷山的不同森林植被进行了调查研究。此后，林鹏先生课题组在福建乃至全国的红树林植被方面开展研究工作，取得大量成果。1980 年，福建省生态学会成立，每年在不同县域召开学术年会，带动了各地的生态学研究。林鹏、丘喜昭等先生在陆域的南靖和溪、三元及建溪流域的研究成果也陆续发表。到 1986 年，已经做了不少工作，为《福建植被》的出版奠定了坚实的基础。

由于之前交通不便，《福建植被》难以把大量的植被类型展现出来，也没有统计过福建有多少植被类型，那时拍摄的照片也极为有限，本书将弥补这些方面的不足。

福建的自然保护区建设工作始于1957年，但早期植被调查数据有限，可用的数据只有南靖和溪、武夷山自然保护区的科考数据，以及三明格氏栲调查数据等。1998年，福建虎伯寮自然保护区启动晋升国家级自然保护区的工作，我负责植被资源调查工作。此后，我带领团队先后调查了天宝岩、梁野山、漳江口、闽江源、藤山、戴云山、茫荡山、将石、君子峰、雄江黄楮林、汀江源、峨嵋峰、大金湖、鸳鸯溪、杨梅洲、大仙峰、牙梳山等。其间还承担了科技部基础课题和其他课题的任务，调查了武夷山、龙栖山、梅花山、莲花山等地的植被。这为本书的编写搜集了第一手的样方数据与资料。

本书在参考《中国植被》（吴征镒，1980）、《福建植被》（林鹏，1990）、《群落生态学》（李振基、陈圣宾，2011）的基础上，列出了6个植被型组、16个植被型、36个植被亚型、370个群系、940个群丛，明确了福建的植被类型。其中不少群系在《中国植被》中没有提到过，如木兰科树种作为建群种形成的观光木林、乐东拟单性木兰林，以及硬叶林在大陆东南的分布，典型的乔木沼泽，等等。这些都是常绿阔叶林、硬叶林、乔木沼泽的气候顶极或地貌顶极植被类型，其发现对于植被的研究，具有重要意义。

在调查的前期，不少植被类型的照片没有留存，或调查的详细地址没有记录，留下了些许遗憾，但愿日后能够完善。此外，由于篇幅的限制，我们只能选取每一群系或群系组一到几张照片来表现其外貌、结构与建群种（优势种），无法展示更多的照片。

本书以志书的形式表现福建的植被类型，未涉及植被分区、植物资源等内容。需要说明的是，福建的自然保护地建立对于各种植被类型的保存非常重要，所以专门开辟一章介绍福建自然保护地建设。图注和表中"武夷山"，指武夷山国家公园；"梅花山""龙栖山""虎伯寮""天宝岩""漳江口""梁野山""戴云山""闽江源""君子峰""雄江黄楮林""茫荡山""闽江河口""汀江源""峨嵋峰"等，分别指福建梅花山、龙栖山、虎伯寮、天宝岩、漳江口红树林、梁野山、戴云山、闽江源、君子峰、雄江黄楮林、茫荡山、闽江河口湿地、汀江源、峨嵋峰等国家级自然保护区；"万木林""格氏栲""牛姆林""鸳鸯溪""将石""九龙江口""藤山""牙梳山""大仙峰""七台山""泉州湾河口""老鹰尖""九阜山"等，分别指建瓯万木林、三明格氏栲、永春牛姆林、屏南鸳鸯溪、邵武将石、龙海九龙江口红树林、永泰藤山、宁化牙梳山、大田大仙峰、顺昌七台山、泉州湾河口湿地、莆田老鹰尖、尤溪九阜山等省级自然保护区；"冠豸山"指连城冠豸山国家地质公园。

参加植被调查工作的成员大部分为我的学生，也有部分保护区的管理人员。如今，很多学生已经到科研院所或其他高校或其他行业工作。由于参加调查工作者众多，未能把所有参加过调查的人员名字一一列上。在此一并感谢！

对于植被资源极为丰富的福建来说，3年的撰写时间仍然感到短促，时有力不从心之感。书中仍然有许多不足之处，望读者批评指正！

李振基

2020年12月于厦门

目 录

第一章　福建植被生境特点

一、地形地貌

福建地处中国东南部、东海之滨，陆域处于北纬23°33′—28°20′，东经115°50′—120°40′，东南隔台湾海峡与台湾省相望，东北与浙江省毗邻，西北以武夷山脉与江西省交界，西南与广东省相连。全省陆域面积12.4万km²，海域面积13.6万km²。

福建境内山峰林立，丘陵连绵，河谷、盆地穿插其间，山地、丘陵占全省总面积的80%以上，素有"八山一水一分田"之称。地势总体上呈"M"形，"M"的左侧在江西境内。因受新华夏构造的控制，在北部、西部和中部形成北（北）东向斜贯全省的闽西北大山带和闽中大山带。两大山带之间为互不贯通的河谷、盆地，东部沿海为丘陵、台地和滨海平原。在地形上似一长方形体，斜置在中国大陆东南沿海。

1. 地势西北高，东南低，横剖面呈马鞍状

福建境内有两列北北东和北东走向的山脉（图 1-1-1）。一列是武夷山脉，位于西部与江西省交界处，绵延 530km，平均海拔 700—1500m，以武夷山、光泽、建阳 3 个县市区交界处地势为最高，平均海拔在 1200m 以上，山高林密，生物多样性极为丰富，是世界上罕见的物种基因库。1979 年以来，已陆续建成了 1 处国家公园和多处国家级自然保护区。武夷山国家公园内的黄岗山，海拔 2160.8m，是武夷山脉最高峰，也是我国大陆东南部的最高峰。武夷山脉自西北向东南地势逐渐降低，到武平县一带，海拔降低到 600—700m。它是闽、赣两省水系的分水岭，在福建流入闽江、九龙江或汀江，在江西流入赣江与信江。盘踞在浙江省西南部的仙霞岭，与武夷山脉相衔接，其支脉向东南延伸进入浦城一带，成为闽、浙两省水系的分水岭。武夷山脉雄峙在福建的西部边境，对北方冷空气的南下、东进，有一定的屏障作用。

另一列是鹫峰山脉—戴云山脉—博平岭，它斜贯在福建中部，长约550km。闽江以北是鹫峰山脉，海拔多为700—1000m，长约100km，向东北延伸，与浙江省洞宫山脉、括苍山脉相连接；闽江沙溪支流、闽江干流与九龙江之间是戴云山脉，海拔多为700—1500m，长约300km，是这列山脉的主体部分，主峰戴云山在德化县境内，海拔1856m；九龙江西南是博平岭，北起漳平市，向西南延伸入广东境内，海拔多为700—1500m，福建境内长约100km。与武夷山脉相比，鹫峰山脉—戴云山脉—博平岭的特点是宽度大，最宽处大田—德化可达100km。这一列山脉是福建省第二级河流晋江、安溪、木兰溪和九龙江西溪等发源地，河流均较短促。

在这两列山脉之间，为一长廊状谷地，谷底海拔 100—200m。谷地呈北北东走向，北起浙江省龙泉市，经松溪县谷地，南至永安市小陶镇，延伸约330km，建溪和沙溪干流均在谷地流过。永安市以南的闽西南地区，在武夷山脉（南段）与博平岭之间，自西向东还排布着松毛岭、玳瑁山和天宫山等 3 条山脉，均

呈北东或北北东走向，谷地受阻于玳瑁山脉。玳瑁山脉是闽西南地区中部的主要山脉，大多海拔800—1000m，主峰黄连盂，海拔1807m。这一长廊状谷地是福建省西部的侵蚀基准面，武夷山脉东南坡和鹫峰山脉东北坡、戴云山脉西坡的溪流几乎都注入建溪和沙溪；闽西南地区3条山脉北坡大部分的水汇入了沙溪。建溪和沙溪承接两坡来水，水量丰富，经过长期的侵蚀，不断拓宽了两岸谷地。

这一条长廊状谷地，由两列山脉向东或向西延伸出一些地势较低的支脉，所以这条长廊状谷地被分割成一连串的盆地，其中较大的有松溪盆地、建阳盆地、建瓯盆地、沙县盆地、三明盆地和永安盆地等。因此，在建溪和沙溪的河谷形态上，盆谷与峡谷相间排列，从而也形成水文过程的差异。

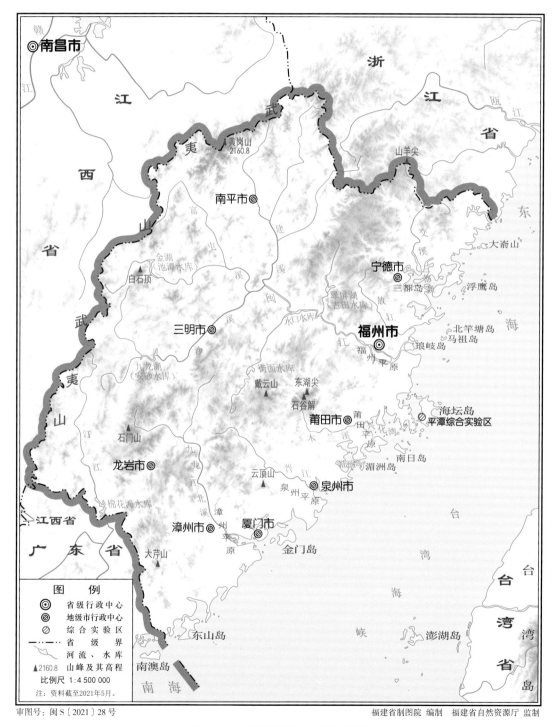

审图号：闽S〔2021〕28号　　　　　　　　　　　　　　　福建省制图院 编制　福建省自然资源厅 监制

图1-1-1　福建山系、水系分布图

从建溪谷地和沙溪谷地到两列山脉，除了局部地段受断裂控制而成悬崖峭壁外，大部分地段的地形呈有规律的排列，即由冲积平原、丘陵、低山到中山，构成了层级地形。

鹫峰山脉—戴云山脉—博平岭向东直至海岸，地势逐渐下降，层级地形也很明显。由于海岸的发育过程不同，闽江口以南的沿海地带形成了一片断续不相连的狭长平原，而在闽江口以北，低山或丘陵则多逼近海岸。

福建地貌的这一特点对气候和水文的影响是很深刻的。

2. 山地与丘陵比重大

按高度来说，福建省海拔1001m以上的土地占全省总面积的3.25%，501—1000m的面积占32.87%，200—500m的面积占51.41%，低于200m的面积占12.47%，即海拔在200m以上的土地占全省总面积的87.53%，可见地势较高。全省山地与丘陵面积约占全省总面积的85%。其中山地约占50%，丘陵约占35%，山地和丘陵所占的比重非常大。

山地主要分布在两列山脉及其支脉盘踞地区。组成山地的岩石，主要是花岗岩和火山岩（图1-1-2至图1-1-7），部分是较坚硬的沉积岩，如石英砾岩和石英砂岩等。丘陵多分布在山地外侧的沿河两岸和沿海地区。按其高度的不同，一般可分为高丘陵（绝对高度500m以下，相对高度200m以下）、低丘陵（相对高度100m以下）和浅丘陵（相对高度50m以下）。其中，低丘陵和浅丘陵在成因上都属于阶地性质，并保持了较平整的阶地面。丘陵由于受到河流侵蚀及两侧冲沟的分割，微观上多不相连，宏观上却

图1-1-2 武夷山桐木关—大竹岚断裂带花岗岩地貌

图 1-1-3　武夷山大安源花岗岩地貌

图 1-1-4　福鼎太姥山花岗岩地貌

图 1-1-5　屏南白水洋平底基岩河床

图 1-1-6　武夷山大安源火山岩地貌

图 1-1-7　永泰藤山火山岩地貌

仍连成一线。组成丘陵的岩性，内陆山区多为较古老的片岩、片麻岩和岩性较软的沉积岩；沿海地区则几乎全部为花岗岩和流纹岩。内陆地区石灰岩和红色砾岩或红色砂砾岩所组成的丘陵，受流水的侵蚀和溶蚀作用，以及当地暖湿气候影响，形成瑰丽多姿的丹霞地貌和岩溶地貌。前者以武夷山（图 1-1-8、图 1-1-9）、泰宁（图 1-1-10、图 1-1-11）、邵武（图 1-1-12）、连城（图 1-1-13）、永安等地丹霞地貌为代表，后者以新罗龙硿洞（图 1-1-14、图 1-1-15）、永安鳞隐石林（图 1-1-16）、将乐玉华洞、宁化天鹅洞为代表。沿海地区的丘陵，岩性较为单一，但外营力多种多样，也形成多种地貌，常见的有台地、乱石山和石蛋地貌等。上述的岩溶地貌、丹霞地貌和石蛋地貌，常构成奇异景观，成为游览胜地。

　　福建山地丘陵在长期暖湿气流的控制下，风化作用强烈，发育了较深厚的红色风化层，一般厚 3—5m，最厚的可达 40—50m。深厚的风化层对植物，特别是深根植物的生长非常有利，但一旦森林植被遭受破坏，由于风化层结构松散，结持力差，抗蚀能力弱，很容易发生水土流失，花岗岩和红色岩层分布的地区尤为显著。水土流失严重的地区，如长汀县河田镇、安溪县官桥镇、宁化县禾口乡、秀屿区忠门镇、福清市高山镇、诏安县官陂镇、连城县文亨镇和南靖县船场镇等，不仅上部的红土层被侵蚀掉，连细砂层也遭受侵蚀，仅留下粗砂层或碎屑层。这样的地方，植物生长非常困难，如河田一带的马尾松长势极差，呈现"小老头"形态。亚热带山地丘陵有利于林木生长，但也需要对森林植被加以保护。

图 1-1-8　武夷山大王峰丹霞地貌

图 1-1-9　武夷山晒布岩丹霞地貌

图 1-1-10　泰宁状元岩丹霞地貌

图 1-1-11　泰宁寨下丹霞地貌

图 1-1-12 邵武鸡公山丹霞地貌

图 1-1-13 连城冠豸山丹霞地貌

图 1-1-14　新罗龙硿洞喀斯特地貌

图 1-1-15　新罗龙硿洞喀斯特地貌上的植被

图 1-1-16 永安鳞隐石林喀斯特地貌

3.有众多小型山间盆地

在福建的山地中，镶嵌着许多小型的山间盆地，主要分布在两列山脉之间的长廊地带，如连城盆地（图1-1-17）、泰宁盆地、武夷山盆地（图1-1-18），其他如汀江、九龙江和晋江等中上游也有分布。

图 1-1-17 连城盆地

图 1-1-18　武夷山盆地

　　这些山间盆地多属侵蚀构造盆地。盆地海拔 170—900m，高度差别很大，如永安盆地海拔 170m、松溪盆地海拔 200m、武夷山盆地海拔 220m、浦城盆地海拔 230m、泰宁盆地海拔 280m、长汀盆地海拔 310m、宁化盆地海拔 320m、连城盆地海拔 370m、德化盆地海拔 488m、寿宁盆地海拔 770m、屏南盆地海拔 830m、周宁盆地海拔 900m，面积也大小不一。各个盆地都为江河所串连，峡谷与宽谷相间排列，在平面图上呈串珠状。在宽谷地段，河谷开阔，两岸发育了宽窄不一的冲积平原、漫滩和数级阶地，这是山区主要的农耕地带，居民点密集，大部分工业也布局在这些地区。从盆地沿河两侧的平原到盆地边缘的山地，由于地貌发育处于不同阶段，形成了明显的层状地形，每一层级的自然地理结构都不相同，因此利用上也有差异。每个盆地既是一个地貌单元，又是一个自然地理单元，一般都具有农、林、牧、副、渔全面发展的有利条件。

4.河流冲积，形成沿海平原

　　由于闽江、九龙江、木兰溪、晋江、鳌江、漳江等冲积，形成了大小不一的福州平原、漳州平原、兴化平原、泉州平原等四大平原。

　　福州平原：福州平原位于闽江下游地区，西起闽侯县上街镇侯官村、东至长乐区航城街道东安村，长 32km，北起晋安区新店镇斗顶村、南至闽侯县青口镇大义村，宽 31km，面积 498.1km^2。周围为山地环绕，状似菱形，呈北西—南东向展布，闽江于南台岛首尾分而合，斜贯中部，大樟溪、尚干溪、营前溪、新店溪分别自南、北注入闽江，构成稠密水网。福州平原是在断陷盆地基础上经过河、海长期互相作用形成的堆积平原，堆积层厚度一般为 30—40m，故福州平原属冲积-海积平原，其实质系丘陵性平原，分布不少孤山、残丘，其海拔 15—120m 不等。

　　漳州平原：漳州平原系福建省最大平原，北起华安县磜口、南靖县天宝山脚下，南到龙海区九龙岭、鱼嘴山山脚，西起南靖县靖城镇寨联村，东至长泰区龙津溪溪口铁路桥、龙海区榜山镇西溪桥闸，与龙津溪中下游平原、九龙江河口平原分界。漳州平原由九龙江西溪和北溪冲积而成，面积 566km^2。

兴化平原：兴化平原又称莆田平原或南北洋平原，地处木兰溪下游的南北侧，由河海泥沙在浅海湾交错沉积以及人工围垦而成，海拔仅5—7m。木兰溪以北的平原统称"北洋"，以南的平原统称"南洋"。兴化平原东临兴化湾，西抵九华山麓，南达燕山期花岗岩丘陵边缘，北至囊山山麓，面积464km²。

泉州平原：泉州平原又叫晋江中下游平原，东北侧以清源山断裂为界，西南侧以亭店断裂为界。泉州平原为开口箕状的平原区，面积345km²。

5. 海岸曲折，多港湾与岛屿

福建陆地海岸线长达3752km，以海岸侵蚀地貌为主，堆积性海岸为次，岸线十分曲折，曲折率为1∶7.01，居全国第一位。潮间带滩涂面积约20万hm²，底质以泥、泥沙或沙泥为主。港湾众多，自南向北有东山湾（图1-1-19）、漳江口（图1-1-20）、厦门港（图1-1-21）、泉州湾（图1-1-22）、湄

图1-1-19　东山湾

图1-1-20　云霄漳江口

图1-1-21　厦门东海域

洲湾、闽江口（图1-1-23）、罗源湾、三都澳（图1-1-24）、沙埕港等港湾河口。岛屿星罗棋布，共有1500多个，平潭岛现为全省第一大岛，原有的厦门岛、东山岛等岛屿已筑有海堤与陆地相连而形成半岛。

图 1-1-22　洛江泉州湾

图 1-1-23　马尾闽江口

图 1-1-24　福安三都澳

二、气候

福建位处中低纬度，濒临东海，属于亚热带海洋性季风气候，其特征表现在以下几个方面。

1. 夏长冬短，气温较高，热量资源较为丰富

福建省陆域处于北纬23°33′—28°20′，靠近北回归线，可获得较多的太阳能。

福建省大部分地区太阳年辐射总量为 443.8—531.7kJ/cm²，以 7—8 月最多、每月可达 54.4—67.0kJ/cm²，12 月至次年 2 月最少、仅有 20.9—29.3kJ/cm²。福建南部年太阳辐射总量比北部多，这主要由纬度决定的（表 1-2-1）。

表 1-2-1　福建省各地多年平均年辐射量　　　　　　　　　　　单位：kJ/cm²

地名	年辐射量	地名	年辐射量	地名	年辐射量	地名	年辐射量
浦城县	468.9	长汀县	477.3	长乐区	473.1	福鼎市	473.1
泰宁县	484.7	芗城区	510.8	上杭县	498.2	沙县区	477.3
仓山区	477.3	建阳区	464.7	连城县	481.5	永泰县	456.4
德化县	456.4	延平区	443.8	思明区	535.9	新罗区	498.2
福安市	477.3	永安市	473.1	平潭县	485.7		

全省年日照时数在 1700—2300h 之间，2000h 的等值线与中、南亚热带的分界线相一致。南亚热带的大部分年日照时数 2000—2300h。

全省除中、低山外，年平均气温多为 17—22℃，最热月均温在 28℃左右，最冷月均温为 6—13℃。活动积温多在 5500—7500℃，持续日数为 250—350d。大致以活动积温 6500℃为界，划分出中亚热带和南亚热带，其界线约在马尾北—永泰南—永春北—安溪北—漳平中部—新罗中部—上杭中部一线。这一界线也相当于 1 月均温 10℃的等值线。

全省年霜日一般在 20d 以下，内陆无霜期 260—300d，东南沿海地区超过 300d，甚至全年无霜。一般来说，生长期比无霜期长，全省绝大部分地区最冷旬平均气温在 5℃以上，有些地区达 10℃以上，即生长期可达全年。

根据气温划分四季，南亚热带几乎全年无冬；中亚热带大部分地区夏季长达 4—5 个月，冬季长不过 2—3 个月。

2. 降水丰富，降水以春夏季为主，夏秋间有台风雨

福建大部分地区各月的空气相对湿度为 75%—85%，年降水量 1100—2000mm，是全国多雨区之一。降水的地区分布与地形基本吻合，地势自西向东伏—起—伏—低平，降水量也相应多—少—多—少。降水总的趋势，自东南沿海向西北山地递增。其中从海岛到鹫峰山脉—戴云山脉—博平岭东侧增加最快。

福建省有 4 个多雨区：武夷山脉主峰黄岗山周边降水最多，武夷山市年降水量超过 2200mm，光泽县年降水量为 2000mm，建阳区年降水量 1700—2400mm（因为它处于武夷山脉最高部位的东南坡）；周宁县处于鹫峰山脉的东南坡，年降水量为 2005mm；处于武夷山脉中段的建宁县，受主峰金铙山影响，年降水量为 1822mm；德化县和南靖县分别处于戴云山脉和博平岭东南坡，年降水量为 1800mm。

武夷山脉与鹫峰山脉—戴云山脉—博平岭之间的长廊谷地，因处于背风位置，降水量略少，年降水量 1500—1700mm。整个沿海地带地势低平，年降水量为 1100—1400mm。沿岸岛屿地势不高，风力大，气流运行快，加上处于台湾山脉的雨影区，云团凝结的机会较少，有的岛屿年降水量还不到 1000mm。

在时间上，10 月至次年 6 月各月降水的分布趋势与年降水量分布的趋势一致，只是数值不同而已。7—9 月分布的趋势却不相同，由于受台风影响，鹫峰山脉—戴云山脉—博平岭东侧的 3 个多雨区就更加明显。

降水量在时间上的分配，一年中干季与雨季比较明显，但不能与云南和海南岛西部相比。3—6 月是雨季，降水量达 550—1100mm，占全年总降水量的 50%—60%。其降水特征是雨区广，雨量多，强度大，

雨期长，几乎年年如此，有规律可循。7—9 月降水量为 250—750mm，内陆地区占全年降水量的 20%，沿海地区占全年降水量的 35%—40%；受台风影响，这 3 个月中降水量可能丰沛，有台风时，雨区广、雨势猛、雨量多、雨期短，但无台风时，沿海地区则旱象显著，内陆山区因有雷雨调节，旱情较和缓。10 月至次年 2 月为干季，因受冷空气影响，5 个月降水 160—180mm，占全年降水量的 15%—20%。从全国来说，福建此时期降水还是比较丰沛的，这也是福建气候比全国其他地区优越之处，也因此可以满足大面积的森林生长的需要。福建省年降水相对变率比全国其他地区小，为 11%—25%。其中，以厦门以南沿海一带最大，达 20%—25%；厦门以北沿海和闽西南地区为 16%—18%；其余地区为 11%—15%，其中闽西北地区最小，为 11%。在 1 年之中，3—6 月降水相对变率小，对农业生产和植物生长十分有利；7—9 月降水变率较大，对农业生产影响较大，沿海地区为 65%—75%，内陆地区为 45%—55%；10 月至次年 2 月降水变率最大，从闽西北向闽东南递增，为 60%—110%，对冬季旱作物影响不大。

由于受台风暴雨的影响，降水强度较大。例如：2005 年 10 月 2 日，第 19 号台风"龙王"在晋江沿海登陆，福建省普降暴雨到特大暴雨，福州市区 3 小时降雨量达 195mm；2016 年 9 月中旬，第 14 号超强台风"莫兰蒂"在厦门登陆，暴雨成灾，福建省有 16 个县市区的 54 个乡镇的降雨量超过 100mm，局部达 180mm。

3. 水热随高度显著变化

福建地形起伏，高低悬殊，热量在垂直方向的变化，大大超过水平方向的变化。如闽北山区，高度每上升 100m，冬、春季气温下降 0.4—0.5℃，夏、秋季气温下降 0.6—0.7℃，年平均气温下降约 0.5℃。根据福建省气象局的观测资料，海拔每升高 100m，春季回暖迟 3 天，秋季降温提前 4 天，所以全年生长季要少 7 天。至于活动积温的变化，海拔每升高 100m，积温变化既包括季节缩短 7 天而减少的积温，也包括因高度而减少的积温，全省每年积温大致要减少 220—250℃。

降水随高度的增加而增加（表 1-2-2），但还没有发现降水随高度而变化的最高值，而且也没有规律性的递增值。

表 1-2-2　武夷山市平均降水量垂直差异

测定地点	海拔 /m	降水量 /mm
黄岗山	2160	2871
坑山	1722	2214
长坑	1376	2130
小渠	1047	2003
洋庄	742	1981
后溪	524	1738
大安	390	1640

福建地带性的气候是中亚热带（中北部）和南亚热带（南部），但是随着高度的增加，水热条件会有明显的垂直差异。如按气温的高度递减率推算，福建海拔 800m 山区的气温就相当于江苏徐州一带的气温，相当于北亚热带；海拔 1000m 山区的气温相当于河北邯郸一带的气温，海拔 1500m 山区的气温相当于北京一带的气温，相当于暖温带；海拔 2000m 山区的气温相当于辽宁锦州一带的气温，相当于中温带的边缘。所以有相当数量的北方植物能在福建生长，从北方引种的苹果也能在闽北政和山区正常生长发

育。但是降水的垂直分布与气温的变化恰恰相反，两者的结合更为复杂，差异也很明显，所以同一树种，南北长势就迥然不同。例如：安徽大别山的杉木长势就远不如福建旺盛，成材年限也明显推迟；又如政和引种的苹果虽能开花结果，但产量低，质量差。

福建的气候不仅因高度不同而有差异，而且随坡向的不同也有明显差异，例如武夷山国家公园先锋岭（海拔1250m）和福建梅花山国家级自然保护区的南北坡，因光照的不同，热量就有差异。在南坡，喜热性的植物明显增多。总之，福建的气候是很复杂的，在山地表现尤为明显，颇有"一山有四季，十里不同天"之感。复杂的气候条件，形成了多种多样的生态环境，这为植物的生长提供了十分有利的条件。

4. 多灾害性天气

福建的水、热资源丰富，气候多种多样，为植物生长和发展多种林木创造了优越条件，但全省气象灾害也较频繁，影响了农业和林业的发展。按其影响的程度，由重至轻排列的次序是：寒害、干旱、洪涝、台风、冰雹。

（1）寒害

寒害严重影响植物的生长。就目前的农业发展状况来看，寒害中以秋寒危害最大，倒春寒次之，梅雨寒又次之，冬寒影响最轻。例如：2008年1月3日起在中国发生了大范围低温、雨雪、冰冻等自然灾害，1月31日开始，福建宁化、邵武、武夷山等地出现降温降雪，造成毛竹等植物受害；2011年出现了1998年以来的首个冷冬，全省冬季平均气温9.8℃，比上一年同期偏低2.1℃，为近20年最低值，影响了植物的安全越冬；2018年4月6—9日冷空气过程强度强，14个县市区出现寒潮，内陆县市城区过程极低气温达0—4℃，晚霜冻导致南平、宁德、三明、泉州等地茶区遭受较严重冻害。

（2）干旱

干旱发生的原因是多方面的，但主要是降水量和降水日数偏少。福建秋、冬季的降水量和降水日数均较春、夏少，但对冬季旱作物影响小，不至于造成灾害。3—9月，是高温作物生长发育需水时期，此时水分供应不足，影响作物生长，特别是夏旱，危害最重。按季节分，福建省干旱有春旱、夏旱和秋冬旱3种。例如：2007年，大部分地区年降水量显著偏少，出现不同程度旱情；2015年，春季出现罕见高温，降水偏少，中南部地区春旱严重。

（3）洪涝

福建省是洪涝、旱、风暴潮灾害，以及次生的崩山、滑坡、泥石流等灾害频繁的省份之一，其中以锋面暴雨洪水与台风暴雨洪水灾害为甚。福建的暴雨主要由4—6月雨季的锋面降水和7—9月台风季的台风降水造成。锋面暴雨洪水多发生于闽江和汀江流域。例如：1998年6月，受强降雨的影响，闽江流域发生大洪水，最大洪峰流量达到了37000m³/s；2006年福建省年降水量2047.86mm，显著偏多436.24mm，成为自1961年以来的降水量偏多年。洪涝严重影响植物，包括农作物的生长。

（4）台风

台风是一个重大的灾害天气系统，造成的危害主要表现在3个方面，即狂风的破坏力、强暴雨引起的洪涝和巨浪、暴潮对海堤的毁坏。例如：1996年，在10天内福建省连续遭受3个台风的正面袭击，造成70多亿元的直接经济损失；2005年第19号台风"龙王"登陆福建，与冷空气共同作用带来短时强降水；2013年，共有11个台风登陆或影响福建省，其中1308号台风"西马仑"（热带风暴级）在漳浦县登陆后带来强降水和大风天气，导致厦门、漳州等地区出现严重内涝；2016年9月发生第14号台风"莫兰蒂"（超强台风级），这是 1949 年以来登陆闽南的最强台风，台风导致树木倒伏，植被毁坏。当然，台风雨对解除夏季旱情也起一定作用。

（5）冰雹

冰雹是一种固态降水物，常砸坏植被，威胁人畜安全，是一种严重的自然灾害。福建省的冰雹灾害主要发生在以宁化、清流一带为中心的福建中西部，高发期在早春，其原因在于冷空气与强暖湿气流相遇。例如：2012 年 4 月，受西南暖湿气流和冷空气共同影响，三明市沙县、清流、永安、尤溪等县市区有些乡镇出现冰雹，对当地作物和房屋造成严重破坏。

三、河流

福建省主要水系有闽江、九龙江、汀江、晋江、交溪、木兰溪（图 1-1-1）。

1. 闽江

闽江为福建省最大河流，全长 562km，多年平均径流量为 575.78 亿 m³，流域面积 60992km²，约占全省面积的一半。闽江流域面积在中国主要河流中居第 12 位，年平均径流量居全国第 7 位。

闽江正源发源于福建省建宁县均口镇，建溪、富屯溪（图 1-3-1）、沙溪（图 1-3-2）三大主要支流

图 1-3-1　富屯溪

图 1-3-2　沙溪

在延平区附近汇合后称闽江，穿过沿海山脉至仓山区南台岛分南北两支，至马尾区罗星塔复合为一，折向东北流出琅岐岛，注入东海。

闽江自西向东流入海，主流上源为沙溪，在沙溪口汇富屯溪后为干流，至延平区长 20km，习惯称西溪。延平区以下称闽江，至长门口（连江县）长 211km。延平区以上习惯上称上游，有沙溪、富屯溪、建溪 3 条支流；延平区至安仁溪口为中游，右有尤溪支流汇入，左有古田溪支流汇入；安仁溪口以下至长门口为下游。

闽江正源为水茜溪，水茜溪为沙溪的上源，发源于武夷山脉东侧建宁县均口镇台田村严峰山（海拔 1016.9m）西南坡。流经建宁县、明溪县，至宁化县城东纳入武义溪转向南东流，初称翠江，后称九龙溪。九龙溪流经宁化县、清流县（入安砂水库），至永安市叉溪口与文川溪汇合称沙溪，流经三元区、沙县区，至延平区沙溪口纳富屯溪后称西溪，到延平区双剑潭纳建溪，延平区以下为闽江。沙溪于沙溪口以上流域面积为 11793km²，占闽江流域面积的 19.33%，河道平均坡降 0.8‰。

根据"河源唯远"原则，富屯溪应是金溪支流，但早已公认富屯溪是闽江上游三大河流之一，因此依历史习惯，仍称金溪为富屯溪的支流。富屯溪源（金坑溪源头），位于武夷山脉东南侧邵武市桂林乡巫山村叶竹隘山北坡，到顺昌县城与金溪汇合。富屯溪（金溪）全长为 310km，流域面积 13733km²，占闽江流域面积的 22.51%，河道平均坡降 1.2‰。

建溪，发源于浦城县忠信镇雁塘村苏州岭（柘岭）的南浦溪上游，南浦溪在建瓯市徐墩镇湖塘村与崇阳溪汇合后，称为建溪。松溪在建瓯市瓯宁街道水西村（松溪口）汇入建溪。建溪主流全长295km，流域面积为16396km²，占闽江流域面积的26.88%，河道平均坡降0.8‰。

闽江上游是山区性河流，其特点是两岸多高山峡谷，溪流密布，流程短促，河道坡降大，河床岩石裸露，滩多流急，流经山间盆地则形成宽谷，两者相间排列，呈串珠状展布。

闽江中游横切鹫峰山—戴云山脉形成峡谷，长达97km，是福建省最长的河曲深切大峡谷。其最大支流为尤溪，其次为古田溪。此外，还有安仁溪、梅溪、麻坑溪、大雄溪、石潭溪、松源溪、安溪和竹口溪。

闽江下游（图1-3-3）长约113.7km。河床宽度一般为400—2000m，河床平均坡降小，在0.1‰以下，河水流速缓慢，沉积作用占优势，河床由中游的岩床为主转为沙床为主。下游除了几小段峡谷外，大部分属于河漫滩曲流型河流。下游最大支流为大樟溪，其次为起步溪。

目前，闽江正源头在福建闽江源国家级自然保护区内，上游有武夷山国家公园、福建峨嵋峰国家级自然保护区、福建龙栖山国家级自然保护区、福建君子峰国家级自然保护区、福建天宝岩国家级自然保护区、福建茫荡山国家级自然保护区等；闽江中游有福建雄江黄楮林国家级自然保护区等；闽江下游有福建戴云山国家级自然保护区、永泰藤山省级自然保护区；闽江河口有福建闽江河口湿地国家级自然保护区。

图1-3-3　闽江下游

2. 九龙江

九龙江（图 1-3-4）有北溪、西溪、南溪 3 条支流。北溪的正源是新罗区万安溪，发源于玳瑁山中心地带的福建梅花山国家级自然保护区腹地的连城县曲溪乡冯地村。西溪正源是南靖县船场溪，发源于新罗区适中镇南部适方山，支流有花山溪、黄溪、永丰溪、芗江等，芗江与船场溪在南靖县靖城镇郑店村汇合后称西溪。南溪，发源于平和县，主河道全长 88km，流域面积 660km²，从龙海区浮宫镇注入九龙江河口。漳州平原以上的北溪和西溪两溪流域面积约占九龙江流域面积的 98%，其中又以北溪的中上游流域面积为最大，其上游在漳平市以上占北溪流域面积的 53% 以上。九龙江在厦门港对岸注入台湾海峡，下游漳州平原是福建省四大平原之一。九龙江干线长度 258km，流量 446m³/s，流域面积 14741km²，约占福建省陆域面积的 12%。

九龙江上游有福建梅花山国家级自然保护区、福建虎伯寮国家级自然保护区。

图 1-3-4　九龙江

3. 汀江

汀江流域主要在福建省龙岩市的长汀县、武平县、上杭县、永定区及广东省大埔县。其正源发源于宁化县治平畲族乡赖家山，流经福建汀江源国家级自然保护区、长汀汀江大刺鳅国家级水产种质资源保护区（图 1-3-5）和汀江国家湿地公园，再经武平县、上杭县、永定区，到广东省大埔县三河坝与梅江一同汇入韩江。流域面积 11802km²，河长 323km。

图 1-3-5 汀江

汀江上游除了有上述的自然保护地之外，还有福建梁野山国家级自然保护区，以及福建梅花山国家级自然保护区部分地区。

4. 晋江

晋江正源发源于福建省中部的福建戴云山国家级自然保护区，流域面积 5629km²，河长 182km，流经永春、安溪、南安、晋江、鲤城、丰泽等县市区。晋江上游有东溪和西溪两大支流。东溪发源于永春县锦斗镇珍卿村，流域面积 1917km²，河长 120km。西溪发源于安溪县桃舟乡达新村，流域面积 3101km²，河长 145km。两支流于南安市丰州镇井兜村双溪口汇合，始称晋江，并于晋江市池店镇溜滨纳入九十九溪至丰泽区东海街道浔埔社区入海。

晋江上游有永春牛姆林省级自然保护区。

5. 交溪

交溪，古称长溪，为福建省东部独流入海河流，闽东最大河流。上源东溪和西溪出于太姥山、鹫峰山和洞宫山脉的浙江省泰顺县、庆元县。东、西两溪流经寿宁县、柘荣县等地，汇合于福安市城阳镇湖塘坂村，始称交溪。水流向南经福安市区后，接纳茜洋溪、穆阳溪。再流经赛岐、甘棠、下白石等乡镇，过白马港，注入三都澳，流向东海。交溪的主要支流还有管阳溪、双溪、寿宁溪、柘荣溪和七步溪等。交溪主干支流总长 433km，干流长 162km。

6. 木兰溪

木兰溪，为福建省东部独流入海河流，发源于仙游县西苑乡黄坑村，横贯莆田市中南部，自西北向东流经仙游县、城厢区、荔城区、涵江区等地区，至三江口注入兴化湾入台湾海峡。干流全长 105km，流域面积 1732km^2。

木兰溪上游有仙游木兰溪源省级自然保护区和涵江老鹰尖省级自然保护区。

四、土壤

福建的土壤在成土过程和分布上有 3 个较显著的特征：

①土壤的成土过程以红壤化作用为主。在亚热带常绿阔叶林生物气候的影响下，矿物质强烈分解，易溶的矿物质大部分淋失，而溶性较弱的铁、铝氧化物和黏土矿物（如高岭土等）却相对累积。由于红壤化过程强烈，使红壤成为福建省主要的土壤类型。

②土壤类型多。由于福建土壤的成土因素复杂，如母质多种多样，地形高低悬殊，地区气候差异显著，植被类型复杂多样，加上人类长期的生产活动，所以土壤类型繁多，既有地带性土壤，也有非地带性土壤，既有自然土壤，也有丰富的农业土壤。

③土壤分布错综复杂。由于福建全省地形和气候条件复杂，所以土壤的地理分布也错综复杂，既有明显的水平地带性和垂直地带性，又有错杂的复域性。

福建大部分自然土壤是在古红色风化壳的基础上发育起来的，而古红色风化壳的形成已有数千万年的历史，这既说明福建土壤发育的古老性，也说明福建植被的古老性。

福建土壤主要有红壤、砖红壤化红壤、山地黄壤、山地草甸土、紫色土、水稻土。此外，还有海滨盐土、海滨沙质土、黑色石灰土等，但分布面积不大，其性状多受非地带性因素控制。

1. 红壤

红壤是福建最主要的土壤，广泛分布在海拔 900m 以下的山地丘陵。红壤的特征是：由于淋溶强烈，磷、钾、钙等含量较少，腐殖质和氮也较贫乏，肥力较低；土壤酸性强，一般 pH 4—5；黏性大，结构差，"湿时一把脓，干时一块铜"；土层深厚（图 1-4-1），有利于植物的生长，特别是对木本植物的生长非常有利。

红壤又可分为山地红壤、红壤和幼红壤 3 个亚类，其中分布最广泛的是山地红壤。山地红壤的分布与常绿阔叶林的分布基本一致，都是地带性规律所决定的。硅铁铝率一般为 1.7—2.0，黏土矿物多出现以高岭石为主的组合，闽东南地区红壤的富铝化程度为全省最高，可以看到铁结核的雏形；交换性钙和镁的含量都较低，交换性钙一般含 0.5—1.5cmol/kg，交换性镁一般含 0.25—1.07cmol/kg；红壤表层有机质含量在森林植被保存较好的情况下可高达 8% 以上，在次生灌丛、草丛的土壤中，也可达 3%—4%，不过有机质层很薄，仅 2—3cm；腐殖质组成中的胡敏酸与富里酸的比值 0.34—0.60。

红壤酸性强，交换性酸量为 5—10cmol/kg，交换性占交换酸总量的 70%—95%。山地红壤氮普遍不足，全氮含量一般为 0.05%—0.15%。红壤缺磷也很突出，速效磷一般只有 1—3mg/kg，而且土壤中主要磷素是以磷酸铁存在。

图 1-4-1　红壤剖面图

2.砖红壤化红壤

砖红壤化红壤也称为赤红壤，是在南亚热带季风常绿阔叶林的生物气候的影响下发育的地带性土壤，主要分布在漳州市、泉州市、福州市、莆田市和龙岩市永定区一带。土壤的成土作用以富铝化作用为主，比中亚热带更为强烈。其特征是：表土呈红黄带灰色，心土呈红色至砖红色，并含有黄、灰等杂色网状斑纹以及铁盘或铁子；胶体的硅铁铝率1.5—1.7，黏化程度很高，代换量很低；全剖面呈强酸性反应；土层深厚，一般可达3—5m，有的地方母质层可厚达20—30m；土壤肥力不高；次生林下的表土有机质含量为3%左右，在植被稀少的情况下表土有机质含量不到2%。

3.黄壤

黄壤是黄壤化作用形成的土壤，铁氧化合物水化程度较高。它多分布在海拔1000—1100m的山地和盆谷地的低洼地区。前者称为山地黄壤，后者指一般的黄壤。

黄壤矿物质的富铝化和有机质的矿质化程度虽然与红壤相近，但由于水位较高，排水困难，因而土壤湿度较大，使三氧化物、二氧化物受到较强的水化，成为含有结晶水的矿物质。黄壤特征是：土层较厚，均在1m以上；土体呈黄色；矿物质分解较彻底，质地较黏重；胶体的硅铁铝率为1.5—2.0；有机质的矿质化较强，有机质含量较低，仅1%左右；盐基代换量较低，呈酸性反应。

山地黄壤的发育有一定的富铝化过程和较多的有机质累积及腐殖质化过程，也有较强烈的矿物质水化作用。其土壤特征是：土体较厚，均在1m以上；层次较明显，具有腐殖质层、淋溶淀积层和母质层，土壤有机质含量较多，表层可达5%左右；富铝化程度较红壤弱，铁铝比率接近或稍高于红壤，但三氧化物、二氧化物大多受到水化，土体均呈棕黄色或灰黄色；质地较黏重，但仍有少量未完全分解的原生矿物（主要是长石）；淋溶作用较强，黏粒和盐基物质有明显的移动和淋洗，盐基代换量较低，呈酸性及微酸性反应。

4. 山地草甸土

山地草甸土系发育在中山草甸植被下的山地土壤，它大多分布在1500m以上地势较平缓、排水较差的缓坡和山顶，在地貌上大多属于剥夷面。其特征是：土层较薄，有明显的松软草甸层，土壤黏粒少，多细砂、粉砂；土壤有机质含量很高，表层可达10%以上，并有强烈的渗透；全剖面呈黑色；母质及有机质分解微弱，加上淋溶作用较强，故盐基代换量很低，呈微酸性反应；在局部低洼地区，地下水位较高，有机质有趋于泥炭化的发育过程。

5. 紫色土

紫色土是在红色岩层风化物上发育形成的土壤。在福建，它主要分布于西部红层盆地，其中，上杭、连城、永安、沙县、宁化、泰宁、建宁和武夷山等县市区占有较大的面积。紫色土的发育，除具有红壤化作用的特征外，还受母岩的颜色、机械组成、化学成分和矿质成分等的影响，故其土壤特征是：土层较厚，一般可达1m左右；层次不明显，土体呈红紫色或暗紫色；质地多砂壤或黏壤，结构疏松，盐基含量较多，并含磷、钾、钙等矿物质养分；硅铁铝率较高，多在2.3左右，有机质含量中等至少量；土壤呈微酸性至中性反应。此类土壤适于种植茶树，而且质量较好，著名的武夷岩茶即生长在紫色土中。

6. 水稻土

水稻土的发育过程是具有特定的形成条件和成土作用的，即在人为栽培水稻的淹水条件下，土壤中铁、锰还原后的淋洗和淀积的过程。在此发育过程中，水是主导因子，不同类型的水稻土是土体在周期性的淹育水层作用下滞渍时间的长短不同而发育成的。因此，按其时间作用的不同，水稻土可分为渗育性、潴育性和潜育性等3个亚类。

福建水稻的水耕形式主要有连作、间作和单作等3种形式。在渍水的过程中，铁的淋溶作用极为普遍。但在水耕条件下，这个过程却具有独特之处。

①在人工调节的潴育过程影响下，耕作层铁质的淋溶一般只达到潴育层，并在人工脱水季节时淀积在结构表面，形成锈斑；而在水稻生长季节，随着稻根的泌氧作用加强，水溶性铁多被氧化在根系周围，并发育为锈纹状新生体，因此在潴育层中锈斑锈纹新生体特别显著。这是一般自然土壤所没有的。

②由于离铁过程始终是在人工有意识地改造土壤的水耕下进行的，因而在典型的水稻土中，铁的新生体常与易溶性的胡敏酸结合在一起，并呈特殊的橘红色锈斑锈纹状新生体散布在耕作层和潴育层中，俗称"鳝血丝"。这一特征也是其他土壤所没有的。

水稻土 3 个亚类的性状是有一定区别的。渗育性水稻土是起源土壤向水稻土发育的过渡性的土壤类型，心土层已有潴育性状的雏形，表现为：随着锈斑锈纹的轻微发育，与下部起源土壤土层的区别渐趋明显，土壤色调趋暗，沿垂直方向的裂缝显著，黏粒含量相对增多，有机质含量一般可达 2.5%。潜育性水稻土是水耕离铁作用下发育的典型水稻土，具有明显的潴育性和典型的水稻土特征，有机质含量一般可达 2.4%。潜育性水稻土是沼泽土向水稻方向发育的过渡性土壤，其形态特征仍保留了起源土壤的冷、烂、锈、酸等特点，但腐殖质的组成成分已有明显变化，表土层的胡敏酸与富里酸比值多超过 0.8，有机质含量一般在 3.6% 左右。

水稻土分布广泛，除了平原、谷地种植水稻的水田外，山区的山垄田也都是水稻土（主要是潜育性水稻土）。这种水稻土由于光热条件较差，加上冷、烂、锈、酸等特性，土地的生产力较低，水稻单产 $1/15hm^2$（1 亩）不过 150—200kg。这是福建主要的中低产田。

第二章　福建植物区系分析与种类组成

一、植物区系特点

1. 植物多样性丰富，热带、亚热带的科属种类多

福建主要处于南亚热带至中亚热带，在区系上，以泛热带区系为主。全省从沿海平原到山地逐渐上升，地形复杂，具有南亚热带至中亚热带的多种气候，植物多样性丰富。

福建植物区系的突出特点是植物以种类繁多的泛热带区系成分为主。同时，由于地理、地形等条件的优越，其区系成分也较为复杂。一些典型的泛热带科属，其分布北限达福建中部以上，如买麻藤科（Gnetaceae）的买麻藤属（*Gnetum*）（图2-1-1），其分布北界为北纬26° 38′（延平附近）。

一些典型的中、北亚热带成分，在闽南亚热带地区已无法扩展分布，如柏科（Cupressaceae）的

图2-1-1　买麻藤（*Gnetum montanum*），仅分布在福建延平以南

杉木属（*Cunninghamia*）、禾本科（Poaceae）的刚竹属（*Phyllostachys*）（图2-1-2），在闽南南部地区的自然生长和分布均受到限制。

由于有不少热带成分延伸分布到福建境内，在福建植物区系成分中热带科属的种类较多，尤其在闽南的南亚热带地区。因此，福建植被成分主要是属于热带、亚热带性质的。

从总的来看，福建植物区系中裸子植物以马尾松（*Pinus massoniana*）为主。海拔1000m以上出现与台湾等地共有的黄山松（*Pinus taiwanensis*）。杉木（*Cunninghamia lanceolata*）、南方红豆杉（*Taxus wallichiana* var. *mairei*）、柳杉（*Cryptomeria japonica* var. *sinensis*）、江南油杉（*Keteleeria cyclolepis*）、油杉（*Keteleeria fortunei*）、福建柏（*Fokienia hodginsii*）、竹柏（*Nageia nagi*）、刺柏（*Juniperus formosana*），在全省广泛分布。这些种类是构成常绿针叶林如马尾松林、杉木林、南方红豆杉林、柳杉林、油杉林、江南油杉林、福建柏林、竹柏林、刺柏林的建群种。此外，还有长苞铁杉（*Tsuga longibracteata*）、铁杉（*Tsuga chinensis*）、三尖杉（*Cephalotaxus fortunei*）、榧树（*Torreya grandis*）、长叶榧树（*Torreya jackii*）、穗花杉（*Amentotaxus argotaenia*）（图2-1-3）、买麻藤等种类，主要是亚热带成分。

图 2-1-2　刚竹属（*Phyllostachys*）植物在福建南部生长和分布受限

图 2-1-3　穗花杉（*Amentotaxus argotaenia*），在福建零星分布

由于福建山地海拔偏低，温度偏高，属于北温带成分的冷杉属（*Abies*）、云杉属（*Picea*）、落叶松属（*Larix*）和分布于广东、海南等低纬度的一些更喜热的裸子植物，如海南五钱松（*Pinus fenzeliana*）、鸡毛松（*Podocarpus imbricatus*）、陆均松（*Dacrydium pierrei*），均未见到。就裸子植物而言，福建的种类虽不多，但寡种或单种分布较多；其主要成分与华中和华东地区有别，也与华南地区有所不同。

被子植物在福建植物区系中是主要成分，也是福建植被的主要成分。被子植物在福建的科、属、种均较为繁多。含101种以上的大科有禾本科、菊科（Asteraceae）、豆科（Fabaceae）、蔷薇科（Rosaceae）、唇形科（Lamiaceae）、莎草科（Cyperaceae）、兰科（Orchidaceae），含51—100种的大科有茜草科（Rubiaceae）、锦葵科（Malvaceae）、樟科（Lauraceae）、夹竹桃科（Apocynaceae）、报春花科（Primulaceae）、大戟科（Euphorbiaceae）、壳斗科（Fagaceae）、杜鹃花科（Ericaceae），含31—50种的科有冬青科（Aquifoliaceae）、葡萄科（Vitaceae）、蓼科（Polygonaceae）、毛茛科（Ranunculaceae）、芸香科（Rutaceae）、荨麻科（Urticaceae）、木犀科（Oleaceae）、天门冬科（Asparagaceae）、茄科（Solanaceae）、天南星科（Araceae）、五列木科（Pentaphylacaceae）、叶下珠科（Phyllanthaceae）、伞形科（Apiaceae）、车前科（Plantaginaceae）、桑科（Moraceae）、鼠李科（Rhamnaceae），含11—30种的科有无患子科（Sapindaceae）、旋花科（Convolvulaceae）、卫矛科（Celastraceae）、棕榈科（Arecaceae）、葫芦科（Cucurbitaceae）、爵床科（Acanthaceae）、五加科（Araliaceae）、山茶科（Theaceae）、十字花科（Brassicaceae）、山矾科（Symplocaceae）、苦苣苔科（Gesneriaceae）、桃金娘科（Myrtaceae）、苋科（Amaranthaceae）、母草科（Linderniaceae）、木兰科（Magnoliaceae）、野牡丹科（Melastomataceae）、绣球花科（Hydrangeaceae）、姜科（Zingiberaceae）、清风藤科（Sabiaceae）、五福花科（Adoxaceae）、猕猴桃科（Actinidiaceae）、忍冬科（Caprifoliaceae）、石竹科（Caryophyllaceae）、薯蓣科（Dioscoreaceae）、鸭跖草科（Commelinaceae）、金缕梅科（Hamamelidaceae）、千屈菜科（Lythraceae）、桔梗科（Campanulaceae）、榆科（Ulmaceae）、柳叶菜科（Onagraceae）、山茱萸科（Cornaceae）、菝葜科（Smilacaceae）、堇菜科（Violaceae）、杨柳科（Salicaceae）、木通科（Lardizabalaceae）、紫草科（Boraginaceae）、桑寄生科（Loranthaceae）、龙胆科（Gentianaceae）、防己科（Menispermaceae）、小檗科（Berberidaceae）、安息香科（Styracaceae）、景天科（Crassulaceae）、番荔枝科（Annonaceae）、五味子科（Schisandraceae）、列当科（Orobanchaceae）、马兜铃科（Aristolochiaceae）、金丝桃科（Hypericaceae）、柿树科（Ebenaceae）、漆树科（Anacardiaceae）、玄参科（Scrophulariaceae）。其余的科含10种以下。

禾本科和菊科是世界性广布的大科，而分布于福建的多以泛北极区系成分中的亚热带、北温带及广布属为主。福建区系以泛北极植物区系成分为主，其中有一些古热带成分渗入，如桑科的榕属（*Ficus*）、大戟科、茜草科、报春花科的紫金牛属（*Ardisia*）等；也有一些北温带成分，如杜鹃花科、忍冬科等的一些属种。

组成福建南亚热带季风常绿阔叶林和中亚热带常绿阔叶林的主要种类，如壳斗科、樟科、茜草科、山茶科、冬青科、豆科、大戟科、叶下珠科、桑科、桃金娘科、野牡丹科、报春花科、五加科、山龙眼科（Proteaceae）、杜英科（Elaeocarpaceae）、金缕梅科、蕈树科（Altingiaceae）、番荔枝科、木兰科、兰科以及禾本科竹类等，也以亚热带成分为主。南亚热带季风常绿阔叶林中含有一些热带性较强的属种，如厚壳桂属（*Cryptocarya*）、蒲桃属（*Syzygium*）、波罗蜜属（*Artocarpus*）、黄桐属（*Endospermum*）等。中亚热带常绿阔叶林中含有一些北亚热带或北温带的成分，如水青冈属（*Fagus*）、鹅耳枥属（*Carpinus*）、槭属（*Acer*）、栎属（*Quercus*）、桦木属（*Betula*）等。这些种类混交其中，或在局部形成山地落叶阔叶林的建群种，但它们各自的主要成分还是亚热带区系成分。

2. 古老植物成分丰富

福建植物区系中含有丰富的古老植物，如古生代的松叶蕨科（Psilotaceae）的松叶蕨（*Psilotum nudum*），石杉科（Huperziaceae）的蛇足石杉（*Huperzia serrata*），石松科（Lycopodiaceae）的石松（*Lycopodium japonicum*）（图2-1-4），水韭科（Isoetaceae）的东方水韭（*Isoetes orientalis*）（图2-1-5），木贼科（Equisetaceae）的笔管草（*Hippochaete debile*），观音座莲科（Angiopteridaceae）的福建观音座莲（*Angiopteris fokiensis*）等。紫萁科（Osmundaceae）的紫萁（*Osmunda japonica*）、华南紫萁（*Osmunda vachellii*），里白科（Gleicheniaceae）的中华里白（*Diplopterygium chinense*）和芒萁（*Dicranopteris pedata*）等，都在中生代三叠纪就已出现。瘤足蕨科（Plagiogyriaceae）的瘤足蕨（*Plagiogyria adnata*）、华东瘤足蕨（*Plagiogyria japonica*），海金沙科（Lygodiaceae）的小叶海金沙（*Lygodium scandens*），卷柏科（Selaginellaceae）的卷柏（*Selaginella tamariscina*）、蔓出卷柏（*Selaginella davidii*）等，均是白垩纪已存在的古老孑遗植物。

图 2-1-4　福建的起源古老的植物石松（*Lycopodium japonicum*）

图 2-1-5　福建的起源古老的植物东方水韭（*Isoetes orientalis*）

裸子植物虽然种类不多，但古老孑遗种类比例很大。水松（*Glyptostrobus pensilis*）是著名的古老孑遗植物，南方红豆杉、竹柏、三尖杉等是出自中生代白垩纪的古老种类，买麻藤、小叶买麻藤（*Gnetum parvifolium*）是地史上来历不明的古老种类。此外，柳杉、福建柏、阔叶粗榧（*Cephalotaxus sinensis* var. *latifolia*）等，均为古老植物。

被子植物有不少古老的科属种。从福建已发现的化石资料来看，桦木科（Betulaceae）、壳斗科、杨柳科、胡桃科（Juglandaceae）、桑科、木兰科、番荔枝科、金缕梅科、蔷薇科、毛茛科、豆科、芸香科、鼠李科、漆树科、菱科（Trapaceae）、五加科、冬青科、木犀科、山矾科、茜草科、茄科、泽泻科（Alismataceae）、百合科（Liliaceae）、棕榈科等，在福建第三纪、第四纪地层中均有一些属种的化石发现。福建现代植物区系中的许多成分是福建第三纪植物区系成分的直接后裔，可见福建植物区系之古老。

3. 单种和寡种分布种类多

分布于福建的蕨类植物中，如松叶蕨科的松叶蕨、蚌壳蕨科（Dicksoniaceae）的金毛狗（*Cibotium barometz*）、金星蕨科（Thelypteridaceae）的星毛蕨（*Ampelopteris prolifera*）、乌毛蕨科（Blechnaceae）

的苏铁蕨（*Brainea insignis*）、槲蕨科（Drynariaceae）的崖姜（*Aglaomorpha coronans*）等，均为单种分布。

裸子植物在福建的分布，多为单种或寡种分布，如银杏（*Ginkgo biloba*）、柳杉、福建柏、金钱松（*Pseudolarix amabilis*）、水松、穗花杉及松属（*Pinus*）植物等，其中有的是我国特有的单种属。

被子植物如三白草科（Saururaceae）的三白草（*Saururus chinensis*）、蕺菜（*Houttuynia cordata*），金粟兰科（Chloranthaceae）的草珊瑚（*Sarcandra glabra*），杨梅科（Myricaceae）的杨梅（*Myrica rubra*），胡桃科的青钱柳（*Cyclocarya paliurus*），叠珠树科（Akaniaceae）的伯乐树（*Bretschneidera sinensis*）（图2-1-6），大麻科（Cannabaceae）的青檀（*Pteroceltis tatarinowii*），檀香科（Santalaceae）的寄生藤（*Dendrotrophe frutescens*），木通科的大血藤（*Sargentodoxa cuneata*）（图2-1-7），小檗科的南天竹（*Nandina domestica*），木兰科的鹅掌楸（*Liriodendron chinense*）、乐东拟单性木兰（*Parakmeria lotungensis*），樟科的檫木（*Sassafras tzumu*），芸香科的飞龙掌血（*Toddalia asiatica*），叶下珠科的重阳木（*Bischofia polycarpa*），胡麻科（Pedaliaceae）的茶菱（*Trapella sinensis*），透骨草科（Phrymaceae）的透骨草（*Phryma leptostachya* subsp. *asiatica*），苦槛蓝科（Myoporaceae）的苦槛蓝（*Myoporum bontioides*），茶茱萸科（Icacinaceae）的定心藤（*Mappianthus iodoides*），等等，均为单种或寡种分布。

图2-1-6　福建的单种科植物伯乐树（*Bretschneidera sinensis*）（童晓东提供）　　图2-1-7　福建的单种属植物大血藤（*Sargentodoxa cuneata*）

二、种子植物区系主要地理成分

福建地处泛北极植物区向古热带植物区的过渡地带。在植被类型上，福建东南的南亚热带季风常绿阔叶林是热带雨林、季雨林向中亚热带常绿阔叶林的过渡类型，福建中北部分布典型的常绿阔叶林。所以，福建的植物区系地理成分较为复杂，包含有泛热带区系成分、古热带区系成分、古地中海区系成分、北温带区系成分、东亚—北美间断分布成分、东亚区系成分等。这些地理成分的由来与形成，与地质的演变有着密切的关系。

福建有种子植物1112属（207科），按照《中国种子植物属的分布区类型和变型》方案（吴征镒，1991），福建属的分布区类型有15个，即世界分布类型，泛热带分布类型及变型，热带亚洲和热带美洲间断分布类型，旧世界热带分布类型及变型，热带亚洲至热带大洋洲分布类型及变型，热带亚洲至热带非洲分布类型及变型，热带亚洲分布类型及变型，北温带分布类型及变型，东亚和北美洲间断分布类型及变型，旧世界温带分布类型及变型，温带亚洲分布类型，地中海区、西亚至中亚分布类型及变型，中亚分布类型及变型，东亚分布类型及变型，中国特有分布类型（表2-2-1）。

表 2-2-1　福建种子植物属的分布区类型统计

序号	分布区类型	福建属数	占福建种子植物总属数比例/%	中国属数	占中国该分布区类型比例/%
1	世界分布类型	84	7.55	104	80.77
2	泛热带分布类型及变型	216	19.42	362	59.67
3	热带亚洲和热带美洲间断分布类型	33	2.97	62	53.23
4	旧世界热带分布类型及变型	81	7.28	177	45.76
5	热带亚洲至热带大洋洲分布类型及变型	66	5.94	148	44.59
6	热带亚洲至热带非洲分布类型及变型	40	3.60	164	24.39
7	热带亚洲分布类型及变型	154	13.85	611	25.20
8	北温带分布类型及变型	129	11.60	302	42.72
9	东亚和北美洲间断分布类型及变型	75	6.74	124	60.48
10	旧世界温带分布类型及变型	46	4.14	164	28.05
11	温带亚洲分布类型	9	0.81	55	18.18
12	地中海区、西亚至中亚分布类型及变型	1	0.09	171	0.58
13	中亚分布类型及变型	1	0.09	116	0.86
14	东亚分布类型及变型	140	12.59	299	46.82
15	中国特有分布类型	37	3.33	257	14.40
	总计	1112	100.00	3116	35.69

1. 世界分布类型

世界分布类型是指几乎分布于世界各大洲的属，我国有104属。

在福建，世界分布类型有84属，占福建种子植物总属数的7.55%。它们是睡莲科（Nymphaeaceae）的睡莲属（*Nymphaea*），天南星科的浮萍属（*Lemna*）、紫萍属（*Spirodela*）、芜萍属（*Wolffia*），水鳖科（Hydrocharitaceae）的茨藻属（*Najas*），兰科的羊耳蒜属（*Liparis*）、沼兰属（*Oberonioides*），眼子菜科（Potamogetonaceae）的眼子菜属（*Potamogeton*），香蒲科（Typhaceae）的香蒲属（*Typha*），灯心草科（Juncaceae）的灯心草属（*Juncus*）、地杨梅属（*Luzula*），莎草科的薹草属（*Carex*）、莎草属（*Cyperus*）、荸荠属（*Eleocharis*）、水莎草属（*Juncellus*）、刺子莞属（*Rhynchospora*）、水葱属（*Schoenoplectus*）、藨草属（*Scirpus*），禾本科的剪股颖属（*Agrostis*）、羊茅属（*Festuca*）、甜茅属（*Glyceria*）、黍属（*Panicum*）、芦苇属（*Phragmites*）、早熟禾属（*Poa*）、米草属（*Spartina*），金鱼藻科（Ceratophyllaceae）的金鱼藻属（*Ceratophyllum*），毛茛科的银莲花属（*Anemone*）、铁线莲属（*Clematis*）、毛茛属（*Ranunculus*），小二仙草科（Haloragaceae）的狐尾藻属（*Myriophyllum*），豆科的槐属（*Sophora*），远志科（Polygalaceae）的远志属（*Polygala*），蔷薇科的悬钩子属（*Rubus*），鼠李科的鼠李属（*Rhamnus*），酢浆草科（Oxalidaceae）的酢浆草属（*Oxalis*），金丝桃科的金丝桃属（*Hypericum*），堇菜科的堇菜属（*Viola*），牻牛儿苗科（Geraniaceae）的老鹳草属（*Geranium*），千屈菜科的水苋菜属（*Ammannia*），十字花科的荠属（*Capsella*）、碎米荠属（*Cardamine*）、臭荠属（*Coronopus*）、独行菜属（*Lepidium*）、蔊菜属（*Rorippa*），蓼科的蓼属（*Polygonum*）、酸模属

（*Rumex*），茅膏菜科（Droseraceae）的茅膏菜属（*Drosera*）（图2-2-1），石竹科的繁缕属（*Stellaria*），苋科的苋属（*Amaranthus*）、藜属（*Chenopodium*）、刺藜属（*Dysphania*）、碱蓬属（*Suaeda*），商陆科（Phytolaccaceae）的商陆属（*Phytolacca*），报春花科的过路黄属（*Lysimachia*），茜草科的拉拉藤属（*Galium*），龙胆科的龙胆属（*Gentiana*）（图2-2-2），茄科的酸浆属（*Physalis*）、茄属（*Solanum*），车前科的水马齿属（*Callitriche*）、水八角属（*Gratiola*）、车前属（*Plantago*），狸藻科

图 2-2-1　福建的世界分布类型植物（茅膏菜属 *Drosera*）

（Lentibulariaceae）的狸藻属（*Utricularia*），唇形科的鼠尾草属（*Salvia*）、黄芩属（*Scutellaria*）、水苏属（*Stachys*）、香科科属（*Teucrium*），桔梗科的半边莲属（*Lobelia*），睡菜科（Menyanthaceae）的荇菜属（*Nymphoides*），菊科的豚草属（*Ambrosia*）、蒿属（*Artemisia*）、鬼针草属（*Bidens*）、山芫荽属（*Cotula*）、球菊属（*Epaltes*）、飞蓬属（*Erigeron*）、白酒草属（*Eschenbachia*）、牛膝菊属（*Galinsoga*）、鼠麴草属（*Gnaphailium*）、假臭草属（*Praxelis*）、拟鼠麴草属（*Pseudognaphalium*）、千里光属（*Senecio*）（图2-2-3）、苍耳属（*Xanthium*），伞形科的旱芹属（*Apium*）、茴芹属（*Pimpinella*）、变豆菜属（*Sanicula*）。

图 2-2-2　福建的世界分布类型植物（龙胆属 *Gentiana*）

图 2-2-3　福建的世界分布类型植物（千里光属 *Senecio*）

2. 泛热带分布类型及变型

泛热带分布类型及变型包括分布遍及东西半球热带地区的属，有不少属分布到亚热带，甚至温带，但共同的分布中心或原始类型仍在热带范围。我国属于这一分布区类型的有362种。

在福建，泛热带分布类型及变型有216属，占福建种子植物总属数的19.42%，居各种分布区类型之首。其中，泛热带分布类型有196属，它们是买麻藤科的买麻藤属，胡椒科（Piperaceae）的草胡椒属（*Peperomia*）、胡椒属（*Piper*），马兜铃科的马兜铃属（*Aristolochia*），樟科的无根藤属（*Cassytha*）、厚壳桂属，天南星科的大薸属（*Pistia*），水鳖科的海菜花属（*Ottelia*）、苦草属（*Vallisneria*），水玉簪科（Burmanniaceae）的水玉簪属（*Burmannia*），薯蓣科的薯蓣属（*Dioscorea*），菝葜科的菝葜属

（*Smilax*），兰科的石豆兰属（*Bulbophyllum*）、虾脊兰属（*Calanthe*）、美冠兰属（*Eulophia*）、香荚兰属（*Vanilla*），仙茅科（Hypoxidaceae）的仙茅属（*Curculigo*）、小金梅草属（*Hypoxis*），石蒜科的文殊兰属（*Crinum*），鸭跖草科的鸭跖草属（*Commelina*）、聚花草属（*Floscopa*），黄眼草科（Xyridaceae）的黄眼草属（*Xyris*），谷精草科（Eriocaulaceae）的谷精草属（*Eriocaulon*），莎草科的球柱草属（*Bulbostylis*）、裂颖茅属（*Diplacrum*）、飘拂草属（*Fimbristylis*）、割鸡芒属（*Hypolytrum*）、水蜈蚣属（*Kyllinga*）、砖子苗属（*Mariscus*）、扁莎属（*Pycreus*）、珍珠茅属（*Scleria*），禾本科的毛颖草属（*Alloteropsis*）、三芒草属（*Aristida*）、野古草属（*Arundinella*）、孔颖草属（*Bothriochloa*）、臂形草属（*Brachiaria*）、虎尾草属（*Chloris*）、狗牙根属（*Cynodon*）、龙爪茅属（*Dactyloctenium*）、马唐属（*Digitaria*）、牛筋草属（*Eleusine*）、野黍属（*Eriochloa*）、球穗草属（*Hackelochloa*）、牛鞭草属（*Hemarthria*）、黄茅属（*Heteropogon*）、膜稃草属（*Hymenachne*）、白茅属（*Imperata*）、柳叶箬属（*Isachne*）、鸭嘴草属（*Ischaemum*）、假稻属（*Leersia*）、千金子属（*Leptochloa*）、求米草属（*Oplismenus*）、雀稗属（*Paspalum*）、狼尾草属（*Pennisetum*）、棒头草属（*Polypogon*）、甘蔗属（*Saccharum*）、囊颖草属（*Sacciolepis*）、裂稃草属（*Schizachyrium*）、狗尾草属（*Setaria*）、高粱属（*Sorghum*）、鼠尾粟属（*Sporobolus*），防己科的木防己属（*Cocculus*），葡萄科的白粉藤属（*Cissus*），豆科的相思子属（*Abrus*）、金合欢属（*Acacia*）、合萌属（*Aeschynomene*）、合欢属（*Albizia*）、羊蹄甲属（*Bauhinia*）、云实属（*Caesalpinia*）、决明属（*Cassia*）、刀豆属（*Canavalia*）、猪屎豆属（*Crotalaria*）、黄檀属（*Dalbergia*）、鱼藤属（*Derris*）、榼藤属（*Entada*）、鸡头薯属（*Eriosema*）、刺桐属（*Erythrina*）、千斤拔属（*Flemingia*）、木蓝属（*Indigofera*）、崖豆藤属（*Millettia*）、黧豆属（*Mucuna*）、红豆属（*Ormosia*）、鹿藿属（*Rhynchosia*）、番泻决明属（*Senna*）、田菁属（*Sesbania*）、豇豆属（*Vigna*）、丁癸草属（*Zornia*），大麻科的朴树属（*Celtis*）、山黄麻属（*Trema*），桑科的榕树属（*Ficus*），荨麻科的苎麻属（*Boehmeria*）、艾麻属（*Laportea*）、冷水花属（*Pilea*），秋海棠科（Begoniaceae）的秋海棠属（*Begonia*），卫矛科的南蛇藤属（*Celastrus*）、卫矛属（*Euonymus*），牛栓藤科（Connaraceae）的红叶藤属（*Rourea*），古柯科（Erythroxylaceae）的古柯属（*Erythroxylum*），沟繁缕科（Elatinaceae）的沟繁缕属（*Elatine*），杨柳科的脚骨脆属（*Casearia*）、天料木属（*Homalium*）、柞木属（*Xylosma*），大戟科的铁苋菜属（*Acalypha*）、山麻杆属（*Alchornea*）、巴豆属（*Croton*）、大戟属（*Euphorbia*）、白木乌桕属（*Neoshirakia*）、乌桕属（*Triadica*），叶下珠科的算盘子属（*Glochidion*）、叶下珠属（*Phyllanthus*）、叶底珠属（*Securinega*），千屈菜科的节节菜属（*Rotala*），柳叶菜科（Onagraceae）的丁香蓼属（*Ludwigia*），无患子科的倒地铃属（*Cardiospermum*）、车桑子属（*Dodonaea*），芸香科的花椒属（*Zanthoxylum*），锦葵科的苘麻属（*Abutilon*）、刺果藤属（*Byttneria*）、甜麻属（*Corchorus*）、木槿属（*Hibiscus*）、马松子属（*Melochia*）、黄花稔属（*Sida*）、刺蒴麻属（*Triumfetta*）、梵天花属（*Urena*），红树科（Rhizophoraceae）的秋茄树属（*Kandelia*）、红树属（*Rhizophora*），山柑科（Capparaceae）的山柑属（*Capparis*），白花菜科（Cleomaceae）的白花菜属（*Cleome*）、羊角菜属（*Gynandropsis*），青皮木科（Schoepfiaceae）的青皮木属（*Schoepfia*），桑寄生科的栗寄生属（*Korthalsella*），石竹科的荷莲豆草属（*Drymaria*），苋科的莲子草属（*Alternanthera*）、青葙属（*Celosia*），番杏科（Aizoaceae）的粟米草属（*Mollugo*）、番杏属（*Tetragonia*），落葵科（Basellaceae）的落葵属（*Basella*），马齿苋科（Portulacaceae）的马齿苋属（*Portulaca*），凤仙花科（Balsaminaceae）的凤仙花属（*Impatiens*），五列木科的厚皮香属（*Ternstroemia*），柿科的柿属（*Diospyros*），报春花科的紫金牛属（图2-2-4），山矾科的山矾属（*Symplocos*），安息香科的安息香属

（*Styrax*），茜草科的丰花草属（*Borreria*）、风箱树属（*Cephalanthus*）、栀子属（*Gardenia*）、爱地草属（*Geophila*）、耳草属（*Hedyotis*）、巴戟天属（*Morinda*）、九节属（*Psychotria*）、钩藤属（*Uncaria*），马钱科（Loganiaceae）的醉鱼草属（*Buddleja*），夹竹桃科的马利筋属（*Asclepias*）、白前属（*Cynanchum*）、牛奶菜属（*Marsdenia*），紫草科的破布木属（*Cordia*）、厚壳树属（*Ehretia*）、天芥菜属（*Heliotropium*），旋花科的打碗花属（*Calystegia*）、菟丝子属（*Cuscuta*）、马蹄金属（*Dichondra*）、土丁桂属（*Eutrema*）、番薯属（*Ipomoea*）、鱼黄草属（*Merremia*），茄科

图 2-2-4　福建的泛热带分布类型植物（紫金牛属 *Ardisia*）

的曼陀罗属（*Datura*）、红丝线属（*Lycianthes*），木犀科的素馨花属（*Jasminum*），车前科的假马齿苋属（*Bacopa*），母草科的母草属（*Lindernia*）、蝴蝶草属（*Torenia*），爵床科的海榄雌属（*Avicennia*）、狗肝菜属（*Dicliptera*）、水蓑衣属（*Hygrophila*）、爵床属（*Justicia*），马鞭草科（Verbenaceae）的马鞭草属（*Verbena*），唇形科的紫珠属（*Callicarpa*）、大青属（*Clerodendrum*）、罗勒属（*Ocimum*）、牡荆属（*Vitex*），列当科的黑草属（*Buchnera*），冬青科的冬青属（*Ilex*），菊科的刺苞麻属（*Acanthospermum*）、下田菊属（*Adenostemma*）、藿香蓟属（*Ageratum*）、假蓬属（*Conyza*）、金鸡菊属（*Coreopsis*）、鳢肠属（*Eclipta*）、地胆草属（*Elephantopus*）、泽兰属（*Eupatorium*）、豨莶属（*Siegesbeckia*）、金钮扣属（*Spilanthes*）、斑鸠菊属（*Vernonia*），五加科的天胡荽属（*Hydrocotyle*）、鹅掌柴属（*Schefflera*），伞形科的积雪草属（*Centella*）。这些成分或是热带、亚热带森林的伴生植物，或是灌木层中的常见植物，或是林内或林缘常见的藤本植物。海榄雌属是海岸红树林的成分。冬青属、卫矛属和乌桕属等属的个别种一直分布到温带地区；还有薯蓣属、柿属等，也是扩展到温带地区的木本或藤本植物。凤仙花属和秋海棠属在亚热带常绿阔叶林中阴湿处较为常见。

在福建，泛热带分布类型有两个变型。其中，热带亚洲、大洋洲和南美洲间断分布变型有罗汉松科（Podocarpaceae）的罗汉松属（*Podocarpus*），樟科的琼楠属（*Beilschmiedia*），莎草科的黑莎草属（*Gahnia*），大麻科的糙叶树属（*Aphananthe*），西番莲科（Passifloraceae）的西番莲属（*Passiflora*），茜草科的薄柱草属（*Nertera*），桔梗科的铜锤玉带草属（*Pratia*）、蓝花参属（*Wahlenbergia*），菊科的石胡荽属（*Centipeda*）、菊芹属（*Erechthites*）等10属；热带亚洲、非洲和南美洲间断分布变型有莎草科的湖瓜草属（*Lipocarpha*），禾本科的距花黍属（*Ichnanthus*），豆科的含羞草属（*Mimosa*），蔷薇科的桂樱属（*Laurocerasus*），荨麻科的糯米团属（*Gonostegia*）、雾水葛属（*Pouzolzia*），土人参科（Talinaceae）的土人参属（*Talinum*），茜草科的粗叶木属（*Lasianthus*），夹竹桃科的鸡骨常山属（*Alstonia*），唇形科的马缨丹属（*Lantana*）等10属。

3. 热带亚洲和热带美洲间断分布类型

热带亚洲和热带美洲间断分布类型包括间断分布于美洲和亚洲温暖地区的热带属，在亚洲可能延伸到澳大利亚东北部或西南太平洋岛屿，但它们的分布中心都限于热带亚洲和热带美洲。我国属于这一分

布区类型的有 62 属，与热带美洲地区共有的成分不多。

在福建，热带亚洲和热带美洲间断分布类型有 33 属，占福建种子植物总属数的 2.97%。它们是樟科的樟属（*Cinnamomum*）（图 2-2-5）、木姜子属（*Litsea*）、楠属（*Phoebe*），雨久花科（Pontederiaceae）的凤眼蓝属（*Eichhornia*），美人蕉科（Cannaceae）的美人蕉属（*Canna*），清风藤科的泡花树属（*Meliosma*），豆科的山扁豆属（*Chamaecrista*）、长柄山蚂蝗属（*Hylodesmum*）、牛蹄豆属（*Pithecellobium*），鼠李科的雀梅藤属（*Sageretia*），卫矛科的假卫矛属（*Microtropis*），杜英科的猴欢喜属（*Sloanea*）（图 2-2-6），大花草科（Rafflesiaceae）的帽蕊草属（*Mitrastemon*），柳叶菜科的月见草属（*Oenothera*），省沽油科（Staphyleaceae）的山香圆属（*Turpinia*），无患子科的无患子属（*Sapindus*），苦木科（Simaroubaceae）的苦木属（*Picrasma*），锦葵科的山芝麻属（*Helicteres*）、赛葵属（*Malvastrum*）、蛇婆子属（*Waltheria*），紫茉莉科（Nyctaginaceae）的紫茉莉属（*Mirabilis*），落葵科的落葵薯属（*Anredera*），五列木科的柃木属（*Eurya*）（图 2-2-7），猕猴桃科的水东哥属（*Saurauia*），桤叶树科（Clethraceae）的桤叶树属（*Clethra*），杜鹃花科的白珠树属（*Gaultheria*），旋花科的心萼薯属（*Aniseia*），车前科的野甘草属（*Scoparia*），唇形科的过江藤属（*Phyla*），菊科的秋英属（*Cosmos*）、裸柱菊属（*Soliva*）、肿柄菊属（*Tithonia*），五加科的树参属（*Dendropanax*）。其中，楠属、泡花树属、猴欢喜属和柃木属常是我国热带、亚热带常绿森林或灌丛的重要成分。

图 2-2-5　福建的热带亚洲和热带美洲间断分布类型植物（樟属 *Cinnamomum*）

图 2-2-6　福建的热带亚洲和热带美洲间断分布类型植物（猴欢喜属 *Sloanea*）

图 2-2-7　福建的热带亚洲和热带美洲间断分布类型植物（柃木属 *Eurya*）

我国种子植物区系中与热带美洲共有成分不多，这是由于热带美洲或南美洲本来位于古南大陆西部，最早于侏罗纪末期就和非洲开始分裂，至白垩纪末期则和非洲完全分离。现在两地区植物区系微弱的联系，只是表明在第三纪以前它们的植物区系曾有共同的渊源。

4. 旧世界热带分布类型及变型

旧世界热带分布类型是指亚洲、非洲和大洋洲热带地区的属，该地区也常称为古大陆热带，以与美洲新大陆、新热带相区别。这一类型比泛热带分布成分具有更强的热带性质和古老、保守成分，在我国属于这一分布区类型的有177属，其中只有10属分布延伸至温带。

在福建，旧世界热带分布类型及变型有81属，占福建种子植物总属数的7.28%。其中，旧世界热带分布类型有70属，它们是莲叶桐科（Hernandiaceae）的青藤属（*Illigera*），天南星科的磨芋属（*Amorphophallus*），泽泻科的泽薹草属（*Caldesia*），水鳖科的水筛属（*Blyxa*），露兜树科（Pandanaceae）的露兜树属（*Pandanus*），兰科的叉柱兰属（*Cheirostylis*）、翻唇兰属（*Hetaeria*）、鸢尾兰属（*Oberonia*）、鹤顶兰属（*Phaius*），天门冬科的天门冬属（*Asparagus*），鸭跖草科的蓝耳草属（*Cyanotis*）、水竹叶属（*Murdannia*）、杜若属（*Pollia*），雨久花科的鸭舌草属（*Monochoria*），芭蕉科（Musaceae）的芭蕉属（*Musa*），禾本科的荩草属（*Arthraxon*）、簕竹属（*Bambusa*）、细柄草属（*Capillipedium*）、小丽草属（*Coelachne*）、香茅属（*Cymbopogon*）、弓果黍属（*Cyrtococcum*）、金茅属（*Eulalia*），防己科的千金藤属（*Stephania*），葡萄科的乌蔹莓属（*Cayratia*），豆科的山黑豆属（*Dumasia*）、格木属（*Erythrophleum*）、老虎刺属（*Pterolobium*）、密子豆属（*Pycnospora*）、坡油甘属（*Smithia*）、狸尾豆属（*Uraria*），鼠李科的翼核果属（*Ventilago*），荨麻科的楼梯草属（*Elatostema*）、藤麻属（*Procris*），葫芦科的木鳖属（*Momordica*）、马㼎儿属（*Zehneria*），杨柳科的箣柊属（*Scolopia*），大戟科的血桐属（*Macaranga*）、野桐属（*Mallotus*），叶下珠科的五月茶属（*Antidesma*）、土蜜树属（*Bridelia*）、白饭树属（*Flueggea*），桃金娘科的蒲桃属，野牡丹科的谷木属（*Memecylon*）、金锦香属（*Osbeckia*），橄榄科（Burseraceae）的橄榄属（*Canarium*），芸香科的黄皮属（*Clausena*）、蜜茱萸属（*Melicope*），苦木科的鸦胆子属（*Brucea*），楝科的楝属（*Melia*），锦葵科的秋葵属（*Abelmoschus*）、扁担杆属（*Grewia*），檀香科的槲寄生属（*Viscum*），桑寄生科的桑寄生属（*Loranthes*），苋科的土牛膝属（*Achyranthes*），山茱萸科的八角枫属（*Alangium*），报春花科的蜡烛果属（*Aegiceras*）、酸藤子属（*Embelia*）、杜茎山属（*Maesa*），茜草科的玉叶金花属（*Mussaenda*），夹竹桃科的弓果藤属（*Toxocarpus*）、娃儿藤属（*Tylophora*），旋花科的鳞蕊藤属（*Lepistemon*），车前科的石龙尾属（*Limnophila*），唇形科的鞘蕊花属（*Coleus*）、石梓属（*Gmelina*）、香茶菜属（*Isodon*），列当科的独脚金属（*Striga*），菊科的鱼眼草属（*Dichrocephala*）、一点红属（*Emilia*），海桐花科（Pittosporaceae）的海桐花属（*Pittosporum*）。

与旧世界热带分布类型相近的热带亚洲、非洲和大洋洲间断分布变型有番荔枝科的瓜馥木属（*Fissistigma*）（图2-2-8），水鳖科的水鳖属（*Hydrocharis*），水蕹

图 2-2-8　福建的旧世界热带分布变型植物（瓜馥木属 *Fissistigma*）

科（Aponogetonaceae）的水蕹属（*Aponogeton*），兰科的带叶兰属（*Taeniophyllum*），防己科的青牛胆属（*Tinospora*），桑科的水蛇麻属（*Fatoua*），檀香科的百蕊草属（*Thesium*），茜草科的茜树属（*Aidia*）、乌口树属（*Tarenna*），夹竹桃科的匙羹藤属（*Gymnema*），菊科的艾纳香属（*Blumea*）等11属。这类分布变型起源于古南大陆。

本分布区类型有较强的热带性和古老性的成分，在福建分布的数量不多，主要为中小型属，多为单种或寡种分布，但有些种类热带特征很突出，为福建植被增添了热带的色彩，如小花青藤（*Illigera parviflora*）、血桐（*Macaranga tanarius* var. *tomentosa*）、露兜树（*Pandanus tectorius*）、芭蕉（*Musa basjoo*）、橄榄（*Canarium album*）等。露兜树是福建东南部海岸灌丛的主要成分。

5. 热带亚洲至热带大洋洲分布类型及变型

热带亚洲至热带大洋洲分布类型及变型是指分布于旧大陆热带分布区东翼的属，其西端有时可到达马达加斯加，但一般不及非洲大陆。本成分主要起源于古南大陆。我国属于这一分布区类型的有148属。

在福建，热带亚洲至热带大洋洲分布类型有66属，占福建被子植物总属数的5.94%。它们是苏铁科的苏铁属（*Cycas*），番荔枝科的假鹰爪属（*Desmos*），天南星科的海芋属（*Alocasia*），水鳖科的黑藻属（*Hydrilla*），百部科（Stemonaceae）的百部属（*Stemona*），百合科的异蕊草属（*Thysanotus*），兰科的金线兰属（*Anoectochilus*）、无叶兰属（*Aphyllorchis*）、拟兰属（*Apostasia*）、隔距兰属（*Cleisostoma*）、兰属（*Cymbidium*）、石斛属（*Dendrobium*）、毛兰属（*Eria*）、天麻属（*Gastrodia*）、葱叶兰属（*Microtis*）、阔蕊兰属（*Peristylus*）、石仙桃属（*Pholidota*）、白点兰属（*Thrixspermum*），阿福兰科（Asphodelaceae）的山菅兰属（*Dianella*），棕榈科的桄榔属（*Arenga*）、蒲葵属（*Livistona*），姜科的山姜属（*Alpinia*）、姜黄属（*Curcuma*）、姜属（*Zingiber*），莎草科的鳞籽莎属（*Lepidosperma*），禾本科的鬲茅属（*Dimeria*）、蜈蚣草属（*Eremochloa*）、鸥鸪草属（*Eriachne*）、耳稃草属（*Garnotia*）、淡竹叶属（*Lophatherum*）、假金发草属（*Pseudopogoatherum*）、鬣刺属（*Spinifex*）、结缕草属（*Zoysia*），山龙眼科的山龙眼属（*Helicia*）（图2-2-9），小二仙草科的小二仙草属（*Gonocarpus*），葡萄科的崖爬藤属（*Tetrastigma*），豆科的蝙蝠草属（*Christia*）、假木豆属（*Dendrolobium*）、野扁豆属（*Dunbaria*）、大豆属（*Glycine*），远志科的齿果草属（*Salomonia*），桑科的波罗蜜属，葫芦科的栝楼属（*Trichosanthes*），杜英科的杜英属（*Elaeocarpus*），叶下珠科的黑面神属（*Breynia*），桃金娘科的岗松属（*Baeckea*）、桃金娘属（*Rhodomyrtus*），野牡丹科的野牡丹属

图 2-2-9　福建的热带亚洲至热带大洋洲分布类型植物（山龙眼属 *Helicia*）

（*Melastoma*），芸香科的九里香属（*Murraya*），苦木科的臭椿属（*Ailanthus*），楝科的香椿属（*Toona*），瑞香科（Thymelaeaceae）的荛花属（*Wikstroemia*），蛇菰科（Balanophoraceae）的蛇菰属（*Balanophora*），檀香科的寄生藤属（*Dendrotrophe*），茜草科的新耳草属（*Neanotis*），夹竹桃科的链珠藤属（*Alyxia*）、眼树莲属（*Dischidia*）、球兰属（*Hoya*），旋花科的银背藤属（*Argyreia*），苦苣苔科的旋蒴苣苔属（*Boea*），车前科的毛麝香属（*Adenosma*）、小果草属（*Microcarpaea*），唇形科的广防风属（*Anisomeles*）、水蜡烛属（*Dysophylla*），透骨草科的通泉草属（*Mazus*），列当科的胡麻草属（*Centranthera*）。

山龙眼科的山龙眼属、野牡丹科的野牡丹属、瑞香科的荛花属植物等可分布到亚热带，甚至温带。而桃金娘（*Rhodomyrtus tomentosa*）则是福建东南部阳性灌丛的建群种类。

在福建未见热带亚洲至热带大洋洲分布变型。

6. 热带亚洲至热带非洲分布类型及变型

热带亚洲至热带非洲分布类型及变型是指分布于旧大陆热带分布区西翼的属，分布地区从热带非洲至马来西亚，有的也分布到斐济等南太平洋岛屿，但不到澳大利亚大陆。这类分布区成分也是起源于古南大陆，但由于非洲古陆历来与古地中海相毗连，有不少属和古地中海植物区系存在一定联系。我国属于这一分布区类型的有 164 属。

在福建，热带亚洲至热带非洲分布类型及变型有40属，占福建被子植物总属数的3.60%。其中，热带亚洲至热带非洲分布类型有35属，它们是兰科的苞舌兰属（*Spathoglottis*），鸭跖草科的穿鞘花属（*Amischotolype*），竹芋科（Marantaceae）的柊叶属（*Phrynium*），禾本科的莠竹属（*Microstegium*）、芒属（*Miscanthus*）、类芦属（*Neyraudia*）、筒轴茅属（*Rottboellia*）、菅属（*Themeda*）、草沙蚕属（*Tripogon*），豆科的木豆属（*Cajanus*），荨麻科的水麻属（*Debregeasia*）、假楼梯草属（*Lechanthus*），葫芦科的赤瓟属（*Thladiantha*），藤黄科（Clusiaceae）的藤黄属（*Garcinia*），大戟科的海漆属（*Excoecaria*）、蓖麻属（*Ricinus*），使君子科（Combretaceae）的使君子属（*Quisqualis*），千屈菜科的紫薇属（*Lagerstroemia*），芸香科的飞龙掌血属（*Toddalia*），桑寄生科的离瓣寄生属（*Helixanthera*）、钝果寄生属（*Taxillus*），报春花科的铁仔属（*Myrsine*），茜草科的山石榴属（*Catunaregam*）、尖叶木属（*Urophyllum*），夹竹桃科的羊角拗属（*Strophanthus*），苦苣苔科的长蒴苣苔属（*Didymocarpus*），爵床科的白接骨属（*Asystasiella*）、山蓝属（*Peristrophe*）、孩儿草属（*Rungia*），唇形科的豆腐柴属（*Premna*），菊科的野茼蒿属（*Crassocephalum*）、菊三七属（*Gynura*）、六棱菊属（*Laggera*）、大丁草属（*Leibnitzia*），五加科的常春藤属（*Hedera*）。

在福建，热带亚洲至热带非洲分布类型有两个变型：华南、西南至印度和热带非洲间断分布变型有菊科的山黄菊属（*Anisopappus*）；热带亚洲和东非间断分布变型有豆科的藤槐属（*Bowringia*）、五列木科的杨桐属（*Adinandra*）、夹竹桃科的黑鳗藤属（*Stephanotis*）、爵床科的马蓝属（*Strobilanthes*）等4属。

7. 热带亚洲分布类型及变型

热带亚洲是旧大陆的中心部分，其范围包括印度、斯里兰卡、中南半岛、印度尼西亚、加里曼丹岛、菲律宾及伊里安岛等，东面可到斐济等南太平洋诸岛屿，但不到大洋洲大陆，其分布区的北部边缘到达我国西南、华南及台湾热带地区，甚至更北地区。由于这一地区处于南、北古大陆的接触交汇地带，自第三纪以来生物气候条件未经巨大的动荡而保持相对稳定的状态，地区内部又有复杂的生境变化，因此成为世界上植物区系成分最丰富的地区之一，并且保存了大量第三纪古热带植物区系的后裔或残遗。我国属于这一分布区类型的有611属，其中有不少是古老或原始的单种和寡种属，因此这类成分也是我国植物区系中最丰富的成分。

图2-2-10　福建的热带亚洲分布类型植物（润楠属 Machilus）

在福建，热带亚洲分布类型及变型有154属，占福建种子植物总属数的13.85%。其中，热带亚洲分布类型有90属，它们是罗汉松科的竹柏属（Nageia），五味子科的南五味子属（Kadsura），木兰科的木莲属（Manglietia）、含笑属（Michelia）、樟科的山胡椒属（Lindera）、润楠属（Machilus）（图2-2-10）、新木姜子属（Neolitsea），金粟兰科的草珊瑚属（Sarcandra），天南星科的崖角藤属（Rhaphidophora）、犁头尖属（Typhonium）、菝葜科的肖菝葜属（Heterosmilax），百合科的无叶莲属（Petrosavia），兰科的吻兰属（Collabium）、蛇舌兰属（Diploprora）、盆距兰属（Gastrochilus）、斑叶兰属（Goodyera）、湿唇兰属（Hygrochilus）、盂兰属（Lecanorchis）、血叶兰属（Ludisia）、钗子股属（Luisia）、全唇兰属（Myrmechis）、白蝶兰属（Pecteilis）、寄树兰属（Robiquetia）、指柱兰属（Stigmatodactylus）、带唇兰属（Tainia），天门冬科的竹根七属（Disporopsis），棕榈科的山槟榔属（Pinanga）、棕竹属（Rhapis），姜科的舞花姜属（Globba）、土田七属（Stahliathus），禾本科的牡竹属（Dendrocalamus）、水禾属（Hygroryza）、箬竹属（Indocalamus）、稗荩属（Sphaerocaryum）、棕叶芦属（Thysanolaena）、玉山竹属（Yushania），防己科的夜花藤属（Hypserpa）、细圆藤属（Pericampylus），清风藤科的清风藤属（Sabia），黄杨科（Buxaceae）的野扇花属（Sarcococca），金缕梅科的蚊母树属（Distylium）、水丝梨属（Sycopsis），虎皮楠科（Daphniphyllaceae）的虎皮楠属（Daphniphyllum），豆科的葛属（Pueraria）、密花豆属（Spatholobus）、葫芦茶属（Tadehagi），蔷薇科的臀果木属（Pygeum），荨麻科的微柱麻属（Chamabainia）、紫麻属（Oreocnide）、赤车属（Pellionia），壳斗科的青冈属（Cyclobalanopsis）（图2-2-11），胡桃科的黄杞属（Engelhardtia），葫芦科的绞股蓝属（Gynostemma）、茅瓜属（Solena），金虎尾科（Malpighiaceae）的风筝果属（Hiptage），大戟科的黄桐属，黏木科（Ixonanthaceae）的黏木属（Ixonanthes），野牡丹科的蜂斗草属（Sonerila），芸香科的金橘属（Fortunella）、吴茱萸属（Tetradium）（图2-2-12），锦葵科的翅子树属（Pterospermum），桑寄生科的鞘花属（Macrosolen）、梨果寄生属（Scurrula），五列木科的五列木属（Pentaphylax），山榄科（Sapotaceae）的肉实树属（Sarcosperma），山茶科的核果茶属（Pyrenaria），杜鹃花科的假沙晶兰属（Monotropastrum），茶茱萸科的定心藤属（Mappianthus），茜草科的香果树属（Emmenopterys）（图2-2-13）、腺萼木属（Mycetia）、蛇根草属（Ophiorrhiza）、鸡矢藤属、槽裂木属（Pertusadina）、南山花属（Prismatomeris），夹竹桃科的花皮胶藤属（Ecdysanthera）、醉魂藤属（Heterostemma）、腰骨藤属（Ichnocarpa）、钮子花属（Parabeaumontia），苦苣苔科的唇柱苣苔属（Chirita）、蛛毛苣苔属（Paraboea）、线柱苣苔属（Rhynchotechum），母草科的三翅萼属（Legazpia），爵床科的穿心莲属（Andrographis）、钟花草属（Codonacanthus）、金足草属（Goldfussia）、拟地皮消属（Leptosiphonium），唇形科的锥花属（Gomphostemma）、刺蕊草属（Pogostemon），菊科的苦荬菜属（Ixeris）、翅果菊属（Pterocypsella）。

图 2-2-11 福建的热带亚洲分布类型植物（青冈属 *Cyclobalanopsis*）

图 2-2-12 福建的热带亚洲分布类型植物（吴茱萸属 *Tetradium*）

图 2-2-13 福建的热带亚洲分布类型植物（香果树属 *Emmenopterys*）

　　由于福建地处亚洲，热带亚洲成分自然比较丰富，有许多是福建森林植被的主要成分。

　　壳斗科的青冈属、樟科的润楠属和山胡椒属、胡桃科的黄杞属、金粟兰科的草珊瑚属以及热带亚洲特有植物（如虎皮楠属植物）等，皆在我国热带、亚热带森林中起着建群作用或是常见植物。还有一些竹类，如箬竹属等在我国热带、亚热带森林中往往成为灌木层的优势种。这些植物大多数是第三纪古热带植物区系的后裔，表明了我国热带、亚热带森林植被的古老性，及其与更北部分布的温带森林在区系上存在联系。此外，还有不少藤本植物，如清风藤科的清风藤属、五味子科的南五味子属、防己科的细圆藤属，也都是森林中常见的层间植物。

热带亚洲分布类型中的多个变型在福建都有分布，有 64 属。爪哇、喜马拉雅间断或星散分布到华南、西南的变型，有蕈树科的蕈树属（*Altingia*）、金缕梅科的马蹄荷属（*Exbucklandia*）、红花荷属（*Rhodleia*）、豆科的山豆根属（*Euchresta*），叶下珠科的秋枫属（*Bischofia*），野牡丹科的锦香草属（*Phyllagathis*），锦葵科的梭罗树属（*Reevesia*），山茶科的木荷属（*Schima*），唇形科的凉粉草属（*Mesona*）、假糙苏属（*Paraphlomis*），五加科的大参属（*Macropanax*）等 11 属；热带印度至华南分布的变型有兰科的独蒜兰属（*Pleione*），豆科的鸡血藤属（*Callerya*）、排钱树属（*Phyllodium*），川苔草科（Podostemaceae）的川藻属（*Dalzellia*），野牡丹科的肉穗草属（*Sarcopyramis*），叠珠树科的伯乐树属（*Bretschneidera*），檀香科的重寄生属（*Phacellaria*），桑寄生科的大苞寄生属（*Tolypanthus*），夹竹桃科的帘子藤属（*Pottsia*），五加科的幌伞枫属（*Heteropanax*）等 10 属；缅甸、泰国至华西南分布变型有唇形科的假野芝麻属（*Paralamium*），仅 1 属；越南或中南半岛至华南或西南分布的变型有柏科的福建柏属（*Fokienia*），禾本科的酸竹属（*Acidosasa*），金缕梅科的秀柱花属（*Eustigma*），野牡丹科的异药花属（*Fordiophyton*），山榄科的铁榄属（*Sinosideroxylon*），安息香科的赤杨叶属（*Alniphyllum*）、陀螺果属（*Melliodendron*），茜草科的白果香楠属（*Alleizettella*），夹竹桃科的毛药藤属（*Sindechites*），苦苣苔科的半蒴苣苔属（*Hemiboea*）等 10 属；西马来至华南分布变型有天南星科的芋属（*Colocasia*），鸭跖草科的网籽草属（*Dictyospermum*），蔷薇科的枇杷属（*Eriobotrya*），野牡丹科的柏拉木属（*Blastus*），芸香科的石椒草属（*Boenninghausenia*）、柑橘属（*Citrus*），山茶科的山茶属（*Camellia*），桔梗科的金钱豹属（*Campanumoea*）、轮钟花属（*Cyclocodon*）等 9 属；西马来与中马来至华南分布变型有金缕梅科的假蚊母树属（*Distyliopsis*）、川苔草科的飞瀑草属（*Cladopus*）、兰科的竹叶兰属（*Arundina*）、防己科的轮环藤属（*Cyclea*）、绣球花科（Hydrangeaceae）的常山属（*Dichroa*）、旋花科的飞蛾藤属（*Dinetus*）、列当科的野菰属（*Aeginetia*）等 7 属；马来至华南分布变型有棕榈科的省藤属（*Calamus*）、禾本科的沟稃草属（*Aniselytron*）、蔷薇科的蛇莓属（*Duchesnea*）、五列木科的茶梨属（*Anneslea*）、茜草科的狗骨柴属（*Tricalysia*）等 5 属；中马来分布变型有茜草科流苏子属（*Coptosapelta*），仅 1 属；东马来至华南分布变型有防己科的秤钩风属（*Diploclisia*），仅 1 属；新几内亚至华南分布变型有金粟兰科的金粟兰属（*Chloranthus*）、兰科的厚唇兰属（*Epigeneium*）、苦苣苔科的芒毛苣苔属（*Aeschynanthus*）等 3 属；西太平洋诸岛弧至华南分布变型有兰科的牛齿兰属（*Appendicula*）、贝母兰属（*Coelogyne*），禾本科的薏苡属（*Coix*），桑科的构属（*Broussonetia*），夹竹桃科的鳝藤属（*Anodendron*），菊科的小苦荬属（*Ixeridium*）等 6 属。

8. 北温带分布类型及变型

北温带分布类型及变型一般是指分布于欧洲、亚洲和北美洲温带地区的属。由于历史和地理的原因，有些属沿山脉向南延伸到热带山区，直至南半球温带，但其分布中心或原始类型仍在北温带。我国属于这一分布区类型的有 302 属，几乎包括了北温带分布的所有典型的含乔木种的属。

在福建，北温带分布类型及变型有 129 属，占福建种子植物总属数的 11.60%。其中，北温带分布类型 96 属，它们是红豆杉科（Taxaceae）的红豆杉属（*Taxus*），松科（Pinaceae）的松属，柏科的刺柏属（*Juniperus*），睡莲科的萍蓬草属（*Nuphar*），马兜铃科的细辛属（*Asarum*），菖蒲科（Acoraceae）的菖蒲属（*Achyranthes*），天南星科的天南星属（*Arisaema*），藜芦科（Melanthiaceae）的重楼属（*Paris*）、藜芦属（*Veratrum*），百合科的百合属（*Lilium*），兰科的玉凤花属（*Habenaria*）、对叶兰属（*Listera*）、兜被兰属（*Neottianthe*）、舌唇兰属（*Platanthera*）、绶草属（*Spiranthes*），鸢尾科（Iridaceae）的鸢尾属（*Iris*），天门冬科的舞鹤草属（*Maianthemum*）、黄精属（*Polygonatum*），禾本科的菵草属（*Beckmannia*）、拂子茅属（*Calamagrostis*）、野青茅属（*Deyeuxia*）、稗属（*Echinochloa*）、披碱草属（*Elymus*）、画眉草属（*Eragrostis*），罂粟科的紫堇属（*Corydalis*），毛茛科的乌头属（*Aconitum*）、黄连属（*Coptis*）、翠雀属（*Delphinium*），虎耳草科的金腰属（*Chrysosplenium*）、虎耳草属（*Saxifraga*），葡萄科的葡萄属（*Vitis*），豆科的紫荆属（*Cercis*），蔷薇科的龙芽草属（*Agrimonia*）、假升麻属（*Aruncus*）、樱桃属（*Cerasus*）、山楂属（*Crataegus*）、苹果属（*Malus*）、委陵菜属（*Potentilla*）、李属（*Prunus*）、蔷薇属（*Rosa*）、地榆属（*Sanguisorba*）、花楸属（*Sorbus*）（图2-2-14）、绣线菊属（*Spiraea*），胡颓子科（Elaeagnaceae）的胡颓子属（*Elaeagnus*），榆科的榔榆属（*Ulmus*），大麻科的葎草属（*Humulus*），桑科的桑属（*Morus*），壳斗科的栗属（*Castanea*）、水青冈属、栎属（图2-2-15），胡桃科的胡桃属（*Juglans*），桦木科的桦木属、鹅耳枥属，卫矛科的梅花草属（*Parnassia*），杨柳科的柳属（*Salix*），柳叶菜科的露珠草属（*Circaea*）、柳叶菜属（*Epilobium*），漆树科的盐肤木属（*Rhus*），锦葵科的锦葵属（*Malva*）、椴树属（*Tilia*），瑞香科的瑞香属（*Daphne*），十字花科的鼠耳芥属（*Arabidopsis*），蓼科的首乌属（*Fallopia*），石竹科的无心菜属（*Arenaria*）、卷耳属（*Cerastium*）、漆姑草属（*Sagina*），绣球花科的山梅花属（*Philadelphus*），山茱萸科的山茱萸属（*Cornus*）（图2-2-16），报春花科的点地梅属（*Androsace*），杜鹃花科的水晶兰属（*Monotropa*）、鹿蹄草属（*Pyrola*）、杜鹃花属（*Rhododendron*），紫草科的琉璃草属（*Cynoglossum*）、紫草属（*Lithospermum*），木犀科的白蜡树属（*Fraxinus*），玄参科的玄参属（*Scrophularia*），唇形科的风轮菜属（*Clinopodium*）、青兰属（*Dracocephalum*）、活血丹属（*Glechoma*）、地笋属（*Lycopus*）、薄荷属（*Mentha*）、夏枯草属（*Prunella*），列当科的山萝花属（*Melampyrum*），菊科的香青属（*Anaphalis*）、蓟属（*Cirsium*）、蜂斗菜属（*Petasites*）、风毛菊属（*Saussurea*）、一枝黄花属（*Solidago*）、苦苣菜属（*Sonchus*）、狗舌草属（*Tephroseris*），五福花科的荚蒾属（*Viburnum*），忍冬科的忍冬属（*Lonicera*），伞形科的毒芹属（*Cicuta*）、鸭儿芹属（*Cryptotaenia*）、独活属（*Heracleum*）、藁本属（*Ligusticum*）。许多成分是我国温带及亚热带山地落叶阔叶林的主要植物，但它们也经常出现在亚热带常绿阔叶林中。其中，松属、栎属、水青冈属、椴树属、鹅耳枥属也是森林群落的重要成分，这些属内的一些种还是森林群落的优势种，如马尾松、短柄枹（*Quercus serrata* var. *brevipetiolata*）、细叶青冈（*Cyclobalanopsis gracilis*）、水青冈（*Fagus longipetiolata*）、雷公鹅耳枥（*Carpinus viminea*）等。

图2-2-14　福建的北温带分布类型植物（花楸属 *Sorbus*）

图2-2-15　福建的北温带分布类型植物（栎属 *Quercus*）

图 2-2-16　福建的北温带分布类型植物（山茱萸属 *Cornus*）

　　在福建，北温带分布变型有33属。环北极分布变型有杜鹃花科的越桔属（*Vaccinium*）；北极—高山分布变型有莎草科的针蔺属（*Trichophorum*）；北温带和南温带间断分布变型有泽泻科的泽泻属（*Alisma*）、慈姑属（*Sagittaria*），石蒜科的葱属（*Allium*），香蒲科的黑三棱属（*Sparganium*），禾本科的雀麦属（*Bromus*）、洽草属（*Koeleria*）、臭草属（*Melica*）、鹬草属（*Phalaris*）、梯牧草属（*Phleum*）、草沙蚕属（*Trisetum*），毛茛科的唐松草属（*Thalictrum*），黄杨科的黄杨属（*Buxus*），景天科的景天属（*Sedum*），豆科的野豌豆属（*Vicia*），蔷薇科的路边青属（*Geum*）、稠李属（*Padus*），荨麻科的荨麻属（*Urtica*），杨梅科的杨梅属（*Myrica*），桦木科的桤木属（*Alnus*），无患子科的槭属，石竹科的蝇子草属（*Silene*），茜草科的茜草属（*Rubia*），龙胆科的獐牙菜属（*Swertia*），茄科的枸杞属（*Lycium*），车前科的婆婆纳属（*Veronica*），菊科的紫菀属（*Aster*），五福花科的接骨木属（*Sambucus*），伞形科的当归属（*Angelica*）、柴胡属（*Bupleurum*）；欧亚和南美洲温带间断分布变型有禾本科的看麦娘属（*Alopecurus*）、小檗科的小檗属（*Berberis*）。

9. 东亚和北美洲间断分布类型及变型

　　东亚和北美洲间断分布类型及变型是指间断分布于东亚和北美温带及亚热带地区的属。有些属可从亚洲延伸到印度—马来西亚，在美洲也可延至热带，个别属还出现于南非、澳大利亚或中亚，但它们的分布中心分别在东亚和北美。我国属于这一分布区类型的有124属，其中单种和寡种的有54属，表明这一成分的古老性。

　　在福建，东亚和北美洲间断分布类型及变型有75属，占福建种子植物总属数的6.74%。其中，东亚和北美洲间断分布类型73属，它们是红豆杉科的榧树属（*Torreya*），松科的黄杉属（*Pseudotsuga*）、铁杉属（*Tsuga*），五味子科的八角属（*Illicium*）、五味子属（*Schisandra*），三白草科的三白草属（*Saururus*），木兰科的厚朴属（*Houpoëa*）、鹅掌楸属（*Liriodendron*）（图2-2-17）、玉兰属（*Yulania*），樟科的檫木属（*Sassafras*），沼金花科（Nartheciaceae）的肺筋草属（*Aletris*），百部科的黄精叶钩吻属（*Croomia*），藜芦科的延龄草属（*Trillium*），兰科的头蕊兰属（*Cephalanthera*）、朱兰属（*Pogonia*），鸭跖草科的紫万年青属（*Tradescantia*），莎草科的蔺藨草属（*Trichophorum*），禾本科的乱子草属（*Muhlenbergia*）、菰属（*Zizania*），防己科的蝙蝠葛属（*Menispermum*），小檗科的十大功劳属（*Mahonia*），莲科（Nelumbonaceae）的莲属（*Nelumbo*），黄杨科的板凳果属（*Pachysandra*），蕈树科的枫香树属（*Liquidambar*），虎耳草科的落新妇属（*Astilbe*）、鼠刺属（*Itea*）、扯根菜属（*Penthorum*）、黄水枝属（*Tiarella*），葡萄科的蛇葡萄属（*Ampelopsis*）、地锦属（*Parthenocissus*），豆科的两型豆属（*Amphicarpaea*）、土圉儿属（*Apios*）、香槐属（*Cladrastis*）、山蚂蝗属（*Desmodium*）、皂荚属（*Gleditsia*）、肥皂荚属（*Gymnocladus*）、胡枝子属（*Lespedeza*）、小槐花属（*Ohwia*）、紫藤属（*Wisteria*），蔷薇科的石楠属（*Photinia*），鼠李科的勾儿茶属（*Berchemia*），桑科的柘属（*Maclura*），壳斗科的锥属（*Castanopsis*）（图2-2-18）、柯属（*Lithocarpus*），漆树科的漆树属（*Toxicodendron*），檀香科的檀梨属（*Pyrularia*），蓼科的金线草属（*Antenoron*），蓝果树科的蓝果树属（*Nyssa*），绣球花科的溲疏属（*Deutzia*）、绣球属（*Hydrangea*），五列木科的红淡比属（*Cleyera*），山茶科的大头茶属（*Gordonia*）、紫茎属（*Stewartia*），安息香科的银钟花属（*Halesia*），杜鹃花科的珍珠花属（*Lyonia*）、马醉木属（*Pieris*），马钱科的钩吻属（*Gelsemium*），夹竹桃科的络石属（*Trachelospermum*），茄科的散血丹属（*Physaliastrum*），木犀科的流苏树属（*Chionanthus*）、木犀属（*Osmanthus*），车前科的腹水草属（*Veronicastrum*），紫葳科（Bignoniaceae）的凌霄属（*Campsis*）、梓属（*Catalpa*），唇形科的藿香属（*Agastache*）、龙头草属（*Meehania*），透骨草科的透骨草属（*Phryma*），菊科的和尚菜属（*Adenocaulon*）、东风菜属（*Doellingeria*）、菊芋属（*Helianthus*），五加科的楤木属（*Aralia*）、人参属（*Panax*），伞形科的香根芹属（*Osmorhiza*）。其中一些在我国主要分布于西南至秦岭到长江以南的亚热带地区，在亚热带森林组成中占有重要地位，最明显的例子是壳斗科的锥属植物，如甜槠（*Castanopsis eyrei*）、苦槠（*Castanopsis sclerophylla*）、钩锥（*Castanopsis tibetana*）、毛锥（*Castanopsis fordii*）、米槠（*Castanopsis carlesii*）、栲（*Castanopsis fargesii*），以及蕈树科的枫香树（*Liquidambar formosana*）、樟科的檫木、蔷薇科的贵州石楠（*Photinia bodinieri*）等，都是常绿阔叶林的建群种。

图 2-2-17 福建的东亚和北美洲间断分布类型植物（鹅掌楸属 *Liriodendron*）

图 2-2-18 福建的东亚和北美洲间断分布类型植物（锥属 *Castanopsis*）

在福建，东亚和北美洲间断分布变型有忍冬科的糯米条属（*Abelia*）、六道木属（*Zabelia*）等 2 属。

10. 旧世界温带分布类型及变型

旧世界温带分布类型及变型是指广泛分布于欧亚两洲中—高纬度温带和寒温带，个别种延伸到北非、亚非热带山地或澳大利亚的属。我国属于这一分布区类型的有 164 属。单种属和寡种属比较贫乏，而且大多数是草本，具有北温带区系的一般特色。

在福建，旧世界温带分布类型及变型有 46 属，占福建种子植物总属数的 4.14%。其中，旧世界温带分布类型 30 属，它们是兰科的角盘兰属（*Herminium*），阿福花科的萱草属（*Hemerocallis*），禾本科的燕麦属（*Avena*），小檗科的淫羊藿属（*Epimedium*），景天科的费菜属（*Phedimus*），豆科的草木犀属（*Melilotus*），蔷薇科的梨属（*Pyrus*），千屈菜科的菱属（*Trapa*），蓼科的荞麦属（*Fagopyrum*），石竹科的石竹属（*Dianthus*）、剪秋罗属（*Lychnis*）、鹅肠菜属（*Myosoton*）、麦蓝菜属（*Vaccaria*），报春花科的假报春属（*Cortusa*），唇形科的香薷属（*Elsholtzia*）、小野芝麻属（*Galeobdodon*）、野芝麻属（*Lamium*）、益母草属（*Leonurus*），桔梗科的沙参属（*Adenophora*），菊科的蓍属（*Achillea*）、牛蒡属（*Arctium*）、天名精属（*Carpesium*）、菊属（*Dendranthema*）、旋覆花属（*Inula*）、稻槎菜属（*Lapsanastrum*）、橐吾属（*Ligularia*）、麻花头属（*Serratula*），忍冬科的川续断属（*Dipsacus*），伞形科的水芹属（*Oenanthe*）、山芹属（*Ostericum*）。

天门冬科的绵枣儿属（*Barnardia*），禾本科的芦竹属（*Arundo*），蔷薇科的桃属（*Amygdalus*），鼠李科的马甲子属（*Paliurus*），榆科的榉树属（*Zelkova*），大戟科的山靛属（*Mercurialis*），木犀科的连翘属（*Forsythia*）、女贞属（*Ligustrum*），唇形科的牛至属（*Origanum*），伞形科的窃衣属（*Torilis*），是地中海区、西亚和东亚间断分布变型；唇形科的蜜蜂花属（*Melissa*）是地中海区和喜马拉雅间断分布变型；唇形科筋骨草属（*Ajuga*），菊科的蓝刺头属（*Echinops*）、莴苣属（*Lactuca*），伞形科蛇床属（*Cnidium*）、前胡属（*Peucedanum*）是欧亚和南非洲间断分布变型。由此可见，本区系与地中海、西伯利亚、欧洲及非洲有一定的联系。

本分布区类型植物多为草本，木本植物较少，只有女贞属、榉属、桃属、梨属等几个属，故在本区系中不起主要作用。

11. 温带亚洲分布类型

温带亚洲分布类型是指分布于亚洲温带的属，其分布区一般包括中亚（甚至西亚）、俄罗斯亚洲部分的南部和东西伯利亚，个别属延伸到北美西北部，南界至喜马拉雅山区、中国西南、华北至东北，朝鲜和日本北部，有些属至我国华中、华东的亚热带地区。我国属于这一分布区类型的不多，仅 55 属，其中以菊科、十字花科和伞形科居显著地位，北温带和旧大陆温带成分丰富。

在福建，温带亚洲分布类型有 9 属，占福建种子植物总属数的 0.81%。它们是禾本科的油芒属（*Spodiopogon*），景天科的瓦松属（*Orostachys*），豆科的杭子梢属（*Campylotropis*）、锦鸡儿属（*Caragana*），蔷薇科的杏属（*Armeniana*），蓼科的大黄属（*Rheum*），石竹科的孩儿参属（*Pseudostellaria*），紫草科的附地菜属（*Trigonotis*），菊科的山牛蒡属（*Synurus*）等，这些植物主要分布于路边、田野。

12. 地中海区、西亚至中亚分布类型及变型

地中海区、西亚至中亚分布类型及变型是指分布于现代地中海周围，经过西亚或西南亚至中亚和中国新疆、青藏高原及蒙古高原一带的属。我国属于这一分布区类型的有 171 属。

在福建，地中海区、西亚至中亚分布类型及变型仅 1 属，为漆树科的黄连木属（*Pistacia*），属于地中海区至温带—热带亚洲、大洋洲和南美洲间断分布变型。

13. 中亚分布类型及变型

中亚分布类型及变型是指从分布于中亚而不见于西亚及地中海的属。我国属于这一分布区类型的有 116 属。

在福建，中亚分布类型及变型仅 1 属，为十字花科的诸葛菜属（*Orychophragmus*）。

14. 东亚分布类型及变型

东亚分布类型及变型是指从喜马拉雅到日本的属，其分布区一般东北不超过俄罗斯境内的阿穆尔和日本北部至萨哈林，西南不超过越南北部和喜马拉雅东部或尼泊尔，南最远到达菲律宾、苏门答腊及爪哇岛，西北一般以中国各类森林的边界为界。它们和温带亚洲成分中的一些属的分布有时难以区分，但本分布区类型一般分布区较小。在我国属于这一分布区类型的有 299 属，其中单种和寡种属极丰富，约有 200 属，几乎都属于森林植物区系。

在福建，东亚分布类型及变型有 140 属，占福建种子植物总属数的 12.59%，是福建第三大分布区类型。其中，东亚分布类型 62 属，它们是红豆杉科的三尖杉属（*Cephalotaxus*），三白草科的蕺菜属（*Houttuynia*），百合科的大百合属（*Cardiocrinum*），兰科的无柱兰属（*Amitostigma*）、白及属（*Bletilla*）、杜鹃兰属（*Cremastra*）、山兰属（*Oreorchis*），鸢尾科的射干属（*Belamcanda*），石蒜科的石蒜属（*Lycoris*），天门冬科的蜘蛛抱蛋属（*Aspidistra*）、万寿竹属（*Disporum*）、山麦冬属（*Liriope*）、沿阶草属（*Ophiopogon*）、吉祥草属（*Reineckea*）、油点草属（*Tricyrtis*），棕榈科的棕榈属（*Trachycarpus*），禾本科的方竹属（*Chimonobambusa*）、刚竹属、金发草属（*Pogonatherum*）、唐竹属（*Sinobambusa*），木通科的野木瓜属（*Stauntonia*），毛茛科的人字果属（*Dichocarpum*），金缕梅科的蜡瓣花属（*Corylopsis*）（图 2-2-19）、檵木属（*Loropetalum*），蔷薇科的木瓜属（*Chaenomeles*）、石斑木属（*Rhaphiolepis*），荨麻科的花点草属（*Nanocnide*），葫芦科的盒子草属（*Actinostemma*），大戟科的油桐属（*Vernicia*），野牡丹科的野海棠属（*Bredia*），旌节花科的旌节花属（*Stachyurus*），漆树科的南酸枣属（*Choerospondia*），无患子科的栾树属（*Koelreuteria*），芸香科的茵芋属（*Skimmia*），蓼科的虎杖属（*Reynoutria*），猕猴桃科的猕猴桃属（*Actinidia*），杜鹃花科的吊钟花属（*Enkianthus*），

图 2-2-19　福建的东亚分布类型植物（蜡瓣花属 *Corylopsis*）

丝缨花科（Garryaceae）的桃叶珊瑚属（*Aucuba*），茜草科的水团花属（*Adina*）、虎刺属（*Damnacanthus*）、马钱科的蓬莱葛属（*Gardneria*），夹竹桃科的水壶藤属（*Urceola*），紫草科的斑种草属（*Bothriospemum*）、苦苣苔科的后蕊苣苔属（*Opithandra*）、车前科的地黄属（*Rehmannia*），唇形科的莸属（*Caryopteris*）、石荠苎属（*Mosla*）、紫苏属（*Perilla*），列当科的松蒿属（*Phtheriospermum*），青荚叶科（Helwingiaceae）的青荚叶属（*Helwingia*），桔梗科的党参属（*Codonopsis*）、袋果草属（*Peracarpa*），菊科的兔儿风属（*Ainsliaea*）、泥胡菜属（*Hemisteptia*）、假福王草属（*Paraprenanthes*）、蟹甲草属（*Parasenecio*）、帚菊属（*Pertya*）、秋分草属（*Rhynchospermum*）、蒲儿根属（*Sinosenecio*）、黄鹌菜属（*Youngia*），忍冬科的败酱属（*Patrinia*），五加科的五加属（*Eleutherococcus*）。

东亚分布类型有两个变型：一是中国—喜马拉雅分布变型，有 25 属，它们是松科的油杉属（*Keteleeria*），红豆杉科的穗花杉属，木兰科的长喙木兰属（*Lirianthe*）、拟单性木兰属（*Parakmeria*），兰科的槽舌兰属（*Holcoglossum*），天门冬科的开口箭属（*Campylandra*），鸭跖草科的竹叶吉祥草属（*Spatholirion*），木通科的八月瓜属（*Holboellia*），小檗科的鬼臼属（*Dysosma*），蔷薇科的臭樱属（*Maddenia*）、红果树属（*Stranvaesia*），葫芦科的雪胆属（*Hemsleya*），锦葵科的梧桐属（*Firmiana*），绣球花科的冠盖藤属（*Pileostegia*），龙胆科的双蝴蝶属（*Tripterospermum*），苦苣苔科的粗筒苣苔属（*Briggsia*）、吊石苣苔属（*Lysionotus*）、马铃苣苔属（*Oreocharis*），车前科的鞭打绣球属（*Hemiphragma*），唇形科的筒冠花属（*Siphocnarion*），列当科的阴行草属（*Siphonostegia*），菊科的兔儿伞属（*Syneilesis*），五加科的萸叶五加属（*Gamblea*），伞形科的囊瓣芹属（*Pternopetalum*）、东俄芹属（*Tongoloa*）。二是中国—日本分布变型，有 53 属，它们是柏科的柳杉属（*Cryptomeria*），木兰科的天女花属（*Oyama*），天南星科的半夏属（*Pinellia*），藜芦科的白丝草属（*Chionographis*），兰科的萼脊兰属（*Sedirea*）、宽距兰属（*Yoania*），天门冬科的玉簪属（*Hosta*）、万年青属（*Rohdea*），禾本科的麦氏草属（*Molinia*）、沼原草属（*Moliniopsis*）、显子草属（*Phaenosperma*）、苦竹属（*Pleioblastus*）、矢竹属（*Pseudosasa*）、鹅毛竹属（*Shibataea*），罂粟科的博落回属（*Macleaya*），木通科的木通属（*Akebia*），防己科的风龙属（*Sinomenium*），小檗科的南天竹属（*Nandina*），毛茛科的天葵属（*Semiaquilegia*），虎耳草科的涧边草属（*Peltoboykinia*），豆科的鸡眼草属（*Kummerowia*），蔷薇科的棣棠花属（*Kerria*）、野珠兰属（*Stephanandra*），鼠李科的枳椇属（*Hovenia*），胡桃科的化香树属（*Platycarya*）、枫杨属（*Pterocarya*），卫矛科的雷公藤属（*Tripterygium*），杨柳科的山桐子属（*Idesia*），大戟科的丹麻杆属（*Discocleidion*），省沽油科的野鸦椿属（*Euscaphis*），芸香科的臭常山属（*Orixa*）、黄檗属（*Phellodendron*），锦葵科的田麻属（*Corchoropsis*），绣球花科的草绣球属（*Cardiandra*）、蛛网萼属（*Platycrater*）、钻地风属（*Schizophragma*），报春花科的假婆婆纳属（*Stimpsonia*），安息香科的白辛树属（*Pterostyrax*），茜草科的六月雪属（*Serissa*），夹竹桃科的萝藦属（*Metaplexis*），茄科的龙珠属（*Tubocapsicum*），苦苣苔科的苦苣苔属（*Conandron*），车前科的茶菱属，唇形科的绵穗苏属（*Comanthasphace*）、香简草属（*Keiskea*），泡桐科的泡桐属（*Paulownia*），列当科的鹿茸草属（*Monochasma*），桔梗科的桔梗属（*Platycodon*），菊科的苍术属（*Atractylodes*）、大吴风草属（*Farfugium*）、黄瓜菜属（*Paraixeris*），忍冬科的锦带花属（*Weigela*），伞形科的白苞芹属（*Nothosmyrnium*）。

15. 中国特有分布类型

中国特有分布类型是指以中国自然植物区为中心的属，其分布局限于中国境内，或很少一部分属的分布延伸至周边国家。特有属的研究，对于探讨植物区系的性质、区划、起源、变迁，乃至其他植物区系的亲缘关系都有着十分重要的价值。中国特有分布类型有 257 属，起源很复杂，特有古老木本属主要集中于中国北纬 20°—40°，起源于古北大陆南部，远在第三纪以前即已形成和分化。

　　在福建，中国特有分布类型有 37 属，占福建种子植物总属数的 3.33%。它们是银杏科（Ginkgoaceae）的银杏属，松科的金钱松属（*Pseudolarix*），柏科的杉木属、水松属（*Glyptostrobos*），红豆杉科的白豆杉属（*Pseudotaxus*），三白草科的裸蒴属（*Gymnotheca*），木兰科的华木莲属（*Sinomanglietia*），蜡梅科（Calycanthaceae）的蜡梅属（*Chimonanthus*）、夏蜡梅属（*Sinocalycanthus*），禾本科的箭竹属（*Fargesia*）、少穗竹属（*Oligostachyum*），罂粟科的血水草属（*Eomecon*），木通科的大血藤属（*Sargentodoxa*），蕈树科的半枫荷属（*Semiliquidambar*），葡萄科的俞藤属（*Yua*），大麻科的青檀属（*Pteroceltis*），胡桃科的青钱柳属（*Cyclocarya*），杨柳科的山拐枣属（*Poliothyrsis*），瘿椒树科（Tapisciaceae）的瘿椒树属（*Tapiscia*），无患子科的伞花木属（*Eurycorymbus*）（图 2-2-20），芸香科的枳属（*Poncirus*），十字花科的阴山荠属（*Yinshania*），蓝果树科的喜树属（*Camptotheca*），杜仲科（Eucommiaceae）的杜仲属（*Eucommia*），茜草科的鸡仔木属（*Sinadina*），龙胆科的匙叶草属（*Latouchea*），夹竹桃科的秦岭藤属（*Biondia*），紫草科的皿果草属（*Omphalotrigonotis*）、盾果草属（*Thyrocarpus*），苦苣苔科的全唇苣苔属（*Deinocheilos*）、小花苣苔属（*Primulina*）、台闽苣苔属（*Titanotrichum*），唇形科的毛药花属（*Bostrychanthera*）、四轮香属（*Hanceola*）、斜萼草属（*Loxocalyx*）、四棱草属（*Schnabelia*），五加科的通脱木属（*Tetrapanax*）。大果核果茶（*Pyrenaria spectabilis*）、伞花木（*Eurycorymbus cavaleriei*）、瘿椒树（*Tapiscia sinensis*）、大血藤在福建森林中均较常见。这些属都是进化上比较原始、古老的成分，这在一定程度上说明本区系成分的古老性。

图 2-2-20　福建的特有分布类型植物（伞花木属 *Eurycorymbus*）

三、蕨类植物区系分析

福建植被中常见的蕨类植物有 48 科 107 属。

世界分布类型有 24 属，它们是石杉科的石杉属，石松科的扁枝石松属（*Diphasiastrum*）、石松属，卷柏科的卷柏属（*Selaginella*），水韭科的水韭属（*Isoetes*），木贼科的木贼属（*Equisetum*），瓶尔小草科（Ophioglossaceae）的瓶尔小草属（*Ophioglossum*），膜蕨科（Hymenophyllaceae）的膜蕨属（*Hymenophyllum*），蕨科（Pteridiaceae）的蕨属（*Pteridium*），中国蕨科（Sinopteridaceae）的粉背蕨属（*Aleuritopteris*）、旱蕨属（*Pellaea*），铁线蕨科（Adiantaceae）的铁线蕨属（*Adiantum*），蹄盖蕨科（Athyriaceae）的蹄盖蕨属（*Athyrium*），铁角蕨科（Aspleniaceae）的铁角蕨属（*Asplenium*），乌毛蕨科的狗脊属（*Woodwardia*），鳞毛蕨科（Dryopteridaceae）的鳞毛蕨属（*Dryopteris*）、耳蕨属（*Polystichum*），舌蕨科（Elaphoglossaceae）的舌蕨属（*Elaphoglossum*），骨碎补科（Davalliaceae）的骨碎补属（*Davallia*），水龙骨科（Polypodiaceae）的石韦属（*Pyrrosia*），剑蕨科（Loxogrammaceae）的剑蕨属（*Loxogramme*），苹科（Marsileaceae）的苹属（*Marsilea*），槐叶苹科（Salvinia）的槐叶苹属（*Salvinia*）、满江红属（*Azolla*）。

泛热带分布类型有 30 属，它们是松叶蕨科的松叶蕨属，石杉科的马尾杉属（*Phlegmariurus*），石松科的垂穗石松属（*Palhinhaea*），瘤足蕨科的瘤足蕨属，里白科的里白属，海金沙科的海金沙属，膜蕨科的瓶蕨属（*Vandenboschia*），桫椤科（Cyatheaceae）的桫椤属（*Alsophila*），碗蕨科（Dennstaedtiaceae）的碗蕨属（*Dennstaedtia*），鳞始蕨科（Lindsaeaceae）的鳞始蕨属（*Lindsaea*）、乌蕨属（*Sphenomeris*），姬蕨科（Hypolepidaceae）的姬蕨属（*Hypolepis*），凤尾蕨科（Pteridaceae）的栗蕨属（*Histiopteris*）、凤尾蕨属（*Pteris*），中国蕨科的碎米蕨属（*Cheilosoria*）、隐囊蕨属（*Notholaena*）、金粉蕨属（*Onychium*），水蕨科（Parkeriaceae）的水蕨属（*Ceratopteris*），裸子蕨科（Hemionitidaceae）的凤丫蕨属（*Coniogramme*），书带蕨科（Vittariaceae）的书带蕨属（*Haplopteris*），金星蕨科的毛蕨属（*Cyclosorus*）、金星蕨属（*Parathelypteris*）、假毛蕨属（*Pseudocyclosorus*），乌毛蕨科的乌毛蕨属（*Blechnum*），鳞毛蕨科的复叶耳蕨属（*Arachniodes*），叉蕨科（Tectariaceae）的肋毛蕨属（*Ctenitis*）、叉蕨属（*Tectaria*），实蕨科（Bolbitidaceae）的实蕨属（*Bolbitis*），肾蕨科（Nephrolepidaceae）的肾蕨属（*Nephrolepis*），禾叶蕨科（Grammitidaceae）的禾叶蕨属（*Grammitis*）。

热带亚洲和热带美洲间断分布类型有 3 属，它们是莲座蕨科的观音座莲属，蚌壳蕨科的金毛狗属，蹄盖蕨科的双盖蕨属（*Diplazium*）。

旧世界热带分布类型有 9 属，它们是里白科的芒萁属（*Dicranopteris*），膜蕨科的假脉蕨属（*Crepidomanes*）、团扇蕨属（*Gonocormus*），碗蕨科的鳞盖蕨属（*Microlepia*），蹄盖蕨科的介蕨属（*Dryoathyrium*），金星蕨科的星毛蕨属（*Ampelopteris*），铁角蕨科的巢蕨属（*Neottopteris*），骨碎补科的阴石蕨属（*Humata*），水龙骨科的线蕨属（*Colysis*）。

热带亚洲至热带大洋洲分布类型有 3 属，它们是金星蕨科的针毛蕨属（*Macrothelypteris*）、槲蕨科的槲蕨属（*Drynaria*）、禾叶蕨科的革舌蕨属（*Scleroglossum*）。

热带亚洲至热带非洲分布类型有 9 属，它们是车前蕨科（Antrophyaceae）的车前蕨属（*Antrophyum*），蹄盖蕨科的角蕨属（*Cornopteris*），金星蕨科的茯蕨属（*Leptogramma*），鳞毛蕨科的贯众属（*Cyrtomium*）、肉刺蕨属（*Nothoperanema*），叉蕨科的轴脉蕨属（*Ctenitopsis*），水龙骨科的瓦韦属（*Lepisorus*）、星蕨属（*Microsorum*）、盾蕨属（*Neolepisorus*）。

热带亚洲分布类型有 10 属，它们是石松科的藤石松属（*Lycopodiastrum*），蹄盖蕨科的安蕨属（*Anisocampium*），金星蕨科的圣蕨属（*Dictyocline*）、新月蕨属（*Pronephrium*），乌毛蕨科的苏铁蕨属（*Brainea*），叉蕨科的黄腺羽蕨属（*Pleocnemia*）、地耳蕨属（*Quercifilix*），藤蕨科（Lomariopsidaceae）的网藤蕨属（*Lomagramma*），槲蕨科的崖姜属，禾叶蕨科的锯蕨属（*Micropolypodium*）。

北温带分布类型有4属，它们是阴地蕨科（Botrychiaceae）的阴地蕨属（*Botrychium*）、紫萁科的紫萁属、金星蕨科的卵果蕨属（*Phegopteris*）、球子蕨科（Onocleaceae）的荚果蕨属（*Matteuccia*）。

中亚分布类型仅 1 属，即骨碎补科的膜盖蕨属（*Araiostegia*）。

东亚分布类型及变型有14属，其中东亚分布类型有冷蕨科（Cystopteridaceae）的亮毛蕨属（*Acystopteris*），蹄盖蕨科的对囊蕨属（*Deparia*），金星蕨科的钩毛蕨属（*Cyclogramma*）、凸轴蕨属（*Metathelypteris*）、紫柄蕨属（*Pseudophegopteris*），水龙骨科的伏石蕨属（*Lemmaphyllum*）、假瘤蕨属（*Phymatopteris*）、水龙骨属（*Polypodiodes*）等8属；中国—喜马拉雅分布变型有叉蕨科的轴鳞蕨属（*Dryopsis*），水龙骨科的节肢蕨属（*Arthromeris*）、骨牌蕨属（*Lepidogrammitis*）等3属；中国—日本分布变型有稀子蕨科（Monachosoraceae）的岩穴蕨属（*Ptilopteris*）、鳞毛蕨科的鞭叶蕨属（*Cyrtomidictyum*）、水龙骨科的鳞果星蕨属（*Lepidomicrosorium*）等3属。

福建有许多蕨类植物是古热带起源的，如里白科蚌壳蕨科等；热带亚洲起源者有莲座蕨科、金星蕨科等；劳亚古大陆起源、以中国—喜马拉雅地区为其发展中心的有水龙骨科、鳞毛蕨科、蹄盖蕨科等；泛热带成分主要有铁线蕨科等。常见的大型蕨类植物，如福建观音座莲、金毛狗等，都反映了福建蕨类植物区系的古老性。

四、植物区系成分与植被关系

福建的植物区系成分丰富，区域分布也较为复杂，因此也形成了福建植被类型的多样性。由东到西，从南至北，从滨海到内陆山地，由于各地植物区系成分的组成不同，植被类型也有所差异。以下概述主要的植物区系成分与植被的关系。

1. 蕨类植物

福建地处亚热带，蕨类植物较为丰富，共有48科107属361种。它在福建植物区系组成中有一定的重要性，反映在植被类型上也有它重要的意义。在常绿阔叶林受到砍伐破坏后或在土壤较干燥的丘陵山地，芒萁常形成单优种群落或作为组成马尾松–芒萁群落的优势草本植物。

在南亚热带季风常绿阔叶林的草本层中，有些蕨类植物也是其林下重要的成分，如福建观音座莲、金毛狗、溪边凤尾蕨（*Pteris terminalis*）等大型蕨类植物，以及单叶新月蕨（*Pronephrium simplex*）、三羽新月蕨（*Pronephrium triphyllum*）、崇澍蕨（*Chieniopteris harlandii*）、沙皮蕨（*Tectaria harlandii*）（图 2-4-1）

图 2-4-1　福建的南亚热带季风常绿阔叶林下的沙皮蕨（*Tectaria harlandii*）

图 2-4-2　福建的南亚热带季风常绿阔叶林下的黑桫椤（*Alsophila podophylla*）

等。桫椤（*Alsophila spinulosa*）、黑桫椤（*Alsophila podophylla*）（图 2-4-2）等树蕨类，增添了季风常绿阔叶林的景色。

在中亚热带常绿阔叶林中的草本层里，蕨类植物也是其主要的成分，如中华里白、瘤足蕨、狗脊（*Woodwardia japonica*），以及鳞毛蕨属、凤尾蕨属、卷柏属、铁线蕨属植物等。

附生于乔木树干或岩石上的层间植物，如槲蕨（*Drynaria roosii*）、崖姜、鳞果星蕨（*Lepidomicrosorum buergerianum*）、大鳞巢蕨（*Neottopteris antiqua*）等，都构成福建南亚热带向热带过渡的色彩。

2. 裸子植物

在福建，裸子植物与植被的关系较为密切，尤其以松科和杉科等在福建森林植被中占有主要位置，是福建用材林的主要基础之一。其中，松科的马尾松、杉科的杉木是福建海拔 1000—1400m（南北不同）以下的主要针叶林建群种，也构成了福建主要的常绿针叶乔木林。福建大部分荒山荒地均有马尾松幼林或疏林存在，也常与壳斗科、山茶科、金缕梅科等一些阔叶树种混生。在村落附近常见有马尾松、杉木、毛竹（*Phyllostachys edulis*）等混生林。杉木林主要分布在闽中至闽西北地区，多为人工栽培，在茫荡山有杉木的原生群落。柳杉在福建丘陵山地沟谷可以形成群落，也可以星散分布，一般在海拔 400m 以上山地较多，而闽北地区海拔 1500m 以上尚可见一些天然林存在。

银杏曾经广布各地，如今只在重庆、贵州、浙江、福建形成群落，其他地方多单株或少数几株大树见于村落附近。福建的银杏群落见于尤溪龙门场和永泰珠峰，散生的古树见于武夷山、顺昌天台山、德化丁荣、大田万宅等地。

苏铁科苏铁属的四川苏铁（*Cycas szechuanensis*）广泛见于延平、沙县、永泰、漳平等地山间庙宇周边，可能是历史栽培。苏铁（*Cycas revoluta*）见于沿海。

油杉仅分布于福建南部及东南沿海，而江南油杉则分布于东部和北部山区，在明溪、永泰一些地方形成群落。铁杉在武夷山形成大面积的扁平叶型针叶林，而在福建中部的扁平叶型针叶林中长苞铁杉为优势种，在梅花山、天宝岩形成一定面积的长苞铁杉林，散落在各村落的后龙山上。据报道，黄杉在建宁金铙山有分布。

柏科的水松（图2-4-3）是活化石，在福建曾经广布于各地的沼泽地，但随着人类对土地的开发利用，

图 2-4-3　福建的裸子植物水松（*Glyptostrobus pensilis*）

大部分水松林地成了农田，甚至成了村落，现在水松林仅见于屏南、尤溪，在漳平永福可以看到大面积水松林的痕迹，在德化、永春都有粗大的水松。郑清芳和林来官曾经报道在古田和屏南发现台湾杉（秃杉 *Taiwania cryptomerioides*），李振基等在尤溪也见到过，都是胸径 150cm 的大树。

柏科福建柏、三尖杉科三尖杉则分布在福建各地，多散生于常绿阔叶林内或林缘，在福建长汀有福建柏形成的森林群落。刺柏在裸露的悬崖峭壁上一般可以见到，以丹霞地貌的泰宁、连城、邵武、武夷山、永安较多，可以形成小面积刺柏林。罗汉松科的竹柏分布在福建茫荡山国家级自然保护区、福建虎伯寮国家级自然保护区和永定的悬崖峭壁上，形成小面积竹柏林或混生于常绿阔叶林中。

红豆杉科的南方红豆杉全省各地均有，分布于海拔 2000m 以下的沟谷林中，在建宁和君子峰都有南方红豆杉形成的森林群落。榧树分布在闽北的浦城与武夷山国家公园等地，生长于海拔 1200m 以下的常绿阔叶林林缘，在浦城局部形成森林群落。穗花杉仅见于大田大仙峰省级自然保护区。

买麻藤科的买麻藤及小叶买麻藤是福建南亚热带季风常绿阔叶林的木质藤本植物种类，一直分布到福建武平梁野山，后者在中亚热带常绿阔叶林地区也有分布，但其分布北界仅至延平附近。

在垂直分布上，黄山松在海拔 1000m 以上分布，它与马尾松在垂直分布上以 1000—1400m 为界，形成替代现象。闽北海拔 1500m 以上可形成小片的铁杉林、阔叶粗榧林以及榧树林等，在垂直分布上界限都较明显。

从裸子植物在福建的分布情况，以及在不同地区、不同海拔出现不同的建群种，形成不同的群落类型来看，它与植被的关系至为密切。其水平与垂直的分布规律，可作为植被区划的重要依据之一。

3. 被子植物

被子植物是福建植被的主要成分，壳斗科、樟科、木兰科和蕈树科在福建南亚热带季风常绿阔叶林及中亚热带常绿阔叶林中占有主要地位。壳斗科在福建有 6 属 60 种，其中锥属、柯属、青冈属 3 个属的许多种类，樟科的楠属、樟属、润楠属的一些种类，木兰科的含笑属、拟单性木兰属和木莲属，蕈树科的蕈树属的一些种类，为常绿阔叶林的建群种、优势种或主要的树种。

在常绿阔叶林中，壳斗科常绿树种往往成为建群种或优势种，主要有红锥（*Castanopsis hystrix*）、淋漓锥（*Castanopsis uraiana*）、甜槠（图 2-4-4）、米槠、苦槠、鹿角锥（*Castanopsis lamontii*）、吊皮锥（*Castanopsis kawakamii*）、钩锥、毛锥、栲、黑叶锥（*Castanopsis nigrescens*）、赤皮青冈（*Cyclobalanopsis gilva*）、青冈（*Cyclobalanopsis glauca*）、云山青冈（*Cyclobalanopsis sessilifolia*）、小叶青冈（*Cyclobalanopsis myrsinifolia*）、福建青冈（*Cyclobalanopsis chungii*）、多脉青冈（*Cyclobalanopsis multinervis*）、烟斗柯（*Lithocarpus corneus*）、硬壳柯（*Lithocarpus hancei*）、港柯（*Lithocarpus harlandii*）、包果柯（*Lithocarpus ceistocarpus*）等。其中红锥为南亚热带季风常绿阔叶林的建群种，大多具板状根。其他如栗属、水青冈属、栎属等落叶的种类也有分布，形成小面积的栓皮栎林、茅栗林、水青冈林、白栎林等。

樟科植物在福建也是森林植被的主要建群种、优势种或主要的树种，有 12 属 66 种 9 变种和 1 变型，如闽楠（*Phoebe bournei*）、浙江楠（*Phoebe chekiangensis*）、黄樟（*Cinnamomum parthenoxylon*）、樟（*Cinnamomum camphora*）、华南桂（*Cinnamomum austrosinense*）、广东琼楠（*Beilschmiedia fordii*）、厚壳桂（*Cryptocarya chinensis*）、硬壳桂（*Cryptocarya chingii*）、黑壳楠（*Lindera megaphylla*）、香叶树（*Lindera communis*）、黄丹木姜子（*Litsea elongata*）、华南木姜子（*Litsea greenmaniana*）、大果木姜子（*Litsea lancilimba*）、刨花润楠（*Machilus pauhoi*）、黄枝润楠（*Machilus versicolora*）、绒毛润楠

图 2-4-4 福建的壳斗科建群种甜槠（*Castanopsis eyrei*）

（*Machilus velutina*）、建润楠（*Machilus oreophilla*）、红楠（*Machilus thunbergii*）、新木姜子（*Neolitsea aurata*）、大叶新木姜子（*Neolitsea levinei*）、鸭公树（*Neolitsea chui*）等。其中，厚壳桂、鸭公树、建润楠、大果木姜子仅分布在南亚热带季风常绿阔叶林中，厚壳桂可成为乔木层的优势种；闽楠在政和、泰宁、明溪、沙县一带可以成为常绿阔叶林的建群种（图 2-4-5）；红楠、锈叶新木姜子（*Neolitsea cambodiana*）、华南桂、紫楠等则主要分布在中亚热带常绿阔叶林中，其许多属种为森林乔木层中的主要成分或优势种；闽北常绿阔叶林还有落叶的檫木、山鸡椒（*Litsea cubeba*），广布于福建各地。豺皮樟（*Litsea rotundifolia* var. *oblongifolia*）在闽东南较为常见，是荒山荒地灌丛采伐地常见的主要种类，也常见于林缘路旁。东南沿海山地灌丛中或向阳疏林地有寄生缠绕的无根藤（*Cassytha filiformis*）。可见，樟科植物也参与了多种植被类型的形成。

木兰科是福建常绿阔叶林的主要成分之一，福建有 9 属 28 种，其中含笑属、拟单性木兰属、木莲属、玉兰属的一些种类是常见的树种。观光木（*Mchelia odora*）成为常绿阔叶林中的建群种或优势种，在明溪、永春等地形成观光木林（图 2-4-6）；深山含笑（*Mchelia maudiae*）、野含笑（*Mchelia skinneriana*）、阔瓣含笑（*Mchelia cavaleriei* var. *platypetala*）、金叶含笑（*Mchelia foveolata*）等常成为常绿阔叶林中的伴生种；乐东拟单性木兰在漳平、顺昌、邵武、永安形成乐东拟单性木兰林，在闽西、闽中与闽北地区海拔 500—1700m 的一些顶极的常绿阔叶林也成为主要树种。还出现一些落叶种类，如

图 2-4-5　福建的樟科建群种闽楠（*Phoebe bournei*）

图 2-4-6　福建的木兰科建群种观光木（*Mchelia odora*）

厚朴（*Houpoëa officinalis*）、鹅掌楸，生于常绿阔叶林缘或疏林地。黄山玉兰（*Yulania cylindrica*）仅见于武夷山脉一些山体上部，天女花（*Oyama sieboldii*）仅见于闽北黄岗山海拔2000m山顶苔藓矮林中。

蕈树科在福建有3属（蕈树属、枫香树属和半枫荷属）7种，与森林植被的组成关系较大。细柄蕈树（*Altingia gracilipes*）（图2-4-7）和蕈树（*Altingia chinensis*）是福建森林植被的主要种类，在福建茫荡山、梁野山、君子峰国家级自然保护区等一些地方，可成为建群种。枫香树是福建常绿阔叶林区中常见的阳性落叶树种，在森林受砍伐或火烧迹地上常与木荷（*Schima superba*）、杨桐（*Adinandra millettii*）等形成次生常绿落叶阔叶混交林，可逐渐向常绿阔叶林发展。枫香树也常与马尾松、木荷等散生于灌木丛中。半枫荷属植物主要分布于福建西部至北部山区，散生于常绿阔叶林中。

图2-4-7 福建的蕈树科建群种细柄蕈树（*Altingia gracilipes*）

金缕梅科在福建有8属13种6变种，其中檵木属、蚊母树属、马蹄荷属、蜡瓣花属、秀柱花属等，与森林植被的组成关系较大。檵木（*Loropetalum chinense*）是福建次生灌丛的优势种或主要种类，在一些地方成为乔木状。

山茶科是常绿阔叶林中的主要成分，在福建有4属19种4变种。在南亚热带季风常绿阔叶林和中亚热带常绿阔叶林中，木荷是优势树种之一，在林缘或森林砍伐迹地也多有生长，在荒山常与马尾松、枫香树、杨梅等树种组成混交林；山茶科还有许多种类是灌木层的主要成分，如核果茶属的小果核果茶（*Pyrenaria microcarpa*）、山茶属的尖连蕊茶（*Camellia cuspidata*）、柳叶毛蕊茶（*Camellia salicifolia*）、尖萼红山茶（*Camellia edithae*）等。紫茎（*Stewartia sinensis*）（图2-4-8）是山茶科落叶树种，分布于闽北海拔500—2000m的常绿阔叶林中，可以形成一定面积的苔藓矮曲林。浙江红山茶（*Camellia chekiangoleosa*）在福建峨嵋峰、闽江源国家级自然保护区，以及浦城县、政和县海拔1000m以上的山区常形成山地常绿

图 2-4-8　福建的山茶科建群种浙江红山茶（*Camellia chekiangoleosa*）

阔叶苔藓林。此外，茶（*Camellia sinensis*）在福建已有悠久的栽培历史，福建是我国主要产茶区之一。油茶（*Camellia oleifera*）在福建已广泛栽培，它是一种主要的木本油料作物。

　　五列木科是常绿阔叶林中的主要成分，在福建有 5 属 26 种 7 变种，如杨桐属的杨桐和大萼杨桐（*Adinandra glischroloma* var. *macrosepala*），柃木属的细齿叶柃（*Eurya nitida*）、细枝柃（*Eurya loquaiana*）、格药柃（*Eurya muricata*），厚皮香属的厚皮香（*Ternstroemia gymnanthera*）、小叶厚皮香（*Ternstroemia microphylla*），红淡比属的红淡比（*Cleyera japonica*）等是常绿阔叶林常见伴生种类。

　　茜草科在福建植被组成中，特别在南亚热带季风常绿阔叶林中有其重要性。茜草科在福建主要有茜树属、九节属、狗骨柴属、粗叶木属、白香楠属、风箱树属、水团花属、玉叶金花属等。其中多毛茜草树（*Aidia pycnantha*）、茜树（*Aidia cochinchinensis*）等在森林中可成为乔木层的主要树种，在局部地区可成为上层优势种。九节（*Psychotria asiatica*）（图 2-4-9）、假九节（*Psychotria tutcheri*）、狗骨柴（*Diplospora dubia*）、日本粗叶木（*Lasianthus japonicus*）、西南粗叶木（*Lasianthus henryi*）、斜基粗叶木（*Lasianthus attenuatus*）多为灌木层的优势种。玉叶金花（*Mussaenda pubescens*）、钩藤（*Uncaria rhynchophylla*）、羊角藤（*Morinda umbellata*）是林内的主要藤本植物，在林下攀援生长。蔓九节（*Psychotria serpens*）则多依附在乔木树干上。栀子（*Gardenia jasminoides*）是组成次生灌丛的重要成分，是福建荒山丘陵常见的种类，在南亚热带常与桃金娘、岗松（*Baeckea frutescens*）、车桑子（*Dodonaea viscosa*）、黑面神（*Breynia fruticosa*）、毛果算盘子（*Glochidion eriocarpum*）等混生，在中亚热带则与石斑木（*Rhaphiolepis*

图 2-4-9　福建的茜草科优势种九节（*Psychotria asiatica*）　　图 2-4-10　福建的豆科优势种亮叶鸡血藤（*Callerya nitida*）

indica）、杜鹃（*Rhododendron simsii*）、檵木及荚蒾属、蔷薇属植物等混生。耳草属、蛇根草属、猪殃殃属是草本层的成分。

豆科植物的种类在福建很丰富。猴耳环属的猴耳环（*Archidendron clypearia*）、亮叶猴耳环（*Archidendron lucidum*）是南亚热带森林的常见树种。红豆树属的花榈木（*Ormosia henryi*）、木荚红豆（*Ormosia xylocarpa*）、小叶红豆（*Ormosia microphylla*），黄檀属的黄檀（*Dalbergia hupeana*），槐属的闽槐（*Sophora franchetiana*）是森林乔木层的伴生树种。山槐（*Albizia kalkora*）为中亚热带常绿阔叶林的先锋树种。最具特色的是很多豆科植物成为森林中的粗大木质藤本植物，如密花豆（*Spatholobus suberectus*）、榼藤子（*Entada phaseoloides*）、藤黄檀（*Dalbergia hancei*）、常春油麻藤（*Mucuna sempervirens*）、龙须藤（*Bauhinia championii*）、厚果崖豆藤（*Milletia pachycarpa*）等常与杜仲藤（*Urceola micrantha*）、酸叶胶藤（*Urceola rosea*）、瓜馥木（*Fissistigma oldhami*）、白叶瓜馥木（*Fissistigma glaucescens*）、杖藤（*Calamus rhabdocladus*）、白藤（*Calamus tetradactylus*）一起，成为南亚热带季风常绿阔叶林中的层间植物。其独特的粗大木质藤本，是南亚热带季风常绿阔叶林的一个显著特征。其中，密花豆的单藤长可达 300m，径宽可达 50cm。羊蹄甲属的粉叶羊蹄甲（*Bauhinia glauca*）和首冠藤（*Bauhinia corymbosa*）、云实属的云实（*Caesalpinia decapetala*）、鸡血藤属的亮叶鸡血藤（*Callerya nitida*）（图 2-4-10）和网络鸡血藤（*Callerya reticulata*）、葛藤属的葛麻姆（*Pueraria montana* var. *lobata*）等在中亚热带森林中较为常见。同时，豆科植物也是福建次生灌丛或灌草丛的主要成分，如胡枝子属、山蚂蝗属、野百合属、千斤拔属等的一些种类；美丽胡枝子（*Lespedeza formosana*）在荒山灌草丛中常成为优势种。

禾本科在福建植物区系中占有主要位置，在组成福建植被类型方面比菊科、兰科、莎草科等更为重要。

竹类形成的竹林，是木本状多年生常绿阔叶林植被型。福建的竹林面积占比很大，多为单优种纯林，但也有与常绿阔叶林混交，或为林下优势灌木层，以刚竹属、篲竹属、牡竹属、唐竹属、苦竹属、方竹属、酸竹属、少穗竹属、箬竹属等属的种类为主。毛竹林在福建分布很广，由于其经济价值较高，很多为人工栽培，扩鞭成林。天然毛竹林中常有木荷、鹅掌柴（*Schefflera octophylla*）、青冈、细齿叶柃，林下有狗脊、七叶一枝花（*Paris polyphylla*）等。斑箨酸竹（*Acidosasa notata*）、苦竹（*Pleoblastus amarus*）多混生在常绿阔叶林中。唐竹林常与常绿阔叶林交错分布。肿节少穗竹（*Oligostachyum oedogonatum*）和屏南少穗竹（*Oligostachyum glabrescens*）常密集成整片的竹林。粉单竹（*Bambusa chungii*）多为纯林，林下其他植物较少。硬头黄竹林、凤尾竹林、麻竹林多栽培在河岸溪边或村落旁。闽中至闽北还有少量方竹林，它要求较温凉潮湿的河谷生境。在海拔较高的中山山顶附近，还有武夷山玉山竹（*Yushania wuyishanensis*）成为优势种的群落。

禾草类是组成福建山地丘陵草丛与草甸的建群种或优势种，如芒（*Miscanthus sinensis*）、五节芒（*Miscanthus floridulus*）、野古草（*Arundinella hirta*）、刺芒野古草（*Arundinella setosa*）、白茅（*Imperata cylindrica*）、野青茅（*Calamagrostis arundinacea*）等。以芒组成的高草草丛，在山区丘陵无林地局部出现；在森林砍伐迹地或火烧撂荒地出现有白茅灌草丛，较干旱的地区则以毛秆野古草或鹧鸪草（*Eriachne pallescens*）等为主。沼生、湿生草本群落常以芦苇（*Phragmites communis*）、互花米草（*Spartina alterniflora*）、红毛草（*Melinis repens*）、大黍（*Panicum maximum*）、铺地黍（*Panicum repens*）、狗牙根（*Cynodon dactylon*）等为主形成单优盐沼或湿生草甸；或与菰（*Zizania latifolia*）等，或与莎草科的短叶茳芏（*Cyperus malaccensis* subsp. *monophyllus*）等一些种类一起形成群落。淡竹叶（*Lophatherum gracile*）、棕叶狗尾草（*Setaria palmifolia*）等则常成为常绿阔叶林草本层的优势种之一。

蔷薇科在福建有31属146种20变种4变型，其中有较多果树植物种类，如枇杷（*Eriobotrya japonica*）、桃（*Amygdalus persica*）、李（*Prunun salicina*）等，在福建有较长的栽培历史。在天然植被上，作为组成森林的树种，主要有花楸属、苹果属、臀果木属、桂樱属、石楠属等。花楸属的种类仅分布在闽北较高海拔地区；苹果属多在闽北和闽西地区；臀果木属在福建仅有臀果木（*Pygeum opengis*）1种，分布于中部以南地区，是南亚热带季风常绿阔叶林的成分之一；桂樱属、石楠属分布于全省各地，如腺叶桂樱（*Laurocerasus phaeosticta*）、桃叶石楠（*Photinia prunifolia*）（图2-4-11）、贵州石楠等，在南亚热带季风常绿阔叶林和中亚热带常绿阔叶林中都有。蔷薇科的悬钩子属、蔷薇属、石斑木属、绣线菊属、山楂属等是灌丛及林下灌木层的常见成分，仅石斑木属的乔木种类锈毛石斑木（*Raphlepis ferruginea*）是森林树种。悬钩子属在福建有51个种和变种，是福建最大的属之一，它在我国南部地区形成了一个分布区的密集中心，福建处于该中心。它是南亚热带季风常绿阔叶林和常绿阔叶林中灌木层的主要成分，又是山地丘陵灌丛的主要成分之一。草本种类如龙芽草属、委陵菜属、蛇莓属、地榆属等植物，是灌草丛的常见种类。

桑科在福建有5属30种，其中桂木属和榕属中的一些种类是森林的乔木树种。前者主要分布在南亚热带季风常绿阔叶林中，后者在南亚热带季风常绿阔叶林和常绿阔叶林中都有。在南亚热带季风常绿阔叶林中的白桂木（*Artocarpus hypargyreus*）、杂色榕（*Ficus variegata*）、粗叶榕（*Ficus hirta*）有老茎生花现象，它们和猕猴桃科的水东哥（*Saurouia fristyla*）、山矾科的山矾属等的一些种类的老茎生花现象共同呈现雨林的特征。属于古热带成分的榕属在福建有18种，是森林的乔木或灌木种类。榕树（*Ficus microcarpa*）在福建东南沿海地区生长良好，在闽南地区有高大而繁多的气生根，呈现出热带景色。福州有"榕城"之称，闽南村落广栽榕树，可见榕树在福建栽培历史之悠久。此外，构树属、柘树属也是福建森林灌丛中常见的种类。

大戟科种类在福建有13属38种，部分为人为引种的种类，但其不少属种在植被组成上有一定的地位，如黄桐属、血桐属、巴豆属、乌桕属、油桐属等，是福建森林乔木的成分。黄桐（*Endospermum chinense*）可成为南亚热带季风常绿阔叶林的上层乔木。血桐等一些种类，多是乔木层或下木层常见的种类。山乌桕（*Triadica cochinchinensis*）是山地次生阔叶林中常见的种类。野桐（*Mallotus apelta*）、大戟属等的一些种类是灌草丛的主要成分。

叶下珠科种类在福建有8属33种，都是植被组成上的常见种类，如五月茶属、土蜜树属、重阳木属、算盘子属等，是福建森林乔木的成分。日本五月茶（*Antidesma japonicum*）、黄毛五月茶（*Antidesma fordii*）多是乔木层或下木层常见的种类。算盘子属、黑面神属、叶下珠属等一些种类是灌草丛的主要成分。

图 2-4-11 福建的蔷薇科常见种桃叶石楠（*Photinia prunifolia*）

  菊科是被子植物中种类最丰富的科之一，其形态结构高度特化，能适应现代的各种环境。与上述各科不同，菊科在森林植被中的种类很少，仅在林缘有一些地胆草属、拟鼠麹草属等植物。菊科植物在福建山地丘陵灌草丛、荒地到处可见，如苍耳（*Xanthium sibiricum*）、豨莶（*Sigesbeckia orientalis*）、蓟（*Cirsium japonicum*）、一点红（*Emilia sonchifolia*）、鬼针草（*Bidens pilosa*）、牡蒿（*Artemisia japonica*）、羊耳菊（*Inula cappa*）、千里光（*Senecio toucher*）等。它们是四边地荒草丛或山坡地灌草丛的主要成分。

  与福建植被关系比较密切的还有冬青科（图 2-4-12）、山矾科、紫金牛科、茜草科、杜鹃花科、杜英科、

图 2-4-12 福建的常绿阔叶林常见种铁冬青（*Ilex rotunda*）

五加科、金粟兰科、山龙眼科、桃金娘科、芸香科、野牡丹科、安息香科、夹竹桃科、天门冬科、藜芦科、兰科、胡桃科等，这些也都是以亚热带成分为主。至于一些北温带成分，如槭属、桦木属、鹅耳枥属、柳属、化香树属等落叶种类，常见于闽北落叶阔叶林中或中海拔以上山地。

五、植物区系与毗邻地区联系

福建植物区系与毗邻地区植物区系的联系较为密切。从与华东的其他地区和华中地区的联系看，马尾松、黄山松、杉木等，与华中、华东（包括台湾省）其他地区所共有。与华东其他地区共有的特有种有白栎（*Quercus fabri*）、苦槠、钩锥、紫楠等，还有蕺菜、大血藤、山蜡梅、山桐子、蓝果树（*Nyssa sinensis*）等。除了与华东其他地区、华中地区共有的外，有的也与西南地区共有，如亮叶桦（*Betula luminifera*）、细柄蕈树。中国—日本成分如粗榧属、柳杉属、南天竹属植物，以及青冈、柯（*Lithocarpus glaber*）、红楠等，也都是与华东地区共有的成分。分布在闽北地区的水青冈属、栗属、花楸属、石楠属、李属等的许多种类，也与华东地区相似。属于东亚—北美成分的槭属、鹅掌楸属、枫香树属、野核桃属、檫木属等，在福建与华东其他地区都有分布。

与华中地区的联系除上述外，还有南方红豆杉、伯乐树、栲、乌冈栎（*Quercus phillyraeoides*）、闽楠、博落回（*Macleya cordata*），以及鹅耳枥属、野木瓜属、小檗属、旌节花属、野鸦椿属、槭属等的一些种类，都与华中地区共有。

与华南地区的联系则以闽南为密切。因闽南属亚热带向热带过渡的地带，植物区系上都具有向热带区系过渡的色彩。杉木、毛竹、苦槠在闽南已渐不能适应，到华南南部马尾松也不能正常生长发育，而苏铁、罗汉松、买麻藤等更喜热的裸子植物分布渐多。壳斗科、樟科、山茶科、安息香科、金缕梅科等种类繁多，其中出现许多南亚热带的属种，如樟科的厚壳桂属和樟属、壳斗科的青冈属和锥属等的一些种类。福建和华南地区两地共有的特有属有含笑属、半枫荷属、水松属等。大血藤、伯乐树、蕺菜、山桐子、小果核果茶等，在华南地区和福建也有联系。一些海岸植物如苦郎树（*Clerodendron inerme*）、秋茄树（*Kandelia obovata*）、海榄雌（*Avicennia marina*）等，以及热带亚洲至大洋洲分布的成分，如山龙眼属、海桐花属、岗松属、鹭鸶草属等，在福建与华南地区都有一些种类分布，也说明了二者之间的关系。

福建植物区系与我国台湾的联系也很密切。台湾是第四纪才与大陆分离的，故其区系成分与大陆区系是相互连贯的。从 Merrill 等人修改的华莱士线，把我国台湾和菲律宾群岛分开，也说明这一点。台湾北部及山地的植物区系与福建相似，如台湾杉、马尾松、黄山松、油杉、樟、香叶树、伯乐树、枫香树、重阳木、榕树等，不仅与福建共有，许多种类还与华东其他地区、华中等地相同。由于台湾本身是海岛，岛内有山地，有一些与福建相对应的替代种类，如台湾杉木（*Cunninghamia konishi*）、台湾铁杉（*Tsuga formosana*）、台湾黄杞（*Engelhardtia formosana*）、台湾山龙眼（*Helicia formosana*）、台湾杨桐（*Adinandra formosana*）、台楠（*Phoebe formosana*）等。台湾北部低海拔的主要种类青冈、厚壳桂、山鸡椒、鹅掌柴、铁冬青、乌桕（*Triadica sebifera*）、木棉（*Bombax malabaricum*）、台湾相思（*Acacia confusa*），藤本植物如瓜馥木、榼藤子等，都与福建共有。滨海地区的秋茄树、露兜树、黄槿（*Hibiscus tiliaceus*）等，也与闽南滨海地区相同。

与西南地区的联系方面，如马尾松、杉木、铁杉等裸子植物均分布到云南、贵州，栲属、栎属、青冈属、桤木属、木荷属等，都有一些替代种类。此外，檵木属、枫香树属、朴属、化香树属、鹅耳枥属、玉兰属、槭属、龙胆属、杜鹃花属等都有联系。西南地区是我国植物区系最丰富的地区，它与福建同属于华夏植物区系，其区系之间的联系是有历史渊源的。

与日本和东南亚植物区联系的方面，中国—日本分布式的属种在福建的分布情况，有些种已如上述。Hooker提出喜马拉雅—日本间断分布的例子，如青荚叶属、桃叶珊瑚属、旌节花属、吊钟花属等，可作为喜马拉雅植物区系和日本相似的例证。Hara研究指出，桃叶珊瑚（*Aucuba chinensis*）（图2-5-1）在喜马拉雅到日本的分布过去可能是连续的。天门冬科的延龄草（*Trillium tschonoskii*）和茜草科的茜草（*Rubia cordifolia*），在中国喜马拉雅、日本及在福建的分布，也说明了这一点。热带广布科属种类，如番荔枝科、藤黄科、梧桐科、桃金娘科、无患子科、大戟科、桑科、爵床科、夹竹桃科等在福建均有分布。但由于福建地理位置偏北，所以其属种数目均较少，如藤黄科，福建仅藤黄属1属，仅有木竹子（*Garcinia multiflora*）1种，而在我国其他热带地区有5属12种，在马来西亚及印度尼西亚有5属70余种，可见福建已是其分布的边缘地带了。有的研究认为，中国台湾与马来西亚植物区系的联系是通过大陆进行的，这些成分是台湾与大陆相连时进入的。

图2-5-1 福建的常绿阔叶林林下成分桃叶珊瑚（*Aucuba chinensis*）

总之，从福建植物区系与毗邻地区的联系来看，其北部地区与华东其他地区、华中地区，南部地区与华南地区、台湾及西南地区联系紧密，与日本和东南亚等地在区系成分上也都有联系。可见，福建这个古老的植物区系，处于东西相连、南北贯通的位置上，在植被类型和分布上与毗邻地区也是紧密联系的。

第三章　福建宏观植被特征

福建地跨我国东南部的中、南亚热带气候带，其植被的外貌、结构和种类等均具有与其气候相应的性质。

一、植被外貌和结构

1. 植被季相

组成福建植被的植物种类具有较高的常绿性。据野外调查，在海拔1400m以下的丘陵、山地，冬季全部落叶的木本植物占总种数的比率，在南亚热带季风常绿阔叶林地带和中亚热带常绿阔叶林地带分别达1%左右和9%左右。

在南亚热带季风常绿阔叶林中，大多数乔木、灌木种类在一年中可持续换叶，但通常于春末夏初的3月下旬至4月间为乔木种类较明显的长新叶时期，林冠呈现斑驳的鲜绿色。其花期也多集中于春夏季，于3月下旬就可见花，4—6月为盛花期，林冠黄绿相映，至七八月仍可见花。在海拔1000m以下的中亚热带常绿阔叶林中，乔木、灌木种类的花期一般也在春夏季，但随纬度增高而比南亚热带季风常绿阔叶林有些推迟，且植被色相随落叶成分的增多而有一定变化。外貌上基本终年常绿，季相变化不甚明显。3月下旬开始，不同的锥属植物先后开花（图3-1-1），栲等到5月上旬才开花（图3-1-2）。此后的常绿阔叶林一直为深绿色（图3-1-3）。

图3-1-1　常绿阔叶林季相（罗浮锥林，上杭，4月花期）

图 3-1-2　常绿阔叶林季相（栲林，牙梳山，5 月上旬花期）

图 3-1-3　常绿阔叶林季相（鹿角锥林，君子峰，花后呈深绿色）

山地落叶阔叶林的季相变化比较明显，到 3 月中旬还没有长叶（图 3-1-4），7 月上旬为翠绿色（图 3-1-5）。一般 10 月底已经基本落叶了（图 3-1-6）。

图 3-1-4　落叶阔叶林季相（光叶水青冈林，峨嵋峰，3 月中旬尚未长叶）

图 3-1-5　落叶阔叶林季相（光叶水青冈林，峨嵋峰，7 月上旬已长出绿叶）

图 3-1-6　落叶阔叶林季相（光叶水青冈林，峨嵋峰，10 月底开始落叶）

　　中山草甸的季相变化更为明显。5 月开始长出绿叶（图 3-1-7），7—8 月为翠绿色（图 3-1-8），10 月底的时候一片枯黄（图 3-1-9）。

图 3-1-7　中山草甸季相（武夷山，5 月上旬开始长出绿叶）

图 3-1-8 中山草甸季相（武夷山，8 月上旬一片翠绿）

图 3-1-9 中山草甸季相（武夷山，10 月底已经枯黄）

2. 群落高度

群落高度一般由其建群种的高度所决定，且随生境条件和群落类型等的不同而有变化。福建的南亚热带季风常绿阔叶林（图 3-1-10）建群层高可达 22—28m，但乔木层的乔木高度多在 9—21m，乔木种类约占总数的 80%，平均株高 16.2m。中亚热带常绿阔叶林建群层高一般在 10—17m，其乔木高度多在 9—13m，约占总数的 75%，平均株高 11.3m，低于南亚热带季风常绿阔叶林。沿闽中戴云山—博平岭一线北侧地区的常绿阔叶林建群层也可高达 18—22m，平均株高 12.3m，而沿闽西北武夷山脉东南一侧地区的则多在 9—12m，平均株高 10.3m。

图 3-1-10　季风常绿阔叶林外貌

在海拔 800—1000m 以上的山地，群落趋向矮化。南亚热带海拔 500m 以上的山地常绿阔叶林建群层高 10—18m，而中亚热带中山常绿阔叶林则多在 10m 左右。福建全省海拔 900—1200m 的山地苔藓矮曲林高 5—8m，南亚热带个别山地苔藓矮曲林高可达 12—15m。

福建山地的灌草丛基本上为次生群落，其高度不一，但多为 1—5m，如以杜鹃花属植物为主的中山灌丛高可达 3—5m。南亚热带海拔 500—1000m 山地以芒属为主的高草丛叶层高 2—3m。全省山地遍布的芒萁草丛高 0.5—1.0m。闽东南沿海低丘稀草丛高度多在 0.5m 以下。闽南沿海的秋茄树林与海榄雌林高可达 8m，个别株高达 10m。

3. 植物生活型（芽特征）

植物的生活型是各种生态因素长期对植物综合作用的产物。群落的植物生活型组成，能从一个侧面反映出生境条件（主要是水、热）的状况。从按植株高矮、木质化程度等适应形态划分的生活型，或按植株用以度过不良生长季节的休眠芽（图3-1-11、图3-1-12）高度等划分的生活型看，福建南亚热带季风常绿阔叶林或中亚热带常绿阔叶林的植物生活型组成，均以乔木或高位芽（包括藤本植物高位芽）植物为主（图3-1-13），在前一群落中分别占总种数的35.2%和83.2%，在后一群落中则分别占43.8%和83.2%。南亚热带季风常绿阔叶林的藤本植物种数（包括蔓性灌木种）占的比率是中亚热带常绿阔叶林的3.4倍，因而引人注目，这说明其具有一定的湿热性雨林特征。

图3-1-11　刨花润楠（*Machilus pauhoi*）鳞芽

图3-1-12　弯蒴杜鹃（*Rhododendron henryi*）鳞芽

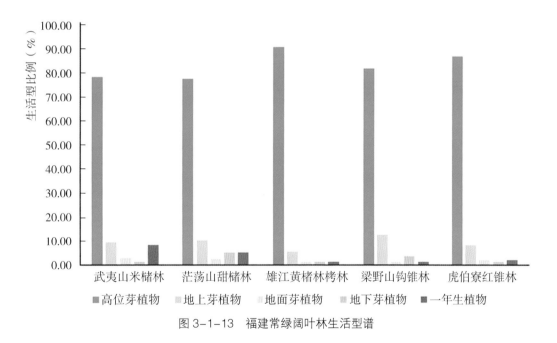

图3-1-13　福建常绿阔叶林生活型谱

4.植物叶特征

叶特征主要反映在叶质、叶级和叶形。Dansereau 和 Paijmans 等将叶质分为厚革质（图3-1-14）、革质、草质、纸质（图3-1-15）、膜质、肉质（图3-1-16）等6类。Barkman 将叶级分为藓型（< 0.02cm^2）、鳞型（≥ 0.02cm^2，< 0.20cm^2）（图3-1-17）、微型（≥ 0.20cm^2，< 2.00cm^2）、小型（≥ 2.00cm^2，< 20.00cm^2）、中型（≥ 20.00cm^2，< 180.00cm^2）（图3-1-18）、大型（≥ 180.00cm^2，< 1500.00cm^2）、巨型（≥ 1500.00cm^2）（图3-1-19）等7类。李振基和陈圣宾将叶形分为单叶（图3-1-20）和复叶（图3-1-21）2类，并将复叶进一步分为羽状复叶、掌状复叶和三小叶3类。叶缘一般分为全缘（图3-1-22）、牙齿、锯齿（图3-1-23）、

浅裂（图3-1-24）等。福建省南亚热带季风常绿阔叶林或中亚热带常绿阔叶林植物的叶级均以中型叶为主，分别占总种数的56.6%和48.1%，后一群落的小型叶占的比率大约是前一群落的1.5倍。两类群落的叶质均以革质和草质居多，占比各达40%—50%，但南亚热带季风常绿阔叶林的草质叶占的比率比中亚热带常绿阔叶林高11%，这与其季风常绿阔叶林的生境较阴湿以及林下草本、藤本植物种类所占比例较高有关。

图3-1-14　常绿阔叶林中厚革质叶植物浙江红山茶（*Camellia chekiangoleosa*）

图3-1-15　常绿阔叶林中纸质叶植物鸭跖草状凤仙花（*Impatiens commelinoides*）

图3-1-16　常绿阔叶林中肉质叶植物珠芽景天（*Sedum bulbiferum*）

图3-1-17　常绿阔叶林中鳞型叶植物江南卷柏（*Selaginella moellendorffii*）

图3-1-18　常绿阔叶林中中型叶植物老鼠矢（*Symplocos stellaris*）

图3-1-19　常绿阔叶林中巨型叶植物野蕉（*Musa balbisiana*）

　　叶型和叶缘方面，两类群落均以单叶和全缘叶占优势，在南亚热带季风常绿阔叶林中分别占总种数的 82.4% 和 67.9%，在中亚热带常绿阔叶林中分别占 85.2% 和 58.6%。

　　综合以上的生活型和叶特征统计结果显示，具中、小型面积的，革质和草质的，全缘和单叶的高位芽植物，为决定福建省季风常绿阔叶林和常绿阔叶林植被外貌的主要因素。

　　值得一提的是，南亚热带季风常绿阔叶林还跟热带雨林一样，具有滴水叶尖现象（图 3-1-25 至 3-1-27）。

图 3-1-20　常绿阔叶林中单叶互生植物青灰叶下珠（*Phyllanthus glaucus*）

图 3-1-21　常绿阔叶林中二回偶数羽状复叶植物猴耳环（*Archidendron clypearia*）

图 3-1-22　常绿阔叶林中叶片全缘植物七叶一枝花（*Paris polyphylla*）

图 3-1-23　常绿阔叶林中叶缘锯齿锐角植物苦槠（*Castanopsis sclerophylla*）

图 3-1-24　常绿阔叶林中叶缘浅裂植物裂叶秋海棠（*Begonia palmata*）

图 3-1-25　季风常绿阔叶林中红锥（*Castanopsis hystrix*）滴水叶尖现象

图 3-1-26　季风常绿阔叶林中山蒟（*Piper hancei*）滴水叶尖现象

图 3-1-27　季风常绿阔叶林中柏拉木（*Blastus cochin-chinensis*）滴水叶尖现象

5. 板状根和支柱根

　　板状根较普遍出现于福建南亚热带季风常绿阔叶林的主要树种中。它是从树干基部呈放射状向四周伸出的板状根，这有助于支撑和固着植株高大的躯干。板状根一般是大乔木在湿热生境下因根系较浅（大部分根系集中在 0.5—1.0m 深的表土层内），土壤也较疏松而形成的一种特殊的适应形态。南亚热带季风常绿阔叶林中约有 10 个树种具大小板状根。其建群种红锥、淋漓锥、杜英可高达 28—30m，每株大树在基部常有 3—6 条高度 0.5—1.5m 的板状根（图 3-1-28、图 3-1-29），最大的高 2.5m，在地面延伸约 4m 长。板状根在福建中亚热带常绿阔叶林的树种中一般不明显或已消失。

图 3-1-28　季风常绿阔叶林中红锥（*Castanopsis hystrix*）板状根

图 3-1-29　季风常绿阔叶林中绢毛杜英（*Elaeocarpus nitentifolius*）板状根

福建南亚热带海拔 450m 以下地区，普遍分布有高大粗壮的榕树。在其树干上悬垂生长着众多的气生根。它们插入地面就可长成粗大的支柱根。闽南海滩的红树植物秋茄树和报春花科的蜡烛果（*Aegiceras corniculatum*）等也有许多较小的支柱根，秋茄树在风小的林内还具有小板状根。此外，有些红树植物如爵床科的海榄雌等具有特殊的呈匍匐走状的榄状根和往上伸出土面的呼吸根（每平方米有 50—60 条，多者可达 500 条左右）。这都是植物为抵抗风浪或泥滩缺氧的土壤生境而形成的种种适应形态。上述几种特殊形态的根，也构成了南亚热带森林植被外貌的一种特色。

6. 茎花现象和绞杀现象

福建南亚热带季风常绿阔叶林中的一些乔木种，如桑科的粗叶榕、笔管榕（*Ficus subpisocarpa*）、杂色榕、水同木（*Ficus fistulosa*）、猕猴桃科的水东哥等，在其主干或老枝上会长出果实累累般的花，这种现象称为茎花现象（图 3-1-30 至图 3-1-32）。

榕属植物等的果实被鸟类吃后，其中的种子经鸟类携带而排出，黏附于一些乔木树干上，可发芽长成植株并逐渐形成根网，包围树干且延伸达地面，其冠层也往往比被绞杀的树木发达而导致被绞杀的乔木生长不良，甚至死亡，进而被取而代之。这种现象称为绞杀现象，是桑科榕属植物的独特现象（图 3-1-33、图 3-1-34）。它和茎花现象在南亚热带季风常绿阔叶林中屡见不鲜，为群落外貌增添一定的湿热性雨林景观。中亚热带常绿阔叶林中则基本上未见上述现象。

图 3-1-30　季风常绿阔叶林中杂色榕（*Ficus variegata*）茎花现象

图 3-1-31 季风常绿阔叶林中笔管榕（*Ficus subpisocarpa*）茎花现象

图 3-1-32 季风常绿阔叶林中水东哥（*Saurauia tristyla*）茎花现象

图 3-1-33　雅榕（*Ficus concinna*）绞杀现象（榕属植物种子落到木荷树上，长出根网）　　图 3-1-34　雅榕（*Ficus concinna*）绞杀现象（在红锥上的绞杀）

7. 群落植株密度

群落的植株密度或 Drude 多度可反映群落结构状况。它因各地生境条件、群落的发育阶段和受外力干扰程度等不同而差异较大。据野外调查资料统计，平均 100m² 内，南亚热带季风常绿阔叶林有立木 23 株（多者达 40 株），灌木 316 株，幼苗和幼树达 482 株（图 3-1-35）。中亚热带常绿阔叶林中一般有立木 10—20 株（多者约 25 株），灌木 20—100 株，幼苗和幼树 10—60 株。显然，后者的乔木层、灌木层的树株密度均小于前者群落。

全省中、低山地丘陵次生灌草丛的植株密度一般比上述乔木群落变化更大。除沿海地带外，平均 10m² 内的灌木加乔木幼苗和幼树大多在 40—50 株，多者可达 160 株，但一般仍低于南亚热带季风常绿阔叶林（约 80 株，其中，上层树种的幼苗和幼树占总个体数的 43.2%）。遍布于全省山地的芒萁草丛的 Drude 多度均在 Cop1 以上。闽南的一些山地草丛，多在 1m² 内有高约 0.5m 的芒萁 160 株（叶轴），或高约 1m 的芒属植物 80—111 株（构件）。这表明，全省山地各自然植被类型的植株密度一般较高，因而群落结构也较为紧密。

图 3-1-35　茂密的季风常绿阔叶林

8. 群落垂直层次

福建森林群落的垂直层次，一般有乔木层、灌木层和草本层 3 个基本层。

（1）乔木层

南亚热带季风常绿阔叶林的乔木层一般可分为 3 个亚层。乔木第一亚层（建群层）树冠大致呈广伞形且较松散。乔木第二亚层则多嵌生于乔木第一亚层的树冠之间，冠层相对较紧密且连续，但凹凸不平，其中枝干上常见兰科、蕨类的阴性附生植物和缠挂木质大藤本植物。乔木第三亚层的高度范围较广，并逐渐向林下灌木层过渡，其中也不乏藤本植物。

中亚热带常绿阔叶林乔木层一般可分为 2 个亚层（少数偏南部的群落有 3 个亚层），冠层相对较平整，因而垂直层次较分明。

（2）灌木层

灌木层通常有 2 个亚层，由灌木和乔木幼树组成，有的群落下层或其中的局部地段则几乎全部由矮生的竹丛组成。南亚热带季风常绿阔叶林灌木层尚混生较多木质和草质藤本植物。

（3）草本层

草本层常可分为 2 个亚层，其中大多混生小藤本植物。南亚热带季风常绿阔叶林下层的生境较阴湿，枯枝落叶层也较厚，草本植株较稀疏。

福建全省中、低山地丘陵次生灌草丛因发育阶段不同而高度不一，层次也较不固定，但通常有 1—2

个层次，其中常见散生乔木幼苗、幼树和小藤本植物。一般情况下，其群落发育阶段愈高、生境条件愈优越，则层次愈多，结构也愈紧密，其中的植物生活型也愈多。

9.藤本植物

藤本植物和附生植物在群落中无固定的层次，属于层间或层外植物，但它们均是构成群落结构和外貌的一项重要特征。据对福建省南亚热带季风常绿阔叶林的调查统计，在10000m^{2}面积中有藤本植物21种，其中，藤茎粗在3cm以上的木质藤本植物有14种。藤茎的形态圆、扁皆有。豆科的密花豆（图3-1-36），其最大者扁茎宽可达52cm，单茎长达300m以上。

在福建季风常绿阔叶林区域，葡萄科的扁担藤（*Tetrastigma planicaule*）（图3-1-37），番荔枝科的瓜馥木（图3-1-38），豆科的天香藤（*Albizia corniculata*）、两粤黄檀（*Dalbergia benthami*）、榼藤子、龙须藤、厚果崖豆藤（图3-1-39），夹竹桃科的酸叶胶藤，报春花科的当归藤（*Embelia parvifolia*），

图3-1-36　木质藤本植物密花豆（*Spatholobus suberectus*）

图 3-1-37 木质藤本植物扁担藤（*Tetrastigma planicaule*）

图 3-1-38　木质藤本植物瓜馥木（*Fissistigma oldhamii*）　　图 3-1-39　木质藤本植物厚果崖豆藤（*Millettia pachycarpa*）

芸香科的两面针（*Zanthoxylum nitidum*）等，藤茎粗均可达 10cm，甚至 30cm 以上。它们缠挂穿插于林内上、下层，如天桥飞架或巨龙附柱，蔚为奇观。棕榈科的杖藤长度可以达 10m 以上。一些种类在中亚热带区域的林内或林缘也可以长得非常粗大，如亮叶鸡血藤、常春油麻藤（图 3-1-40）、紫藤（*Wisteria*

图 3-1-40　木质藤本植物常春油麻藤（*Mucuna sempervirens*）

sinensis）（图 3-1-41）、云实（图 3-1-42）、星毛冠盖藤（*Pileostegia tomentella*）（图 3-1-43）、飞龙掌血、钩藤、钩刺雀梅藤（*Sageretia hamosa*）、链珠藤（*Alyxia sinensis*）、清香藤（*Jasminum lanceolarium*）等。

图 3-1-41　木质藤本植物紫藤（*Wisteria sinensis*）

图 3-1-42　木质藤本植物云实（*Caesalpinia decapetala*）

图 3-1-43　木质藤本植物星毛冠盖藤（*Pileostegia tomentella*）

在全省森林植被中，已出现的藤本植物近300种，仅在永泰藤山就有250种以上。除以上提及的科属植物外，还有海金沙属、崖角藤属、薯蓣属、铁线莲属、猕猴桃属、清风藤属、红叶藤属、南蛇藤属、蛇葡萄属、地锦属、葡萄属、络石属、忍冬属、藤石松属、胡椒属等植物，它们以攀爬、卷曲、枝搭、吸固等方式获得阳光。

10. 附生植物

附生植物在湿度较高的生境中，依附于大树或崖壁，利用气生根等从空气中获得水分。不仅在热带雨林中有附生植物，在亚热带常绿阔叶林，甚至在亚热带的苔藓矮曲林中也有附生植物，它们常成簇地附生于林冠的树叉或树干上，和藤本植物一起极大地增加了群落结构的复杂性。在南亚热带季风常绿阔叶林中，附生植物主要有寄树兰（*Robiquetia succisa*）（图3-1-44）、大序隔距兰（*Cleisostoma paniculatum*）、广东隔距兰（*Cleisostoma simondii* var. *guangdongense*）（图3-1-45）、紫纹卷瓣兰（*Bulbophyllum melanoglossum*）（图3-1-46）、蛇舌兰（*Diploprora championii*）、鸢尾兰（*Oberonia mucronata*）、细叶石仙桃（*Pholidota cantonensis*）（图3-1-47）、石仙桃（*Pholidota chinensis*）（图3-1-48）、冬凤兰（*Cymbidium dayanum*）、多花兰（*Cymbidium floribundum*）等。在发育良好的中亚热带沟谷中也有附生现象，李振基等在福建天宝岩国家级自然保护区中曾经见过。在苔藓矮曲林中，李振基等见到过细茎石斛（*Dendrobium moniliforme*）（图3-1-49）附生于猴头杜鹃（*Rhododendron simiarum*）树上。除兰科植物外，蕨类的大鳞巢蕨、槲蕨（图3-1-50）和崖姜、日本水龙骨（*Polypodium niponicum*）（图3-1-51）、庐山石韦（*Pyrrosia sheareri*）都属于附生植物。

图3-1-44　附生植物寄树兰（*Robiquetia succisa*）

图 3-1-45　附生植物广东隔距兰（*Cleisostoma simondii* var. *guangdongense*）

图 3-1-46　附生植物紫纹卷瓣兰（*Bulbophyllum melanoglossum*）

图 3-1-47　附生植物细叶石仙桃（*Pholidota cantonensis*）

图 3-1-48 附生植物石仙桃（*Pholidota chinensis*）

图 3-1-49 附生植物细茎石斛（*Dendrobium moniliforme*）

图 3-1-50 附生植物槲蕨（*Drynaria roosii*）

图 3-1-51 附生植物日本水龙骨（*Polypodium niponicum*）

二、植被综合特征

植被的综合特征，一般可通过组成该类型的植物种类，特别是建群种的各项数量特征（如显著度、多频度、优势度、多存度、存在度、多度、频度等）综合体现出来。植被类型的分布规律，也基本上可从其建群种的分布规律反映出来。

丘喜昭等对福建省浦城县等中亚热带12个县市49处样地的主要常绿阔叶林进行研究，结果表明，在23个主要树种中，甜槠、栲、苦槠、米槠和青冈等5个树种的重要值较高，共占总值的62.4%，15个壳斗科树种的重要值占总值的79.7%。

在6处样地共2764m²的南亚热带季风常绿阔叶林下层，15个主要灌木种（共5138株，总存在度为466.9%）中，以罗伞树（*Ardisia quinquegona*）、九节为主，其多存度共占总值的52%；其次为杜茎山（*Maesa japonica*）、百两金（*Ardisia crispa*），这2个种共占总值的15%。

15处样地共650m²的中亚热带闽北亚地带的28个主要灌木种（共1303株，总存在度为556%）中，以檵木、杜鹃、美丽胡枝子、白栎为主，这4个种的多存度共占总值的50%；其次为江南越桔（*Vaccinium mandarinorum*）、乌药（*Lindera strychnifolia*），这2个种共占总值的11%。10处样地共480m²的中亚热带闽中亚地带的23个主要灌木种（共820株，总存在度为450%）中，以桃金娘、杨桐、美丽胡枝子为主，这3个种的多存度共占总值的31%；其次为乌药、弯蒴杜鹃（*Rhododendron henryi*）、江南越桔、杜鹃、轮叶蒲桃（*Syzygium grijsii*），这5个种共占总值的34%。10处样地共860m²的南亚热带的20个主要灌木种（共2070株，总存在度为740%）中，以轮叶蒲桃、桃金娘为主，其多存度共占总值的37%；其次为石斑木、栀子、杨桐、山芝麻（*Helicteres angustifolia*），这4个种共占总值的37%。它们的生长地位与其所处植被的性质及当地气候条件是相一致的。

福建中亚热带常绿阔叶林的壳斗科几个主要建群树种的高度和胸径有显著的相关性，甜槠、栲、苦槠和米槠，以及该常绿阔叶林主要树种（包括非壳斗科树种）合计的各立木高度和胸径均呈极显著正相关。除苦槠外，高度5m或6m以上的立木每增高1m，其平均胸径则增粗约2cm，而常绿阔叶林主要树种合计的立木可增粗3.4cm。此外，从各树种的高度分配结构看，甜槠、栲在16m以下的立木数占总数约90%，米槠则略高，16—18m的立木数占总数约25%。这和它主要分布于福建省中亚热带偏南的闽中亚地带，热量相对较高有关。苦槠则相反，明显偏矮。苦槠的生长发育进程前期比甜槠等树种快些，但到中期却较早衰缓，有一定的早熟现象。这种状况可能与它原属我国长江流域的华中区系成分，在闽北地区处于其分布区的南缘而受到高温限制有关。

三、植被分布规律

1. 植被类型水平分布

福建的国土面积虽然不算大，但受武夷山脉和戴云山脉等对降水的影响，以及火山岩岩体化学成分的影响，形成了东南沿海地区较为干旱，而内陆较为湿润的降水格局的经向分异。也因此，东南沿海地区的土壤较为瘠薄。博平岭与戴云山的东南山麓获得较多降水，发育了季风常绿阔叶林；翻越博平岭与戴云山脉之后，降水更为充沛，发育了大面积的常绿阔叶林，武夷山脉地区森林植被尤为茂密。

福建属于跨南亚热带和中亚热带地区，闽中鹫峰山—戴云山—博平岭连成的山系把福建大致分成了西北部的中亚热带常绿阔叶林地带和东南部的南亚热带季风常绿阔叶林地带。

红锥和淋漓锥主要分布于山脉东南的南亚热带季风常绿阔叶林中，均为建群种。东南部的季风常绿阔叶林中，往往具有热带雨林结构特征，藤本植物木质化且粗大，具有板状根、绞杀现象等，樟科、茜草科、大戟科、报春花科紫金牛属的成分丰富，竹林往往是热性的丛生竹林。西北部的常绿阔叶林中，板状根与绞杀现象明显减少，米槠、甜槠、栲和青冈极为常见；樟科的润楠属、楠属和樟属植物，山茶科的木荷和壳斗科的锥树属植物等较为常见，暖性与温性竹林也较为常见。

2. 植被类型垂直分布

福建省中亚热带的山地植被垂直分布带谱一般有 5 个基本带，即随海拔增高而依次出现常绿阔叶林带（基带）（图 3-3-1）、针阔叶混交林带（图 3-3-2）、温性针叶林带（图 3-3-3）、中山苔藓矮曲林带（图 3-3-4）或中山灌丛带、中山草甸带（图 3-3-5）。但随各山体的海拔、地理位置、地形状况和植被受外力干扰的方式和程度等的不同，其带谱结构上的植被带或有所增减，各带的高度范围也不相同。各地的常绿阔叶林带下部海拔 150—700m 范围内的现状植被，大多被人工林（如杉木林、马尾松林、毛

图 3-3-1 武夷山植被垂直分布（常绿阔叶林带）

图 3-3-2　武夷山植被垂直分布（针阔叶混交林带）

图 3-3-3　武夷山植被垂直分布（温性针叶林带）

图 3-3-4　武夷山植被垂直分布（中山苔藓矮曲林带）

图 3-3-5　武夷山植被垂直分布（中山草甸带）

竹林、油茶林、油桐林、果园、茶园等）、农田和次生灌丛等所取代。500—1200m 为常绿阔叶林分布区域，在武夷山国家公园、福建茫荡山、君子峰、天宝岩、汀江源、雄江黄楮林等国家级自然保护区都有保护较好的地带性常绿阔叶林，福建闽江源、梁野山、梅花山、戴云山、龙栖山、峨嵋峰等国家级自然保护区海拔 800m 以上有保护较好的常绿阔叶林，部分常绿阔叶林的树种在武夷山国家公园、福建戴云山国家级自然保护区分布到海拔 1400m，而中山矮林和灌丛带的高度上限大多在海拔 1400—1900m，其上至山顶则一般为中山草甸带。

福建南亚热带的山地植被垂直分布，其基带（南亚热带季风常绿阔叶林带）的高度上限随纬度增加而下降，即自闽南诏安、云霄等县市区的海拔 450—500m 往北至晋江地区的海拔 350—400m，再至闽江口以北沿海地区的海拔 200m 以下。其基带以上一般依次出现山地常绿阔叶林带、中山矮林和常绿落叶阔叶混交林带、中山灌丛带、草甸带。各带的出现与否，以及其高度范围，也依山体的高低、地形状况和植被受外力干扰程度等的不同而异。戴云山东坡是南亚热带山地植被垂直带谱的代表。

第四章　福建植被分类系统

一、植被分类原则

中国植被编委会编写的《中国植被》（1980）中列举了我国常用的一个植被分类系统。该分类系统如下：

植被型组（Vegetation type group）

　植被型（植被亚型）［Vegetation type（Vegetation subtype）］

　　群系组（Formation group）

　　　群系（亚群系）［Formation（Subformation）］

　　　　群丛组（Association group）

　　　　　群丛（Association）

植被型组：为分类系统的最高级单位。凡是建群种生活型相近，而且群落的形态外貌相似的植被都可联合为植被型组，如针叶林、荒漠、沼泽等。

植被型：为分类系统中最重要的高级分类单位。在植被型组内，凡是建群种生活型（一级或二级）相同或近似，同时对水热条件需求较为一致的植被都可联合为植被型，如寒温性针叶林、落叶阔叶林、常绿阔叶林、草原等。其辅助级有植被亚型。

群系组：在植被型或亚型范围内，可以根据建群种亲缘关系近似（同属或相近属）、生活型（三级或四级）近似或生境相近而划分群系组。划入同一群系组的各群系，其生态特点一定是相似的。如温性常绿针叶林（植被亚型）可以分出湿性松林、侧柏林等群系组；典型常绿阔叶林可以分出栲类林、青冈林、润楠林、木荷林等群系组；典型草原可以分出丛生禾草草原、根茎禾草草原、小半灌木草原等群系组；温性落叶阔叶灌丛可以分出山地旱生落叶阔叶灌丛、山地中生落叶阔叶灌丛、河谷落叶阔叶灌丛、沙地灌丛及半灌丛、盐生灌丛等群系组。

群系：为分类系统中一个重要的中级分类单位。凡是建群种或共建种相同（在热带或亚热带有时是标志种相同）的植被都可联合为群系，如兴安落叶松林、蒙古栎林、甜槠林、马尾松林、大针茅草原、芨芨草草甸等。

群丛组：凡是层片结构相似，而且优势层片与次优势层片的优势种或共优种（在某种情况下为标志种）相同的植物群落都可联合为群丛组。这是群系以下的一个辅助分类单位。如马尾松群系中，马尾松-芒萁群丛组。在群丛组内，群落中的上层层片结构相似，上层都是马尾松，下层为芒萁等草本植物层片。其中优势层片（针叶乔木层片）的优势种均为马尾松，次优势层片的优势种均为芒萁，而处于中层的次要层片，不同地段则可能是不同的优势种，如桃金娘或南烛（*Vaccinium bracteatum*）。又如在羊草丛生禾草草原（亚群系）中，羊草＋大针茅草原、羊草＋丛生小禾草原都是不同的群丛组。

群丛：是植被分类的基本单位，凡是层片结构相同，各层的优势种或共优种（南方某些类型中则为标志种）相同的植物群落都可联合为群丛。换言之，属于同一群丛的群落应具有共同的正常种类、相同的结构、相同的生态特征、相同的动态特点（包括相同的季节变化，处于相同的演替阶段等）和相似的生境。上面提到的凸脉薹草–胡枝子–蒙古栎林就是1个群丛，它不但层片结构相同，而且各层片的优势种均相同。

　　根据上述分类系统和各级分类单位的划分标准，中国的植被可分为 10 个植被型组、29 个植被型，有的植被型下又分亚型和群系组，总共划分出 560 余个群系。

二、植被分类单位和系统

　　自 1992 年开始对武夷山自然保护区的植被研究以来，尤其是 1998 年对福建虎伯寮国家级自然保护区调查以来，李振基对福建各自然保护区及其他区域的植被类型有了进一步的认识。在此基础上，李振基参考《中国植被》（吴征镒，1980）、《福建植被》（林鹏，1990）和其他植被分类系统，在《群落生态学》（李振基、陈圣宾，2011）和《中国生物多样性保护与研究进展 IX》（马克平，2012）上，提出一个新的全球植被分类系统。李振基依据此植被分类系统，统计出福建植被有 6 个植被型组、16 个植被型、36 个植被亚型、370 个群系、940 个群丛（表 4-2-1、表 4-2-2）。

表 4-2-1　福建植被采用的高级分类系统

植被型组	植被型	植被亚型
针叶林	Ⅰ 温性针叶林	一、温性针叶林
		二、温性针阔叶混交林
	Ⅱ 暖性针叶林	三、暖性针叶林
		四、暖性针阔叶混交林
阔叶林	Ⅲ 落叶阔叶林	五、山地落叶阔叶林
	Ⅳ 常绿阔叶林	六、亚洲樟栲常绿阔叶林
		七、季风常绿阔叶林
		八、山地常绿阔叶苔藓林
		九、苔藓矮曲林
	Ⅴ 硬叶林	十、华南悬崖峭壁硬叶林
	Ⅵ 红树林	十一、红树林
		十二、半红树林
	Ⅶ 海岸林	十三、海岸林
	Ⅷ 竹林	十四、温性竹灌丛
		十五、暖性竹林
		十六、热性竹林
灌丛和灌草丛	Ⅸ 落叶灌丛	十七、落叶阔叶灌丛
	Ⅹ 常绿灌丛	十八、暖性常绿阔叶灌丛
		十九、热性常绿阔叶灌丛
	Ⅺ 耐旱草丛	二十、蕨类草丛
		二十一、耐旱禾草草丛
	Ⅻ 湿性草丛	二十二、季节湿润草丛

植被型组	植被型	植被亚型
草甸	XIII 草甸	二十三、湿地草甸
		二十四、山地草甸
		二十五、高草草甸
		二十六、沼泽化草甸
沼泽和水生植被	XIV 沼泽	二十七、乔木沼泽
		二十八、灌木沼泽
		二十九、水藓沼泽
		三十、草本沼泽
		三十一、盐沼
	XV 水生植被	三十二、挺水植物群落
		三十三、浮叶植物群落
		三十四、沉水植物群落
		三十五、漂浮植物群落
沙生植被	XVI 沙生植被	三十六、滨海沙生植被

表 4-2-2　福建植被类型及分布

植被亚型	群系	群丛	分布
一、温性针叶林	1. 黄山松林	黄山松-杜鹃-芒萁群丛	茫荡山、汀江源
		黄山松-鹿角杜鹃-狗脊群丛	君子峰、汀江源等
		黄山松-鹿角杜鹃-里白群丛	戴云山、峨嵋峰等
		黄山松-鹿角杜鹃＋箬竹-牯岭藜芦群丛	闽江源、峨嵋峰
		黄山松-满山红-牯岭藜芦群丛	闽江源、峨嵋峰
		黄山松-满山红-无芒耳稃草群丛	茫荡山
		黄山松-满山红-类头状花序薹草群丛	茫荡山
		黄山松-满山红-芒萁群丛	戴云山
		黄山松-马银花-芒萁群丛	戴云山
		黄山松-短尾越桔-芒萁群丛	戴云山
		黄山松-小果南烛-五节芒群丛	天宝岩
		黄山松-马醉木-五节芒群丛	茫荡山
		黄山松-云南桤叶树-中华里白群丛	戴云山
		黄山松-箬竹-里白群丛	君子峰、戴云山、汀江源
		黄山松-箬竹-沿阶草群丛	闽江源、天宝岩、峨嵋峰
		黄山松-肿节少穗竹-狗脊群丛	戴云山
		黄山松-肿节少穗竹-芒萁群丛	戴云山
		黄山松-肿节少穗竹-扁穗莎草群丛	武夷山
		黄山松-长耳玉山竹-牯岭藜芦群丛	茫荡山
		黄山松-斑箨酸竹-芒萁群丛	茫荡山
		黄山松-水竹-牯岭藜芦群丛	天宝岩
		黄山松-浙江红山茶-牯岭藜芦群丛	闽江源
		黄山松-岩柃-日本麦氏草群丛	武夷山
		黄山松-轮叶蒲桃-芒萁群丛	茫荡山

续表

植被亚型	群系	群丛	分布
		黄山松–凹叶冬青–无芒耳稃草群丛	闽江源
	2. 黄山松＋马尾松林	黄山松＋马尾松–轮叶蒲桃–芒萁群丛	茫荡山
		黄山松＋马尾松–箬竹–无芒耳稃草群丛	茫荡山
		黄山松＋马尾松–满山红–芒萁群丛	茫荡山
		黄山松＋马尾松–满山红–无芒耳稃草群丛	茫荡山
	3. 铁杉林	铁杉–毛竿玉山竹–华刺子莞群丛	武夷山
		铁杉–箬竹–薹草群丛	武夷山
	4. 柳杉林	柳杉–鹿角杜鹃–黑鳞耳蕨群丛	闽江源、峨嵋峰、武夷山、邵武市
		柳杉–扁枝越桔–延羽卵果蕨群丛	天宝岩
		柳杉–刚竹–里白群丛	茫荡山
		柳杉–箬竹–狗脊群丛	峨嵋峰、邵武市
		柳杉–箬竹–中华里白群丛	戴云山
		柳杉–窄基红褐柃–刺头复叶耳蕨群丛	天宝岩
		柳杉–白簕–江南星蕨群丛	闽江源、峨嵋峰
		柳杉–秤星树–中华里白群丛	梁野山、梅花山、邵武市
		柳杉–中华里白群丛	天宝岩
	5. 红豆杉林	红豆杉–杜茎山–狗脊群丛	汀江源
	6. 长苞铁杉林	长苞铁杉–乌药–镰羽瘤足蕨群丛	戴云山
		长苞铁杉–扁枝越桔–延羽卵果蕨群丛	天宝岩
		长苞铁杉–箬竹–延羽卵果蕨群丛	天宝岩
		长苞铁杉–苦竹–镰羽瘤足蕨群丛	新罗区
		长苞铁杉–狗脊群丛	戴云山
二、温性针阔叶混交林	7. 黄山松＋细叶青冈林	黄山松＋细叶青冈–肿节少穗竹–狗脊群丛	戴云山
		黄山松＋细叶青冈–小果南烛–芒萁群丛	戴云山
	8. 黄山松＋甜槠林	黄山松＋甜槠–短尾越桔–芒萁群丛	戴云山
	9. 柳杉＋毛竹林	柳杉＋毛竹–箬竹–中华里白群丛	戴云山、武夷山
三、暖性针叶林	10. 马尾松林	马尾松–檵木–芒萁群丛	君子峰、戴云山、茫荡山、将石等
		马尾松–檵木–里白群丛	将石、峨嵋峰、武夷山、浦城县
		马尾松–檵木–狗脊群丛	将石、武夷山、松溪县、政和县
		马尾松–杜鹃–芒萁群丛	戴云山、茫荡山、将石、峨嵋峰等
		马尾松–杜鹃–里白群丛	戴云山、茫荡山、将石、峨嵋峰等
		马尾松–杜鹃–薹草群丛	戴云山、茫荡山、汀江源
		马尾松–杜鹃–微糙三脉紫菀群丛	同安区、汀江源、寿宁县
		马尾松–满山红–芒萁群丛	戴云山、茫荡山、闽江源
		马尾松–弯蒴杜鹃–莎草群丛	茫荡山、汀江源、梅花山
		马尾松–小果珍珠花–芒萁群丛	戴云山、天宝岩

植被亚型	群系	群丛	分布
		马尾松–南烛–芒萁群丛	戴云山、茫荡山、梅花山、雄江黄楮林
		马尾松–箬竹–里白群丛	茫荡山
		马尾松–箬竹–芒萁群丛	戴云山、茫荡山
		马尾松–箬竹–蕨群丛	茫荡山
		马尾松–斑箨酸竹–里白群丛	茫荡山
		马尾松–斑箨酸竹–芒萁群丛	茫荡山
		马尾松–面秆竹–芒萁群丛	虎伯寮
		马尾松–细齿叶柃–芒萁群丛	君子峰、南靖县、华安县
		马尾松–细齿叶柃–狗脊群丛	戴云山、南靖县、平和县
		马尾松–杨桐–芒萁群丛	戴云山、汀江源、南靖县、平和县、华安县
		马尾松–杨桐–芒萁＋龙师草群丛	戴云山
		马尾松–轮叶蒲桃–芒萁群丛	茫荡山、戴云山、永定区、仙游县
		马尾松–草珊瑚–芒萁群丛	天宝岩
		马尾松–桃金娘–芒萁群丛	虎伯寮、梁野山、南安市、永春县、德化县、仙游县
		马尾松–桃金娘–刺芒野古草＋薹草群丛	海沧区、安溪县
		马尾松–桃金娘＋栀子–刺芒野古草群丛	集美区、海沧区、东山县
	11. 马尾松＋杉木林	马尾松＋杉木–黄毛榕–芒萁群丛	虎伯寮
		马尾松＋杉木–南烛–芒萁群丛	梁野山
		马尾松＋杉木–满山红–里白群丛	茫荡山
		马尾松＋杉木–轮叶蒲桃–芒萁群丛	茫荡山
		马尾松＋杉木–斑箨酸竹–里白群丛	茫荡山
		马尾松＋杉木–斑箨酸竹–狗脊群丛	茫荡山
		马尾松＋杉木–箬竹–镰羽瘤足蕨群丛	茫荡山
	12. 杉木林	杉木–箬竹–里白群丛	茫荡山
		杉木–箬竹–狗脊群丛	闽江源、峨嵋峰
		杉木–斑箨酸竹–蕨群丛	茫荡山
		杉木–斑箨酸竹–狗脊群丛	茫荡山
		杉木–刺毛杜鹃–芒萁群丛	茫荡山、天宝岩
		杉木–刺毛杜鹃–里白群丛	茫荡山、天宝岩
		杉木–杜鹃–里白群丛	同安区
		杉木–鹿角杜鹃–沿阶草群丛	闽江源、峨嵋峰、连城县
		杉木–短尾越桔–芒萁群丛	君子峰
		杉木–罗伞树–狗脊群丛	梁野山
		杉木–杜茎山–狗脊群丛	戴云山
		杉木–山矾–芒萁群丛	戴云山
		杉木–鼠刺–芒萁群丛	茫荡山
		杉木–鼠刺–狗脊群丛	天宝岩

续表

植被亚型	群系	群丛	分布
		杉木–单耳枪–芒萁群丛	汀江源
		杉木–草珊瑚–芒萁群丛	汀江源
		杉木–杨桐–芒萁群丛	汀江源
		杉木–檵木＋细齿叶枪–中华里白群丛	君子峰
		杉木–杨桐＋罗伞树–乌毛蕨群丛	虎伯寮
		杉木–鹅掌柴–芒萁群丛	虎伯寮
	13. 南方红豆杉林	南方红豆杉–蜡莲绣球–蝴蝶花群丛	闽江源
		南方红豆杉–箬竹–狗脊群丛	闽江源
		南方红豆杉–箬竹–龙芽草群丛	龙栖山
		南方红豆杉–杜茎山–狗脊群丛	君子峰、汀江源
		南方红豆杉–杜茎山–线蕨群丛	君子峰
		南方红豆杉–杜茎山–无盖鳞毛蕨群丛	君子峰
		南方红豆杉–红皮糙果茶–中华里白群丛	戴云山
		南方红豆杉–琴叶榕–山麦冬群丛	茫荡山
		南方红豆杉–白马骨–蝴蝶花群丛	将石
	14. 福建柏林	福建柏–线萼金花树–里白群丛	汀江源
		福建柏–杨梅叶蚊母树–狗脊群丛	汀江源
		福建柏–赤楠–芒萁群丛	汀江源
		福建柏–红皮糙果茶–中华里白群丛	戴云山
		福建柏–红皮糙果茶–芒萁群丛	戴云山
		福建柏–乌药–中华里白群丛	戴云山
		福建柏–三桠苦–芒萁群丛	虎伯寮
	15. 榧树林	榧树–尖连蕊茶–微糙三脉紫菀群丛	浦城县
	16. 江南油杉林	江南油杉–箬竹–狗脊群丛	君子峰
	17. 油杉林	油杉–黑面神–白茅群丛	东山县
四、暖性针阔叶混交林	18. 马尾松＋木荷林	马尾松＋木荷–檵木–淡竹叶群丛	君子峰、汀江源、邵武市、峨嵋峰等
		马尾松＋木荷–细枝枪–芒萁群丛	君子峰、汀江源
		马尾松＋木荷–短尾越桔–芒萁群丛	戴云山
		马尾松＋木荷–杜鹃–芒萁群丛	戴云山
		马尾松＋木荷–三桠苦–芒萁群丛	虎伯寮
		木荷＋马尾松–斑箨酸竹–里白群丛	茫荡山
		木荷＋马尾松–薄叶山矾–里白群丛	茫荡山
		木荷＋马尾松–毛果杜鹃–芒萁群丛	茫荡山
		木荷＋马尾松–毛果杜鹃–狗脊群丛	茫荡山
		木荷＋马尾松–轮叶蒲桃–山类芦群丛	茫荡山
	19. 马尾松＋栲林	马尾松＋栲–山矾–狗脊＋乌毛蕨群丛	戴云山
		马尾松＋栲–乌药–狗脊群丛	雄江黄楮林
		栲＋马尾松–鼠刺–里白群丛	茫荡山
		栲＋马尾松–长叶冻绿–芒萁群丛	茫荡山
		栲＋马尾松–刺毛杜鹃–狗脊群丛	茫荡山

植被亚型	群系	群丛	分布
		栲＋马尾松–刺毛杜鹃–里白群丛	茫荡山
		栲＋马尾松–毛果杜鹃–狗脊群丛	茫荡山
		栲＋马尾松–毛果杜鹃–芒萁群丛	茫荡山
	20. 马尾松＋山乌桕林	马尾松＋山乌桕–野牡丹–芒萁群丛	虎伯寮
	21. 马尾松＋花榈木林	马尾松＋花榈木–檵木–芒萁群丛	梁野山
	22. 马尾松＋台湾相思林	马尾松＋台湾相思–桃金娘＋黑面神–刺芒野古草群丛	海沧区
	23. 甜槠＋马尾松林	甜槠＋马尾松–薄叶山矾–狗脊群丛	茫荡山
		甜槠＋马尾松–鼠刺–里白群丛	茫荡山
		甜槠＋马尾松–鼠刺–狗脊群丛	茫荡山
		甜槠＋马尾松–满山红–芒萁群丛	茫荡山
		甜槠＋马尾松–毛果杜鹃–狗脊群丛	茫荡山
		甜槠＋马尾松–毛果杜鹃–蕨群丛	茫荡山
		甜槠＋马尾松–毛果杜鹃–里白群丛	茫荡山
		甜槠＋马尾松–马银花–里白群丛	茫荡山
		甜槠＋马尾松–马银花–薹草群丛	茫荡山
		甜槠＋马尾松–斑箨酸竹–芒萁群丛	茫荡山
		甜槠＋马尾松–斑箨酸竹–里白群丛	茫荡山
		甜槠＋马尾松–箬竹–狗脊群丛	茫荡山
		甜槠＋马尾松–箬竹–粉背薹草群丛	茫荡山
	24. 杉木＋木荷林	杉木＋木荷–檵木–中华里白群丛	君子峰、汀江源
	25. 杉木＋毛竹林	杉木＋毛竹–杜茎山–狗脊群丛	戴云山
		杉木＋毛竹–尖连蕊茶–狗脊群丛	邵武市
		毛竹＋杉木–檵木–芒萁群丛	茫荡山
	26. 南方红豆杉＋毛竹林	南方红豆杉＋毛竹–红皮糙果茶–中华里白群丛	戴云山
		南方红豆杉＋毛竹–穗序鹅掌柴–狗脊群丛	梁野山
	27. 南方红豆杉＋观光木林	南方红豆杉＋观光木–九节龙–楼梯草群丛	延平区
	28. 福建柏＋毛竹林	福建柏＋毛竹–红皮糙果茶–中华里白群丛	戴云山
		福建柏＋毛竹–红皮糙果茶–芒萁群丛	戴云山
		福建柏＋毛竹–山矾–芒萁群丛	新罗区
		福建柏＋毛竹–鼠刺–芒萁群丛	新罗区
五、山地落叶阔叶林	29. 光叶水青冈林	光叶水青冈–箬竹–莎草群丛	武夷山
		光叶水青冈–满山红–万寿竹群丛	峨嵋峰
		光叶水青冈–浙江新木姜子–七星莲群丛	峨嵋峰
		光叶水青冈–细齿叶柃–中华里白群丛	天宝岩
	30. 水青冈林	水青冈–箬竹–莎草群丛	君子峰
		水青冈–细齿叶柃–狗脊群丛	天宝岩
	31. 雷公鹅耳枥林	雷公鹅耳枥–鹿角杜鹃–狗脊群丛	闽江源
		雷公鹅耳枥–鹿角杜鹃–阿里山兔儿风群丛	闽江源
		雷公鹅耳枥–扁枝越桔–宝铎草群丛	闽江源
	32. 短尾鹅耳枥林	短尾鹅耳枥–杜茎山–耳基卷柏群丛	泰宁县

续表

植被亚型	群系	群丛	分布
	33. 栓皮栎林	栓皮栎–细齿叶柃–狗脊群丛	戴云山
	34. 茅栗林	茅栗–箬竹–禾叶山麦冬群丛	峨嵋峰
	35. 亮叶桦林	亮叶桦–箬竹–里白群丛	君子峰
	36. 化香树林	化香树–杜鹃–鳞籽莎群丛	闽江源
	37. 紫茎＋君迁子林	紫茎＋君迁子–箬竹–薹草群丛	武夷山
	38. 香果树林	香果树–阔叶箬竹–柳叶箬群丛	牙梳山
		香果树–箬竹–阔鳞鳞毛蕨群丛	闽江源
		香果树–长瓣短柱茶–沿阶草群丛	闽江源
	39. 檫木林	檫木–长叶冻绿–狗脊群丛	天宝岩
		檫木–箬竹–蕨菜群丛	峨嵋峰
	40. 枫香树林	枫香树–檵木–狗脊群丛	君子峰、汀江源
		枫香树–檵木–短毛金线草群丛	闽江源
		枫香树–檵木–蝴蝶花群丛	闽江源
		枫香树–檵木–五节芒群丛	明溪县
		枫香树–箬竹–短毛金线草群丛	闽江源
		枫香树–方竹–禾叶山麦冬群丛	将石
		枫香树–杜茎山–微糙三脉紫菀群丛	将石
		枫香树–长瓣短柱茶–蝴蝶花群丛	闽江源
		枫香树–鼠刺–贯众群丛	闽江源
		枫香树–鼠刺–芒萁群丛	戴云山
		枫香树–草珊瑚–狗脊群丛	天宝岩
		枫香树–柳叶毛蕊茶–狗脊群丛	冠豸山
	41. 钟花樱桃林	钟花樱桃–箬竹–多花黄精群丛	闽江源
	42. 榔榆林	榔榆–轮叶蒲桃–莎草群丛	冠豸山
	43. 红花香椿林	红花香椿–江南星蕨群丛	茫荡山
	44. 伞花木林	伞花木–江南星蕨群丛	茫荡山
	45. 赤杨叶林	赤杨叶–细齿叶柃–狗脊群丛	汀江源、德化县
	46. 吴茱萸五加林	吴茱萸五加–箬竹–禾叶山麦冬群丛	峨嵋峰
六、亚洲樟栲常绿阔叶林	47. 甜槠林	甜槠–鼠刺–里白群丛	君子峰
		甜槠–鼠刺–中华里白群丛	茫荡山、汀江源等
		甜槠–凹叶冬青–里白群丛	汀江源
		甜槠–赤楠–狗脊群丛	君子峰、汀江源、峨嵋峰、将石等
		甜槠–赤楠–芒萁群丛	闽江源、将石
		甜槠–赤楠–中华里白群丛	武夷山
		甜槠–赤楠–里白群丛	峨嵋峰、泰宁县等
		甜槠–华南蒲桃–里白群丛	茫荡山
		甜槠–细齿叶柃–狗脊群丛	君子峰、汀江源
		甜槠–格药柃–芒萁群丛	峨嵋峰
		甜槠–乌药–里白群丛	雄江黄楮林
		甜槠–乌药–中华里白群丛	君子峰、汀江源

植被亚型	群系	群丛	分布
		甜槠-乌药-阔鳞鳞毛蕨群丛	明溪县
		甜槠-浙江新木姜子-灯台兔儿风群丛	峨嵋峰
		甜槠-箬叶竹-里白群丛	武夷山
		甜槠-箬竹-里白群丛	闽江源、峨嵋峰、茫荡山、戴云山等
		甜槠-箬竹-狗脊群丛	茫荡山、戴云山等
		甜槠-箬竹-镰羽瘤足蕨群丛	茫荡山
		甜槠-斑箨酸竹-狗脊群丛	茫荡山
		甜槠-斑箨酸竹-里白群丛	茫荡山
		甜槠-肿节少穗竹-狗脊群丛	戴云山
		甜槠-鹿角杜鹃-里白群丛	闽江源、峨嵋峰、梅花山
		甜槠-鹿角杜鹃-狗脊群丛	闽江源、峨嵋峰
		甜槠-鹿角杜鹃-宝铎草群丛	闽江源、峨嵋峰
		甜槠-鹿角杜鹃-灯台兔儿风群丛	闽江源、峨嵋峰
		甜槠-马银花-里白群丛	闽江源
		甜槠-马银花-狗脊群丛	峨嵋峰
		甜槠-马银花-芒萁群丛	君子峰、汀江源
		甜槠-溪畔杜鹃-中华里白群丛	天宝岩
		甜槠-刺毛杜鹃-里白群丛	茫荡山
		甜槠-毛果杜鹃-里白群丛	茫荡山
		甜槠-杜鹃-里白群丛	峨嵋峰
		甜槠-桃叶珊瑚-灯台兔儿风群丛	峨嵋峰
		甜槠-檵木-狗脊群丛	泰宁县
	48. 甜槠＋红楠林	甜槠＋红楠-鼠刺-中华里白群丛	天宝岩
		甜槠＋红楠-鹿角杜鹃-狗脊群丛	梅花山
	49. 甜槠＋木荷林	甜槠＋木荷-杜鹃-野牡丹＋五节芒群丛	武夷山
		甜槠＋木荷-鹿角杜鹃-中华里白群丛	武夷山
		甜槠＋木荷-鹿角杜鹃＋肿节少穗竹-薹草群丛	武夷山
		甜槠＋木荷-狗骨柴-芒萁群丛	梅花山
		甜槠＋木荷-秤星树-芒萁群丛	君子峰
		甜槠＋木荷-薄叶山矾-里白群丛	茫荡山
		甜槠＋木荷-薄叶山矾-狗脊群丛	茫荡山
		甜槠＋木荷-山矾＋乌药-狗脊群丛	戴云山
		甜槠＋木荷-毛果杜鹃-里白群丛	茫荡山
		甜槠＋木荷-鹿角杜鹃-里白群丛	茫荡山
		甜槠＋木荷-满山红-中华里白群丛	天宝岩
		甜槠＋木荷-鼠刺-狗脊群丛	茫荡山
		甜槠＋木荷-鼠刺＋草珊瑚-中华里白群丛	梁野山
		甜槠＋木荷-细齿叶柃-狗脊群丛	武夷山、梁野山
		甜槠＋木荷-箬竹-里白群丛	茫荡山
	50. 甜槠＋米槠林	甜槠＋米槠-弯蒴杜鹃-芒萁	梅花山

续表

植被亚型	群系	群丛	分布
	51. 甜槠＋毛锥林	甜槠＋毛锥–弯蒴杜鹃–芒萁＋乌毛蕨群丛	戴云山
	52. 甜槠＋栲林	甜槠＋栲–南烛＋山矾–狗脊群丛	戴云山
		甜槠＋栲–毛果杜鹃–里白群丛	茫荡山
		甜槠＋栲–轮叶蒲桃–芒萁群丛	茫荡山
		甜槠＋栲–赤楠–狗脊群丛	君子峰
		栲＋甜槠–鼠刺–狗脊群丛	茫荡山
	53. 甜槠＋鹿蒴锥林	甜槠＋鹿蒴锥–毛果杜鹃–里白群丛	茫荡山
		甜槠＋鹿蒴锥–马银花–里白群丛	茫荡山
	54. 甜槠＋港柯林	甜槠＋港柯–马银花–里白群丛	茫荡山
		甜槠＋港柯–常绿荚蒾–狗脊群丛	茫荡山
		甜槠＋港柯–斑箨酸竹–里白群丛	茫荡山
	55. 甜槠＋青冈林	甜槠＋青冈–杜鹃–狗脊群丛	梅花山
	56. 甜槠＋细柄蕈树林	甜槠＋细柄蕈树–毛果杜鹃–山类芦群丛	茫荡山
		甜槠＋细柄蕈树–毛果杜鹃–里白群丛	茫荡山
		甜槠＋细柄蕈树–刺毛杜鹃–里白群丛	茫荡山
		甜槠＋细柄蕈树–刺毛杜鹃–芒萁群丛	梅花山
	57. 甜槠＋蚊母树林	甜槠＋蚊母树–杜茎山＋草珊瑚–狗脊群丛	戴云山
	58. 苦槠林	苦槠–杜茎山–淡竹叶群丛	君子峰
		苦槠–马银花–狗脊群丛	闽江源、峨嵋峰
		苦槠–尖连蕊茶–狗脊群丛	将石、浦城县
		苦槠–毛柄连蕊茶–狗脊群丛	泰宁县
		苦槠–鼠刺–淡竹叶群丛	泰宁县、牙梳山
	59. 米槠林	米槠–杜茎山–狗脊群丛	邵武市
		米槠–密花树–背囊复叶耳蕨群丛	君子峰
		米槠–山血丹–狗脊群丛	君子峰、汀江源
		米槠–朱砂根–狗脊群丛	藤山
		米槠–罗伞树–金毛狗群丛	戴云山
		米槠–罗伞树–淡竹叶群丛	戴云山
		米槠–罗伞树–单叶新月蕨群丛	戴云山
		米槠–弯蒴杜鹃–中华里白群丛	君子峰
		米槠–弯蒴杜鹃–狗脊群丛	武夷山
		米槠–鹿角杜鹃–里白群丛	闽江源
		米槠–箬竹–狗脊群丛	邵武市
		米槠–草珊瑚–狗脊群丛	邵武市
		米槠–草珊瑚–里白群丛	邵武市
		米槠–广东冬青–狗脊群丛	君子峰
		米槠–毛冬青–里白群丛	邵武市
		米槠–毛冬青–狗脊群丛	邵武市
		米槠–峨眉鼠刺–中华里白群丛	君子峰
		米槠–鼠刺–中华里白群丛	梁野山
		米槠–鼠刺–芒萁群丛	汀江源

植被亚型	群系	群丛	分布
		米槠–乌药–狗脊群丛	戴云山、邵武市
		米槠–尖连蕊茶–狗脊群丛	戴云山、汀江源
		米槠–赤楠–中华里白群丛	天宝岩
		米槠–苦竹–中华里白群丛	雄江黄楮林
	60. 米槠＋毛竹林	米槠＋毛竹–乌药–狗脊群丛	戴云山
	61. 吊皮锥林	吊皮锥–鹿角杜鹃–狗脊群丛	君子峰、武平县
		吊皮锥–百两金–狗脊＋山姜群丛	格氏栲
		吊皮锥＋木荷–百两金–芒萁＋狗脊群丛	格氏栲
	62. 黑叶锥林	黑叶锥–杜鹃–里白群丛	泰宁县
		黑叶锥–少穗竹–芒萁群丛	君子峰
		黑叶锥–方竹–狗脊群丛	戴云山
		黑叶锥–马银花–狗脊群丛	闽江源、峨嵋峰
		黑叶锥–马银花–光里白群丛	天宝岩
		黑叶锥–弯蒴杜鹃–里白群丛	梅花山
		黑叶锥–黄丹木姜子–狗脊群丛	戴云山
		黑叶锥–乌药–中华里白群丛	戴云山
		黑叶锥–杜茎山–狗脊群丛	汀江源
		黑叶锥–杜茎山–薹草群丛	汀江源
		黑叶锥–尖连蕊茶–狗脊群丛	汀江源
	63. 黑叶锥＋甜槠林	黑叶锥＋甜槠–朱砂根–芒萁群丛	峨嵋峰
	64. 毛锥林	毛锥–毛柄连蕊茶–金毛狗群丛	茫荡山
		毛锥–尖连蕊茶–狗脊群丛	汀江源
		毛锥–乌药–狗脊群丛	邵武市
		毛锥–杜茎山–江南星蕨群丛	藤山
		毛锥–杜茎山–狗脊群丛	冠豸山
		毛锥–密花树–阔鳞鳞毛蕨群丛	泰宁县
		毛锥–密花树–芒萁群丛	新罗区
		毛锥–檵木–芒萁群丛	雄江黄楮林
		毛锥–草珊瑚–狗脊群丛	君子峰
	65. 毛锥＋硬壳桂林	毛锥＋硬壳桂–柏拉木–线蕨群丛	茫荡山
	66. 钩锥林	钩锥–檵木–狗脊群丛	君子峰、梅花山
		钩锥–杜茎山–狗脊群丛	君子峰、茫荡山
		钩锥–箬竹–里白群丛	闽江源、峨嵋峰
		钩锥–箬竹–狗脊群丛	梁野山、闽江源等
		钩锥–箬竹–山姜群丛	天宝岩
		钩锥–箬竹–华山姜群丛	梁野山
		钩锥–马银花–狗脊群丛	闽江源、峨嵋峰
		钩锥–肿节少穗竹–单叶新月蕨群丛	戴云山
		钩锥–鼠刺–狗脊群丛	梁野山
		钩锥–毛柄连蕊茶–福建观音座莲群丛	茫荡山
		钩锥–草珊瑚–狗脊群丛	汀江源

续表

植被亚型	群系	群丛	分布
		钩锥–线萼金花树–狗脊群丛	汀江源
	67. 罗浮锥林	罗浮锥–草珊瑚–狗脊丛	戴云山
		罗浮锥–草珊瑚–淡竹叶群丛	茫荡山、戴云山
		罗浮锥–阔叶箬竹–里白群丛	天宝岩
		罗浮锥–箬竹–中华里白群丛	茫荡山、天宝岩
		罗浮锥–箬竹–狗脊群丛	梅花山、冠豸山
		罗浮锥–淡竹–里白群丛	邵武市
		罗浮锥–毛果杜鹃–里白群丛	茫荡山
		罗浮锥–毛果杜鹃–狗脊群丛	茫荡山
		罗浮锥–马银花–狗脊群丛	茫荡山
		罗浮锥–刺毛杜鹃–里白群丛	茫荡山
		罗浮锥–杜茎山–里白群丛	邵武市
		罗浮锥–杜茎山–狗脊群丛	大仙峰
		罗浮锥–粗叶木–狗脊群丛	大仙峰
		罗浮锥–山血丹–狗脊群丛	大仙峰
		罗浮锥–常绿荚蒾–狗脊群丛	戴云山
		罗浮锥–毛冬青–里白群丛	邵武市
		罗浮锥–凹叶冬青–狗脊群丛	邵武市
		罗浮锥–野含笑–里白群丛	闽江源、峨嵋峰
		罗浮锥–檵木–淡竹叶群丛	邵武市
	68. 鹿角锥林	鹿角锥–山血丹–狗脊群丛	汀江源
		鹿角锥–尖连蕊茶–薹草群丛	汀江源
		鹿角锥–箬竹–长叶铁角蕨群丛	梁野山
		鹿角锥–凹叶冬青–狗脊群丛	汀江源
		鹿角锥–杜鹃–狗脊群丛	梅花山
		鹿角锥–马银花–狗脊群丛	闽江源
	69. 栲林	栲–杜茎山–狗脊群丛	峨嵋峰、将石
		栲–罗伞树–华山姜群丛	虎伯寮
		栲–罗伞树–狗脊群丛	虎伯寮
		栲–山血丹–金毛狗群丛	茫荡山
		栲–山血丹–狗脊群丛	雄江黄楮林
		栲–密花树–莎草群丛	泰宁县
		栲–尖连蕊茶–狗脊群丛	闽江源、将石
		栲–毛柄连蕊茶–狗脊群丛	峨嵋峰、梅花山
		栲–细齿叶柃–里白群丛	闽江源、峨嵋峰
		栲–箬竹–狗脊群丛	将石
		栲–刺毛杜鹃–狗脊群丛	茫荡山
		栲–刺毛杜鹃–芒萁群丛	茫荡山
		栲–毛果杜鹃–里白群丛	茫荡山
		栲–鹿角杜鹃–芒萁群丛	汀江源
		栲–毛冬青–芒萁群丛	将石
		栲–江南越桔–里白群丛	茫荡山

植被亚型	群系	群丛	分布
		栲–江南越桔–狗脊群丛	茫荡山
		栲–柏拉木–金毛狗群丛	茫荡山
		栲–鼠刺–芒萁群丛	茫荡山
		栲–鼠刺–狗脊群丛	汀江源
		栲–日本粗叶木–福建观音座莲群丛	茫荡山
		栲–草珊瑚–狗脊群丛	君子峰
		栲–箬竹–里白群丛	茫荡山
		栲–檵木–狗脊群丛	茫荡山、梁野山
	70. 栲＋黧蒴锥林	栲＋黧蒴锥–箬叶竹–狗脊群丛	茫荡山
		栲＋黧蒴锥–毛果杜鹃–芒萁群丛	茫荡山
		栲＋黧蒴锥–刺毛杜鹃–狗脊群丛	茫荡山
		栲＋黧蒴锥–鼠刺–狗脊群丛	茫荡山
	71. 栲＋鹿角锥林	栲＋鹿角锥–草珊瑚–狗脊群丛	君子峰
	72. 黧蒴锥林	黧蒴锥–细齿叶柃–金毛狗群丛	君子峰
		黧蒴锥–细齿叶柃–光里白群丛	茫荡山、梅花山
		黧蒴锥–细枝柃–狗脊群丛	茫荡山
		黧蒴锥–尖连蕊茶–里白群丛	茫荡山
		黧蒴锥–罗伞树–狗脊群丛	虎伯寮
		黧蒴锥–山血丹–狗脊群丛	茫荡山、梁野山
		黧蒴锥–鼠刺–淡竹叶群丛	天宝岩
		黧蒴锥–山矾–里白群丛	茫荡山
		黧蒴锥–白花灯笼–狗脊群丛	虎伯寮
		黧蒴锥–枇杷叶紫珠–里白群丛	茫荡山
		黧蒴锥–刺毛杜鹃–里白群丛	茫荡山
	73. 黧蒴锥＋红楠林	黧蒴锥＋红楠–罗伞树–淡竹叶群丛	虎伯寮
	74. 秀丽锥林	秀丽锥–杜茎山–阔鳞鳞毛蕨群丛	泰宁县
		秀丽锥–毛冬青–狗脊群丛	冠豸山
		秀丽锥–轮叶蒲桃–春兰群丛	冠豸山
	75. 青冈林	青冈–箬叶竹–薹草群丛	君子峰
		青冈–赤楠–狗脊群丛	梅花山
		青冈–轮叶蒲桃–狗脊群丛	闽江源
		青冈–轮叶蒲桃–芒萁群丛	汀江源、泰宁县
		青冈–毛柄连蕊茶–薹草群丛	茫荡山
		青冈–乌药–莎草群丛	汀江源、将石等
		青冈–檵木–狗脊群丛	泰宁县、将石等
		青冈–檵木–淡竹叶群丛	冠豸山
		青冈–檵木–芒萁群丛	永安市
		青冈–牡荆–芒萁群丛	永安市
	76. 小叶青冈林	小叶青冈–箬竹–阔鳞鳞毛蕨群丛	闽江源
		小叶青冈–箬竹–淡竹叶群丛	闽江源
		小叶青冈–箬竹–狗脊群丛	茫荡山

续表

植被亚型	群系	群丛	分布
		小叶青冈–马银花–狗脊群丛	茫荡山
		小叶青冈–马银花–里白群丛	茫荡山
		小叶青冈–满山红–淡竹叶群丛	冠豸山
	77. 小叶青冈＋木荷林	小叶青冈＋木荷–毛果杜鹃–狗脊群丛	茫荡山
		小叶青冈＋木荷–乌药–狗脊群丛	茫荡山
		小叶青冈＋木荷–鹿角杜鹃–狗脊群丛	茫荡山
		小叶青冈＋木荷–细枝柃–狗脊群丛	茫荡山
	78. 小叶青冈＋甜槠林	小叶青冈＋甜槠–马银花–华中瘤足蕨群丛	茫荡山
		小叶青冈＋甜槠–毛果杜鹃–狗脊群丛	茫荡山
		小叶青冈＋甜槠–鹿角杜鹃–里白群丛	茫荡山
	79. 小叶青冈＋罗浮锥林	小叶青冈＋罗浮锥–马银花–狗脊群丛	茫荡山
		小叶青冈＋罗浮锥–马银花–里白群丛	茫荡山
	80. 细叶青冈林	细叶青冈–肿节少穗竹–狗脊群丛	戴云山
	81. 细叶青冈＋木荷林	细叶青冈＋木荷–箬竹–狗脊群丛	天宝岩
	82. 赤皮青冈林	赤皮青冈–凹叶冬青–蝴蝶花群丛	汀江源
	83. 柯林	柯–箬竹–阔鳞鳞毛蕨群丛	闽江源、峨嵋峰
	84. 港柯＋甜槠林	港柯＋甜槠–尖连蕊茶–华中瘤足蕨群丛	茫荡山、大仙峰
		港柯＋甜槠–毛果杜鹃–镰羽瘤足蕨群丛	茫荡山
		港柯＋甜槠–格药柃–里白群丛	茫荡山
		港柯＋甜槠–马银花–里白群丛	茫荡山
		港柯＋甜槠–箬竹–里白群丛	茫荡山
	85. 烟斗柯林	烟斗柯–细齿叶柃–狗脊群丛	梁野山
	86. 闽楠林	闽楠–杜茎山–细裂复叶耳蕨群丛	泰宁县
		闽楠–杜茎山–山姜群丛	泰宁县
		闽楠–杜茎山–狗脊群丛	泰宁县
		闽楠–杜茎山–单叶对囊蕨群丛	君子峰
		闽楠–箬竹–狗脊群丛	君子峰
		闽楠＋毛竹–朱砂根–狗脊群丛	君子峰
	87. 紫楠林	紫楠–杜茎山–细裂复叶耳蕨群丛	泰宁县
	88. 黄樟林	黄樟–檵木–淡竹叶群丛	冠豸山
	89. 刨花润楠林	刨花润楠–杜茎山–狗脊群丛	邵武市
	90. 茫荡山润楠林	茫荡山润楠–罗伞树–线蕨群丛	茫荡山
		茫荡山润楠–罗伞树–金毛狗群丛	茫荡山
		茫荡山润楠–华南蒲桃–金毛狗群丛	茫荡山
	91. 黄枝润楠林	黄枝润楠–杜茎山–中华锥花群丛	茫荡山
	92. 红楠林	红楠–细齿叶柃–狗脊群丛	戴云山
		红楠–格药柃–里白群丛	茫荡山
		红楠–箬竹–华山姜群丛	茫荡山
		红楠–檵木–狗脊群丛	梅花山
	93. 薄叶润楠林	薄叶润楠–箬竹–山姜群丛	将石、泰宁县
		薄叶润楠–托竹–盾蕨群丛	将石、泰宁县

植被亚型	群系	群丛	分布
	94. 硬壳桂林	硬壳桂–罗伞树–金毛狗群丛	茫荡山
		硬壳桂–山血丹–狭翅铁角蕨群丛	茫荡山
		硬壳桂–山血丹–条裂三叉蕨群丛	茫荡山
		硬壳桂–柏拉木–华山姜群丛	茫荡山
	95. 观光木林	观光木–格药柃–金毛狗群丛	君子峰
		观光木–杜茎山–深绿卷柏群丛	君子峰
		观光木–腺叶桂樱–狗脊群丛	明溪县
		观光木–苦竹–金毛狗群丛	梁野山
		观光木–桂北木姜子–狗脊群丛	万木林
		观光木–箬竹–狗脊群丛	顺昌县
		观光木–草珊瑚–花葶薹草群丛	三元区
		观光木–箬竹–金毛狗群丛	尤溪县
	96. 深山含笑林	深山含笑–箬竹–里白群丛	闽江源
		深山含笑–细齿叶柃–长柱头薹草群丛	梅花山
	97. 乐东拟单性木兰林	乐东拟单性木兰–草珊瑚–里白群丛	漳平市
		乐东拟单性木兰–杜茎山–芒萁群丛	七台山
		乐东拟单性木兰–草珊瑚–淡竹叶群丛	邵武市
		乐东拟单性木兰–杜茎山–狗脊群丛	万木林
	98. 木莲林	木莲–箬竹–莎草群丛	新罗区
	99. 蕈树林	蕈树–鼠刺–中华里白群丛	天宝岩
		蕈树–鼠刺–狗脊群丛	雄江黄楮林、大仙峰
		蕈树–香冬青–华里白群丛	雄江黄楮林
		蕈树–溪畔杜鹃–芒萁群丛	新罗区
		蕈树–乌药–狗脊群丛	大仙峰
	100. 细柄蕈树林	细柄蕈树–箬叶竹–狗脊群丛	君子峰
		细柄蕈树–箬叶竹–里白群丛	茫荡山
		细柄蕈树–斑箨酸竹–里白群丛	茫荡山
		细柄蕈树–斑箨酸竹–狗脊群丛	茫荡山
		细柄蕈树–斑箨酸竹–芒萁群丛	君子峰
		细柄蕈树–苦竹–延羽卵果蕨群丛	梁野山
		细柄蕈树–乌药–狗脊群丛	汀江源、将石
		细柄蕈树–溪畔杜鹃–淡竹叶群丛	戴云山
		细柄蕈树–刺毛杜鹃–里白群丛	茫荡山
		细柄蕈树–鹿角杜鹃–狗脊群丛	梅花山
		细柄蕈树–马银花–无芒耳稃草群丛	茫荡山
		细柄蕈树–短尾越桔–狗脊群丛	戴云山
		细柄蕈树–鼠刺–狗脊群丛	将石、泰宁县等
		细柄蕈树–鼠刺–里白群丛	汀江源、将石等
		细柄蕈树–毛冬青–狗脊群丛	武夷山
		细柄蕈树–杜茎山–金毛狗群丛	新罗区
		细柄蕈树–杜茎山–华山姜群丛	茫荡山
		细柄蕈树–虎刺–狗脊群丛	君子峰

续表

植被亚型	群系	群丛	分布
		细柄蕈树–长尾毛蕊茶–狗脊群丛	戴云山
	101. 细柄蕈树＋米槠林	细柄蕈树＋米槠–短尾越桔–芒萁群丛	戴云山
	102. 细柄蕈树＋钩锥林	细柄蕈树＋钩锥–鹿角杜鹃–狗脊群丛	梅花山
	103. 杨梅叶蚊母树林	杨梅叶蚊母树–杜茎山–禾叶山麦冬群丛	冠豸山
	104. 木荷林	木荷–山胡椒–狗脊群丛	君子峰
		木荷–赤楠–里白群丛	梅花山
		木荷–箬竹–阔鳞鳞毛蕨群丛	泰宁县、将石等
		木荷–箬竹–狗脊群丛	泰宁县、将石等
		木荷–箬竹–灯台兔儿风群丛	闽江源
		木荷–尖连蕊茶–狗脊群丛	泰宁县、将石等
		木荷–鹿角杜鹃–里白群丛	闽江源
		木荷–九节–金毛狗群丛	虎伯寮
		木荷–山矾–芒萁群丛	汀江源
		木荷–细齿叶柃–芒萁群丛	梁野山、汀江源
		木荷–窄基红褐柃–中华里白群丛	天宝岩
		木荷–檵木–狗脊群丛	冠豸山
	105. 木荷＋甜槠林	木荷＋甜槠–马银花–里白群丛	茫荡山
		木荷＋甜槠–薄叶山矾–里白群丛	茫荡山
		木荷＋甜槠–鼠刺–里白群丛	茫荡山
		木荷＋甜槠–光叶铁仔–里白群丛	茫荡山
	106. 小果核果茶林	小果核果茶–肿节少穗竹–莎草群丛	大仙峰
		小果核果茶–杜鹃–沼原草群丛	新罗区
	107. 红豆树林	红豆树–马醉木–里白群丛	将石
	108. 黄杞林	黄杞–马醉木–里白群丛	闽江源
	109. 牛耳枫林	牛耳枫–野含笑–狗脊群丛	戴云山
	110. 大叶桂樱林	大叶桂樱–杜茎山–禾叶山麦冬群丛	冠豸山
	111. 小叶厚皮香＋密花树林	小叶厚皮香＋密花树–杜鹃–薹草群丛	虎伯寮
	112. 中华杜英林	中华杜英–箬竹–里白群丛	武夷山
	113. 山杜英林	山杜英–朱砂根–阔鳞鳞毛蕨群丛	邵武市、泰宁县
		山杜英–紫金牛–长柄线蕨群丛	邵武市、泰宁县
七、季风常绿阔叶林	114. 红锥＋淋漓锥林	红锥＋淋漓锥–罗伞树＋小紫金牛–华山姜群丛	虎伯寮
	115. 红锥林	红锥–罗伞树–淡竹叶群丛	虎伯寮
		红锥–九节–华山姜＋淡竹叶群丛	虎伯寮
		红锥–罗伞树＋九节–华山姜群丛	虎伯寮、云霄县、漳浦县、平和县等
	116. 红锥＋鹅掌柴林	红锥＋鹅掌柴–罗伞树–华山姜群丛	虎伯寮
	117. 红锥＋木荷林	红锥＋木荷–罗伞树–华山姜群丛	虎伯寮
	118. 红锥＋甜槠林	红锥＋甜槠–面秆竹–中华里白群丛	虎伯寮
	119. 淋漓锥林	淋漓锥–罗伞树–华山姜群丛	虎伯寮、戴云山
		淋漓锥–尖连蕊茶–华山姜群丛	戴云山

植被亚型	群系	群丛	分布
	120. 米槠＋红锥林	米槠＋红锥-九节＋罗伞树-淡竹叶群丛	虎伯寮
		米槠＋红锥-九节＋罗伞树-单叶新月蕨群丛	虎伯寮
	121. 厚壳桂林	厚壳桂-罗伞树-金毛狗群丛	戴云山
八、山地常绿阔叶苔藓林	122. 浙江红山茶林	浙江红山茶-细齿叶柃-禾叶山麦冬群丛	峨嵋峰
		浙江红山茶-空心泡-禾叶山麦冬群丛	峨嵋峰
		浙江红山茶-柃木属1种-阔鳞鳞毛蕨群丛	闽江源
	123. 交让木林	交让木-总状山矾-禾叶山麦冬群丛	峨嵋峰
		交让木-细齿叶柃-朝鲜薹草群丛	峨嵋峰
		交让木-细齿叶柃-莎草群丛	峨嵋峰
		交让木-格药柃-薹草群丛林	峨嵋峰
		交让木-箬竹-禾叶山麦冬群丛	峨嵋峰
		交让木-牯岭藜芦群丛	闽江源、峨嵋峰
	124. 多脉青冈林	多脉青冈-云锦杜鹃-阔叶山麦冬群丛	闽江源、峨嵋峰
		多脉青冈-东方古柯-禾叶山麦冬群丛	峨嵋峰
		多脉青冈-箬竹-薹草群丛	武夷山
		多脉青冈-鹿角杜鹃-禾叶山麦冬群丛	峨嵋峰
		多脉青冈-灯笼树-阿里山兔儿风群丛	峨嵋峰
		多脉青冈-箬竹-禾叶山麦冬群丛	峨嵋峰
		多脉青冈-光叶山矾-油点草群丛	峨嵋峰
九、苔藓矮曲林	125. 猴头杜鹃林	猴头杜鹃-光叶铁仔-延羽卵果蕨群丛	天宝岩
		猴头杜鹃-光叶铁仔-狗脊群丛	天宝岩
		猴头杜鹃-乌药-镰羽瘤足蕨群丛	戴云山
		猴头杜鹃-箬竹-华中瘤足蕨群丛	茫荡山
	126. 云锦杜鹃林	云锦杜鹃-湖北海棠-日本麦氏草群丛	武夷山
		云锦杜鹃-箬竹-麦冬群丛	峨嵋峰
	127. 云南桤叶树林	云南桤叶树-鹿角杜鹃-求米草群丛	峨嵋峰
	128. 野茉莉林	野茉莉-箬竹-芒群丛	武夷山
	129. 绢毛杜英林	绢毛杜英-细齿叶柃-狗脊群丛	梁野山
	130. 小叶黄杨林	小叶黄杨-毛竿玉山竹-薹草群丛	武夷山
十、华南悬崖峭壁硬叶林	131. 乌冈栎林	乌冈栎-箬竹-五节芒群丛	鸳鸯溪
		乌冈栎-杜鹃-山菅群丛	冠豸山
		乌冈栎-杜鹃-卷柏群丛	冠豸山
		乌冈栎-毛果杜鹃-里白群丛	茫荡山
		乌冈栎-毛果杜鹃-芒萁群丛	茫荡山
		乌冈栎-毛果杜鹃-狗脊群丛	茫荡山
		乌冈栎-乌药-芒萁群丛	茫荡山
		乌冈栎-乌药-薹草群丛	大仙峰
		乌冈栎-赤楠-石韦群丛	将石、泰宁县
		乌冈栎-小叶六道木-狗脊群丛	将石
		乌冈栎-小叶六道木-升马唐群丛	将石
		乌冈栎-石楠-耳基卷柏群丛	将石

续表

植被亚型	群系	群丛	分布
		乌冈栎–杜茎山–狭翅铁角蕨群丛	茫荡山
		乌冈栎–杜茎山–山类芦群丛	茫荡山
		乌冈栎–五节芒群丛	茫荡山
	132. 乌冈栎＋青冈林	乌冈栎＋青冈–毛柄连蕊茶–山类芦群丛	茫荡山
		乌冈栎＋青冈–鼠刺–山类芦群丛	茫荡山
		乌冈栎＋青冈–毛果杜鹃–山类芦群丛	茫荡山
	133. 乌冈栎＋福建青冈林	乌冈栎＋福建青冈–毛冬青–山类芦群丛	茫荡山
		乌冈栎＋福建青冈–轮叶蒲桃–山类芦群丛	茫荡山
		乌冈栎＋福建青冈–毛冬青–薹草群丛	茫荡山
	134. 乌冈栎＋杨梅叶蚊母树林	乌冈栎＋杨梅叶蚊母树–毛果杜鹃–山类芦群丛	茫荡山
	135. 尖叶栎林	尖叶栎–密花树–耳基卷柏群丛	泰宁县
		尖叶栎–白马骨–升马唐群丛	泰宁县
		尖叶栎–狗骨柴–升马唐群丛	泰宁县
		尖叶栎–白马骨–阔鳞鳞毛蕨群丛	将石
		尖叶栎–小叶六道木–淡竹叶群丛	将石、泰宁县
		尖叶栎–小叶六道木–石韦群丛	将石、泰宁县
	136. 福建青冈林	福建青冈–罗伞树＋杨桐–薹草群丛	君子峰
		福建青冈–鼠刺–扇叶铁线蕨群丛	雄江黄楮林
		福建青冈–鼠刺–狗脊群丛	雄江黄楮林
		福建青冈–山血丹–扇叶铁线蕨群丛	雄江黄楮林
		福建青冈–山血丹–狗脊群丛	雄江黄楮林
		福建青冈–山血丹–芒萁群丛	雄江黄楮林、万木林
		福建青冈–大青–芒萁群丛	新罗区
	137. 岭南青冈林	岭南青冈–杜鹃–里白群丛	新罗区
	138. 刺柏林	刺柏–乌药–芒群丛	君子峰
		刺柏–肿节少穗竹–大花石上莲群丛	武夷山
		刺柏–麻叶绣线菊–长瓣马铃苣苔群丛	冠豸山
		刺柏–麻叶绣线菊–刺芒野古草群丛	冠豸山
		刺柏–杜鹃–卷柏群丛	冠豸山
		刺柏–檵木–山菅群丛	冠豸山
		刺柏–石斑木–绵毛马铃苣苔群丛	将石、泰宁县
		刺柏–刺芒野古草群丛	将石、泰宁县
		刺柏–小叶六道木–萱草群丛	泰宁县
		刺柏–小叶六道木–刺芒野古草群丛	泰宁县
	139. 竹柏林	竹柏–罗伞树–华山姜群丛	虎伯寮
		竹柏–石斑木–石韦群丛	茫荡山
	140. 长叶榧林	长叶榧树–白马骨–江南卷柏群丛	将石、泰宁县
		长叶榧树–白马骨–刺芒野古草群丛	泰宁县
		长叶榧树–海金子–阔叶山麦冬群丛	泰宁县
		长叶榧树–小叶六道木–长梗黄精群丛	泰宁县

植被亚型	群系	群丛	分布
		长叶榧树–尖叶黄杨–萱草群丛	泰宁县
		长叶榧树–杜鹃–大花石上莲群丛	泰宁县
	141. 尖叶黄杨林	尖叶黄杨–麻叶绣线菊–野菊群丛	冠豸山
		尖叶黄杨–美丽胡枝子–卷柏群丛	冠豸山
	142. 石楠林	石楠–胡枝子–江南卷柏群丛	冠豸山
	143. 紫果槭林	紫果槭–杜茎山–耳基卷柏群丛	泰宁县
	144. 台湾相思林	台湾相思–黑荆–海芋群丛	长乐区
		台湾相思–桃金娘–芒萁群丛	集美区、海沧区
		台湾相思–桃金娘–刺芒野古草群丛	集美区、海沧区
		台湾相思–马缨丹–柳叶箬群丛	集美区、海沧区
		台湾相思–马缨丹–地胆草群丛	集美区、海沧区
		台湾相思–马缨丹–芒萁群丛	集美区、海沧区
		台湾相思–马缨丹–熊耳草群丛	集美区、海沧区
		台湾相思–九里香–火炭母群丛	长乐区、集美区、海沧区
		台湾相思–山芝麻＋栀子–细毛鸭嘴草＋狗尾草群丛	东山县
十一、红树林	145. 木榄林	木榄群丛	漳江口
	146. 秋茄树林	秋茄树群丛	漳江口、九龙江口、泉州湾河口
	147. 秋茄树＋蜡烛果林	秋茄树＋蜡烛果群丛	漳江口、九龙江口、泉州湾河口、闽江河口
	148. 海榄雌林	海榄雌群丛	漳江口
	149. 海榄雌＋蜡烛果林	海榄雌＋蜡烛果群丛	漳江口
	150. 蜡烛果林	蜡烛果群丛	漳江口、九龙江口
	151. 老鼠簕群落	老鼠簕群丛	九龙江口
十二、半红树林	152. 苦郎树林	苦郎树群丛	海沧区、云霄县、惠安县
	153. 黄槿林	黄槿–鸦胆子–龙爪茅群丛	翔安区、云霄县、龙海区
	154. 海漆林	海漆群丛	云霄县
十三、海岸林	155. 朴树林	朴树–福建胡颓子–麦冬群丛	马尾区
		朴树–秤星树–芒萁群丛	漳江口
	156. 黄连木林	黄连木–马缨丹–华南毛蕨群丛	翔安区
十四、温性竹灌丛	157. 毛竿玉山竹灌丛	毛竿玉山竹–箱根野青茅群丛	武夷山
	158. 箬竹林	箬竹–狗脊群丛	茫荡山
		箬竹–延羽卵果蕨	天宝岩
十五、暖性竹林	159. 毛竹林	毛竹–红皮糙果茶–中华里白群丛	戴云山
		毛竹–红皮糙果茶–狗脊群丛	戴云山
		毛竹–红皮糙果茶–戟叶蓼群丛	天宝岩
		毛竹–乌药–中华里白群丛	戴云山
		毛竹–乌药–狗脊群丛	戴云山、茫荡山
		毛竹–新木姜子–阿里山兔儿风群丛	峨嵋峰
		毛竹–箬竹–狗脊群丛	茫荡山
		毛竹–箬竹–多羽复叶耳蕨群丛	茫荡山

续表

植被亚型	群系	群丛	分布
		毛竹–阔叶箬竹–镰羽瘤足蕨群丛	戴云山
		毛竹–斑箨酸竹–狗脊群丛	茫荡山
		毛竹–斑箨酸竹–蕨群丛	茫荡山
		毛竹–鼠刺–镰羽瘤足蕨群丛	茫荡山
		毛竹–鼠刺–狗脊群丛	茫荡山、闽江源、峨嵋峰
		毛竹–鼠刺–鳞籽莎群丛	汀江源
		毛竹–鼠刺–白头婆群丛	峨嵋峰
		毛竹–鹿角杜鹃–牯岭藜芦群丛	闽江源、峨嵋峰
		毛竹–刺毛杜鹃–蕨群丛	茫荡山
		毛竹–赤楠–里白群丛	峨嵋峰
		毛竹–鹿角杜鹃–狗脊群丛	茫荡山
		毛竹–野含笑–蕨群丛	茫荡山
		毛竹–秤星树–芒萁群丛	虎伯寮
		毛竹–毛冬青–中华里白群丛	邵武市
		毛竹–毛冬青–狗脊群丛	君子峰、汀江源
		毛竹–毛冬青–芒萁群丛	君子峰、汀江源
		毛竹–山血丹–狗脊群丛	虎伯寮
		毛竹–山血丹–刺头复叶耳蕨群丛	戴云山
		毛竹–杜茎山–狗脊群丛	戴云山、茫荡山
		毛竹–杜茎山–刺头复叶耳蕨群丛	邵武市、泰宁县、冠豸山
		毛竹–茶荚蒾–江南卷柏群丛	邵武市、泰宁县
		毛竹–毛柄连蕊茶–淡竹叶群丛	茫荡山
		毛竹–牯岭藜芦＋中华里白群丛	天宝岩
		毛竹–美丽胡枝子–芒萁群丛	茫荡山
		毛竹–穗序鹅掌柴–狗脊群丛	梁野山
		毛竹–檵木–狗脊群丛	天宝岩、汀江源等
		毛竹–檵木–芒萁群丛	戴云山、汀江源
		毛竹–黑鳞耳蕨群丛	将石、泰宁县
		毛竹–血水草群丛	闽江源、峨嵋峰
		毛竹–芒萁群丛	峨嵋峰
	160. 毛竹＋甜槠林	毛竹＋甜槠–鼠刺–中华里白群丛	常见
	161. 毛竹＋米槠林	毛竹＋米槠–乌药–中华里白群丛	戴云山
	162. 毛竹＋钩锥林	毛竹＋钩锥–阔叶箬竹–镰羽瘤足蕨群丛	戴云山
		毛竹＋钩锥–草珊瑚–狗脊群丛	常见
	163. 毛竹＋木荷＋吊皮锥林	毛竹＋木荷＋吊皮锥–百两金–芒萁＋狗脊群丛	格氏栲
	164. 毛竹＋闽楠林	毛竹＋闽楠–杜茎山–单叶对囊蕨群丛	君子峰
	165. 毛竹＋青冈林	毛竹＋青冈–鼠刺–芒萁群丛	君子峰
	166. 桂竹林	桂竹–龙芽草群丛	天宝岩
	167. 刚竹林	刚竹–光叶铁仔–延羽卵果蕨群丛	天宝岩
		刚竹–长叶冻绿–蕨群丛	天宝岩

续表

植被亚型	群系	群丛	分布
		刚竹-小叶六道木-刺芒野古草群丛	泰宁县
		刚竹-龙芽草群丛	泰宁县
		刚竹-水蓼群丛	漳平市
	168. 灰竹林	灰竹-茶荚蒾-糯米团群丛	虎伯寮
	169. 苦竹林	苦竹-牡荆-地桃花群丛	明溪县
	170. 方竹林	方竹-卷柏群丛	将石、泰宁县
		方竹-福建观音座莲群丛	延平区
	171. 黄甜竹林	黄甜竹-檵木-芒萁群丛	戴云山
		黄甜竹-草珊瑚-狗脊群丛	雄江黄楮林
		黄甜竹-细枝柃-乌毛蕨群丛	雄江黄楮林
		黄甜竹-豆腐柴-求米草群丛	雄江黄楮林
		黄甜竹-狗脊群丛	雄江黄楮林
	172. 斑箨酸竹林	斑箨酸竹-檵木-狗脊群丛	邵武市
		斑箨酸竹-芒群丛	茫荡山
		斑箨酸竹-狗脊群丛	茫荡山
	173. 肿节少穗竹林	肿节少穗竹-莎草群丛	武夷山
		肿节少穗竹-微糙三脉紫菀群丛	武夷山、戴云山
	174. 屏南少穗竹林	屏南少穗竹-齿牙毛蕨群丛	鸳鸯溪
	175. 晾衫竹林	晾衫竹-芒萁群丛	君子峰
十六、热性竹林	176. 麻竹林	麻竹-大青-半边旗群丛	虎伯寮、芗城区
	177. 箣竹林	箣竹-牛膝群丛	安溪县
	178. 绿竹林	绿竹-丁香蓼群丛	虎伯寮、芗城区
		绿竹-蝴蝶花群丛	南安市
		绿竹-类芦群丛	闽江河口
	179. 单竹林	单竹-罗伞树群丛	虎伯寮
	180. 孝顺竹林	孝顺竹-龙芽草群丛	泰宁县
		孝顺竹-檵木-狗脊群丛	冠豸山
		孝顺竹-檵木-芒萁群丛	冠豸山
	181. 撑篙竹林	撑篙竹-杜鹃-芒萁群丛	冠豸山
	182. 藤枝竹林	藤枝竹-鸭跖草群丛	安溪县
	183. 花竹林	花竹-山芝麻-芒萁群丛	诏安县
		花竹-栀子-韩信草群丛	东山县
十七、落叶阔叶灌丛	184. 满山红灌丛	满山红-牯岭藜芦群丛	闽江源、峨嵋峰
		满山红-平颖柳叶箬群丛	戴云山
		满山红-五节芒群丛	天宝岩
		满山红-芒萁群丛	茫荡山
	185. 云南柿叶树灌丛	云南柿叶树-牯岭藜芦群丛	茫荡山、峨嵋峰
	186. 灯笼树灌丛	灯笼树-牯岭藜芦群丛	闽江源、峨嵋峰
	187. 扁枝越桔灌丛	扁枝越桔-牯岭藜芦群丛	闽江源、峨嵋峰
	188. 波叶红果树灌丛	波叶红果树-牯岭藜芦群丛	闽江源、峨嵋峰
		波叶红果树-芒群丛	峨嵋峰

植被亚型	群系	群丛	分布
	189. 半边月灌丛	半边月–蕨群丛	闽江源
	190. 胡枝子灌丛	胡枝子–芒萁群丛	闽江源
	191. 过路惊灌丛	过路惊–地菍群丛	泰宁县
十八、暖性常绿阔叶灌丛	192. 杜鹃灌丛	杜鹃–芒萁群丛	汀江源、将石、君子峰
		杜鹃–牯岭藜芦群丛	峨嵋峰、闽江源
		杜鹃–一枝黄花+野菊群丛	君子峰
	193. 杜鹃+小果珍珠花灌丛	杜鹃+小果珍珠花–刺芒野古草群丛	茫荡山
	194. 凹叶冬青灌丛	凹叶冬青–无芒耳稃草群丛	茫荡山
		凹叶冬青–牯岭藜芦群丛	戴云山
	195. 岩柃灌丛	岩柃–牯岭藜芦群丛	闽江源、戴云山
十九、热性常绿阔叶灌丛	196. 桃金娘灌丛	桃金娘–芒萁群丛	常见
	197. 岗松灌丛	岗松–芒萁群丛	常见
	198. 车桑子灌丛	车桑子–芒萁群丛	常见
	199. 黑面神灌丛	黑面神–橘草–刺芒野古草群丛	集美区、海沧区
	200. 栀子+桃金娘+车桑子灌丛	栀子+桃金娘+车桑子–细毛鸭嘴草+金茅群丛	东山县
	201. 栀子灌丛	栀子–细毛鸭嘴草群丛	东山县
	202. 野牡丹灌丛	野牡丹–细毛鸭嘴草群丛	东山县
	203. 马缨丹灌丛	马缨丹–铺地黍群丛	东山县、漳江口
	204. 硕苞蔷薇灌丛	硕苞蔷薇群丛	惠安县
	205. 茅莓灌丛	茅莓群丛	惠安县
	206. 枸杞灌丛	枸杞群丛	惠安县、翔安区
	207. 铁包金灌丛	铁包金群丛	惠安县
	208. 银合欢灌丛	银合欢–番杏群丛	惠安县
二十、蕨类草丛	209. 芒萁草丛	芒萁群丛	常见
二十一、耐旱禾草草丛	210. 刺芒野古草草丛	刺芒野古草群丛	汀江源
	211. 毛秆野古草草丛	毛秆野古草群丛	藤山
	212. 鹧鸪草草丛	鹧鸪草群丛	长汀县
二十二、季节湿润草丛	213. 五节芒草丛	五节芒群丛	屏南县
	214. 芒草丛	芒群丛	武夷山
	215. 白茅草丛	白茅群丛	长汀县
	216. 类芦草丛	类芦群丛	泰宁县、翔安区、龙海区
	217. 红毛草草丛	红毛草群丛	翔安区
	218. 菰草丛	菰群丛	汀江源、龙栖山、闽江河口
	219. 野燕麦草丛	野燕麦群丛	惠安县
	220. 萱草草丛	萱草群丛	泰宁县、永安市、连城县
	221. 卷柏草丛	卷柏群丛	泰宁县、将石、连城县
	222. 瓶蕨草丛	瓶蕨群丛	泰宁县、将石
	223. 江南星蕨草丛	江南星蕨群丛	泰宁县、武夷山、闽清县
	224. 光石韦草丛	光石韦群丛	泰宁县、冠豸山

植被亚型	群系	群丛	分布
	225. 石韦草丛	石韦群丛	泰宁县、武夷山
	226. 柳叶剑蕨草丛	柳叶剑蕨群丛	泰宁县
	227. 长叶铁角蕨草丛	长叶铁角蕨群丛	泰宁县、永安市、闽清县
	228. 倒挂铁角蕨草丛	倒挂铁角蕨群丛	泰宁县
	229. 槲蕨草丛	槲蕨群丛	泰宁县、武夷山
	230线蕨草丛	线蕨群丛	将石、泰宁县、武夷山
	231. 肾蕨草丛	肾蕨群丛	屏南县、冠豸山
	232. 白背蒲儿根草丛	白背蒲儿根群丛	泰宁县、连城县、武夷山
	233. 鬼针草草丛	鬼针草群丛	惠安县
	234. 台湾独蒜兰草丛	台湾独蒜兰群丛	梅花山、武夷山、浦城县、君子峰
	235. 小沼兰草丛	小沼兰群丛	泰宁县
	236. 细叶石仙桃草丛	细叶石仙桃群丛	泰宁县
	237. 多花兰草丛	多花兰群丛	泰宁县
	238. 石蒜草丛	石蒜群丛	冠豸山
	239. 虎耳草草丛	虎耳草群丛	泰宁县
	240. 旋蒴苣苔草丛	旋蒴苣苔群丛	泰宁县
	241. 大齿唇柱苣苔草丛	大齿唇柱苣苔群丛	泰宁县、将石、连城县
	242. 大花石上莲草丛	大花石上莲群丛	泰宁县、连城县、将石
	243. 长瓣马铃苣苔草丛	长瓣马铃苣苔群丛	泰宁县、连城县、将石
	244. 阔叶山麦冬草丛	阔叶山麦冬群丛	泰宁县
	245. 舞花姜草丛	舞花姜群丛	将石
	246. 中华秋海棠草丛	中华秋海棠群丛	泰宁县、将石
	247. 杜若草丛	杜若群丛	将石
	248. 血水草草丛	血水草群丛	武夷山、将石、泰宁县
	249. 地锦苗草丛	地锦苗群丛	将石
	250. 滴水珠草丛	滴水珠群丛	将石、武夷山、泰宁县
	251. 玉山针蔺草丛	玉山针蔺群丛	将石、武夷山、泰宁县
二十三、湿地草甸	252. 钻叶紫菀草甸	钻叶紫菀群丛	翔安区、福安市、惠安县、三元区、长汀县
	253. 羊蹄草甸	羊蹄群丛	集美区、南靖县、长汀县、漳平市、三元区、武夷山
	254. 接骨草草甸	接骨草群丛	武夷山、新罗区
	255. 海芋草甸	海芋群丛	南靖县、武平县、泰宁县、武夷山、邵武市
	256. 林荫千里光草甸	林荫千里光群丛	武夷山
	257. 笔管草草甸	笔管草群丛	南靖县、泰宁县、汀江源
	258. 金钱蒲草甸	金钱蒲群丛	武夷山、泰宁县、将石
二十四、山地草甸	259. 黄花菜草甸	黄花菜群丛	武夷山
	260. 日本麦氏草草甸	日本麦氏草群丛	闽江源、武夷山、峨嵋峰、闽侯县
	261. 无芒耳稃草草甸	无芒耳稃草群丛	茫荡山

续表

植被亚型	群系	群丛	分布
二十五、高草草甸	262. 肿柄菊草甸	肿柄菊群丛	东山县、云霄县、漳浦县、翔安区、南靖县、华安县
	263. 野蕉草甸	野蕉群丛	汀江源、茫荡山、雄江黄楮林、虎伯寮
二十六、沼泽化草甸	264. 短叶水蜈蚣草甸	短叶水蜈蚣群丛	集美区、虎伯寮、武夷山
	265. 异形莎草草甸	异形莎草群丛	集美区、将乐县、武夷山
	266. 水莎草草甸	水莎草群丛	延平区、集美区、诏安县、漳浦县、马尾区
	267. 粗根茎莎草草甸	粗根茎莎草群丛	诏安县、漳浦县、海沧区
	268. 高秆莎草草甸	高秆莎草群丛	漳浦县、集美区、马尾区
	269. 碎米莎草草甸	碎米莎草群丛	集美区、南靖县、马尾区
	270. 具芒碎米莎草草甸	具芒碎米莎草群丛	集美区、马尾区
	271. 球柱草草甸	球柱草群丛	泰宁县
	272. 芙兰草草甸	芙兰草群丛	芗城区、洛江区
	273. 圆果雀稗草甸	圆果雀稗群丛	集美区
	274. 牛筋草草甸	牛筋草群丛	天宝岩、翔安区
	275. 假俭草草甸	假俭草群丛	集美区
	276. 平颖柳叶箬草甸	平颖柳叶箬群丛	闽侯县
	277. 中华结缕草草甸	中华结缕草群丛	集美区
二十七、乔木沼泽	278. 水松林	水松-扁枝越桔-白茅群丛	屏南县、尤溪县、邵武市、漳平市
	279. 江南桤木林	江南桤木-桃叶石楠-莎草群丛	峨嵋峰
		江南桤木-凹叶冬青-曲轴黑三棱群丛	峨嵋峰
		江南桤木-水竹-麦冬群丛	峨嵋峰
	280. 喜树林	喜树-箬竹-长柄线蕨群丛	将石、泰宁县
		喜树-箬竹-江南星蕨群丛	将石、泰宁县
		喜树-水竹-淡竹叶群丛	泰宁县、武平县、明溪县、永安市
		喜树-三花冬青-禾叶山麦冬群丛	泰宁县
	281. 枫杨林	枫杨-细叶水团花-菜蕨群丛	建宁县、长汀县、武夷山
	282. 乌桕林	乌桕-琴叶榕-铺地黍群丛	长汀县、武平县、建宁县、永安市、南靖县
	283. 银叶柳林	银叶柳-水竹-灯心草群丛	泰宁县、将石
		银叶柳-琴叶榕-糯米团群丛	峨嵋峰、将石
		银叶柳-枇杷叶紫珠-日本蛇根草群丛	冠豸山
	284. 长梗柳林	长梗柳-细叶水团花-菜蕨群丛	宁化县、连城县、泰宁县、建宁县
二十八、灌木沼泽	285. 风箱树灌丛	风箱树-圆锥绣球-莎草群丛	泰宁县、虎伯寮、冠豸山
	286. 轮叶蒲桃灌丛	轮叶蒲桃-金钱蒲群丛	武夷山
	287. 细叶水团花灌丛	细叶水团花-金钱蒲群丛	武夷山
	288. 水竹灌丛	水竹-山姜群丛	闽江源
		水竹-蕨群丛	闽江源、天宝岩

植被亚型	群系	群丛	分布
		水竹–龙芽草群丛	将石、冠豸山
		水竹–麦冬群丛	峨嵋峰
	289. 淡竹灌丛	淡竹群丛	长汀县
	290. 河竹灌丛	河竹群丛	长汀县
二十九、水藓沼泽	291. 泥炭藓沼泽	泥炭藓沼泽	天宝岩、君子峰、峨嵋峰、戴云山
三十、草本沼泽	292. 曲轴黑三棱沼泽	曲轴黑三棱群丛	峨嵋峰、君子峰
	293. 龙师草沼泽	龙师草群丛	武夷山、戴云山、牛姆林
	294. 牛毛毡沼泽	牛毛毡群丛	闽侯县
	295. 球穗扁莎沼泽	球穗扁莎群丛	戴云山、闽侯县
	296. 三棱水葱沼泽	三棱水葱群丛	闽江河口、龙海区
	297. 百球藨草沼泽	百球藨草群丛	延平区、三元区
	298. 水毛花沼泽	水毛花群丛	泰宁县、牙梳山
	299. 水葱沼泽	水葱群丛	平潭县、仙游县
	300. 灯心草沼泽	灯心草群丛	戴云山、闽江源、峨嵋峰、邵武市
	301. 笄石菖沼泽	笄石菖群丛	邵武市、峨嵋峰
	302. 谷精草沼泽	谷精草群丛	峨嵋峰
	303. 长苞谷精草沼泽	长苞谷精草群丛	峨嵋峰、闽江源、雄江黄楮林
	304. 三白草沼泽	三白草群丛	闽江源、武夷山、长汀县、集美区
	305. 野慈姑沼泽	野慈姑群丛	武夷山、泰宁县、明溪县
	306. 狐尾藻沼泽	狐尾藻群丛	泰宁县、龙海区
	307. 东方水韭沼泽	东方水韭群丛	峨嵋峰
	308. 野生稻沼泽	野生稻群丛	漳浦县
	309. 大苞鸭跖草沼泽	大苞鸭跖草群丛	同安区、泰宁县、虎伯寮
	310. 竹节菜沼泽	竹节菜群丛	天宝岩、牙梳山
	311. 聚花草沼泽	聚花草群丛	汀江源、永安市、宁化县
三十一、盐沼	312. 芦苇盐沼	芦苇群丛	漳江口、漳浦县、集美区、泉州湾河口、闽江河口、福安市
	313. 互花米草盐沼	互花米草群丛	漳江口、漳浦县、九龙江口、泉州湾河口、闽江河口、福安市
	314. 水烛盐沼	水烛群丛	漳江口、翔安区、泉州湾河口、福安市
	315. 短叶茳芏盐沼	短叶茳芏群丛	漳江口、九龙江口、泉州湾河口、闽江河口
	316. 盐地鼠尾粟盐沼	盐地鼠尾粟群丛	漳浦县
	317. 铺地黍盐沼	铺地黍群丛	漳江口、漳浦县、翔安区、惠安县、闽江河口
	318. 狗牙根盐沼	狗牙根群丛	漳江口、龙海区、翔安区、惠安县、闽江河口

续表

植被亚型	群系	群丛	分布
	319. 南方碱蓬盐沼	南方碱蓬群丛	漳浦县、云霄县、龙海区、集美区、福安市
	320. 田菁盐沼	田菁群丛	福安市、漳浦县
三十二、挺水植物群落	321. 莲群落	莲群丛	建宁县、宁化县
	322. 野芋群落	野芋群丛	泰宁县、武夷山、思明区
	323. 毛草龙群落	毛草龙群丛	南靖县、九龙江口
	324. 水龙群落	水龙群丛	泰宁县、永春县、同安区、长汀县、南靖县
	325. 水龙＋石龙尾群落	水龙＋石龙尾群丛	泰宁县
	326. 毛蓼群落	毛蓼群丛	宁化县、翔安区
	327. 水蓼群落	水蓼群丛	翔安区、尤溪县
	328. 光蓼群落	光蓼群丛	集美区
	329. 石龙芮群落	石龙芮群丛	汀江源、冠豸山
	330. 喜旱莲子草群落	喜旱莲子草群丛	东山县、龙海区、集美区、屏南县
三十三、浮叶植物群落	331. 莕菜群落	莕菜群丛	牙梳山
	332. 水鳖群落	水鳖群丛	鸳鸯溪
	333. 龙舌草群落	龙舌草群丛	梁野山、龙海区、集美区、湖里区、永安市、邵武市、连城县
	334. 萍蓬草群落	萍蓬草群丛	泰宁县、闽江源
	335. 睡莲群落	睡莲群丛	峨嵋峰、泰宁县、戴云山、天宝岩
	336. 茶菱群落	茶菱群丛	泰宁县
	337. 四角刻叶菱群落	四角刻叶菱群丛	汀江源、南靖县
	338. 鸡冠眼子菜群落	鸡冠眼子菜群丛	汀江源、梁野山
	339. 眼子菜群落	眼子菜群丛	汀江源、君子峰、泰宁县、武夷山
	340. 沼生水马齿群落	沼生水马齿群丛	马尾区、连城县、宁化县、龙海区
三十四、沉水植物群落	341. 金鱼藻群落	金鱼藻群丛	泰宁县、君子峰、闽江河口
	342. 细金鱼藻群落	细金鱼藻群落	冠豸山
	343. 黑藻群落	黑藻群丛	泰宁县、武夷山、长汀县、上杭县
	344. 小眼子菜群落	小眼子菜群落	长汀县
	345. 竹叶眼子菜群落	竹叶眼子菜群丛	长汀县
	346. 苦草群落	苦草群丛	长汀县
	347. 挖耳草群落	挖耳草群丛	君子峰
	348. 川苔草群落	川苔草群丛	长汀县
	349. 石蔓群落	石蔓群丛	长汀县、南安市
三十五、漂浮植物群落	350. 浮萍群落	浮萍群丛	泰宁县、武夷山、梁野山、闽江河口
	351. 紫萍群落	紫萍群丛	天宝岩

植被亚型	群系	群丛	分布
	352. 满江红群落	满江红群丛	泰宁县、牙梳山、长汀县、闽江河口
	353. 凤眼蓝群落	凤眼蓝群丛	洛江区、闽清县、长乐区、南靖县、建宁县、长汀县
	354. 大藻群落	大藻群丛	洛江区、东山县、长汀县
三十六、滨海沙生植被	355. 厚藤群落	厚藤群丛	东山县、漳江口、龙海区、思明区、闽江河口
	356. 草海桐群落	草海桐-山菅＋琴叶紫菀群丛	东山县、海沧区
	357. 老鼠芳群落	老鼠芳群丛	东山县、惠安县、平潭县
	358. 龙爪茅群落	龙爪茅群丛	翔安区、集美区、东山县
	359. 台湾虎尾草群落	台湾虎尾草群丛	集美区
	360. 海马齿群落	海马齿群丛	海沧区、云霄县、东山县
	361. 番杏群落	番杏群丛	集美区、龙海区、福安市
	362. 海边月见草群落	海边月见草群丛	东山县、惠安县
	363. 海滨藜群落	海滨藜群丛	漳浦县、集美区、东山县
	364. 珊瑚菜群落	珊瑚菜群丛	惠安县
	365. 单叶蔓荆群落	单叶蔓荆群丛	思明区、平潭县
	366. 苦槛蓝群落	苦槛蓝群丛	漳浦县
	367. 福建胡颓子群落	福建胡颓子群丛	翔安区、东山县
	368. 细枝木麻黄林	细枝木麻黄-牡荆-海边月见草群丛	东山县、思明区
	369. 细枝木麻黄＋台湾相思林	细枝木麻黄＋台湾相思-黑面神-酢浆草＋狗尾草群丛	东山县
	370. 露兜树群落	露兜树群丛	漳江口、东山县

第五章　福建现状植被类型

一、温性针叶林

温性针叶林一般指分布在海拔1100m以上的针叶林，山地的年平均温度等与暖温带地区接近。在福建中部至南部，一般分布在海拔1300m，甚至1400m以上。群落类型主要有黄山松林、铁杉林、柳杉林、红豆杉林和长苞铁杉林。主要见于武夷山、戴云山、梅花山、天宝岩、茫荡山、金铙山、福罗山等山地。

1. 黄山松林

黄山松林是我国东部亚热带中山地区的代表性群系之一。主要分布于台湾、福建、浙江、江西、安徽、湖南、湖北等省气候温凉、降水量充沛、相对湿度大的中亚热带山地。在垂直分布高度上，从海拔700—800m以上的山坡、山脊一直分布到海拔2800m左右的山顶。在福建武夷山、德化、建宁、泰宁、寿宁、永泰、浦城、邵武、光泽、上杭、长汀、连城、新罗、仙游等县市区山地均有黄山松林分布（图5-1-1）。群落外貌整齐，在山体上部形成深绿色针叶林（图5-1-2），林内结构简单（图5-1-3）。在福建调查到25个群丛。

代表性样地设在福建闽江源国家级自然保护区金铙山上部。土壤为山地黄红壤和山地黄壤。群落类型为黄山松–浙江红山茶–牯岭藜芦群丛。群落总盖度80%—90%。乔木层仅见黄山松（图5-1-4），高1.5—15m，局部有典型的黄山松林，高达35m。灌木层以浙江红山茶为主，高50—150cm，其他常见种类有箬竹（*Indocalamus tessellatus*）、鹿角杜鹃（*Rhododendron latoucheae*）、满山红（*Rhododendron mariesii*）、杜鹃、马银花（*Rhododendron ovatum*）、厚叶红淡比（*Cleyera pachyphylla*）、小叶石楠（*Photinia parvifolia*）、短尾越桔（*Vaccinium carlesii*）、小果珍珠花（*Lyonia ovalifolia* var. *elliptica*）、云南桤叶树（*Clethra delavayi*）、细齿叶柃、朱砂根（*Ardisia crenata*）、大萼杨桐、扁枝越桔（*Vaccinium japonicum* var. *sinicum*）、乌药、石斑木、窄基红褐柃（*Eurya rubiginosa* var. *attenuata*）、异药花（*Fordiophyton fordii*）、波叶红果树（*Stranvaesia davidiana* var. *undulata*）等，以及港柯、甜槠、木荷、雷公鹅耳枥、树参（*Dendropanax dentiger*）、多脉青冈、红楠、交让木（*Daphniphyllum macropodum*）、厚皮香、紫果槭（*Acer cordatum*）、豆梨（*Pyrus calleryana*）、狗骨柴等的幼树。草本层稀疏，优势种有牯岭藜芦（*Veratrum schindleri*），其他常见种类有里白（*Diplopterygium glaucum*）、狗脊、沿阶草（*Ophiopogon bodinieri*）、淡竹叶、三脉紫菀（*Aster ageratoides*）、鹿蹄草（*Pyrola calliantha*）等。层间植物有尖叶菝葜（*Smilax arisanensis*）、藤石松（*Lycopodiastrum casurinoides* var. *scaberulus*）、菝葜（*Smilax china*）、鳞果星蕨等。

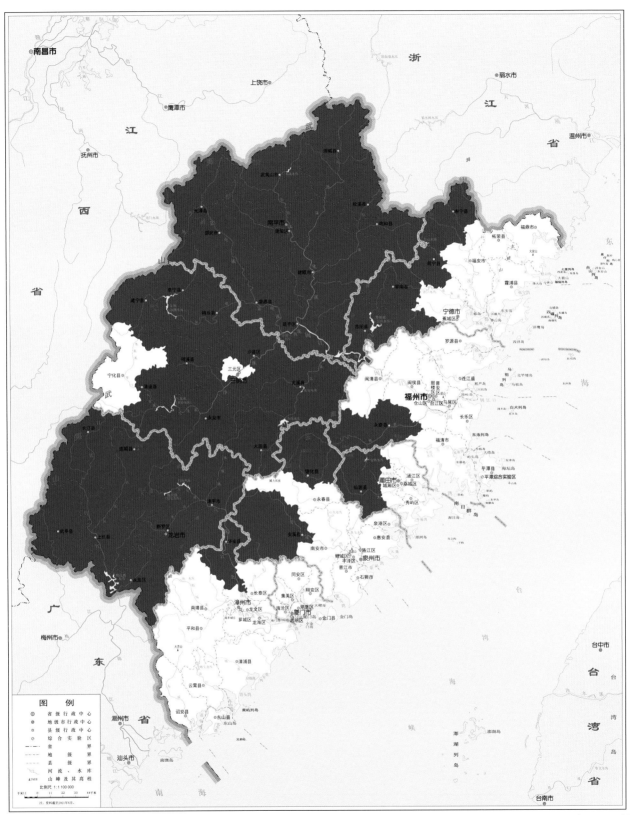

图 5-1-1　黄山松林分布图

图 5-1-2　黄山松林群落外貌（武夷山）

图 5-1-3　黄山松林林内结构（戴云山）

图 5-1-4　黄山松（*Pinus taiwanensis*）

2. 黄山松＋马尾松林

黄山松＋马尾松林分布于马尾松林与黄山松林的过渡带。在福建，分布于武夷山国家公园，福建梅花山、戴云山、茫荡山国家级自然保护区等地。群落外貌整齐，林内结构简单。在福建调查到 4 个群丛。

代表性样地设在福建茫荡山国家级自然保护区。土壤为山地黄红壤。群落类型为黄山松＋马尾松-满山红-无芒耳稃草群丛。乔木层由黄山松、马尾松组成，其平均高13m、胸径5—25cm，密度为每100m² 11.8株，伴生树种有甜槠、木荷、小叶青冈、港柯、深山含笑（*Michelia maudiae*）、日本杜英（*Elaeocarpus japonicus*）、杨梅。灌木层以满山红为主，平均高 150cm，其他常见种类有轮叶蒲桃、箬竹、杜鹃、小果珍珠花、凹叶冬青（*Ilex championii*）、毛果杜鹃（*Rhododendron seniavinii*）、南烛、大萼杨桐、长叶冻绿（*Rhamnus crenata*）、斑箨酸竹、马银花、圆锥绣球（*Hydrangea paniculata*）、江南越桔、鹿角杜鹃、杨桐、格药柃、翅柃（*Eurya alata*）和黄山松、马尾松、甜槠、木荷、厚皮香、树参、小叶青冈、港柯、野柿（*Diospyros kaki*）、羊舌树（*Symplocos glauca*）的幼树。草本层以无芒耳稃草（*Garnotia patula* var. *mutica*）为主，其他常见种类有狗脊、微糙三脉紫菀、玉山针蔺（*Trichophorum subcapitatum*）、平颖柳叶箬（*Isachne truncata*）、地菍（*Melastoma dodecandrum*）、五岭龙胆（*Gentina davidii*）、剑叶耳草（*Hedyotis lancea*）、小二仙草（*Gonocarpus micrantha*）、地耳草（*Hypericum japonicum*）等。层间植物有金樱子（*Rosa laevigata*）、东南悬钩子（*Rubus tsangiorum*）、藤石松、菝葜。

3. 铁杉林

铁杉分布于福建、浙江、安徽、江西、湖南、广东、广西、云南的中亚热带山地。在有些地区，形成以铁杉为建群种的纯林，有时与阔叶树混交。在福建见于武夷山、建阳、光泽、浦城。群落外貌整齐，林内结构简单（图 5-1-5）。在武夷山国家公园调查到 2 个群丛。

图 5-1-5 铁杉林林内结构（武夷山）

图 5-1-6 铁杉（*Tsuga chinensis*）

代表性样地设在武夷山国家公园。土壤为山地黄壤。群落类型为铁杉-毛竿玉山竹-华刺子莞群丛，分布于黄岗山海拔 1800—2000m 处。群落乔木层可以分为 3 个亚层：第一亚层平均高 20—26m，由铁杉（图 5-1-6）和黄山松构成，平均胸径达 25.29cm；第二亚层以多脉青冈为主，高度 11—20m；第三亚层高 5—10m，由岩柃（*Eurya saxicola*）、合轴荚蒾（*Viburnum sympodiale*）、灯笼树（*Enkianthus chinensis*）、五裂槭（*Acer oliverianum*）和光亮山矾（*Symplocos lucida*）等组成，岩柃在数量上占绝对优势。灌木层有毛竿玉山竹（*Yushania hirticaulis*）、豪猪刺（*Berberis julianae*）、合轴荚蒾等，毛竿玉山竹在数量上占绝对优势。草本层种类较少，有华刺子莞（*Rhynchospora chinensis*）、鹿蹄草、日本麦氏草（*Molinia japonica*）等。层间植物有尾叶悬钩子（*Rubus urophyllus*）、黑果菝葜（*Smilax glaucochina*）等（表 5-1-1）。

表5-1-1 铁杉-毛竿玉山竹-华刺子莞群落样方表

种名	株数	相对多度 /%	样方数	相对频度 /%	胸高断面积 /cm²	相对显著度 /%	相对盖度 /%	重要值
乔木层								
铁杉 *Tsuga chinensis*	36	18.65	4	11.43	72595.48	60.53		90.61
多脉青冈 *Cyclobalanopsis multinervis*	54	27.98	4	11.43	32328.89	26.96		66.36
岩柃 *Eurya saxicola*	17	8.81	3	8.57	932.42	0.78		18.16
合轴荚蒾 *Viburnum sympodiale*	12	6.22	4	11.43	171.20	0.14		17.79
灯笼树 *Enkianthus chinensis*	18	9.33	2	5.71	684.35	0.57		15.61
黄山松 *Pinus taiwanensis*	5	2.59	2	5.71	8433.30	7.03		15.34
光亮山矾 *ymplocos lucida*	9	4.66	3	8.57	549.86	0.46		13.69
云南桤叶树 *Clethra delavayi*	15	7.77	1	2.86	574.33	0.48		11.11
五裂槭 *Acer oliverianum*	4	2.07	2	5.71	881.86	0.74		8.52
云锦杜鹃 *Rhododendron fortunei*	3	1.55	2	5.71	585.37	0.49		7.76
木姜子 *Litsea pungens*	5	2.59	1	2.86	735.95	0.61		6.06
细叶青冈 *Cyclobalanopsis gracilis*	4	2.07	1	2.86	677.06	0.56		5.49
美丽马醉木 *Pieris formosa*	4	2.07	1	2.86	107.62	0.09		5.02
豆梨 *Pyrus calleryana*	2	1.04	1	2.86	295.95	0.25		4.14
包果柯 *Lithocarpus cleistocarpus*	2	1.04	1	2.86	272.83	0.23		4.12
毛漆树 *Toxicodendron trichocarpum*	1	0.52	1	2.86	60.79	0.05		3.43

种名	株数	相对多度 /%	样方数	相对频度 /%	胸高断面积 /cm²	相对显著度 /%	相对盖度 /%	重要值
榕叶冬青 *Ilex ficoidea*	1	0.52	1	2.86	33.17	0.03		3.40
满山红 *Rhododendron mariesii*	1	0.52	1	2.86	7.07	0.01		3.38
灌木层								
毛竿玉山竹 *Yushania hirticaulis*	938	98.12	4	19.05			93.58	210.74
小叶石楠 *Photinia parvifolia*	1	0.10	4	19.05			2.24	21.39
五裂槭 *Acer oliverianum*	5	0.52	3	14.29			0.59	15.40
光亮山矾 *Symplocos lucida*	3	0.31	2	9.52			1.50	11.34
榕叶冬青 *Ilex ficoidea*	1	0.10	2	9.52			0.73	10.36
扁枝越桔 *Vaccinium japonicum* var. *sinicum*	2	0.21	1	4.76			0.37	5.34
华中樱桃 *Cerasus conradinae*	2	0.21	1	4.76			0.37	5.34
豪猪刺 *Berberis julianae*	1	0.10	1	4.76			0.37	5.23
合轴荚蒾 *Viburnum sympodiale*	1	0.10	1	4.76			0.18	5.05
包果柯 *Lithocarpus cleistocarpus*	1	0.10	1	4.76			0.04	4.90
毛漆树 *Toxicodendron trichocarpum*	1	0.10	1	4.76			0.04	4.90
层间植物								
尾叶悬钩子 *Rubus urophyllus*	2	40.00	1	25.00			71.42	136.42
黑果菝葜 *Smilax glaucochina*	1	40.00	2	50.00			14.29	104.29
扶芳藤 *Euonymus fortunei*	1	20.00	1	25.00			14.29	59.29
草本层								
华刺子莞 *Rhynchospora chinensis*	80	28.48	2	13.33			24.94	66.75
长柄蕗蕨 *Hymenophyllum polyanthos*	55	25.12	3	20.00			11.34	56.46
鹿蹄草 *Pyrola calliantha*	85	35.68	2	13.33			0.02	49.04
少囊薹草 *Carex filipes* var. *oligostachys*	7	1.17	1	6.67			34.01	41.85
玉山针蔺 *Baeothryon subcapitatum*	12	4.19	3	20.00			6.80	30.99
日本麦氏草 *Molinia japonica*	15	2.51	1	6.67			11.34	20.51
芒 *Miscanthus sinensis*	1	0.17	1	6.67			11.34	18.17
禾叶山麦冬 *Liriope graminifolia*	5	2.68	2	13.33			0.23	16.24

注：调查时间 2021 年 8 月 24 日，地点武夷山黄岗山（海拔 1928m），刘敏、蔡芷琼、方思晴等记录。

4. 柳杉林

柳杉是我国江南中山山地特有树种，对环境要求较高，性喜潮湿、云雾缭绕、夏季凉爽的海洋性或山区谷地气候。柳杉林主要分布于浙江、福建、江西等地海拔 1000m 以上的山区，少量分布于河南、安徽、江苏、四川、广东、广西。在福建，上杭、连城、永安、大田、德化、尤溪、古田、屏南、周宁、寿宁一线及以西地区海拔 700—1600m 的中山山地的阴坡、半阴坡、山谷尚有小片柳杉纯林或柳杉阔叶树混交林（图 5-1-7）。群落外貌整齐，树冠塔形，顶部尖（图 5-1-8、图 5-1-9），林内结构简单。在福建调查到 9 个群丛。

代表性样地设在福建天宝岩国家级自然保护区。土壤为山地黄红壤或山地黄壤。群落类型为柳杉–

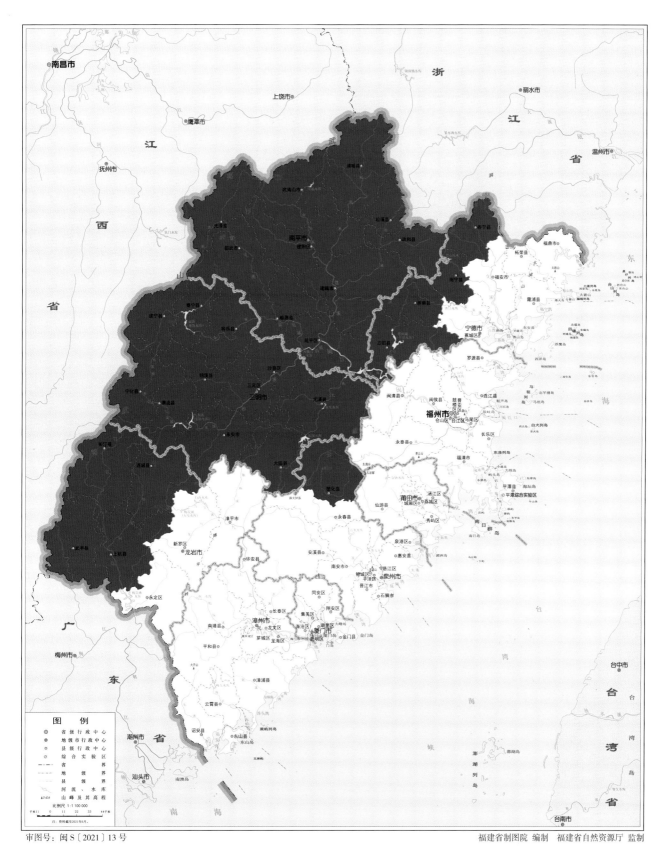

图 5-1-7　柳杉林分布图

审图号：闽 S〔2021〕13 号　　　　　　　　　　　　　　福建省制图院 编制　福建省自然资源厅 监制

图 5-1-8　柳杉林群落外貌（天宝岩）

图 5-1-9　柳杉林群落外貌（闽江源）

图 5-1-10　柳杉（*Cryptomeria japonica* var. *sinensis*）

扁枝越桔–延羽卵果蕨群丛。群落总盖度100%。乔木层可以分为2个亚层：第一亚层由柳杉（图5-1-10）组成，其平均高30m、平均胸径77.2cm，密度为每100m² 5.5株；第二亚层以猴头杜鹃为主，组成种类还有大蕚杨桐、多脉青冈、木荷、港柯等，林下植物稀疏。灌木层以扁枝越桔为主，平均高2m，其他常见种类有杜鹃、乌药、云南桤叶树等，以及柳杉、多脉青冈等的幼树。草本层以延羽卵果蕨（*Phegopteris decursive-pinnata*）为主，其他常见种类有阿里山兔儿风（*Ainsliaea macroclinidioides*）、獐牙菜（*Swertia bimaculata*）等。层间植物极少，仅见尖叶菝葜、革叶清风藤（*Sabia coriacea*）和蔓九节（表5-1-2）。

表5-1-2　柳杉-扁枝越桔-延羽卵果蕨群落样方表

种名	株数	Drude多度	样方数	相对多度/%	相对频度/%	相对显著度/%	多频度	重要值
乔木层								
柳杉 Cryptomeria japonica var. sinensis	22		4	42.31	20.00	92.64		154.95
猴头杜鹃 Rhododendron simiarum	11		4	21.16	20.00	4.09		45.25
大萼杨桐 Adinandra glischroloma var. macrosepala	7		3	13.46	15.00	1.33		29.79
多脉青冈 Cyclobalanopsis multinervis	3		2	5.77	10.00	0.69		16.46
木荷 Schima superba	3		2	5.77	10.00	0.59		16.36
港柯 Lithocarpus harlaudii	2		1	3.85	5.00	0.12		8.97
深山含笑 Michelia maudiae	1		1	1.92	5.00	0.40		7.32
榄叶柯 Lithocarpus oleifolius	1		1	1.92	5.00	0.05		6.97
甜槠 Castanopsis eryei	1		1	1.92	5.00	0.05		6.97
细叶青冈 Cyclobalanopsis myrsinaefolia	1		1	1.92	5.00	0.04		6.96
灌木层								
猴头杜鹃 Rhododendron simiarum	21		4	13.39	5.00		18.39	
柳杉 Cryptomeria japonica var. sinensis	9		4	5.73	5.00		10.73	
扁枝越桔 Vaccinium japonicum var. sinicum	9		4	5.73	5.00		10.73	
多脉青冈 Cyclobalanopsis multinervis	8		4	5.10	5.00		10.10	
长苞铁杉 Tsuga longibracteata	7		4	4.46	5.00		9.46	
腋毛泡花树 Meliosma rhorifolia var. barbulata	7		4	4.46	5.00		9.46	
杜鹃 Rhododendron simisii	8		3	5.10	3.75		8.85	
润楠属1种 Machilus sp.	6		4	3.82	5.00		8.82	
深山含笑 Michelia maudiae	6		4	3.82	5.00		8.82	
乌药 Lindera aggregata	5		4	3.18	5.00		8.18	
红楠 Machilus thunbergii	5		4	3.18	5.00		8.18	
羊舌树 Symplocos glauca	5		4	3.18	5.00		8.18	
云南桤叶树 Clethra delavayi	6		3	3.82	3.75		7.57	
厚叶红淡比 Cleyera pachyphylla	6		3	3.82	3.75		7.57	
百两金 Ardisia crispa	7		2	4.46	2.50		6.96	
木荷 Schima superba	5		3	3.18	3.57		6.93	
光叶铁仔 Myrsine stelnifera	6		2	3.82	2.50		6.32	
港柯 Lithocarpus harlaudii	4		3	2.55	3.75		6.30	
江南越桔 Vaccinium mandarinorum	4		3	2.55	3.75		6.30	
光叶山矾 Symplocos lancifolia	4		2	2.55	2.50		5.05	
细叶青冈 Cyclobalanopsis myrsinaefolia	4		2	2.55	2.50		5.05	
榄叶柯 Lithocarpus oleifolius	3		2	1.91	2.50		4.41	
窄基红褐柃 Eurya rubiginosa var. attenuata	3		2	1.91	2.50		4.41	
石斑木 Rhaphiolepis indica	3		2	1.91	2.50		4.41	
鼠刺 Itea chinensis	3		2	1.91	2.50		4.41	
香桂 Cinnamomum subavenium	2		1	1.27	1.25		2.52	
柯 Lithocarpus glaber	1		1	0.64	1.25		1.89	
层间植物								
尖叶菝葜 Smilax arisanemsis	11		4	57.89	40.00		97.89	

续表

种名	株数	Drude 多度	样方数	相对多度 /%	相对频度 /%	相对显著度 /%	多频度	重要值
革叶清风藤 *Sabia coriacea*	6		4	31.58	40.00		71.58	
蔓九节 *Psychotria serpens*	2		2	10.53	20.00		30.53	
草本层								
延羽卵果蕨 *Phegopteris decursive-pinnata*		Cop3	4	14.29				
阿里山兔儿风 *Ainsliaea macroclinidioides*		Cop1	4	14.29				
獐牙菜 *Swertia bimaculata*		Cop1	3	10.71				
鹿蹄草 *Pyrola calliantha*		Sp	3	10.71				
鳞籽莎 *Lepidosperma chinensis*		Sol	2	7.14				
刺头复叶耳蕨 *Arachniodes aristata*		Sol	2	7.14				
金线兰 *Anoectochilus roxburghii*		Un	4	14.29				
镰翅羊耳蒜 *Liparis bootanensis*		Un	2	7.14				
禾叶山麦冬 *Liriope graminifolia*		Un	2	7.14				
万寿竹 *Disporum cantoniense*		Un	2	7.14				

注：调查时间 2001 年 4 月 21 日，地点天宝岩（海拔 960m），陈鹭真记录。

5. 红豆杉林

红豆杉（*Taxus wallichiana* var. *chinenis*）广泛分布于亚热带地区，一般分布于高海拔区域，比南方红豆杉耐寒，在局部形成以红豆杉为建群种的温性针叶林。在福建见于武夷山、将乐、延平、长汀。群落外貌整齐，树冠顶部浑圆，林内结构简单（图 5-1-11）。在福建长汀调查到 1 个群丛。

图 5-1-11　红豆杉林林内结构（汀江源）

代表性样地设在福建汀江源国家级自然保护区内的大悲山海拔1200m的山顶。土壤为山地黄壤。群落类型为红豆杉-杜茎山-狗脊群丛。乔木层以红豆杉（图5-1-12）为主，其平均高22m、胸径80cm，密度为每100m² 3株。局部有黑壳楠、紫楠、笔罗子（*Meliosma rigida*）、檵木、虎皮楠（*Daphniphyllum oldhamii*）、苦槠、木犀（*Osmanthus fragrans*）、山杜英（*Elaeocarpus sylvestris*）、黄丹木姜子、贵州石楠、山桐子（*Idesia polycarpa*）、锐尖山香圆（*Turpinia arguta*）、油桐（*Vernicia fordii*）、冬青（*Ilex chinensis*）、赤杨叶（*Alniphyllum fortunei*）、栲、红楠、

图 5-1-12　红豆杉（*Taxus wallichiana* var. *chinenis*）

檫木、野柿、棘茎楤木（*Aralia echinocaulis*）、香港新木姜子（*Neolitsea cambodiana* var. *glabra*）等。灌木层种类稀疏，杜茎山占优势，其他常见种类有赤楠（*Syzygium buxifolium*）、大叶白纸扇（*Mussaenda shikokiana*）、白花灯笼（*Clerodendrum fortunatum*）、红凉伞（*Ardisia crenata* var. *bicolor*）、红紫珠（*Callicarpa rubella*）、疏花卫矛（*Euonymus laxiflorus*）、白马骨（*Serissa serissoides*）、白簕（*Eleutherococcus trifoliatus*）、虎刺（*Damnacanthus indicus*）等。草本层狗脊占优势，其他常见种类有珠芽狗脊（*Woodwardia prolifera*）、蕺菜、野线麻（*Boehmeria japonica*）、凤丫蕨（*Coniogramme japonica*）、凹叶景天（*Sedum emarginatum*）、虎耳草（*Saxifraga stolongifera*）、白英（*Solanum lyratum*）、傅氏凤尾蕨（*Pteris fauriei*）、九头狮子草（*Peristrophe japonica*）、短毛金线草（*Antenoron neofiliforme*）、华南毛蕨（*Cyclosorus parasiticus*）、福建过路黄（*Lysimachia fukienensis*）、宽卵叶长柄山蚂蝗（*Hylodesmum podocarpum* subsp. *fallax*）、七叶一枝花、黄花倒水莲（*Polygala fallax*）、沿阶草、延羽卵果蕨、牛膝（*Achyranthes bidentata*）等。层间植物有构棘（*Cudrania cochinchinensis*）、常春藤（*Hedera nepalensis* var. *sinensis*）、鳞果星蕨、钩刺雀梅藤、倒卵叶野木瓜（*Stauntonia obovata*）、鳝藤（*Anodendron affine*）、小果蔷薇（*Rosa cymosa*）、薜荔（*Ficus pumila*）、茜草、鸡矢藤（*Paederia foetida*）、刺蓼（*Polygonum senticosum*）、葛（*Pueraria montana*）等。

6. 长苞铁杉林

长苞铁杉是我国特有珍稀树种，为第四纪冰川期遗留下来的古老树种，产于我国东部中亚热带山地，其中以南岭山地和戴云山脉山区为主要分布区。由南岭山地向南，分布于广西大瑶山、广东与湖南交界处的乳源和莽山，向西分布于贵州的梵净山和九万大山，向东分布于福建的博平岭与戴云山脉。在福建永安、大田、德化、武平、连城、清流、泰宁等县市区均有分布（图5-1-13）。群落外貌整齐，树冠塔形，顶部浑圆（图5-1-14），林内结构较简单（图5-1-15至5-1-17）。在福建调查到5个群丛。

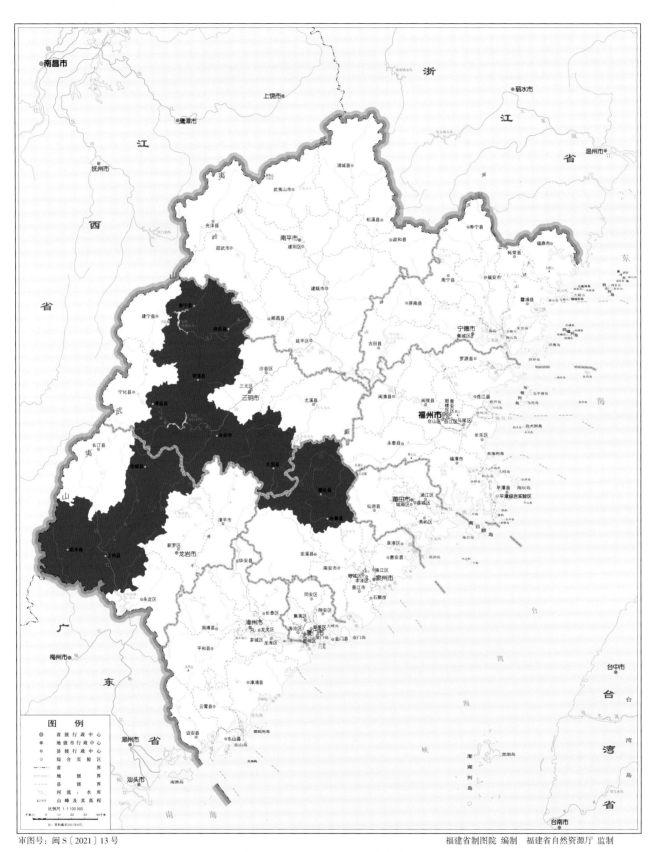

审图号：闽S〔2021〕13号　　　　　　　　　　　　　　　福建省制图院 编制　福建省自然资源厅 监制

图 5-1-13　长苞铁杉林分布图

图 5-1-14 长苞铁杉林群落外貌（天宝岩）

图 5-1-15 长苞铁杉林林内结构（连城）

图 5-1-16　长苞铁杉林林内结构（梅花山）

代表性样地设在福建天宝岩国家级自然保护区海拔1130m处。原生性森林，分布面积达186.7hm²，纯林面积达20hm²。土壤为山地黄壤。群落类型为长苞铁杉-扁枝越桔-延羽卵果蕨群丛。群落中长苞铁杉王树干通直圆满，苔藓密布，树高达30m，粗者胸径达124cm，威武雄壮，颇具王者之风。乔木层可以分为2个亚层：第一亚层全部由长苞铁杉组成，平均胸径68.9cm，密度为每100m² 7株，天然更新良好，年龄结构呈金字塔形；第二亚层种类丰富，层次不明显，有猴头杜鹃、新木姜子、香桂、

图5-1-17　长苞铁杉林林内结构（天宝岩）

细叶青冈、深山含笑、蓝果树等许多乔木树种的幼树。灌木层扁枝越桔占优势，常见者有百两金、光叶铁仔（*Myrsine stolonifera*）、石斑木、毛柄连蕊茶（*Camellia fraterna*）等灌木种类，以及猴头杜鹃、木荷、榄叶柯、深山含笑、细叶青冈等树种的幼苗和幼树。草本层延羽卵果蕨稍占优势，常见者还有中华里白、狗脊、球果假沙晶兰（*Monotropastrum humile*）等。层间植物稀少，仅见尖叶菝葜、木通（*Akebia quinata*）和山薯（*Dioscorea fordii*）（表5-1-3）。

表5-1-3　长苞铁杉-扁枝越桔-延羽卵果蕨群落样方表

种名	株数	Drude 多度	样方数	相对多度 /%	相对频度 /%	相对显著度 /%	多频度	重要值
乔木层								
长苞铁杉 *Tsuga longibracteata*	27		4	41.52	13.79	79.96		135.27
猴头杜鹃 *Rhododendron simiarum*	4		3	6.15	10.33	4.40		20.88
新木姜子 *Neolitsea aurata*	4		3	6.15	10.33	0.02		16.50
香桂 *Cinnamomum subavenium*	2		2	3.08	6.90	5.22		15.20
细叶青冈 *Cyclobalanopsis myrsinaefolia*	4		2	6.15	6.90	0.32		13.37
深山含笑 *Michelia maudiae*	4		1	6.15	3.45	0.16		9.76
蓝果树 *Nyssa sinensis*	2		1	3.08	3.45	1.73		8.26
多脉青冈 *Cyclobalanopsis multinervis*	3		1	4.62	3.45	0.11		8.18
甜槠 *Castanopsis eryei*	1		1	1.54	3.45	2.74		7.73
杉木 *Cunninghamia lanceolata*	2		1	3.08	3.45	0.82		7.35
木荷 *Schima superba*	1		1	1.54	3.45	2.36		7.35
铁冬青 *Ilex rotunda*	2		1	3.08	3.45	0.22		6.75
溪畔杜鹃 *Rhododendron rivulare*	2		1	3.08	3.45	0.08		6.61
冬青 *Ilex chinensis*	1		1	1.54	3.45	1.33		6.32
黄丹木姜子 *Litsea elongata*	1		1	1.54	3.45	0.33		5.32
榄叶柯 *Lithocarpus oleifolius*	1		1	1.54	3.45	0.06		5.05
港柯 *Lithocarpus harlaudii*	1		1	1.54	3.45	0.04		5.03

种名	株数	Drude 多度	样方数	相对多度 /%	相对频度 /%	相对显著度 /%	多频度	重要值
狗骨柴 *Diplospora dubia*	1		1	1.54	3.45	0.04		5.03
罗浮锥 *Castanopsis fabri*	1		1	1.54	3.45	0.03		5.02
杨桐 *Adinandra millettii*	1		1	1.54	3.45	0.03		5.02
灌木层								
扁枝越桔 *Vaccinium japonicum* var. *sinicum*	25		4	13.15	4.54		17.69	
猴头杜鹃 *Rhododendron simiarum*	20		4	10.52	4.54		15.06	
百两金 *Ardisia crispa*	15		2	7.90	2.27		10.17	
光叶铁仔 *Myrsine stelnifera*	15		2	7.90	2.27		10.17	
木荷 *Schima superba*	9		4	4.73	4.54		9.27	
榄叶柯 *Lithocarpus oleifolius*	8		3	4.21	3.41		7.62	
石斑木 *Rhaphiolepis indica*	6		3	3.16	3.41		6.57	
深山含笑 *Michelia maudiae*	6		3	3.16	3.41		6.57	
细叶青冈 *Cyclobalanopsis myrsinaefolia*	5		3	2.63	3.41		6.04	
柯 *Lithocarpus glaber*	5		3	2.63	3.41		6.04	
毛柄连蕊茶 *Camellia fraterna*	7		2	3.68	2.27		5.95	
铁冬青 *Ilex rotunda*	4		3	2.10	3.41		5.51	
甜槠 *Castanopsis eryei*	3		3	1.58	3.41		4.99	
冬青 *Ilex chinensis*	3		3	1.58	3.41		4.99	
黄丹木姜子 *Litsea elongata*	4		2	2.10	2.27		4.37	
小叶厚皮香 *Ternstroenia microphylla*	3		2	1.58	2.27		3.85	
桃叶石楠 *Photinia prunifolia*	3		2	1.58	2.27		3.85	
香楠 *Randia canthioides*	3		2	1.58	2.27		3.85	
厚叶红淡比 *Cleyere pachyphylla*	3		2	1.58	2.27		3.85	
绒毛润楠 *Machilus velutina*	3		2	1.58	2.27		3.85	
大萼杨桐 *Adinandra glischroloma* var. *macrosepala*	3		2	1.58	2.27		3.85	
光叶水青冈 *Fagus lucida*	2		2	1.05	2.27		3.32	
光叶山矾 *Symplocos lancifolia*	2		2	1.05	2.27		3.32	
鼠刺 *Itea chinensis*	2		2	1.05	2.27		3.32	
罗浮锥 *Castanopsis fabri*	2		2	1.05	2.27		3.32	
树参 *Dendropanax dentiger*	2		2	1.05	2.27		3.32	
荚蒾 *Viburnum dilatatum*	2		2	1.05	2.27		3.32	
窄基红褐枵 *Eurya rubiginosa* var. *attenuata*	2		2	1.05	2.27		3.32	
江南越桔 *Vaccinium mandarinorum*	2		2	1.05	2.27		3.32	
港柯 *Lithocarpus harlaudii*	3		1	1.58	1.14		2.72	
香桂 *Cinnamomum subavenium*	2		1	1.05	1.14		2.19	
杜鹃 *Rhododendron simisii*	2		1	1.05	1.14		2.19	
野牡丹 *Melastoma malabathricum*	2		1	1.05	1.14		2.19	
杜英 *Elaeocarpus decipiens*	1		1	0.53	1.14		1.67	
鸡爪槭 *Acer palmatum*	1		1	0.53	1.14		1.67	
溪畔杜鹃 *Rhododendron rivulare*	1		1	0.53	1.14		1.67	
斜基粗叶木 *Lasianthus wallichii*	1		1	0.53	1.14		1.67	

续表

种名	株数	Drude 多度	样方数	相对多度 /%	相对频度 /%	相对显著度 /%	多频度	重要值
秤星树 Ilex asprella	1		1	0.53	1.14		1.67	
杜茎山 Maesa japonica	1		1	0.53	1.14		1.67	
黧蒴锥 Castanopsis fissa	1		1	0.53	1.14		1.67	
乌药 Lindera aggregata	1		1	0.53	1.14		1.67	
杨梅 Myrica rubra	1		1	0.53	1.14		1.67	
轮叶蒲桃 Syzygium grijsii	1		1	0.53	1.14		1.67	
李氏女贞 Ligustrum lianum	1		1	0.53	1.14		1.67	
鸭脚茶 Bredia sinensis	1		1	0.53	1.14		1.67	
层间植物								
尖叶菝葜 Smilax arisanemsis	6		4	60.00	50.00		110.00	
木通 Akebia quinata	3		3	30.00	37.50		67.50	
山薯 Dioscorea fordii	1		1	10.00	12.50		22.50	
草本层								
延羽卵果蕨 Phegopteris decursive-pinnata		Cop1	3	18.75				
莎草属 1 种 Cyperus sp.		Cop1	2	12.50				
狗脊 Woodwardia japonica		Sol	2	12.50				
球果假沙晶兰 Monotropastrum humile		Sol	2	12.50				
中华里白 Diplopterygium chinense		Sol	1	6.25				
中华复叶耳蕨 Arachniodes chinensis		Un	2	12.50				
瘤足蕨 Plagiogyria adnata		Un	1	6.25				
獐牙菜 Swertia bimaculata		Un	1	6.25				
细柄书带蕨 Vittaria filipes		Un	1	6.25				
柳叶剑蕨 Loxogramme salicifolia		Un	1	6.25				

注：调查时间 2001 年 4 月 21 日，地点天宝岩（海拔 1130m），陈鹭真记录。

二、温性针阔叶混交林

温性针阔叶混交林主要为铁杉、黄山松与阔叶树混交形成的植被类型，在武夷山、戴云山都能够看到。

1. 黄山松＋细叶青冈林

黄山松＋细叶青冈林分布于福建戴云山国家级自然保护区。群落外貌整齐，林间结构简单。在福建调查到 2 个群丛。

代表性样地设在福建戴云山国家级自然保护区内的九仙山上部。土壤为山地黄壤，土层较厚。群落类型为黄山松＋细叶青冈-肿节少穗竹-狗脊群丛。群落总盖度95%左右。乔木层以黄山松和细叶青冈为主，高5—7m，局部有豆梨的幼树。灌木层以肿节少穗竹为主，高50—250cm，其他常见种类有小果珍珠花、谷木叶冬青（Ilex memecylifolia）、短尾越桔、满山红、鹿角杜鹃、细齿叶柃、窄基红褐柃等。草本层稀疏，常见种类有狗脊、芒萁、中华里白、淡竹叶、微糙三脉紫菀、地菍等。层间植物仅见尖叶菝葜。

2. 黄山松＋甜槠林

黄山松＋甜槠林分布于福建戴云山国家级自然保护区。群落外貌整齐，林间结构简单。在福建仅调查到1个群丛。

代表性样地设在武夷山国家公园、福建戴云山国家级自然保护区中上部。土壤为山地黄壤。群落类型为黄山松＋甜槠–短尾越桔–芒萁群丛。群落总盖度90%左右。乔木层以黄山松和甜槠为主，平均高10m，局部有木荷、树参、罗浮锥、野漆（*Toxiocodendron succedaneum*）、红楠等的幼树。灌木层以短尾越桔为主，高50—150cm，其他常见种类有马银花、杜鹃、细齿叶柃、谷木叶冬青、大萼杨桐、乌药、石斑木、竹叶榕（*Ficus stenophylla*）、刺毛越桔（*Vaccinium trichocladum*）、江南越桔、窄基红褐柃等。草本层优势种为芒萁，其他常见种类有中华里白、狗脊、微糙三脉紫菀、地菍、鹿蹄草等。层间植物有尖叶菝葜、菝葜、藤石松。

3. 柳杉＋毛竹林

柳杉＋毛竹林分布于福建戴云山国家级自然保护区的中上部阴湿山坡。群落外貌整齐，林间结构简单。在福建仅调查到1个群丛。

代表性样地设在福建戴云山国家级自然保护区。土壤为山地黄红壤。群落类型为柳杉＋毛竹–箬竹–中华里白群丛。柳杉粗而高大，高达26m，盖度40%左右。群落中毛竹数量较多，高约16m，盖度约60%，基本上为纯林，偶有杉木、南方红豆杉、树参混入。林下灌木少而疏，常见种类有箬竹、肿节少穗竹、草珊瑚、鹿角杜鹃、红皮糙果茶（*Camellia crapnelliana*）、秤星树、腺叶桂樱、细齿叶柃等。草本植物稀疏，常见种类有中华里白、刺头复叶耳蕨、狗脊等。

三、暖性针叶林

福建地处亚热带地区，山地中下部或丘陵地区分布着大面积的暖性针叶林，以马尾松林为主，在各地也能够调查到杉木林、南方红豆杉林和江南油杉林，局部有福建柏林和竹柏林。

1. 马尾松林

马尾松林是我国东南部湿润亚热带地区分布最广、资源最大的森林群落，是这一地区典型代表群落之一。以天然林为主，也有大面积的人工林。其分布范围南从雷州半岛、北至秦岭伏牛山—淮河一线、东从台湾、西到四川青衣江流域。其垂直分布一般在海拔1000m以下，在南岭一带可以分布到海拔1500m左右。在福建全省各地均有分布。在垂直分布上，在武夷山可以到海拔1400m左右。群落外貌整齐（图5-3-1、图5-3-2），林内结构较复杂（图5-3-3、图5-3-4）。在福建调查到26个群丛。

图 5-3-1 马尾松林群落外貌（牛姆林）

图 5-3-2 马尾松林群落外貌（泰宁）

图 5-3-3　马尾松林林内结构（雄江黄楮林）

图 5-3-4　马尾松林林内结构（武夷山）

　　代表性样地设在福建梁野山国家级自然保护区内的云礤。土壤为红壤。群落类型为马尾松–桃金娘–芒萁群丛。群落总盖度80%左右。乔木层以马尾松（图5-3-5、图5-3-6）为主，高7—20m、平均胸径16cm，密度为每100m² 15株。林内有较多的花榈木、木荷、山乌桕和野漆幼树。灌木层以桃金娘（图5-3-7）为主，其他的灌木种类有杨桐（图5-3-8）、檵木（图5-3-9）、轮叶蒲桃、山鸡椒、石斑木、栀子等。草本层芒萁（图5-3-10）占绝对优势，偶见鳞籽莎、狗脊、白花地胆草（*Elephantopus scaber*）、微糙三脉紫菀。层间植物较发达，种类有藤黄檀、菝葜、粉背菝葜（*Smilax hypoglauca*）（表5-3-1）。

图 5-3-5　马尾松（*Pinus massoniana*）（1）

图 5-3-6　马尾松（*Pinus massoniana*）（2）

图 5-3-7　桃金娘（*Rhodomyrtus tomentosa*）

图 5-3-8　杨桐（*Adinandra millettii*）

图 5-3-9　檵木（*Loropetalum chinense*）

图 5-3-10　芒萁（*Dicranopteris pedata*）

表5-3-1　马尾松-桃金娘-芒萁群落样方表

种名	株数	Drude 多度	样方数	平均胸径 /cm	相对多度 /%	相对频度 /%	相对显著度 /%	多频度	重要值
乔木层									
马尾松 *Pinus massoniana*	42		4	19.8	70.0	20.0	92.2		182.2
花榈木 *Ormosia henryi*	7		4	10.1	11.7	20.0	4.2		35.9
木荷 *Schima superba*	5		4	7.8	8.3	20.0	1.8		30.1
山乌桕 *Triadica cochinchinensis*	4		4	6.0	6.7	20.0	1.5		28.2
野漆 *Toxiocodendron succedaneum*	2		4	8.1	3.3	20.0	0.3		23.6
灌木层									
桃金娘 *Rhodomyrtus tomentosa*	36		4		23.4	16.0		39.4	
杨桐 *Adinandra millettii*	26		4		16.9	16.0		32.9	
檵木 *Loropetalum chinense*	23		4		14.9	16.0		30.9	
轮叶蒲桃 *Syzygium grijsii*	21		4		13.6	16.0		29.6	
山鸡椒 *Litsea cubeba*	19		3		12.3	12.0		24.3	
石斑木 *Rhaphiolepis indica*	15		3		9.7	12.0		21.7	
栀子 *Gardenia jasminoides*	14		3		9.2	12.0		21.2	
层间植物									
藤黄檀 *Dalbergia planicaule*	21		4		44.7	36.4		81.1	
菝葜 *Smilax china*	14		4		29.8	36.4		66.2	
粉背菝葜 *Smilax hypoglauca*	12		3		25.5	27.2		52.7	
草本层									
芒萁 *Dicranopteris pedata*		Cop3	4		23.5				
鳞籽莎 *Lepidosperma chinensis*		Cop1	4		23.5				
狗脊 *Woodwardia japonica*		Sp	4		23.5				
白花地胆草 *Elephantopus scaber*		Sp	3		17.7				
微糙三脉紫菀 *Aster ageratoides*		Sol	2		11.8				

注：调查时间 2001 年 5 月 4 日，地点梁野山云礤（海拔 380m），陈鹭真记录。

2. 马尾松＋杉木林

马尾松＋杉木林是以马尾松与杉木为共建种的群落，在福建茫荡山、梁野山、虎伯寮国家级自然保护区都有分布。群落外貌整齐，林内结构较复杂。在福建调查到 7 个群丛。

代表性样地设在福建茫荡山国家级自然保护区内海拔810—1050m的茂地。土壤为山地黄红壤。群落类型为马尾松＋杉木-斑箨酸竹-狗脊群丛。群落总盖度90%左右。乔木层以马尾松为主，杉木次之。乔木高9—14m、胸径11—61cm，密度为每100m² 12.3株。灌木层以斑箨酸竹为主，其他常见种类有檵木、乌药、杜鹃、毛果杜鹃、南烛、小果珍珠花、大萼杨桐、石斑木、江南越桔、美丽胡枝子、马银花、凹叶冬青、格药柃、秤星树、鼠刺（*Itea chinensis*）、细枝柃、油茶、山鸡椒、杨桐、盐肤木（*Rhus chinensis*）、小叶石楠、长叶冻绿等，以及甜槠、木荷、红楠、野漆、腋毛泡花树（*Meliosma rhoifolia* var. *barbulata*）、铁冬青、深山含笑、野含笑的幼苗和幼树。草本层高50—150cm，狗脊占绝对优势，偶见五节芒、芒、薹草属1种、蕨（*Pteridium aquilinum* var. *latiusculum*）、林泽兰（*Eupatorium lindleyanum*）。

层间植物有地锦（*Parthenocissus tricuspidata*）、粉背菝葜、野木瓜（*Stauntonia chinense*）等。

3. 杉木林

杉木广泛分布于我国东部亚热带地区，其木材用途广泛，故自古以来人们有栽种或留种的习惯。广西资源、湖南大同、福建延平都是杉木的重要产地。也因为如此，不少人怀疑天然分布的杉木林的存在。其实，天然分布杉木林确实存在。杉木原本广泛分布于中国亚热带地区，可以天然更新，除大面积人工林外，凡有阔叶树混交其中且更新良好的杉木林，都可以看作天然林。在福建茫荡山、闽江源、汀江源等国家级自然保护区均有天然林分布。群落外貌整齐，树冠塔形（图5-3-11），林内结构较简单（图5-3-12）。在福建调查到20个群丛。

图5-3-11　杉木林群落外貌（将石）

图 5-3-12 杉木林林内结构（汀江源）

代表性样地设在福建茫荡山国家级自然保护区内海拔1100m的中山山地。土壤为山地黄壤，肥沃。群落类型为杉木-箬竹-里白群丛，为保存完好的原生性的杉木林，总面积达32hm²。群落总盖度95%—100%。乔木层以杉木（图5-3-13）为主，其高6—25m、胸径14—46cm，林内有小叶青冈、甜槠、鹿角杜鹃、乌冈栎、杨梅；非样地杉木林也常伴生马尾松、檫木、油桐、栲、白花泡桐（*Paulownia fortunei*）、深山含笑、香桂、黄丹木姜子、柯、厚皮香、凤凰润楠（*Machilus phoenicis*）、黑壳楠、野含笑、牛耳枫（*Daphniphyllum calycinum*）、黄杞

图 5-3-13 杉木（*Cunninghamia lanceolata*）

（*Engelhardtia roxburghiana*）、罗浮锥、乐东拟单性木兰、猴欢喜（*Sloanea sinensis*）、黄山松、黄檀、野漆、紫玉盘柯（*Lithocarpus uvarifolius*）、腋毛泡花树、钟花樱桃（*Cerasus campanulata*）、红楠等。灌木层以箬竹为主，平均高150cm，其他常见种类有斑箨酸竹、窄基红褐枵、乌药、石斑木、光亮山矾、江南越桔、马银花、杜鹃、小叶石楠、毛冬青（*Ilex pubescens*）、杨桐、尖连蕊茶等；非样地杉木林也常见鼠刺、刺毛杜鹃（*Rhododendron championiae*）、檵木、茶荚蒾（*Viburnum setigerum*）、小蜡（*Ligustrum sinense*）、山鸡椒、细齿叶枵、秤星树、南烛、圆锥绣球、轮叶蒲桃等。草本层以里白为主，其他常见

种类有狗脊、紫萁、镰羽瘤足蕨（*Plagiogyria falcata*）等；非样地杉木林也常见蕨、林泽兰、淡竹叶、华中瘤足蕨（*Plagiogyria euphlebia*）、剑叶耳草、芒、五节芒、莎草属1种、黑莎草（*Gahnia tristis*）、鸭脚茶、龙芽草（*Agrimonia pilosa*）、异药花、柳叶箬（*Isachne globosa*）等。层间植物稀少，有尖叶菝葜、野木瓜、毛花猕猴桃（*Actinidia eriantha*）、木通（表5-3-2）。

表5-3-2　杉木-箬竹-里白群落样方表

种名	株数	Drude 多度	样方数	相对多度 /%	相对频度 /%	相对显著度 /%	多频度	重要值
乔木层								
杉木 *Cunninghamia lanceolata*	31		4	43.67	25.00	62.04		130.71
小叶青冈 *Cyclobalanopsis myrsinifolia*	17		3	23.94	18.75	14.57		57.26
甜槠 *Castanopsis eryei*	4		3	5.63	18.75	13.91		38.29
鹿角杜鹃 *Rhododendron latoucheae*	10		3	14.08	18.75	1.32		34.15
乌冈栎 *Quercus phillyraeoides*	8		2	11.27	12.50	5.91		29.68
杨梅 *Myrica rubra*	1		1	1.41	6.25	2.25		9.91
灌木层								
箬竹 *Indocalamus tessellates*	78		4	25.00	5.80		30.80	
斑箨酸竹 *Acidosasa notata*	54		2	17.31	2.90		20.21	
乌药 *Lindera aggregata*	23		3	7.37	4.34		11.71	
窄基红褐柃 *Eurya rubiginosa* var. *attenuata*	17		4	5.45	5.80		11.25	
杉木 *Cunninghamia lanceolata*	11		4	3.53	5.80		9.32	
大萼杨桐 *Adinandra glischroloma* var. *macrosepala*	12		3	3.84	4.34		8.18	
杜鹃 *Rhododendron simsii*	6		4	1.92	5.80		7.72	
深山含笑 *Michelia maudiae*	6		4	1.92	5.80		7.72	
马银花 *Rhododendron ovatum*	5		4	1.61	5.80		7.41	
甜槠 *Castanopsis eryei*	6		3	1.92	4.34		6.26	
鹿角杜鹃 *Rhododendron latoucheae*	6		3	1.92	4.34		6.26	
杨桐 *Adinandra millettii*	5		3	1.61	4.34		5.95	
江南越桔 *Vaccinium mandarinorum*	4		3	1.28	4.34		5.62	
黄山松 *Pinus taiwanensis*	7		2	2.24	2.90		5.14	
羊舌树 *Symplocos glauca*	7		2	2.24	2.90		5.14	
罗浮锥 *Castanopsis fabri*	5		2	1.61	2.90		4.51	
木荷 *Schima superba*	3		2	0.96	2.90		3.86	
黄杞 *Engelhardia roxburghiana*	7		1	2.24	1.45		3.69	
毛冬青 *Ilex pubescens*	6		1	1.92	1.45		3.37	
毛叶石楠 *Photinia villosa*	5		1	1.61	1.45		3.06	
石斑木 *Rhaphiolepis indica*	5		1	1.61	1.45		3.06	
紫玉盘柯 *Lithocarpus uvarifolius*	5		1	1.61	1.45		3.06	
乐东拟单性木兰 *Parakmeria lutungensis*	4		1	1.28	1.45		2.73	
黑壳楠 *Lindera megaphylla*	4		1	1.28	1.45		2.73	
常绿荚蒾 *Viburnum sempervirens*	4		1	1.28	1.45		2.73	
尖连蕊茶 *Camellia cuspidata*	3		1	0.96	1.45		2.41	
猴欢喜 *Sloanea sinensis*	3		1	0.96	1.45		2.41	

续表

种名	株数	Drude多度	样方数	相对多度/%	相对频度/%	相对显著度/%	多频度	重要值
牛耳枫 *Daphniphyllum calycinum*	3		1	0.96	1.45		2.41	
黄丹木姜子 *Litsea elongata*	2		1	0.64	1.45		2.09	
厚皮香 *Ternstroemia gymnanthera*	2		1	0.64	1.45		2.09	
香桂 *Cinnamomum subavenium*	1		1	0.32	1.45		1.77	
光亮山矾 *Symplocos lucida*	1		1	0.32	1.45		1.77	
桃叶石楠 *Photinia prunifolia*	1		1	0.32	1.45		1.77	
小叶石楠 *Photinia parvifolia*	1		1	0.32	1.45		1.77	
层间植物								
尖叶菝葜 *Smilax arisanemsis*	8		4	44.44	36.36		80.81	
野木瓜 *Stauntonia chinensis*	5		3	27.78	27.27		55.05	
毛花猕猴桃 *Actinidia eriantha*	3		2	16.67	18.18		34.85	
木通 *Akebia quinata*	2		2	11.11	18.18		29.29	
草本层								
里白 *Diplopterygium glaucum*		Cop1	4	23.53				
狗脊 *Woodwardia japonica*		Sp	4	23.53				
紫萁 *Osmunda japonica*		Sol	4	23.53				
镰羽瘤足蕨 *Plagiogyria falcata*		Sp	3	17.65				
椭圆马尾杉 *Phlegmariurus henryi*		Sol	1	5.88				
剑叶耳草 *Hedyotis lancea*		Sol	1	5.88				

注：调查时间 2002 年 8 月 13 日，地点茫荡山（海拔 1100m），陈鹭真记录。

4. 南方红豆杉林

南方红豆杉为国家Ⅰ级重点保护野生植物，广泛分布于我国亚热带地区，在印度北部、缅甸、越南、老挝也有分布。在福建省较常见，在福建武夷山国家公园，福建闽江源、君子峰、龙栖山、茫荡山、汀江源、梁野山、梅花山、戴云山等国家级自然保护区等都有一定面积的南方红豆杉林。群落外貌整齐，树冠塔形，顶部浑圆，林内结构较简单（图5-3-14、图5-3-15）。在福建调查到 9 个群丛。

代表性样地设在福建闽江源国家级自然保护区内的苦竹坪。样地在沟涧边，有大大小小的石头，或许为地史上的冰川遗迹，石头间有瘠薄的红壤，南方红豆杉（图5-3-16至图5-3-18）在这样的生境中长大并形成森林。群落类型为南方红豆杉–蜡莲绣球–蝴蝶花群丛。乔木层以南方红豆杉为主，其平均高 25m，最高达 32m，平均胸径 57.06cm，最大的胸径达 136cm，密度为每 100m² 3 株。林内天然更新良好，年龄结构呈金字塔形。局部有青钱柳、枳椇（*Hovenia dulcis*）、檵木、榉树、紫椿（*Toona sureni*）、灯台树（*Cornus controversa*）、瓜木（*Alangium platanifolium*）、杨梅等。灌木层种类稀疏，蜡莲绣球（*Hydrangea strigosa*）占优势，其他常见卫矛属 1 种、山鸡椒、庭藤（*Indigofera decora*）、白马骨、白簕、荚蒾、李氏女贞、海金子（*Pittosporum illicioides*）、野花椒（*Zanthoxylum simulans*）、冻绿（*Rhamnus utilis*）、朱砂根、日本粗叶木、豆腐柴（*Premna microphylla*）、绿叶甘橿（*Lindera neesiana*）、红紫珠等，以及香果树（*Emmenopterys henryi*）、灯台树、三尖杉、野含笑、伯乐树、榉

图 5-3-14　南方红豆杉林林内结构（闽江源）

图 5-3-15 南方红豆杉林林内结构（邵武）

图 5-3-16 南方红豆杉（*Taxus wallichiana* var. *mairei*）（1）

图 5-3-17　南方红豆杉（*Taxus wallichiana* var. *mairei*）（2）

树、黄檀、树参、黑壳楠等的幼苗和幼树。草本层蝴蝶花（*Iris japonica*）占优势，其他常见种类有杏香兔儿风（*Ainsliaea fragrans*）、沿阶草、长尾复叶耳蕨（*Arachniodes simplicior*）、南丹参（*Salvia bowleyana*）、变豆菜（*Sanicula chinensis*）、长梗黄精（*Polygonatum filipes*）、土细辛（*Asarum caudigerum*）、疏叶卷柏（*Selaginella remotifolia*）、贯众（*Cyrtomium fortunei*）等。层间植物有珍珠莲（*Ficus sarmentosa* var. *henryi*）、天门冬（*Asparagus cochinchinensis*）、鸡矢藤、白蔹（*Ampelopsis japonica*）、鞘柄菝葜（*Smilax stans*）、多花勾儿茶（*Berchemia floribunda*）、南五味子（*Kadsura longepedunculata*）、野木瓜等（表5-3-3）。

图5-3-18 南方红豆杉林（*Taxus wallichiana* var. *mairei*）（3）

表5-3-3 南方红豆杉–蜡莲绣球–蝴蝶花群落样方表

种名	株数	Drude 多度	样方数	相对多度 /%	相对频度 /%	相对显著度 /%	多频度	重要值
乔木层								
南方红豆杉 *Taxus wallichiana* var. *mairei*	12		4	41.37	25.00	95.03		161.40
青钱柳 *Cyclocarya paliurus*	9		4	31.03	25.00	0.50		56.53
枳椇 *Hovenia dulcis*	2		2	6.90	12.50	0.76		20.16
檵木 *Loropetalum chinense*	1		1	3.45	6.25	3.49		13.19
榧树 *Torreya grandis*	1		1	3.45	6.25	0.08		9.78
紫椿 *Toona sureni*	1		1	3.45	6.25	0.05		9.75
灯台树 *Cornus controversa*	1		1	3.45	6.25	0.05		9.75
瓜木 *Alangium platanifolium*	1		1	3.45	6.25	0.03		9.73
杨梅 *Myrica rubrua*	1		1	3.45	6.25	0.01		9.71
灌木层								
蜡莲绣球 *Hydrangea strigosa*	6		4	7.50	6.25		13.75	
山胡椒 *Lindera glauca*	5		4	6.25	6.25		12.50	
三尖杉 *Cephalotaxus fortunei*	6		3	7.50	4.69		12.19	
香果树 *Emmenopterys henryi*	4		4	5.00	6.25		11.25	
卫矛属 1 种 *Euonymus* sp.	4		4	5.00	6.25		11.25	
庭藤 *Indigofera decora*	5		3	6.25	4.69		10.94	
白马骨 *Serissa serissoides*	5		3	6.25	4.69		10.94	
白簕 *Eleutherococcus trifoliatus*	3		3	3.75	4.69		8.44	
荚蒾 *Viburnum dilatatum*	3		3	3.75	4.69		8.44	
黑壳楠 *Lindera megaphylla*	3		3	3.75	4.69		8.44	
鸡爪槭 *Acer palmatum*	4		2	5.00	3.13		8.13	
李氏女贞 *Ligustrum lianum*	4		2	5.00	3.13		8.13	
海金子 *Pittosporum illicioides*	3		2	3.75	3.13		6.88	

续表

种名	株数	Drude 多度	样方数	相对多度 /%	相对频度 /%	相对显著度 /%	多频度	重要值
绿叶甘橿 Lindera neesiana	2		2	2.50	3.13		5.63	
灯台树 Cornus controversa	2		2	2.50	3.13		5.63	
野含笑 Michelia skinneriana	2		2	2.50	3.13		5.63	
伯乐树 Bretschneidera sinensis	2		2	2.50	3.13		5.63	
榧树 Torreya grandis	2		2	2.50	3.13		5.63	
黄檀 Dalbergia hupeana	2		1	2.50	1.56		4.06	
树参 Dendropanax dentiger	1		1	1.25	1.56		2.81	
红紫珠 Callicarpa rubella	1		1	1.25	1.56		2.81	
青冈 Cyclobalanopsis glauca	1		1	1.25	1.56		2.81	
杨梅 Myrica rubrua	1		1	1.25	1.56		2.81	
野花椒 Zanthoxylum simulans	1		1	1.25	1.56		2.81	
冻绿 Rhamnus utilis	1		1	1.25	1.56		2.81	
朱砂根 Ardisia crenata	1		1	1.25	1.56		2.81	
日本粗叶木 Lasianthus japonicus	1		1	1.25	1.56		2.81	
五裂槭 Acer oliverianum	1		1	1.25	1.56		2.81	
白背叶 Mallotus apeltus	1		1	1.25	1.56		2.81	
豆腐柴 Premna microphylla	1		1	1.25	1.56		2.81	
中国旌节花 Stachyurus chinesnsis	1		1	1.25	1.56		2.81	
簕榄花椒 Zanthoxylum avicennae	1		1	1.25	1.56		2.81	
层间植物								
珍珠莲 Ficus sarmentosa var. henryi			4		11.77			
常春藤 Hedera nepalensis var. sinensis			4		11.77			
寒莓 Rubus buergeri			4		11.77			
天门冬 Asparagus cochinchinensis			3		8.83			
鸡矢藤 Paederia foetida			2		5.88			
白蔹 Ampelopsis japonica			2		5.88			
多花勾儿茶 Berchemia floribunda			2		5.88			
南五味子 Kadsura longepedunculata			2		5.88			
牛尾菜 Smilax riparia			2		5.88			
鞘柄菝葜 Smilax stans			2		5.88			
清风藤 Sabia japonica			1		2.94			
女萎 Clematis apiifolia			1		2.94			
野木瓜 Stauntonia chinensis			1		2.94			
东南茜草 Rubia argyi			1		2.94			
抱石莲 Lepidogrammitis drymoglossoides			1		2.94			
薯蓣 Dioscorea opposita			1		2.94			
乌蔹莓 Cayratia japonica			1		2.94			
草本层								
蝴蝶花 Iris japonica		Soc	4		5.97			
杏香兔儿风 Ainsliaea fragrans		Cop2	4		5.97			
沿阶草 Ophiopogon bodinieri		Cop1	4		5.97			

续表

种名	株数	Drude多度	样方数	相对多度/%	相对频度/%	相对显著度/%	多频度	重要值
长尾复叶耳蕨 *Arachniodes simplicior*		Sp	4		5.97			
南丹参 *Salvia bowleyana*		Un	4		5.97			
变豆菜 *Sanicula chinensis*		Un	4		5.97			
长梗黄精 *Polygonatum filipes*		Un	4		5.97			
土细辛 *Asarum caudigerum*		Cop1	3		4.48			
疏叶卷柏 *Selaginella remotifolia*		Cop1	3		4.48			
贯众 *Cyrtomium fortunei*		Sol	3		4.48			
腹水草 *Veronicastrum stenostachyum*		Sol	3		4.48			
无盖鳞毛蕨 *Dryopteris scottii*		Cop1	2		2.99			
滴水珠 *Pinellia cordata*		Sp	2		2.99			
血水草 *Eomecon chionantha*		Sp	2		2.99			
长穗苎麻 *Boehmeria longispica*		Sp	2		2.99			
求米草 *Oplismenus undulatfolius*		Sol	2		2.99			
七星莲 *Viola diffusa*		Sol	2		2.99			
乌蕨 *Odontosoria chinensis*		Sol	2		2.99			
波缘鳞盖蕨 *Microlepia hookeriana*		Un	2		2.99			
七叶一枝花 *Paris polyphylla*		Un	2		2.99			
狗脊 *Woodwardia japonica*		Cop1	1		1.49			
兖州卷柏 *Selaginella involvens*		Sol	1		1.49			
东南细辛 *Asarum fargesii*		Sol	1		1.49			
疏节过路黄 *Lysimachia remota*		Sol	1		1.49			
山姜 *Alpinia japonica*		Sol	1		1.49			
苎麻 *Boehmeria nivea*		Sol	1		1.49			
凤丫蕨 *Coniogramme japonica*		Un	1		1.49			
南平过路黄 *Lysimachia nanpingensis*		Un	1		1.49			
武夷瘤足蕨 *Plagiogyrea chinensis*		Un	1		1.49			

注：调查时间 2003 年 4 月 27 日，地点闽江源苦竹坪（海拔 790m），刘初钿记录。

5. 福建柏林

福建柏为中南至中国长江中下游分布型的植物，分布于广东、广西、云南、福建、江西、湖南、四川、贵州等地，在福建见于长汀、德化、尤溪、永泰、闽清、仙游、永安、新罗、上杭、连城、华安、南靖、永春等县市区。一般分布在毛竹林中，在福建汀江源、梅花山、戴云山、虎伯寮国家级自然保护区和大田大仙峰省级自然保护区都有一定面积的福建柏林。群落外貌整齐，树冠塔形，顶部浑圆，林内结构较简单（图5-3-19）。在福建调查到 7 个群丛。

代表性样地设在福建汀江源国家级自然保护区大悲山片区的长科村。土壤为山地黄红壤。群落类型为福建柏-线萼金花树-狗脊群丛。乔木层以福建柏（图5-3-20、图5-3-21）为主，其平均高15m，最高达 20m，平均胸径 50cm，最粗达 95cm，密度为每 100m² 3 株。灌木层线萼金花树（*Blastus apricus*）或赤楠占优势，其他常见种类有草珊瑚、光叶铁仔、红凉伞、杜茎山、凹叶冬青、单耳枪（*Eurya*

图 5-3-19　福建柏林林内结构（汀江源）

图 5-3-20　福建柏（*Fokienia hodginsii*）

图 5-3-21　福建柏林更新苗

weissiae）、栀子、日本粗叶木、朱砂根、毛冬青、石斑木、杜鹃、乌药、鼠刺、江南越桔等，以及福建柏、钩锥、狗骨柴、红楠、厚皮香、厚叶冬青（*Ilex elmerrilliana*）、黄丹木姜子、黄杞、杨桐、木竹子、鹅掌柴、老鼠矢、罗浮柿（*Diospyros morrisiana*）、绿冬青（*Ilex viridis*）、江南越桔、鬓鬣锥、木荷、日本杜英、绒毛润楠、榕叶冬青（*Ilex ficoidea*）、山杜英、山矾（*Symplocos sumuntia*）、小果山龙眼（*Helicia cochinchinensis*）、山乌桕、杉木、深山含笑、柯、树参、水团花（*Adina pilulifera*）、栲、台湾榕（*Ficus formosana*）、桃叶石楠、甜槠、南烛、细齿叶柃、秀丽锥（*Castanopsis jucunda*）、野含笑、野茉莉（*Styrax japonica*）、油茶等的幼苗和幼树。草本层狗脊占优势，常见种类有里白、春兰（*Cymbidium goeringii*）、稀羽鳞毛蕨（*Dryopteris sparsa*）、套鞘薹草（*Carex maubertiana*）、蛇足石杉等。层间植物有薜荔、粉背菝葜、网络鸡血藤、流苏子（*Coptosapelta diffusa*）、络石（*Trachelospermum jasminoides*）、藤石松、土茯苓（*Smilax glabra*）、网脉酸藤子（*Embelia rudis*）、尾叶那藤（*Stauntonia obovatifoliola* subsp. *urophylla*）等（表5-3-4）。

表5-3-4　福建柏-线萼金花树-狗脊群落样方表

种名	株数	样方数	相对多度/%	相对频度/%	相对显著度/%	多频度	重要值
乔木层							
福建柏 *Fokienia hodginsii*	8	3	36.36	23.08	61.76		121.21
钩锥 *Castanopsis tibetana*	4	3	18.18	23.08	15.26		56.52
甜槠 *Castanopsis eyrei*	4	2	18.18	15.38	14.05		47.62
水团花 *Adina pilulifera*	1	1	4.55	7.69	5.15		17.39
杉木 *Cunninghamia lanceolata*	2	1	9.09	7.69	0.10		16.88
木荷 *Schima superba*	1	1	4.55	7.69	3.56		15.79
黄杞 *Engelhardtia roxburghiana*	1	1	4.55	7.69	0.06		12.30
树参 *Dendropanax dentiger*	1	1	4.55	7.69	0.05		12.29
灌木层							
日本杜英 *Elaeocarpus japonicus*	90	2	19.69	1.83		21.53	
蚊母树 *Distylium chinense*	89	2	19.47	1.83		21.31	
线萼金花树 *Blastus apricus*	26	3	5.69	2.75		8.44	
树参 *Dendropanax dentiger*	25	3	5.47	2.75		8.22	
厚皮香 *Ternstroemia gymnanthera*	17	3	3.72	2.75		6.47	
山矾 *Symplocos sumuntia*	9	3	1.97	2.75		4.72	
草珊瑚 *Sarcandra glabra*	12	2	2.63	1.83		4.46	
毛冬青 *Ilex pubescens*	7	3	1.53	2.75		4.28	
钩锥 *Castanopsis tibetana*	11	2	2.41	1.83		4.24	
黄杞 *Engelhardtia roxburghiana*	6	3	1.31	2.75		4.07	
木竹子 *Garcinia multiflora*	6	3	1.31	2.75		4.07	
甜槠 *Castanopsis eyrei*	10	2	2.19	1.83		4.02	
石斑木 *Raphiolepis indica*	5	3	1.09	2.75		3.85	
榕叶冬青 *Ilex ficoidea*	9	2	1.97	1.83		3.85	
栲 *Castanopsis rargesn*	4	3	0.88	2.75		3.63	
木荷 *Schima superba*	4	3	0.88	2.75		3.63	
狗骨柴 *Diplospora dubia*	4	3	0.88	2.75		3.63	

种名	株数	样方数	相对多度 /%	相对频度 /%	相对显著度 /%	多频度	重要值
鼠刺 Itea chinensis	8	2	1.75	1.83		3.58	
五月茶 Antidesma buniums	8	2	1.75	1.83		3.58	
福建柏 Fokienia hodginsii	12	1	2.63	0.92		3.55	
杜鹃 Rhododendron simsii	6	2	1.31	1.83		3.14	
光叶铁仔 Myrsine stolonifera	5	2	1.09	1.83		2.92	
日本粗叶木 Lasianthus japonicus	5	2	1.09	1.83		2.92	
水团花 Adina pilulifera	4	2	0.88	1.83		2.71	
绒毛润楠 Machilus velutina	4	2	0.88	1.83		2.71	
竹叶楠 Phoebe faberi	4	2	0.88	1.83		2.71	
香楠 Aidia canthioides	4	2	0.88	1.83		2.71	
柯 Lithocarpus glabe	4	2	0.88	1.83		2.71	
乌药 Lindera aggregata	3	2	0.66	1.83		2.49	
单耳柃 Eurya weissiae	3	2	0.66	1.83		2.49	
杨桐 Adinandra nitida	3	2	0.66	1.83		2.49	
南烛 Vaccinium bracteatum	3	2	0.66	1.83		2.49	
小果山龙眼 Helicia cochinchinensis	2	2	0.44	1.83		2.27	
桃叶石楠 Photinia prunifolia	2	2	0.44	1.83		2.27	
红凉伞 Ardisia crenata var. bicolor	2	2	0.44	1.83		2.27	
油茶 Camellia oleifera	2	2	0.44	1.83		2.27	
细齿叶柃 Eurya nitida	2	2	0.44	1.83		2.27	
山杜英 Elaeocarpus sylvestris	4	1	0.88	0.92		1.80	
鹅掌柴 Schefflera octophylla	3	1	0.66	0.92		1.58	
绿冬青 Ilex viridis	3	1	0.66	0.92		1.58	
杉木 Cunninghamia lanceolata	3	1	0.66	0.92		1.58	
灰色紫金牛 Ardisia fordii	2	1	0.44	0.92		1.56	
罗浮柿 Diospyros morrisiana	2	1	0.44	0.92		1.56	
老鼠矢 Symplocos stellaris	2	1	0.44	0.92		1.56	
台湾榕 Ficus formosana	1	1	0.22	0.92		1.14	
江南越桔 Vaccinium mandarinorum	1	1	0.22	0.92		1.14	
厚叶冬青 Ilex elmerrilliana	1	1	0.22	0.92		1.14	
黄丹木姜子 Litsea elongata	1	1	0.22	0.92		1.14	
栀子 Gardenia jasminoides	1	1	0.22	0.92		1.14	
凹叶冬青 Ilex crenata	1	1	0.22	0.92		1.14	
红楠 Machilus thunbergii	1	1	0.22	0.92		1.14	
黧蒴锥 Castanopsis fissa	1	1	0.22	0.92		1.14	
杜茎山 Maesa indica	1	1	0.22	0.92		1.14	
野含笑 Michelia skinneriana	1	1	0.22	0.92		1.14	
黄樟 Cinnamomum parthenoxylon	1	1	0.22	0.92		1.14	
山乌桕 Triadica cochinchinensis	1	1	0.22	0.92		1.14	
秀丽锥 Castanopsis jucunda	1	1	0.22	0.92		1.14	

续表

种名	株数	样方数	相对多度 /%	相对频度 /%	相对显著度 /%	多频度	重要值
朱砂根 *Ardisia crenata*	1	1	0.22	0.92		1.14	
赤楠 *Syzygium buxifolium*	1	1	0.22	0.92		1.14	
野茉莉 *Styrax japonicus*	1	1	0.22	0.92		1.14	
深山含笑 *Michelia maudiae*	1	1	0.22	0.92		1.14	
尖叶榕 *Ficus henryi*	1	1	0.22	0.92		1.14	
层间植物							
流苏子 *Coptosapelta diffusa*	8	3	15.38	15.00		30.38	
光叶菝葜 *Smilax corbularia*	5	3	9.62	15.00		24.62	
网脉酸藤子 *Embelia rudis*	7	2	13.46	10.00		23.46	
土茯苓 *Smilax glabra*	4	3	7.69	15.00		22.69	
网络鸡血藤 *Callerya reticulata*	6	2	11.54	10.00		21.54	
扶芳藤 *Euenymus hederaceus*	8	1	15.38	5.00		20.38	
薜荔 *Ficus pumila*	5	1	9.62	5.00		14.62	
络石 *Trachelospermum jasminoides*	5	1	9.62	5.00		14.62	
粉背菝葜 *Smilax hypoglauca*	1	1	1.92	5.00		6.92	
藤石松 *Lycopodiastrum casuarinoides*	1	1	1.92	5.00		6.92	
尾叶那藤 *Stauntonia obovatifoliola* subsp. *urophylla*	1	1	1.92	5.00		6.92	
丰城鸡血藤 *Callerya nitida* var. *hirsutissima*	1	1	1.92	5.00		6.92	
草本层							
狗脊 *Woodwardia japonica*	12	2	34.29	16.67		50.95	
里白 *Diplopterygium glaucum*	8	2	22.86	16.67		39.52	
白鳞莎草 *Cyperus nipponicus*	5	2	14.29	16.67		30.95	
套鞘薹草 *Carex maubertiana*	4	1	11.43	8.33		19.76	
春兰 *Cymbidium goeringii*	2	1	5.71	8.33		14.05	
稀羽鳞毛蕨 *Dryopteris sparsa*	1	1	2.86	8.33		11.19	
芒萁 *Dicranopteris pedata*	1	1	2.86	8.33		11.19	
珍珠茅 *Scleria herbecarpa*	1	1	2.86	8.33		11.19	
蛇足石杉 *Huperzia serrata*	1	1	2.86	8.33		11.19	

注：调查时间 2012 年 3 月 12 日，地点汀江源长科村（海拔 716m），丁鑫记录。

6. 榧树林

　　榧树是我国特有物种，也是国家Ⅱ级重点保护野生植物，其种子为著名的干果香榧，有着极大的科研与经济价值。榧树一般生长在海拔 1400m 以下的北亚热带至中亚热带区域的浙江、安徽、福建、江西、江苏、湖南、贵州等地。在福建武夷山国家公园和浦城福罗山都有以榧树为建群种的群落。群落外貌整齐（图 5-3-22），林内结构较简单（图 5-3-23）。在福建调查到 1 个群丛。

　　代表性样地设在浦城县福罗山。土壤为黄壤或红壤。群落类型为榧树-尖连蕊茶-三脉紫菀群丛。乔木层榧树（图 5-3-24）占绝对优势，偶见柳杉、朴树（*Celtis sinensis*）等。灌木层种类相对丰

图 5-3-22 椆树林群落外貌（浦城）

图 5-3-23 椆树林林内结构（浦城）

富，尖连蕊茶占优势，其他常见种类有南天竹、胡颓子（*Elaeagnus pungens*）、宁波溲疏（*Deutzia ningpoensis*）、大屿八角（*Illicium angustisepalum*）、棕榈（*Trachycarpus fortunei*）、豺皮樟等。草本层以微糙三脉紫菀为主，其他常见种类有禾叶山麦冬、佛甲草（*Sedum lineare*）、刻叶紫堇（*Corydalis incisa*）、天葵、日本蛇根草（*Ophiorrhiza japonica*）等。层间植物常见常春藤、忍冬、络石、南五味子、清风藤、菝葜等。

图 5-3-24 榧树（*Torreya grandis*）

7. 江南油杉林

油杉属植物种类稀少，星散分布，成片分布的森林极少。从分布的生境条件看，油杉属植物对土壤条件要求不苛刻，往往与马尾松或云南松混生。《中国植被》列出了 3 个群系，未包括江南油杉。江南油杉常见于广东、广西、福建、浙江南部山地海拔 1000m 以下的山地阳坡或林缘。在福建君子峰国家级自然保护区、邵武将石和永泰藤山省级自然保护区内都有江南油杉林。群落外貌整齐（图 5-3-25），林内结构较简单（图 5-3-26）。在福建调查到 1 个群丛。

图 5-3-25 江南油杉林群落外貌（将石）

图 5-3-26　江南油杉林林内结构（君子峰）

代表性样地设在福建君子峰国家级自然保护区内的紫云村张坊，海拔747m。土壤为山地黄红壤，枯枝落叶层厚。群落类型为江南油杉-箬竹-狗脊群丛。群落中江南油杉（图5-3-27）粗大，高25—31m，胸径66—148cm，盖度约90%，基本上为纯林，伴生种类有甜槠、南酸枣（*Choerospondias axillaris*）、虎皮楠、米槠、乐东拟单性木兰、杨桐。灌木层种类丰富，常见种类有箬竹、轮叶蒲桃、褐毛石楠（*Photinia hirsuta*）、乌药、草珊瑚、九管血、百两金、羊舌树、单耳柃、虎刺、李氏女贞、南方荚蒾（*Viburnum fordiae*）、檵木、

图 5-3-27　江南油杉（*Keteleeria cyclolepis*）

刺叶桂樱（*Laurocerasus spinulosa*）、山矾、花椒簕（*Zanthoxylum scandens*）、窄基红褐柃等，以及红皮糙果茶、黄丹木姜子、红楠、秀丽四照花（*Cornus hongkongensis* subsp. *elegans*）、野含笑、柯、橄榄等的幼苗和幼树。草本层种类较少，仅见狗脊、金毛耳草（*Hedyotis chrysotricha*）、沿阶草与细茎石斛等。层间植物种类有尖叶菝葜、络石、网脉酸藤子、流苏子、亮叶鸡血藤、绿叶地锦（*Parthenocissus laetevirens*）、秤钩风（*Diploclisia affinis*）、小叶葡萄（*Vitis sinocinerea*）。

四、暖性针阔叶混交林

在福建各地，不同的森林植被在进展演替或逆向演替进程中，或马尾松林向常绿阔叶林发展，或常绿阔叶林遭到破坏，马尾松等进入，或杉木与阔叶树或毛竹混交，或南方红豆杉与毛竹混交……形成了各种各样的暖性针阔叶混交林。

1. 马尾松＋木荷林

马尾松＋木荷林在福建全省各地都有分布。群落外貌整齐，林内结构简单。在福建调查到 10 个群丛。

代表性样地设在福建峨嵋峰国家级自然保护区中部海拔800m的山坡上。土壤为山地黄红壤。群落类型为马尾松＋木荷–檵木–淡竹叶群丛。群落总盖度90%左右。乔木层主要由马尾松与木荷构成，其高达17m、平均胸径28cm，局部有枫香树、杨梅、栲、山乌桕、野漆、交让木等。灌木层以檵木为主，高1—3m，其他常见种类有鹿角杜鹃、杨桐、乌药、赤楠、红紫珠、盐肤木、秤星树、美丽胡枝子、南烛、栀子、毛冬青、杜鹃，以及赤杨叶、树参、油桐、日本杜英、老鼠矢、野鸦椿（*Euscaphis japonica*）、杉木、木荷的幼苗和幼树等。草本层淡竹叶占优势，偶见狗脊、里白、芒萁、鳞籽莎、蕨。层间植物较发达，种类有亮叶鸡血藤、菝葜、尖叶菝葜、流苏子等。

2. 马尾松＋栲林

马尾松＋栲林在福建戴云山、天宝岩、茫荡山、雄江黄楮林等国家级自然保护区较为常见。群落外貌整齐，林内结构简单。在福建调查到 8 个群丛。

代表性样地设在福建雄江黄楮林国家级自然保护区内的小人仙中下部。土壤为酸性岩黄红壤。群落类型为马尾松＋栲–乌药–狗脊群丛。群落总盖度90%左右。乔木层以马尾松和栲为主，其平均高20m、平均胸径42cm，局部有木荷、毛锥、树参等。灌木层一般高约1m，以乌药为主，其他常见种类有杜鹃、格药柃、豆腐柴、大青（*Clerodendrum cyrtophyllum*）、日本五月茶、檵木、栀子、南烛、杨桐、赤楠、草珊瑚、毛冬青、细齿叶柃、石斑木、山鸡椒，以及黄杞、红楠、青冈、笔罗子、木蜡树（*Toxiocodendron sylvestre*）、枫香树、茜树、虎皮楠的幼苗和幼树。草本层稀疏，狗脊占优势，偶见淡竹叶、笔管草（*Hippochaete debile*）、地菍、蕨、鳞籽莎。层间植物较发达，种类有忍冬（*Lonicera japonica*）、地锦、网络鸡血藤、流苏子、亮叶鸡血藤等。

3. 马尾松＋山乌桕林

马尾松＋山乌桕林在福建省各地较常见。群落外貌整齐，林内结构简单。在福建虎伯寮国家级自然保护区调查到 1 个群丛。

代表性样地设在福建虎伯寮国家级自然保护区的山头尾后山和紫荆山海拔500—600m处。土壤为砖红壤性红壤。群落类型为马尾松＋山乌桕–野牡丹–芒萁群丛。群落总盖度90%左右。乔木层主要为马尾松和山乌桕，其高3.5—8m、胸径3—14cm，有少量鹅掌柴、红楠、木荷、野漆。灌木层平均高1m，在高度和数量上都是野牡丹占优势，其他常见种类有面秆竹（*Pseudosasa orthotropy*）、桃金娘、杨桐、短尾越桔、毛冬青、南方荚蒾、山鸡椒、石斑木、栀子、秤星树、毛果算盘子等，还有野漆、鹅掌柴、九节、杨梅的幼苗和幼树。草本层芒萁占绝对优势，偶见乌毛蕨（*Blechnum orientale*）、山菅（*Dianella ensifolia*）、地菍、鳞籽莎、苏铁蕨。层间植物有藤石松、流苏子、玉叶金花、土茯苓、羊角藤、链珠藤、藤黄檀、尖叶菝葜、钩吻（*Gelsemium elegans*）等。

4. 马尾松＋花榈木林

马尾松＋花榈木林仅见于福建梁野山国家级自然保护区内的云礤附近。群落外貌整齐，林内结构简单。在福建仅调查到1个群丛。

代表性样地设在福建梁野山国家级自然保护区内的云礤附近。土壤为山地黄红壤。群落类型为马尾松＋花榈木–檵木–芒萁群丛。群落总盖度90%左右。乔木层以马尾松和花榈木为主，其高3.5—9m、胸径3—12cm。灌木层平均高1m，在高度和数量上都是檵木占优势，其他常见种类有面秆竹、杨桐、毛冬青、山鸡椒、南方荚蒾、秤星树、短尾越桔、石斑木、栀子等，以及木荷、红楠、杨梅、野漆幼树。草本层蕨占优势，偶见狗脊、微糙三脉紫菀、地菍。层间植物有流苏子、菝葜、土茯苓、藤黄檀等。

5. 马尾松＋台湾相思林

马尾松＋台湾相思林分布于福建沿海丘陵。群落外貌整齐，结构简单。在福建仅在海沧区大屿调查到1个群丛。

代表性样地设在海沧区大屿附近。土壤为砖红壤性红壤。群落类型为马尾松＋台湾相思–桃金娘＋黑面神–刺芒野古草群丛。群落总盖度80%左右。乔木层以马尾松和台湾相思为主，其高6—9m、胸径7—18cm，有少量柠檬桉（*Eucalyptus citriodora*）、野漆、潺槁木姜子（*Litsea glutinosa*）。灌木层平均高1m，在高度和数量上都是桃金娘和黑面神占优势，其他常见种类有栀子、山芝麻、狭叶石斑木、车桑子、牡荆（*Vitex negundo* var. *cannabifolia*）、了哥王（*Wikstroemia indica*）。草本层刺芒野古草占优势，偶见芒萁、山菅、扭鞘香茅（*Cymbopogon tortilis*）、蛇婆子（*Waltheria indica*）、蕺菜。层间植物有无根藤、海金沙（*Lygodium japonicum*）、酸藤子（*Embelia laeta*）、鸡眼藤（*Morinda parvifolia*）、菝葜。

6. 甜槠＋马尾松林

甜槠＋马尾松林分布于武夷山国家公园，福建茫荡山、闽江源、戴云山等国家级自然保护区。群落外貌整齐，林内结构简单。在福建调查到13个群丛。

代表性样地设在福建茫荡山国家级自然保护区海拔700—1100m的西北坡。土壤为山地黄红壤。群落类型为甜槠＋马尾松–薄叶山矾–狗脊群丛。群落总盖度80%—95%。乔木层以甜槠为主，马尾松次之，其高度12—22m、胸径11—65cm，密度为每100m^2 14.6株。灌木层以薄叶山矾（*Symplocos anomala*）为主，常见的灌木种类还有檵木、鼠刺、乌药、石斑木、南烛、马银花、江南越桔、马醉木（*Pieris japonica*）、大萼杨桐、刺毛越桔、小叶石楠、轮叶蒲桃、翅枍、刺毛杜鹃、格药枍、小果珍珠花等，以及木荷、港柯、杉木、小叶青冈、滑皮柯（*Lithocarpus skanianus*）、罗浮锥、枫香树、红楠、日本杜英、栲、虎皮楠、杜英、苦枥木（*Fraxinus insularis*）、黄檀、赤杨叶、深山含笑、树参、野漆、厚皮香、杨梅、新木姜子、凤凰润楠、紫玉盘柯、海桐山矾（*Symplocos heishanensis*）、羊舌树、桂北木姜子（*Litsea subcoriacea*）、贵州石楠、黄丹木姜子等的幼苗和幼树。。草本层高50—160cm，狗脊占绝对优势，偶见里白、蕨、淡竹叶、五节芒、平颖柳叶箬、异药花等。层间植物较发达，有亮叶鸡血藤、南五味子、野木瓜、地锦等。

7. 杉木＋木荷林

杉木＋木荷林散见于福建省中北部山区，在福建君子峰、汀江源国家级自然保护区均有分布。群落外貌整齐，林内结构较简单。在福建仅调查到1个群丛。

代表性样地设在福建汀江源国家级自然保护区内的大悲山中部海拔800m的山坡上。土壤为山地黄红壤。群落类型为杉木＋木荷–檵木–中华里白群丛。群落总盖度90%—95%。乔木层主要由杉木与木荷构成，其高达18m，平均胸径24cm，局部有枫香树、野漆、红楠、山乌桕、赤杨叶、杨梅、绒毛润楠等。灌木层以檵木为主，平均高1.5m，其他常见种类有乌药、毛冬青、杨桐、赤楠、细齿叶柃、秤星树、杜鹃、鹿角杜鹃、箬竹、短尾越桔、南烛、栀子、厚皮香、石斑木、山鸡椒，以及穗序鹅掌柴（*Schefflera delavayi*）、树参、日本杜英、野鸦椿、杉木、木荷的幼苗和幼树等。草本层以中华里白为主，其他常见种类有蕨、狗脊、鳞籽莎、深绿卷柏（*Selaginella doederleinii*）等。层间植物稀少，有黑老虎（*Kadsura coccinea*）、尖叶菝葜、玉叶金花、菝葜、土茯苓等。

8. 杉木＋毛竹林

杉木＋毛竹林分布于福建戴云山、茫荡山、梁野山国家级自然保护区，宁化牙梳山省级自然保护区，以及邵武龙湖林场。群落外貌整齐，翠绿色中夹杂深绿色，林内结构较简单（图5-4-1）。在福建调查到3个群丛。

图5-4-1　杉木＋毛竹林林内结构（牙梳山）

代表性样地设在福建戴云山国家级自然保护区。土壤为山地黄红壤。群落类型为杉木＋毛竹-杜茎山-狗脊群丛。群落总盖度90%左右。乔木层以杉木和毛竹为主，杉木平均高24m、平均胸径25cm、密度为每100m² 5.2株，毛竹平均高16m、平均胸径13cm、密度为每100m² 32株。林下植物茂密。灌木层以杜茎山为主，平均高120cm，其他常见种类有细齿叶柃、秤星树、杜鹃、山鸡椒、毛冬青、南烛、江南越桔、石斑木等，以及罗浮锥、甜槠、木荷、栲、黄绒润楠（*Machilus grijsii*）、红楠、九节的幼苗和幼树。草本层以狗脊为主，其他常见种类有芒萁、淡竹叶、蕨、大毛蕨（*Cyclosorus grandissimus*）、五节芒等。层间植物稀少，有菝葜、玉叶金花、南五味子、海金沙。

9. 南方红豆杉＋毛竹林

南方红豆杉＋毛竹林分布于福建戴云山、龙栖山、梁野山、君子峰、峨嵋峰、梅花山等国家级自然保护区，以及邵武龙湖林场等地。群落外貌整齐，林内结构较简单（图5-4-2）。在福建仅调查到2个群丛。

代表性样地设在福建戴云山国家级自然保护区。土壤为山地黄红壤。群落类型为南方红豆杉＋毛竹-红皮糙果茶-中华里白群丛。乔木层以南方红豆杉和毛竹为主，南方红豆杉高5—18m不等、平均胸径33.8cm、密度为每100m² 4株，林内天然更新良好，毛竹高8—12m、密度为每100m² 20—36株，局部有福建柏、罗浮锥、三尖杉等。灌木层红皮糙果茶占优势，其他常见种类有箬竹、谷木叶冬青、中国绣球（*Hydrangea chinensis*）、朱砂根、杨桐、算盘子（*Glochidion puberum*）、白檀（*Symplocos paniculata*）、大萼杨桐、鼠刺、草珊瑚、腺叶桂樱、杂色榕、大叶冬青（*Ilex latifolia*）等。草本层以中

图 5-4-2 南方红豆杉＋毛竹林林内结构（梅花山）

华里白占优势，其他常见种类有凤丫蕨、狗脊、微糙三脉紫菀、牛膝菊（*Galinsoga parviflora*）、鳞籽莎、石韦（*Pyrrosia lingua*）、边缘鳞盖蕨（*Microlepia marginata*）等。层间植物有绞股蓝（*Gynostemma pentaphyllum*）、金钱豹（*Campanumoea javanica*）、锈毛莓（*Rubus reflexus*）、瓜馥木、三叶崖爬藤（*Tetrastigma hemsleyanum*）等。

10. 南方红豆杉＋观光木林

南方红豆杉＋观光木林分布于延平区塔前镇大坪村下僚风水林中。群落外貌整齐，林内结构较简单。在福建仅调查到1个群丛。

代表性样地设在延平区塔前镇大坪村下僚海拔508m的北坡。土壤为山地黄红壤。群落类型为南方红豆杉＋观光木-九节龙-楼梯草群丛。乔木层南方红豆杉占优势，观光木次之，还有马尾松、黄杞和其他树种。灌木层优势种为九节龙（*Ardisia pusilla*），其他常见种类有闽楠苗、黄杞苗等43种植物。草本层楼梯草占优势，其他常见种类有黑足鳞毛蕨（*Dryopteris fuscipes*）、黑莎草、山姜等7种草本植物。层间植物11种，优势度以亮叶鸡血藤最高，其次为络石、尖叶菝葜、尾叶那藤。

11. 福建柏＋毛竹林

福建柏＋毛竹林分布于福建戴云山国家级自然保护区、大田大仙峰省级自然保护区。群落外貌整齐，翠绿色夹杂深绿色，林内结构较简单。在福建调查到4个群丛。

代表性样地设在福建戴云山国家级自然保护区内双芹村的沟谷两侧。土壤为山地黄红壤。群落类型为福建柏＋毛竹-红皮糙果茶-中华里白群丛。群落总盖度85%—95%。乔木层主要为福建柏和毛竹，福建柏平均高22m、胸径15—32cm、密度为每100m^2 3株，毛竹高10—15m、平均胸径13cm、密度为每100m^2 27—35株。灌木层稀疏，常见种类有红皮糙果茶、乌药、轮叶蒲桃、草珊瑚、南烛、杨桐、栀子、毛冬青、溪畔杜鹃、秤星树、百两金、细齿叶柃、石斑木。草本层中华里白占绝对优势，偶见芒萁、狗脊、鳞籽莎、乌毛蕨、五节芒。层间植物种类有菝葜、金樱子、粉背菝葜、藤石松、亮叶鸡血藤等。

五、山地落叶阔叶林

福建地处亚热带地区，地带性森林植被为常绿阔叶林，但在山地的不同高度上，或在演替进程中，可以看到原生性的落叶阔叶林，如光叶水青冈林、水青冈林、雷公鹅耳枥林、短尾鹅耳枥林等，局部有演替进程中的落叶阔叶林，如枫香树林等。

1. 光叶水青冈林

光叶水青冈分布于四川、贵州、湖南、湖北、浙江、福建、安徽、江西、广东、广西、重庆、河南、云南的中山山地，一般形成小面积的落叶阔叶林，或与常绿阔叶树构成常绿落叶阔叶混交林。在福建分布于武夷山、泰宁、永安、连城、德化等县市区。在武夷山国家公园，福建峨嵋峰、天宝岩国家级自然保护区都有一定面积的光叶水青冈林。群落外貌整齐，夏季冠层绿色（图 5-5-1），秋季叶色变黄且开始落叶（图 5-5-2），林内结构较简单（图 5-5-3、图 5-5-4）。在福建调查到 4 个群丛。

图 5-5-1　光叶水青冈林群落外貌（峨嵋峰，7 月上旬）

图 5-5-2　光叶水青冈林群落外貌（峨嵋峰，10 月底）

图 5-5-3　光叶水青冈林林内结构（峨嵋峰）

图 5-5-4　光叶水青冈林林内结构（峨嵋峰）

代表性样地设在福建峨嵋峰国家级自然保护区。土壤为山地黄壤，土层较厚。群落类型为光叶水青冈-满山红-万寿竹群丛。群落总盖度90%—95%。乔木层以光叶水青冈（图5-5-5）为建群种，其高达15m、胸径16—52cm，有时有甜槠、木荷、小叶青冈、野茉莉。林下稀疏，但种类较丰富。灌木层以满山红为主，平均高2.5m，其他常见种类有浙江新木姜子（*Neolitsea aurata* var. *chekiangensis*）、杜鹃、荚蒾、长瓣短柱茶（*Camellia grijsii*）、庭藤、毛果杜鹃、马银花、绿叶甘橿、油茶、中华石楠（*Photinia beauverdiana*）、朱砂根、乌药、格药柃、江南越桔、林氏绣球（*Hydrangea lingii*）、茅栗（*Castanea seguinii*）、紫金牛（*Ardisia japonica*）、东方古柯（*Erythroxylum sinense*）、蜡瓣花（*Corylopsis sinensis*）、山矾、南烛，以及甜槠、柳杉、罗浮柿、木荷、青冈、枫香树、黄山玉兰、树参、三尖杉等的幼树。草本层万寿竹占优势，其他常见种类有七星莲、沿阶草、如意草（*Viola arcuata*）、春兰、尾花细辛（*Asarum caudigerum*）、长梗黄精、五岭龙胆、淡竹叶、华中瘤足蕨、心叶帚菊（*Pertya cordifolia*）、狗脊等。层间植物种类较多，有中华双蝴蝶（*Tripterospermum chinensis*）、菝葜、络石、地锦、亮叶鸡血藤等10余种。

图5-5-5　光叶水青冈（*Fagus lucida*）

2. 水青冈林

水青冈分布于江西、湖南、贵州、浙江、福建、广西、广东、湖北、重庆、四川、云南、陕西、安徽的山地，越南也有分布。在福建产于武夷山、建阳、延平、沙县、明溪、连城、上杭等县市区海拔800m以上的阴湿山地（图5-5-6）。在福建天宝岩、君子峰国家级自然保护区局部形成水青冈为建群种的落叶阔叶林。群落外貌整齐，夏季冠层绿色，秋季叶色变黄且开始落叶，林内结构简单。在福建调查到2个群丛。

代表性样地设在福建天宝岩国家级自然保护区内天斗山海拔1200m处的铁钉石。土壤为山地黄红壤，土层较厚。群落类型为水青冈-细齿叶柃-狗脊群丛。群落总盖度90%—95%。乔木层树种仅有水青冈（图5-5-7、图5-5-8）、毛竹。水青冈树干通直，高达22m，胸径达56cm；毛竹胸径平均10cm。灌木层以细齿叶柃为主，平均高40cm，其他常见种类有九管血、乌药、秤星树、扁枝越桔、杨桐、杜鹃、胡枝子（*Lespedeza bicolor*）、江南越桔、南烛，以及枫香树、南方红豆杉、细叶青冈、野漆、冬青、山槐等的幼苗和幼树。草本层狗脊占优势，其他常见种类有淡竹叶、杏香兔儿风、阿里山兔儿风、地菍、韩信草（*Scutellaria indica*）、柳叶箬等。层间植物种类较多，有络石、菝葜、地锦、中华双蝴蝶、尾叶那藤、忍冬、南五味子等10余种（表5-5-1）。

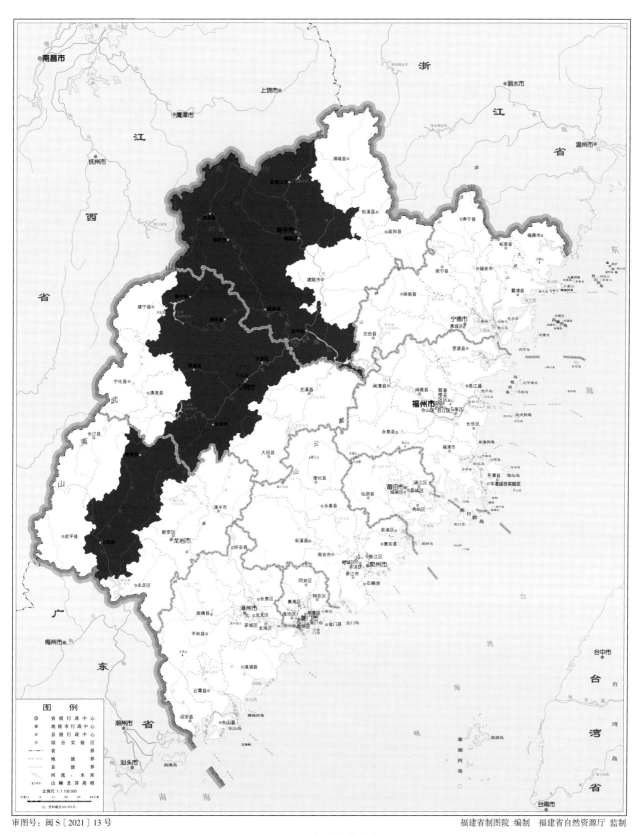

图 5-5-6　水青冈林分布图

图 5-5-7　水青冈（*Fagus longipetiolata*）（1）　　　　图 5-5-8　水青冈（*Fagus longipetiolata*）（2）

表5-5-1　水青冈–细齿叶柃–狗脊群落样方表

种名	株数	Drude 多度	样方数	相对多度 /%	相对频度 /%	相对显著度 /%	多频度	重要值
乔木层								
水青冈 *Fagus longipetiolata*	21		4	37.50	50.00	95.32		182.82
毛竹 *Phyllostachys edulis*	35		4	62.50	50.00	4.68		117.18
灌木层								
细齿叶柃 *Eurya nitida*	19		4	12.10	6.45		18.55	
九管血 *Ardisia brevicaulis*	14		4	8.92	6.45		15.37	
乌药 *Lindera aggregata*	13		4	8.28	6.45		14.73	
秤星树 *Ilex asprella*	12		4	7.64	6.45		14.09	
扁枝越桔 *Vaccinium japonicum* var. *sinicum*	11		4	7.01	6.45		13.46	
枫香树 *Liquidambar formosana*	11		4	7.01	6.45		13.46	
南方红豆杉 *Taxus wallichiana* var. *mairei*	9		4	5.73	6.45		12.18	
杨桐 *Adinandra millettii*	9		4	5.73	6.45		12.18	
杜鹃 *Rhododendron simsii*	11		3	7.01	4.84		11.85	
胡枝子 *Lespedeza bilobar*	7		4	4.46	6.45		10.91	
江南越桔 *Vaccinium mandarinorum*	7		4	4.46	6.45		10.91	
南烛 *Vaccinium bracteatum*	6		4	3.82	6.45		10.27	
野漆 *Toxiocodendron succedaneum*	7		3	4.46	4.84		9.30	
细叶青冈 *Cyclobalanopsis myrsinaefolia*	6		3	3.82	4.84		8.66	
冬青 *Ilex chinensis*	5		3	3.18	4.84		8.02	
青榨槭 *Acer davidii*	4		3	2.55	4.84		7.39	
褐毛石楠 *Photinia hirsuta*	5		2	3.18	3.23		6.41	
山槐 *Albizia kalkora*	1		1	0.64	1.62		2.26	

续表

种名	株数	Drude 多度	样方数	相对多度 /%	相对频度 /%	相对显著度 /%	多频度	重要值
层间植物								
络石 *Trachelospermum jasminoides*	23		4	15.97	8.70		24.67	
菝葜 *Smilax china*	22		4	15.28	8.70		23.98	
地锦 *Parthenocissus tricuspidata*	15		4	10.42	8.70		19.12	
中华双蝴蝶 *Tripterospermum chinensis*	14		4	9.72	8.70		18.42	
尾叶那藤 *Stauntonia obovatifolida* subsp. *urophylla*	9		4	6.25	8.70		14.95	
香花鸡血藤 *Callerya dielsiana*	12		3	8.33	6.51		14.84	
忍冬 *Lonicera japonica*	11		3	7.64	6.51		14.15	
土茯苓 *Smilax glabra*	7		4	4.86	8.70		13.56	
南五味子 *Kadsura longepedunculata*	7		4	4.86	8.70		13.56	
长叶猕猴桃 *Actinidia hemsleyana*	6		4	4.17	8.70		12.87	
亮叶鸡血藤 *Callerya nitida*	8		3	5.56	6.51		12.07	
南蛇藤 *Celastrus orbiculatus*	7		3	4.86	6.51		11.37	
黄独 *Dioscorea bulbifera*	3		2	2.08	4.36		6.44	
草本层								
狗脊 *Woodwardia japonica*		Cop1	4		7.55			
淡竹叶 *Lophatherum acile*		Sp	4		7.55			
杏香兔儿风 *Ainsliaea fragrans*		Sp	4		7.55			
阿里山兔儿风 *Ainsliaea macroclinidioides*		Sp	4		7.55			
韩信草 *Scutellaria indica*		Sp	4		7.55			
柳叶箬 *Isachne globosa*		Sp	4		7.55			
黑足鳞毛蕨 *Dryopteris fuscipes*		Sp	4		7.55			
芒萁 *Dicranopteris pedata*		Sp	3		5.66			
地菍 *Melastoma dodecandrum*		Sol	4		7.55			
花葶薹草 *Carex scaposa*		Sol	4		7.55			
多花黄精 *Polygonatum cyrtonema*		Sol	4		7.55			
禾叶山麦冬 *Liriope graminifolia*		Sol	3		5.66			
土细辛 *Asarum caudigerum*		Sol	3		5.66			
建兰 *Cymbidium ensifolium*		Sol	2		3.76			
五岭龙胆 *Gentina davidii*		Un	2		3.76			

注：调查时间 2001 年 8 月 27 日，地点天宝岩天斗山铁钉石（海拔 1200m），陈鹭真记录。

3. 雷公鹅耳枥林

雷公鹅耳枥分布于广东、广西、云南、贵州、四川、湖南、湖北、江西、浙江、江苏、安徽、山东、河南和福建等地的中山山地。一般形成小面积的落叶阔叶林，或与常绿阔叶树构成常绿落叶阔叶混交林。在福建闽江源国家级自然保护区等地有一定面积的雷公鹅耳枥林（图 5-5-9）。群落外貌整齐，夏季冠层绿色，秋季叶色变黄且开始落叶，林内结构较简单（图 5-5-10）。在福建调查到 3 个群丛。

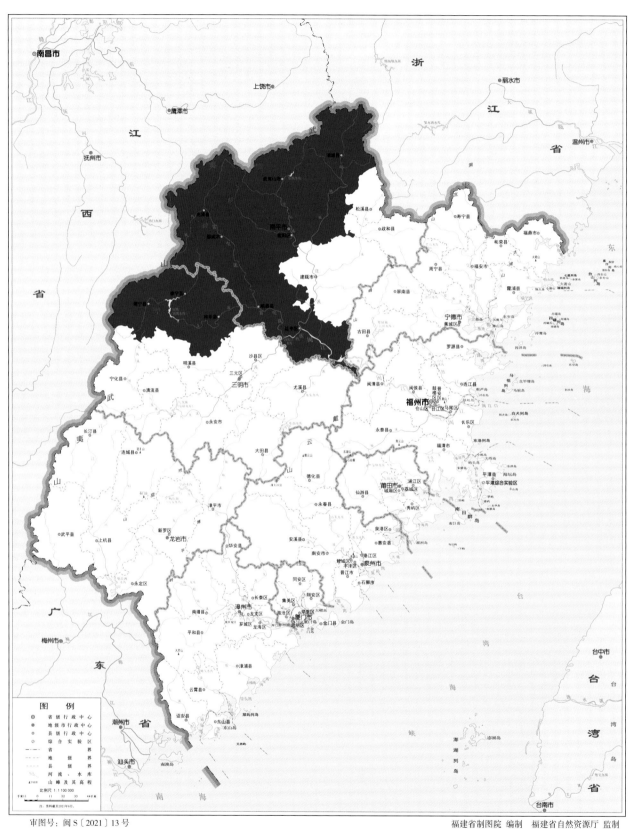

审图号：闽 S〔2021〕13 号　　　　　　　　　　　　　福建省制图院 编制　福建省自然资源厅 监制

图 5-5-9　雷公鹅耳枥林分布图

图 5-5-10　雷公鹅耳枥林林内结构（闽江源）　　　　图 5-5-11　雷公鹅耳枥（*Carpinus viminea*）

代表性样地设在福建闽江源国家级自然保护区内的坪岗上。土壤为山地黄红壤，土层较厚。群落类型为雷公鹅耳枥-鹿角杜鹃-狗脊群丛。群落总盖度90%—95%。乔木层以雷公鹅耳枥（图5-5-11）为建群种，其高达15m、胸径16—52cm，伴生甜槠、木荷、小叶青冈、野茉莉。林下稀疏，但种类较丰富。灌木层以鹿角杜鹃主，高1.5m，其他常见种类有杜鹃、荚蒾、扁枝越桔、长瓣短柱茶、庭藤、毛果杜鹃、马银花、绿叶甘橿、油茶、中华石楠、朱砂根、乌药、格药柃、江南越桔、林氏绣球、茅栗、紫金牛、东方古柯、蜡瓣花、山矾、南烛，以及甜槠、柳杉、罗浮柿、木荷、青冈、枫香树、黄山玉兰、树参、三尖杉等的幼树。草本层狗脊占优势，其他常见种类有沿阶草、如意草、春兰、土细辛、长梗黄精、五岭龙胆、淡竹叶、武夷瘤足蕨、心叶帚菊、狗脊等。层间植物种类较多，有中华双蝴蝶、菝葜、络石、地锦、亮叶鸡血藤等10余种。

4. 短尾鹅耳枥林

短尾鹅耳枥（*Carpinus londoniana*）分布于云南、四川、贵州、湖南、广西、广东、福建、江西、浙江、安徽等地海拔 300—1500m 的潮湿山坡或山谷的杂木林中。在福建仅见于泰宁。群落外貌整齐，夏季冠层绿色，秋季叶色变黄且开始落叶，林内结构简单（图 5-5-12）。在福建调查到 1 个群丛。

代表性样地设在泰宁世界自然遗产地内的状元岩的游龙峡沟谷中。土壤为紫色土，土层薄。群落类型为短尾鹅耳枥-杜茎山-耳基卷柏群丛。群落总盖度75%左右。乔木层以短尾鹅耳枥为主，平均高11m，平均胸径16cm，混生檵木、狗骨柴、密花树（*Myrsine seguinii*）、茜树等。灌木层常见种类有杜茎山，以及密花树、狗骨柴、木犀、毛豹皮樟（*Litsea coreana* var. *lanuginosa*）的幼树。草本层卷柏占绝对优势，此外分布有蜘蛛抱蛋（*Aspidistra elatior*）、建兰、淡竹叶等。层间植物有网脉酸藤子、链珠藤、构棘、薜荔、络石等（表5-5-2）。

图 5-5-12　短尾鹅耳枥林林内结构（泰宁）

表5-5-2　短尾鹅耳枥-杜茎山-耳基卷柏群落样方表

种名	株数	样方数	相对多度 /%	相对频度 /%	相对显著度 /%	多频度	重要值
乔木层							
短尾鹅耳枥 *Carpinus londoniana*	20	4	40.00	19.05	83.18		142.23
密花树 *Myrsine seguinii*	12	4	24.00	19.05	3.26		46.31
檵木 *Loropetalum chinense*	5	4	10.00	19.05	10.49		39.54
狗骨柴 *Diplospora dubia*	8	4	16.00	19.05	1.32		36.37
茜树 *Aidia cochinchinensis*	2	2	4.00	9.52	0.47		13.99
短尾越桔 *Vaccinium carlesii*	1	1	2.00	4.76	0.86		7.62
秀丽锥 *Castanopsis jucunda*	1	1	2.00	4.76	0.27		7.03
紫果槭 *Acer cordatum*	1	1	2.00	4.76	0.15		6.91
灌木层							
杜茎山 *Maesa japonica*	17	4	12.60	11.77		24.37	
狗骨柴 *Diplospora dubia*	22	4	16.30	11.77		28.07	
密花树 *Myrsine seguinii*	28	4	20.74	11.77		32.51	
秀丽锥 *Castanopsis jucunda*	19	3	14.07	8.82		22.90	
木犀 *Osmanthus fragrans*	13	4	9.63	11.77		21.40	
茜树 *Aidia cochinchinensis*	14	3	10.37	8.82		19.19	
朱砂根 *Ardisia crenata*	8	3	5.93	8.82		14.75	
柯 *Lithocarpus glaber*	4	2	2.96	5.88		8.85	
毛豹皮樟 *Litsea coreana* var. *lanuginosa*	3	2	2.22	5.88		8.10	
短尾鹅耳枥 *Carpinus londoniana*	3	1	2.22	2.94		5.16	
白马骨 *Serissa serissoides*	1	1	0.74	2.94		3.68	
尖叶栎 *Quercus oxyphylla*	1	1	0.74	2.94		3.68	
乌冈栎 *Quercus phillyraeoides*	1	1	0.74	2.94		3.68	
黄丹木姜子 *Litsea elongata*	1	1	0.74	2.94		3.68	
层间植物							
络石 *Trachelospermum jasminoides*	137	4	84.05	28.57		112.62	
网脉酸藤子 *Embelia rudis*	11	3	6.75	21.43		28.18	
链珠藤 *Alyxia sinensis*	10	3	6.13	21.43		27.56	
构棘 *Maclura cochinchinensis*	3	3	1.84	21.43		23.27	
薜荔 *Ficus pumila*	2	1	1.23	7.14		8.37	
草本层							
耳基卷柏 *Selaginella limbata*	617	4	63.09	17.39		80.48	
莎草属 1 种 *Cyperus* sp.	136	4	13.91	17.39		31.30	
扇叶铁线蕨 *Adiantum flabellulatum*	129	3	13.19	13.04		26.23	
蜘蛛抱蛋 *Aspidistra elatior*	36	4	3.68	17.39		21.07	
淡竹叶 *Lophatherum gracile*	9	3	0.92	13.04		13.96	
建兰 *Cymbidium ensifolium*	7	2	0.72	8.70		9.42	
阔叶山麦冬 *Liriope muscari*	2	2	0.20	8.70		8.90	
刺芒野古草 *Arundinella setosa*	42	1	4.29	4.35		8.64	

注：调查时间 2009 年 8 月 27 日，地点泰宁状元岩（海拔 405m），吕静、肖霜霜记录。

5. 栓皮栎林

栓皮栎林主要分布于离海稍远的山地及丘陵地区，在暖温带落叶阔叶林区域的河南、陕西、河北、山西、山东等地的山地、丘陵都有大面积分布，在亚热带北部、中部也普遍存在，此外在辽东半岛和云贵高原也有分布。在河南宝天曼、江苏紫金山形成栓皮栎林。在福建分布于德化、延平、松溪、武夷山。群落外貌整齐，林内结构简单。在福建仅调查到1个群丛。

代表性样地设在福建戴云山国家级自然保护区内的梓埯海拔540m山坡。土壤为山地红壤，土层较厚。群落类型为栓皮栎-细齿叶柃-狗脊群丛。群落总盖度90%—95%。乔木层以栓皮栎（Quercus variabilis）为主，其树干通直，高达22m、胸径10—56cm；除栓皮栎外，还有栲、檵木、马尾松、杨桐、野柿、杨梅、薄叶润楠（Machilus leptophylla）等。灌木层以细齿叶柃为主，高约40cm，其他常见种类有山矾、鼠刺、毛冬青、草珊瑚、山血丹（Ardisia lindleyana）、虎刺、细枝柃、杜茎山、刺叶桂樱、日本五月茶，以及黄绒润楠、木荷、米槠、山杜英、山乌桕、野漆、密花树、野茉莉、八角枫（Alangium chinensis）、福建青冈等的幼苗和幼树。草本层狗脊占优势，其他常见种类有深绿卷柏、华山姜（Alpinia oblongifolia）、扇叶铁线蕨、铁角蕨（Asplenium trichomanes）、山菅、金毛狗、蛇足石杉等。层间植物种类较多，有粉背菝葜、南五味子、亮叶鸡血藤等6种。

6. 亮叶桦林

亮叶桦为桦木科喜热树种，分布于贵州、四川、湖北、安徽、江西、浙江、福建、广东等地，是我国亚热带地区重要的落叶树种。在福建分布于武平、连城、明溪、沙县、延平、松溪、政和、武夷山等县市区的林缘和向阳坡地。在福建君子峰、梁野山国家级自然保护区形成小面积亮叶桦林。群落外貌简单，林内结构简单。在福建仅调查到1个群丛。

代表性样地设在福建君子峰国家级自然保护区内海拔500—650m的山坡上。土壤为山地黄红壤，土层较厚。群落类型为亮叶桦-箬竹-里白群丛。群落总盖度85%左右。乔木层以亮叶桦为主，其树高达25m、平均胸径32cm，密度为每100m² 3株，局部混生南方红豆杉、毛竹、木荷、薄叶润楠、甜槠、黑壳楠、花榈木、香果树、野漆。灌木层以箬竹为主，其他常见种类有窄基红褐柃、秤星树、山血丹、油茶、乌药、鼠刺、朱砂根、百两金、锐尖山香圆、细齿叶柃，以及南方红豆杉、红楠、薄叶润楠、白背瑞木、黑壳楠、木莲、黄檀等的幼苗和幼树。草本层里白占优势，其他常见种类有狗脊、华中瘤足蕨、多花黄精、江南星蕨（Neolepisorus fortunei）、深绿卷柏、变豆菜、金线兰、见血青（Liparis nervosa）、牛膝、淡竹叶、小槐花（Desmodium caudatum）、龙芽草、江南卷柏、马兰（Aster indicus）等。层间植物有菝葜、绿叶地锦、海金沙、土茯苓、黑老虎、绞股蓝、常春藤。

7. 化香树林

化香树（Platycarya strobilaceae）广布于台湾、福建、广东、广西、云南、贵州、四川、湖南、湖北等地山地林缘，朝鲜、日本也有分布。在海拔稍高的山地可以形成纯林。在福建见于建宁、泰宁、延平、浦城、光泽、武夷山。群落外貌整齐，夏季冠层翠绿色，秋季叶色变黄且开始落叶，林内结构简单。在福建仅调查到1个群丛。

代表性样地设在福建闽江源国家级自然保护区内的严峰山。土壤为山地黄红壤。群落类型为化香树-杜鹃-鳞籽莎群丛，总盖度80%—90%。乔木层仅见化香树（图5-5-13），其树高达8m、平均胸径21.2cm，密度为每100m² 7株，局部有黄山玉兰。灌木层以杜鹃为主，高1.2m，其他常见种类有半边月（*Weigela japonica* var. *sinica*）、檵木、白马骨、山蜡梅、中国旌节花、山胡椒、茅栗，以及黄檀、钟花樱桃、枫香树、野漆等的幼树。草本层鳞籽莎占优势，其他常见种类有

图 5-5-13 化香树（*Platycarya strobilaceae*）

奇蒿（*Artemisia anomala*）、阔叶山麦冬、珠芽狗脊、蕨、沙参（*Adenophora stricta*）、蓟、白花前胡（*Peucedanum praeruptorum*）等。层间植物种类较多，毛花猕猴桃、中华猕猴桃（*Actinidia chinensis*）较为常见，还有常春藤、亮叶鸡血藤、大血藤、尖叶菝葜等藤本植物。

8. 紫茎＋君迁子林

紫茎生长于中亚热带至北亚热带海拔500—2200m以上山地落叶阔叶林中，安徽、江西、福建、浙江、湖南、湖北、广西等地均有分布。在福建武夷山、江西云居山、浙江古田山、湖南八大公山都有紫茎占优势的落叶阔叶林。在福建仅见于武夷山国家公园内的黄岗山海拔500—1900m的山坡。群落外貌整齐，夏季冠层绿色（图5-5-14），秋季叶色变黄且开始落叶，但仍有常绿阔叶树显现的绿色，林内结构较简单（图5-5-15）。在福建仅调查到1个群丛。

图 5-5-14 紫茎＋君迁子林群落外貌（武夷山）

图 5-5-15　紫茎＋君迁子林林内结构（武夷山）

代表性样地设在武夷山黄岗山海拔1265m处。土壤为山地黄壤。群落类型为紫茎＋君迁子-箬竹-薹草群丛。群落乔木层分两个亚层：第一亚层高9—12m，由紫茎（图5-5-16）、君迁子（*Diospyros lotus*）、红毒茴（*Illicium lanceolatum*）、多脉青冈、云南桤叶树、野鸦椿、云锦杜鹃（*Rhododendron fortunei*）、山牡荆（*Vitex quinata*）、野漆组成；第二亚层高4—8.5m，由岩柃、白檀、灯笼草、密花山矾（*Symplocos congesta*）、红果山胡椒（*Lindera erythrocarpa*）、东方古柯、石灰花楸（*Sorbus folgneri*）组成。灌木层箬竹占绝对优势，林内有少量南方荚蒾。草本层种类稀少，仅见薹草。

图 5-5-16　紫茎（*Stewartia sinensis*）

9. 香果树林

香果树分布于中国长江流域安徽、江西、湖南、江苏、湖北、福建、浙江、河南、贵州、云南、广东、广西、四川、甘肃，以及山西等地。在安徽黄山、枯井园、天堂寨，江西三清山、大沩山，湖南大围山，江苏溧阳都发现了以香果树为建群种的落叶阔叶林。在福建闽江源国家级自然保护区和宁化河龙有小面积的香果树林分布。群落外貌整齐，夏季冠层绿色，花期白花醒目（图 5-5-17），林内结构较简单（图 5-5-18）。在福建调查到 3 个群丛。

图 5-5-17　香果树林群落外貌（宁化）

图5-5-18　香果树林林内结构（宁化）

代表性样地设在宁化县河龙乡永建村嶂背，海拔820m。土壤为山地黄红壤。群落类型为香果树–阔叶箬竹–柳叶箬群丛。群落总盖度85%—95%。乔木层高18m，香果树（图5-5-19）占优势，伴生紫楠、檵木、贵州石楠、青冈、朴树等种类。灌木层种类稀少，阔叶箬竹（*Indocalamus latifolius*）占优势，其他常见种类有山胡椒、朱砂根，以及三尖杉、紫楠、青冈、石岩枫（*Mallotus repandus*）、野茉莉等的幼苗和幼树。草本层以柳叶箬为主，其他常见种类有牛膝、山麦冬（*Liriope spicata*）、井栏边草（*Pteris multifida*）、贯众、阔鳞鳞毛蕨（*Dryopteris championii*）、长梗黄精等。层间植物极为丰富，有常春藤、络石、天门冬、白英、鸡矢藤、高粱泡（*Rubus lambertianus*）、栝楼（*Trichosanthes kirilowii*）、薯蓣、乌蔹莓、牛皮消（*Cynanchum auriculatum*）等（表5-5-3）。

图5-5-19　香果树（*Emmenopterys henryi*）

表5-5-3 香果树-阔叶箬竹-柳叶箬群落样方表

种名	株数	样方数	相对多度/%	相对频度/%	相对显著度/%	多频度	重要值
乔木层							
香果树 *Emmenopterys henryi*	16	4	26.67	20.00	66.16		112.83
紫楠 *Phoebe sheareri*	27	4	45.00	20.00	18.20		83.20
檵木 *Loropetalum chinense*	3	2	5.00	10.00	4.49		19.49
贵州石楠 *Photinia bodinieri*	2	2	3.33	10.00	3.60		16.94
青冈 *Cyclobalanopsis glauca*	2	2	3.33	10.00	1.21		14.54
朴树 *Celtis sinensis*	1	1	1.67	5.00	4.52		11.19
油茶 *Camellia oleifera*	3	1	5.00	5.00	0.17		10.17
苦枥木 *Fraxinus insularis*	2	1	3.33	5.00	0.64		8.98
山胡椒 *Lindera glauca*	2	1	3.33	5.00	0.19		8.52
黄檀 *Dalbergia hupeana*	1	1	1.67	5.00	0.73		7.39
白背叶 *Mallotus apelta*	1	1	1.67	5.00	0.08		6.75
灌木层							
阔叶箬竹 *Indocalamus latifolius*	51	1	41.13	3.23		44.35	
吊石苣苔 *Lysionotus pauciflorus*	20	1	16.13	3.23		19.35	
香果树 *Emmenopterys henryi*	13	2	10.48	6.45		16.94	
山胡椒 *Lindera glauca*	4	2	3.23	6.45		9.68	
朱砂根 *Ardisia crenata*	4	2	3.23	6.45		9.68	
三尖杉 *Cephalotaxus fortunei*	3	2	2.42	6.45		8.87	
紫楠 *Phoebe sheareri*	3	2	2.42	6.45		8.87	
青冈 *Cyclobalanopsis glauca*	2	2	1.61	6.45		8.06	
石岩枫 *Mallotus repandus*	2	2	1.61	6.45		8.06	
野茉莉 *Styrax japonicus*	2	2	1.61	6.45		8.06	
油茶 *Camellia oleifera*	5	1	4.03	3.23		7.26	
油桐 *Vernicia fordii*	3	1	2.42	3.23		5.65	
葛 *Pueraria montana*	2	1	1.61	3.23		4.84	
黄檀 *Dalbergia hupeana*	1	1	0.81	3.23		4.03	
宜昌荚蒾 *Viburnum erosum*	1	1	0.81	3.23		4.03	
宽卵叶长柄山蚂蝗 *Hylodesmum podocarpum* subsp. *fallax*	1	1	0.81	3.23		4.03	
白马骨 *Serissa Serrissoides*	1	1	0.81	3.23		4.03	
鹿药 *Maianthemum japonicum*	1	1	0.81	3.23		4.03	
南方红豆杉 *Taxus wallichiana* var. *mairei*	1	1	0.81	3.23		4.03	
朴树 *Celtis sinensis*	1	1	0.81	3.23		4.03	
鼠刺 *Itea chinensis*	1	1	0.81	3.23		4.03	
九管血 *Ardisia brevicaulis*	1	1	0.81	3.23		4.03	
紫珠 *Callicarpa bodinieri*	1	1	0.81	3.23		4.03	
层间植物							
常春藤 *Hedera nepalensis* var. *sinensis*	13	3	17.11	8.11		25.21	
络石 *Trachelospermum jasminoides*	11	3	14.47	8.11		22.58	

续表

种名	株数	样方数	相对多度 /%	相对频度 /%	相对显著度 /%	多频度	重要值
天门冬 *Asparagus cochinchinensis*	9	3	11.84	8.11		19.95	
白英 *Solanum lyratum*	7	2	9.21	5.41		14.62	
鸡矢藤 *Paederia foetida*	3	2	3.95	5.41		9.35	
抱石莲 *Lemmaphyllum drymoglossoides*	5	1	6.58	2.70		9.28	
高粱泡 *Rubus lambertianus*	5	1	6.58	2.70		9.28	
栝楼 *Trichosanthes kirilowii*	2	2	2.63	5.41		8.04	
薯蓣 *Dioscorea polystachya*	2	2	2.63	5.41		8.04	
乌蔹莓 *Cayratia japonica*	2	2	2.63	5.41		8.04	
牛皮消 *Cynanchum auriculatum*	2	1	2.63	2.70		5.33	
菝葜 *Smilax china*	1	1	1.32	2.70		4.02	
薜荔 *Ficus pumila*	1	1	1.32	2.70		4.02	
单叶铁线莲 *Clematis henryi*	1	1	1.32	2.70		4.02	
葛 *Pueraria montana* var. *lobata*	1	1	1.32	2.70		4.02	
金钱豹 *Campanumoea javanica*	1	1	1.32	2.70		4.02	
马兜铃 *Aristolochia debilis*	1	1	1.32	2.70		4.02	
木通 *Akebia quinata*	1	1	1.32	2.70		4.02	
黑老虎 *Kadsura coccinea*	1	1	1.32	2.70		4.02	
茜草 *Rubia cordifolia*	1	1	1.32	2.70		4.02	
忍冬 *Lonicera japonica*	1	1	1.32	2.70		4.02	
三叶木通 *Akebia trifoliata*	1	1	1.32	2.70		4.02	
鳝藤 *Anodendron affine*	1	1	1.32	2.70		4.02	
威灵仙 *Clematis chinensis*	1	1	1.32	2.70		4.02	
肖菝葜 *Heterosmilax japonica*	1	1	1.32	2.70		4.02	
中华猕猴桃 *Actinidia chinensis*	1	1	1.32	2.70		4.02	
草本层							
柳叶箬 *Isachne globosa*	33	4	23.74	14.29		38.03	
牛膝 *Achyranthes bidentata*	20	2	14.39	7.14		21.53	
山麦冬 *Liriope spicata*	17	2	12.23	7.14		19.37	
井栏边草 *Pteris multifida*	10	2	7.19	7.14		14.34	
贯众 *Cyrtomium fortunei*	8	2	5.76	7.14		12.90	
阔鳞鳞毛蕨 *Dryopteris championii*	8	2	5.76	7.14		12.90	
长梗黄精 *Polygonatum filipes*	4	2	2.88	7.14		10.02	
半夏 *Pinellia ternata*	5	1	3.60	3.57		7.17	
薹草属 1 种 *Carex* sp.	5	1	3.60	3.57		7.17	
阔叶山麦冬 *Liriope muscari*	4	1	2.88	3.57		6.45	
蹄盖蕨属 1 种 *Athyrium* sp.	4	1	2.88	3.57		6.45	
稀羽鳞毛蕨 *Dryopteris sparsa*	4	1	2.88	3.57		6.45	
白毛假糙苏 *Paraphlomis albida*	3	1	2.16	3.57		5.73	
江南星蕨 *Neolepisorus fortunei*	3	1	2.16	3.57		5.73	
鳞毛蕨属 1 种 *Dryopteris* sp.	3	1	2.16	3.57		5.73	
无盖鳞毛蕨 *Dryopteris scottii*	3	1	2.16	3.57		5.73	

续表

种名	株数	样方数	相对多度 /%	相对频度 /%	相对显著度 /%	多频度	重要值
齿牙毛蕨 Cyclosorus dentatus	2	1	1.44	3.57		5.01	
悬铃叶苎麻 Boehmeria tricuspis	2	1	1.44	3.57		5.01	
淡竹叶 Lophatherum gracile	1	1	0.72	3.57		4.29	

注：调查时间 2018 年 7 月 30 日，地点宁化县河龙乡永建村嶂背（海拔 820m），刘美玲记录。

10. 檫木林

檫木分布于长江以南地区，一般为伴生树种。由于其材质优良，往往被发展为人工林。在福建天宝岩、峨嵋峰国家级自然保护区均分布檫木林。群落外貌整齐，春季花期冠层黄色，夏季绿色，秋季开始落叶，林内结构简单。在福建调查到 2 个群丛。

代表性样地设在福建天宝岩国家级自然保护区内的本畲，海拔 1200m。土壤为山地黄红壤，土层较厚。群落类型为檫木–长叶冻绿–狗脊群丛。群落总盖度 80%—95%。乔木层树种仅有檫木（图 5-5-20、图 5-5-21），其树干通直，高达 12m、胸径 10—26cm。林下阴暗而稀疏。灌木层以长叶冻绿为主，平均高 40cm，其他常见种类有细齿叶柃、扁枝越桔、杨桐、鼠刺、老鼠矢、刺毛杜鹃、乌药等。草本层狗脊占优势，其他常见种类有淡竹叶、杏香兔儿风、地菍、韩信草、柳叶箬、山姜、蕨。层间植物有海金沙、菝葜、尖叶菝葜、地锦等藤本植物。

图 5-5-20　檫木（Sassafras tzumu）（1）

图 5-5-21　檫木（Sassafras tzumu）（2）

11. 枫香树林

枫香树广布于长江以南，往往是先锋树种。因枫香树树龄较长，故枫香树林可以成为许多次生演替起源且很稳定的植被类型。在福建闽江源、君子峰、汀江源、天宝岩、戴云山国家级自然保护区和尤溪九阜山、邵武将石省级自然保护区均有分布。群落外貌整齐，夏季冠层灰绿色，秋季开始落叶（图 5-5-22），林内结构较简单。在福建调查到 12 个群丛。

图 5-5-22　枫香树林群落外貌（漳平）

代表性样地设在福建君子峰国家级自然保护区，海拔500—800m。土壤为山地黄红壤，土层较厚。群落类型为枫香树-檵木-狗脊群丛。群落总盖度90%左右。乔木层树种以枫香树（图5-5-23）为主，树高达28m、平均胸径35cm，密度为每100m² 4株，局部混生黑壳楠、南方红豆杉、野漆、毛竹。灌木层以檵木为主，其他常见种类有鼠刺、山胡椒、油茶、朱砂根、百两金、秤星树、白簕、杨桐、细齿叶柃，以及南方红豆杉、薄叶润楠、黄檀、灯台树、南酸枣、山杜英等的幼树。草本层狗脊占优势，其他常见种类有土牛膝（*Achyranthes aspera*）、淡竹叶、深绿卷柏、刺头复叶耳蕨、小槐花、傅氏凤尾蕨、长穗苎麻、黑足鳞毛蕨、多花黄精、虎耳草、变豆菜、龙芽草、江南卷柏、马兰、车前（*Plantago asiatica*）等。层间植物有海金沙、土茯苓、黑老虎、珍珠莲、绞股蓝、菝葜、石岩枫、常春藤、南五味子。

图 5-5-23　枫香树（*Liquidambar formosana*）

12. 钟花樱桃林

钟花樱桃分布于福建、广东、广西和台湾等地的山坡疏林中，局部形成以钟花樱桃为建群种的落叶阔叶林。在福建见于武夷山、建宁、武平、长汀、明溪、三元、延平、永定、上杭、闽清的低海拔山麓。群落外貌较整齐，早春冠层紫红色，夏季嫩绿色，秋季开始落叶，林内结构较简单（图5-5-24）。在福建仅调查到 1 个群丛。

图 5-5-24 钟花樱桃林林内结构（君子峰）

代表性样地设在福建闽江源国家级自然保护区内的王坪栋。土壤为山地黄红壤，土层较厚。群落类型为钟花樱桃-箬竹-多花黄精群丛。群落总盖度80%—90%。乔木层以钟花樱桃（图5-5-25、图5-5-26）为主，其树干高达12m、胸径4—29cm，还有黄檀、长瓣短柱茶、白木乌桕（*Neoshirakia japonica*）、算盘子、红楠、毛竹、穗序鹅掌柴。林下较为稀疏。灌木层以箬竹为主，平均高100cm，

图 5-5-25 钟花樱桃（*Cerasus campanulata*）（1）

图 5-5-26 钟花樱桃（*Cerasus campanulata*）（陈炳华提供）（2）

其他常见种类有鸭脚茶、鹿角杜鹃、细齿叶枸、紫金牛、茅栗、马银花、山橿（*Lindera reflexa*）、灯笼树、山莓（*Rubus corchorifolius*），以及三尖杉、钟花樱桃、红楠、垂枝泡花树（*Meliosma flexuosa*）、硬壳柯、白木乌桕、青榨槭等的幼树。草本层多花黄精占优势，其他常见种类有油点草、北川细辛（*Asarum chinense*）、狗脊、杏香兔儿风、花葶薹草、紫花地丁（*Viola philippica*）、福建过路黄、微糙三脉紫菀、黑足鳞毛蕨等。层间植物种类较多，在400m²的样地内有白背爬藤榕（*Ficus sarmentosa* var. *nipponica*）、异叶地锦（*Parthenocissus dalzielii*）、络石、菝葜、亮叶鸡血藤、金剑草（*Rubia alata*）、羊乳（*Codonopsis lanceolata*）等14种。

13. 榔榆林

榔榆（*Ulmus parvifolia*）广泛分布于东亚平原、丘陵、山坡及谷地。在不少地方的村落周边形成风水林。在福建见于延平、南靖、晋安、新罗、长汀、同安。群落外貌较整齐，夏季冠层绿色，秋季开始落叶，林内结构简单（图5-5-27）。在福建仅调查到1个群丛。

图5-5-27　榔榆林林内结构（冠豸山）

代表性样地设在连城冠豸山国家地质公园。土壤为红壤。群落类型为榔榆-轮叶蒲桃-莎草群丛。群落总盖度80%左右。乔木层榔榆占优势，其高8m、平均胸径19cm，群落中伴生黄樟和箣柊（*Scolopia chinensis*）。灌木层稀疏，以轮叶蒲桃为主，伴生种类有庭藤、白马骨和榔榆的幼树。草本层莎草属1种略占优势，伴生种类有乌蕨。层间植物有络石和菝葜。

14. 红花香椿林

红花香椿（*Toona fargesii*）分布于福建、广东、广西、重庆、湖北、四川、云南，一般生长于村边河岸或疏林中，较少成林。在福建仅见于南靖和延平。群落外貌整齐，林内结构较简单。在福建仅调查到1个群丛。

代表性样地设在福建茫荡山国家级自然保护区内溪源庵海拔660m的沟谷边。土壤为山地红壤。受人为影响，林地内有岩石裸露。群落类型为红花香椿–江南星蕨群丛。群落总盖度80%左右。乔木层以红花香椿为主，其树干通直，高达17m，胸径16–45cm，密度达每100m² 7株。林内有少量大叶桂樱（*Laurocerasus zippeliana*）、猴欢喜和棕榈。灌木层稀疏，仅见吊石苣苔。草本层江南星蕨占优势，其他常见种类有虎耳草、虎尾铁角蕨（*Asplenium incisum*）、珠芽景天、日本水龙骨、山谷冷水花（*Pilea aquarum*）、刺头复叶耳蕨、牛膝、江南卷柏、石韦、鼠尾草（*Salvia japonica*）、蛇头草（*Amorphophallus sinensis*）等。层间植物种类较多，有抱石莲、大叶乌蔹莓（*Cayratia oligocarpa*）、广东蛇葡萄（*Ampelopsis cantoniensis*）、常春藤、角花乌蔹莓（*Cayratia corniculata*）、扶芳藤（*Euonymus fortunei*）、瓜馥木、南五味子、菝葜等10余种。

15. 伞花木林

伞花木是我国特有的单种属植物，分布于台湾、福建、广东、广西、湖南、云南、贵州，一般散生于林内或林缘。在福建茫荡山和汀江源国家级自然保护区、泰宁世界自然遗产地都有伞花木林。群落外貌整齐（图5-5-28），林内结构简单。在福建仅调查到1个群丛。

代表性样地设在福建茫荡山国家级自然保护区内溪源庵海拔650m的沟谷边。土壤为山地红壤，土层较厚。群落类型为伞花木–江南星蕨群丛。群落总盖度70%左右。乔木层树种仅有伞花木，其平均高达17m、平均胸径16cm。

图5-5-28 伞花木林群落外貌（汀江源）

灌木层稀疏，仅见香叶树、矮小天仙果（*Ficus erecta*）、吊石苣苔。草本层江南星蕨占优势，其他常见种类有虎尾铁角蕨、韩信草、日本水龙骨、虎耳草、珠芽景天、山谷冷水花、刺头复叶耳蕨、江南卷柏、石韦、鼠尾草等。层间植物种类较多，有山蒟、广东蛇葡萄、钩刺雀梅藤、常春藤、角花乌蔹莓、扶芳藤、瓜馥木、粉背菝葜等。

16. 赤杨叶林

赤杨叶分布于安徽、浙江、江苏、江西、福建、湖南、湖北、台湾、广东、广西、贵州、四川和云南等地，印度、越南和缅甸也有分布。赤杨叶速生，耐瘠薄，往往是先锋树种，在一些地方形成次生林。在福建中部以北山区均有分布。群落外貌整齐（图5-5-29），秋季开始落叶，林内结构较简单。在福建，由于是不稳定的次生植被，故仅调查到1个群丛。

代表性样地设在福建汀江源国家级自然保护区中磺片区海拔500—750m的山上。土壤为山地红壤，土层较厚。群落类型为赤杨叶–细齿叶柃–狗脊群丛。群落总盖度70%左右。乔木层以赤杨叶（图5-5-30）

图 5-5-29　赤杨叶林群落外貌（汀江源）

为主，其树高达28m、平均胸径20cm，密度为每100m² 9株。群落中混生罗浮锥、南酸枣、黑壳楠、木莲、黄檀、野漆、毛竹、红楠、虎皮楠。灌木层以细齿叶柃为主，其他常见种类有鼠刺、檵木、朱砂根、油茶、杜茎山、杨桐、锐尖山香圆、百两金、秤星树，以及黄檀、南酸枣、罗浮锥等的幼苗和幼树。草本层狗脊占优势，其他常见种类有长穗苎麻、傅氏凤尾蕨、龙芽草、微糙三脉紫菀、变豆菜、小槐花、宽叶金粟兰、黑足鳞毛蕨、江南卷柏等。层间植物有亮叶鸡血藤、海金沙、羊乳、显齿蛇葡萄（*Ampelopsis grossedentata*）、土茯苓、黑老虎、络石、菝葜、石岩枫。

图 5-5-30　赤杨叶（*Alniphyllum fortunei*）

六、亚洲樟栲常绿阔叶林

在中亚热带地区的山地山麓至山腰、南亚热带的山地上，分布着各种典型的常绿阔叶林，包括观光木林、乐东拟单性木兰林、闽楠林、甜槠林、米槠林、鹿角锥林、黑叶锥林、罗浮锥林、吊皮锥林、蕈树林、细柄蕈树林等。

1. 甜槠林

甜槠广泛分布于中亚热带地区，福建、江西、湖南、浙江、安徽等地均有分布。甜槠林常与其他常绿阔叶林交错分布。在福建，除沿海一带少数县市区外，其他地区均有分布（图 5-6-1）。在南靖分布于

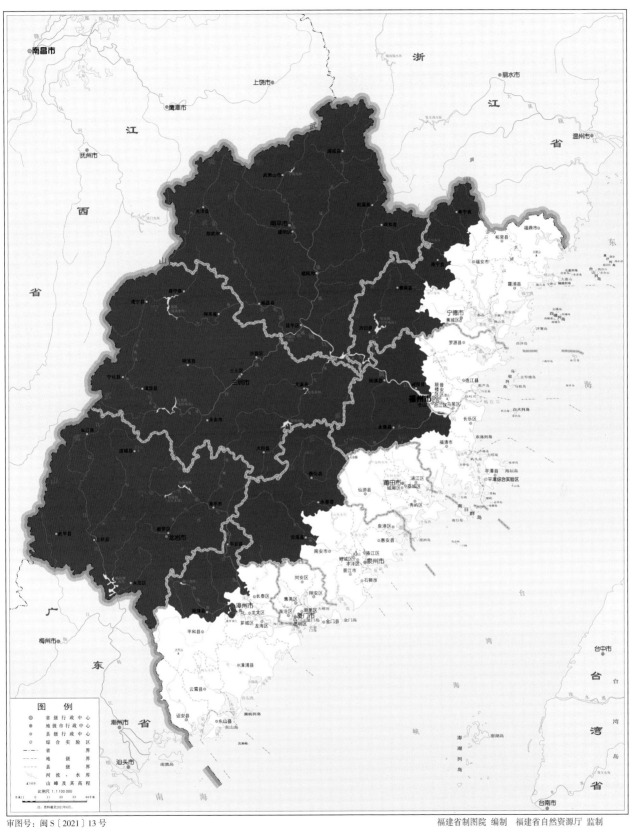

图 5-6-1　甜槠林分布图

海拔近 800m 的山顶，在武夷山分布于海拔 500—1400m 山区。群落外貌整齐，林冠浑圆（图 5-6-2 至图 5-6-5），冠层花期奶白色、夏季深绿色，林内层次丰富（图 5-6-6、图 5-6-7）。根据各地调查及文献记载，福建有 34 个甜槠群丛。

图 5-6-2　甜槠林群落外貌（汀江源）

图 5-6-3　甜槠林群落外貌（永定）

图 5-6-4　甜槠林群落外貌（君子峰）

图 5-6-5　甜槠林群落外貌（邵武）

图 5-6-6　甜槠林林内结构（梁野山）

图 5-6-7　甜槠林林内结构（汀江源）

代表性样地设在福建茫荡山国家级自然保护区内的茂地村。土壤为山地红壤和山地黄红壤，土层厚0.7—0.9m。群落类型为甜槠–箬竹–镰羽瘤足蕨群丛。群落总盖度约90%，层次丰富。乔木层以甜槠（图5-6-8至图5-6-11）为主，甜槠粗大，胸径43.0—131.6cm，密度较低，每100m² 仅2株，伴生紫果槭、蓝果

图 5-6-8　甜槠（*Castanopsis eyrei*）（1）

图 5-6-9　甜槠（*Castanopsis eyrei*）（2）

图 5-6-10　甜槠（*Castanopsis eyrei*）（3）

树、羊舌树、细柄蕈树、钟花樱桃、深山含笑、交让木。灌木层以箬竹为主，常见种类还有肿节少穗竹（图5-6-12）、鼠刺、秤星树、山血丹，以及日本杜英、树参等的幼树。草本层稀疏，以镰羽瘤足蕨居多，伴生狗脊（图5-6-13）、淡竹叶（图5-6-14）等。层间植物有亮叶鸡血藤、野木瓜和流苏子等（表5-6-1）。

图 5-6-11　甜槠（*Castanopsis eyrei*）（4）

图 5-6-12　肿节少穗竹（*Oligostachyum oedogonatum*）

图 5-6-13　狗脊（*Woodwardia japonica*）

图 5-6-14　淡竹叶（*Lophatherum gracile*）

表5-6-1 甜槠-箬竹-镰羽瘤足蕨群落样方表

种名	株数	Drude 多度	样方数	相对多度 /%	相对频度 /%	相对显著度 /%	多频度	重要值
乔木层								
甜槠 Castanopsis eryei	8		4	20.00	19.05	81.50		120.55
紫果槭 Acer cordatum	12		4	30.00	19.05	4.77		53.82
蓝果树 Nyssa sinensis	5		3	12.50	14.29	3.30		30.09
羊舌树 Symplocos glauca	6		2	15.00	9.52	4.65		29.18
细柄蕈树 Altingia gracilipes	3		3	7.50	14.29	1.43		23.21
钟花樱桃 Cerasus campanulata	3		2	7.50	9.52	2.64		19.67
深山含笑 Michelia maudiae	2		2	5.00	9.52	1.11		15.63
交让木 Daphniphyllum macropodum	1		1	2.50	4.76	0.59		7.85
灌木层								
箬竹 Indocalamus tesselatus	117		4	28.05	5.97		34.02	
肿节少穗竹 Oligostachyum oedogonatum	34		4	8.15	5.97		14.12	
鼠刺 Itea chinensis	26		4	6.24	5.97		12.21	
秤星树 Ilex asprella	24		4	5.75	5.97		11.72	
山血丹 Ardisia lindleyana	24		4	5.75	5.97		11.72	
红楠 Machilus thunbergii	22		4	5.28	5.97		11.25	
轮叶蒲桃 Syzygium grijsii	25		3	6.00	4.47		10.47	
细齿叶柃 Eurya nitida	17		4	4.07	5.97		10.04	
日本杜英 Elaeocarpus japonicus	14		4	3.36	5.97		9.33	
木荷 Schima superba	14		3	3.36	5.97		9.33	
香桂 Cinnamomum subavenium	12		4	2.88	5.97		8.85	
九管血 Ardisia brevicaulis	17		3	4.07	4.47		8.54	
野漆 Toxicodendron succedaneum	7		4	1.68	5.97		7.65	
草珊瑚 Sarcandra glabra	7		3	1.68	4.47		6.15	
白背瑞木 Corylopsis sinensis	13		2	3.12	2.99		6.11	
香港四照花 Cornus hongkongensis	5		3	1.20	4.47		5.67	
毛柄连蕊茶 Camellia fraterna	11		2	2.64	2.99		5.63	
树参 Dendropanax dentiger	9		2	2.16	2.99		5.15	
厚皮香 Ternstroemia gymnanthera	8		2	1.92	2.99		4.91	
硬壳柯 Lithocarpus hancei	7		2	1.68	2.99		4.67	
黑壳楠 Lindera megaphylla	4		1	0.96	1.50		2.46	
层间植物								
亮叶鸡血藤 Callerya nitida	11		4	32.35	28.57		60.92	
尖叶菝葜 Smilax arisanemsis	9		3	26.47	21.43		47.90	
野木瓜 Stauntonia chinensis	7		3	20.59	21.43		42.02	
流苏子 Coptosapelta diffusa	4		2	11.76	14.29		26.05	
海金沙 Lygodium japonicum	2		1	5.88	7.14		13.03	
大叶乌蔹莓 Cayratia oligocarpa	1		1	2.94	7.14		10.08	
草本层								
镰羽瘤足蕨 Plagiogyria falcata		Sp	4		30.77			

续表

种名	株数	Drude多度	样方数	相对多度/%	相对频度/%	相对显著度/%	多频度	重要值
狗脊 *Woodwardia japonica*		Sol	4		30.77			
淡竹叶 *Lophatherum gracile*		Sol	4		30.77			
柳叶箬 *Isachne globosa*		Un	1		7.69			

注：调查时间2002年8月13日，地点茫荡山茂地村（海拔980m），陈鹭真记录。

2. 甜槠＋红楠林

一般来说，红楠仍然是亚热带地区常绿阔叶林的先锋树种，难以成为常绿阔叶林建群种，但由于在某些地段上数量较多，往往与甜槠一样起着共建作用。在武夷山国家公园和福建天宝岩、梅花山、戴云山等国家级自然保护区内都有甜槠＋红楠林分布。群落外貌整齐，林内层次丰富。在福建调查到2个群丛。

代表性样地设在福建天宝岩国家级自然保护区内通往沟墩坪的本畲的沟谷边，海拔860m。土壤为山地黄红壤，土层较厚，表土层为壤土、多孔隙。群落类型为甜槠＋红楠–鼠刺–中华里白群丛。群落总盖度约95%。乔木层高21m，甜槠、红楠占优势，伴生木荷、树参。灌木层鼠刺占优势，伴生山鸡椒、轮叶蒲桃、草珊瑚、百两金、刺叶桂樱，以及黄杞、毛锥、牛耳枫、山杜英、香桂、鸡爪槭、白蜡树（*Fraxinus chinensis*）等的幼苗和幼树。草本层中华里白占优势，伴生狗脊、淡竹叶、杏香兔儿风。层间植物仅见尖叶菝葜和网络鸡血藤。

3. 甜槠＋木荷林

木荷常为中亚热带常绿阔叶林与南亚热带季风常绿阔叶林的伴生成分，在一些地段上起着共建作用。在武夷山国家公园和福建天宝岩、茫荡山、君子峰、戴云山、梁野山、梅花山等国家级自然保护区内有与甜槠共建形成的常绿阔叶林。群落外貌整齐，林内层次丰富。根据野外调查和文献记载，福建有15个甜槠＋木荷林群丛。

代表性样地设在福建天宝岩国家级自然保护区内的上坪乡沟谷边，海拔1120m。土壤为山地黄红壤，土层厚0.4—0.6m。群落类型为甜槠＋木荷–满山红–中华里白群丛。群落总盖度约90%。乔木层甜槠、木荷占优势，伴生细柄蕈树、石灰花楸、紫果槭。灌木层满山红占优势，伴生溪畔杜鹃、冬青、山鸡椒、轮叶蒲桃、云南桤叶树、山血丹等，以及深山含笑、木莲、凤凰润楠、赤杨叶等的幼苗和幼树。草本层较密，以中华里白居多，另有多羽复叶耳蕨（*Arachniodes amoena*）、莎草属1种、延羽卵果蕨等。层间植物则仅有亮叶鸡血藤和尖叶菝葜（表5-6-2）。

表5-6-2　甜槠＋木荷–满山红–中华里白群落样方表

种名	株数	Drude多度	样方数	相对多度/%	相对频度/%	相对显著度/%	多频度	重要值
乔木层								
甜槠 *Castanopsis eyrei*	26		5	52.00	38.46	36.02		126.48
木荷 *Schima superba*	17		4	34.00	30.77	47.52		112.29
细柄蕈树 *Altingia gracilipes*	4		2	8.00	15.39	0.99		24.38

种名	株数	Drude 多度	样方数	相对多度 /%	相对频度 /%	相对显著度 /%	多频度	重要值
石灰花楸 Sorbus folgneri	2		1	4.00	7.69	5.82		17.51
紫果槭 Acer cordatum	1		1	2.00	7.69	9.65		19.34
灌木层								
满山红 Rhododendron mariesii	43		5	17.85	7.81		25.66	
溪畔杜鹃 Rhododendron rivulare	30		3	12.45	4.69		17.14	
深山含笑 Michelia maudiae	22		5	9.13	7.81		16.94	
木莲 Manglietia fordiana	21		5	8.72	7.81		16.53	
冬青 Ilex chinensis	21		4	8.72	6.25		14.97	
红楠 Machilus thunbergii	14		5	5.81	7.81		13.62	
山鸡椒 Litsea cubeba	15		3	6.23	4.69		10.92	
凤凰润楠 Machilus phoenicis	11		2	4.57	3.13		7.70	
轮叶蒲桃 Syzygium grijsii	6		2	2.49	3.13		5.62	
银钟花 Halesia macgregorii	6		2	2.49	3.13		5.62	
赤杨叶 Alniphyllum fortunei	5		2	2.08	3.13		5.21	
榄叶柯 Lithocarpus oleifolius	5		2	2.08	3.13		5.21	
鼠刺 Itea chinensis	8		1	3.32	1.56		4.88	
厚叶红淡比 Cleyere pachyphylla	4		2	1.66	3.13		4.79	
百日青 Podocarpus neriifolius	4		2	1.66	3.13		4.79	
杨梅叶蚊母树 Distylium myricoides	2		2	0.83	3.13		3.96	
山杜英 Elaeocarpus sylvestris	2		2	0.83	3.13		3.96	
云南桤叶树 Clethra delavayi	5		1	2.08	1.56		3.64	
黄丹木姜子 Litsea elongata	3		1	1.25	1.56		2.81	
山血丹 Ardisia punctata	2		1	0.83	1.56		2.39	
柯 Lithocarpus glaber	1		1	0.41	1.56		1.97	
石斑木 Rhaphiolepis indica	1		1	0.41	1.56		1.97	
杨梅 Myrica rubra	1		1	0.41	1.56		1.97	
香桂 Cinnamomum subavenium	1		1	0.41	1.56		1.97	
交让木 Daphniphyllum macropodum	1		1	0.41	1.56		1.97	
罗浮锥 Castanopsis fabri	1		1	0.41	1.56		1.97	
光叶山矾 Symplocos lancifolia	1		1	0.41	1.56		1.97	
南烛 Vaccinium bracteatum	1		1	0.41	1.56		1.97	
乌药 Lindera aggregata	1		1	0.41	1.56		1.97	
老鼠矢 Symplocos stellaris	1		1	0.41	1.56		1.97	
长苞铁杉 Tsuga longibracteata	1		1	0.41	1.56		1.97	
野漆 Toxiocodendron succedaneum	1		1	0.41	1.56		1.97	
层间植物								
亮叶鸡血藤 Callerya nitida	22		5	68.75	50.00		118.75	
尖叶菝葜 Smilax arisanemsis	10		5	31.25	50.00		81.25	
草本层								
中华里白 Diplopterygium chinense		Cop1	5		50.00			

种名	株数	Drude 多度	样方数	相对多度 /%	相对频度 /%	相对显著度 /%	多频度	重要值
多羽复叶耳蕨 *Arachniodes amoena*		Sp	2		20.00			
莎草属 1 种 *Cyperus* sp.		Sp	2		20.00			
延羽卵果蕨 *Phegopteris decursive-pinnata*		Sol	1		10.00			

注：调查时间 2001 年 4 月 20 日，地点天宝岩上坪乡（海拔 1120m），陈鹭真记录。

4. 甜槠＋米槠林

甜槠＋米槠林见于福建省大部分山区，包括武夷山国家公园和福建梅花山国家级自然保护区等。群落外貌整齐，林内层次丰富。在福建仅调查到 1 个群丛。

代表性样地设在福建梅花山国家级自然保护区内的步云乡海拔350—700m的中低山地。土壤以红壤为主，表层30cm厚土壤有机质含量高。群落类型为甜槠＋米槠-弯蒴杜鹃-芒萁群丛。群落总盖度大于90%。乔木层以甜槠和米槠为建群种，高15—20m，伴生树种有马尾松、细柄蕈树、毛竹、密花树、罗浮锥、闽楠等。灌木层弯蒴杜鹃占优势，其他主要种类有荚蒾、朱砂根、毛冬青、三花冬青、檵木，以及甜槠、米槠、山乌桕、茶梨（*Anneslea fragrans*）、树参等的幼苗和幼树。草本层稀疏，以芒萁为主，其他常见种类有狗脊、里白、芒、山麦冬、淡竹叶、黑莎草。层间植物较少，以菝葜、土茯苓、网络鸡血藤、乌蔹莓、地锦多见（表5-6-3）。

表5-6-3　甜槠+米槠-弯蒴杜鹃-芒萁群落样方表

种名	株数	Drude 多度	样方数	相对多度 /%	相对频度 /%	相对显著度 /%	多频度	重要值
乔木层								
甜槠 *Castanopsis eyrei*	21		4	23.34	13.79	22.93		60.06
米槠 *Castanopsis carlesii*	19		4	21.11	13.79	17.14		52.04
马尾松 *Pinus massoniana*	7		3	7.78	10.34	6.29		24.41
细柄蕈树 *Altingia gracilipes*	6		2	6.67	6.90	7.28		20.85
毛竹 *Phyllostachys edulis*	7		3	7.78	10.34	1.89		20.01
密花树 *Myrsine seguinii*	5		2	5.56	6.90	7.47		19.93
罗浮锥 *Castanopsis fabri*	4		1	4.45	3.45	4.32		12.22
闽楠 *Phoebe bournei*	3		1	3.33	3.45	4.40		11.18
猴欢喜 *Sloanea sinensis*	3		1	3.33	3.45	4.38		11.16
尖脉木姜子 *Litsea acutivena*	2		1	2.22	3.45	4.13		9.80
绒毛润楠 *Machilus velutinas*	2		1	2.22	3.45	3.72		9.39
厚壳桂 *Cryptocarya chinensis*	2		1	2.22	3.45	3.17		8.84
黄绒润楠 *Machilus grijsii*	2		1	2.22	3.45	3.07		8.74
杜英 *Elaeocarpus decipiens*	2		1	2.22	3.45	2.98		8.65
栲 *Castanopsis fargesii*	2		1	2.22	3.45	2.89		8.56
青冈 *Cyclobalanopsis glauca*	2		1	2.22	3.45	2.69		8.36
乐东拟单性木兰 *Parakmeria lotungensis*	1		1	1.11	3.45	1.25		5.81

续表

种名	株数	Drude多度	样方数	相对多度/%	相对频度/%	相对显著度/%	多频度	重要值
灌木层								
弯蒴杜鹃 *Rhododendronn henryi*	12		4	16.90	7.85		24.75	
甜槠 *Castanopsis eyrei*	7		4	9.85	7.85		17.70	
朱砂根 *Ardisia crenata*	6		4	8.45	7.85		16.30	
米槠 *Castanopsis carlesii*	5		4	7.04	7.85		14.89	
毛冬青 *Ilex pubescens*	5		3	7.04	5.88		12.92	
三花冬青 *Ilex triflora*	5		3	7.04	5.88		12.92	
檵木 *Loropetalum chinense*	4		3	5.63	5.88		11.51	
茶梨 *Anneslea fragrans*	4		3	5.63	5.88		11.51	
树参 *Dendropanax dentiger*	3		3	4.22	5.88		10.10	
细柄蕈树 *Altingia gracilipes*	2		2	2.82	3.92		6.74	
栲 *Castanopsis fargesii*	2		2	2.82	3.92		6.74	
荚蒾 *Viburnum dilatatum*	2		2	2.82	3.92		6.74	
山乌桕 *Sapium discolor*	1		1	1.41	1.96		3.37	
马尾松 *Pinus massoniana*	1		1	1.41	1.96		3.37	
毛竹 *Phyllostachys edulis*	1		1	1.41	1.96		3.37	
青冈 *Cyclobalanopsis glauca*	1		1	1.41	1.96		3.37	
密花树 *Myrsine seguinii*	1		1	1.41	1.96		3.37	
罗浮锥 *Castanopsis fabri*	1		1	1.41	1.96		3.37	
闽楠 *Phoebe bournei*	1		1	1.41	1.96		3.37	
猴欢喜 *Sloanea sinensis*	1		1	1.41	1.96		3.37	
尖脉木姜子 *Litsea acutivena*	1		1	1.41	1.96		3.37	
绒毛润楠 *Machilus velutinas*	1		1	1.41	1.96		3.37	
厚壳桂 *Cryptocarya chinensis*	1		1	1.41	1.96		3.37	
黄绒润楠 *Machilus grijsii*	1		1	1.41	1.96		3.37	
杜英 *Elaeocarpus decipiens*	1		1	1.41	1.96		3.37	
乐东拟单性木兰 *Parakmeria lotungensis*	1		1	1.41	1.96		3.37	
层间植物								
菝葜 *Smilax china*	13		4	44.83	28.57		73.40	
土茯苓 *Smilax glabra*	8		4	27.59	28.57		56.16	
乌蔹莓 *Cayratia japonica*	4		3	13.79	21.43		35.22	
地锦 *Parthenocissus tricuspidata*	3		2	10.34	14.29		24.63	
网络鸡血藤 *Millettia reticuiata*	1		1	3.45	7.14		10.59	
草本层								
芒萁 *Dicranopteris pedata*		Soc	4		21.05			
狗脊 *Woodwardia japonica*		Cop1	4		21.05			
里白 *Diplopterygium glaucum*		Sp	3		15.79			
芒 *Miscanthus sinensis*		Sp	3		15.79			
山麦冬 *Liriope spicata*		Sp	3		15.79			

续表

种名	株数	Drude多度	样方数	相对多度/%	相对频度/%	相对显著度/%	多频度	重要值
淡竹叶 *Lophatherum gracile*		Sol	1		5.26			
黑莎草 *Gahnia tristis*		Sol	1		5.26			

注：调查时间2005年8月6日，地点梅花山步云乡（海拔600m），江伟程记录。

5. 甜槠＋毛锥林

毛锥在亚热带的一些峡谷区域常成为常绿阔叶林的共建种，在福建戴云山、茫荡山、天宝岩、君子峰国家级自然保护区，宁化牙梳山省级自然保护区都可见其组成的常绿阔叶林。群落外貌整齐，林内层次丰富。在福建调查到1个群丛。

代表性样地设在福建戴云山国家级自然保护区内的九仙山。土壤为山地红壤，土层厚。群落类型为甜槠＋毛锥-弯蒴杜鹃-芒萁＋乌毛蕨群丛。群落总盖度约95%。乔木层以甜槠和毛锥为主，高10—18m，伴生栲、马尾松、木荷、杨梅、赤杨叶、青冈、中华杜英（*Elaeocarpus chinensis*）、深山含笑、硬壳柯、树参等。灌木层以弯蒴杜鹃为主，其他常见种类有乌药、细齿叶柃、鼠刺、鹿角杜鹃、轮叶蒲桃、窄基红褐柃、满山红、朱砂根，以及甜槠、毛锥、赤杨叶、木荷、树参等的幼树。草本层稀疏，芒萁和乌毛蕨占多数，其他常见种类有镰羽瘤足蕨、华中瘤足蕨、中华里白、狗脊、黑足鳞毛蕨、淡竹叶等。层间植物植物有流苏子、藤黄檀、亮叶鸡血藤、菝葜、木通。

6. 甜槠＋栲林

栲分布于长江以南地区，是亚热带山地林中常见的树种，与甜槠共建的甜槠＋栲林分布于福建茫荡山、戴云山国家级自然保护区。群落外貌整齐，林内层次丰富。在福建调查到5个群丛。

代表性样地设在福建茫荡山国家级自然保护区内的溪源庵附近海拔380—730m的东南坡。土壤为山地红壤。群落类型为甜槠＋栲-毛果杜鹃-里白群丛。群落总盖度约90%。乔木层可以分2个亚层：第一亚层高15—20m，以甜槠、栲、细柄蕈树、罗浮锥为主；第二亚层树种有南酸枣、青冈、木荷、港柯、密花树、绒毛润楠、马尾松、福建青冈、山乌桕、深山含笑、乌冈栎、树参、柯、虎皮楠、黄绒润楠、木蜡树、杨梅等。灌木层以毛果杜鹃为主，其他常见种类有尖连蕊茶、小果珍珠花、鼠刺、细齿叶柃、马银花、刺毛杜鹃、斑箨酸竹、格药柃，以及甜槠、栲、鬁蒴锥、细柄蕈树、木荷、树参等的幼树。草本层稀疏，里白占优势，另见淡竹叶、华中瘤足蕨、狗脊、芒、镰羽瘤足蕨、黑足鳞毛蕨等。层间植物有网脉酸藤子、亮叶鸡血藤、菝葜、藤黄檀、鸡矢藤和流苏子。

7. 甜槠＋鬁蒴锥林

甜槠＋鬁蒴锥林分布于福建茫荡山国家级自然保护区。群落外貌整齐，林内层次丰富。在福建调查到2个群丛。

代表性样地设在福建茫荡山国家级自然保护区内海拔450—720m的东南坡。土壤为山地红壤，土层厚。群落类型为甜槠＋鳄蒴锥-马银花-里白群丛。群落总盖度约95%。乔木层以甜槠和鳄蒴锥为主，高14—20m，伴生紫玉盘柯、栲、杨梅、青冈、竹柏、木荷、乌冈栎、马尾松、中华杜英、深山含笑、硬壳柯、树参、厚皮香、木蜡树等。灌木层以马银花为主，其他常见种类有细齿叶柃、刺毛杜鹃、斑箨酸竹、轮叶蒲桃、鼠刺、格药柃，以及甜槠、细柄蕈树、木荷、树参等的幼树。草本层稀疏，以里白居多，其他常见种类有镰羽瘤足蕨、薹草属1种、华中瘤足蕨、狗脊、黑足鳞毛蕨、芒萁、淡竹叶等。层间植物有亮叶鸡血藤、菝葜、鸡矢藤、木通和流苏子。

8. 甜槠＋港柯林

港柯分布于我国中亚热带至南亚热带海拔400—1300m的常绿阔叶林中，局部成为共建种。在福建，甜槠＋港柯林见于福建茫荡山国家级自然保护区。群落外貌整齐，林内层次丰富。在福建调查到3个群丛。

代表性样地设在福建茫荡山国家级自然保护区内海拔900—1100m处。土壤为山地黄红壤，土层厚。群落类型为甜槠＋港柯-斑箨酸竹-里白群丛。群落总盖度约95%。乔木层可以分2个亚层：第一亚层高14—20m，以甜槠和港柯为主，伴生木荷、小叶青冈、硬壳柯、日本杜英、杉木、马尾松、罗浮锥、黑叶锥、海桐山矾、深山含笑、滑皮柯；第二亚层树种有紫玉盘柯、虎皮楠、厚皮香、木蜡树、树参、腋毛泡花树等。灌木层以斑箨酸竹为主，其他常见种类有细齿叶柃、毛果杜鹃、箬竹、马银花、常绿荚蒾、轮叶蒲桃、鼠刺、格药柃，以及甜槠、港柯、小叶青冈、木荷、树参等的幼树。草本层稀疏，以里白居多，另见狗脊、镰羽瘤足蕨、薹草属1种、华中瘤足蕨、黑足鳞毛蕨、芒萁、淡竹叶等。层间植物较少，仅见亮叶鸡血藤、菝葜和流苏子。

9. 甜槠＋青冈林

青冈广布于我国亚热带地区海拔60—2600m的山坡或沟谷，常成为常绿阔叶林或常绿落叶阔叶混交林的建群种或共建种。在福建，甜槠＋青冈林见于福建梅花山国家级自然保护区。群落外貌整齐，林内层次丰富。在福建调查到1个群丛。

代表性样地设在福建梅花山国家级自然保护区内的马头山。土壤从低海拔到高海拔为红壤—山地红黄壤—山地黄壤，有机质含量中等以上。群落类型为甜槠＋青冈-杜鹃-狗脊群丛。群落总盖度85%—90%。乔木层以甜槠、青冈为主，高度18—25m，伴生栲、木荷、毛竹、硬壳柯、日本杜英、杨梅、树参、乌冈栎、厚壳桂等。灌木层有杜鹃、弯蒴杜鹃、细齿叶柃、翅柃、石斑木、木犀、赤楠、木荷、茶梨、粗叶木（*Lasianthus chinensis*）、鹿角杜鹃、马银花、毛冬青等。草本层稀疏，主要种类有狗脊、中华里白、细梗薹草等。层间植物有菝葜、网络鸡血藤、络石、珍珠莲、土茯苓、流苏子等（表5-6-4）。

表5-6-4 甜槠＋青冈-杜鹃-狗脊群落样方表

种名	株数	Drude 多度	样方数	相对多度/%	相对频度/%	相对显著度/%	多频度	重要值
乔木层								
甜槠 *Castanopsis eyrei*	23		4	27.38	12.89	46.03		86.30
青冈 *Cyclobalanopsis glauca*	21		4	25.00	12.89	37.66		75.55
木荷 *Schima superba*	9		4	10.72	12.89	2.15		25.76

续表

种名	株数	Drude 多度	样方数	相对多度 /%	相对频度 /%	相对显著度 /%	多频度	重要值
栲 Castanopsis fargesii	7		3	8.34	9.68	2.31		20.33
硬壳柯 Lithocarpus hancei	5		3	5.95	9.68	1.71		17.34
厚壳桂 Cryptocarya chinensis	3		2	3.57	6.45	1.62		11.64
毛竹 Phyllostachys edulis	2		2	2.38	6.45	0.49		9.32
深山含笑 Michelia maudiae	2		1	2.38	3.23	1.35		6.96
刨花润楠 Machilus pauhoi	2		1	2.38	3.23	1.25		6.86
日本杜英 Elaeocarpus japonicus	2		1	2.38	3.23	1.15		6.76
香叶树 Lindera communis	2		1	2.38	3.23	1.03		6.64
乌冈栎 Quercus phillyraeoides	2		1	2.38	3.23	1.01		6.62
杨梅 Myrica rubra	1		1	1.19	3.23	0.62		5.04
赤杨叶 Alniphyllum fortunei	1		1	1.19	3.23	0.61		5.03
木莲 Manglietia fordiana	1		1	1.19	3.23	0.51		4.93
树参 Dendropanax dentiger	1		1	1.19	3.23	0.50		4.92
灌木层								
杜鹃 Rhododendron simsii	18		4	18.18	6.78		24.96	
弯蒴杜鹃 rhododendron henryi	10		4	10.10	6.78		16.88	
细齿叶柃 Eurya nitida	8		4	8.08	6.78		14.86	
翅柃 Eurya alata	7		4	7.07	6.78		13.85	
石斑木 Rhaphiolepis indica	6		3	6.06	5.08		11.14	
木犀 Osmanthus fragrans	5		3	5.05	5.08		10.13	
茶梨 Anneslea fragrans	5		3	5.05	5.08		10.13	
赤楠 Syzygium buxifolium	5		3	5.05	5.08		10.13	
甜槠 Castanopsis eyrei	3		3	3.03	5.08		8.13	
粗叶木 Lasianthus chinensis	3		2	3.03	3.39		6.42	
鹿角杜鹃 Rhododendron latoucheae	2		2	2.02	3.39		5.41	
马银花 Rhododendron ovatum	2		2	2.02	3.39		5.41	
毛冬青 Ilex pubescens	2		2	2.02	3.39		5.41	
青冈 Cyclobalanopsis glauca	2		2	2.02	3.39		5.41	
木荷 Schima superba	2		2	2.02	3.39		5.41	
栲 Castanopsis fargesii	2		1	2.02	1.69		3.71	
硬壳柯 Lithocarpus hancei	2		1	2.02	1.69		3.71	
厚壳桂 Cryptocarya chinensis	2		1	2.02	1.69		3.71	
树参 Dendropanax dentiger	2		1	2.02	1.69		3.71	
毛竹 Phyllostachys edulis	1		1	1.01	1.69		2.70	
日本杜英 Elaeocarpus japonicus	1		1	1.01	1.69		2.70	
香叶树 Lindera communis	1		1	1.01	1.69		2.70	
乌冈栎 Quercus phillyraeoides	1		1	1.01	1.69		2.70	
杨梅 Myrica rubra	1		1	1.01	1.69		2.70	
木莲 Manglietia fordiana	1		1	1.01	1.69		2.70	
刨花润楠 Machilus pauhoi	1		1	1.01	1.69		2.70	
深山含笑 Michelia maudiae	1		1	1.01	1.69		2.70	

续表

种名	株数	Drude 多度	样方数	相对多度 /%	相对频度 /%	相对显著度 /%	多频度	重要值
层间植物								
菝葜 *Smilax china*	15		4	40.54	22.22		62.76	
络石 *Trachelospermum jasminoides*	7		4	18.91	22.22		41.13	
流苏子 *Coptosapelta diffusa*	5		3	13.51	16.67		30.18	
木莓 *Rubus swinhoei*	3		3	8.11	20.00		24.78	
珍珠莲 *Ficus sarmentosa*	3		2	8.11	11.10		19.21	
土茯苓 *Smilax glabra*	2		1	5.41	6.67		10.97	
网络鸡血藤 *Millettia reticuiata*	2		1	5.41	6.67		10.97	
草本层								
狗脊 *Woodwardia japonica*		Soc	4		36.36			
中华里白 *Diplopterygium chinense*		Sp	2		18.18			
细梗薹草 *Carex teinogyna*		Sp	2		18.18			
乌毛蕨 *Blechnum orientale*		Sp	2		18.18			
如意草 *Viola arcuata*		Sol	1		9.09			

注：调查时间 2006 年 6 月 6 日，地点梅花山马头山（海拔 800m），江伟程记录。

10. 甜槠＋细柄蕈树林

细柄蕈树主要分布于福建、浙江、广东中亚热带的山麓与河谷常绿阔叶林中，局部成为建群种或共建种。在福建，甜槠＋细柄蕈树林分布于福建梅花山、茫荡山国家级自然保护区。群落外貌整齐，林内层次丰富。在福建调查到 4 个群丛。

代表性样地设在福建茫荡山国家级自然保护区内海拔820—1050m的茂地村附近。土壤为山地黄红壤，土层厚0.9m。群落类型为甜槠＋细柄蕈树–毛果杜鹃–里白群丛。群落总盖度约95%。乔木层可以分2个亚层：第一亚层高18—25m，由甜槠和细柄蕈树构成；第二亚层树种有马尾松、罗浮锥、厚皮香、黑叶锥、木荷、杉木、深山含笑、香港四照花、树参、杨梅叶蚊母树、杨桐、紫玉盘柯、虎皮楠、木蜡树、黄丹木姜子等。灌木层以毛果杜鹃为主，其他常见种类有细齿叶柃、马银花、斑箨酸竹、箬竹、尖连蕊茶、乌药、轮叶蒲桃、鼠刺、格药柃，以及甜槠、细柄蕈树、木荷、树参等的幼树。草本层稀疏，以里白居多，另见华中瘤足蕨、狗脊、黑莎草、镰羽瘤足蕨、黑足鳞毛蕨、斜方复叶耳蕨（*Arachniodes amabilis*）、芒萁、淡竹叶等。层间植物较少，仅见亮叶鸡血藤、鸡矢藤、菝葜和木通。

11. 甜槠＋蚊母树林

蚊母树分布于福建、浙江、台湾、广东、海南海拔 300—1300m 的山地常绿阔叶林中，在局部成为共建种，也见于朝鲜、日本。在福建，甜槠＋蚊母树林分布于德化。群落外貌整齐，林内层次丰富。在福建调查到 1 个群丛。

代表性样地设在福建戴云山国家级自然保护区内的双芹村。土壤为山地黄红壤，土层较厚。群落类型为甜槠＋蚊母树–杜茎山＋草珊瑚–狗脊群丛。群落总盖度约95%。乔木层以甜槠和蚊母树为主，高

14—17m，伴生青冈、木荷、马尾松、青榨槭、山乌桕、厚皮香、木蜡树等。灌木层以杜茎山和草珊瑚为主，其他常见种类有细齿叶柃、刺毛杜鹃、轮叶蒲桃、鼠刺，以及甜槠、蚊母树、木荷、树参、红楠、黄丹木姜子等的幼树。草本层稀疏，以狗脊居多，其他常见种类有黑足鳞毛蕨、芒萁、中华里白、淡竹叶等。层间植物有菝葜、亮叶鸡血藤、野木瓜和忍冬。

12. 苦槠林

苦槠分布于长江以南地区，为锥属植物分布最北的一个种，是中亚热带和北亚热带常绿阔叶林的建群种之一。在江西省东北、安徽省南部、浙江省西北较多，往往在村落周边形成风水林。在福建，苦槠主要分布于宁化、清流、永安、大田、德化、永泰至福安一线以北地区，一般生长于海拔1000m以下的低山丘陵。在泰宁、建宁、邵武、宁化有一定面积的苦槠林。群落外貌整齐，树冠浑圆（图5-6-15），冠层花期奶白色、夏季深绿色，林内结构较简单（图5-6-16）。在福建调查到5个群丛。

代表性样地设在泰宁世界自然遗产地内的状元岩和寨下村至甘露寺途中。土壤为山地红壤，土层较厚。群落类型为苦槠-毛柄连蕊茶-狗脊群丛，是原生演替较为顶极的植被类型。群落总盖度90%左右。乔木层以苦槠（图5-6-17、图5-6-18）为主，其树干笔直，树高5—15m，大树胸径达33cm。其他常见种类有甜槠、木蜡树、树参、厚皮香、青冈、木荷、黄檀、冬青、短尾鹅耳枥、黄绒润楠、野漆、野含笑、中华杜英、虎皮楠等。林下稀疏。灌木层以毛柄连蕊茶为主，平均高170cm，其他常见种类有栀子、檵木、秤星树、豆腐柴、长瓣短柱茶、草珊瑚、细枝柃、鼠刺、日本五月茶、紫金牛、赤楠、乌药等，林下还有苦槠、花榈木、甜槠、木荷等的幼树。草本层以狗脊为主，其他常见种类有珠芽狗脊、腹水草、淡竹叶、黑足鳞毛蕨等。层间植物有网脉酸藤子、威灵仙、地锦、亮叶鸡血藤等。

图 5-6-15　苦槠林群落外貌（泰宁）

图 5-6-16　苦槠林林内结构（将石）

图 5-6-17　苦槠（*Castanopsis sclerophylla*）（1）

图 5-6-18　苦槠（*Castanopsis sclerophylla*）（2）

13. 米槠林

米槠是偏热性的树种，广泛分布于我国中亚热带、南亚热带海拔 1300m 以下的山地丘陵，往往形成以米槠为建群种的常绿阔叶林。米槠林常与其他常绿阔叶林交错分布。在福建，除沿海一带少数县市区外，其他地区均有分布（图 5-6-19）。在武夷山国家公园，福建龙栖山、闽江源、汀江源、戴云山、虎伯寮等国家级自然保护区，莆田老鹰尖省级自然保护区、永定俄山、同安金光湖、宁化新军后龙山海拔 400—1000m 处分布着较大面积的米槠林。群落外貌灰绿色，林冠半球形波状起伏（图 5-6-20 至图 5-6-22），林内结构较简单（图 5-6-23、图 5-6-24）。在福建调查到 23 个群丛。

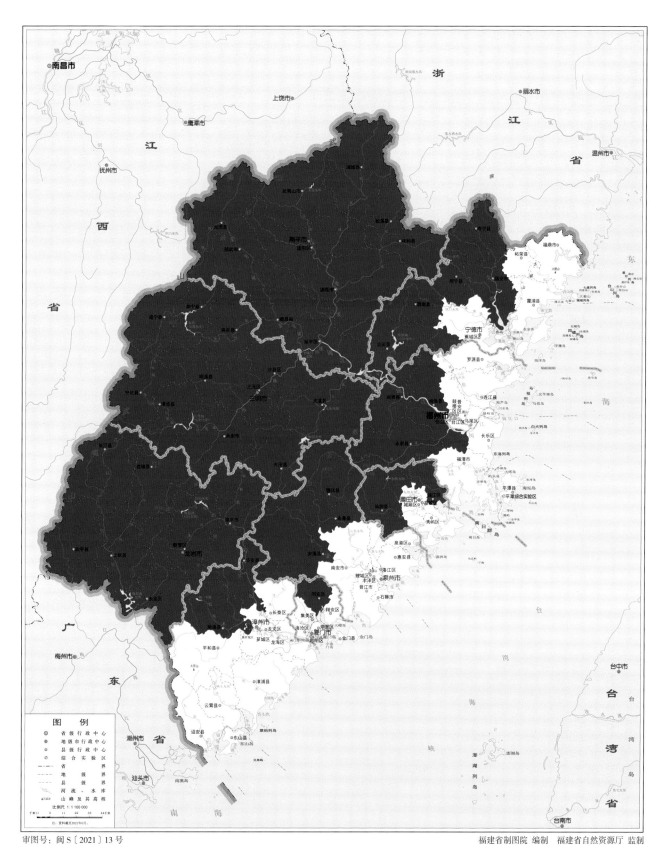

审图号：闽S〔2021〕13号　　　　　　　　　　　　　福建省制图院 编制　福建省自然资源厅 监制

图 5-6-19　米槠林分布图

图 5-6-20　米槠林群落外貌（邵武）

图 5-6-21　米槠林群落外貌（永定）

图 5-6-22 米槠林群落外貌（天宝岩）

图 5-6-23 米槠林林内结构（老鹰尖）

图 5-6-24　米槠林林内结构（邵武）

代表性样地设在武夷山国家公园内的雷公口，样地面积10000m²，共有100个样方。土壤为山地红壤，土层较厚。群落类型为米槠-杜茎山-狗脊群丛。群落乔木层高24—30m，乔木层物种丰富，优势种是米槠（图5-6-25），其重要值为46.32，密度为每100m² 1.41株；亚优势种是罗浮锥和细柄蕈树，重要值分别为17.55和17.41；其他重要值较高的种类有木荷、鼠刺、窄基红褐柃、细枝柃、黄杞等。灌木层种类丰富，杜茎山占绝对优势，其重要值达86.23；其他常见灌木种类和更新树种有细枝柃、草珊瑚、黄绒润楠、毛冬青、山血丹、窄基红褐柃、黄杞、杨桐等。草本层狗脊占优势，重

图 5-6-25　米槠（*Castanopsis carlesii*）

要值达77.32，其他出现频率较高、数量也较多的种类有镜子薹草（*Carex phacota*）、瘤足蕨、羽裂圣蕨（*Dictyocline griffithii* var. *wilfordii*）、山姜、深绿卷柏、花葶薹草、日本蛇根草、淡竹叶、福建观音座莲等。层间植物网脉酸藤子、流苏子占优势，其重要值分别为46.80和33.95；其他重要值较高的种类有络石、鳞果星蕨、尾叶那藤、薜荔、亮叶鸡血藤、菝葜、玉叶金花、尖叶菝葜等（表5-6-5）。

表5-6-5　米槠-杜茎山-狗脊群落样方表

种名	株数	样方数	相对多度 /%	相对频度 /%	相对显著度 /%	相对盖度 /%	重要值
乔木层							
米槠 Castanopsis carlesii	141	65	5.89	5.50	34.93		46.32
罗浮锥 Castanopsis abri	85	41	3.55	3.47	10.53		17.55
细柄蕈树 Altingia gracilipes	149	63	6.22	5.33	5.86		17.41
木荷 Schima superba	81	46	3.38	3.90	8.47		15.75
鼠刺 Itea chinensis	188	64	7.85	5.42	1.09		14.36
窄基红褐柃 Eurya rubiginosa var. attenuata	218	50	9.10	4.23	0.79		14.12
细枝柃 Eurya loquaiana	209	49	8.73	4.15	0.82		13.70
黄杞 Engelhardia roxburghiana	144	58	6.01	4.91	2.67		13.59
钩锥 Castanopsis tibetana	75	40	3.12	3.39	3.38		9.89
弯蒴杜鹃 Rhododendron henryi	103	39	4.30	3.30	2.07		9.67
赤杨叶 Alniphyllum fortunei	30	23	1.25	1.95	6.19		9.39
毛竹 Phyllostachys edulis	96	36	4.01	3.05	1.50		8.56
栲 Castanopsis fargesii	33	22	1.38	1.86	4.58		7.82
杨桐 Adinandra millettii	69	43	2.88	3.64	0.54		7.06
刺毛杜鹃 Rhododendron championiae	68	28	2.84	2.37	1.31		6.52
树参 Dendropanax dentiger	49	28	2.05	2.37	0.23		4.65
凹叶冬青 Ilex championii	44	30	1.84	2.54	0.22		4.60
冬青 Ilex chinensis	38	26	1.59	2.20	0.59		4.38
杉木 Cunninghamia lanceolata	19	16	0.79	1.36	1.80		3.95
木荚红豆 Ormosia xylocarpa	22	12	0.92	1.02	1.81		3.75
贵州石楠 Photinia bodinieri	28	14	1.17	1.19	1.22		3.58
刺叶桂樱 Laurocerasus spinulosa	29	20	1.21	1.69	0.18		3.08
苦槠 Castanopsis sclerophylla	17	14	0.71	1.19	1.00		2.90
野含笑 Michelia skinneriana	27	19	1.13	1.61	0.09		2.83
毛锥 Castanopsis fordii	24	14	1.00	1.19	0.46		2.65
赤楠 Syzygium buxifolium	24	18	1.00	1.52	0.11		2.63
虎皮楠 Daphniphyllum oldhamii	17	14	0.71	1.19	0.58		2.48
冬青属 1 种 Ilex sp.1	24	16	1.00	1.36	0.09		2.45
黄绒润楠 Machilus grijsii	23	15	0.96	1.27	0.06		2.29
变叶树参 Dendropanax proteus	24	13	1.00	1.09	0.16		2.25
笔罗子 Meliosma rigida	17	10	0.71	0.84	0.62		2.17
山矾 Symplocos sumuntia	15	14	0.63	1.19	0.08		1.90
江南越桔 Vaccinium mandarinorum	17	10	0.71	0.85	0.18		1.74
红楠 Machilus thunbergii	12	11	0.50	0.93	0.22		1.65
铁冬青 Ilex rotunda	12	11	0.50	0.93	0.16		1.59
山杜英 Elaeocarpus sylvestris	11	9	0.46	0.76	0.22		1.44
南酸枣 Choerospondias axillaris	1	1	0.04	0.08	1.12		1.24
小果山龙眼 Helicia cochinchinensis	10	7	0.42	0.59	0.06		1.07
甜槠 Castanopsis eryei	5	4	0.21	0.34	0.51		1.06
青冈 Cyclobalanopsis glauca	8	7	0.33	0.59	0.13		1.05

种名	株数	样方数	相对多度 /%	相对频度 /%	相对显著度 /%	相对盖度 /%	重要值
中华杜英 Elaeocarpus chinensis	8	8	0.33	0.68	0.04		1.05
多穗柯 Lithocarpus polystachyus	9	7	0.38	0.59	0.03		1.00
栀子 Gardenia jasminoides	9	7	0.38	0.59	0.02		0.99
黄牛奶树 Symplocos cochinchinensis var. laurina	7	7	0.29	0.59	0.09		0.97
榕叶冬青 Ilex ficoidea	7	7	0.29	0.59	0.02		0.90
马银花 Rhododendron ovatum	8	5	0.33	0.42	0.05		0.80
蓝果树 Nyssa sinensis	3	3	0.13	0.26	0.41		0.80
紫果槭 Acer cordatum	8	4	0.33	0.34	0.05		0.72
光叶山矾 Symplocos lancifolia	8	5	0.33	0.34	0.04		0.71
檵木 Loropetalum chinense	6	5	0.25	0.42	0.03		0.70
鹿角杜鹃 Rhododendron latoucheae	5	4	0.21	0.34	0.12		0.66
钩齿鼠李 Rhamnus lamprophylla	5	5	0.21	0.42	0.02		0.65
刨花润楠 Machilus pauhoi	2	2	0.08	0.17	0.40		0.65
南岭山矾 Symplocos pendula var. hirtistylis	6	4	0.25	0.34	0.03		0.61
港柯 Lithocarpus harlaudii	2	2	0.08	0.17	0.34		0.59
柯 Lithocarpus glaber	4	4	0.17	0.34	0.02		0.53
黄檀 Dalbergia hupeana	3	3	0.13	0.34	0.05		0.52
檫木 Sassafras tzumu	1	1	0.04	0.08	0.39		0.52
日本杜英 Elaeocarpus japonicus	4	4	0.17	0.34	0.01		0.52
山矾属 1 种 Symplocos sp.	4	4	0.17	0.34	0.01		0.51
细齿叶柃 Eurya nitida	5	3	0.21	0.25	0.02		0.48
绒毛润楠 Machilus velutinas	4	3	0.17	0.26	0.01		0.44
枫香树 Liquidambar formosana	2	2	0.08	0.17	0.18		0.43
薄叶润楠 Machilus leptophylla	3	3	0.13	0.26	0.04		0.43
小叶石楠 Photinia parvifolia	3	3	0.13	0.26	0.03		0.42
黄丹木姜子 Litsea elongata	3	3	0.13	0.26	0.01		0.40
格药柃 Eurya muricata	3	3	0.13	0.26	0.01		0.40
秤星树 Ilex asprella	2	2	0.13	0.26	0.01		0.40
尖连蕊茶 Camellia cuspidata	3	3	0.13	0.26	0.01		0.40
红豆树 Ormosia hosiei	2	1	0.08	0.08	0.20		0.36
猴欢喜 Sloanea sinensis	3	2	0.13	0.17	0.05		0.35
深山含笑 Michelia maudiae	3	1	0.13	0.08	0.11		0.32
柳叶毛蕊茶 Camellia salicifolia	3	2	0.13	0.17	0.00		0.31
桃叶石楠 Photinia prunifolia	2	2	0.08	0.17	0.04		0.29
野柿 Diospyros kaki	2	2	0.08	0.17	0.02		0.27
华南桂 Cinnamomum austrosinense	2	2	0.08	0.17	0.01		0.26
杜茎山 Maesa japonica	2	2	0.08	0.17	0.01		0.26
罗浮柿 Diospyros morrisiana	2	2	0.08	0.17	0.01		0.26
尖萼红山茶 Camellia edithae	2	2	0.08	0.17	0.01		0.26
多花泡花树 Meliosma myriantha	2	2	0.08	0.17	0.01		0.26
蕈树 Altingia chinensis	1	1	0.04	0.08	0.08		0.20

续表

种名	株数	样方数	相对多度 /%	相对频度 /%	相对显著度 /%	相对盖度 /%	重要值
冬青属另 1 种 Ilex sp.2	1	1	0.04	0.08	0.05		0.17
南烛 Vaccinium bracteatum	2	1	0.08	0.08	0.01		0.17
蝴蝶戏珠花 Viburnum plicatum var. tomentosum	2	1	0.08	0.08	0.01		0.17
黄樟 Cinnamomum parthenoxylon	1	1	0.04	0.08	0.03		0.15
榉树 Zelkova serrata	1	1	0.04	0.08	0.02		0.14
君迁子 Diospyros lotus	1	1	0.04	0.08	0.02		0.14
浙闽樱桃 Cerasus schneideriana	1	1	0.04	0.08	0.01		0.13
老鼠矢 Symplocos stellaris	1	1	0.04	0.08	0.01		0.13
冬青属又 1 种 Ilex sp.3	1	1	0.04	0.08	0.01		0.13
栓叶安息香 Styrax suberifolius	1	1	0.04	0.08	0.01		0.13
毛叶石楠 Photinia villosa	1	1	0.04	0.08	0.01		0.13
短柱树参 Dendropanax brevistylus	1	1	0.04	0.08	0.01		0.13
闽楠 Phoebe bournei	1	1	0.04	0.08	0.01		0.13
芬芳安息香 Styrax odoratissimus	1	1	0.04	0.08	0.01		0.13
安息香属 1 种 Styrax sp.	1	1	0.04	0.08	0.01		0.13
油茶 Camellia oleifera	1	1	0.04	0.08	0.01		0.13
杨梅 Myrica rubra	1	1	0.04	0.08	0.01		0.13
三尖杉 Cephalotaxus fortunei	1	1	0.04	0.08	0.01		0.13
乌药 Lindera aggregata	1	1	0.04	0.08	0.01		0.13
杜鹃 Rhododendron simsii	1	1	0.04	0.08	0.01		0.13
狗骨柴 Diplospora dubia	1	1	0.04	0.08	0.01		0.13
毛冬青 Ilex pubescens	1	1	0.04	0.08	0.01		0.13
硬壳柯 Lithocarpus hancei	1	1	0.04	0.08	0.01		0.13
羊舌树 Symplocos glauca	1	1	0.04	0.08	0.01		0.13
灌木层							
杜茎山 Maesa japonica	684	90	37.43	9.84		38.96	86.23
细枝柃 Eurya loquaiana	63	47	3.45	5.14		8.98	17.57
草珊瑚 Sarcandra glabra	127	70	6.96	7.66		2.84	17.46
黄绒润楠 Machilus grijsii	44	36	2.41	3.94		3.57	9.92
毛冬青 Ilex pubescens	40	35	2.19	3.83		3.70	9.72
山血丹 Ardisia lindleyana	70	40	3.83	4.38		1.06	9.27
窄基红褐柃 Eurya rubiginosa var. attenuata	40	27	2.19	2.95		2.88	8.02
黄杞 Engelhardia roxburghiana	47	22	2.57	2.41		2.40	7.38
杨桐 Adinandra millettii	31	26	1.70	2.84		2.58	7.12
鼠刺 Itea chinensis	35	26	1.92	2.84		2.06	6.82
木荷 Schima superba	31	25	1.70	2.74		1.62	6.06
锐尖山香圆 Turpinia arguta	32	28	1.75	3.06		0.69	5.50
罗浮锥 Castanopsis abri	20	18	1.10	1.97		2.08	5.15
铁冬青 Ilex rotunda	21	21	1.15	2.30		1.26	4.71
凹叶冬青 Ilex championii	20	18	1.10	1.97		1.52	4.59
茶 Camellia sinensis	21	17	1.15	1.82		1.52	4.49

续表

种名	株数	样方数	相对多度 /%	相对频度 /%	相对显著度 /%	相对盖度 /%	重要值
日本五月茶 *Antidesma japonicum*	22	20	1.21	2.19		0.72	4.12
栀子 *Gardenia jasminoides*	19	18	1.04	1.97		0.85	3.86
栲 *Castanopsis fargesii*	16	16	0.88	1.75		1.15	3.78
虎刺 *Damnacanthus indicus*	25	16	1.37	1.75		0.39	3.51
米槠 *Castanopsis carlesii*	19	17	1.04	1.82		0.54	3.40
山矾 *Symplocos sumuntia*	16	13	0.88	1.42		1.06	3.36
九节龙 *Ardisia pusilla*	44	4	2.41	0.44		0.17	3.02
台湾榕 *Ficus formosana*	15	12	0.82	1.31		0.89	3.02
柯 *Lithocarpus glaber*	14	14	0.77	1.53		0.63	2.93
笔罗子 *Meliosma rigida*	13	12	0.71	1.31		0.56	2.58
赤楠 *Syzygium buxifolium*	14	11	0.77	1.20		0.37	2.34
钩锥 *Castanopsis tibetana*	7	7	0.38	0.77		1.10	2.25
刺叶桂樱 *Laurocerasus spinulosa*	11	10	0.60	1.09		0.39	2.08
小果山龙眼 *Helicia cochinchinensis*	11	9	0.60	0.98		0.48	2.06
弯蒴杜鹃 *Rhododendron henryi*	13	6	0.71	0.66		0.69	2.06
九管血 *Ardisia brevicaulis*	11	9	0.60	0.98		0.19	1.78
冬青属 1 种 *Ilex* sp1.	7	6	0.38	0.66		0.69	1.73
小叶石楠 *Photinia parvifolia*	11	8	0.60	0.88		0.20	1.67
红楠 *Machilus thunbergii*	9	8	0.49	0.88		0.28	1.65
赤杨叶 *Alniphyllum fortunei*	15	6	0.82	0.66		0.13	1.61
贵州石楠 *Photinia bodinieri*	9	8	0.49	0.88		0.20	1.57
小果山龙眼 *Helicia cochinchinensis*	5	5	0.28	0.55		0.74	1.57
红紫珠 *Callicarpa rubella*	9	7	0.49	0.77		0.17	1.43
刨花润楠 *Machilus pauhoi*	6	5	0.33	0.55		0.48	1.36
山杜英 *Elaeocarpus sylvestris*	5	4	0.28	0.44		0.59	1.31
细柄蕈树 *Altingia gracilipes*	5	4	0.28	0.44		0.59	1.31
东南山茶 *Camellia edithae*	6	4	0.33	0.44		0.50	1.27
变叶树参 *Dendropanax proteus*	7	6	0.38	0.66		0.22	1.26
山橿 *Lindera reflexa*	4	4	0.22	0.44		0.54	1.20
木荚红豆 *Ormosia xylocarpa*	7	4	0.38	0.44		0.28	1.10
光叶山矾 *Symplocos lancifolia*	11	2	0.60	0.22		0.26	1.08
中华杜英 *Elaeocarpus chinensis*	3	3	0.17	0.33		0.56	1.06
苦槠 *Castanopsis sclerophylla*	3	3	0.17	0.33		0.56	1.06
百两金 *Ardisia crispa*	7	4	0.38	0.44		0.09	0.91
黄牛奶树 *Symplocos cochinchinensis* var. *laurina*	3	3	0.17	0.33		0.34	0.84
野含笑 *Michelia skinneriana*	4	4	0.22	0.44		0.17	0.83
秤星树 *Ilex asprella*	2	2	0.11	0.22		0.48	0.81
黄檀 *Dalbergia hupeana*	4	4	0.22	0.44		0.11	0.77
老鼠矢 *Symplocos stellaris*	4	4	0.22	0.44		0.11	0.77
虎皮楠 *Daphniphyllum oldhamii*	6	3	0.33	0.33		0.09	0.75
乌药 *Lindera aggregata*	3	3	0.17	0.33		0.24	0.73

续表

种名	株数	样方数	相对多度 /%	相对频度 /%	相对显著度 /%	相对盖度 /%	重要值
毛锥 Castanopsis fordii	2	2	0.11	0.22		0.32	0.65
山莓 Rubus corchorifolius	4	3	0.22	0.33		0.09	0.64
冬青 Ilex chinensis	4	3	0.22	0.33		0.07	0.62
杜虹花 Callicarpa formosana	1	1	0.05	0.11		0.43	0.59
榕叶冬青 Ilex ficoidea	1	1	0.05	0.11		0.43	0.59
疏花卫矛 Euonymus laxiflorus	3	3	0.17	0.33		0.07	0.57
钩齿鼠李 Rhamnus lamprophylla	2	2	0.11	0.22		0.17	0.50
毛鞘箬竹 Indocalamus hirtivaginatus	5	1	0.28	0.11		0.11	0.50
狗骨柴 Diplospora dubia	3	1	0.17	0.11		0.22	0.50
空心泡 Rubus rosifolius	6	1	0.33	0.11		0.02	0.46
格药柃 Eurya muricata	2	2	0.11	0.22		0.04	0.37
青冈 Cyclobalanopsis glauca	2	2	0.11	0.22		0.04	0.37
日本杜英 Elaeocarpus japonicus	2	2	0.11	0.22		0.04	0.37
轮叶蒲桃 Syzygium grijsii	2	2	0.11	0.22		0.04	0.37
黄花倒水莲 Polygala fallax	2	2	0.11	0.22		0.04	0.37
江南越桔 Vaccinium mandarinorum	2	1	0.11	0.11		0.11	0.32
薄叶润楠 Machilus leptophylla	1	1	0.05	0.11		0.11	0.27
鹿角杜鹃 Rhododendron latoucheae	1	1	0.05	0.11		0.11	0.27
深山含笑 Michelia maudiae	1	1	0.05	0.11		0.11	0.27
野茉莉 Styrax japonicus	1	1	0.05	0.11		0.11	0.27
绿叶甘樟 Lindera neesiana	1	1	0.05	0.11		0.09	0.25
华紫珠 Callicarpa cathayana	2	1	0.11	0.11		0.02	0.24
茶荚蒾 Viburnum setigerum	2	1	0.11	0.11		0.02	0.24
朱砂根 Ardisia crenata	2	1	0.11	0.11		0.02	0.24
桃叶石楠 Photinia prunifolia	1	1	0.05	0.11		0.07	0.23
光叶山矾 Symplocos lancifolia	1	1	0.05	0.11		0.04	0.20
黄丹木姜子 Litsea elongata	1	1	0.05	0.11		0.04	0.20
君迁子 Diospyros lotus	1	1	0.05	0.11		0.04	0.20
罗浮柿 Diospyros morrisiana	1	1	0.05	0.11		0.04	0.20
树参 Dendropanax dentiger	1	1	0.05	0.11		0.04	0.20
南烛 Vaccinium bracteatum	1	1	0.05	0.11		0.04	0.20
宜昌荚蒾 Viburnum erosum	1	1	0.05	0.11		0.04	0.20
刺毛越桔 Vaccinium trichocladum	1	1	0.05	0.11		0.02	0.18
大叶白纸扇 Mussaenda shikokiana	1	1	0.05	0.11		0.02	0.18
东南金粟兰 Chloranthus oldhamii	1	1	0.05	0.11		0.02	0.18
短尾越桔 Vaccinium carlesii	1	1	0.05	0.11		0.02	0.18
豆腐柴 Premna microphylla	1	1	0.05	0.11		0.02	0.18
红凉伞 Ardisia crenata var. bicolor	1	1	0.05	0.11		0.02	0.18
蝴蝶戏珠花 Viburnum plicatum var. tomentosum	1	1	0.05	0.11		0.02	0.18
华南桂 Cinnamomum austrosinense	1	1	0.05	0.11		0.02	0.18
茜树 Aidia cochinchinensis	1	1	0.05	0.11		0.02	0.18

种名	株数	样方数	相对多度 /%	相对频度 /%	相对显著度 /%	相对盖度 /%	重要值
杉木 *Cunninghamia lanceolata*	1	1	0.05	0.11		0.02	0.18
矮小天仙果 *Ficus erecta*	1	1	0.05	0.11		0.02	0.18
杨梅 *Myrica rubra*	1	1	0.05	0.11		0.02	0.18
油茶 *Camellia oleifera*	1	1	0.05	0.11		0.02	0.18
红腺悬钩子 *Rubus sumatranus*	1	1	0.05	0.11		0.02	0.18
紫金牛 *Ardisia japonica*	1	1	0.05	0.11		0.02	0.18
层间植物							
网脉酸藤子 *Embelia rudis*	61	44	14.45	12.99		19.36	46.80
流苏子 *Coptosapelta diffusa*	45	33	10.66	9.74		13.55	33.95
络石 *Trachelospermum jasminoides*	44	32	10.43	9.44		6.61	26.47
鳞果星蕨 *Lepidomicrosorium buergerianum*	45	32	10.66	9.44		6.13	26.23
尾叶那藤 *Stauntonia obovatifoliola* subsp. *urophylla*	26	21	6.16	6.20		5.81	18.17
薜荔 *Ficus pumila*	24	19	5.68	5.61		4.03	15.32
亮叶鸡血藤 *Callerya nitida*	21	19	4.97	5.61		4.52	15.10
菝葜 *Smilax china*	20	18	4.74	5.31		3.71	13.76
玉叶金花 *Mussaenda pubescens*	19	17	4.50	5.02		2.74	12.26
尖叶菝葜 *Smilax arisanemsis*	18	15	4.26	4.43		3.39	12.08
寒莓 *Rubus buergeri*	18	12	4.26	3.54		2.10	9.90
广东蛇葡萄 *Ampelopsis cantoniensis*	7	7	1.66	2.07		5.16	8.89
木莓 *Rubus swinhoei*	6	6	1.42	1.77		4.35	7.54
锈毛莓 *Rubus reflexus*	7	7	1.66	2.07		3.39	7.12
三叶崖爬藤 *Tetrastigma hemsleyanum*	10	10	2.37	2.95		1.77	7.09
南五味子 *Kadsura longepedunculata*	4	4	0.95	1.18		2.10	4.23
蔓胡颓子 *Elaeagnus glabra*	5	5	1.18	1.48		1.29	3.95
绞股蓝 *Gynostemma pentaphyllum*	4	4	0.95	1.18		0.81	2.94
显齿蛇葡萄 *Ampelopsis grossedentata*	4	4	0.95	1.18		0.65	2.78
构棘 *Maclura cochinchinensis*	4	3	0.95	0.89		0.65	2.49
星毛冠盖藤 *Pileostegia tomentella*	4	3	0.95	0.89		0.48	2.32
鸡矢藤 *Paederia foetida*	3	3	0.71	0.89		0.48	2.08
小叶葡萄 *Vitis sinocinerea*	4	2	0.95	0.59		0.48	2.02
羊角藤 *Morinda umbellata* subsp. *obovata*	2	2	0.47	0.59		0.96	2.02
海金沙 *Lygodium japonicum*	2	2	0.47	0.59		0.32	1.38
常春油麻藤 *Mucuna sempervirens*	1	1	0.24	0.29		0.81	1.34
软枣猕猴桃 *Actinidia arguta*	1	1	0.24	0.29		0.81	1.34
南蛇藤属 1 种 *Celastrus* sp.	1	1	0.24	0.29		0.81	1.34
大芽南蛇藤 *Celastrus gemmatus*	1	1	0.24	0.29		0.81	1.34
绿叶五味子 *Schisandra arisanensis* subsp. *viridis*	1	1	0.24	0.29		0.32	0.85
大血藤 *Sargentodoxa cuneata*	1	1	0.24	0.29		0.16	0.69
钩刺雀梅藤 *Sageretia hamosa*	1	1	0.24	0.29		0.16	0.69
江南地不容 *Stephania excentrica*	1	1	0.24	0.29		0.16	0.69
地锦 *Parthenocissus tricuspidata*	1	1	0.24	0.29		0.16	0.69

续表

种名	株数	样方数	相对多度 /%	相对频度 /%	相对显著度 /%	相对盖度 /%	重要值
葡蟠 *Broussonetia kaempferi*	1	1	0.24	0.29		0.16	0.69
石岩枫 *Mallotus repandus*	1	1	0.24	0.29		0.16	0.69
薯蓣属 1 种 *Dioscorea* sp.	1	1	0.24	0.29		0.16	0.69
土茯苓 *Smilax glabra*	1	1	0.24	0.29		0.16	0.69
异叶地锦 *Parthenocissus dalzielii*	1	1	0.24	0.29		0.16	0.69
白毛乌蔹莓 *Cayratia albifolia*	1	1	0.24	0.29		0.16	0.69
草木层							
狗脊 *Woodwardia japonica*	225	82	22.06	18.39		36.87	77.32
镜子薹草 *Carex phacota*	113	51	11.08	11.44		5.38	27.90
瘤足蕨 *Plagiogyria adnata*	82	36	8.04	8.08		9.11	25.23
羽裂圣蕨 *Dictyocline griffithii* var. *wilfordii*	97	30	9.51	6.73		7.54	23.78
山姜 *Alpinia japonica*	52	33	5.10	7.40		10.45	22.95
深绿卷柏 *Selaginella doederleinii*	79	24	7.74	5.38		2.17	15.29
花葶薹草 *Carex scaposa*	27	20	2.65	4.49		2.84	9.98
日本蛇根草 *Ophiorrhiza japonica*	58	7	5.69	1.57		1.72	8.98
淡竹叶 *Lophatherum acile*	44	13	4.31	2.92		1.64	8.87
福建观音座莲 *Angiopteris fokiensis*	20	11	1.96	2.47		4.40	8.83
宽叶薹草 *Carex siderosticta*	25	15	2.45	3.37		1.72	7.54
刺头复叶耳蕨 *Arachniodes aristata*	21	10	2.06	2.24		1.42	5.72
华南赤车 *Pellionia grijsii*	26	9	2.55	2.02		0.82	5.39
稀羽鳞毛蕨 *Dryopteris sparsa*	15	9	1.47	2.02		1.35	4.84
少花马蓝 *Strobilanthes oligantha*	13	10	1.27	2.24		1.05	4.56
里白 *Diplopterygium glaucum*	4	1	0.39	0.23		3.73	4.35
寒兰 *Cymbidium kanran*	10	9	0.98	2.02		0.82	3.82
求米草 *Oplismenus undulatifolius*	8	7	0.78	1.57		0.52	2.87
单叶对囊蕨 *Deparia lancea*	13	5	1.27	1.12		0.38	2.77
轴鳞鳞毛蕨 *Dryopteris lepidorachis*	5	5	0.49	1.12		0.82	2.43
七星莲 *Viola diffusa*	7	5	0.69	1.12		0.38	2.19
序叶苎麻 *Boehmeria clidemioides* var. *diffusa*	7	4	0.69	0.90		0.38	1.97
团叶鳞始蕨 *Lindsaea orbiculata*	7	4	0.69	0.90		0.30	1.89
地菍 *Melastoma dodecandrum*	8	3	0.78	0.67		0.30	1.75
黑足鳞毛蕨 *Dryopteris fuscipes*	4	4	0.39	0.90		0.38	1.67
禾叶山麦冬 *Liriope graminifolia*	4	3	0.39	0.67		0.22	1.28
普通假毛蕨 *Pseudocyclosorus subochthodes*	4	3	0.39	0.67		0.22	1.28
刺毛母草 *Lindernia setulosa*	3	3	0.29	0.67		0.22	1.18
腹水草属 1 种 *Veronicastrum* sp.	3	3	0.29	0.67		0.22	1.18
烟管头草 *Carpesium cernuum*	3	3	0.29	0.67		0.22	1.18
鼠尾草属 1 种 *Salvia* sp.	5	2	0.49	0.45		0.15	1.09
见血青 *Liparis nervosa*	3	2	0.29	0.45		0.15	0.89
光里白 *Diplopterygium laevissimum*	2	2	0.20	0.45		0.22	0.87
边缘鳞盖蕨 *Microlepia marginata*	2	2	0.20	0.45		0.15	0.80

种名	株数	样方数	相对多度 /%	相对频度 /%	相对显著度 /%	相对盖度 /%	重要值
绒叶斑叶兰 *Goodyera velutina*	2	2	0.20	0.45		0.15	0.80
蛇足石杉 *Huperzia serrata*	2	2	0.20	0.45		0.15	0.80
华南紫萁 *Osmunda vachellii*	1	1	0.10	0.22		0.37	0.69
针毛蕨 *Macrothelypteris oligophlebia*	2	1	0.20	0.22		0.22	0.64
翠云草 *Selaginella uncinata*	3	1	0.29	0.22		0.07	0.58
莎草属 1 种 *Cyperus* sp.	3	1	0.29	0.22		0.07	0.58
阔片短肠蕨 *Allantodia matthewii*	1	1	0.10	0.22		0.22	0.54
带唇兰 *Tainia dunnii*	1	1	0.10	0.22		0.07	0.39
金毛耳草 *Hedyotis chrysotricha*	1	1	0.10	0.22		0.07	0.39
江南卷柏 *Selaginella moellendorfii*	1	1	0.10	0.22		0.07	0.39
微糙三脉紫菀 *Aster ageratoides* var. *scaberulus*	1	1	0.10	0.22		0.07	0.39
伏地卷柏 *Selaginella nipponica*	1	1	0.10	0.22		0.07	0.39
蕺菜 *Houttuynia cordata*	1	1	0.10	0.22		0.07	0.39
直刺变豆菜 *Sanicula orthacantha*	1	1	0.10	0.22		0.07	0.39

注：调查时间 2005 年 10 月 18 日，地点武夷山雷公口（海拔 640m），李振基记录。

14. 米槠＋毛竹林

米槠是偏温性的树种，广泛分布于中亚热带海拔 1300m 以下的山地丘陵。米槠林常与其他常绿阔叶林交错分布。米槠＋毛竹林见于福建德化、邵武、涵江等县市区。群落外貌深绿色、整齐，林冠半球形波状起伏，林内层次丰富。在福建调查到 1 个群丛。

代表性样地设在福建戴云山国家级自然保护区内的陈溪村海拔800m的溪边。土壤为山地红壤，表土层为壤土，土层厚0.6—0.8m。群落类型为米槠-乌药-狗脊群丛。群落总盖度约85%。乔木层高4—16m，以米槠和毛竹为主，伴生种类有罗浮锥、山杜英、木荷、山乌桕、黄杞。灌木层以乌药为主，其他常见种类有山血丹、杜鹃、细齿叶柃、秤星树、毛冬青、轮叶蒲桃、鼠刺，以及凤凰润楠、木荷、树参等的幼苗和幼树。草本层稀疏，狗脊占优势，平均高达1.5m，另有淡竹叶、中华里白、华山姜等。层间植物有尖叶菝葜、流苏子、亮叶鸡血藤、三叶崖爬藤和网脉酸藤子。

15. 吊皮锥林

吊皮锥主要分布于广东、江西、广西、福建、贵州、湖南、台湾等地海拔 300—1300m 的山地常绿阔叶林中。在福建，主要分布于三元（三明格氏栲省级自然保护区）、永定、上杭、明溪、武平、长汀、连城、漳平、永安、德化，在局部形成一定面积的吊皮锥林。群落外貌整齐，树冠浑圆（图 5-6-26、图 5-6-27），冠层春季花期奶白色、夏季深绿色，林内结构较简单（图 5-6-28、图 5-6-29）。在福建调查到 3 个群丛。

代表性样地设在福建君子峰国家级自然保护区内的均峰山。土壤为红壤，土层厚达80cm。群落类型为吊皮锥-鹿角杜鹃-狗脊群丛。群落总盖度约95%。乔木层以吊皮锥（图5-6-30）为主，其树干笔直，

图 5-6-26　吊皮锥林群落外貌（武平）

图 5-6-27　吊皮锥林群落外貌（漳平）

图 5-6-28　吊皮锥林林内结构（三元）（1）

图 5-6-29　吊皮锥林林内结构（三元）（2）

树高 25—32m、胸径 44—61cm，常见伴生种类有米槠、毛锥、钩锥、贵州石楠、水团花、鼠刺、苦栎木等，林下稀疏。灌木层以鹿角杜鹃为主，平均高 15m，其他常见种类有锐尖山香圆、草珊瑚、小叶石楠、莲座紫金牛（*Ardisia primulaefolia*）、光叶山矾、毛冬青等，林下还有吊皮锥、米槠、花桐木等的幼树。草本层以狗脊为主，其他常见种类有乌毛蕨、狭翅铁角蕨、淡竹叶、黑足鳞毛蕨等。层间植物仅见流苏子、三叶崖爬藤。

图 5-6-30　吊皮锥（*Castanopsis kawakamii*）

16. 黑叶锥林

黑叶锥主要分布于福建、江西、湖南、广东、广西山地，常形成以黑叶锥为建群种的常绿阔叶林。在福建武夷山、邵武、建宁、泰宁、将乐、明溪、长汀、上杭、连城、新罗、沙县、永安、德化均有黑叶锥林分布。群落外貌整齐（图 5-6-31），林内结构较简单（图 5-6-32 至图 5-6-34）。在福建调查到 11 个群丛。

图 5-6-31　黑叶锥林群落外貌（汀江源）

图 5-6-32 黑叶锥林林内结构（泰宁）

图 5-6-33 黑叶锥林林内结构（龙栖山）

图 5-6-34　黑叶锥林内结构（汀江源）

　　代表性样地设在福建梅花山国家级自然保护区内的马头山。土壤为黄红壤，表层有机质含量较高。群落类型为黑叶锥-弯蒴杜鹃-里白群丛。群落总盖度约90%。乔木层的建群种为黑叶锥，树干通直，高度18—20m，伴生树种有木荷、细柄蕈树、杜英、虎皮楠、港柯、杨梅等。灌木层主要树种有檵木、马银花、弯蒴杜鹃、鹿角杜鹃、细齿叶柃、杨梅、狗骨柴、朱砂根、石斑木，以及乔木层树种的幼树等。草本层的物种主要为里白、狗脊、芒萁、淡竹叶、地菍、连城薹草（*Carex lianchengensis*）。层间植物的种类有菝葜、土茯苓、网络鸡血藤、木通、大血藤（表5-6-6）。

表5-6-6　黑叶锥-弯蒴杜鹃-里白群落样方表

种名	株数	Drude多度	样方数	相对多度/%	相对频度/%	相对显著度/%	多频度	重要值
乔木层								
黑叶锥 *Castanopsis nigrescens*	25		4	38.46	9.75	77.28		125.49
木荷 *Schima superba*	6		4	9.23	9.75	6.27		25.25
杜英 *Elaeocarpus decipiens*	5		4	7.69	9.75	1.75		19.19
细柄蕈树 *Altingia gracilipes*	4		4	6.15	9.75	1.67		17.57
罗浮锥 *Castanopsis fabri*	4		4	6.15	9.75	1.45		17.35
青冈 *Cyclobalanopsis glauca*	3		3	4.61	7.32	1.65		13.58

续表

种名	株数	Drude 多度	样方数	相对多度 /%	相对频度 /%	相对显著度 /%	多频度	重要值
虎皮楠 *Daphniphyllum oldnamii*	3		3	4.61	7.32	1.24		13.17
米槠 *Castanopsis carlesii*	3		3	4.61	7.32	1.52		13.45
港柯 *Lithocarpus harlandii*	2		2	3.08	4.88	1.45		9.41
毛锥 *Castanopsis fordii*	2		2	3.08	4.88	1.29		9.25
华南桂 *Cinnamomum austro-sinense*	1		1	1.54	2.44	0.68		4.66
柳杉 *Cryptomeria japonica* var. *sinensis*	1		1	1.54	2.44	0.66		4.64
水团花 *Adina pilulifera*	1		1	1.54	2.44	0.62		4.60
杨梅 *Myrica rubra*	1		1	1.54	2.44	0.56		4.54
红楠 *Machilus thunbergii*	1		1	1.54	2.44	0.54		4.52
木蜡树 *Toxiocodendron sylvestre*	1		1	1.54	2.44	0.51		4.49
树参 *Dendropanax dentiger*	1		1	1.54	2.44	0.48		4.46
罗浮柿 *Diospyros morrisiana*	1		1	1.54	2.44	0.38		4.36
灌木层								
弯蒴杜鹃 *Rhodendron henryi*	13		4	22.81	10.81		33.62	
檵木 *Loropetalum chinense*	8		4	14.03	10.81		24.84	
马银花 *Rhododendron ovatum*	5		4	8.77	10.81		19.58	
鹿角杜鹃 *Rhododendron latoucheae*	4		3	7.02	8.12		15.14	
细齿叶柃 *Eurya nitida*	4		3	7.02	8.12		15.14	
木荷 *Schima superba*	3		2	5.27	5.41		10.68	
茶梨 *Anneslea fragrans*	3		2	5.27	5.41		10.68	
狗骨柴 *Diplospora dubia*	2		2	3.52	5.41		8.93	
朱砂根 *Ardisia crenata*	2		1	3.52	2.70		6.22	
石斑木 *Rhaphiolepis indica*	2		1	3.52	2.70		6.22	
黑叶锥 *Castanopsis nigrescens*	1		1	1.75	2.70		4.45	
杜英 *Elaeocarpus decipiens*	1		1	1.75	2.70		4.45	
细柄蕈树 *Altingia gracilipes*	1		1	1.75	2.70		4.45	
罗浮锥 *Castanopsis fabri*	1		1	1.75	2.70		4.45	
青冈 *Cyclobalanopsis glauca*	1		1	1.75	2.70		4.45	
虎皮楠 *Daphniphyllum oldnamii*	1		1	1.75	2.70		4.45	
毛锥 *Castanopsis fordii*	1		1	1.75	2.70		4.45	
水团花 *Adina pilulifera*	1		1	1.75	2.70		4.45	
杨梅 *Myrica rubra*	1		1	1.75	2.70		4.45	
红楠 *Machilus thunbergii*	1		1	1.75	2.70		4.45	
树参 *Dendropanax dentiger*	1		1	1.75	2.70		4.45	
层间植物								
菝葜 *Smilax china*	9		4	45.00	30.77		75.77	
土茯苓 *Smilax glabra*	5		4	25.00	30.77		55.77	
网络鸡血藤 *Millettia reticulata*	3		3	15.00	23.08		38.08	
木通 *Akebia quinata*	2		1	10.00	7.69		17.69	
大血藤 *Sargentodosa cuneata*	1		1	5.00	7.69		12.69	

续表

种名	株数	Drude 多度	样方数	相对多度 /%	相对频度 /%	相对显著度 /%	多频度	重要值
草本层								
里白 *Diplopterygium glaucum*		Soc	4		25.00			
狗脊 *Woodwardia japonica*		Cop1	4		25.00			
芒萁 *Dicranopteris pedata*		Sp	3		18.75			
淡竹叶 *Lophatherum gracile*		Sp	2		12.50			
地菍 *Melastoma dodecandrum*		Sp	2		12.50			
连城薹草 *Carex lianchengensis*		Un	1		6.25			

注：调查时间 2006 年 8 月 10 日，地点梅花山马头山（海拔 750m），江伟程记录。

17. 毛锥林

毛锥是偏热性的树种，分布于长江以南亚热带地区湿润的山地林中，一般成为常绿阔叶林的伴生树种，在局部形成以毛锥为建群种的常绿阔叶林。在福建延平、建瓯、建阳、长汀、明溪、闽清、泰宁、连城都有一定面积的毛锥林。群落外貌整齐（图 5-6-35），林内结构复杂。在福建调查到 9 个群丛。

图 5-6-35　毛锥林群落外貌（君子峰）

代表性样地设在福建茫荡山国家级自然保护区内的龙盘下。土壤为红壤，肥沃。群落类型为毛锥–毛柄连蕊茶–金毛狗群丛。群落总盖度约95%。乔木层以毛锥（图5-6-36、图5-6-37）为主，其树干通直，高达25m、平均胸径37cm，伴生树种有黄枝润楠、山杜英、白花龙（*Styrax faberi*）等。灌木层以毛柄连蕊茶为主，平均高3.2m，其他常见种类有狗骨柴、虎舌红（*Ardisia mamillata*）、毛冬青、日本五月茶、杨桐、鼠刺、山血丹、杜茎山、粗叶榕、白花灯笼、栀子、水团花、华南蒲桃（*Syzygium austrosinense*）、谷木叶冬青、草珊瑚、大叶白纸扇、林氏绣球等，以及细柄蕈树、黄杞、牛耳枫、鼊蒴锥、硬壳桂、黄绒润楠、木荷、木荚红豆、茜树等的幼树。草本层金毛狗占优势，平均高1.5m，还有深绿卷柏、淡竹叶、线蕨（*Colysis elliptica*）、江南星蕨、倒挂铁角蕨（*Asplenium normale*）、华山姜、刺头复叶耳蕨等。层间植物丰富，有网络鸡血藤、络石、长叶酸藤子（*Embelia longifolia*）、三叶崖爬藤、瓜馥木、当归藤、尖叶菝葜、玉叶金花、显齿蛇葡萄等（表5-6-7）。

图 5-6-36　毛锥（*Castanopsis fordii*）（1）　　　　图 5-6-37　毛锥（*Castanopsis fordii*）（2）

表5-6-7　毛锥–毛柄连蕊茶–金毛狗群落样方表

种名	株数	Drude 多度	样方数	相对多度 /%	相对频度 /%	相对显著度 /%	多频度	重要值
乔木层								
毛锥 *Castanopsis fordii*	8		4	19.05	23.53	90.55		133.13
黄枝润楠 *Machilus versicolora*	8		4	19.05	23.53	6.54		49.12
山杜英 *Elaeocarpus sylvestris*	3		2	7.14	11.76	1.24		20.14
白花龙 *Styrax faberi*	1		1	2.38	5.88	0.24		8.50
猴欢喜 *Sloanea sinensis*	5		3	11.90	17.65	0.40		29.95
硬壳桂 *Cryptocarya chingii*	17		3	40.48	17.65	1.03		59.16

续表

种名	株数	Drude 多度	样方数	相对多度 /%	相对频度 /%	相对显著度 /%	多频度	重要值
灌木层								
毛柄连蕊茶 *Camellia fraterna*	28		4	13.27	6.25		19.52	
毛锥 *Castanopsis fordii*	22		4	10.43	6.25		16.68	
硬壳桂 *Cryptocarya chingii*	17		4	8.06	6.25		14.31	
林氏绣球 *Hydrangea lingii*	9		4	4.27	6.25		10.52	
黧蒴锥 *Castanopsis fissa*	7		4	3.32	6.25		9.57	
日本五月茶 *Antidesma japonicum*	6		4	2.84	6.25		9.09	
草珊瑚 *Sarcandra glabra*	9		3	4.27	4.69		8.95	
华南蒲桃 *Syzygium austrosinense*	11		2	5.21	3.13		8.34	
杜茎山 *Maesa japonica*	7		3	3.32	4.69		8.01	
栀子 *Gardenia jasminoides*	7		2	3.32	3.13		6.44	
谷木叶冬青 *Ilex memecylifolia*	6		2	2.84	3.13		5.97	
狗骨柴 *Diplospora dubia*	5		2	2.37	3.13		5.49	
细柄蕈树 *Altingia gracilipes*	5		2	2.37	3.13		5.49	
粗叶榕 *Ficus hirta*	4		2	1.90	3.13		5.02	
油茶 *Camellia oleifera*	4		2	1.90	3.13		5.02	
虎舌红 *Ardisia mamillata*	7		1	3.32	1.56		4.88	
白花灯笼 *Clerodendrum fortunatum*	3		2	1.42	3.13		4.55	
茜树 *Aidia cochinchinensis*	6		1	2.84	1.56		4.41	
粗叶木 *Lasianthus chinensis*	5		1	2.37	1.56		3.93	
毛冬青 *Ilex pubescens*	5		1	2.37	1.56		3.93	
鼠刺 *Itea chinensis*	5		1	2.37	1.56		3.93	
九节龙 *Ardisia pusilla*	4		1	1.90	1.56		3.46	
山血丹 *Ardisia lindleyana*	4		1	1.90	1.56		3.46	
木荷 *Schima superba*	4		1	1.90	1.56		3.46	
牛耳枫 *Daphniphyllum calycinum*	3		1	1.42	1.56		2.98	
水团花 *Adina pilulifera*	3		1	1.42	1.56		2.98	
杨桐 *Adinandra millettii*	3		1	1.42	1.56		2.98	
黄绒润楠 *Machilus grijsii*	2		1	0.95	1.56		2.51	
大叶白纸扇 *Mussaenda shikokiana*	2		1	0.95	1.56		2.51	
黄杞 *Engelhardia roxburghiana*	2		1	0.95	1.56		2.51	
野漆 *Toxicodendron succedaneum*	2		1	0.95	1.56		2.51	
桃叶石楠 *Photinia prunifolia*	2		1	0.95	1.56		2.51	
茜树 *Aidia cochinchinensis*	1		1	0.47	1.56		2.04	
木荚红豆 *Ormosia xylocarpa*	1		1	0.47	1.56		2.04	
层间植物								
瓜馥木 *Fissistigma oldhamii*	9		4	16.98	17.38		34.36	
尖叶菝葜 *Smilax arisanemsis*	8		4	15.09	17.38		32.47	
三叶崖爬藤 *Tetrastigma hemsleyanum*	7		3	13.21	13.04		26.25	
网络鸡血藤 *Callerya reticulata*	6		2	11.32	8.70		20.02	

续表

种名	株数	Drude 多度	样方数	相对多度 /%	相对频度 /%	相对显著度 /%	多频度	重要值
长叶酸藤子 *Embelia longifolia*	5		2	9.43	8.70		18.13	
显齿蛇葡萄 *Ampelopsis grossedentata*	4		2	7.55	8.70		16.25	
流苏子 *Coptosapelta diffusa*	4		2	7.55	8.70		16.25	
络石 *Trachelospermum jasminoides*	4		1	7.55	4.35		11.90	
网脉酸藤子 *Embelia rudis*	3		1	5.66	4.35		10.01	
玉叶金花 *Mussaenda pubescens*	2		1	3.77	4.35		8.12	
当归藤 *Embelia parvifolia*	1		1	1.89	4.35		6.24	
草本层								
金毛狗 *Cibotium barometz*		Cop1	4	23.54				
深绿卷柏 *Selaginella doederleinii*		Sp	4	23.54				
倒挂铁角蕨 *Asplenium normale*		Sp	2	11.76				
华山姜 *Alpinia chinensis*		Sp	2	11.76				
淡竹叶 *Lophatherum acile*		Sp	2	11.76				
刺头复叶耳蕨 *Arachniodes aristata*		Cop1	1	5.88				
江南星蕨 *Neolepisorus fortunei*		Sp	1	5.88				
线蕨 *Colysis elliptica*		Sol	1	5.88				

注：调查时间 2002 年 8 月 14 日，地点茫荡山龙盘下（海拔 250m），陈鹭真记录。

18. 毛锥＋硬壳桂林

毛锥＋硬壳桂林见于福建延平低海拔沟谷中。群落外貌整齐，林内结构复杂。在福建调查到 1 个群丛。

代表性样地设在福建茫荡山国家级自然保护区内溪源海拔 300m 的沟谷西坡。土壤为粗骨性红壤，肥沃。群落类型为毛锥＋硬壳桂–柏拉木–线蕨群丛。群落总盖度约 85%。乔木层可以分 2 个亚层：第一亚层仅见毛锥，其树干通直，高达 19m、平均胸径 60cm；第二亚层高 6—11m，硬壳桂占优势，伴生黄枝润楠、猴欢喜、竹柏、黑壳楠。灌木层以柏拉木为主，平均高 1.3m，其他常见种类有华南蒲桃、山血丹、杜茎山、林氏绣球、百两金、草珊瑚、白花苦灯笼（*Tarenna mollissima*）等。草本层线蕨占优势，平均高 0.3m，其他常见种类有金毛狗、刺头复叶耳蕨、华山姜、狭翅铁角蕨、沿阶草、深绿卷柏、江南星蕨等。层间植物丰富，有瓜馥木、三叶崖爬藤、藤黄檀、显齿蛇葡萄、长叶酸藤子、当归藤、玉叶金花等。

19. 钩锥林

钩锥分布于长江以南地区，在江西和福建有以钩锥为建群种形成的常绿阔叶林。在福建梁野山、汀江源、茫荡山、天宝岩、峨嵋峰、君子峰、龙栖山、戴云山、闽江源国家级自然保护区，尤溪九阜山省级自然保护区，以及建瓯等地都有发育良好的钩锥林（图 5-6-38），梁野山、茫荡山国家级自然保护区的钩锥林面积稍大。群落外貌整齐（图 5-6-39），林内结构复杂（图 5-6-40、图 5-6-41）。在福建调查到 12 个群丛。

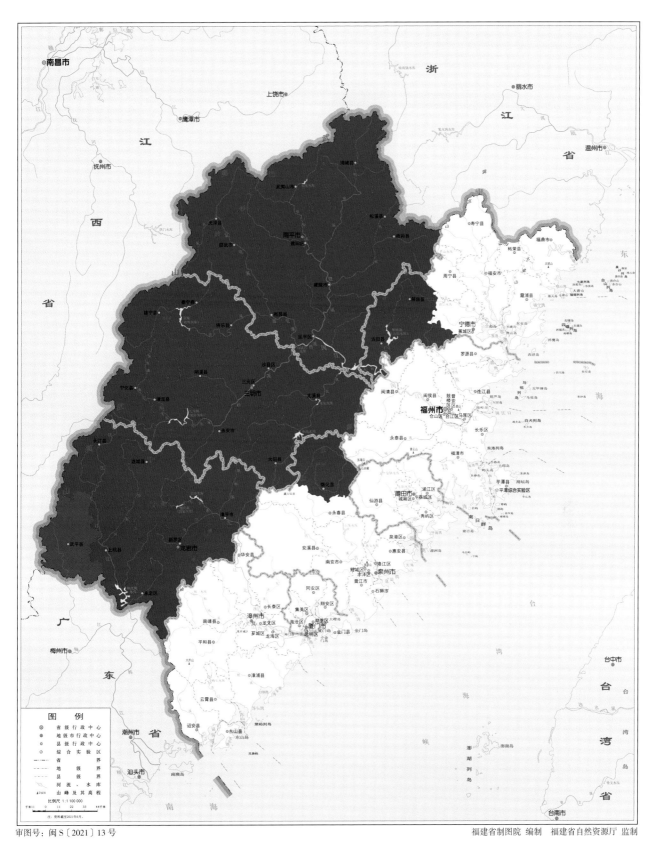

图 5-6-38 钩锥林分布图

福建省制图院 编制 福建省自然资源厅 监制

图 5-6-39 钩锥林群落外貌（九阜山）

图 5-6-40 钩锥林林内结构（龙栖山）

图 5-6-41　钩锥林林内结构（汀江源）

代表性样地设在福建梁野山国家级自然保护区内的谷夫村，海拔800—920m。土壤为山地黄红壤，土层较厚。群落类型为钩锥-箬竹-狗脊群丛。群落总盖度90%—95%。林内树干通直，有板状根、大型木质藤本、附生植物等湿热性的景观。乔木层以钩锥（图5-6-42）为建群种，其树木粗大，高达30m、胸径55—105cm，其他常见种类有水青冈、钟花樱桃、刺叶桂樱、猴欢喜、八角枫等。灌木层以箬竹为主，平均高40cm，其他常见种类有鼠刺、草珊瑚、宜昌荚蒾（*Viburnum ichangense*）、刺毛杜鹃等，

图 5-6-42　钩锥（*Castanopsis tibetana*）

以及深山含笑、黄檀、杜英（*Elaeacarpus decipiens*）、红楠、黄丹木姜子等的幼树。草本层狗脊占优势，其他常见种类有山姜、华南舌蕨等。层间有野木瓜、珍珠莲、鳝藤等不少藤本植物，有些藤本植物一直攀援到树木顶部（表5-6-8）。

表5-6-8　钩锥-箬竹-狗脊群落样方表

种名	株数	Drude 多度	样方数	相对多度 /%	相对频度 /%	相对显著度 /%	多频度	重要值
乔木层								
钩锥 *Castanopsis tibetana*	16		4	25.00	23.53	84.40		132.93
水青冈 *Fagus longipetiolata*	10		3	15.63	17.65	10.10		43.38
钟花樱桃 *Cerasus campanulata*	12		3	18.75	17.65	0.80		37.30
刺叶桂樱 *Laurocerasus spinulosa*	11		3	17.18	17.65	0.20		35.03
猴欢喜 *Sloanea sinensis*	8		2	12.50	11.76	3.60		27.86
八角枫 *Alangium chinensis*	5		1	7.81	5.88	0.50		14.19
水团花 *Adina pilulifera*	2		1	3.13	5.88	0.40		9.41
灌木层								
箬竹 *Indocalamus tessellates*	80		4	16.10	2.86			18.96
钩锥 *Castanopsis tibetana*	28		4	5.64	2.86			8.50
刺叶桂樱 *Laurocerasus spinulosa*	24		4	4.83	2.86			7.69
凤凰润楠 *Machilus phoenicis*	19		4	3.83	2.86			6.69
鼠刺 *Itea chinensis*	19		4	3.83	2.86			6.69
草珊瑚 *Sarcandra glabra*	18		4	3.62	2.86			6.48
深山含笑 *Michelia maudiae*	16		4	3.22	2.86			6.08
穗序鹅掌柴 *Schefflera delavayi*	14		4	2.82	2.86			5.68
黄丹木姜子 *Litsea elongata*	13		4	2.62	2.86			5.48
宜昌荚蒾 *Viburnum ichangense*	13		4	2.62	2.86			5.48
锐尖山香圆 *Turpinia arguta*	12		4	2.41	2.86			5.27
腋毛泡花树 *Meliosma rhorifolia* var. *barbulata*	12		4	2.41	2.86			5.27

续表

种名	株数	Drude 多度	样方数	相对多度 /%	相对频度 /%	相对显著度 /%	多频度	重要值
红楠 *Machilus thunbergii*	15		3	3.02	2.14		5.16	
桂北木姜子 *Litsea subcoriacea*	11		4	2.20	2.86		5.06	
罗浮柿 *Diospyros morrisiana*	7		4	1.41	2.86		4.27	
豆腐柴 *Premna microphylla*	14		3	2.82	2.14		4.96	
黄杞 *Engelhardia roxburghiana*	12		3	2.41	2.14		4.55	
木莲 *Manglietia fordiana*	10		3	2.01	2.14		4.15	
尖叶蚁母树 *Distyliopsis dunnii*	10		3	2.01	2.14		4.15	
东方古柯 *Erythroxylum kunthianum*	9		3	1.81	2.14		3.95	
杜英 *Elaeocarpus decipiens*	8		3	1.61	2.14		3.75	
沉水樟 *Cinnamomum micranthum*	8		3	1.61	2.14		3.75	
刺毛杜鹃 *Rhododendron championiae*	7		3	1.41	2.14		3.55	
轮叶蒲桃 *Syzygium grijsii*	7		3	1.41	2.14		3.55	
山橿 *Lindera reflexa*	6		3	1.21	2.14		3.35	
大叶冬青 *Ilex latifolia*	5		3	1.01	2.14		3.15	
香楠 *Randia canthioides*	5		3	1.01	2.14		3.15	
落萼叶下珠 *Phyllanthus flexuosus*	8		2	1.61	1.43		3.04	
栲 *Castanopsis fargesii*	4		3	0.80	2.14		2.94	
赤杨叶 *Alniphyllum fortunei*	4		3	0.80	2.14		2.94	
白花灯笼 *Clerodendrum fortunatum*	7		2	1.41	1.43		2.84	
黄檀 *Dalbergia hupeana*	6		2	1.21	1.43		2.64	
甜槠 *Castanopsis eryei*	6		2	1.21	1.43		2.64	
鳖蜠锥 *Castanopsis fissa*	5		2	1.01	1.43		2.44	
椿叶花椒 *Zanthoxylum ailanthoides*	5		2	1.01	1.43		2.44	
绒毛润楠 *Machilus velutina*	5		2	1.01	1.43		2.44	
头序楤木 *Aralia dasyphylla*	5		2	1.01	1.43		2.44	
木莓 *Rubus swinhoei*	5		2	1.01	1.43		2.44	
八角枫 *Alangium chinensis*	4		2	0.80	1.43		2.23	
笔罗子 *Meliosma rigida*	4		2	0.80	1.43		2.23	
黄桐 *Endospermum chinense*	4		2	0.80	1.43		2.23	
新木姜子 *Neolitsea aurata*	4		2	0.80	1.43		2.23	
黄檀 *Dalbergia hupeana*	3		2	0.60	1.43		2.03	
猴欢喜 *Sloanea sinensis*	3		2	0.60	1.43		2.03	
木油树 *Vernicia montana*	3		2	0.60	1.43		2.03	
水青冈 *Fagus longipetiolata*	2		2	0.40	1.43		1.83	
枫香树 *Liquidambar formosana*	3		1	0.60	0.71		1.31	
白蜡树 *Fraxinus chinensis*	2		1	0.40	0.71		1.11	
异色山黄麻 *Trema orientalis*	1		1	0.20	0.71		0.91	
建润楠 *Machilus oreophila*	1		1	0.20	0.71		0.91	
三花冬青 *Ilex triflora*	1		1	0.20	0.71		0.91	
层间植物								
野木瓜 *Stauntonia chinensis*	15		4	12.82	10.81		23.63	

续表

种名	株数	Drude 多度	样方数	相对多度 /%	相对频度 /%	相对显著度 /%	多频度	重要值
尖叶菝葜 Smilax arisanemsis	11		4	9.41	10.81		20.22	
常春卫矛 Euonymus hederacea	12		3	10.26	8.10		18.36	
珍珠莲 Ficus sarmentosa var. henryi	8		4	6.84	10.81		17.65	
鳝藤 Anodendron affine	9		3	7.69	8.10		15.79	
亮叶鸡血藤 Callerya nitida	7		3	5.98	8.10		14.08	
络石 Trachelospermum jasminoides	9		2	7.69	5.41		13.10	
三叶崖爬藤 Tetrastigma nemsleyanum	8		2	6.84	5.41		12.25	
南五味子 Kadsura longepedunculata	7		2	5.98	5.41		11.39	
广东蛇葡萄 Ampelopsis cantoniensis	5		2	4.27	5.41		9.68	
黄独 Dioscorea bulbifera	4		2	3.42	5.41		8.83	
鸡矢藤 Paederia foetida	4		2	3.42	5.41		8.83	
流苏子 Coptosapelta diffusa	6		1	5.13	2.70		7.83	
中华猕猴桃 Actinidia chinensis	5		1	4.27	2.70		6.97	
寒莓 Rubus buergeri	5		1	4.27	2.70		6.97	
鳞果星蕨 Lepidomicrosorum buergerianum	2		1	1.71	2.70		4.41	
草本层								
狗脊 Woodwardia japonica		Cop1	4				13.30	
山姜 Alpinia japonica		Sp	4				13.30	
华南舌蕨 Elaphoglossum yoshinagae		Sol	4				13.30	
黑足鳞毛蕨 Dryopteris fuscipes		Sp	3				10.00	
瘤足蕨 Plagiogyria adnata		Sp	3				10.00	
禾叶山麦冬 Liriope graminifolia		Sp	3				10.00	
花葶薹草 Carex scaposa		Sol	2				6.80	
千里光 Senecio scandens		Sol	2				6.80	
倒挂铁角蕨 Asplenium normale		Sp	1				3.30	
肾蕨 Nephrolepis auriculata		Sol	1				3.30	
盾蕨 Neolepisorus ovatus		Sol	1				3.30	
庐山瓦韦 Lepisorus lewisii		Un	1				3.30	
贯众 Cyrtomium fortunei		Un	1				3.30	

注：调查时间 2001 年 3 月 27 日，地点梁野山谷夫村（海拔 860m），陈鹭真记录。

20. 罗浮锥林

罗浮锥是偏热性的树种，分布于长江以南地区，生于湿润的山地林中，在局部形成以罗浮锥为建群种的常绿阔叶林。在武夷山国家公园，福建戴云山、天宝岩、茫荡山、闽江源、峨嵋峰、梅花山国家级自然保护区，大田大仙峰省级自然保护区，邵武龙湖林场、新罗天宫山、宁化下赖等地，都有一定面积的罗浮锥林（图 5-6-43）。群落外貌整齐，树冠浑圆，林冠波状起伏（图 5-6-44），冠层春季花期奶白色、夏季深绿色，林内结构较简单（图 5-6-45 至图 5-6-48）。在福建调查到 19 个群丛。

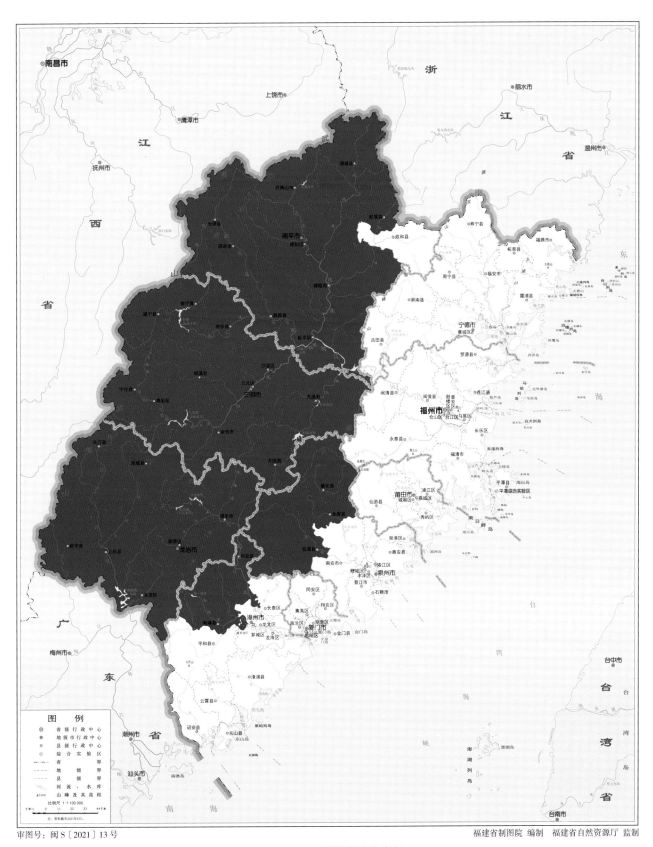

图 5-6-43　罗浮锥林分布图

图 5-6-44　罗浮锥林群落外貌（天宝岩）

图 5-6-45　罗浮锥林林内结构（戴云山）

图 5-6-46　罗浮锥林林内结构（梁野山）

图 5-6-47　罗浮锥林林内结构（大仙峰）

图 5-6-48　罗浮锥林林内结构（邵武）

代表性样地设在福建戴云山国家级自然保护区内的永安岩。土壤为山地黄红壤，土层较厚。群落类型为罗浮锥–草珊瑚–淡竹叶群丛。群落总盖度85%—95%。乔木层以罗浮锥（图5-6-49）为主，其树干通直，高达20m、胸径20—40cm，伴生深山含笑、铁冬青、青榨槭、细叶青冈。灌木层以草珊瑚为主，高0.6—1.2m，其他常见种类有乌药、满山红、江南越桔、细齿叶柃、杜鹃、秤星树等，还有甜槠、木荷、猴欢喜、树参、红楠等的幼树。草本层稀疏，淡竹叶占优势，平均高0.4m，其他常见种类有狗脊、异药花、镰羽瘤足蕨等。层间植物有尖叶菝葜、野木瓜、广东蛇葡萄（表5-6-9）。

图5-6-49　罗浮锥（*Castanopsis fabri*）

表5-6-9　罗浮锥–草珊瑚–淡竹叶群落样方表

种名	株数	Drude 多度	样方数	相对多度 /%	相对频度 /%	相对显著度 /%	多频度	重要值
乔木层								
罗浮锥 *Castanopsis fabri*	15		4	35.72	28.57	62.06		126.35
深山含笑 *Michelia maudiae*	13		3	30.95	21.43	15.98		68.36
铁冬青 *Ilex rotunda*	11		4	26.19	28.57	13.35		68.11
青榨槭 *Acer davidii*	2		2	4.76	14.29	2.89		21.94
细叶青冈 *Cyclobalanopsis myrsinaefolia*	1		1	2.38	7.14	5.72		15.24
灌木层								
草珊瑚 *Sarcandra glabra*	34		4	20.99	6.90		27.89	
乌药 *Lindera aggregata*	16		4	9.87	6.90		16.77	
满山红 *Rhododendron mariesii*	12		4	7.41	6.90		14.31	
木荷 *Schima superba*	11		4	6.79	6.90		13.69	
杜鹃 *Rhododendron simsii*	12		3	7.41	5.17		12.58	
东方古柯 *Erythroxylum dunthianum*	9		4	5.55	6.90		12.45	
百两金 *Ardisia crispa*	11		3	6.79	5.17		11.96	
细齿叶柃 *Eurya nitida*	7		4	4.32	6.90		11.22	
红楠 *Machilus thunbergii*	8		3	4.94	5.17		10.11	
秤星树 *Ilex asprella*	8		3	4.94	5.17		10.11	
江南越桔 *Vaccinium mandarinorum*	5		4	3.09	6.90		9.99	
甜槠 *Castanopsis eryei*	6		3	3.70	5.17		8.87	
焕镛粗叶木 *Lasianthus chunii*	5		3	3.09	5.17		8.26	
大萼杨桐 *Adinandra glischroloma* var. *macroseepala*	4		3	2.47	5.17		7.64	
树参 *Dendropanax dentiger*	4		3	2.47	5.17		7.64	
鹿角杜鹃 *Rhododendron latoucheae*	5		2	3.09	3.45		6.54	
猴欢喜 *Sloanea sinensis*	3		2	1.85	3.45		5.30	
毛瑞香 *Daphne kiusiana* var. *atrocaulis*	2		2	1.23	3.45		4.68	
层间植物								
尖叶菝葜 *Smilax arisanemsis*	8		4	72.73	57.14		129.87	

续表

种名	株数	Drude多度	样方数	相对多度/%	相对频度/%	相对显著度/%	多频度	重要值
野木瓜 *Stauntonia chinensis*	2		2	18.18	28.57		46.75	
广东蛇葡萄 *Ampelopsis cantoniensis*	1		1	9.09	14.29		23.38	
草本层								
淡竹叶 *Lophatherum acile*		Cop1	4	21.05				
狗脊 *Woodwardia japonica*		Sp	4	21.05				
蕨 *Pteridium aquilinum* var. *latiusculum*		Sol	4	21.05				
镰羽瘤足蕨 *Plagiogyria falcata*		Sp	3	15.79				
异药花 *Fordiophyton fordii*		Sol	3	15.79				
莎草属 1 种 *Cyperus* sp.		Sol	1	5.27				

注：调查时间 2002 年 7 月 21 日，地点戴云山永安岩（海拔 1478m），邓传远记录。

21. 鹿角锥林

鹿角锥又名狗牙锥、拉氏栲，主要分布于广东、广西、福建、贵州、湖南、江西海拔 300—1000m 的山地，往往形成以鹿角锥为建群种的常绿阔叶林。在福建梅花山、汀江源、闽江源、君子峰、天宝岩国家级自然保护区，永泰藤山省级自然保护区，以及新罗区天宫山，都有一定面积的鹿角锥林。群落外貌整齐（图 5-6-50、图 5-6-51），林内结构复杂。在福建调查到 6 个群丛。

图 5-6-50　鹿角锥林群落外貌（新罗）

图 5-6-51　鹿角锥林群落外貌（君子峰）

代表性样地设在福建梅花山国家级自然保护区内的马坊村。土壤为红壤或红黄壤，土壤肥沃。群落类型为鹿角锥-杜鹃-狗脊群丛。群落总盖度90%以上。乔木层以鹿角锥（图5-6-52、图5-6-53）为建群种，其树干通直、粗大，茂盛，平均高20m，常见的伴生种有木荷、猴欢喜、深山含笑、青榨槭、黑壳楠、南方红豆杉、杜英、甜槠、栲、青冈、树参等。灌木层常见种类有杜鹃、刺毛杜鹃（*Rhododendron championiae*）、鹅掌柴、细齿叶柃、紫金牛、柏拉木、光叶山矾、箬竹、九节等，以及部分乔木层树种的幼树。草本层以狗脊为主，其他常见种类有里白、淡竹叶、黑莎草、乌毛蕨、山姜、长柱头薹草（*Carex teinogyna*）等。层间植物有香花鸡血藤、土茯苓、菝葜、乌蔹莓（表5-6-10）。

图 5-6-52 鹿角锥（*Castanopsis lamontii*）（1）　　　图 5-6-53 鹿角锥（*Castanopsis lamontii*）（2）

表5-6-10 鹿角锥–杜鹃–狗脊群落样方表

种名	株数	Drude 多度	样方数	相对多度 /%	相对频度 /%	相对显著度 /%	多频度	重要值
乔木层								
鹿角锥 *Castanopsis lamontii*	23		4	47.94	14.82	73.32		136.08
木荷 *Schima superba*	5		4	10.42	14.82	5.71		30.95
猴欢喜 *Sloanea sinensis*	3		3	6.25	11.12	2.41		19.78
深山含笑 *Michelia maudiae*	3		3	6.25	11.12	2.31		19.68
青榨槭 *Acer davidii*	2		2	4.17	7.41	4.01		15.59
黑壳楠 *Lindera megaphylla*	2		1	4.17	3.70	4.12		11.99
南方红豆杉 *Taxus wallichiana* var. *mairei*	1		1	2.08	3.70	1.16		6.94
杜英 *Elaeocarpus decipiens*	1		1	2.08	3.70	0.94		6.72
甜槠 *Castanopsis eyrei*	1		1	2.08	3.70	0.92		6.70
栲 *Castanopsis fargesii*	1		1	2.08	3.70	0.91		6.69
青冈 *Cyclobalanopsis glauca*	1		1	2.08	3.70	0.88		6.66
厚皮香 *Ternstroemia gymnanthera*	1		1	2.08	3.70	0.78		6.56
米槠 *Castanopsis carlesii*	1		1	2.08	3.70	0.74		6.52
树参 *Dendropanax dentiger*	1		1	2.08	3.70	0.72		6.50
硬壳柯 *Lithocarpus hancei*	1		1	2.08	3.70	0.58		6.36
野鸦椿 *Euscaphia japonica*	1		1	2.08	3.70	0.49		6.27
灌木层								
杜鹃 *Rhododendron simsii*	15		4	19.73	8.70		28.43	
鹅掌柴 *Schefflera octophylla*	8		4	10.52	8.70		19.22	
木荷 *Schima superba*	8		4	10.52	8.70		19.22	
细齿叶柃 *Eurya nitida*	6		4	7.89	6.53		16.59	
鹿角锥 *Castanopsis lamontii*	5		4	6.57	6.53		15.27	
紫金牛 *Ardisia japonica*	6		3	7.89	6.53		14.42	
柏拉木 *Blastus cochinchinensis*	5		3	6.57	6.53		13.10	

续表

种名	株数	Drude 多度	样方数	相对多度 /%	相对频度 /%	相对显著度 /%	多频度	重要值
刺毛杜鹃 *Rhododendron championiae*	3		2	3.94	4.35		8.30	
光叶山矾 *Symplocos lancifolia*	2		2	2.63	4.35		6.99	
深山含笑 *Michelia maudiae*	2		1	2.63	2.17		4.80	
箬竹 *Indocalamus tessellatus*	2		1	2.63	2.17		4.80	
九节 *Psychotria asiatica*	1		1	1.32	2.17		3.49	
猴欢喜 *Sloanea sinensis*	1		1	1.32	2.17		3.49	
青榨槭 *Acer davidii*	1		1	1.32	2.17		3.49	
黑壳楠 *Lindera megaphylla*	1		1	1.32	2.17		3.49	
南方红豆杉 *Taxus wallichiana*	1		1	1.32	2.17		3.49	
杜英 *Elaeocarpus decipiens*	1		1	1.32	2.17		3.49	
甜槠 *Castanopsis eyrei*	1		1	1.32	2.17		3.49	
栲 *Castanopsis fargesii*	1		1	1.32	2.17		3.49	
青冈 *Cyclobalanopsis glauca*	1		1	1.32	2.17		3.49	
厚皮香 *Ternstroemia gymnanthera*	1		1	1.32	2.17		3.49	
米槠 *Castanopsis carlesii*	1		1	1.32	2.17		3.49	
树参 *Dendropanax dentiger*	1		1	1.32	2.17		3.49	
硬壳柯 *Lithocarpus hancei*	1		1	1.32	2.17		3.49	
野鸦椿 *Euscaphia japonica*	1		1	1.32	2.17		3.49	
层间植物								
香花鸡血藤 *Callerya dielsiana*	6		4	35.29	30.77		66.06	
土茯苓 *Smilax glabra*	5		4	29.41	30.77		60.18	
菝葜 *Smilax china*	4		4	23.53	30.77		54.30	
乌蔹莓 *Cayratia japonica*	2		1	11.77	7.69		19.46	
草本层								
狗脊 *Woodwardia japonica*		Soc	4		20.00			
里白 *Diplopterygium glaucum*		Cop1	4		20.00			
淡竹叶 *Lophatherum gracile*		Sp	3		15.00			
黑莎草 *Gahnia tristis*		Sp	3		15.00			
乌毛蕨 *Blechnum orientale*		Sp	2		10.00			
山姜 *Alpinia zerumbet*		Sol	2		10.00			
长柱头薹草 *Carex teinogyna*		Sol	2		10.00			

注：调查时间 2006 年 8 月 6 日，地点梅花山马坊村（海拔 950m），江伟程记录。

22. 栲林

栲分布于长江以南地区，是亚热带山地林中常见的树种，一般形成较为次生性的演替中期的常绿阔叶林，局部面积很大。在福建除沿海一带少数县市区外，其他地区都有分布（图 5-6-54）。群落外貌整齐，夏季冠层褐绿色（图 5-6-55 至图 5-6-57），林内结构较简单（图 5-6-58）。在福建调查到 24 个群丛。

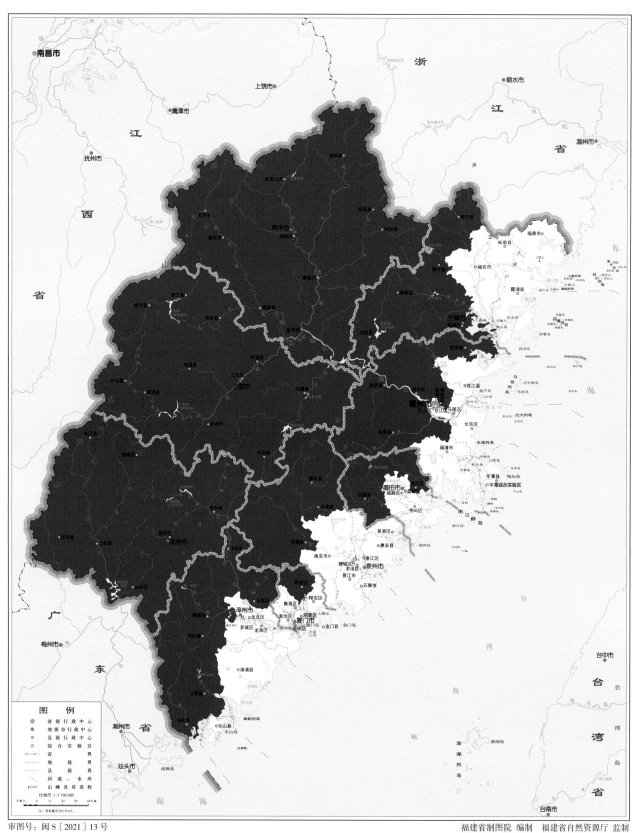

审图号：闽 S〔2021〕13 号　　　　　　　　　　　　　　　　　　福建省制图院 编制　福建省自然资源厅 监制

图 5-6-54　栲林分布图

图 5-6-55 栲林群落外貌（新罗）

图 5-6-56 栲林群落外貌（牙梳山）

图 5-6-57　栲林群落外貌（君子峰）

图 5-6-58　栲林林内结构（龙栖山）

图 5-6-59　栲（*Castanopsis fargesii*）

　　代表性样地设在福建雄江黄楮林国家级自然保护区内的汤下村山坡上。土壤为红壤，较为干燥，枯枝落叶层5cm。群落类型为栲-山血丹-狗脊群丛。群落总盖度约80%。乔木层以栲（图5-6-59）为建群种，其平均高24m、平均胸径20.2cm，密度为每100m² 11株，伴生杨梅叶蚊母树、檫木、枫香树、杜英、青冈等。灌木层以山血丹为主，其他常见种类有杜茎山、毛冬青、杨桐、日本粗叶木、山矾、多花野牡丹、豆腐柴、秤星树等。草本层有狗脊、深绿卷柏、华山姜、淡竹叶等。层间植物有尖叶菝葜、网脉酸藤子、买麻藤、藤黄檀、亮叶鸡血藤等（表5-6-11）。

表5-6-11 栲-山血丹-狗脊群落样方表

种名	株数	Drude多度	样方数	相对多度/%	相对频度/%	相对显著度/%	多频度	重要值
乔木层								
栲 Castanopsis fargesii	44		4	65.67	21.05	76.50		163.22
杨梅叶蚊母树 Distylium myricoides	5		3	7.46	15.79	0.74		23.99
檫木 Sassafras tzumu	5		2	7.46	10.53	5.89		23.88
枫香树 Liquidambar formosana	2		2	2.99	10.53	3.65		17.17
杜英 Elaeocarpus decipiens	4		2	5.97	10.53	0.30		16.80
青冈 Cyclobalanopsis glauca	2		2	2.99	10.53	2.50		16.02
刨花润楠 Machilus pauhoi	2		1	2.99	5.26	4.43		12.68
山杜英 Elaeocarpus sylvestris	1		1	1.49	5.26	3.07		9.82
木蜡树 Toxiocodendron sylvestre	1		1	1.49	5.26	2.45		9.20
赤杨叶 Alniphyllum fortunei	1		1	1.49	5.26	0.47		7.22
灌木层								
山血丹 Ardisia punctata	37		4	19.01	5.41		24.42	
杜茎山 Maesa japonica	27		4	13.85	5.41		19.26	
杨梅叶蚊母树 Distylium myricoides	23		4	11.79	5.41		17.20	
栲 Castanopsis fargesii	19		4	9.74	5.41		15.15	
毛冬青 Ilex pubescens	9		4	4.62	5.41		10.03	
檫木 Sassafras tzumu	9		4	4.62	5.41		10.03	
油茶 Camellia oleifera	5		4	2.56	5.41		7.97	
绒毛润楠 Machilus velutina	4		4	2.05	5.41		7.46	
赤杨叶 Alniphyllum fortunei	5		3	2.56	4.06		6.62	
杨桐 Adinandra millettii	5		3	2.56	4.06		6.62	
日本粗叶木 Lasianthus japonicus	4		3	2.05	4.06		6.11	
柯 Lithocarpus glaber	5		2	2.56	2.70		5.26	
狗骨柴 Diplospora dubia	4		2	2.05	2.70		4.75	
亮叶猴耳环 Archidendron lucidum	3		2	1.54	2.70		4.24	
山矾 Symplocos sumuntia	3		2	1.54	2.70		4.24	
鹅掌柴 Scheffler octophlla	2		2	1.03	2.70		3.73	
山杜英 Elaeocarpus sylvestris	3		1	1.54	1.35		2.89	
多花野牡丹 Melastoma affine	3		1	1.54	1.35		2.89	
粗叶榕 Ficus hirta	2		1	1.03	1.35		2.38	
短梗幌伞枫 Heteropanax brevipedicellatus	2		1	1.03	1.35		2.38	
豆腐柴 Premna microphylla	2		1	1.03	1.35		2.38	
秤星树 Ilex asprella	2		1	1.03	1.35		2.38	
秀丽锥 Castanopsis jucunda	1		1	0.51	1.35		1.86	
刺叶桂樱 Laurocerasus spinolosa	1		1	0.51	1.35		1.86	
八角枫 Alangium chinensis	1		1	0.51	1.35		1.86	
小果山龙眼 Helicia cochinchinensis	1		1	0.51	1.35		1.86	
白花灯笼 Clerodendrum fortunatum	1		1	0.51	1.35		1.86	
毛柄连蕊茶 Camellia fraterna	1		1	0.51	1.35		1.86	

种名	株数	Drude 多度	样方数	相对多度 /%	相对频度 /%	相对显著度 /%	多频度	重要值
锐尖山香圆 Turpinia arguta	1		1	0.51	1.35		1.86	
石斑木 Rhaphiolepis indica	1		1	0.51	1.35		1.86	
野柿 Diospyros kaki	1		1	0.51	1.35		1.86	
茜树 Aidia cochinchinensis	1		1	0.51	1.35		1.86	
细枝柃 Eurya loquaiana	1		1	0.51	1.35		1.86	
南烛 Vaccinium bracteatum	1		1	0.51	1.35		1.86	
酸味子 Antidesma japonicum	1		1	0.51	1.35		1.86	
笔罗子 Meliosma rigida	1		1	0.51	1.35		1.86	
卷毛山矾 Symplocos ulotricha	1		1	0.51	1.35		1.86	
虎皮楠 Daphniphyllum oldhami	1		1	0.51	1.35		1.86	
福建青冈 Cyclobalanopsis chungii	1		1	0.51	1.35		1.86	
层间植物								
尖叶菝葜 Smilax arisanemsis	11		4	23.37	12.89		36.26	
网脉酸藤子 Embelia rudis	6		4	12.77	12.89		25.66	
买麻藤 Gnetum montanum	5		4	10.64	12.89		23.53	
藤黄檀 Dalbergia hancei	5		3	10.64	9.68		20.32	
亮叶鸡血藤 Callerya nitida	4		3	8.51	9.68		18.19	
三叶崖爬藤 Tetrastigma hemsleyanum	3		2	6.38	6.44		12.82	
菝葜 Smilax china	2		1	4.26	3.23		7.49	
链珠藤 Alyxia sinensis	2		1	4.26	3.23		7.49	
网络鸡血藤 Callerya reticulata	1		1	2.13	3.23		5.36	
长叶酸藤子 Embelia longifolia	1		1	2.13	3.23		5.36	
胡颓子 Elaeagnus pungens	1		1	2.13	3.23		5.36	
寒莓 Rubus buergeri	1		1	2.13	3.23		5.36	
玉叶金花 Mussaenda pubescens	1		1	2.13	3.23		5.36	
小叶葡萄 Vitis sinocinerea	1		1	2.13	3.23		5.36	
野木瓜 Stauntonia chinensis	1		1	2.13	3.23		5.36	
广东蛇葡萄 Ampelopsis cantoniensis	1		1	2.13	3.23		5.36	
羊角藤 Morinda umbellata	1		1	2.13	3.23		5.36	
草本层								
狗脊 Woodwardia japonica		Cop1	4	25.00				
深绿卷柏 Selaginella doederleinii		Sp	3	18.75				
华山姜 Alpinia chinesis		Sp	3	18.75				
淡竹叶 Lophatherum gracile		Sol	2	12.50				
长方叶陵始蕨 Lindsawa chienii		Sol	2	12.50				
金毛狗 Cibotium barometz		Sol	1	6.25				
扇叶铁线蕨 Adiantum flabellulatum		Un	1	6.25				

注：调查时间 2005 年 5 月 29 日，地点雄江黄楮林汤下村（海拔 360m），李振基记录。

23. 栲＋黧蒴锥林

栲＋黧蒴锥林见于福建茫荡山国家级自然保护区内海拔 250—700m 的东南坡。群落外貌整齐，林内结构简单。在福建调查到 4 个群丛。

代表性样地设在福建茫荡山国家级自然保护区。土壤为山地红壤，土层厚薄不一，有机质含量丰富。群落类型为栲＋黧蒴锥–箬叶竹–狗脊群丛。群落总盖度70%—85%。乔木层高10—18m，栲、黧蒴锥占优势，伴生细柄蕈树、枫香树、木荷、树参、南酸枣、马尾松、山杜英、青冈、罗浮锥、绒毛润楠、甜槠、虎皮楠、黄杞、贵州石楠、密花树、福建青冈、猴欢喜、杨梅、毛竹、厚皮香、毛锥、杉木、赤杨叶、山乌桕等。灌木层箬叶竹占优势，其他常见种类有刺毛杜鹃、狗骨柴、细齿叶柃、草珊瑚、山血丹、百两金、毛柄连蕊茶、江南越桔等。草本层稀疏，以狗脊为主，其他常见种类有金毛狗、淡竹叶、里白、黑足鳞毛蕨、多羽复叶耳蕨、华山姜、光里白、山类芦（*Neyraudia montana*）等。层间植物有尖叶菝葜、玉叶金花、链珠藤、瓜馥木、香花鸡血藤、网脉酸藤子、买麻藤、络石和流苏子。

24. 黧蒴锥林

黧蒴锥又名闽粤栲，主要分布于福建、江西、湖南、贵州四省南部，以及广东、海南、香港、广西、云南东南部。黧蒴锥是南亚热带季风常绿阔叶林受干扰后恢复起来的次生阳性树种之一，常和其他树种混交或形成纯林。在福建茫荡山、峨嵋峰、君子峰、虎伯寮、梁野山、天宝岩、雄江黄楮林等国家级自然保护区，永泰藤山省级自然保护区，福建武平中山河国家湿地公园，以及永定洪山、漳平灵地，均有一定面积的黧蒴锥次生林。群落外貌整齐（图 5-6-60 至图 5-6-62），林内结构简单。在福建调查到 11 个群丛。

图 5-6-60　黧蒴锥林群落外貌（安溪）

图 5-6-61　鬯蕊锥林群落外貌（武平）

图 5-6-62　鬯蕊锥林群落外貌（南靖）

代表性样地设在福建茫荡山国家级自然保护区内龙盘下海拔400—600m之间的山麓。土壤为山地红壤。群落类型为黧蒴锥–山血丹–狗脊群丛。群落总盖度80%—90%。乔木层以黧蒴锥（图5-6-63）为建群种，伴生米槠、罗浮柿、栲、罗浮锥、木荷、鼠刺、树参、牛耳枫、小果山龙眼、檫木、日本杜英、山杜英、紫果槭、厚皮香、锈叶新木姜子、铁冬青；非样地黧蒴锥林尚伴生南酸枣、枫香树、枳椇、黄枝润楠、

图 5-6-63 黧蒴锥（*Castanopsis fissa*）

东南野桐（*Mallotus lianus*）、甜槠、亮叶桦、马尾松、硬壳柯、黄丹木姜子、黄绒润楠、大叶桂樱、观光木、茜树、紫玉盘柯、羊舌树、木蜡树、山乌桕、中华杜英。灌木层山血丹占优势，其他常见种类有细齿叶柃、草珊瑚、刺毛杜鹃、锈毛石斑木、江南越桔、林氏绣球、柳叶毛蕊茶、大萼杨桐、九节龙、光叶铁仔等。草本层稀疏，狗脊占优势，另有淡竹叶、金毛狗、山姜、扇叶铁线蕨、深绿卷柏、边缘鳞盖蕨；非样地黧蒴锥林也常见华中瘤足蕨、海芋（*Alocasia macrorrhiza*）、裂叶秋海棠（*Begonia palmata*）、芒、芒萁等。层间植物有尖叶菝葜、网脉酸藤子、网络鸡血藤、寒莓和流苏子（表5-6-12）。

表5-6-12 黧蒴锥-山血丹-狗脊群落样方表

种名	株数	Drude 多度	样方数	相对多度 /%	相对频度 /%	相对显著度 /%	多频度	重要值
乔木层								
黧蒴锥 *Castanopsis fissa*	41		4	33.88	10.26	66.44		110.58
米槠 *Castanopsis carlesii*	14		2	11.57	5.13	11.09		27.79
罗浮柿 *Diospyros morrisiana*	15		4	12.40	10.26	1.11		23.77
栲 *Castanopsis fargesii*	11		4	9.09	10.26	1.74		21.09
罗浮锥 *Castanopsis fabri*	9		4	7.44	10.26	1.04		18.74
木荷 *Schima superba*	5		4	4.13	10.26	4.32		18.71
鼠刺 *Itea chinensis*	6		4	4.96	10.26	0.91		16.13
树参 *Dendropanax dentiger*	5		3	4.13	7.70	1.37		13.20
牛耳枫 *Daphniphyllum calycinum*	4		1	3.30	2.56	3.10		8.96
小果山龙眼 *Helicia cochinchinensis*	2		2	1.65	5.13	0.91		7.69
檫木 *Sassafras tzumu*	1		1	0.83	2.56	2.96		6.35
日本杜英 *Elaeocarpus japonicus*	2		1	1.65	2.56	1.91		6.12
山杜英 *Elaeocarpus sylvestris*	2		1	1.65	2.56	1.69		5.90
紫果槭 *Acer cordatum*	1		1	0.83	2.56	0.54		3.93
厚皮香 *Ternstroemia gymnanthera*	1		1	0.83	2.56	0.32		3.71
锈叶新木姜子 *Neolitsea cambodiana*	1		1	0.83	2.56	0.32		3.71
铁冬青 *Ilex rotunda*	1		1	0.83	2.56	0.23		3.62
灌木层								
山血丹 *Ardisia lindleyana*	22		4	6.30	3.48		9.78	
细齿叶柃 *Eurya nitida*	17		4	4.87	3.48		8.35	
罗浮柿 *Diospyros morrisiana*	17		4	4.87	3.48		8.35	
杜茎山 *Maesa japonica*	16		4	4.59	3.48		8.07	
黧蒴锥 *Castanopsis fissa*	15		4	4.30	3.48		7.78	
鼠刺 *Itea chinensis*	14		4	3.98	3.48		7.46	
草珊瑚 *Sarcandra glabra*	15		3	4.30	2.61		6.91	
木荷 *Schima superba*	11		4	3.15	3.48		6.63	
甜槠 *Castanopsis eryei*	17		2	4.87	1.73		6.60	
栲 *Castanopsis fargesii*	9		4	2.58	3.48		6.06	
树参 *Dendropanax dentiger*	12		3	3.44	2.61		6.05	
羊舌树 *Symplocos glauca*	8		4	2.29	3.48		5.77	
黄丹木姜子 *Litsea elongata*	11		3	3.15	2.61		5.76	

种名	株数	Drude多度	样方数	相对多度/%	相对频度/%	相对显著度/%	多频度	重要值
猴欢喜 Sloanea sinensis	11		3	3.15	2.61		5.76	
罗浮锥 Castanopsis fabri	7		4	2.01	3.48		5.49	
紫玉盘柯 Lithocarpus uvarifolius	7		4	2.01	3.48		5.49	
毛冬青 Ilex pubescens	10		3	2.86	2.61		5.47	
林氏绣球 Hydrangea lingii	9		3	2.58	2.61		5.19	
黄枝润楠 Machilus versicolora	8		3	2.29	2.61		4.90	
茜树 Aidia cochinchinensis	7		3	2.01	2.61		4.62	
刺毛杜鹃 Rhododendron championiae	12		1	3.44	0.87		4.31	
野含笑 Michelia skinneriana	5		3	1.43	2.61		4.04	
铁冬青 Ilex rotunda	3		3	0.86	2.61		3.47	
深山含笑 Michelia maudiae	6		2	1.72	1.73		3.45	
粗叶木 Lasianthus chinensis	5		2	1.43	1.73		3.16	
米槠 Castanopsis carlesii	5		2	1.43	1.73		3.16	
黄杞 Engelhardia roxburghiana	5		2	1.43	1.73		3.16	
小果山龙眼 Helicia cochinchinensis	4		2	1.15	1.73		2.88	
九节龙 Ardisia pusilla	7		1	2.01	0.87		2.88	
黄绒润楠 Machilus grijsii	3		2	0.86	1.73		2.59	
香叶树 Lindera communis	2		2	0.57	1.73		2.30	
短尾越桔 Vaccinium carlesii	5		1	1.43	0.87		2.30	
常绿荚蒾 Viburnum sempervirens	5		1	1.43	0.87		2.30	
光叶铁仔 Myrsine stolonifera	4		1	1.15	0.87		2.02	
大萼杨桐 Adinandra glischroloma var. macrosepala	4		1	1.15	0.87		2.02	
江南越桔 Vaccinium mandarinorum	4		1	1.15	0.87		2.02	
油茶 Camellia oleifera	3		1	0.86	0.87		1.73	
轮叶蒲桃 Syzygium grijsii	3		1	0.86	0.87		1.73	
密花树 Myrsine seguinii	2		1	0.57	0.87		1.44	
浙江新木姜子 Neolitsea aurata var. chekiangensis	2		1	0.57	0.87		1.44	
红楠 Machilus thunbergii	2		1	0.57	0.87		1.44	
锈毛石斑木 Rhaphiolepis ferruginea	2		1	0.57	0.87		1.44	
栀子 Gardenia jasminoides	2		1	0.57	0.87		1.44	
鸭公树 Neolitsea chui	1		1	0.29	0.87		1.16	
华南桂 Cinnamomum austro-sinense	1		1	0.29	0.87		1.16	
笔罗子 Meliosma rigida	1		1	0.29	0.87		1.16	
观光木 Michelia odora	1		1	0.29	0.87		1.16	
乌材 Diospyros eriantha	1		1	0.29	0.87		1.16	
杨梅叶蚊母树 Distylium myricoides	1		1	0.29	0.87		1.16	
大叶桂樱 Laurocerasus zippeliana	1		1	0.29	0.87		1.16	
天料木 Homalium cochinchinense	1		1	0.29	0.87		1.16	
铁冬青 Ilex rotunda	1		1	0.29	0.87		1.16	
锈叶新木姜子 Neolitsea cambodiana	1		1	0.29	0.87		1.16	
柳叶毛蕊茶 Camellia salicifolia	1		1	0.29	0.87		1.16	

续表

种名	株数	Drude 多度	样方数	相对多度 /%	相对频度 /%	相对显著度 /%	多频度	重要值
层间植物								
尖叶菝葜 Smilax arisanemsis	15		3	39.47	23.08		62.55	
网脉酸藤子 Embelia rudis	11		4	28.95	30.77		59.72	
网络鸡血藤 Callerya reticulata	7		4	18.42	30.77		49.19	
寒莓 Rubus buergeri	3		1	7.90	7.69		15.59	
流苏子 Coptosapelta diffusa	2		1	5.26	7.69		12.95	
草本层								
狗脊 Woodwardia japonica		Sp	4	21.06				
金毛狗 Cibotium barometz		Sol	3	15.79				
山姜 Alpinia japonica		Sol	3	15.79				
淡竹叶 Lophatherum acile		Sol	3	15.79				
深绿卷柏 Selaginella doederleinii		Sol	3	15.79				
瘤足蕨 Plagiogyria adnata		Sol	1	5.26				
扇叶铁线蕨 Adiantum flabellulatum		Sol	1	5.26				
边缘鳞盖蕨 Microlepia marginata		Un	1	5.26				

注：调查时间 2002 年 8 月 14 日，地点茫荡山龙盘下（海拔 509m），陈鹭真记录。

25. 鬐萼锥＋红楠林

鬐萼锥＋红楠林见于福建虎伯寮国家级自然保护区内的楼仔和鹅仙洞。群落外貌整齐，林内结构简单。在福建调查到 1 个群丛。

代表性样地设于福建虎伯寮国家级自然保护区内的楼仔。土壤为砖红壤性红壤。群落类型为鬐萼锥＋红楠–罗伞树–淡竹叶群丛。群落总盖度约90%。乔木层高5—12m，参差不齐，密度每100m² 16株。由鬐萼锥和红楠组成建群层，其重要值分别达125和103，还有少量的厚壳桂、黄杞、沉水樟（Cinnamomum micranthum）。灌木层较稀疏，可以分为2个亚层：第一亚层高2—4m，以罗伞树为主，还有橄榄、九节、木荷、鹅掌柴、羊舌树的幼树；第二亚层高0.2—0.8m，有山血丹、南烛、细齿叶柃、长叶冻绿，以及鬐萼锥、栲、黄杞、闽桂润楠（Machilus minkweiensis）、山杜英、树参、红锥的幼苗。草本层稀疏，仅见淡竹叶莎、芒萁、乌毛蕨等。层间植物有买麻藤、络石、广东蛇葡萄、玉叶金花、尖叶菝葜和粉背菝葜。

26. 秀丽锥林

秀丽锥分布于长江以南多数地区，在福建见于泰宁、建阳、建瓯、延平等县市区，生于海拔 1000m 以下疏林或密林，一般形成不了群落，但在泰宁世界自然遗产地等地有秀丽锥林。群落外貌整齐，林内结构简单（图 5-6-64）。在福建调查到 3 个群丛。

代表性样地设在泰宁世界自然遗产地内的状元岩。土壤为山地红壤，土层厚0.5—1.0m。群落类型为秀丽锥–杜茎山–阔鳞鳞毛蕨群丛。群落总盖度约75%。乔木层以秀丽锥（图5-6-65）为建群种，其

图 5-6-64 秀丽锥林林内结构（泰宁）

树高约 14m、大树胸径达 20cm。每 25m^2 的样方中有秀丽锥成树 5 株（平均胸径 16cm），幼树 11 株，茜树 8 株（平均胸径 7.6cm）。灌木层稀疏，以杜茎山为主，其他常见种类有密花树、日本粗叶木、狗骨柴、毛冬青、赤楠等。草本层稀疏，以阔鳞鳞毛蕨为主，还有迷人鳞毛蕨（*Dryopteris decipiens*）、蜘蛛抱蛋、扇叶铁线蕨等。层间植物也少，常见网脉酸藤子、流苏子、链珠藤、络石。

图 5-6-65 秀丽锥（*Castanopsis jucunda*）（陈炳华提供）

27. 青冈林

青冈广泛分布于长江以南地区，在浙江天童山、江西井冈山、广西桂林等地都有以青冈为建群种形成的常绿阔叶林。在福建，除沿海一带少数县市区外，其他地区均有分布（图 5-6-66）。群落外貌整齐（图 5-6-67），林内结构简单（图 5-6-68、图 5-6-69）。在福建调查到 10 个群丛。

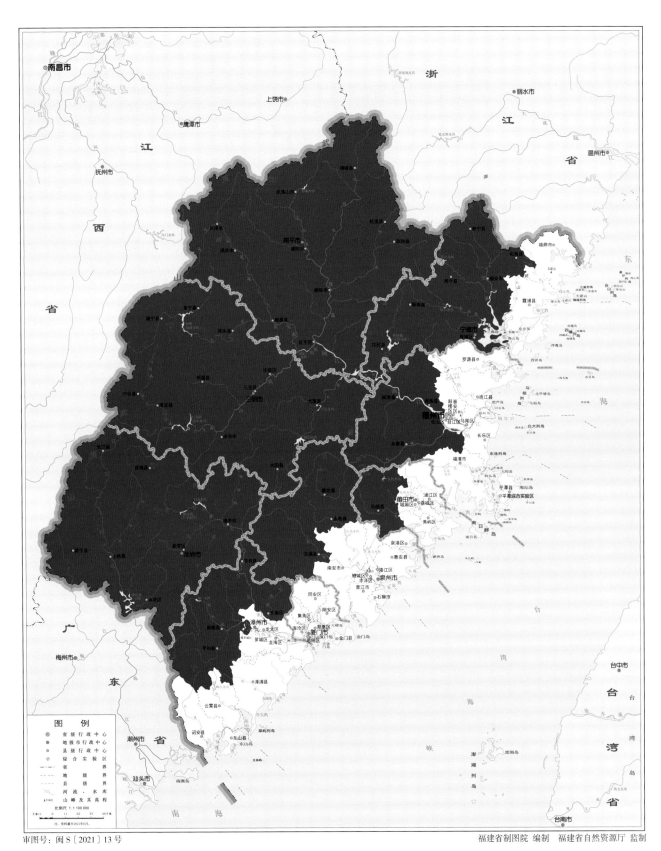

审图号：闽S〔2021〕13号　　　　　　　　　　　　福建省制图院 编制　福建省自然资源厅 监制

图 5-6-66　青冈林分布图

图 5-6-67　青冈林群落外貌（雄江黄楮林）

图 5-6-68　青冈林林内结构（武夷山）

图 5-6-69　青冈林林内结构（将石）

代表性样地设在福建闽江源国家级自然保护区内海拔1286m的王坪栋。土壤为山地红壤。群落类型为青冈-轮叶蒲桃-狗脊群丛。群落总盖度约75%。乔木层青冈（图5-6-70）占优势，平均高6m，伴生马银花、鼠刺、南烛、檵木、南酸枣、油茶、野漆、冬青。灌木层以轮叶蒲桃为主，还有穿心栲（*Eurya amplexifolia*）、狗骨柴、鹿角杜鹃、朱砂根、石斑木，以及马银花、甜槠、红楠、黄檀、树参等的幼苗和幼树。草本层仅见狗脊、淡竹叶、山姜、鼠尾草。层间植物仅见网脉酸藤子、尾叶那藤、亮叶鸡血藤、尖叶菝葜等（表5-6-13）。

图 5-6-70　青冈（*Cyclobalanopsis glauca*）

表5-6-13 青冈-轮叶蒲桃-狗脊群落样方表

种名	株数	Drude 多度	样方数	相对多度 /%	相对频度 /%	相对显著度 /%	多频度	重要值
乔木层								
青冈 *Cyclobalanopsis glauca*	13		4	30.23	20.00	91.21		141.44
马银花 *Rhododendron ovatum*	11		4	25.58	20.00	1.83		47.41
鼠刺 *Itea chinensis*	5		3	11.62	15.00	2.36		28.98
南烛 *Vaccinium bracteatum*	4		2	9.30	10.00	0.89		20.19
檵木 *Loropetalum chinense*	3		2	6.98	10.00	0.98		17.96
南酸枣 *Choerospondia saxillaris*	3		2	6.98	10.00	0.82		17.80
油茶 *Camellia oleifera*	2		1	4.65	5.00	0.28		9.93
野漆 *Toxiocodendron succedaneum*	1		1	2.33	5.00	1.08		8.41
冬青 *Ilex chinensis*	1		1	2.33	5.00	0.55		7.88
灌木层								
轮叶蒲桃 *Syzygium grijsii*	23		4	17.17	6.56		23.73	
石斑木 *Rhaphiolepis indica*	11		4	8.21	6.56		14.77	
马银花 *Rhododendron ovatum*	9		4	6.72	6.56		13.28	
朱砂根 *Ardisia crenata*	9		4	6.72	6.56		13.28	
鹿角杜鹃 *Rhododendron latoucheae*	8		4	5.97	6.56		12.53	
穿心枵 *Eurya amplexifolia*	7		4	5.22	6.56		11.78	
甜槠 *Castanopsis eryei*	7		4	5.22	6.56		11.78	
狗骨柴 *Diplospora dubia*	7		4	5.22	6.56		11.78	
杜鹃 *Rhododendron simsii*	6		4	4.48	6.56		11.04	
红楠 *Machilus thunbergii*	7		3	5.22	4.92		10.14	
豆腐柴 *Premna microphylla*	7		3	5.22	4.92		10.14	
小叶石楠 *Photinia parvifolia*	6		3	4.48	4.92		9.40	
细枝枵 *Eurya loquaiana*	3		4	2.24	6.56		8.80	
满山红 *Rhododendron mariesii*	5		3	3.73	4.92		8.65	
日本五月茶 *Antidesma japonicum*	7		2	5.22	3.27		8.49	
黄檀 *Dalbergia hupeana*	4		3	2.99	4.92		7.91	
树参 *Dendropanax dentiger*	5		2	3.73	3.27		7.00	
荚蒾 *Viburnum dilatatum*	3		2	2.24	3.27		5.51	
层间植物								
网脉酸藤子 *Embelia rudis*	8		4	28.57	21.05		49.62	
亮叶鸡血藤 *Callerya nitida*	5		4	17.86	21.05		38.91	
尾叶那藤 *Stauntonia obovatifoliola* subsp. *urophylla*	6		2	21.43	10.53		31.95	
尖叶菝葜 *Smilax arisanensis*	3		4	10.71	21.05		31.77	
络石 *Trachelospermum jasminoides*	4		3	14.29	15.79		30.08	
广东蛇葡萄 *Ampelopsis cantoniensis*	2		2	7.14	10.53		17.67	
草本层								
狗脊 *Woodwardia japonica*		Cop1	4		28.57			
淡竹叶 *Lophatherum gracile*		Sp	4		28.57			

续表

种名	株数	Drude 多度	样方数	相对多度 /%	相对频度 /%	相对显著度 /%	多频度	重要值
山姜 *Alpinia japonica*		Un	4		28.57			
鼠尾草 *Salvia japonica*		Un	2		14.29			

注：调查时间 2003 年 5 月 1 日，地点闽江源王坪栋（海拔 1286m），刘初钿记录。

28. 小叶青冈林

小叶青冈分布于我国亚热带地区，越南、老挝、日本也有分布。小叶青冈为青冈在海拔 1000m 以上山地的替代种，可以形成以小叶青冈为建群种的常绿阔叶林。在福建茫荡山、闽江源国家级自然保护区海拔 1000m 以上山坡有一定面积的小叶青冈林。群落外貌整齐，林内结构简单（图 5-6-71）。在福建共调查到 6 个群丛。

代表性样地设在福建茫荡山国家级自然保护区海拔 1200m 的山体上部。土壤为山地黄红壤，土层与腐殖质层均较厚。群落类型为小叶青冈-箬竹-狗脊群丛，分布面积达 15hm²，群落总盖度约 95%。乔木层小

图 5-6-71　小叶青冈林林内结构（茫荡山）

叶青冈（图5-6-72）占优势，成丛生长，大部分植株细小，胸径8—28cm，密度每100m² 29.5株，伴生木荷、黄山松、马银花、鹿角杜鹃、东方古柯。在周边的小叶青冈林中还可以见到甜槠、罗浮锥、树参、紫玉盘柯、新木姜子、山杜英、日本杜英等树种。灌木层以箬竹为主，常见种类还有毛果杜鹃、短尾越桔、马银花、杜鹃、窄基红褐枵等，以及乔木层树种的幼树。草本层稀疏，狗脊占优势，另有少量里白、华中瘤足蕨。层间植物仅尖叶菝葜和野木瓜（表5-6-14）。

图5-6-72 小叶青冈（*Cyclobalanopsis myrsinifolia*）

表5-6-14 小叶青冈-箬竹-狗脊群落样方表

种名	株数	Drude 多度	样方数	相对多度 /%	相对频度 /%	相对显著度 /%	多频度	重要值
乔木层								
小叶青冈 *Cyclobalanopsis myrsinifolia*	118		4	68.21	21.05	61.63		150.89
木荷 *Schima superba*	19		4	10.98	21.05	9.87		41.90
黄山松 *Pinus taiwanensis*	8		2	4.62	10.53	22.67		37.82
马银花 *Rhododendron ovatum*	12		4	6.94	21.05	4.02		32.01
鹿角杜鹃 *Rhododendron latoucheae*	15		4	8.67	21.05	1.30		31.02
东方古柯 *Erythroxylum kunthianum*	1		1	0.58	5.27	0.51		6.36
灌木层								
箬竹 *Indocalamus tesselatus*	152		4	25.54	7.02			32.56
小叶青冈 *Cyclobalanopsis myrsinifolia*	114		4	19.16	7.02			26.18
毛果杜鹃 *Rhododendron seniavinii*	44		4	7.39	7.02			14.41
短尾越桔 *Vaccinium carlesii*	35		4	5.88	7.02			12.90
马银花 *Rhododendron ovatum*	33		4	5.55	7.02			12.56
杜鹃 *Rhododendron simsii*	26		4	4.37	7.02			11.39
窄基红褐枵 *Eurya rubiginosa* var. *attenuata*	25		4	4.20	7.02			11.22
木荷 *Schima superba*	24		4	4.03	7.02			11.05
斑箨酸竹 *Acidosasa notata*	31		3	5.21	5.26			10.47
乌药 *Lindera aggregata*	17		4	2.86	7.02			9.87
小果珍珠花 *Lyonia ovalifolia* var. *elliptica*	17		4	2.86	7.02			9.87
轮叶蒲桃 *Syzygium grijsii*	22		3	3.70	5.26			8.96
江南越桔 *Vaccinium mandarinorum*	11		4	1.85	7.02			8.87
白檀 *Symplocos paniculata*	17		2	2.86	3.51			6.37
小叶石楠 *Photinia parvifolia*	12		2	2.02	3.51			5.53
大萼杨桐 *Adinandra glischroloma* var. *macrosepala*	8		2	1.34	3.51			4.85
凹叶冬青 *Ilex championii*	7		1	1.18	1.75			2.93
层间植物								
尖叶菝葜 *Smilax arisanemsis*	15		4	62.50	57.14			119.64
野木瓜 *Stauntonia chinensis*	9		3	37.50	42.86			80.36

种名	株数	Drude 多度	样方数	相对多度 /%	相对频度 /%	相对显著度 /%	多频度	重要值
草本层								
狗脊 *Woodwardia japonica*		Sp	4	50.00				
里白 *Diplopterygium glaucum*		Sol	3	37.50				
华中瘤足蕨 *Plagiogyria euphlebia*		Sol	1	12.50				

注：调查时间 2002 年 8 月 13 日，地点茫荡山（海拔 1200m），陈鹭真记录。

29. 小叶青冈＋木荷林

小叶青冈＋木荷林见于福建茫荡山国家级自然保护区。群落外貌整齐，林内结构简单。在福建调查到 4 个群丛。

代表性样地设在福建茫荡山国家级自然保护区海拔 980—1230m 的西北坡。土壤为山地黄红壤。群落类型为小叶青冈＋木荷-鹿角杜鹃-狗脊群丛。群落总盖度约 85%。乔木层可以分为 2 个亚层：第一亚层高 10—14m，小叶青冈和木荷占优势，伴生甜槠、罗浮锥、港柯、蓝果树、杜英、日本杜英、深山含笑、红楠；第二亚层有树参、羊舌树、杨梅、紫玉盘柯、石灰花楸、桃叶石楠、东方古柯、新木姜子、山杜英。灌木层高 0.5—3m，种类丰富，以鹿角杜鹃为主，其他常见种类有乌药、毛果杜鹃、细枝柃、箬竹、马银花、凹叶冬青、林氏绣球、杨桐、鼠刺、短尾越桔、翅柃、格药柃、轮叶蒲桃、朱砂根等。草本层稀疏，狗脊占优势，伴生里白、镰羽瘤足蕨、淡竹叶、芒萁、杏香兔儿风等。层间植物仅见野木瓜、木通和尖叶菝葜。

30. 小叶青冈＋甜槠林

小叶青冈＋甜槠林见于福建茫荡山国家级自然保护区，面积较大。群落外貌整齐，林内结构简单。在福建共调查到 3 个群丛。

代表性样地设在福建茫荡山国家级自然保护区海拔 1100—1180m 的西北坡。土壤为山地黄红壤。群落类型为小叶青冈＋甜槠-马银花-华中瘤足蕨群丛。群落总盖度约 95%。乔木层可以分为 2 个亚层：第一亚层高 10—14m，小叶青冈和甜槠占优势，伴生木荷、深山含笑、港柯、红楠、日本杜英、硬壳柯、罗浮锥、厚皮香；第二亚层有紫玉盘柯、树参、山杜英、新木姜子、羊舌树。灌木层以马银花为主，其他常见种类有鹿角杜鹃、毛果杜鹃、轮叶蒲桃、鼠刺、乌药、朱砂根、短尾越桔、翅柃等。草本层稀疏，华中瘤足蕨占优势，伴生狗脊、里白、镰羽瘤足蕨、淡竹叶等。层间植物仅见络石、野木瓜和尖叶菝葜。

31. 小叶青冈＋罗浮锥林

小叶青冈＋罗浮锥林见于福建茫荡山国家级自然保护区。群落外貌整齐，林内结构简单。在福建调查到 2 个群丛。

代表性样地设在福建茫荡山国家级自然保护区海拔 1000—1100m 的东南坡。土壤为山地黄红壤。群落类型为小叶青冈＋罗浮锥-马银花-狗脊群丛。群落总盖度约95%。乔木层可以分为2个亚层：第一亚层高11—16m，小叶青冈和罗浮锥占优势，伴生木荷、甜槠、港柯、马尾松、枫香树、红楠、深山含笑、杉木；第二亚层有树参、紫玉盘柯、新木姜子、厚皮香、日本杜英。灌木层以马银花为主，其他常见种类有毛果杜鹃、鼠刺、檵木、箬竹、鹿角杜鹃、短尾越桔、翅柃、草珊瑚、刺叶桂樱。草本层稀疏，仅见狗脊。层间植物仅见野木瓜和尖叶菝葜。

32. 细叶青冈林

　　细叶青冈一般分布于福建、江西、安徽、浙江、河南、陕西、甘肃、湖北、湖南、广东、广西、四川、贵州等地海拔1000—1800m的山地山坡和山间浅沟谷，局部形成以细叶青冈为建群种的常绿阔叶林。在福建仅见于戴云山国家级自然保护区。群落外貌整齐，林内结构简单。在福建仅调查到1个群丛。

　　代表性样地设在福建戴云山国家级自然保护区海拔1530m的九仙山。土壤为山地黄红壤，土层较薄。群落类型为细叶青冈-肿节少穗竹-狗脊群丛。群落总盖度约90%。乔木层高5m，细叶青冈（图5-6-73）占绝对优势、平均胸径仅5.16cm，偶见黄山松1株。灌木层高3m，肿节少穗竹占绝对优势，还有少量满山红、鹿角杜鹃、窄基红褐柃、细齿叶柃、南烛。草本层仅见狗脊。层间植物仅见尖叶菝葜。

图5-6-73　细叶青冈（*Cyclobalanopsis gracilis*）

33. 细叶青冈＋木荷林

　　细叶青冈一般分布于福建、江西、安徽、浙江、河南、陕西、甘肃、湖北、湖南、广东、广西、四川、贵州等地海拔1000m以上的山地山坡和山间沟谷，在福建天宝岩国家级自然保护区内有细叶青冈与木荷共优的植被类型。群落外貌整齐，林内结构简单。在福建调查到1个群丛。

　　代表性样地设在福建天宝岩国家级自然保护区海拔1160m的天斗山。土壤为山地黄红壤，土层较厚，表土层为壤土、多孔隙。群落类型为细叶青冈＋木荷-箬竹-狗脊群丛。群落总盖度约95%。乔木层高12—16m，在4个100m²面积中仅有乔木6种、立木43株，其中细叶青冈12株、木荷7株；伴生树参、山杜英、黑叶锥、日本杜英。灌木层以箬竹为主，还有鼠刺、黄牛奶树、草珊瑚、刺叶桂樱，以及黄杞、光叶石楠（*Photinia glabra*）、牛耳枫、日本杜英、山杜英、青榨槭等的幼苗和幼树。草本层狗脊占优势，另有少量淡竹叶、花葶薹草、杏香兔儿风、黑足鳞毛蕨。层间植物仅见木通和尖叶菝葜。

34. 赤皮青冈林

　　赤皮青冈分布于浙江、福建、台湾、湖南、广东、贵州等地，日本也有。在福建仅见于长汀、建瓯、柘荣。群落外貌黄绿色，树冠浑圆（图5-6-74），林内结构复杂（图5-6-75）。在福建调查到1个群丛。

　　代表性样地设在福建汀江源国家级自然保护区内的朱塘，面积约1hm²。土壤为山地红壤，土层较

图 5-6-74　赤皮青冈林群落外貌（汀江源）

图 5-6-75　赤皮青冈林林内结构（汀江源）

厚，表土层为壤土、多孔隙。群落类型为赤皮青冈–凹叶冬青–蝴蝶花群丛。群落总盖度约80%。乔木层以赤皮青冈（图5-6-76）为主，其平均胸径46cm，伴生南方红豆杉、细柄蕈树、杨梅叶蚊母树、木竹子等。灌木层凹叶冬青占优势，其他常见种类有石斑木、草珊瑚、乌药。草本层稀疏，蝴蝶花占优势，另有边缘鳞盖蕨、龙芽草、水芹（*Oenanthe javanica*）和墓头回（*Patrinia heterophylla*）。层间植物有常春藤、野木瓜、菝葜、网脉酸藤子、山莓、络石、忍冬、胡颓子。

图5-6-76 赤皮青冈（*Cyclobalanopsis gilva*）

35. 柯林

柯广泛分布于中亚热带和北亚热带地区，在局部形成以柯为建群种的常绿阔叶林。在福建，主要分布于福建闽江源、峨嵋峰、茫荡山国家级自然保护区。群落外貌整齐，林内结构简单。在福建调查到1个群丛。

代表性样地设在福建闽江源国家级自然保护区内的的金铙山。土壤为山地红壤，土层厚薄不一，有机质含量丰富。群落类型为柯–箬竹–阔鳞鳞毛蕨群丛。群落总盖度85%—90%。乔木层柯（图5-6-77）占优势，高10—18m，伴生黄绒润楠、杜英、南酸枣、交让木、马尾松、树参、中华杜英、木荷、赤杨叶、密花树等。灌木层箬竹占优势，其他常见种类有马银花、山矾、乌药、短尾越桔、毛冬青、秤星树、鼠刺、江南越桔、檵木、轮叶蒲桃、石

图5-6-77 柯（*Lithocarpus glaber*）

斑木等。草本层稀疏，以阔鳞鳞毛蕨为主，其他常见种类有狗脊、淡竹叶、麦冬、多羽复叶耳蕨、山姜、光里白、蕨等。层间植物有尖叶菝葜、藤黄檀、玉叶金花、瓜馥木、网脉酸藤子、木通、络石和流苏子。

36. 港柯＋甜槠林

港柯＋甜槠林分布于福建茫荡山国家级自然保护区和大田大仙峰省级自然保护区。群落外貌整齐，林内结构简单（图5-6-78）。在福建调查到5个群丛。

代表性样地设在福建茫荡山国家级自然保护区海拔300—470m的东南坡。土壤为山地红壤，土层厚薄不一，有机质含量丰富。群落类型为港柯＋甜槠–尖连蕊茶–华中瘤足蕨群丛。群落总盖度85%—95%。乔木层港柯（图5-6-79）和甜槠占优势，高10—18m，伴生钩锥、罗浮锥、杜英、南酸枣、鳖蕸锥、虎皮楠、贵州石楠、马尾松、树参、猴欢喜、中华杜英、细柄蕈树、毛竹、毛锥、木荷、赤杨叶、山杜英、

图 5-6-78　港柯林林内结构（大仙峰）

福建青冈、黄绒润楠、密花树等。灌木层尖连蕊茶占优势，常见种类还有山血丹、山矾、乌药、柏拉木、刺毛杜鹃、毛果杜鹃、百两金、鼠刺、江南越桔、檵木、毛柄连蕊茶、轮叶蒲桃、石斑木、罗伞树、林氏绣球、白花苦灯笼、乌药、石斑木、粗叶木、毛冬青等。草本层稀疏，以华中瘤足蕨为主，其他常见种类有金毛狗、狗脊、福建观音座莲、淡竹叶、黑足鳞毛蕨、多羽复叶耳蕨、华山姜、光里白、山类芦、蕨、薹草属1种等。层间植物有尖叶菝葜、藤黄檀、玉叶金花、瓜馥木、网脉酸藤子、木通、络石和流苏子。

图 5-6-79　港柯（*Lithocarpus harlandii*）

37. 烟斗柯林

　　烟斗柯是偏温性的树种，分布于南亚热带山地疏林中，一般为常绿阔叶林的伴生树种，较少成为建群种，局部形成以烟斗柯为建群种的常绿阔叶林。在福建见于武平、德化。群落外貌整齐，林内结构简单。在福建调查到 1 个群丛。

代表性样地设在福建梁野山国家级自然保护区内的云礤至梁野山寺的路边山地。土壤为山地黄壤，土层厚0.2—0.7m，表土层为壤土、多孔隙。群落类型为烟斗柯–细齿叶柃–狗脊群丛。群落总盖度约90%。乔木层高 3—6m，在4个100m²面积中共有乔木4种、立木78株，建群种烟斗柯51株、重要值达174.05，伴生木荷、油茶、江南越桔等。灌木层平均高1.5m，以细齿叶柃为主，其他常见种类有马银花、满山红、窄基红褐柃、朱砂根，以及木荷、黄牛奶树等的幼苗和幼树。草本层稀疏，狗脊居多，另有牯岭藜芦、淡竹叶、芒萁、蛇足石杉等。层间植物有石松、菝葜和胡颓子（表5-6-15）。

表5-6-15　烟斗柯–细齿叶柃–狗脊群落样方表

种名	株数	Drude 多度	样方数	相对多度 /%	相对频度 /%	相对显著度 /%	多频度	重要值
乔木层								
烟斗柯 Lithocarpus corneus	51		4	65.39	30.77	77.89		174.05
木荷 Schima superba	20		4	25.64	30.77	19.23		75.64
油茶 Camellia oleifera	5		3	6.41	23.08	1.75		31.24
江南越桔 Vaccinium mandarinorum	2		2	2.56	15.38	1.13		19.07
灌木层								
细齿叶柃 Eurya nitida	22		4	15.28	9.09		24.37	
马银花 Rhododendron ovatum	19		4	13.19	9.09		22.29	
满山红 Rhododendron mariesii	16		4	11.11	9.09		20.20	
木荷 Schima superba	15		4	10.42	9.09		19.51	
黄牛奶树 Symplocos cochinchinensis var. laurina	12		4	8.33	9.09		17.42	
窄基红褐柃 Eurya rubiginosa var. attenuata	11		4	7.64	9.09		16.73	
东方古柯 Erythroxylum kunthianum	9		4	6.25	9.09		15.34	
朱砂根 Ardisia crenata	8		4	5.56	9.09		14.65	
油茶 Camellia oleifera	11		3	7.64	6.82		14.46	
山莓 Rubus corchorifolius	5		3	3.47	6.82		10.29	
毛瑞香 Daphne kiusiana var. atrocaulis	7		2	4.86	4.55		9.41	
杜鹃 Rhododendron simsii	6		2	4.17	4.55		8.71	
青榨槭 Acer davidii	3		2	2.08	4.55		6.63	
层间植物								
石松 Lycopodium japonicum	22		4	55.00	40.00		95.00	
菝葜 Smilax china	13		4	32.50	40.00		72.50	
胡颓子 Elaeagnus pungens	5		2	12.50	20.00		32.50	
草本层								
狗脊 Woodwardia japonica		Cop1	4		20.00			
牯岭藜芦 Veratrum schindleri		Sp	4		20.00			
淡竹叶 Lophatherum gracile		Sp	4		20.00			
芒萁 Dicranopteris pedata		Sol	3		15.00			
蛇足石杉 Huperzia serrata		Sol	3		15.00			
隔山香 Ostericum citriodorum		Un	2		10.00			

注：调查时间 2001 年 5 月 5 日，地点梁野山云礤至梁野山寺山地（海拔 1150m），陈鹭真、梁洁记录。

38. 闽楠林

闽楠为稀有种，分布于广东、广西、贵州、湖南、湖北、福建、江西、浙江。在福建政和、泰宁、明溪、沙县、延平、漳平、长汀等县市区都有以闽楠为建群种形成的常绿阔叶林（图5-6-80）。群落外貌整齐（图5-6-81、图5-6-82），林内结构简单（图5-6-83、图5-6-84）。在福建调查到6个群丛。

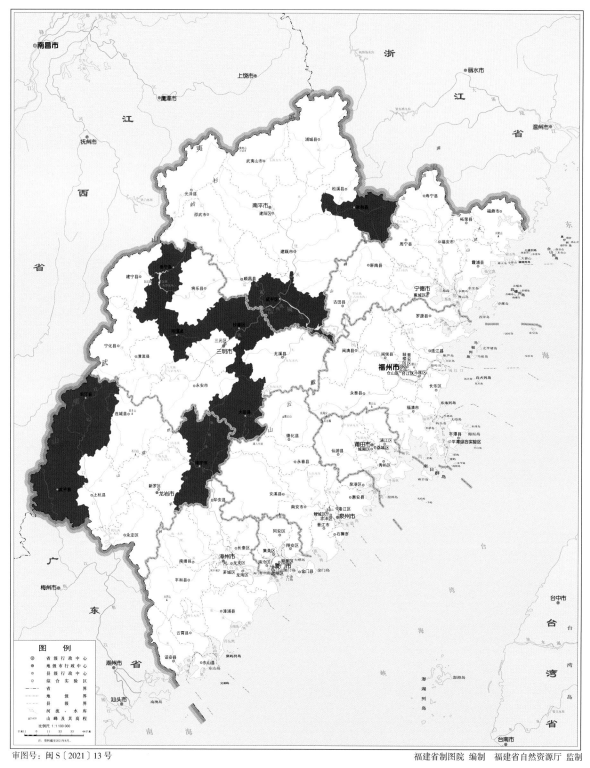

审图号：闽S〔2021〕13号　　　　　　　　　　　　福建省制图院 编制　福建省自然资源厅 监制

图 5-6-80　闽楠林分布图

图 5-6-81　闽楠林群落外貌（明溪）

图 5-6-82　闽楠林群落外貌（政和）

图 5-6-83　闽楠林林内结构（泰宁）

图 5-6-84　闽楠林林内结构（政和）

　　代表性样地设在泰宁世界自然遗产地内的红石沟海拔450m的沟谷中。土壤为紫色土。群落类型为闽楠-杜茎山-单叶对囊蕨群丛。乔木层高30m，闽楠（图5-6-85）占优势。在100m²的样方中有闽楠16株，平均胸径27cm；有少数杨梅叶蚊母树和福建含笑，以及苦槠、南方红豆杉、薄叶润楠、棕桐、黄杞、枫香树、狗骨柴等。灌木层种类多而稀疏，高度1.0—1.5m，杜茎山占优势，其他种类有草珊瑚、鼠刺、红皮糙果茶、朱砂根、日本粗叶木、杂色榕、落萼叶下珠、贵州石楠、光叶山矾、豆腐柴，以及南方红豆杉、狗骨柴、棕桐、穗序鹅掌柴、蓝果树、黄杞、树参、木荷、薄叶润楠、福建含笑、苦槠、沉水樟、枫香树、赤杨叶等的幼苗和幼树；非样地闽楠林也常见毛柄连蕊茶、红紫珠、毛冬青、窄基红褐栲、山鸡椒、白背瑞木、野鸦椿、赤楠、乌药、猴欢喜、毛锥、野漆、杨梅叶蚊母树、栲、甜槠等。草本层稀疏，高0.6—1.2m，以单叶对囊蕨为主，其他常见种类有狗脊、江南卷柏、山麦冬、傅氏凤尾蕨、江南星蕨、淡竹叶、山姜、刺头复叶耳蕨、凤丫蕨、短毛金线草、半边旗（*Pteris semipinnata*）、珠芽狗脊、华南毛蕨等；非样地闽楠林地常见赤车（*Pellionia radicans*）、深绿卷柏、线蕨等。层间植物种类很丰富，有亮叶鸡血藤、网络鸡血藤、玉叶金花、黑老虎、白花油麻藤（*Mucuna birdwoodiana*）、络石、海金沙、薜荔等（表5-6-16）；非样地闽楠林也常见尾叶那藤、羊乳、大血藤、钩刺雀梅藤、厚叶铁线莲（*Clematis crassifolia*）、藤槐（*Bowringia callicarpa*）、乌蔹莓、显齿蛇葡萄、忍冬、葡蟠等。

图5-6-85　闽楠（*Phoebe bournei*）

表5-6-16　闽楠-杜茎山-单叶对囊蕨群落样方表

种名	株数	Drude 多度	样方数	相对多度 /%	相对频度 /%	相对显著度 /%	多频度	重要值
乔木层								
闽楠 *Phoebe bournei*	39		4	33.62	18.19	44.92		96.73
杨梅叶蚊母树 *Distylium myricoides*	7		4	6.03	18.19	8.64		32.86
福建含笑 *Michelia fujianensis*	5		3	4.31	13.64	3.65		21.60
苦槠 *Castanopsis sclerophylla*	1		1	0.86	4.55	15.56		20.97
南方红豆杉 *Taxus wallichiana* var. *mairei*	1		1	0.86	4.55	1.23		6.64
薄叶润楠 *Machilus leptophylla*	1		1	0.86	4.55	0.85		6.26
棕榈 *Trachycarpus fortunei*	1		1	0.86	4.55	0.20		5.61
黄杞 *Engelhardtia roxburghiana*	1		1	0.86	4.55	0.13		5.54
枫香树 *Liquidambar formosana*	1		1	0.86	4.55	0.13		5.54
狗骨柴 *Diplospora dubia*	1		1	0.86	4.55	0.06		5.47
灌木层								
杜茎山 *Maesa japonica*	28		4	7.89	3.54		11.43	
草珊瑚 *Sarcandra glabra*	21		4	5.92	3.54		9.46	
杂色榕 *Ficus variegata*	18		4	5.07	3.54		8.61	
鼠刺 *Itea chinensis*	16		4	4.51	3.54		8.05	
南方红豆杉 *Taxus wallichiana* var. *mairei*	15		4	4.22	3.54		7.76	
黄杞 *Engelhardtia roxburghiana*	15		4	4.22	3.54		7.76	
朱砂根 *Ardisia crenata*	15		4	4.22	3.54		7.76	
红凉伞 *Ardisia crenata* var. *bicolor*	13		4	3.66	3.54		7.20	

续表

种名	株数	Drude多度	样方数	相对多度/%	相对频度/%	相对显著度/%	多频度	重要值
苦槠 Castanopsis sclerophylla	12		4	3.38	3.54		6.92	
红皮糙果茶 Camellia crapnelliana	12		4	3.38	3.54		6.92	
豆腐柴 Premna microphylla	15		3	4.22	2.65		6.87	
蓝果树 Nyssa sinensis	11		4	3.10	3.54		6.64	
日本粗叶木 Lasianthus japonicus	14		3	3.95	2.65		6.60	
九管血 Ardisia brevicaulis	13		3	3.66	2.65		6.31	
薄叶润楠 Machilus leptophylla	9		4	2.54	3.54		6.08	
尖连蕊茶 Camellia cuspidata	12		3	3.38	2.65		6.03	
狗骨柴 Diplospora dubia	11		3	3.10	2.65		5.75	
光叶山矾 Symplocos lancifolia	11		3	3.10	2.65		5.75	
枫香树 Liquidambar formosana	7		4	1.97	3.54		5.51	
福建含笑 Michelia fujianensis	10		3	2.82	2.65		5.47	
棕榈 Trachycarpus fortunei	6		4	1.69	3.54		5.23	
沉水樟 Cinnamomum micranthum	7		3	1.97	2.65		4.62	
穗序鹅掌柴 Schefflera delavayi	7		3	1.97	2.65		4.62	
笔罗子 Meliosma rigida	6		3	1.69	2.65		4.34	
冬青属 1 种 Ilex sp.	6		3	1.69	2.65		4.34	
水团花 Adina pilulifera	5		3	1.41	2.65		4.06	
石楠 Photinia serrulata	5		3	1.41	2.65		4.06	
贵州石楠 Photinia bodinieri	4		3	1.13	2.65		3.78	
落萼叶下珠 Phyllanthus flexuosus	4		3	1.13	2.65		3.78	
赤楠 Syzygium buxifolium	7		2	1.97	1.77		3.74	
木荷 Schima superba	6		2	1.69	1.77		3.46	
树参 Dendropanax dentiger	5		2	1.41	1.77		3.18	
秤星树 Ilex asprella	3		1	0.85	0.88		1.73	
栓叶安息香 Styrax suberifolius	2		1	0.56	0.88		1.44	
赤杨叶 Alniphyllum fortunei	1		1	0.28	0.88		1.16	
青榨槭 Acer davidii	1		1	0.28	0.88		1.16	
南方荚蒾 Viburnum fordiae	1		1	0.28	0.88		1.16	
白花苦灯笼 Tarenna mollissima	1		1	0.28	0.88		1.16	
层间植物								
倒卵叶野木瓜 Stauntonia obovata	13		4	17.57	11.43		29.00	
玉叶金花 Mussaenda pubescens	11		4	14.86	11.43		26.29	
网络鸡血藤 Callerya reticulata	10		4	13.51	11.43		24.94	
海金沙 Lygodium japonicum	9		4	12.16	11.43		23.59	
黑老虎 Kadsura coccinea	7		4	9.46	11.43		20.89	
薜荔 Ficus pumila	6		4	8.11	11.43		19.54	
亮叶鸡血藤 Callerya nitida	5		3	6.76	8.57		15.33	
尖叶菝葜 Smilax arisanensis	5		3	6.76	8.57		15.33	
络石 Trachelospermum jasminoides	4		2	5.41	5.71		11.12	
寒莓 Rubus buergeri	3		2	4.05	5.71		9.76	

续表

种名	株数	Drude 多度	样方数	相对多度 /%	相对频度 /%	相对显著度 /%	多频度	重要值
白花油麻藤 *Mucuna birdwoodiana*	1		1	1.35	2.86		4.21	
草本层								
单叶对囊蕨 *Deparia lancea*		Cop1	4		6.90			
狗脊 *Woodwardia japonica*		Sp	4		6.90			
刺头复叶耳蕨 *Arachniodes aristata*		Sp	4		6.90			
淡竹叶 *Lophatherum gracile*		Sp	4		6.90			
江南卷柏 *Selaginella moellendorffii*		Sp	4		6.90			
华南毛蕨 *Cyclosorus parasiticus*		Sol	4		6.90			
江南星蕨 *Microsorum fortunei*		Sol	4		6.90			
山姜 *Alpinia japonica*		Sol	4		6.90			
傅氏凤尾蕨 *Pteris fauriei*		Sp	3		5.17			
半边旗 *Pteris semipinnata*		Sp	3		5.17			
短毛金线草 *Antenoron neofiliforme*		Sp	3		5.17			
莎草属 1 种 *Cyperus* sp.		Sp	3		5.17			
凤丫蕨 *Coniogramme japonica*		Sol	3		5.17			
边缘鳞盖蕨 *Microlepia marginata*		Sol	3		5.17			
深绿卷柏 *Selaginella doederleinii*		Sp	2		3.44			
山麦冬 *Liriope spicata*		Sp	2		3.44			
土牛膝 *Achyranthes aspera*		Sol	2		3.44			
珠芽狗脊 *Woodwardia prolifera*		Sol	1		1.73			
里白 *Diplopterygium glaucum*		Sol	1		1.73			

注：调查时间 2009 年 8 月 22 日，地点泰宁红石沟（海拔 450m），吕静记录。

39. 紫楠林

紫楠分布于长江流域及以南地区，在局部沟谷形成小面积以紫楠为建群种的常绿阔叶林。在福建分布于闽西至闽北。群落外貌整齐，林内结构简单。在泰宁世界自然遗产地调查到 1 个群丛。

代表性样地设在泰宁世界自然遗产地内的许坊水库边海拔 350m 的峡谷中。土壤为紫色土。群落类型为紫楠-杜茎山-细裂复叶耳蕨群丛。乔木层以紫楠为建群种，其平均高 7m、平均胸径 7cm，伴生薄叶润楠。灌木层杜茎山为优势种，其他常见种类仅见日本粗叶木、短梗大参（*Macropanax rosthornii*），以及长叶榧树的幼树。草本层盖度 5%—10%，细裂复叶耳蕨（*Arachniodes coniifolia*）占优势，其他草本植物有北川细辛、狭翅铁角蕨、线蕨、山姜、蝴蝶花、杜若（*Pollia japonica*）等。

40. 刨花润楠林

刨花润楠分布于浙江、福建、江西、湖南、广东、广西等地。在福建武夷山国家公园，以及延平、邵武形成以刨花润楠为建群种的常绿阔叶林。群落外貌整齐（图 5-6-86），林内结构复杂。在福建调查到 1 个群丛。

图5-6-86 刨花润楠林群落外貌(武夷山)

代表性样地设在邵武市龙湖林场。土壤为红壤。群落类型为刨花润楠-杜茎山-狗脊群丛。乔木层以刨花润楠(图5-6-87、图5-6-88)为建群种,其他常见种类有甜槠、栲、南酸枣、小果山龙眼、杨桐等。灌木层杜茎山占优势,其他常见种类有细枝柃、锐尖山香圆、白花苦灯笼、轮叶蒲桃、海金

图5-6-87 刨花润楠(*Machilus pauhoi*)(1)

图5-6-88 刨花润楠(*Machilus pauhoi*)(2)

子、草珊瑚，以及小果山龙眼、日本杜英、黄丹木姜子的幼树等。草本层植物较多，主要有狗脊、半边旗、见血青、淡竹叶、日本蛇根草、山姜等。层间植物有网脉酸藤子、三叶崖爬藤、瓜馥木、日本薯蓣（*Dioscoria japonica*）等。

41. 茫荡山润楠林

茫荡山润楠（*Machilus mangdangshanensis*）仅见福建茫荡山国家级自然保护区，为福建特有种，在局部保存了一定面积的原生性茫荡山润楠林。群落外貌整齐，林内结构简单。在福建调查到3个群丛。

代表性样地设在福建茫荡山国家级自然保护区内的石佛山海拔200—300m的沟谷中。土壤为红壤，土壤肥沃。群落类型为茫荡山润楠–罗伞树–线蕨群丛。群落总盖度100%。乔木层以茫荡山润楠为建群种，其树干通直，高达25m，胸径6—40cm，密度达每100m² 7株，其他种类有硬壳桂、尖尾榕（*Ficus langkokensis*）。灌木层以罗伞树为主，平均高3.2m，其他常见种类有柏拉木、虎舌红、尖连蕊茶、九节龙、山血丹、杜茎山、粗叶榕、白花灯笼、林氏绣球等，以及密花树、尖尾榕、亮叶猴耳环、黧蒴锥、硬壳桂、小果山龙眼、短梗幌伞枫、茜树等的幼树。草本层线蕨占优势，高0.3—1.5m，还有金毛狗、深绿卷柏、淡竹叶、江南星蕨、倒挂铁角蕨、山姜、刺头复叶耳蕨等。层间植物丰富，有网络鸡血藤、络石、网脉酸藤子、三叶崖爬藤、瓜馥木、当归藤、玉叶金花、显齿蛇葡萄等（表5-6-17）。

表5-6-17 茫荡山润楠–罗伞树–线蕨群落样方表

种名	株数	Drude多度	样方数	相对多度/%	相对频度/%	相对显著度/%	多频度	重要值
乔木层								
茫荡山润楠 *Machilus mangdangshanensis*	29		4	61.70	36.36	86.23		184.30
硬壳桂 *Cryptocarya chingii*	13		4	27.66	36.36	11.91		75.93
尖尾榕 *Ficus langkokensis*	5		3	10.64	27.27	1.86		39.77
灌木层								
罗伞树 *Ardisia quinquegona*	47		3	13.43	4.62		18.05	
柏拉木 *Blastus cochinchinensis*	36		4	10.28	6.15		16.43	
尖连蕊茶 *Camellia cuspidata*	33		4	9.43	6.15		15.58	
硬壳桂 *Cryptocarya chingii*	27		4	7.71	6.15		13.86	
林氏绣球 *Hydrangea lingii*	26		4	7.43	6.15		13.58	
杜茎山 *Maesa japonica*	28		2	8.00	3.08		11.08	
九节龙 *Ardisia pusilla*	17		4	4.86	6.15		11.01	
密花树 *Myrsine seguinii*	22		3	6.28	4.62		10.90	
茫荡山润楠 *Machilus mangdangshanensis*	16		4	4.57	6.15		10.72	
黧蒴锥 *Castanopsis fissa*	15		4	4.28	6.15		10.43	
尖尾榕 *Ficus langkokensis*	19		3	5.43	4.62		10.05	
粗叶榕 *Ficus hirta*	9		4	2.57	6.15		8.72	
亮叶猴耳环 *Archidendron lucidum*	7		4	2.00	6.15		8.15	
小果山龙眼 *Helicia cochinchinensis*	7		4	2.00	6.15		8.15	
山血丹 *Ardisia lindleyana*	12		3	3.43	4.62		8.05	
茜树 *Aidia cochinchinensis*	10		3	2.86	4.62		7.48	

续表

种名	株数	Drude多度	样方数	相对多度/%	相对频度/%	相对显著度/%	多频度	重要值
虎舌红 *Ardisia mamillata*	8		3	2.29	4.62		6.91	
桫椤 *Alsophila spinulosa*	7		3	2.00	4.62		6.62	
短梗幌伞枫 *Heteropanax brevipedicellatus*	3		1	0.86	1.54		2.40	
白花灯笼 *Clerodendrum fortunatum*	1		1	0.29	1.54		1.83	
层间植物								
瓜馥木 *Fissistigma oldhamii*	9		4	16.98	17.38		34.36	
尖叶菝葜 *Smilax arisanemsis*	8		4	15.09	17.38		32.47	
三叶崖爬藤 *Tetrastigma hemsleyanum*	7		3	13.21	13.04		26.25	
网络鸡血藤 *Callerya reticulata*	6		2	11.32	8.70		20.02	
长叶酸藤子 *Embelia longifolia*	5		2	9.43	8.70		18.13	
显齿蛇葡萄 *Ampelopsis grossedentata*	4		2	7.55	8.70		16.25	
流苏子 *Coptosapelta diffusa*	4		2	7.55	8.70		16.25	
络石 *Trachelospermum jasminoides*	4		1	7.55	4.35		11.90	
网脉酸藤子 *Embelia rudis*	3		1	5.66	4.35		10.01	
玉叶金花 *Mussaenda pubescens*	2		1	3.77	4.35		8.12	
当归藤 *Embelia parvifolia*	1		1	1.89	4.35		6.24	
草本层								
线蕨 *Colysis elliptica*		Sp	4		9.52			
金毛狗 *Cibotium barometz*		Sol	4		9.52			
倒挂铁角蕨 *Asplenium normale*		Sol	4		9.52			
狗脊 *Woodwardia japonica*		Sol	4		9.52			
山姜 *Alpinia japonica*		Sol	4		9.52			
刺头复叶耳蕨 *Arachniodes aristata*		Sol	4		9.52			
条裂三叉蕨 *Tectaria phaeocaulis*		Sol	3		7.15			
中华锥花 *Gomphostemma chinensis*		Sol	3		7.15			
深绿卷柏 *Selaginella doederleinii*		Sol	3		7.15			
北京铁角蕨 *Asplenium pekinense*		Sol	2		4.76			
江南星蕨 *Neolepisorus fortunei*		Sol	2		4.76			
鳞毛蕨属 1 种 *Dryopteris* sp.		Un	1		2.38			
福建观音座莲 *Angiopteris fokiensis*		Un	1		2.38			
淡竹叶 *Lophatherum acile*		Un	1		2.38			
南平过路黄 *Lysimachia nanpingensis*		Un	1		2.38			
傅氏凤尾蕨 *Pteris fauriei*		Sol	1		2.38			

注：调查时间 2002 年 8 月 12 日，地点茫荡山石佛山（海拔 200—300m），陈鹭真记录。

42. 红楠林

红楠为樟科润楠属的常绿乔木树种，在我国主要分布在长江流域及其以南地区。在福建，红楠林分布于福建梅花山、戴云山和茫荡山国家级自然保护区。群落外貌整齐，树冠浑圆，林内结构简单。在福建调查到 4 个群丛。

代表性样地设在福建梅花山国家级自然保护区内的马坊村。土壤以黄红壤为主，土层厚薄不一。群落类型为红楠–檵木–狗脊群丛。群落总盖度约90%。乔木层以红楠（图5-6-89）为建群种，高度18—25m，常见伴生树种有甜槠、刨花润楠、木荷、杜英、栲、厚皮香、黄丹木姜子等；非样地红楠林也常见蚊母树、石楠（Photinia serrulata）、杉木、山乌桕、灯台树、南方红豆杉、山杜英、青冈、交让木等。灌木层檵木占优势，其他常见种类有鼠刺、赤楠、箬竹、朱砂根、油茶、茶梨、黄檀、杜茎山、变叶榕（Ficus varilosa）、短柱柃（Euryasa brevistyla）等，以及部分乔木层树种的

图5-6-89　红楠（Machilus thunbergii）

幼树和幼苗。草本层狗脊占优势，伴生楼梯草（Elatostema stewardii）、山麦冬、山姜、江南卷柏、长柱头薹草。层间植物有珍珠莲、络石、链珠藤、清风藤（Sabia japonica）等（表5-6-18）。

表5-6-18　红楠–檵木–狗脊群落样方表

种名	株数	Drude多度	样方数	相对多度/%	相对频度/%	相对显著度/%	多频度	重要值
乔木层								
红楠 Machilus thunbergii	24		4	42.85	12.12	68.62		123.59
鹿角锥 Castanopsis lamontii	6		4	10.71	12.12	3.81		26.64
毛锥 Castanopsis fordii	5		4	8.91	12.12	4.52		25.55
木荷 Schima superba	4		4	7.13	12.12	3.27		22.52
杜英 Elaeocarpus decipiens	2		2	3.57	6.06	3.95		13.58
栲 Castanopsis fargesii	2		2	3.57	6.06	3.91		13.54
厚皮香 Ternstroemia gymnanthera	2		2	3.57	6.06	3.79		13.42
甜槠 Castanopsis eyrei	1		1	1.79	3.03	1.33		6.15
黄丹木姜子 Litsea elongate	1		1	1.79	3.03	0.93		5.75
红毒茴 Illicium lanceolatum	1		1	1.79	3.03	0.89		5.71
虎皮楠 Daphniphyllum oldnamii	1		1	1.79	3.03	0.89		5.71
密花树 Myrsine seguinii	1		1	1.79	3.03	0.76		5.58
米槠 Castanopsis carlesii	1		1	1.79	3.03	0.75		5.57
木蜡树 Toxiocodendron sylvestre	1		1	1.79	3.03	0.69		5.51
刨花润楠 Machilus pauhoi	1		1	1.79	3.03	0.54		5.36
马尾松 Pinus massoniana	1		1	1.79	3.03	0.46		5.28
树参 Dendropanax dentiger	1		1	1.79	3.03	0.45		5.27
笔罗子 Meliosma rigida	1		1	1.79	3.03	0.44		5.26
灌木层								
檵木 Loropetalum chinense	12		4	19.05	8.00		27.05	
木荷 Schima superba	7		4	11.11	8.00		19.11	
鼠刺 Itea chinensis	5		4	7.93	8.00		15.93	
赤楠 Syzygium buxifolium	5		4	7.93	8.00		15.93	

续表

种名	株数	Drude多度	样方数	相对多度/%	相对频度/%	相对显著度/%	多频度	重要值
箬竹 *Indocalamus tessellatus*	4		4	6.34	8.00		14.34	
红楠 *Machilus thunbergii*	3		3	4.76	6.00		10.76	
朱砂根 *Ardisia crenata*	3		3	4.76	6.00		10.76	
油茶 *Camellia oilfera*	2		2	3.17	4.00		7.17	
茶梨 *Anneslea fragrans*	2		2	3.17	4.00		7.17	
黄檀 *Dalbergia hupeana*	2		2	3.17	4.00		7.17	
杜茎山 *Maesa japonica*	2		2	3.17	4.00		7.17	
变叶榕 *Ficus varilosa*	1		1	1.59	2.00		3.59	
短柱柃 *Eurya brevistyla*	1		1	1.59	2.00		3.59	
鹿角锥 *Castanopsis lamontii*	1		1	1.59	2.00		3.59	
毛锥 *Castanopsis fordii*	1		1	1.59	2.00		3.59	
杜英 *Elaeocarpus decipiens*	1		1	1.59	2.00		3.59	
栲 *Castanopsis fargesii*	1		1	1.59	2.00		3.59	
厚皮香 *Ternstroemia gymnanthera*	1		1	1.59	2.00		3.59	
甜槠 *Castanopsis eyrei*	1		1	1.59	2.00		3.59	
黄丹木姜子 *Litsea elongate*	1		1	1.59	2.00		3.59	
红毒茴 *Illicium lanceolatum*	1		1	1.59	2.00		3.59	
虎皮楠 *Daphniphyllum oldnamii*	1		1	1.59	2.00		3.59	
密花树 *Myrsine seguinii*	1		1	1.59	2.00		3.59	
米槠 *Castanopsis carlesii*	1		1	1.59	2.00		3.59	
木蜡树 *Toxiocodendron sylvestre*	1		1	1.59	2.00		3.59	
刨花润楠 *Machilus pauhoi*	1		1	1.59	2.00		3.59	
树参 *Dendropanax dentiger*	1		1	1.59	2.00		3.59	
层间植物								
清风藤 *Sabia japonica*	8		4	22.85	16.67		39.52	
珍珠莲 *Ficus sarmentosa*	6		4	17.14	16.67		33.81	
络石 *Trachelospermum jasminoides*	5		4	14.29	16.67		30.96	
玉叶金花 *Mussaenda pubescens*	5		4	14.29	16.67		30.96	
流苏子 *Coptosapelta diffusa*	5		3	14.29	12.50		26.79	
链珠藤 *Alyxia sinensis*	3		2	8.57	8.33		16.90	
南蛇藤 *Celastrus orbiculatus*	2		2	5.71	8.33		14.04	
牛尾菜 *Smilax riparia*	1		1	2.86	4.16		7.03	
草本层								
狗脊 *Woodwardia japanica*		Soc	4		21.05			
楼梯草 *Elatostema stewardii*		Cop1	4		21.05			
山麦冬 *Liriope spicata*		Sp	3		15.79			
山姜 *Alpinia japonica*		Sp	3		15.79			
江南卷柏 *Selaginella moellendorfii*		Sp	3		15.79			
长柱头薹草 *Carex teinogyna*		Sp	2		10.53			

注：调查时间 2006 年 8 月 18 日，地点梅花山马坊（海拔 1050m），江伟程记录。

43. 薄叶润楠林

薄叶润楠分布于福建、浙江、江苏、湖南、广东、广西、贵州，较少成林。在福建泰宁世界自然遗产地和邵武将石省级自然保护区分布小面积的薄叶润楠林。群落外貌整齐，林内结构简单。在福建调查到2个群丛。

代表性样地设在邵武将石省级自然保护区内海拔450m的沟谷内。土壤为粗骨性红壤，土层较厚，表土层为壤土、多孔隙。群落类型为薄叶润楠-托竹-盾蕨群丛。群落总盖度约95%。乔木层以薄叶润楠为建群种，伴生山杜英。灌木层托竹（*Pseudosasa cantorii*）占优势，伴生种类有矮小天仙果、杂色榕、杜茎山和疏花卫矛。草本层稀疏，盾蕨占优势，另有阔叶短肠蕨、江南卷柏、北川细辛、赤车、线蕨、背囊复叶耳蕨、金钱蒲（*Acorus gramineus*）、厚叶双盖蕨（*Diplazium crassiusculum*）等。层间植物有忍冬、链珠藤、尖叶菝葜、野木瓜、网脉酸藤子、地锦、亮叶鸡血藤、流苏子等。

44. 硬壳桂林

硬壳桂是偏热性的树种，分布于广东、广西、福建、江西、浙江等地湿润的山地林中，一般为常绿阔叶林的伴生树种，较少成为建群种。在福建茫荡山国家级自然保护区有一定面积的原生性的硬壳桂林。群落外貌整齐，林内结构复杂。在福建调查到4个群丛。

代表性样地设在福建茫荡山国家级自然保护区内的龙盘下海拔250—350m的沟谷中。土壤为红壤，土壤肥沃。群落类型为硬壳桂-山血丹-条裂三叉蕨群丛。群落总盖度100%。乔木层以硬壳桂为主，其树干通直，高达25m、平均胸径37cm，伴生树种有黄枝润楠、山杜英、白花龙。灌木层以山血丹为主，平均高1.1m，其他常见种类有罗伞树、柏拉木、狗骨柴、紫金牛、虎舌红、毛冬青、五月茶、杨桐、鼠刺、毛柄连蕊茶、杜茎山、粗叶榕、白花苦灯笼、栀子、水团花、华南蒲桃、谷木叶冬青、草珊瑚、大叶白纸扇、林氏绣球等，以及细柄蕈树、黄杞、牛耳枫、鳞斗锥、毛锥、贵州石楠、黄绒润楠、木荷、木荚红豆、茜树的幼树。草本层条裂三叉蕨（*Tectaria phaeocaulis*）占优势，高0.4—1.3m，还有金毛狗、华山姜、狭翅铁角蕨、深绿卷柏、淡竹叶、线蕨、江南星蕨、倒挂铁角蕨、刺头复叶耳蕨等。层间植物丰富，有藤黄檀、网络鸡血藤、络石、网脉酸藤子、三叶崖爬藤、瓜馥木等。

45. 观光木林

观光木主要分布于广东、广西、江西、福建、海南、云南，多零散生长于海拔400m以下的沟谷林中或山坡林缘，局部可以形成以观光木为建群种的常绿阔叶林。在建瓯、武平、明溪、顺昌都有观光木林（图5-6-90）。群落外貌整齐，树冠浑圆，林内结构复杂，层次不明显（图5-6-91、图5-6-92）。群落中观光木和其他树种粗大。虽然地处中亚热带，但林内结构与植物区系组成上颇有南亚热带季风常绿阔叶林的特征，如较多的藤本植物、高大的草本植物，以及较多紫金牛科、茜草科、番荔枝科等热性的植物种类。在福建调查到8个群丛。

代表性样地设在武平县武东镇美和村附近。土壤为红壤，土层厚0.9—1.5m，表土层为壤土、多孔隙。群落类型为观光木-苦竹-金毛狗群丛。群落总盖度约95%。在4个500m²面积中有乔木6种、立木20株，其中观光木（图5-6-93）居多，有11株。乔木层高3—30m，可以分为2个亚层：第一亚层

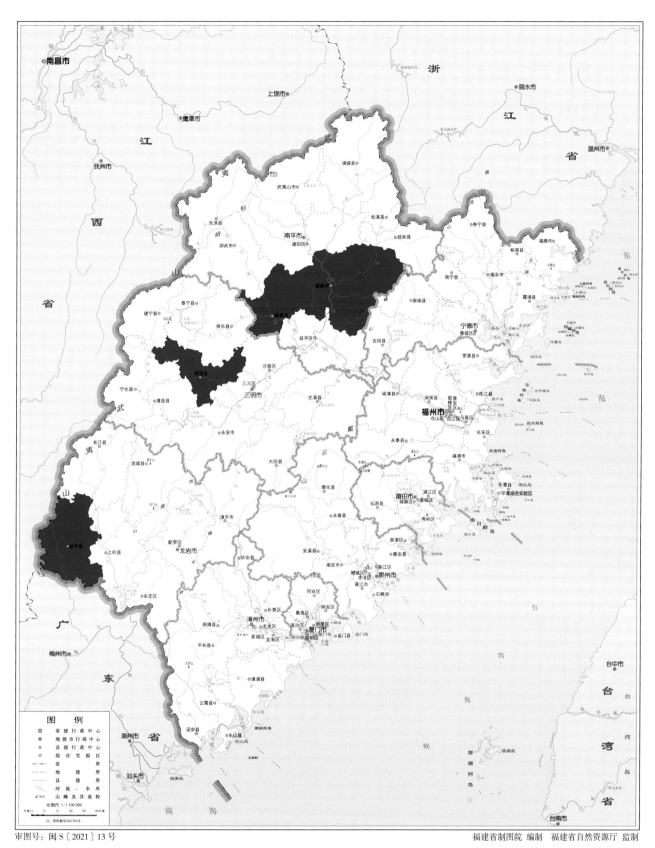

图 5-6-90 观光木林分布图

审图号：闽 S〔2021〕13 号 　　　　　　　　　　福建省制图院 编制　福建省自然资源厅 监制

图 5-6-91 观光木林林内结构（君子峰）

图 5-6-92 观光木林林内结构（明溪）

高 20—30m，由 11 株观光木和 1 株大叶苦柯（*Lithocarpus paihengii*）构成，其平均胸径为 69cm，最大的一株观光木胸径达 115cm，观光木的重要值高达 184.06；第二亚层高 5—11m，有大叶苦柯、木荚红豆、鼠刺、牛矢果（*Osmanthus matsumuranus*）、樟叶泡花树（*Meliosma squamulata*）。灌木层以苦竹为主，还有鼠刺、柳叶毛蕊茶、山血丹、中华杜英、栀子、草珊瑚、冬青等，以及观光木、绒毛润楠、树参、黄杞、绢毛杜英等的幼苗和幼树。草本层稀疏，以金毛狗居多，另有狗脊、黑足鳞毛蕨、深绿卷柏、淡竹叶、扇叶铁线蕨等。层间植物有香港瓜馥木（*Fissistigma uonicum*）、杖藤、木通等（表 5-6-19）。

图 5-6-93　观光木（*Mchelia odora*）

表5-6-19　观光木–苦竹–金毛狗群落样方表

种名	株数	Drude 多度	样方数	相对多度 /%	相对频度 /%	相对显著度 /%	多频度	重要值
乔木层								
观光木 *Michelia odora*	11		4	55.00	36.37	92.69		184.06
大叶苦柯 *Lithocarpus paihengii*	5		3	25.00	27.27	6.02		58.29
木荚红豆 *Ormosia xylocarpa*	1		1	5.00	9.09	0.59		14.68
鼠刺 *Itea chinensis*	1		1	5.00	9.09	0.35		14.44
牛矢果 *Osmanthus matsumuranus*	1		1	5.00	9.09	0.19		14.28
樟叶泡花树 *Meliosma squamulata*	1		1	5.00	9.09	0.16		14.25
灌木层								
苦竹 *Pleioblastus amarus*	34		3	8.85	2.86		11.71	
观光木 *Tsoongiodendron odorum*	25		4	6.51	3.81		10.32	
柳叶毛蕊茶 *Camellia salicifolia*	23		4	5.99	3.81		9.80	
鼠刺 *Itea chinensis*	21		4	5.47	3.81		9.28	
山血丹 *Ardisia punctata*	21		4	5.47	3.81		9.28	
中华杜英 *Elaeocarpus chinensis*	13		4	3.39	3.81		7.20	
栀子 *Gardenia jasminoides*	15		4	3.91	3.81		7.72	
草珊瑚 *Sarcandra glabra*	15		4	3.91	3.81		7.72	
绒毛润楠 *Machilus velutina*	11		4	2.87	3.81		6.68	
杜茎山 *Maesa japonica*	14		3	3.65	2.86		6.51	
刨花润楠 *Machilus pauhoi*	10		4	2.60	3.81		6.41	
山杜英 *Elaeocarpus sylvestris*	9		4	2.35	3.81		6.16	
绢毛杜英 *Elaeocarpus nitentifolius*	12		3	3.13	2.86		5.99	
五月茶 *Antidesma bunius*	12		3	3.13	2.86		5.99	
虎舌红 *Ardisia mamillata*	11		3	2.87	2.86		5.73	

续表

种名	株数	Drude 多度	样方数	相对多度 /%	相对频度 /%	相对显著度 /%	多频度	重要值
白木乌桕 Neoshirakia japonica	7		4	1.82	3.81		5.63	
黄杞 Engelhardia roxburghiana	9		3	2.35	2.86		5.21	
笔罗子 Meliosma rigida	7		3	1.82	2.86		4.68	
香楠 Randia canthioides	7		3	1.82	2.86		4.68	
冬青 Ilex chinensis	7		3	1.82	2.86		4.68	
猴欢喜 Sloanea sinensis	7		3	1.82	2.86		4.68	
建润楠 Machilus oreophila	7		3	1.82	2.86		4.68	
粗叶木 Lasianthus chinensis	7		3	1.82	2.86		4.68	
木荷 Schima superba	9		2	2.35	1.90		4.25	
毛鳞省藤 Calamus thysanolepis	5		3	1.30	2.86		4.16	
轮叶蒲桃 Syzygium grijsii	8		2	2.08	1.90		3.98	
淋漓锥 Castanopsis uraiana	7		2	1.82	1.90		3.72	
红紫珠 Callicarpa rubella	7		2	1.82	1.90		3.72	
木荚红豆 Ormosia xylocarpa	6		2	1.56	1.90		3.46	
牛矢果 Osmanthus matsumuranus	3		2	0.78	1.90		2.68	
榄叶柯 Lithocarpus oleifolius	2		2	0.52	1.90		2.42	
短梗幌伞枫 Heteropanax brevipedicellatus	5		1	1.30	0.95		2.25	
杨桐 Adinandra millettii	5		1	1.30	0.95		2.25	
白花龙 Styrax confusa	5		1	1.30	0.95		2.25	
老鸦糊 Callicarpa giraldii	4		1	1.04	0.95		1.99	
山乌桕 Triadica cochinchinensis	4		1	1.04	0.95		1.99	
树参 Dendropanax dentiger	4		1	1.04	0.95		1.99	
华南吴萸 Tetradium austrosinense	3		1	0.78	0.95		1.73	
白背叶 Mallotus apeltus	3		1	0.78	0.95		1.73	
层间植物								
香港瓜馥木 Fissistigma uonicum	17		4	13.39	8.89		22.27	
杖藤 Calamus rhabdocladus	14		3	11.03	6.67		17.70	
木通 Akebia quinata	10		4	7.87	8.89		16.76	
三叶崖爬藤 Tetrastigma nemsleyanum	9		4	7.09	8.89		15.98	
藤黄檀 Dalbergia Hancei	6		4	4.72	8.89		13.61	
长叶酸藤子 Embelia longifolia	12		2	9.45	4.44		13.89	
粉背菝葜 Smilax hypoglauca	8		3	6.30	6.67		12.97	
大叶白纸扇 Mussaenda esquirolii	5		3	3.94	6.67		10.61	
假鹰爪 Desmos chinensis	7		2	5.51	4.44		9.95	
厚果崖豆藤 Millettia pachycarpa	6		2	4.72	4.44		9.16	
粉叶羊蹄甲 Bauhinia glauca	6		2	4.72	4.44		9.16	
菝葜 Smilax china	6		2	4.72	4.44		9.16	
锈毛莓 Rubus reflexus	5		2	3.94	4.44		8.38	
薜荔 Ficus pumila	5		2	3.94	4.44		8.38	
网脉酸藤子 Embelia rudis	4		2	3.15	4.44		7.59	
胡颓子 Elaeagnus pungens	2		2	1.57	4.44		6.01	

续表

种名	株数	Drude 多度	样方数	相对多度 /%	相对频度 /%	相对显著度 /%	多频度	重要值
玉叶金花 *Mussaenda pubescens*	4		1	3.15	2.22		5.37	
亮叶鸡血藤 *Callerya nitida*	1		1	0.79	2.22		3.01	
草本层								
金毛狗 *Cibotium barometz*		Cop1	4		8.33			
狗脊 *Woodwardia japonica*		Cop1	4		8.33			
黑足鳞毛蕨 *Dryopteris fuscipes*		Sp	4		8.33			
深绿卷柏 *Selaginella doederleinii*		Sp	4		8.33			
淡竹叶 *Lophatherum acile*		Sp	4		8.33			
扇叶铁线蕨 *Adiantum flabellubatum*		Sol	4		8.33			
瘤足蕨 *Plagiogyria adnata*		Sp	3		6.25			
刺头复叶耳蕨 *Arachniodes aristata*		Sp	3		6.25			
梵天花 *Urena procumbens*		Sol	3		6.25			
山姜 *Alpinia japonica*		Sp	2		4.17			
花葶薹草 *Carex scaposa*		Sp	2		4.17			
背囊复叶耳蕨 *Arachniodes cavalerii*		Sp	2		4.17			
胄叶线蕨 *Colysis hemitoma*		Sol	2		4.17			
华南凤尾蕨 *Pteris austro-sinica*		Sol	2		4.17			
东方狗脊 *Woodwardia orientalis*		Un	2		4.17			
粗齿桫椤 *Alsophila denticulata*		Un	1		2.08			
黑桫椤 *Alsophila podophylla*		Un	1		2.08			
福建观音座莲 *Angiopteris fokienensis*		Un	1		2.08			

注：调查时间 2001 年 5 月 5 日，地点武平县武东镇美和村（海拔 300m），王文卿记录。

46. 深山含笑林

深山含笑系木兰科含笑属的常绿树种，分布于福建、广东、广西、湖南南部、贵州东部、浙江等地。一般散生于海拔 500—1500m 的常绿阔叶林中沟谷地或溪河边，多为伴生树种，在局部形成以深山含笑为建群种的常绿阔叶林。在福建梅花山、梁野山、闽江源国家级自然保护区有小面积深山含笑林。群落外貌整齐（图 5-6-94），林内结构复杂。在福建调查到 2 个群丛。

代表性样地设在福建梅花山国家级自然保护区内的马坊村。林地土层深厚，土壤疏松肥沃。群落类型为深山含笑–细齿叶柃–长柱头薹草群丛。群落总盖度85%—95%。乔木层高10—12m，深山含笑（图5-6-95、图5-6-96）占优势、平均胸径16.5cm，伴生鹿角锥、米槠、甜槠、厚壳桂、红楠、黄丹木姜子、树参、虎皮楠、山杜英、厚皮香、木竹子等。灌木层细齿叶柃占优势，其他常见种类有毛冬青、茶梨、鼠刺、短尾越桔、石斑木、赤楠、杜鹃、三花冬青、山鸡椒等，以及木荷、鹿角锥等部分乔木层树种的幼苗和幼树。草本层长柱头薹草占优势，常见种类还有中华里白、地菍、狗脊、华南毛蕨、长叶复叶耳蕨等。层间植物有菝葜、网络鸡血藤、珍珠莲、酸藤子、木通、流苏子等（表5-6-20）。

图 5-6-94　深山含笑林群落外貌（汀江源）

图 5-6-95　深山含笑（*Mchelia maudiae*）（1）

图 5-6-96　深山含笑（*Mchelia maudiae*）（2）

表5-6-20 深山含笑-细齿叶柃-长柱头薹草群落样方表

种名	株数	Drude多度	样方数	相对多度 /%	相对频度 /%	相对显著度 /%	多频度	重要值
乔木层								
深山含笑 Michelia maudiae	29		4	43.94	12.90	62.32		119.16
甜槠 Castanopsis eyrei	5		4	7.57	12.90	2.92		23.39
厚壳桂 Cryptocarya chinensis	4		4	6.06	12.90	2.22		21.18
鹿角锥 Castanopsis lamontii	3		3	4.55	9.67	4.46		18.68
黑壳楠 Lindera megaphylla	3		2	4.55	6.45	3.52		14.52
树参 Dendropanax dentiger	3		2	4.55	6.45	1.82		12.82
红楠 Machilus thunbergii	3		2	4.55	6.45	1.52		12.52
木竹子 Garcinia multiflora	3		2	4.55	6.45	1.50		12.50
青冈 Cyclobalanopsis glauca	3		1	4.55	3.23	2.86		10.64
厚皮香 Ternstroemia gymnanthera	2		1	3.03	3.23	3.41		9.67
黄丹木姜子 Litsea elongate	2		1	3.03	3.23	3.28		9.54
细柄蕈树 Altingia gracilipes	2		1	3.03	3.23	3.18		9.44
米槠 Castanopsis carlesii	1		1	1.51	3.23	2.14		6.88
虎皮楠 Daphniphyllum oldnamii	1		1	1.51	3.23	1.99		6.73
山杜英 Elaeocarpus sylvestris	1		1	1.51	3.23	1.72		6.46
南方红豆杉 Taxus wallichiana var. mairei	1		1	1.51	3.23	1.14		5.88
灌木层								
细齿叶柃 Eurya nitida	22		4	14.10	6.15		20.25	
毛冬青 Ilex pubescens	18		4	11.54	6.15		17.69	
茶梨 Anneslea fragrans	16		4	10.26	6.15		16.41	
三花冬青 Ilex triflora	14		4	8.98	6.15		15.13	
赤楠 Syzygium buxifolium	12		4	7.69	6.15		13.84	
南岭杜鹃 Rhododendron levinei	10		4	6.41	6.15		12.56	
短尾越桔 Vaccinium carlesii	10		4	6.41	6.15		12.56	
木荷 Schima superba	8		4	5.13	6.15		11.28	
石斑木 Rhaphiolepis indica	8		4	5.13	6.15		11.28	
穗序鹅掌柴 Schefflera delavayi	6		3	3.85	4.62		8.47	
鼠刺 Itea chinensis	5		3	3.21	4.62		7.83	
杜鹃 Rhododendron simsii	5		3	3.21	4.62		7.83	
山鸡椒 Litsea cubeba	3		2	1.92	3.08		5.00	
深山含笑 Michelia maudiae	3		2	1.92	3.08		5.00	
厚壳桂 Cryptocarya chinensis	2		2	1.28	3.08		4.36	
鹿角锥 Castanopsis lamontii	2		2	1.28	3.08		4.36	
黑壳楠 Lindera megaphylla	2		2	1.28	3.08		4.36	
黄丹木姜子 Litsea elongate	2		2	1.28	3.08		4.36	
青冈 Cyclobalanopsis glauca	2		2	1.28	3.08		4.36	
细柄蕈树 Altingia gracilipes	2		2	1.28	3.08		4.36	
厚皮香 Ternstroemia gymnanthera	1		1	0.64	1.54		2.18	
米槠 Castanopsis carlesii	1		1	0.64	1.54		2.18	
虎皮楠 Daphniphyllum oldnamii	1		1	0.64	1.54		2.18	

续表

种名	株数	Drude 多度	样方数	相对多度 /%	相对频度 /%	相对显著度 /%	多频度	重要值
山杜英 *Elaeocarpus sylvestris*	1		1	0.64	1.54		2.18	
层间植物								
酸藤子 *Embelia laeta*	18		4	30.51	16.67		47.18	
菝葜 *Smilax china*	12		4	20.34	16.67		37.01	
网络鸡血藤 *Millettia reticuiata*	10		4	16.95	16.67		33.62	
木通 *Akebia quinata*	4		3	6.78	12.50		19.28	
流苏子 *Thysanospermum diffusum*	4		3	6.78	12.50		19.28	
珍珠莲 *Ficus sarmentosa*	4		2	6.78	8.33		15.11	
南蛇藤 *Celastrus orbiculatus*	4		2	6.78	8.33		15.11	
藤黄檀 *Dalbergia hancei*	2		1	3.39	4.17		7.56	
买麻藤 *Gnetum montanum*	1		1	1.69	4.17		5.86	
草本层								
长柱头薹草 *Carex teinogyna*		Cop1	4	18.18				
中华里白 *Diplopterygium chinense*		Sp	4	18.18				
地菍 *Melastoma dodecandrum*		Sp	4	18.18				
狗脊 *Woodwardia japonica*		Sp	4	18.18				
华南毛蕨 *Cyclosrus parasiticus*		Sol	3	13.64				
长叶复叶耳蕨 *Arachniodes simplicior*		Sol	2	9.09				
淡竹叶 *Lophatherum gracile*		Sol	1	4.55				

注：调查时间 2006 年 8 月 16 日，地点梅花山马坊村（海拔 1050m），江伟程记录。

47. 乐东拟单性木兰林

乐东拟单性木兰是木兰科拟单性木兰属的常绿阔叶乔木，产于海南、广东、广西、福建、江西、湖南、贵州、浙江。《中国植被》和《福建植被》均未收录以木兰科树种为优势种的群落类型。在福建漳平市牛隔山、顺昌县七台山，以及邵武市张厝乡祝岭村等地调查到乐东拟单性木兰林（图5-6-97）。群落外貌整齐，林内结构复杂（图5-6-98）。在福建调查到 4 个群丛。

代表性样地设在漳平市新桥镇产孟村牛隔山。该样地的乐东拟单性木兰林沿山脊两侧分布，是该村的一片风水林，也是漳平市十大风水林之一，面积达数公顷，平均海拔792m。土壤为山地红壤，土层较厚。群落类型为乐东拟单性木兰–草珊瑚–里白群丛。乔木层种类丰富，平均高度为11m。在物种组成上，包含物种数较多的科有樟科、壳斗科、山茶科和茜草科。乐东拟单性木兰（图5-6-99、图5-6-100）最高的达30m，最低的幼树2.5m。组成种类还有甜槠、木荷、紫楠、黄丹木姜子、笔罗子、网脉山龙眼（*Helicia reticulata*）、鹿角锥和深山含笑等。灌木层多为常绿灌木和乔木的更新苗，平均高度为0.8m，盖度18%左右，相对占优势的有草珊瑚、山血丹、鳌蕲锥、野黄桂、新木姜子和黄丹木姜子。草本层平均株高为0.3m，盖度19%左右，里白占优势，还有华山姜、莎草属1种、狗脊、山姜、山菅、春兰和薄叶卷柏（*Selaginella delicatula*）等。层间植物有尖叶菝葜和绿花鸡血藤（*Callerya championii*）等（表5-6-21）。

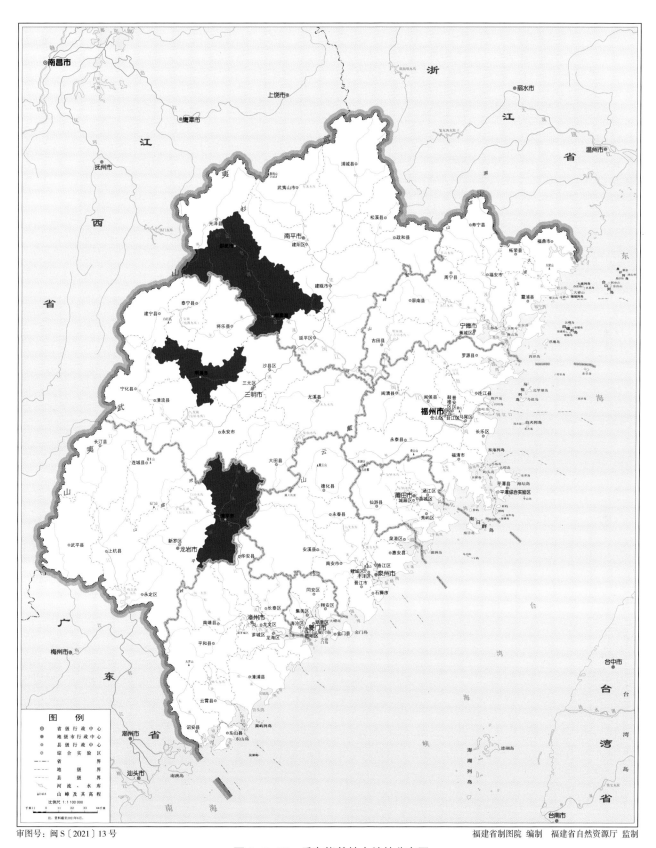

图 5-6-97　乐东拟单性木兰林分布图

图 5-6-98　乐东拟单性木兰林林内结构（漳平）

图 5-6-99　乐东拟单性木兰（*Parakmeria lotungensis*）（1）

图 5-6-100　乐东拟单性木兰（*Parakmeria lotungensis*）（2）

表5-6-21　乐东拟单性木兰–草珊瑚–里白群落样方表

种名	株数	样方数	相对多度/%	相对频度/%	相对显著度/%	相对盖度/%	重要值
乔木层							
乐东拟单性木兰 Parakmeria lotungensis	21	8	15.43	9.87	44.67		69.97
甜槠 Castanopsis eyrei	4	3	2.94	3.70	14.52		21.16
木荷 Schima superba	5	3	3.67	3.70	8.68		16.05
紫楠 Phoebe sheareri	11	3	8.08	3.70	2.98		14.76
木荚红豆 Ormosia xylocarpa	10	4	7.35	4.93	0.46		12.74
笔罗子 Meliosma rigida	10	4	7.35	4.93	0.31		12.59
网脉山龙眼 Helicia reticulata	7	5	5.14	6.16	0.29		11.59
鹿角锥 Castanopsis lamontii	2	2	1.47	2.47	6.09		10.03
深山含笑 Michelia maudiae	2	2	1.47	2.47	5.98		9.92
绿冬青 Ilex viridis	4	4	2.94	4.93	1.13		9.00
山矾 Symplocos sumuntia	6	3	4.40	3.70	0.27		8.37
栲 Castanopsis fargesii	2	2	1.47	2.47	4.25		8.19
野黄桂 Cinnamomum jensenianum	5	3	3.68	3.70	0.22		7.60
蕈树 Altingia chinensis	2	2	1.47	2.47	3.25		7.19
新木姜子 Neolitsea aurata	4	3	2.94	3.70	0.49		7.13
樟叶泡花树 Meliosma squamulata	4	3	2.94	3.70	0.07		6.71
木荷 Schima superba	1	1	0.74	1.24	4.68		6.66
细枝柃 Eurya loquaiana	3	3	2.21	3.70	0.03		5.94
虎皮楠 Daphniphyllum oldhami	4	2	2.94	2.47	0.25		5.67
锈叶新木姜子 Neolitsea cambodiana	3	2	2.21	2.47	0.27		4.95
毛锥 Castanopsis fordii	3	2	2.21	2.47	0.19		4.87
茜树 Aidia cochinchinensis	3	2	2.21	2.47	0.12		4.80
红淡比 Cleyera japonica	4	1	2.94	1.24	0.15		4.33
金叶含笑 Michelia foveolata	2	2	1.47	2.47	0.23		4.17
狗骨柴 Diplospora dubia	2	2	1.47	2.47	0.05		3.99
赤楠 Syzygium buxifolium	2	1	1.47	1.24	0.03		2.74
红楠 Machilus thunbergii	2	1	1.47	1.24	0.01		2.72
黄绒润楠 Machilus grijsii	1	1	0.74	1.24	0.17		2.15
薄叶润楠 Machilus leptophylla	1	1	0.74	1.24	0.04		2.02
鹿角杜鹃 Rhododendron latoucheae	1	1	0.74	1.24	0.03		2.01
白果香楠 Alleizettella leucocarpa	1	1	0.74	1.24	0.02		2.00
马银花 Rhododendron ovatum	1	1	0.74	1.24	0.02		2.00
黄丹木姜子 Litsea elongata	1	1	0.74	1.24	0.02		2.00
尖连蕊茶 Camellia cuspidata	1	1	0.74	1.24	0.01		1.99
五月茶 Antidesma bunius	1	1	0.74	1.24	0.01		1.99
灌木层							
山血丹 Ardisia punctata	61	2	14.95	1.63		14.52	31.09
黄丹木姜子 Litsea elongata	39	6	9.56	4.88		15.78	30.22
草珊瑚 Sarcandra glabra	56	7	13.73	5.69		3.30	22.72
野黄桂 Cinnamomum jensenianum	19	6	4.66	4.88		10.86	20.40
黧蒴锥 Castanopsis fissa	30	4	7.35	3.25		5.66	16.26

种名	株数	样方数	相对多度 /%	相对频度 /%	相对显著度 /%	相对盖度 /%	重要值
樟叶泡花树 Meliosma squamulata	16	5	3.92	4.07		7.87	15.86
笔罗子 Meliosma rigida	18	4	4.41	3.25		2.92	10.58
网脉山龙眼 Helicia reticulata	16	4	3.92	3.25		3.10	10.27
紫楠 Phoebe sheareri	14	3	3.43	2.44		4.33	10.20
日本粗叶木 Lasianthus japonicus	10	5	2.45	4.07		1.90	8.42
杨梅叶蚊母树 Distylium myricoides	5	1	1.23	0.81		4.49	6.53
新木姜子 Neolitsea aurata	9	4	2.21	3.25		1.05	6.51
细齿叶柃 Eurya nitida	11	3	2.70	2.44		1.02	6.16
密花树 Myrsine seguinii	4	3	0.98	2.44		2.17	5.59
白果香楠 Alleizettella leucocarpa	6	4	1.47	3.25		0.83	5.56
乌药 Lindera aggregata	5	4	1.23	3.25		0.81	5.29
凹叶冬青 Ilex championii	8	2	1.96	1.63		1.15	4.74
木荚红豆 Ormosia xylocarpa	3	3	0.74	2.44		1.42	4.59
罗浮柿 Diospyros morrisiana	4	1	0.98	0.81		2.59	4.37
细枝柃 Eurya loquaiana	3	3	0.74	2.44		1.12	4.24
深山含笑 Michelia maudiae	3	3	0.74	2.44		0.73	3.85
红楠 Machilus thunbergii	3	2	0.74	1.63		1.17	3.49
单耳柃 Eurya weissiae	8	1	1.96	0.81		0.65	3.40
杉木 Cunninghamia lanceolata	1	1	0.25	0.81		1.80	2.84
毛冬青 Ilex pubescens	2	2	0.49	1.63		0.58	2.66
三花冬青 Ilex triflora	2	2	0.49	1.63		0.58	2.66
黄毛冬青 Ilex dasyphylla	2	2	0.49	1.63		0.41	2.49
朱砂根 Ardisia crenata	6	1	1.47	0.81		0.22	2.48
牛矢果 Osmanthus matsumuranus	3	2	0.74	1.63		0.14	2.47
疏花卫矛 Euonymus laxiflorus	2	2	0.49	1.63		0.29	2.37
溪畔杜鹃 Rhododendron rivulare	1	1	0.25	0.81		1.29	2.34
乐东拟单性木兰 Parakmeria lotungensis	2	2	0.49	1.63		0.15	2.23
紫金牛 Ardisia japonica	5	1	1.23	0.81		0.04	2.06
金叶含笑 Michelia foveolata	3	1	0.74	0.81		0.24	1.77
赤楠 Syzygium buxifolium	2	1	0.49	0.81		0.29	1.57
大叶苦柯 Lithocarpus paihengii	1	1	0.25	0.81		0.44	1.48
黄绒润楠 Machilus grijsii	1	1	0.25	0.81		0.38	1.42
马银花 Rhododendron ovatum	1	1	0.25	0.81		0.38	1.42
走马胎 Ardisia gigantifolia	2	1	0.49	0.81		0.07	1.36
山矾 Symplocos sumuntia	1	1	0.25	0.81		0.27	1.31
桃叶石楠 Photinia prunifolia	1	1	0.25	0.81		0.27	1.31
绿冬青 Ilex viridis	1	1	0.25	0.81		0.22	1.26
香桂 Cinnamomum subavenium	1	1	0.25	0.81		0.22	1.26
薄叶润楠 Machilus leptophylla	1	1	0.25	0.81		0.14	1.18
港柯 Lithocarpus harlandii	1	1	0.25	0.81		0.14	1.18
狗骨柴 Diplospora dubia	1	1	0.25	0.81		0.14	1.18

续表

种名	株数	样方数	相对多度 /%	相对频度 /%	相对显著度 /%	相对盖度 /%	重要值
建润楠 *Machilus oreophila*	1	1	0.25	0.81		0.14	1.18
栲 *Castanopsis fargesii*	1	1	0.25	0.81		0.14	1.18
柯 *Lithocarpus glaber*	1	1	0.25	0.81		0.14	1.18
毛锥 *Castanopsis fordii*	1	1	0.25	0.81		0.14	1.18
茜树 *Aidia cochinchinensis*	1	1	0.25	0.81		0.14	1.18
青榨槭 *Acer davidii*	1	1	0.25	0.81		0.14	1.18
五月茶 *Antidesma bunius*	1	1	0.25	0.81		0.14	1.18
杨桐 *Adinandra millettii*	1	1	0.25	0.81		0.14	1.18
野含笑 *Michelia skinneriana*	1	1	0.25	0.81		0.14	1.18
野茉莉 *Styrax japonicus*	1	1	0.25	0.81		0.14	1.18
硬壳桂 *Cryptocarya chingii*	1	1	0.25	0.81		0.14	1.18
越南山矾 *Symplocos cochinchinensis*	1	1	0.25	0.81		0.14	1.18
悬钩子属 1 种 *Rubus* sp.	1	1	0.25	0.81		0.09	1.13
女贞 *Ligustrum lucidum*	1	1	0.25	0.79		0.04	1.07
层间植物							
尖叶菝葜 *Smilax arisanemsis*	23	8	26.44	32.00		6.27	64.71
绿花鸡血藤 *Callerya championii*	30	1	34.48	4.00		14.36	52.84
尾叶那藤 *Stauntonia obovatifoliola* subsp. *urophylla*	7	4	8.04	16.00		19.15	43.19
网脉酸藤子 *Embelia rudis*	2	2	2.30	8.00		23.93	34.23
粉背菝葜 *Smilax hypoglauca*	10	3	11.49	12.00		2.39	25.88
亮叶鸡血藤 *Callerya nitida*	1	1	1.15	4.00		14.36	19.51
玉叶金花 *Mussaenda pubescens*	2	2	2.30	8.00		7.37	17.67
菝葜 *Smilax china*	6	2	6.90	8.00		1.63	16.53
龙须藤 *Bauhinia championii*	1	1	1.15	4.00		9.57	14.72
土茯苓 *Smilax glabra*	5	1	5.75	4.00		0.96	10.71
草本层							
里白 *Diplopterygium glaucum*	123	5	29.21	17.24		30.42	76.87
华山姜 *Alpinia chinensis*	149	3	37.38	10.34		22.88	68.60
芒萁 *Dicranopteris pedata*	25	1	5.94	3.45		33.21	42.60
莎草属 1 种 *Cyperus* sp.	21	5	4.99	17.24		3.46	25.69
狗脊 *Woodwardia japonica*	23	3	5.46	10.34		4.89	20.69
山姜 *Alpinia japonica*	21	3	4.99	10.34		0.32	15.65
山菅 *Dianella ensifolia*	12	2	2.85	6.90		0.32	10.07
针毛蕨属 1 种 *Macrothelypteris* sp.	10	1	2.38	3.45		3.32	9.15
春兰 *Cymbidium goeringii*	21	1	4.99	3.45		0.14	8.58
地菍 *Melastoma dodecandrum*	10	1	2.38	3.45		0.07	5.90
薄叶卷柏 *Selaginella delicatula*	1	1	0.24	3.45		0.66	4.35
镰羽瘤足蕨 *Plagiogyria falcata*	3	1	0.71	3.45		0.08	4.24
扇叶铁线蕨 *Adiantum flabellulatum*	1	1	0.24	3.45		0.20	3.89
球果假沙晶兰 *Monotropastrum humile*	1	1	0.24	3.45		0.03	3.72

注：调查时间 2019 年 12 月 12 日，地点漳平市新桥镇产盂村牛隔山（海拔 792m），刘美玲记录。

48.蕈树林

蕈树广泛分布于长江以南海拔 150—1000m 的山地丘陵，常和锥属植物构成常绿阔叶林，一般生长于河流、溪流两岸，但较少成为建群种。在福建仅在武夷山国家公园、福建天宝岩、雄江黄楮林国家级自然保护区，永泰藤山、大田大仙峰、浦城福罗山、安溪云中山省级自然保护区形成小面积群落。群落外貌整齐，树冠浑圆，林内结构简单（图 5-6-101、图 5-6-102）。在福建调查到 5 个群丛。

图 5-6-101　蕈树林林内结构（藤山）

图 5-6-102 蕈树林林内结构（大仙峰）

代表性样地设在福建雄江黄楮林国家级自然保护区内海拔850m的埔石。土壤为黄红壤，土层厚0.5—0.8m，表土层为壤质黏土、多孔隙。群落类型为蕈树-香冬青-中华里白群丛。群落总盖度达95%。乔木层以蕈树（图5-6-103）为主，高18m，伴生毛锥、厚皮香、栲、罗浮柿。灌木层以香冬青（*Ilex suaveolens*）为主，其他常见种类有老鼠矢、狗骨柴、赤楠、锈叶新木姜子、栀子、日本五月茶，以及深山含笑、黄绒润楠、甜槠、笔罗子、牛耳枫等的幼苗和幼树。草本层稀疏，以中华里白为主，另有狗脊、淡竹叶、鳞籽莎。层间植物有尖叶菝葜、网络鸡血藤、流苏子等。

图 5-6-103 蕈树（*Altingia chinensis*）

49. 细柄蕈树林

细柄蕈树主要分布于福建、浙江、广东海拔150—1000m的山麓和河谷，常和锥属植物构成常绿阔叶林。在福建武夷山国家公园，泰宁世界自然遗产地，福建梁野山、茫荡山、戴云山、君子峰、雄江黄楮林国家级自然保护区，以及邵武等地都有一定面积的细柄蕈树林（图5-6-104）。群落外貌整齐，树冠浑圆，林内结构简单（图5-6-105、图5-6-106）。在福建调查到19个群丛。

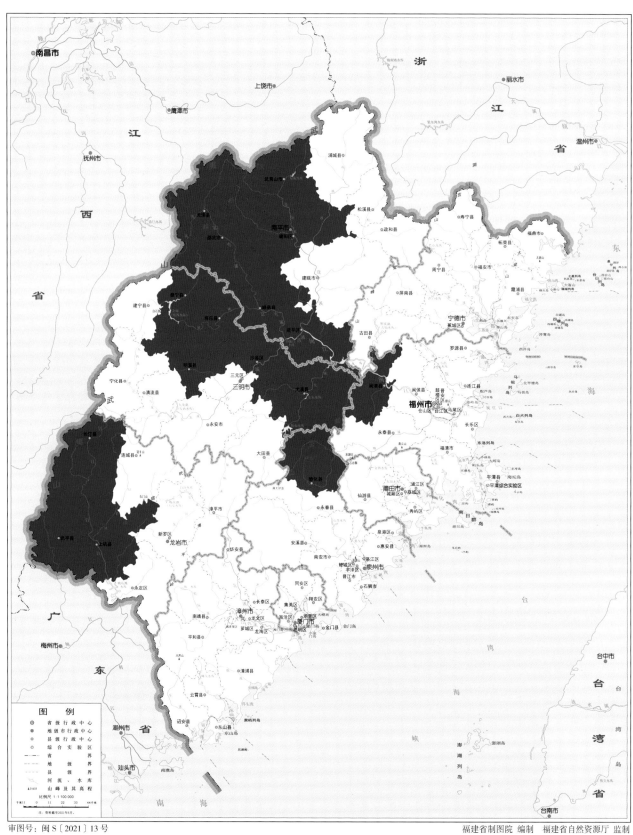

审图号：闽S〔2021〕13号　　　　　　　　　　　　　　　　　　　　　福建省制图院 编制　福建省自然资源厅 监制

图 5-6-104　细柄蕈树林分布图

图 5-6-105　细柄蕈树林林内结构（泰宁）

图 5-6-106　细柄蕈树林林内结构（武平）

代表性样地设在福建梁野山国家级自然保护区内的云礤瀑布上方溪流边。土壤为山地黄红壤，土层厚0.5—0.9m，表土层为壤质黏土、多孔隙。群落类型为细柄蕈树-苦竹-延羽卵果蕨群丛。群落总盖度约90%。乔木层平均高19m，在4个100m²面积中共有乔木12种、立木77株，其中细柄蕈树（图5-6-107）占优势，有27株、重要值达100.50，伴生蓝果树、木荷等。灌木层以苦竹为主，常见种类还有疏花卫矛、草珊瑚、毛冬青、野含笑、轮叶蒲桃、山鸡椒、鼠刺、乌药、石斑木、细齿叶柃，以及细柄蕈树、红楠、黄杞、绢毛杜英等的幼苗和幼树。草本层稀疏，延羽卵果蕨居多，另有山姜、深绿卷柏、多花黄精等。层间植物有网脉酸藤子、木通等（表5-6-22）。

图5-6-107　细柄蕈树（*Altingia gracilipes*）

表5-6-22　细柄蕈树-苦竹-延羽卵果蕨群落样方表

种名	株数	Drude 多度	样方数	相对多度 /%	相对频度 /%	相对显著度 /%	多频度	重要值
乔木层								
细柄蕈树 *Altingia gracilipes*	27		4	35.07	12.50	52.93		100.50
蓝果树 *Nyssa sinensis*	5		3	6.49	9.38	20.34		36.21
木荷 *Schima superba*	7		4	9.09	12.50	15.78		37.37
光叶石楠 *Photinia glabra*	12		4	15.59	12.50	5.95		34.04
绢毛杜英 *Elaeocarpus nitentifolius*	5		3	6.49	9.38	1.26		17.13
树参 *Dendropanax dentiger*	5		3	6.49	9.38	0.13		16.00
杂色榕 *Ficus variegat*	4		2	5.19	6.25	1.12		12.56
密花树 *Myrsine seguinii*	4		2	5.19	6.25	0.17		11.61
薄叶润楠 *Machilus leptophylla*	2		2	2.60	6.25	1.23		10.08
变叶榕 *Ficus variolosa*	2		2	2.60	6.25	0.57		9.42
港柯 *Lithocarpus harlaudii*	2		1	2.60	3.12	0.36		6.08
罗浮锥 *Castanopsis fabri*	1		1	1.30	3.12	0.08		4.50
李氏女贞 *Ligustrum lianum*	1		1	1.30	3.12	0.08		4.50
灌木层								
苦竹 *Pleioblastus amarus*	67		4	17.83	4.08		21.91	
箬竹 *Indocalamus tessellates*	24		4	6.38	4.08		10.46	
疏花卫矛 *Euonymus laxiflorus*	19		4	5.05	4.08		9.13	
细柄蕈树 *Altingia gracilipes*	18		4	4.79	4.08		8.87	
鼠刺 *Itea chinensis*	16		4	4.26	4.08		8.34	
草珊瑚 *Sarcandra glabra*	14		4	3.72	4.08		7.80	
细齿叶柃 *Eurya nitida*	13		4	3.46	4.08		7.54	
毛冬青 *Ilex pubescens*	12		4	3.19	4.08		7.27	
轮叶蒲桃 *Syzygium grijsii*	11		4	2.93	4.08		7.01	
朱砂根 *Ardisia crenata*	14		3	3.72	3.06		6.78	

续表

种名	株数	Drude 多度	样方数	相对多度 /%	相对频度 /%	相对显著度 /%	多频度	重要值
乌药 Lindera aggregata	9		4	2.39	4.08		6.47	
石斑木 Rhaphiolepis indica	12		3	3.19	3.06		6.25	
竹叶榕 Ficus stenophylla	11		3	2.93	3.06		5.99	
山鸡椒 Litsea cubeba	9		3	2.39	3.06		5.45	
栀子 Gardenia jasminoides	8		3	2.13	3.06		5.19	
黄杞 Engelhardia roxburghiana	8		3	2.13	3.06		5.19	
杉木 Cunninghamia lanceolata	7		3	1.86	3.06		4.92	
沉水樟 Cinnamomum micranthum	7		3	1.86	3.06		4.92	
深山含笑 Michelia maudiae	7		3	1.86	3.06		4.92	
绢毛杜英 Elaeocarpus nitentifolius	7		3	1.86	3.06		4.92	
刺毛杜鹃 Rhododendron championiae	6		3	1.60	3.06		4.66	
杂色榕 Ficus variegat	8		2	2.13	2.04		4.17	
密花树 Myrsine seguinii	8		2	2.13	2.04		4.17	
南酸枣 Choerospondia saxillaris	7		2	1.86	2.04		3.90	
山莓 Rubus corchorifolius	7		2	1.86	2.04		3.90	
野含笑 Michelia skinneriana	5		2	1.33	2.04		3.37	
红楠 Machilus thunbergii	12		3	3.19	3.06		6.25	
三尖杉 Cephalotaxus fortunei	5		2	1.33	2.04		3.37	
甜槠 Castanopsis eryei	5		2	1.33	2.04		3.37	
罗浮柿 Diospyros morrisiana	4		2	1.06	2.04		3.10	
八角枫 Alangium chinensis	4		2	1.06	2.04		3.10	
木油树 Vernicia montana	3		2	0.80	2.04		2.84	
港柯 Lithocarpus harlaudii	5		1	1.33	1.02		2.35	
李氏女贞 Ligustrum lianum	4		1	1.06	1.02		2.08	
层间植物								
网脉酸藤子 Embelia rudis	13		4	10.83	9.53		20.36	
尖叶菝葜 Smilax arisanemsis	12		4	10.00	9.53		19.53	
南五味子 Kadsura longepedunculata	9		4	7.50	9.53		17.03	
珍珠莲 Ficus sarmentosa var. henryi	9		3	7.50	7.14		14.64	
亮叶鸡血藤 Callerya nitida	9		3	7.50	7.14		14.64	
络石 Trachelospermum jasminoides	8		3	6.67	7.14		13.81	
木通 Akebia quinata	8		3	6.67	7.14		13.81	
链珠藤 Alyxia sinensis	7		3	5.83	7.14		12.97	
大血藤 Sargentodoxa cuneata	6		3	5.00	7.14		12.14	
锈毛莓 Rubus reflexus	7		2	5.83	4.76		10.59	
三叶木通 Akebia trifoliata	6		2	5.00	4.76		9.76	
三叶崖爬藤 Tetrastigma nemsleyanum	6		2	5.00	4.76		9.76	
流苏子 Coptosapelta diffusa	5		2	4.17	4.76		8.93	
中华猕猴桃 Actinidia chinensis	5		2	4.17	4.76		8.93	
粉背菝葜 Smilax hypoglauca	7		1	5.83	2.38		8.21	
鳞果星蕨 Lepidomicrosorum buergerianum	3		1	2.50	2.38		4.88	

续表

种名	株数	Drude 多度	样方数	相对多度 /%	相对频度 /%	相对显著度 /%	多频度	重要值
草本层								
延羽卵果蕨 *Phegopteris decursive-pinnata*		Cop1	4		11.11			
山姜 *Alpinia japonica*		Sp	4		11.11			
深绿卷柏 *Selaginella doederleinii*		Sp	4		11.11			
狗脊 *Woodwardia japonica*		Sp	3		8.33			
阿里山兔儿风 *Ainsliaea macroclinidioides*		Sp	3		8.33			
华南舌蕨 *Elaphoglossum yoshinagae*		Sol	3		8.33			
茜草 *Rubia cordifolia*		Sol	3		8.33			
禾叶山麦冬 *Liriope graminifolia*		Sp	2		5.56			
花葶薹草 *Carex scaposa*		Sol	2		5.56			
多花黄精 *Polygonatum cyrtonema*		Sol	2		5.56			
中华里白 *Diplopterygium chinense*		Sp	1		2.78			
蛇足石杉 *Huperzia serrata*		Sol	1		2.78			
肾蕨 *Nephrolepis auriculata*		Sol	1		2.78			
盾蕨 *Neolepisorus ovatus*		Sol	1		2.78			
庐山瓦韦 *Lepisorus lewisii*		Un	1		2.78			
异药花 *Fordiophyton fordii*		Un	1		2.78			

注：调查时间 2001 年 5 月 4 日，地点梁野山云礤瀑布上方（海拔 760m），陈鹭真、梁洁记录。

50. 细柄蕈树＋米槠林

细柄蕈树＋米槠林分布于福建戴云山国家级自然保护区。群落外貌整齐，林内结构复杂。在福建调查到 1 个群丛。

代表性样地设在福建戴云山国家级自然保护区内海拔520m的陈溪水库附近。土壤为山地红壤，土层较厚。群落类型为细柄蕈树＋米槠–短尾越桔–芒萁群丛。群落总盖度约95%。乔木层可以分2个亚层：第一亚层高13—19m，以细柄蕈树和米槠为主，伴生甜槠、山杜英、木荷、毛锥、栲、青榨槭、猴欢喜、日本杜英、赤杨叶等；第二亚层有福建青冈、青冈、深山含笑、密花树、杨桐、台湾榕、白背瑞木、罗浮柿、杜英、绒毛润楠。灌木层高0.5—2.2m，短尾越桔占优势，其他常见种类有粗叶木、黄丹木姜子、草珊瑚、罗伞树、秤星树、毛冬青、山血丹、鼠刺、日本五月茶、光叶山矾、山蜡梅、马银花、轮叶蒲桃，以及罗浮柿、华南桂、茜树、甜槠、木荷、毛锥、刨花楠、鳗䓹锥、短梗幌伞枫、红楠等的幼苗和幼树。草本层稀疏，芒萁占优势，另有狗脊、江南卷柏、华山姜、鳞籽莎、扇叶铁线蕨等。层间植物有流苏子、尖叶菝葜、链珠藤、络石、网脉酸藤子、粉背菝葜等。

51. 细柄蕈树＋钩锥林

细柄蕈树＋钩锥林分布于福建梅花山国家级自然保护区内海拔 1000m 左右的溪畔或山谷。群落外貌整齐，林内结构复杂。在福建调查到 1 个群丛。

代表性样地设在福建梅花山国家级自然保护区内的马坊村。土壤为山地黄红壤，有机质含量中等。群落类型为细柄蕈树＋钩锥-鹿角杜鹃-里白群丛。群落总盖度90%—95%。乔木层建群种为细柄蕈树、钩锥，高20—25m，且优势度明显，常见伴生种有鹿角锥、刨花润楠、毛锥、猴欢喜等。灌木层鹿角杜鹃占优势，其他常见种类有南岭杜鹃（Rhododendron levinel）、细齿叶柃、华南毛柃（Eurya ciliata）、油茶、赤楠、檵木、三花冬青、野含笑、罗伞树等。草本层较稀疏，以里白为主，其他常见种类有狗脊、淡竹叶、山麦冬、山姜等。层间植物有网脉酸藤子、地锦、菝葜等（表5-6-23）。

表5-6-23 细柄蕈树+钩锥-鹿角杜鹃-里白群落样方表

种名	株数	Drude多度	样方数	相对多度/%	相对频度/%	相对显著度/%	多频度	重要值
乔木层								
细柄蕈树 Altingia gracilipes	18		4	28.57	11.77	38.21		78.55
钩锥 Castanopsis tibetana	16		4	25.39	11.77	28.15		65.31
鹿角锥 Castanopsis lamontii	7		4	11.11	11.77	9.96		32.84
刨花润楠 Machilus pauhoi	4		4	6.35	11.77	2.13		20.25
毛锥 Castanopsis fordii	3		3	4.76	8.82	6.24		19.82
厚皮香 Ternstroemia gymnanthera	3		3	4.76	8.82	4.68		18.26
山杜英 Elaeocarpus sylvestris	2		2	3.17	5.88	1.60		10.65
红楠 Machilus thunbergii	2		2	3.17	5.88	1.57		10.62
栲 Castanopsis fargesii	1		1	1.59	2.94	1.32		5.85
云山青冈 Cyclobalanopsis nubium	1		1	1.59	2.94	1.12		5.65
巴东栎 Quercus engleriana	1		1	1.59	2.94	0.99		5.52
柳杉 Cryptomeria japonica var. sinensis	1		1	1.59	2.94	0.93		5.46
日本杜英 Elaeocarpus japonicus	1		1	1.59	2.94	0.87		5.40
猴欢喜 Sloanea sinensis	1		1	1.59	2.94	0.87		5.40
水团花 Adina pilulifera	1		1	1.59	2.94	0.71		5.24
树参 Dendropanax dentiger	1		1	1.59	2.94	0.65		5.18
灌木层								
鹿角杜鹃 Rhododendron latoucheae	13		4	20.63	9.09		29.72	
细齿叶柃 Eurya nitida	9		4	14.28	9.09		23.37	
南岭杜鹃 Rhdodendron levinel	7		4	11.11	9.09		20.20	
细柄蕈树 Altingia gracilipes	5		4	7.93	9.09		17.02	
华南毛柃 Eurya ciliata	5		4	7.93	9.09		17.02	
油茶 Camellia oleifera	3		3	4.76	6.82		11.58	
刨花润楠 Machilus pauhoi	3		3	4.76	6.82		11.58	
赤楠 Syzygium buxifolium	2		2	3.17	4.55		7.72	
檵木 Loropetalum chinense	2		2	3.17	4.55		7.72	
三花冬青 Ilex triflora	1		1	1.59	2.27		3.86	
野含笑 Michelia skinneriana	1		1	1.59	2.27		3.86	
罗伞树 Ardisia quinquegona	1		1	1.59	2.27		3.86	
鹿角锥 Castanopsis lamontii	1		1	1.59	2.27		3.86	
毛锥 Castanopsis fordii	1		1	1.59	2.27		3.86	
山杜英 Elaeocarpus sylvestris	1		1	1.59	2.27		3.86	

种名	株数	Drude 多度	样方数	相对多度 /%	相对频度 /%	相对显著度 /%	多频度	重要值
红楠 *Machilus thunbergii*	1		1	1.59	2.27		3.86	
巴东栎 *Quercus engleriana*	1		1	1.59	2.27		3.86	
日本杜英 *Elaeocarpus japonicus*	1		1	1.59	2.27		3.86	
猴欢喜 *Sloanea sinensis*	1		1	1.59	2.27		3.86	
树参 *Dendropanax dentiger*	1		1	1.59	2.27		3.86	
粗叶木 *Lasianthus chinensis*	1		1	1.59	2.27		3.86	
毛冬青 *Ilex pubescens*	1		1	1.59	2.27		3.86	
紫金牛 *Ardisia japonica*	1		1	1.59	2.27		3.86	
层间植物								
网脉酸藤子 *Embelia rudis*	6		4	35.29	28.57		63.86	
地锦 *Parthenocissus tricuspidata*	4		4	23.53	28.57		52.10	
菝葜 *Smilax china*	4		4	23.53	28.57		52.10	
瓜馥木 *Fissistigma oldhamii*	3		2	17.65	14.29		31.94	
草本植物								
里白 *Diplopterygium glaucum*		Cop1	4		20.00			
狗脊 *Woodwardia japonica*		Cop1	4		20.00			
淡竹叶 *Lophatherum gracile*		Sp	4		20.00			
山麦冬 *Liriope spicata*		Sp	3		15.00			
乌毛蕨 *Blechnum orientale*		Sp	3		15.00			
山姜 *Alpinia zerumbet*		Sp	2		10.00			

注：调查时间 2006 年 8 月 16 日，地点梅花山马坊村（海拔 1050m），江伟程记录。

52. 木荷林

木荷是生态适应性较强的阳性广布树种，广泛分布于长江以南海拔 1000—1500m 以下的丘陵山地，有时形成纯林。在福建除东部部分县市区外，其他地区均有分布。武夷山国家公园，福建梁野山、梅花山、峨嵋峰、汀江源、君子峰、虎伯寮国家级自然保护区，连城冠豸山国家地质公园，宁化牙梳山省级自然保护区，以及宁化县方田乡、永定区抚市镇等地均有木荷林（图5-6-108）。群落外貌整齐（图5-6-109），林内结构复杂（图5-6-110）。在福建调查到 12 个群丛。

代表性样地设在福建梁野山国家级自然保护区内的云礤至梁野山寺的路边山地。土壤为山地黄红壤，土层厚0.4—0.9m，表土层为壤土、多孔隙。群落类型为木荷-细齿叶柃-芒萁群丛。群落总盖度约90%。在4个100m²面积中共有乔木16种、立木68株。乔木层高5—22m，可以分为2个亚层：第一亚层高13—22m，木荷（图5-6-111）占优势，有11株，平均胸径26cm，最大的1株木荷胸径达34cm，木荷重要值达102.10，伴生甜槠、枫香树、马尾松；第二亚层主要有鼠刺、黄绒润楠、钟花樱桃、杨桐、杉木、赤杨叶、栲、山杜英、细叶青冈、青冈、黄檀、杨梅等的幼树。灌木层高1—3m，以细齿叶柃为主，其他常见种类有南烛、鼠刺、草珊瑚、毛冬青、马银花、檵木、罗伞树、乌药、轮叶蒲桃、杜鹃等。草本层稀疏，芒萁居多，其他常见种类有狗脊、淡竹叶、扇叶铁线蕨、薹草属1种、鳞籽莎等。层间植物有络石、亮叶鸡血藤、尖叶菝葜、流苏子、菝葜和鸡矢藤（表5-6-24）。

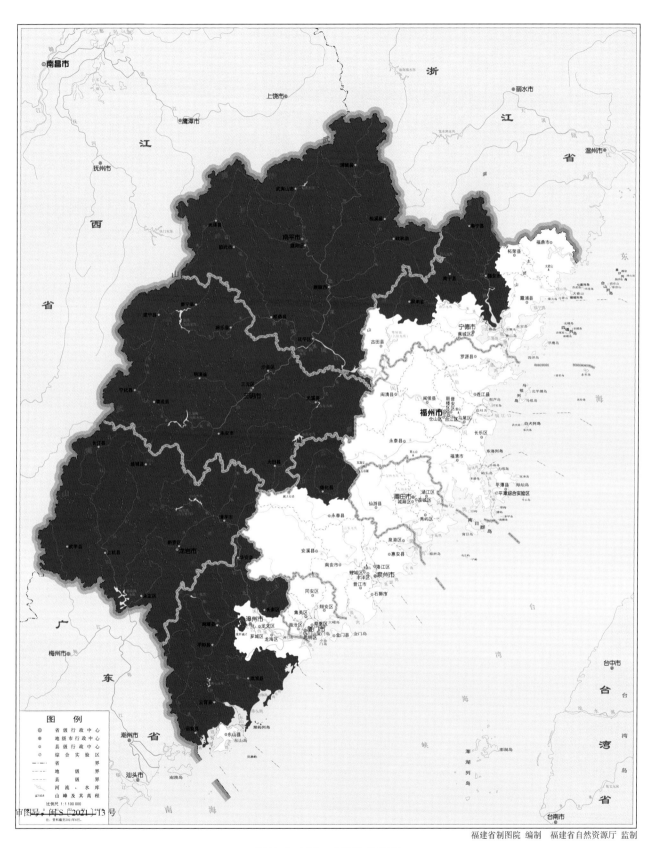

图 5-6-108 木荷林分布图

福建省制图院 编制 福建省自然资源厅 监制

图 5-6-109　木荷林群落外貌（牙梳山）

图 5-6-110　木荷林林内结构（冠豸山）

图 5-6-111　木荷（*Schima superba*）

表5-6-24 木荷–细齿叶柃–芒萁群落样方表

种名	株数	Drude 多度	样方数	相对多度 /%	相对频度 /%	相对显著度 /%	多频度	重要值
乔木层								
木荷 Schima superba	11		4	16.18	11.77	74.15		102.10
甜槠 Castanopsis eyrei	5		3	7.35	8.82	4.26		20.43
枫香树 Liquidambar formosana	5		3	7.35	8.82	3.73		19.90
鼠刺 Itea chinensis	7		3	10.30	8.82	0.28		19.40
马尾松 Pinus massoniana	4		3	5.89	8.82	4.15		18.86
黄绒润楠 Machilus grijsii	5		3	7.35	8.82	0.32		16.49
钟花樱桃 Cerasus campanulata	5		2	7.35	5.88	0.56		13.79
杨桐 Adinandra millettii	5		2	7.35	5.88	0.31		13.54
杉木 Cunninghamia lanceolata	4		2	5.89	5.88	1.42		13.19
赤杨叶 Alniphyllum fortunei	3		2	4.41	5.88	2.65		12.94
栲 Castanopsis fargesii	3		2	4.41	5.88	0.32		10.61
山杜英 Elaeocarpus sylvestris	3		1	4.41	2.94	1.79		9.14
细叶青冈 Cyclobalanopsis myrsinaefolia	2		1	2.94	2.94	1.88		7.76
青冈 Cyclobalanopsis glauca	2		1	2.94	2.94	1.56		7.44
黄檀 Dalbergia hupeana	2		1	2.94	2.94	1.46		7.34
杨梅 Myrica rubra	2		1	2.94	2.94	1.16		7.04
灌木层								
细齿叶柃 Eurya nitida	27		4	8.46	5.79		14.25	
南烛 Vaccinium bracteatum	18		4	5.64	5.79		11.43	
鼠刺 Itea chinensis	17		4	5.33	5.79		11.12	
草珊瑚 Sarcandra glabra	20		3	6.27	4.35		10.62	
毛冬青 Ilex pubescens	16		3	5.02	4.35		9.37	
马银花 Rhododendron ovatum	15		3	4.70	4.35		9.05	
檵木 Loropetalum chinense	14		3	4.39	4.35		8.74	
罗伞树 Ardisia quinquegona	13		3	4.08	4.35		8.43	
乌药 Lindera aggregata	12		3	3.76	4.35		8.11	
轮叶蒲桃 Syzygium grijsii	11		3	3.45	4.35		7.80	
杨桐 Adinandra millettii	11		3	3.45	4.35		7.80	
杜鹃 Rhododendron simsii	15		2	4.70	2.90		7.60	
秤星树 Ilex asprella	14		2	4.39	2.90		7.29	
短尾越桔 Vaccinium carlesii	9		3	2.82	4.35		7.17	
鹿角杜鹃 Rhododendron latouchae	9		3	2.82	4.35		7.17	
石斑木 Rhaphiolepis indica	13		2	4.08	2.90		6.98	
山血丹 Ardisia punctata	12		2	3.76	2.90		6.66	
栀子 Gardenia jasminoides	11		2	3.45	2.90		6.35	
箬叶竹 Indocalamus longiauritus	11		2	3.45	2.90		6.35	
羊舌树 Symplocos glauca	8		2	2.51	2.90		5.41	
绿叶甘橿 Lindera neesiana	7		2	2.19	2.90		5.09	
海金子 Pittosporum illicioides	6		2	1.88	2.90		4.78	

种名	株数	Drude 多度	样方数	相对多度 /%	相对频度 /%	相对显著度 /%	多频度	重要值
黄绒润楠 *Machilus grijsii*	6		2	1.88	2.90		4.78	
茶荚蒾 *Viburnum setigerum*	5		2	1.57	2.90		4.47	
三花冬青 *Ilex triflora*	7		1	2.19	1.45		3.64	
黄杞 *Engelhardia roxburghiana*	5		1	1.57	1.45		3.02	
绢毛杜英 *Elaeocarpus nitentifolius*	4		1	1.25	1.45		2.70	
长萼马醉木 *Pieris swinhoei*	2		1	0.63	1.45		2.08	
红楠 *Machilus thunbergii*	1		1	0.31	1.45		1.76	
层间植物								
络石 *Trachelospermum jasminoides*	12		4	29.27	25.00		54.27	
亮叶鸡血藤 *Callerya nitida*	9		3	21.95	18.75		40.70	
尖叶菝葜 *Smilax arisanemsis*	6		3	14.63	18.75		33.38	
流苏子 *Thysanospermum diffusum*	7		2	17.07	12.50		29.57	
菝葜 *Smilax china*	4		3	9.76	18.75		28.51	
鸡矢藤 *Paederia scandens*	3		1	7.32	6.25		13.57	
草本层								
芒萁 *Dicranopteris pedata*		Cop1	4	17.39				
狗脊 *Woodwardia japonica*		Sp	4	17.39				
淡竹叶 *Lophatherum acile*		Sp	4	17.39				
扇叶铁线蕨 *Adiantum flabellubatum*		Sol	4	17.39				
薹草属1种 *Carex* sp.		Sol	3	13.04				
鳞籽莎 *Lepidosperma chinensis*		Sol	2	8.70				
禾叶山麦冬 *Liriope graminifolia*		Sol	2	8.70				

注：调查时间2001年5月5日，地点梁野山云礤至梁野山寺的山地（海拔940m），朱小龙、须黎军记录。

53. 木荷＋甜槠林

木荷是生态适应性较强的阳性广布树种，广泛分布于长江以南海拔1000—1500m以下的丘陵山地。在福建茫荡山国家级自然保护区内有甜槠和木荷的混交林。群落外貌整齐，林内结构复杂。在福建调查到4个群丛。

代表性样地设在福建茫荡山国家级自然保护区。土壤为红壤。群落类型为木荷＋甜槠-马银花-里白群丛。群落总盖度80%—90%。乔木层以木荷和甜槠为主，其高5—22m、平均胸径25cm，最大的1株木荷胸径达42cm，伴生马尾松、小叶青冈、港柯、罗浮锥、深山含笑、滑皮柯、红楠、海桐山矾、树参、木蜡树、新木姜子。灌木层高1—3m，以马银花为主，其他常见种类有薄叶山矾、毛冬青、光叶铁仔、毛柄连蕊茶、草珊瑚、鼠刺、细枝柃、乌药、尖连蕊茶、山鸡椒、百两金、檵木、枇杷叶紫珠（*Callicarpa kochiana*）、朱砂根、大青等。草本层稀疏，里白占优势，另有狗脊、淡竹叶、芒萁等。层间植物有香花鸡血藤、广东蛇葡萄、尖叶菝葜和菝葜。

54. 红豆树林

红豆树（*Ormosia hosiei*）分布于江苏、浙江、福建等地，多散生于海拔 200—900m 山地，局部有以红豆树为建群种的常绿阔叶林。在福建分布于将乐、延平、浦城、德化、华安、泰宁、三元、尤溪等县市区。群落外貌整齐，树冠浑圆（图 5-6-112），林内结构较复杂（图 5-6-113）。在福建调查到 1 个群丛。

图 5-6-112　红豆树林群落外貌（将石）

图 5-6-113　红豆树林林内结构（将石）

代表性样地设在邵武将石省级自然保护区。土壤为紫色土。群落类型为红豆树-马醉木-里白群丛。群落总盖度约75%。乔木层红豆树（图5-6-114）占优势，高10—15m，伴生钩锥、深山含笑、杜英、虎皮楠、贵州石楠、马尾松、树参、猴欢喜、木荷、赤杨叶、山杜英、黄绒润楠、密花树等。灌木层马醉木占优势，其他常见种类有野含笑、朱砂根、毛果杜鹃、山矾、乌药、百两金、石斑木、鼠刺、檵木、白花苦灯笼、毛冬青等。草本层稀疏，以里白为主，其他常见种类有金毛狗、狗脊、阔鳞鳞毛蕨、淡竹叶、山姜等。层间植物有尖叶菝葜、常春藤、络石、网脉酸藤子和流苏子。

图 5-6-114　红豆树（*Ormosia hosiei*）

55. 黄杞林

黄杞分布于台湾、广东、广西、云南、贵州、四川、湖南、江西等地，一般散生于海拔300—1100m的常绿阔叶林内或溪河边，局部形成以黄杞为建群种的常绿阔叶林。在福建闽江源国家级自然保护区分布有小面积黄杞林。群落外貌整齐，林内结构简单。在福建调查到1个群丛。

代表性样地设在福建闽江源国家级自然保护区内的朱家坳。土壤为山地红壤。群落类型为黄杞-马醉木-里白群丛。群落总盖度85%—95%。乔木层黄杞（图5-6-115、图5-6-116）占优势，高10—15m，伴

图 5-6-115　黄杞（*Engelhardia roxburghiana*）（1）

生钩锥、深山含笑、杜英、虎皮楠、贵州石楠、马尾松、树参、猴欢喜、木荷、赤杨叶、山杜英、黄绒润楠、密花树等。灌木层马醉木占优势，其他常见种类有野含笑、朱砂根、毛果杜鹃、山矾、乌药、百两金、石斑木、鼠刺、檵木、白花苦灯笼、毛冬青等。草本层稀疏，以里白为主，其他常见种类有金毛狗、狗脊、阔鳞鳞毛蕨、淡竹叶、山姜等。层间植物有尖叶菝葜、常春藤、络石、网脉酸藤子和流苏子。

图5-6-116 黄杞（*Engelhardia roxburghiana*）（2）

56. 牛耳枫林

牛耳枫一般散生于广西、广东、福建、江西等地常绿阔叶林中，很少成为建群种。在福建戴云山国家级自然保护区分布有小面积牛耳枫林。群落外貌整齐，林内结构简单。在福建调查到1个群丛。

代表性样地设在福建戴云山国家级自然保护区内海拔860m的西溪沟谷边，面积较小。土壤为山地黄红壤，土层较厚1.1m，表土层为壤土、多孔隙。群落类型为牛耳枫-野含笑-狗脊群丛，很可能是米槠林或细柄蕈树林被择伐后形成的过渡性群落类型。乔木层盖度约65%，以牛耳枫为主，伴生日本杜英、罗浮锥、黄杞、油杉等。灌木层茂密，野含笑占优势，其高达2m，密度达每100m² 9株，其他常见种类有溪畔杜鹃、朱砂根、杨桐，以及黄绒润楠、细柄蕈树、木蜡树、野茉莉、紫果槭、笔罗子、木荷、三花冬青、毛锥、羊舌树的幼苗和幼树。草本层稀疏，狗脊占优势，另有淡竹叶、地菍、江南卷柏、黑足鳞毛蕨、莎草等。层间植物仅见网脉酸藤子、尖叶菝葜。

57. 小叶厚皮香+密花树林

小叶厚皮香+密花树林见于福建虎伯寮国家级自然保护区内紫荆山片区火山岩发育而成的山地，面积较大，生境干旱，坡度较大。群落外貌稀疏而整齐，树种单调。在福建调查到1个群丛。

代表性样地设在福建虎伯寮国家级自然保护区内的紫荆山顶附近海拔630m处。土壤为山地红壤。群落类型为小叶厚皮香+密花树-杜鹃-薹草群丛。群落总盖度约80%。乔木层可分为2亚层：第一亚层高4—5.5m，以小叶厚皮香和密花树为主，其平均胸径分别为7cm和4cm，密度分别达每100m² 44株和28株，还有少量变叶榕、黄杞、光叶山矾幼树；第二亚层高仅2—3.5m，除上述树种外，还有柯、石斑木。灌木层较稀疏，平均高度40cm，杜鹃占优势，密度为每100m² 87株，还有轮叶蒲桃、榕叶冬青、毛冬青、短尾越桔，以及蜜花树、黄杞、罗浮柿等的幼苗和幼树。草本层很稀疏，高50cm，仅见薹草属1种、芒和淡竹叶。层间植物种类较丰富，主要为藤槐，十分常见，有时攀援于树顶上，花有白兰的香味，招来大群蝴蝶；其他层间植物有寄生藤、流苏子、土茯苓、蔓九节、链珠藤和尖叶菝葜（表5-6-25）。

表5-6-25　小叶厚皮香＋密花树-杜鹃-薹草群落样方表

种名	株数	Drude 多度	样方数	相对多度 /%	相对频度 /%	相对显著度 /%	多频度	重要值
乔木层								
小叶厚皮香 Ternstroenia microphylla	57		4	32.95	17.39	62.42		112.76
密花树 Myrsine seguinii	73		4	42.20	17.39	25.90		85.49
变叶榕 Ficus variolosa	15		4	8.67	17.39	7.86		33.92
光叶山矾 Symplocos lancifolia	14		4	8.09	17.39	1.97		27.45
石斑木 Rhaphiolepis indica	6		3	3.47	13.04	0.81		17.32
黄杞 Engelhardia roxburghiana	5		2	2.89	8.70	0.46		12.05
柯 Lithocarpus glaber	3		2	1.73	8.70	0.58		11.01
灌木层								
杜鹃 Rhododendron simsii	88		4	33.08	11.43		44.51	
毛冬青 Ilex pubescens	44		4	16.54	11.43		27.97	
光叶山矾 Symplocos lancifolia	28		4	10.52	11.43		21.95	
石斑木 Rhaphiolepis indica	33		3	12.41	8.57		20.98	
榕叶冬青 Ilex ficoides	18		3	6.77	8.57		15.34	
轮叶蒲桃 Syzygium grijsii	17		3	6.39	8.57		14.96	
小叶厚皮香 Ternstroenia microphylla	9		4	3.38	11.43		14.81	
密花树 Myrsine seguinii	6		4	2.26	11.43		13.69	
黄杞 Engelhardia roxburghiana	11		3	4.14	8.57		12.71	
短尾越桔 Vaccinium carlesii	9		2	3.38	5.71		9.09	
罗浮柿 Diospyros morrisiana	3		1	1.13	2.86		3.99	
层间植物								
链珠藤 Alyxia sinensis	43		4	49.43	20.0		69.43	
藤槐 Bowringia callicarpa	12		4	13.79	20.0		33.79	
寄生藤 Dendrotrophe frutescens	7		4	8.05	20.0		28.05	
土茯苓 Smilax glabra	9		2	10.34	10.0		20.34	
蔓九节 Psychotria serpens	8		2	9.20	10.0		19.20	
尖叶菝葜 Smilax arisanemsis	5		2	5.75	10.0		15.75	
流苏子 Thysanospermum diffusum	3		2	3.45	10.0		13.45	
草本层								
薹草属1种 Carex sp.		Sp	4		40.0			
芒 Miscanthus sinensis		Sol	3		30.0			
淡竹叶 Lophatherum acile		Un	3		30.0			

注：调查时间1999年7月18日，地点虎伯寮紫荆山（海拔630m），陈鹭真记录。

58. 山杜英林

山杜英广布于长江以南地区，往往是先锋树种，局部成林。在福建除沿海地区外其他地区常见，在泰宁状元岩和邵武天成奇峡的沟谷中有小面积山杜英林。群落外貌整齐，林内结构简单。在福建调查到2个群丛。

图5-6-117 山杜英（*Elaeocarpus sylvestris*）

代表性样地设在泰宁状元岩。土壤为紫色土。群落类型为山杜英–朱砂根–阔鳞鳞毛蕨群丛。群落总盖度约90%。乔木层树种以山杜英（图5-6-117）为主，其高者达22m、平均胸径达20cm，密度为每100m²4—6株，局部混生薄叶润楠、华南蒲桃。灌木层以朱砂根为主，其他常见种类有紫金牛、百两金、广东紫珠（*Callicarpa kwangtungensis*）、榕叶冬青，以及羊舌树、野含笑等的幼树。草本层阔鳞鳞毛蕨占优势，其他常见种类有长柄线蕨（*Leptochilus ellipticus* var. *longipes*）、卷柏、刺头复叶耳蕨等。层间植物有常春藤、瓜馥木、金樱子、网络鸡血藤、亮叶鸡血藤。

七、季风常绿阔叶林

季风常绿阔叶林主要分布于福建南部的南亚热带山地基带，主要有红锥林、淋漓锥林和厚壳桂林，林内泛热带区系成分丰富，有板状根、大型木质藤本、滴水叶尖、绞杀植物、老茎生花、附生植物等湿热性雨林景观。

1.红锥＋淋漓锥林

红锥＋淋漓锥林仅见于福建虎伯寮国家级自然保护区。林冠浓密，凹凸不平，垂直层次多，呈连续状。常年绿色，春末夏初季节大多数树种相继开花，黄绿相映。林内树干通直，有板状根、大型木质藤本、滴水叶尖、绞杀植物、老茎生花、附生植物等湿热性雨林景观。群落分层不明显。在福建调查到1个群丛。

代表性样地设在福建虎伯寮国家级自然保护区内的六斗山，2001—2011年共设立了10000m²的样地，分100个样方进行频度统计。土壤为砖红壤性红壤。群落类型为红锥＋淋漓锥–罗伞树＋小紫金牛–华山姜群丛。红锥、淋漓锥是群落的建群种，乔木层主要种类还有硬壳桂、多毛茜草树、紫楠、茜树、刨花润楠、广东山胡椒（Lindera kwangtungensis）、木荷、建润楠、山杜英、杜英、栓叶安息香、橄榄、薄叶润楠、黄杞、木蜡树、黄牛奶树、猴耳环、广东琼楠、羊舌树、亮叶猴耳环、红鳞蒲桃（Syzygium hancei）、冬青属1种、鹅掌柴、香楠、绿冬青、厚壳桂、爪哇脚骨脆（Casearia velutina）、黄桐、狗骨柴等；非样地红锥＋淋漓锥林也常见白果山黄皮（Randia leucocarpa）、肉实树（Sarcosperma laurinum）等。灌木层以罗伞树和小紫金牛（Ardisia chinensis）为主，其他常见种类有柏拉木、草珊瑚、日本五月茶、西南粗叶木、虎舌红、斜基粗叶木等，以及建润楠、猴耳环、紫楠、黄牛奶树、亮叶猴耳环、鸭公树、华南蒲桃、多毛茜草树、新木姜子、鹅掌柴、九节、狗骨柴、假九节、黄杞等的幼苗和幼树。草本层较为稀疏，数量不多，但种数较多，以华山姜为主，其他主要种类有耐阴湿的钱氏陵齿蕨（Lindsaea chienii）、扇叶铁线蕨、刺头复叶耳蕨、狗脊、爱地草、淡竹叶、求米草、边缘鳞盖蕨、金毛狗、红色新月蕨（Pronephrium lakhimpurense）、崇澍蕨、野芋（Colocasia antiquorum）等，在沟谷阴湿地还有高达1.5m的巨型草本海芋和高约5m的桫椤。层间植物非常丰富，大多是木质大藤本植物，有瓜馥木、酸藤子、网脉酸藤子、香港瓜馥木、白叶瓜馥木、红叶藤（Rourea minor）、粉背菝葜、尖叶清风藤、尖叶菝葜、大芽南蛇藤、买麻藤、杜仲藤、菝葜、玉叶金花、革叶清风藤、山蒟、扁担藤、鸡矢藤、寄生藤等，遍布林内，如天桥飞架、蟠龙附柱，群落结构因此显得很复杂（表5-7-1）。

表5-7-1　红锥＋淋漓锥–罗伞树＋小紫金牛–华山姜群落样方表

种名	株数	样方数	相对多度/%	相对频度/%	相对显著度/%	多频度	重要值
乔木层							
红锥 Castanopsis hystrix	73	52	4.54	5.02	32.20		41.76
淋漓锥 Castanopsis uraiana	85	53	5.29	5.12	24.42		34.83
硬壳桂 Cryptocarya chingii	203	73	12.63	7.05	2.16		21.84
多毛茜草树 Aidia pycnantha	154	73	9.58	7.05	1.52		18.15
紫楠 Phoebe sheareri	94	57	5.85	5.50	5.42		16.77
茜树 Aidia cochinchinensis	103	43	6.41	4.15	1.09		11.65
刨花润楠 Machilus pauhoi	50	37	3.11	3.57	2.98		9.66
广东山胡椒 Lindera kwangtungensis	68	41	4.23	3.96	0.89		9.08
木荷 Schima superba	40	26	2.49	2.51	3.74		8.73
建润楠 Machilus oreophila	36	28	2.24	2.71	1.61		6.56
山杜英 Elaeocarpus sylvestris	38	24	2.36	2.32	1.66		6.34
杜英 Elaeocarpus decipiens	40	28	2.49	2.71	0.70		5.90
栓叶安息香 Styrax suberifolius	31	22	1.93	2.12	1.68		5.73

种名	株数	样方数	相对多度/%	相对频度/%	相对显著度/%	多频度	重要值
橄榄 Canarium album	36	26	2.24	2.51	0.82		5.57
薄叶润楠 Machilus leptophylla	22	18	1.37	1.74	2.08		5.19
黄杞 Engelhardia roxburghiana	14	10	0.87	0.97	3.29		5.13
木蜡树 Toxicodendron sylvestre	19	17	1.18	1.64	2.26		5.08
黄牛奶树 Symplocos cochinchinensis var. laurina	38	25	2.36	2.42	0.17		4.95
猴耳环 Archidendron clypearia	35	23	2.18	2.22	0.45		4.85
广东琼楠 Beilschmiedia fordii	34	24	2.12	2.32	0.33		4.77
羊舌树 Symplocos glauca	26	21	1.62	2.03	0.49		4.14
亮叶猴耳环 Archidendron lucidum	22	21	1.37	2.03	0.67		4.07
红鳞蒲桃 Syzygium hancei	30	20	1.87	1.93	0.12		3.92
冬青 Ilex chinensis	26	20	1.62	1.93	0.15		3.70
鹅掌柴 Schefflera octophylla	20	17	1.24	1.64	0.26		3.14
香楠 Aidia canthioides	22	15	1.37	1.45	0.12		2.94
绿冬青 Ilex viridis	15	14	0.93	1.35	0.62		2.90
爪哇脚骨脆 Casearia velutina	18	15	1.12	1.45	0.08		2.65
密果吴萸 Tetradium ruticarpum	2	2	0.12	0.19	2.08		2.39
厚壳桂 Cryptocarya chinensis	13	11	0.81	1.06	0.29		2.16
笔罗子 Meliosma rigida	9	8	0.56	0.77	0.41		1.74
华南蒲桃 Syzygium austrosinense	11	10	0.69	0.97	0.03		1.69
罗浮柿 Diospyros morrisiana	8	8	0.50	0.77	0.39		1.66
小果山龙眼 Helicia cochinchinensis	10	10	0.62	0.97	0.05		1.64
牛矢果 Osmanthus matsumuranus	10	10	0.62	0.97	0.04		1.63
新木姜子 Neolitsea aurata	9	6	0.56	0.58	0.25		1.39
绢毛杜英 Elaeocarpus nitentifolius	9	8	0.56	0.77	0.04		1.37
日本杜英 Elaeocarpus japonicus	8	8	0.50	0.77	0.03		1.30
狗骨柴 Diplospora dubia	8	7	0.50	0.68	0.07		1.25
腺叶野樱 Laurocerasus phaeosticta	7	7	0.44	0.68	0.07		1.19
米槠 Castanopsis carlesii	8	6	0.50	0.58	0.08		1.16
猴欢喜 Sloanea sinensis	7	6	0.44	0.58	0.04		1.05
木荚红豆 Ormosia xylocarpa	5	2	0.31	0.19	0.54		1.04
罗伞树 Ardisia quinquegona	7	6	0.44	0.58	0.02		1.04
沉水樟 Cinnamomum micranthum	1	1	0.06	0.10	0.83		0.99
华南木姜子 Litsea greenmaniana	6	3	0.37	0.29	0.26		0.92
越南山矾 Symplocos cochinchinensis	5	5	0.31	0.48	0.07		0.86
香港新木姜子 Neolitsea cambodiana var. glabra	4	4	0.25	0.39	0.14		0.78
细枝柃 Eurya loquaiana	6	4	0.37	0.39	0.01		0.77
绒果梭罗 Reevesia tomentosa	5	3	0.31	0.29	0.10		0.70
光叶山矾 Symplocos lancifolia	4	4	0.25	0.39	0.04		0.68
脚骨脆 Casearia balansae	2	2	0.12	0.19	0.36		0.67
山乌桕 Triadica cochinchinensis	2	2	0.12	0.19	0.30		0.61

续表

种名	株数	样方数	相对多度 /%	相对频度 /%	相对显著度 /%	多频度	重要值
中华杜英 *Elaeocarpus chinensis*	3	3	0.19	0.29	0.11		0.58
胡桃楸 *Juglans mandshurica*	1	1	0.06	0.10	0.42		0.58
枫香树 *Liquidambar formosana*	1	1	0.06	0.10	0.38		0.54
秤星树 *Ilex asprella*	3	3	0.19	0.29	0.02		0.50
红楠 *Machilus thunbergii*	3	3	0.19	0.29	0.02		0.50
榕叶冬青 *Ilex ficoidea*	3	3	0.19	0.29	0.02		0.50
红枝蒲桃 *Syzygium rehderianum*	3	3	0.19	0.29	0.01		0.49
黄桐 *Endospermum chinense*	2	2	0.12	0.19	0.13		0.44
黄檀 *Dalbergia hupeana*	3	2	0.19	0.19	0.03		0.41
鸭公树 *Neolitsea chuii*	2	2	0.12	0.19	0.06		0.37
桃叶石楠 *Photinia prunifolia*	2	2	0.12	0.19	0.02		0.33
细齿叶柃 *Eurya nitida*	2	2	0.12	0.19	0.02		0.33
三花冬青 *Ilex triflora*	2	2	0.12	0.19	0.01		0.32
毛冬青 *Ilex pubescens*	2	2	0.12	0.19	0.01		0.32
柏拉木 *Blastus cochinchinensis*	2	2	0.12	0.19	0.00		0.31
九丁榕 *Ficus nervosa*	2	2	0.12	0.19	0.00		0.31
变叶榕 *Ficus variolosa*	1	1	0.06	0.10	0.07		0.23
乌榄 *Canarium pimela*	1	1	0.06	0.10	0.05		0.21
小叶白辛树 *Pterostyrax corymbosus*	1	1	0.06	0.10	0.03		0.19
黄毛五月茶 *Antidesma fordii*	1	1	0.06	0.10	0.02		0.18
鼠刺 *Itea chinensis*	1	1	0.06	0.10	0.02		0.18
罗浮锥 *Castanopsis fabri*	1	1	0.06	0.10	0.02		0.18
锐尖山香圆 *Turpinia arguta*	1	1	0.06	0.10	0.01		0.17
冬青属 1 种 *Ilex* sp.	1	1	0.06	0.10	0.01		0.17
九节 *Psychotria asiatica*	1	1	0.06	0.10	0.00		0.16
杨桐 *Adinandra millettii*	1	1	0.06	0.10	0.00		0.16
木姜子属 1 种 *Litsea* sp.	1	1	0.06	0.10	0.00		0.16
臀果木 *Pygeum topengii*	1	1	0.06	0.10	0.00		0.16
马银花 *Rhododendron ovatum*	1	1	0.06	0.10	0.00		0.16
三桠苦 *Euodia lepta*	1	1	0.06	0.10	0.00		0.16
灌木层							
建润楠 *Machilus oreophila*	96	5	8.99	2.45		11.44	
猴耳环 *Archidendron clypearia*	86	5	8.05	2.45		10.50	
紫楠 *Phoebe sheareri*	4	18	0.38	8.86		9.24	
罗伞树 *Ardisia quinquegona*	69	5	6.46	2.45		8.91	
小紫金牛 *Ardisia chinensis*	64	5	5.99	2.45		8.44	
柏拉木 *Blastus cochinchinensis*	73	2	6.84	0.98		7.82	
黄牛奶树 *Symplocos cochinchinensis* var. *laurina*	51	5	4.78	2.45		7.23	
草珊瑚 *Sarcandra glabra*	45	5	4.21	2.45		6.66	
亮叶猴耳环 *Archidendron lucidum*	42	5	3.93	2.45		6.38	
鸭公树 *Neolitsea chuii*	46	4	4.31	1.96		6.27	

种名	株数	样方数	相对多度 /%	相对频度 /%	相对显著度 /%	多频度	重要值
华南蒲桃 Syzygium austrosinense	32	5	3.00	2.45		5.45	
多毛茜草树 Aidia pycnantha	32	5	3.00	2.45		5.45	
日本五月茶 Antidesma japonicum	32	5	3.00	2.45		5.45	
新木姜子 Neolitsea aurata	34	4	3.18	1.96		5.14	
西南粗叶木 Lasianthus henryi	24	5	2.25	2.45		4.70	
腺叶桂樱 Laurocerasus phaeosticta	22	5	2.06	2.45		4.51	
鹅掌柴 Schefflera octophylla	17	5	1.59	2.45		4.04	
九节 Psychotria asiatica	16	5	1.50	2.45		3.95	
狗骨柴 Diplospora dubia	12	5	1.12	2.45		3.57	
假九节 Psychotria tutcheri	12	5	1.12	2.45		3.57	
黄杞 Engelhardia roxburghiana	16	4	1.50	1.96		3.46	
爪哇脚骨脆 Casearia velutina	15	4	1.40	1.96		3.36	
茜树 Aidia cochinchinensis	14	4	1.31	1.96		3.27	
绒毛润楠 Machilus velutinas	13	4	1.22	1.96		3.18	
红锥 Castanopsis hystrix	23	2	2.15	0.97		3.13	
冬青 Ilex chinensis	9	4	0.84	1.96		2.80	
广东琼楠 Beilschmiedia fordii	19	2	1.78	0.97		2.76	
禾串树 Bridelia balansae	8	4	0.75	1.96		2.71	
绢毛杜英 Elaeocarpus nitentifolius	8	4	0.75	1.96		2.71	
疏花卫矛 Euonymus laxiflorus	8	3	0.75	1.47		2.22	
红鳞蒲桃 Syzygium hancei	6	3	0.56	1.47		2.03	
淋漓锥 Castanopsis uraiana	11	2	1.03	0.97		2.00	
硬壳桂 Cryptocarya chingii	4	3	0.38	1.47		1.85	
毛鳞省藤 Calamus thysanolepis	9	2	0.84	0.97		1.81	
秤星树 Ilex asprella	3	3	0.28	1.47		1.75	
三桠苦 Euodia lepta	3	3	0.28	1.47		1.75	
光叶山矾 Symplocos lancifolia	8	2	0.75	0.97		1.72	
牛矢果 Osmanthus matsumuranus	7	2	0.66	0.97		1.63	
虎舌红 Ardisia mamillata	5	2	0.47	0.97		1.44	
斜基粗叶木 Lasianthus attenuatus	5	2	0.47	0.97		1.44	
厚壳桂 Cryptocarya chinensis	4	2	0.38	0.97		1.35	
檵木 Loropetalum chinense	3	2	0.28	0.97		1.25	
罗浮柿 Diospyros morrisiana	3	2	0.28	0.97		1.25	
刨花润楠 Machilus pauhoi	3	2	0.28	0.97		1.25	
日本粗叶木 Lasianthus japonicus	3	2	0.28	0.97		1.25	
香港新木姜子 Neolitsea cambodiana var. glabra	3	2	0.28	0.97		1.25	
黄绒润楠 Machilus grijsii	8	1	0.75	0.49		1.23	
脚骨脆 Casearia balansae	2	2	0.19	0.97		1.16	
毛冬青 Ilex pubescens	2	2	0.19	0.97		1.16	
栓叶安息香 Styrax suberifolius	2	2	0.19	0.97		1.16	
广东山胡椒 Lindera kwangtungensis	6	1	0.56	0.49		1.05	

种名	株数	样方数	相对多度/%	相对频度/%	相对显著度/%	多频度	重要值
黄毛榕 Ficus esquiroliana	4	1	0.38	0.49		0.87	
绿冬青 Ilex viridis	3	1	0.28	0.49		0.77	
翻白叶树 Pterospermum heterophyllum	2	1	0.19	0.49		0.68	
贵州石楠 Photinia bodinieri	2	1	0.19	0.49		0.68	
山血丹 Ardisia punctata	2	1	0.19	0.49		0.68	
羊舌树 Symplocos glauca	2	1	0.19	0.49		0.68	
白花苦灯笼 Tarenna mollissima	1	1	0.09	0.49		0.58	
笔罗子 Meliosma rigida	1	1	0.09	0.49		0.58	
橄榄 Canarium album	1	1	0.09	0.49		0.58	
木荷 Schima superba	1	1	0.09	0.49		0.58	
绒果梭罗 Reevesia tomentosa	1	1	0.09	0.49		0.58	
山杜英 Elaeocarpus sylvestris	1	1	0.09	0.49		0.58	
山牡荆 Vitex quinata	1	1	0.09	0.49		0.58	
野柿 Diospyros kaki	1	1	0.09	0.49		0.58	
五月茶 Antidesma bunius	1	1	0.09	0.49		0.58	
小果山龙眼 Helicia cochinchinensis	1	1	0.09	0.49		0.58	
油茶 Camellia oleifera	1	1	0.09	0.49		0.58	
层间植物							
瓜馥木 Fissistigma oldhamii	26	3	18.58	6.00		24.58	
酸藤子 Embelia laeta	20	5	14.30	10.00		24.30	
网脉酸藤子 Embelia rudis	11	5	7.86	10.00		17.86	
香港瓜馥木 Fissistigma uonicum	14	3	10.00	6.00		16.00	
白叶瓜馥木 Fissistigma glaucescens	11	4	7.86	8.00		15.86	
红叶藤 Rourea minor	9	4	6.43	8.00		14.43	
粉背菝葜 Smilax hypoglauca	9	3	6.43	6.00		12.43	
尖叶清风藤 Sabia swinhoei	10	1	7.15	2.00		9.15	
尖叶菝葜 Smilax arisanensis	3	3	2.14	6.00		8.14	
大芽南蛇藤 Celastrus gemmatus	3	2	2.14	4.00		6.14	
买麻藤 Gnetum montanum	3	2	2.14	4.00		6.14	
杜仲藤 Urceola micrantha	3	2	2.14	4.00		6.14	
菝葜 Smilax china	2	2	1.43	4.00		5.43	
玉叶金花 Mussaenda pubescens	2	2	1.43	4.00		5.43	
革叶清风藤 Sabia coriacea	3	1	2.14	2.00		4.14	
山蒟 Piper hancei	3	1	2.14	2.00		4.14	
杖藤 Calamus rhabdocladus	2	1	1.43	2.00		3.43	
扁担藤 Tetrastigma planicaule	1	1	0.71	2.00		2.71	
鸡矢藤 Paederia foetida	1	1	0.71	2.00		2.71	
寄生藤 Dendrotrophe varians	1	1	0.71	2.00		2.71	
海金沙 Lygodium japonicum	1	1	0.71	2.00		2.71	
毒根斑鸠菊 Vernonia cumingiana	1	1	0.71	2.00		2.71	
藤槐 Bowringia callicarpa	1	1	0.71	2.00		2.71	

续表

种名	株数	样方数	相对多度 /%	相对频度 /%	相对显著度 /%	多频度	重要值
草本层							
华山姜 *Alpinia oblongifolia*	76	5	30.40	15.15		45.55	
钱氏陵齿蕨 *Lindsaea chienii*	37	5	14.80	15.15		29.95	
扇叶铁线蕨 *Adiantum flabellubatum*	32	5	12.80	15.15		27.95	
刺头复叶耳蕨 *Arachniodes aristata*	35	2	14.00	6.06		20.06	
狗脊 *Woodwardia japonica*	10	4	4.00	12.12		16.12	
爱地草 *Geophila herbacea*	24	1	9.60	3.03		12.63	
淡竹叶 *Lophatherum acile*	6	2	2.40	6.06		8.46	
求米草 *Oplismenus undulatifolius*	7	1	2.80	3.03		5.83	
边缘鳞盖蕨 *Microlepia marginata*	7	1	2.80	3.03		5.83	
金毛狗 *Cibotium barometz*	6	1	2.40	3.03		5.43	
红色新月蕨 *Pronephrium lakhimpurense*	3	1	1.20	3.03		4.23	
崇澍蕨 *Chieniopteris harlandii*	2	1	0.80	3.03		3.83	
野芋 *Colocasia antiquorum*	2	1	0.80	3.03		3.83	
薹草属 1 种 *Carex* sp.	1	1	0.40	3.03		3.43	
山菅 *Dianella ensifolia*	1	1	0.40	3.03		3.43	
鳞毛蕨属 1 种 *Dryopteris* sp.	1	1	0.40	3.03		3.43	

注：调查时间 2011 年 12 月 10—12 日，地点虎伯寮六斗山（海拔 300m），李振基、肖醉、巫渭欢、邓燕瑜记录。

2. 红锥林

红锥林属福建省南亚热带地带性植被类型，在福建南靖、平和、永定、新罗等县市区有大面积的红锥林分布（图5-7-1）。林冠浓密，凹凸不平，常年绿色（图5-7-2）。春末夏初季节，其中大多数树种相继开花，黄绿相映。林内有大型木质藤本、滴水叶尖、绞杀植物、老茎生花、附生植物等湿热性雨林景观。群落分层不明显（图5-7-3）。在福建调查到 3 个群丛。

代表性样地设在福建虎伯寮国家级自然保护区内的六斗山。土壤为砖红壤性红壤。群落类型为红锥–罗伞树–淡竹叶群丛。乔木层红锥（图5-7-4、图5-7-5）占优势，红锥古树参天，树干通直，胸径在1m以上，板状根发达。乔木层主要种类还有淋漓锥、红鳞蒲桃、厚壳桂、硬壳桂、杜英、黄桐、黄杞、鹅掌柴、白果山黄皮、狗骨柴、肉实树、爪哇脚骨脆、亮叶猴耳环、猴耳环等。灌木层以罗伞树（图5-7-6）为主，其他常见种类有九节、狗骨柴（图5-7-7）、鲫鱼胆（*Maesa perlarius*）、杜茎山、多种木姜子、五月茶、柏拉木、粗叶木、紫金牛、毛冬青等。草本层较为稀疏，数量不多，但种数较多，主要有耐阴湿、矮小的淡竹叶、单叶新月蕨（图5-7-8）、华山姜（图5-7-9）、狗脊、金毛狗、福建观音座莲、凤尾蕨。在沟谷阴湿地还有高大的海芋、桫椤和黑桫椤。林中藤本植物也非常丰富，大多是木质大藤本植物，有杜仲藤、密花豆、藤黄檀、扁担藤、红叶藤、省藤、瓜馥木等，遍布林内，如天桥飞架、蟠龙附柱，群落结构因此显得很复杂。

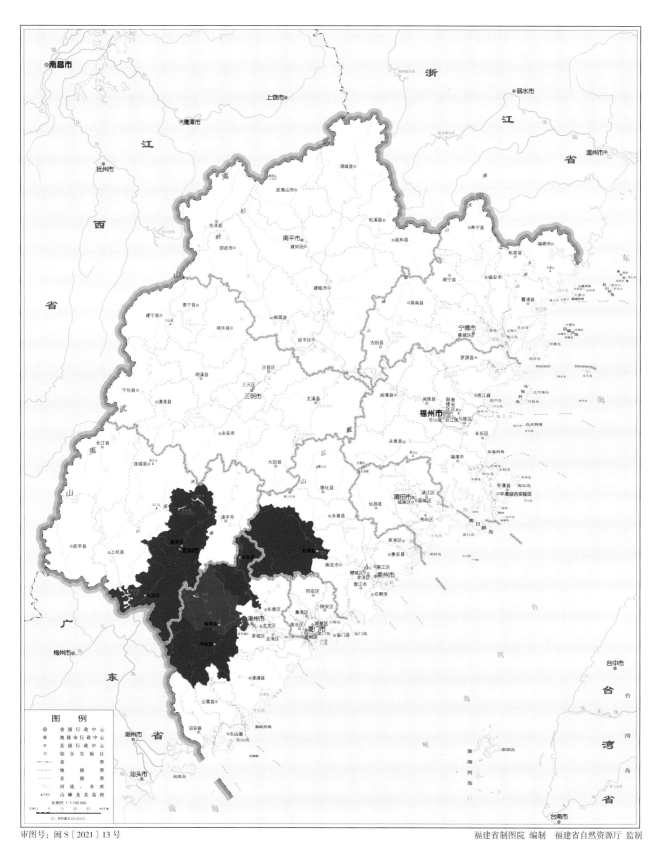

福建省制图院 编制　福建省自然资源厅 监制

图 5-7-1　红锥林分布图

图 5-7-2　红锥林群落外貌（虎伯寮）

图 5-7-3　红锥林林内结构（虎伯寮）

图5-7-4　红锥（ *Castanopsis hystrix* ）（ 1 ）

图 5-7-5　红锥（*Castanopsis hystrix*）（2）

图 5-7-6　罗伞树（*Ardisia quinquegona*）

图 5-7-7　狗骨柴（*Diplospora dudia*）

图 5-7-8　单叶新月蕨（*Pronephrium simplex*）

图 5-7-9　华山姜（*Alpinia chinensis*）

3. 红锥＋鹅掌柴林

在福建虎伯寮国家级自然保护区象溪、楼仔后山和鹅仙洞分布有红锥＋鹅掌柴林。林冠浓密、凹凸不平，林内分层不明显。在福建调查到 1 个群丛。

代表性样地设在福建虎伯寮国家级自然保护区海拔445m的楼仔后山。土壤为灰化红壤，土层厚1—2m，表土层为壤土、多孔隙。群落类型为红锥＋鹅掌柴–罗伞树–华山姜群丛。群落总盖度约90%。乔木层高达25m，可以分为2个亚层：第一亚层均为红锥，其高20—25m，平均胸径36cm；第二亚层高4—13m，主要有鹅掌柴、木荷、山杜英、茜树、橄榄、华南吴萸、罗浮柿、羊舌树、狗骨柴、光叶山矾。灌木层可以分为3个亚层：第一亚层高2—4m，以罗伞树为主，还有毛冬青、栀子、中国旌节花、杨桐、三桠苦，以及鬈荫锥、罗浮柿、闽桂润楠、橄榄的幼树；第二亚层高0.8—1.5m，主要有罗伞树、毛冬青、野牡丹、细枝柃、日本粗叶木、五月茶、细齿叶柃、榕叶冬青、刺毛杜鹃，以及鬈荫锥等乔木的幼树；第三亚层高0.1—0.4m，主要有罗伞树、毛冬青、草珊瑚、山血丹、百两金、虎舌红、黑面神、榕叶冬青、秤星树，以及红锥、木荷、黄桐、红鳞蒲桃等的幼苗。草本层较为稀疏，以华山姜居多，另有乌毛蕨、淡竹叶、狗脊、鳞籽莎、竹叶草（*Oplismenus compositus*）、扇叶铁线蕨、团叶陵始蕨、深绿卷柏、薹草属1种、黑足鳞毛蕨、三羽新月蕨（*Pronephrium triphylla*）。层间植物有扁担藤、菝葜、毒根斑鸠菊（*Vernonia andersonii*）、杖藤、寄生藤、玉叶金花、流苏子、尖叶菝葜、土茯苓、网脉酸藤子、蔓九节、红叶藤、羊角藤、山薯、粉背菝葜、藤黄檀、络石（表5-7-2）。

表5-7-2　红锥＋鹅掌柴–罗伞树–华山姜群落样方表

种名	株数	Drude 多度	样方数	相对多度 /%	相对频度 /%	相对显著度 /%	多频度	重要值
乔木层								
红锥 *Castanopsis hystrix*	43		10	18.86	10.42	70.57		99.85
鹅掌柴 *Schefflera octophylla*	55		10	24.12	10.42	5.37		39.91
红楠 *Machilus thunbergii*	32		10	14.04	10.42	0.92		25.38

续表

种名	株数	Drude 多度	样方数	相对多度 /%	相对频度 /%	相对显著度 /%	多频度	重要值
橄榄 *Canarium album*	9		8	3.95	8.33	8.69		20.97
木荷 *Schima superba*	18		10	7.90	10.42	1.08		19.40
羊舌树 *Symplocos glauca*	16		9	7.02	9.38	1.27		17.67
茜树 *Aidia cochinchinensis*	16		9	7.02	9.38	0.90		17.30
华南吴萸 *Tetradium austrosinense*	4		4	1.75	4.16	8.51		14.42
山杜英 *Elaeocarpus sylvestris*	7		8	3.07	8.33	1.56		12.96
罗浮柿 *Diospyros morrisiana*	11		6	4.82	6.25	0.55		11.62
狗骨柴 *Diplospora dubia*	7		6	3.07	6.25	0.26		9.58
黧蒴锥 *Castanopsis fissa*	5		4	2.19	4.16	0.25		6.60
光叶山矾 *Symplocos lancifolia*	5		2	2.19	2.08	0.07		4.34
灌木层								
罗伞树 *Ardisia quinquegona*	143		10	14.02	3.31		17.33	
九节 *Psychotria asiatica*	95		10	9.31	3.31		12.62	
黧蒴锥 *Castanopsis fissa*	70		10	6.86	3.31		10.17	
鹅掌柴 *Schefflera octophylla*	31		10	3.04	3.31		6.35	
山血丹 *Ardisia punctata*	32		9	3.13	2.98		6.11	
秤星树 *Ilex asprella*	31		9	3.04	2.98		6.02	
红锥 *Castanopsis hystrix*	25		10	2.45	3.31		5.76	
毛冬青 *Ilex pubescens*	25		10	2.45	3.31		5.76	
狗骨柴 *Diplospora dubia*	31		8	3.04	2.65		5.69	
羊舌树 *Symplocos glauca*	28		8	2.75	2.65		5.40	
日本粗叶木 *Lasianthus japonicus*	20		9	1.96	2.98		4.94	
山杜英 *Elaeocarpus sylvestris*	22		8	2.16	2.65		4.81	
罗浮柿 *Diospyros morrisiana*	15		10	1.47	3.31		4.78	
黄绒润楠 *Machilus grijsii*	21		8	2.06	2.65		4.71	
木荷 *Schima superba*	27		6	2.65	1.99		4.64	
黄杞 *Engelhardia roxburghiana*	23		7	2.25	2.32		4.57	
百两金 *Ardisia crispa*	22		6	2.16	1.99		4.15	
茜树 *Aidia cochinchinensis*	17		7	1.67	2.32		3.98	
草珊瑚 *Sarcandra glabra*	10		9	0.98	2.98		3.96	
红鳞蒲桃 *Syzygium hancei*	12		8	1.18	2.65		3.82	
虎舌红 *Ardisia mamillata*	18		6	1.76	1.99		3.75	
绢毛杜英 *Elaeocarpus nitentifolius*	10		8	0.98	2.65		3.63	
闽桂润楠 *Machilus minkweiensis*	16		6	1.57	1.99		3.56	
光叶山矾 *Symplocos lancifolia*	22		4	2.16	1.32		3.48	
紫楠 *Phoebe sheareri*	14		6	1.37	1.99		3.36	
黑面神 *Breynia fruticosa*	14		6	1.37	1.99		3.36	
细枝柃 *Eurya loquaiana*	10		7	0.98	2.32		3.30	
黄桐 *Endospermum chinense*	13		6	1.27	1.99		3.26	
肉实树 *Sarcosperma laurinum*	16		5	1.57	1.66		3.23	
细齿叶柃 *Eurya nitida*	12		6	1.18	1.99		3.17	

种名	株数	Drude多度	样方数	相对多度/%	相对频度/%	相对显著度/%	多频度	重要值
栀子 Gardenia jasminoides	12		6	1.18	1.99		3.17	
杨桐 Adinandra millettii	12		6	1.18	1.99		3.17	
桃叶石楠 Photinia prunifolia	14		5	1.38	1.66		3.03	
榕叶冬青 Ilex ficoides	10		6	0.99	1.99		2.97	
黄毛榕 Ficus fulva	10		5	0.99	1.66		2.64	
厚皮香 Ternstroemia gymnanthera	12		4	1.18	1.32		2.50	
三桠苦 Euodia lepta	8		5	0.79	1.66		2.44	
野牡丹 Melastoma malabathricum	11		4	1.08	1.32		2.40	
五月茶 Antidesma bunius	9		4	0.88	1.32		2.20	
赛山梅 Styrax confusa	12		3	1.18	0.99		2.17	
华南桂 Cinnamomum austro-sinense	8		4	0.78	1.32		2.10	
柯 Lithocarpus glaber	11		3	1.08	0.99		2.07	
猴耳环 Archidendron clypearia	9		3	0.88	0.99		1.87	
橄榄 Canarium album	7		3	0.69	0.99		1.68	
闽楠 Phoebe bournei	10		2	0.98	0.66		1.64	
刺毛杜鹃 Rhododendron championiae	5		3	0.49	0.99		1.48	
中国旌节花 Stachyurus chinensis	6		2	0.59	0.66		1.25	
山乌桕 Triadica cochinchinensis	4		1	0.39	0.33		0.72	
层间植物								
尖叶菝葜 Smilax arisanemsis	51		10	18.96	10.31		29.27	
粉背菝葜 Smilax hypoglauca	24		7	8.92	7.22		16.14	
寄生藤 Dendrotrophe frutescens	12		10	4.46	10.31		14.77	
蔓九节 Psychotria serpens	23		6	8.55	6.19		14.74	
扁担藤 Tetrastigma planicaule	11		10	4.09	10.31		14.40	
菝葜 Smilax china	24		5	8.92	5.15		14.07	
玉叶金花 Mussaenda pubescens	14		8	5.20	8.25		13.45	
网脉酸藤子 Embelia rudis	22		4	8.18	4.12		12.30	
藤黄檀 Dalbergia planicaule	10		8	3.72	8.25		11.97	
红叶藤 Rourea microphylla	13		6	4.83	6.19		11.02	
杖藤 Calamus rhabdocladus	11		6	4.09	6.19		10.28	
土茯苓 Smilax glabra	15		4	5.58	4.12		9.70	
流苏子 Coptosapelta diffusa	11		3	4.09	3.09		7.18	
羊角藤 Morinda umbellata	7		4	2.60	4.12		6.72	
山薯 Dioscorea fordii	12		2	4.46	2.06		6.52	
毒根斑鸠菊 Vernonia andersonii	5		2	1.86	2.06		3.92	
络石 Trachelospermum jasminoides	4		2	1.49	2.06		3.55	
草本层								
华山姜 Alpinia chinensis		Cop1	10		11.90			
乌毛蕨 Blechnum orientale		Cop1	10		11.90			
淡竹叶 Lophatherum acile		Sp	10		11.90			

续表

种名	株数	Drude多度	样方数	相对多度/%	相对频度/%	相对显著度/%	多频度	重要值
狗脊 *Woodwardia japonica*		Sp	9		10.71			
鳞籽莎 *Lepidosperma chinensis*		Sp	9		10.71			
竹叶草 *Oplismenus compositus*		Sp	7		8.33			
扇叶铁线蕨 *Adiantum flabellubatum*		Sol	10		11.90			
团叶陵始蕨 *Lindsawa orbiculata*		Sol	9		10.71			
深绿卷柏 *Selaginella doederleinii*		Sol	4		4.76			
薹草属1种 *Carex* sp.		Un	3		3.57			
黑足鳞毛蕨 *Dryopteris fuscipes*		Un	2		2.38			
三羽新月蕨 *Pronephrium triphylla*		Un	1		1.19			

注：调查时间 1999 年 7 月 18—19 日，地点虎伯寮楼仔后山（海拔 445m），汪世溶记录。

4. 红锥＋木荷林

红锥＋木荷林分布于福建虎伯寮国家级自然保护区海拔 400—600m 的楼墩后山和象溪。林冠浓密、凹凸不平，林内分层不明显。在福建调查到 1 个群丛。

代表性样地设在福建虎伯寮国家级自然保护区内的楼墩后山。土壤为灰化红壤，土层厚0.5—1.2m，表土层为壤土。群落类型为红锥＋木荷–罗伞树–华山姜群丛。群落总盖度约85%。乔木层可以分为2个亚层：第一亚层高17—20m，由红锥与木荷组成共优种，重要值分别为79.2与72.3；第二亚层高9—16m，主要有黄牛奶树、鹅掌柴、木荷、猴欢喜、深山含笑。灌木层可以分为2个亚层：第一亚层高2—5m，以罗伞树为主，伴生毛冬青、栀子、杨桐、三桠苦，以及栲、鹅掌柴、罗浮柿、橄榄、九节、羊舌树、猴欢喜、绢毛杜英、赛山梅的幼树；第二亚层高0.1—1.5m，主要有罗伞树、毛冬青、锐尖山香圆、山血丹、白花灯笼、草珊瑚、虎舌红、三桠苦、榕叶冬青、光叶山矾、五月茶，以及九节、黄绒润楠、桂北木姜子、罗浮柿、黑桫椤、赛山梅、鸭公树、厚壳桂、愉柯的幼苗。草本层较为稀疏，以华山姜居多数，高达2m，另有乌毛蕨、淡竹叶、狗脊、芒萁、鳞籽莎、扇叶铁线蕨等。层间植物有红叶藤、寄生藤、玉叶金花、流苏子、尖叶菝葜、土茯苓、网络鸡血藤、粉背菝葜和藤黄檀。

5. 红锥＋甜槠林

红锥＋甜槠林分布于福建虎伯寮国家级自然保护区。树冠浓密、凹凸不平，林内分层不明显。在福建调查到 1 个群丛。

代表性样地设在福建虎伯寮国家级自然保护区内的鹅仙洞。土壤为黄壤化红壤，土层深0.5—1.0m，表土层灰褐色，孔隙度较高。群落类型为红锥＋甜槠–面秆竹–中华里白群丛。群落总盖度约85%。乔木层高达20m，由红锥和甜槠构成建群种，伴生红楠、栲、冬青、黄绒润楠、山杜英、柯、山鸡椒、细齿叶柃和红鳞蒲桃。灌木层高达2.5m，盖度约40%，可以分为2个亚层：第一亚层高1—4m，以面秆竹为主，其他常见种类有毛冬青、白花灯笼、细枝柃，以及密花树、九节、鹅掌柴、狗骨柴、红楠、红鳞蒲桃、山杜英的幼树；第二亚层高0.1—0.8m，以杜鹃为主，还有山血丹、野牡丹、石斑木、栀子、江南越桔、草珊瑚、长萼马醉木、南烛、秤星树、广东紫珠、刺毛杜鹃、海金子，以及野漆、柯、密花树、小果山龙眼、山杜英、沉水樟、光叶山矾、红楠、茜树、桃叶石楠的幼苗。草本层高达1m，以中华里白为主，尚有芒萁、淡竹叶、芒、鳞籽莎、十字薹草（Carex cruciata）、扇叶铁线蕨。层间植物有玉叶金花、香花鸡血藤、链珠藤、土茯苓、网络鸡血藤、尖叶菝葜（表5-7-3）。

表5-7-3　红锥 + 甜槠–面秆竹–中华里白群落样方表

种名	株数	Drude 多度	样方数	相对多度 /%	相对频度 /%	相对显著度 /%	多频度	重要值
乔木层								
红锥 Castanopsis hystrix	17		2	26.98	10.0	51.42		88.40
甜槠 Castanopsis eyrei	9		2	14.28	10.0	40.41		64.69
红楠 Machilus thunbergii	10		2	15.87	10.0	4.53		30.40
柯 Lithocarpus glaber	7		2	11.11	10.0	0.67		21.78
栲 Castanopsis fargesii	5		2	7.94	10.0	1.02		18.96
山杜英 Elaeocarpus sylvestris	5		2	7.94	10.0	0.24		18.18
冬青 Ilex chinensis	3		2	4.76	10.0	0.61		15.37
黄绒润楠 Machilus grijsii	3		2	4.76	10.0	0.26		15.02
细齿叶柃 Eurya nitida	1		2	1.59	10.0	0.26		11.85
山鸡椒 Litsea cubeba	2		1	3.18	5.0	0.42		8.60
红鳞蒲桃 Syzygium hancei	1		1	1.59	5.0	0.16		6.75
灌木层								
面秆竹 Pseudosasa orthotropa	156		2	50.98	4.26		55.24	
杜鹃 Rhododendron simsii	31		2	10.13	4.26		14.39	
密花树 Myrsine seguinii	12		2	3.92	4.26		8.18	
红鳞蒲桃 Syzygium hancei	8		2	2.62	4.26		6.88	
山杜英 Elaeocarpus sylvestris	6		2	1.96	4.26		6.22	
海金子 Pittosporum illicioides	6		2	1.96	4.26		6.22	
野漆 Toxiocodendron succedaneum	6		2	1.96	4.26		6.22	
鹅掌柴 Schefflera octophylla	5		2	1.63	4.26		5.89	
红楠 Machilus thunbergii	5		2	1.63	4.26		5.89	
石斑木 Rhaphiolepis indica	5		2	1.63	4.26		5.89	
秤星树 Ilex asprella	5		2	1.63	4.26		5.89	
细枝柃 Eurya loquaiana	4		2	1.31	4.26		5.57	
栀子 Gardenia jasminoides	4		2	1.31	4.26		5.57	
山血丹 Ardisia punctata	4		2	1.31	4.26		5.57	
柯 Lithocarpus glaber	4		2	1.31	4.26		5.57	
毛冬青 Ilex pubescens	2		2	0.65	4.26		4.91	
南烛 Vaccinium bracteatum	5		1	1.63	2.13		3.76	
野牡丹 Melastoma malabathricum	5		1	1.63	2.13		3.76	
茜树 Aidia cochinchinensis	4		1	1.31	2.13		3.44	
白花灯笼 Clerodendrum fortunatum	3		1	0.98	2.13		3.11	
狗骨柴 Diplospora dubia	3		1	0.98	2.13		3.11	
广东紫珠 Callicarpa kwangtungensis	3		1	0.98	2.13		3.11	
光叶山矾 Symplocos lancifolia	3		1	0.98	2.13		3.11	

续表

种名	株数	Drude多度	样方数	相对多度/%	相对频度/%	相对显著度/%	多频度	重要值
草珊瑚 *Sarcandra glabra*	3		1	0.98	2.13		3.11	
九节 *Psychotria asiatica*	2		1	0.65	2.13		2.78	
江南越桔 *Vaccinium mandarinorum*	2		1	0.65	2.13		2.78	
长萼马醉木 *Pieris swinhoei*	2		1	0.65	2.13		2.78	
刺毛杜鹃 *Rhododendron championiae*	2		1	0.65	2.13		2.78	
小果山龙眼 *Helicia cochinchinensis*	2		1	0.65	2.13		2.78	
沉水樟 *Cinnamomum micranthum*	2		1	0.65	2.13		2.78	
桃叶石楠 *Photinia prunifolia*	2		1	0.65	2.13		2.78	
层间植物								
玉叶金花 *Mussaenda pubescens*	14		2	25.00	18.18		43.18	
香花鸡血藤 *Callerya dielsiana*	13		2	23.21	18.18		41.39	
链珠藤 *Alyxia sinensis*	7		2	12.50	18.18		30.68	
土茯苓 *Smilax glabra*	5		2	8.93	18.18		27.11	
网络鸡血藤 *Callerya reticulata*	9		2	16.07	18.18		34.25	
尖叶菝葜 *Smilax arisanemsis*	8		1	14.29	9.09		23.38	
草本层								
中华里白 *Diplopterygium chinense*		Cop2	2		15.38			
芒萁 *Dicranopteris pedata*		Cop1	2		15.38			
淡竹叶 *Lophatherum acile*		Sp	2		15.38			
芒 *Miscanthus sinensis*		Sol	1		7.72			
鳞籽莎 *Lepidosperma chinensis*		Un	2		15.38			
十字薹草 *Carex cruciata*		Un	2		15.38			
扇叶铁线蕨 *Adiantum flabellubatum*		Un	2		15.38			

注：调查时间 1999 年 7 月 18 日，地点虎伯寮鹅仙洞（海拔 810m），陈鹭真记录。

6. 淋漓锥林

淋漓锥分布于南亚热带地区，是季风常绿阔叶林的特征种之一。在福建虎伯寮国家级自然保护区较为常见，在福建戴云山国家级自然保护区仅见于南坡山麓。群落外貌较整齐，林内分层不明显。在福建调查到 2 个群丛。

代表性样地设在福建戴云山国家级自然保护区内的岱仙瀑布附近。土壤为砖红壤性红壤，土层较厚。群落类型为淋漓锥-罗伞树-华山姜群丛。群落总盖度约90%。乔木层淋漓锥（图5-7-10）占优势，其高达28m、胸径58—86cm，伴生厚壳桂、猴欢喜、鹿角锥、贵州石楠、短梗幌伞枫、臀果木、红锥、红枝蒲桃、钟花樱桃。灌木层以罗伞树为主，平均高180cm，其他常见种类有尖连蕊茶、山血丹、细齿叶柃、朱砂根、小叶五月茶（*Antidesma montanum* var. *microphyllum*）、假九节、杜茎山、红紫珠、粗叶木等，以及大叶冬青、山蜡梅、厚壳桂、野含笑、凤凰润楠、小果山龙眼、亮叶猴耳环等的幼树。草本层华山姜占优势，其他常见种类有狗脊、单叶新月蕨、乌毛蕨、淡竹叶等。层间植物有瓜馥木、乌蔹莓、藤黄檀、买麻藤等。

图 5-7-10　淋漓锥（*Castanopsis uraiana*）

7. 米槠＋红锥林

米槠＋红锥林分布在红锥与米槠交汇区域的福建虎伯寮国家级自然保护区。林冠浓密、凹凸不平，林内分层不明显。在福建调查到 2 个群丛。

代表性样地设在福建虎伯寮国家级自然保护区内的鹅仙洞海拔300—600m的坡地。地表湿度大，土壤为花岗岩风化发育成的山地黄红壤，质地为壤土，肥力中等。群落类型为米槠＋红锥–九节＋罗伞树–单叶新月蕨群丛。群落总盖度约90%。乔木层高20—25m，分3个亚层，均由米槠、红锥组成建群层。在25个100m²样方中，分别有米槠、红锥立木74株、37株，频度分别达88%和76%，重要值分别达69.8和39.8。乔木层伴生黄杞、青冈、笔罗子、鹅掌柴、马尾松、木荷、枫香树和鳞苞锥等，阳性树种较多。灌木层高约2m，九节占优势，其次为罗伞树，还有柏拉木、紫金牛、毛冬青、毛茶（*Antirhea chinensis*）等，局部地段密生有桂竹。草本层以单叶新月蕨为主，其他常见种类有黑莎草、凤尾蕨、红色新月蕨等，近林缘处出现较多芒萁。层间植物主要有络石、杜仲藤、红叶藤（分别占藤本植物总株数的55.0%、23.2%和12.49%），还有买麻藤、南蛇藤和菝葜等。

8. 厚壳桂林

厚壳桂分布于南亚热带地区，是我国季风常绿阔叶林红锥＋厚壳桂林的优势种之一。在福建戴云山国家级自然保护区内的南坡山麓和安溪东庵圳山分布厚壳桂林。群落外貌较整齐，林内分层不明显。在福建调查到 1 个群丛。

代表性样地设在福建戴云山国家级自然保护区内的水口镇。土壤为砖红壤性红壤，土层较厚。群落类型为厚壳桂–罗伞树–金毛狗群丛。群落总盖度约95%。乔木层厚壳桂占优势，其高达22m、胸径16—75cm，伴生树种有臀果木和铁冬青。灌木层以罗伞树为主，平均高180cm，其他常见种类有山血丹、假九节、红皮糙果茶、杜茎山、光叶山矾等，以及红枝蒲桃、青冈、山杜英、木荷、鳞苞锥的幼树。草本层金毛狗占优势，其他常见种类有槲蕨、狗脊、单叶新月蕨、乌毛蕨、淡竹叶等。层间有不少藤本植物，如瓜馥木、乌蔹莓、藤黄檀、三叶崖爬藤、买麻藤、珍珠莲、流苏子等。

八、山地常绿阔叶苔藓林

在福建武夷山、戴云山、峨嵋峰等山地上部，常能见到耐寒的常绿阔叶树所形成的山地常绿阔叶苔藓林。这里所述的浙江红山茶林、交让木林和多脉青冈林主要基于对峨嵋峰的调查。

1. 浙江红山茶林

浙江红山茶又名浙江红花油茶，花色鲜红艳丽，分布于湖南、江西、福建、浙江等地。在福建泰宁、建宁、武夷山、浦城、屏南等县市区海拔 800—1800m 的疏林中均有分布（图5-8-1）。群落外貌整齐，夏季冠层亮绿色（图5-8-2），林内结构简单（图5-8-3）。在福建峨嵋峰、闽江源国家级自然保护区调查到 3 个群丛。

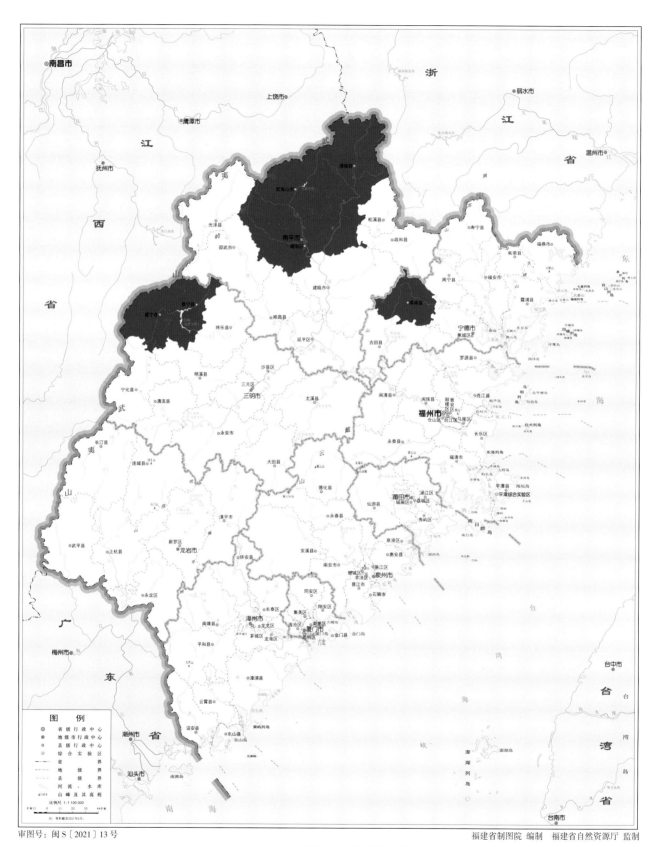

审图号：闽 S〔2021〕13 号

福建省制图院 编制　福建省自然资源厅 监制

图 5-8-1　浙江红山茶林分布图

图 5-8-2　浙江红山茶林群落外貌（峨嵋峰）

图 5-8-3　浙江红山茶林林内结构（峨嵋峰）

代表性样地设在福建峨嵋峰国家级自然保护区内的庆云寺边上。土壤为山地黄壤。群落类型为浙江红山茶-空心泡-禾叶山麦冬群丛。群落总盖度达95%。乔木层高5—12m，浙江红山茶（图5-8-4、图5-8-5）占优势，平均高为5m，伴生光亮山矾、交让木、垂枝泡花树、窄基红褐柃、香港新木姜子等。灌木层平均高度1.3m，空心泡占优势，其他常见种类有冬青、箬竹、香港新木姜子、茶荚蒾、小蜡等，以及浙江红山茶、木荷、多脉青冈等的幼苗和幼树；非样地浙江红山茶林也常见桃叶珊瑚、杜鹃、半边月、光叶海桐（Pittosporum glabratum）、马银花、朱砂根、八角枫、港柯、鸡爪槭、中华槭（Acer sinense）、蜡瓣花等。草本层以禾叶山麦冬为主，盖度达40%，其他常见种类有赤车、油点草（Tricyrtis macropoda）、异药花、兖州卷柏等。层间植物有肖菝葜、亮叶鸡血藤、常春藤、肖菝葜、牛尾菜等（表5-8-1）。树干、枝桠及群落内散布的岩石上均有丰富的苔藓层覆盖。

图5-8-4 浙江红山茶（Camellia chekiangoleosa）（3月中旬）　　图5-8-5 浙江红山茶（Camellia chekiangoleosa）（7月上旬）

表5-8-1 浙江红山茶-空心泡-禾叶山麦冬群落样方表

种名	株数	样方数	相对多度 /%	相对频度 /%	相对显著度 /%	多频度	重要值
乔木层							
浙江红山茶 Camellia chekiangoleosa	73	4	50.34	16.00	73.40		139.74
光亮山矾 Symplocos lucida	14	3	9.65	12.00	5.36		27.01
香港新木姜子 Neolitsea cambodiana var. glabra	11	4	7.59	16.00	2.09		25.68
交让木 Daphniphyllum macropodum	8	3	5.52	12.00	4.77		22.29
绒毛石楠 Photinia schneideriana	8	2	5.52	8.00	7.31		20.83
窄基红褐柃 Eurya rubiginosa var. attenuata	7	3	4.83	12.00	0.89		17.72
多脉青冈 Cyclobalanopsis multinervis	12	1	8.27	4.00	4.95		17.22
垂枝泡花树 Meliosma flexuosa	5	1	3.45	4.00	0.15		7.60
白檀 Symplocos paniculata	3	1	2.07	4.00	0.55		6.62
港柯 Lithocarpus harlaudii	2	1	1.38	4.00	0.02		5.40
柳杉 Cryptomeria japonica var. sinensis	1	1	0.69	4.00	0.43		5.12
黄山玉兰 Yulania cylindrica	1	1	0.69	4.00	0.08		4.77
灌木层							
空心泡 Rubus rosaefolius	35	4	23.33	7.14		30.48	
箬竹 Indocalamus tessellatus	24	2	16.00	3.57		19.57	
香港新木姜子 Neolitsea cambodiana var. glabra	8	4	5.33	7.14		12.48	

续表

种名	株数	样方数	相对多度 /%	相对频度 /%	相对显著度 /%	多频度	重要值
浙江红山茶 Camellia chekiangoleosa	9	3	6.00	5.35		11.35	
茶荚蒾 Viburnum setigerum	10	2	6.66	3.57		10.23	
小蜡 Ligustrum sinense	6	3	4.00	5.35		9.35	
光亮山矾 Symplocos lucida	6	2	4.00	3.57		7.57	
白檀 Symplocos paniculata	3	3	2.00	5.35		7.35	
木荷 Schima superba	3	3	2.00	5.35		7.35	
多脉青冈 Cyclobalanopsis multinervis	5	2	3.33	3.57		6.90	
华南木姜子 Litsea greenmaniana	4	2	2.67	3.57		6.24	
茶 Camellia sinensis	3	2	2.00	3.57		5.57	
冬青 Ilex chinensis	3	2	2.00	3.57		5.57	
格药柃 Eurya muricata	3	2	2.00	3.57		5.57	
交让木 Daphniphyllum macropodum	3	2	2.00	3.57		5.57	
桃叶石楠 Photinia prunifolia	5	1	3.33	1.79		5.12	
柳杉 Cryptomeria japonica var. sinensis	2	2	1.33	3.57		4.90	
绒毛石楠 Photinia schneideriana	2	2	1.33	3.57		4.90	
窄基红褐柃 Eurya rubiginosa var. attenuata	2	2	1.33	3.57		4.90	
甜槠 Castanopsis eyrei	3	1	2.00	1.79		3.79	
豆腐柴 Premna microphylla	2	1	1.33	1.79		3.12	
巴东胡颓子 Elaeagnus difficilis	1	1	0.67	1.79		2.45	
赪桐 Clerodendrum japonicum	1	1	0.67	1.79		2.45	
海金子 Pittosporum illicioides	1	1	0.67	1.79		2.45	
鸡桑 Morus australis	1	1	0.67	1.79		2.45	
鹿角杜鹃 Rhododendron latouchae	1	1	0.67	1.79		2.45	
软条七蔷薇 Rosa henryi	1	1	0.67	1.79		2.45	
台湾冬青 Ilex formosana	1	1	0.67	1.79		2.45	
尾叶冬青 Ilex wilsonii	1	1	0.67	1.79		2.45	
圆锥绣球 Hydrangea paniculata	1	1	0.67	1.79		2.45	
层间植物							
常春藤 Hedera nepalensis	14	4	35.00	22.22		57.22	
日本薯蓣 Dioscorea japonica	5	3	12.50	16.66		29.16	
肖菝葜 Heterosmilax japonica	6	2	15.00	11.11		26.11	
亮叶鸡血藤 Callerya nitida	5	2	12.50	11.11		23.61	
锈毛莓 Rubus reflexus	5	2	12.50	11.11		23.61	
中华双蝴蝶 Tripterospermum chinensis	2	2	5.00	11.11		16.11	
南蛇藤属 1 种 Celastrus sp	1	1	2.50	5.56		8.06	
山莓 Rubus corchorifolius	1	1	2.50	5.56		8.06	
牛尾菜 Smilax riparia	1	1	2.50	5.56		8.06	
草本层							
禾叶山麦冬 Liriope graminifolia	89	4	36.78	10.26		47.04	
赤车 Pellionia radicans	44	4	18.18	10.26		28.44	
油点草 Tricyrtis macropoda	28	4	11.57	10.26		21.83	

种名	株数	样方数	相对多度 /%	相对频度 /%	相对显著度 /%	多频度	重要值
鳞毛蕨属 1 种 *Dryopteris* sp.	11	4	4.55	10.26		14.81	
异药花 *Fordiophyton fordii*	11	3	4.55	7.69		12.24	
莎草属 1 种 *Cyperus* sp.	11	3	4.55	7.69		12.24	
南平过路黄 *Lysimachia nanpingensis*	20	1	8.27	2.56		10.83	
兖州卷柏 *Selaginella involvens*	7	3	2.89	7.69		10.58	
鼠尾草 *Salvia japonica*	6	3	2.48	7.69		10.17	
微糙三脉紫菀 *Aster ageratoides* var. *scaberulus*	2	2	0.83	5.13		5.96	
窄头橐吾 *Ligularia stenocephala*	4	1	1.65	2.56		4.21	
天南星 *Arisaema heterophyllum*	3	1	1.24	2.56		3.80	
多花黄精 *Polygonatum cyrtonema*	1	1	0.41	2.56		2.97	
求米草 *Oplismenus undulatifolius*	1	1	0.41	2.56		2.97	
如意草 *Viola arcuata*	1	1	0.41	2.56		2.97	
深圆齿堇菜 *Viola davidii*	1	1	0.41	2.56		2.97	
石韦 *Pyrrosia lingua*	1	1	0.41	2.56		2.97	
中间假糙苏 *Paraphlomis intermedia*	1	1	0.41	2.56		2.97	

注：调查时间 2016 年 7 月 10 日，地点峨嵋峰庆云寺边上（海拔 1515m），耿晓磊记录。

2. 交让木林

交让木分布于亚洲热带和亚热带东南部，在一些山体上部往往形成苔藓林。在福建，交让木林主要分布于福建峨嵋峰、闽江源、梁野山国家级自然保护区山体上部及顶部。群落外貌整齐（图 5-8-6），林

图 5-8-6　交让木林群落外貌（峨嵋峰）

内结构简单。在福建调查到6个群丛。

代表性样地设在福建峨嵋峰国家级自然保护区内的东海洋。土壤为山地黄壤。群落类型为交让木-总状山矾-禾叶山麦冬群丛。群落分布于向阳路边和坡面，总盖度达90%。乔木层以交让木（图5-8-7）为主，高度达10m，其他常见种类有山矾、青榨槭、中华石楠、江南桤木（*Alnus trabeculosa*），偶见瘿椒树、吴茱萸五加（*Gamblea ciliata*）等。灌木层总状山矾占优势，伴生浙江新木姜子、多脉青冈、珂楠树（*Meliosma alba*）、福建假卫矛（*Microtropis fokienensis*）等，以及乔木的幼苗和幼树。草本层以禾叶山麦冬为主，其他常见种类有牯岭藜芦、异药花等。层间植物有香港双蝴蝶（*Tripterospermum nienkui*）、忍冬、尖叶菝葜、寒莓、宜昌胡颓子（*Elaeagnus henryi*）等（表5-8-2）。

图5-8-7　交让木（*Daphniphyllum macropodum*）

表5-8-2　交让木-总状山矾-禾叶山麦冬群落样方表

种名	株数	样方数	相对多度/%	相对频度/%	相对显著度/%	相对盖度/%	重要值
乔木层							
交让木 *Daphniphyllum macropodum*	26	4	21.85	11.11	39.90		72.86
山矾 *Symplocos sumuntia*	23	3	19.33	8.33	27.53		55.19
青榨槭 *Acer davidii*	6	3	5.04	8.33	7.85		21.22
鹿角杜鹃 *Rhododendron latoucheae*	12	1	10.09	2.78	6.50		19.37
中华石楠 *Photinia beauverdiana*	10	3	8.41	8.33	2.84		19.58
珂楠树 *Meliosma alba*	7	1	5.88	2.78	10.13		18.79
新木姜子 *Neolitsea aurata*	7	3	5.88	8.33	0.79		15.00
江南桤木 *Alnus trabeculosa*	5	3	4.20	8.33	1.92		14.45
湖北海棠 *Malus hupehensis*	6	1	5.04	2.78	0.84		8.66
五裂槭 *Acer oliverianum*	2	2	1.68	5.56	0.05		7.29
总状山矾 *Symplocos botryantha*	3	1	2.52	2.78	0.80		6.10
贵州桤叶树 *Clethra kaipoensis*	2	1	1.68	2.78	0.34		4.80
圆锥绣球 *Hydrangea paniculata*	1	1	0.84	2.78	0.13		3.75
瘿椒树 *Tapiscia sinensis*	1	1	0.84	2.78	0.11		3.73
木姜子 *Litsea pungens*	1	1	0.84	2.78	0.07		3.69
浙江红山茶 *Camellia chekiangoleosa*	1	1	0.84	2.78	0.06		3.68
吴茱萸五加 *Gamblea ciliata*	1	1	0.84	2.78	0.03		3.65
马银花 *Rhododendron ovatum*	1	1	0.84	2.78	0.03		3.64
鼠李属1种 *Rhamnus* sp.	1	1	0.84	2.78	0.02		3.64
南烛 *Vaccinium bracteatum*	1	1	0.84	2.78	0.02		3.64
小叶厚皮香 *Ternstroemia microphylla*	1	1	0.84	2.78	0.02		3.64
多脉青冈 *Cyclobalanopsis multinervis*	1	1	0.84	2.78	0.02		3.64

续表

种名	株数	样方数	相对多度/%	相对频度/%	相对显著度/%	相对盖度/%	重要值
灌木层							
总状山矾 *Symplocos botryantha*	13	4	28.26	12.90		25.00	66.16
木姜子 *Litsea pungens*	7	3	15.22	9.68		12.50	37.39
多脉青冈 *Cyclobalanopsis multinervis*	3	3	6.52	9.68		12.50	28.70
浙江新木姜子 *Neolitsea aurata* var. *chekiangensis*	2	2	4.35	6.45		2.50	13.30
鹿角杜鹃 *Rhododendron latoucheae*	2	1	4.35	3.23		2.50	10.07
圆锥绣球 *Hydrangea paniculata*	2	1	4.35	3.23		2.50	10.07
波叶红果树 *Stranvaesia davidiana*	1	1	2.17	3.23		2.50	7.90
东方古柯 *Erythroxylum sinense*	1	1	2.17	3.23		2.50	7.90
福建假卫矛 *Microtropis fokienensis*	1	1	2.17	3.23		2.50	7.90
狗骨柴 *Diplospora dubia*	1	1	2.17	3.23		2.50	7.90
湖北海棠 *Malus hupehensis*	1	1	2.17	3.23		2.50	7.90
蝴蝶戏珠花 *Viburnum plicatum* var. *tomentosum*	1	1	2.17	3.23		2.50	7.90
贵州桤叶树 *Clethra kaipoensis*	1	1	2.17	3.23		2.50	7.90
珂楠树 *Meliosma alba*	1	1	2.17	3.23		2.50	7.90
柃木属 1 种 *Eurya* sp.	1	1	2.17	3.23		2.50	7.90
马银花 *Rhododendron ovatum*	1	1	2.17	3.23		2.50	7.90
山矾属 1 种 *Symplocos* sp.	1	1	2.17	3.23		2.50	7.90
野山楂 *Crataegus cuneata*	1	1	2.17	3.23		2.50	7.90
茶荚蒾 *Viburnum setigerum*	1	1	2.17	3.23		2.50	7.90
细枝柃 *Eurya loquaiana*	1	1	2.17	3.23		2.50	7.90
绣线菊 *Spiraea japonica*	1	1	2.17	3.23		2.50	7.90
空心泡 *Rubus rosifolius*	1	1	2.17	3.23		2.50	7.90
中华石楠 *Photinia beauverdiana*	1	1	2.17	3.23		2.50	7.90
层间植物							
香港双蝴蝶 *Tripterospermum nienkui*	6	2	46.15	25.00		16.67	87.82
宜昌胡颓子 *Elaeagnus henryi*	2	2	15.39	25.00		16.67	57.06
菝葜属 1 种 *Smilax* sp.	2	1	15.39	12.50		16.67	44.56
寒莓 *Rubus buergeri*	1	1	7.69	12.50		16.67	36.86
尖叶菝葜 *Smilax arisanensis*	1	1	7.69	12.50		16.67	36.86
忍冬 *Lonicera japonica*	1	1	7.69	12.50		16.67	36.86
草本层							
禾叶山麦冬 *Liriope graminifolia*	3	3	30.00	30.00		14.29	74.29
牯岭藜芦 *Veratrum schindleri*	2	2	20.00	20.00		14.29	54.29
异药花 *Fordiophyton fordii*	1	1	10.00	10.00		14.29	34.29
莎草属 1 种 *Cyperaceae* sp.1	1	1	10.00	10.00		14.29	34.29
莎草属另 1 种 *Cyperaceae* sp.2	1	1	10.00	10.00		14.29	34.29
永安薹草 *Carex yonganensis*	1	1	10.00	10.00		14.29	34.29
星宿菜 *Lysimachia fortunei*	1	1	10.00	10.00		14.29	34.29

注：调查时间 2013 年 8 月 7 日，地点峨嵋峰东海洋（海拔 1430m），陶伊佳记录。

3. 多脉青冈林

多脉青冈分布于四川、湖北、湖南、安徽、江西、福建等地。在武夷山国家公园，福建峨嵋峰、闽江源国家级自然保护区海拔 1100—1900m 的山体上部和顶部分布多脉青冈林。群落外貌整齐，夏季冠层深绿色，林内结构较简单（图 5-8-8）。在福建调查到 7 个群丛。

代表性样地设在福建峨嵋峰国家级自然保护区海拔1430m的山坡上。土壤为山地黄壤，土层较厚。群落类型为多脉青冈–东方古柯–朝鲜薹草群丛。群落总盖度达95%—100%。乔木层可以分2个亚层：第一

图 5-8-8　多脉青冈林林内结构（峨嵋峰）

亚层高10—12m，多脉青冈（图5-8-9）占优势，伴生浙江新木姜子、福建石楠（*Photinia fokienensis*）等；第二亚层高5—8m，总状山矾占优势，伴生红淡比、福建假卫矛、尖叶四照花（*Cornus elliptica*）、鹿角杜鹃、五裂槭等。灌木层东方古柯、杜鹃占优势，常见有多脉青冈、狗骨柴、贵州桤叶树、合轴荚蒾等。草本层较稀疏，朝鲜薹草（*Carex dickinsii*）占优势，伴生如意草、金毛耳草、鼠尾草等。层间植物有菝葜、宜昌胡颓子、薯蓣属1种（表5-8-3）。

图5-8-9　多脉青冈（*Cyclobalanopsis multinervis*）

表5-8-3　多脉青冈–东方古柯–朝鲜薹草群落样方表

种名	株数	样方数	相对多度/%	相对频度/%	相对显著度/%	相对盖度/%	重要值
乔木层							
多脉青冈 *Cyclobalanopsis multinervis*	33	4	31.74	12.12	51.20		95.06
总状山矾 *Symplocos botryantha*	16	4	15.39	12.12	19.71		47.22
石楠属 1 种 *Photinia* sp.	10	3	9.62	9.09	2.98		21.69
浙江新木姜子 *Neolitsea aurata* var. *chekiangensis*	12	1	11.54	3.03	5.53		20.10
交让木 *Daphniphyllum macropodum*	4	3	3.85	9.09	0.36		13.30
青冈 *Cyclobalanopsis glauca*	7	3	6.73	9.09	17.89		33.71
福建假卫矛 *Microtropis fokienensis*	6	2	5.77	6.06	1.16		12.99
尖叶四照花 *Cornus elliptica*	2	1	1.92	3.03	0.24		5.19
木姜子属 1 种 *Litsea* sp.	2	1	1.92	3.03	0.13		5.08
木姜子 *Litsea pungens*	2	1	1.92	3.03	0.07		5.02
山矾属 1 种 *Symplocos* sp.	1	1	0.96	3.03	0.24		4.23
南烛 *Vaccinium bracteatum*	1	1	0.96	3.03	0.12		4.11
鹿角杜鹃 *Rhododendron latoucheae*	1	1	0.96	3.03	0.08		4.07
东方古柯 *Erythroxylum sinense*	1	1	0.96	3.03	0.07		4.06
五裂槭 *Acer oliverianum*	1	1	0.96	3.03	0.07		4.06
柃属 1 种 *Eurya* sp.	1	1	0.96	3.03	0.05		4.04
湖北海棠 *Malus hupehensis*	1	1	0.96	3.03	0.04		4.03
落霜红 *Ilex serrata*	1	1	0.96	3.03	0.03		4.02
红淡比 *Cleyera japonica*	1	1	0.96	3.03	0.02		4.01
福建石楠 *Photinia fokienensis*	1	1	0.96	3.03	0.01		4.00
灌木层							
东方古柯 *Erythroxylum sinense*	16	3	15.85	8.12		16.46	40.43
杜鹃 *Rhododendron simsii*	14	3	13.86	8.12		13.72	35.70
多脉青冈 *Cyclobalanopsis multinervis*	11	3	10.89	8.12		15.09	34.10
冬青属 1 种 *Ilex* sp.	14	1	13.86	2.70		10.97	27.53
狗骨柴 *Diplospora dubia*	5	2	4.95	5.41		10.97	21.33
贵州桤叶树 *Clethra kaipoensis*	4	2	3.96	5.41		5.49	14.86

续表

种名	株数	样方数	相对多度/%	相对频度/%	相对显著度/%	相对盖度/%	重要值
福建假卫矛 *Microtropis fokienensis*	5	2	4.95	5.41		4.12	14.48
合轴荚蒾 *Viburnum sympodiale*	4	2	3.96	5.41		2.74	12.11
湖北海棠 *Malus hupehensis*	3	1	2.97	2.70		5.49	11.16
红淡比 *Cleyera japonica*	3	1	2.97	2.70		2.74	8.41
马银花 *Rhododendron ovatum*	2	1	1.98	2.70		2.74	7.42
木荷 *Schima superba*	2	1	1.98	2.70		2.74	7.42
木姜子 *Litsea pungens*	2	1	1.98	2.70		1.10	5.78
青冈属 1 种 *Cyclobalanopsis* sp.	2	1	1.98	2.70		0.82	5.50
青榨槭 *Acer davidii*	2	1	1.98	2.70		0.69	5.37
桃叶石楠 *Photinia prunifolia*	1	1	0.99	2.70		0.82	4.51
五裂槭 *Acer oliverianum*	1	1	0.99	2.70		0.69	4.38
细齿叶柃 *Eurya nitida*	1	1	0.99	2.70		0.55	4.24
窄基红褐柃 *Eurya rubiginosa*	1	1	0.99	2.70		0.55	4.24
朱砂根 *Ardisia crenata*	1	1	0.99	2.70		0.55	4.24
细枝柃 *Eurya loquaiana*	1	1	0.99	2.70		0.14	3.83
腺叶桂樱 *Laurocerasus phaeosticta*	1	1	0.99	2.70		0.14	3.83
小叶厚皮香 *Ternstroemia microphylla*	1	1	0.99	2.70		0.14	3.83
野茉莉属 1 种 *Styrax* sp.	1	1	0.99	2.70		0.14	3.83
浙江新木姜子 *Neolitsea aurata* var. *chekiangensis*	1	1	0.99	2.70		0.14	3.83
中华石楠 *Photinia beauverdiana*	1	1	0.99	2.70		0.14	3.83
总状山矾 *Symplocos botryantha*	1	1	0.99	2.70		0.14	3.83
层间植物							
菝葜属 1 种 *Smilax* sp.	20	1	80.00	25.00		33.33	138.33
宜昌胡颓子 *Elaeagnus henryi*	4	2	16.00	50.00		33.33	99.33
薯蓣属 1 种 *Dioscorea* sp.	1	1	4.00	25.00		33.33	62.33
草本层							
朝鲜薹草 *Carex dickinsii*	34	2	39.08	25.00		43.47	107.55
泥炭藓属 1 种 *Sphagnum* sp.	12	2	13.79	25.00		21.74	60.53
竹叶草 *Oplismenus compositus*	21	1	24.14	12.50		21.74	58.38
如意草 *Viola arcuata*	11	1	12.64	12.50		4.35	29.49
金毛耳草 *Hedyotis chrysotricha*	7	1	8.05	12.50		4.35	24.90
鼠尾草 *Salvia japonica*	2	1	2.30	12.50		4.35	19.15

注：调查时间 2013 年 8 月 7 日，地点峨嵋峰（海拔 1430m），朱攀记录。

九、苔藓矮曲林

在武夷山国家公园，福建天宝岩、梁野山、戴云山、梅花山、闽江源国家级自然保护区，以及新罗区等山地都有苔藓矮曲林，以福建天宝岩国家级自然保护区的猴头杜鹃林最为典型，新罗天宫山次之。

1. 猴头杜鹃林

猴头杜鹃林是亚热带山地苔藓矮曲林的典型植被之一。在武夷山国家公园，福建天宝岩、闽江源、茫荡山国家级自然保护区，以及新罗等地都分布有猴头杜鹃林（图 5-9-1）。群落外貌整齐，林内结构较简单（图 5-9-2、图 5-9-3）。在福建调查到 4 个群丛。

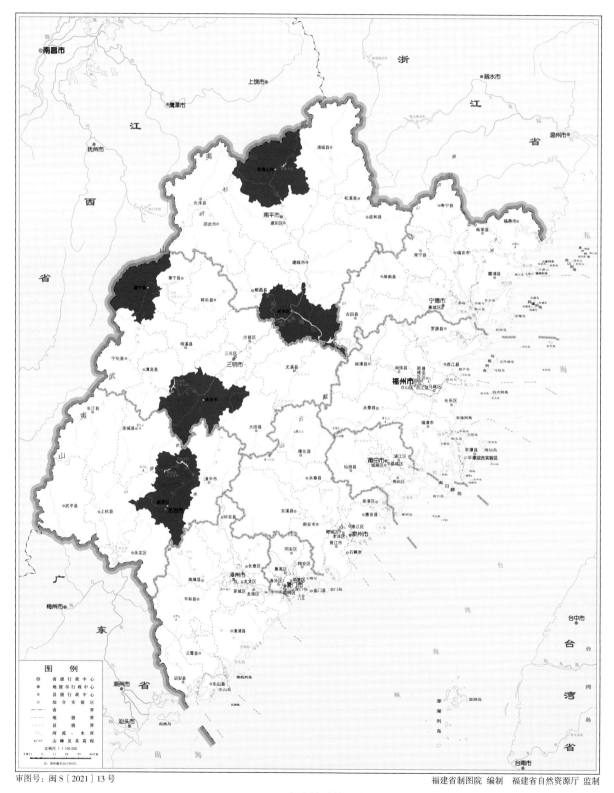

审图号：闽 S〔2021〕13 号　　　　　　　　　　　　　　　　福建省制图院 编制　福建省自然资源厅 监制

图 5-9-1　猴头杜鹃林分布图

图 5-9-2　猴头杜鹃林林内结构（天宝岩）

图 5-9-3　猴头杜鹃林林内结构（新罗）

代表性样地设在福建天宝岩国家级自然保护区海拔1300—1500m的近山顶处。土壤为山地黄红壤至山地黄壤，土层厚0.4—0.8m，表土层为壤土、多孔隙。群落类型为猴头杜鹃-光叶铁仔-狗脊群丛。群落总盖度约95%。乔木层猴头杜鹃（图5-9-4）占优势，伴生厚叶红淡比、大萼杨桐等，高3—8m。灌木层以光叶铁仔为主，伴生朱砂根、香桂、窄基红褐枵、短尾越桔、鼠刺、乌药、石斑木、细齿叶枵，以及猴头杜鹃、黄绒润楠、树参、绢毛杜英、罗浮锥等的幼苗和幼树。草本层稀疏，以狗脊居多，伴生延羽卵果蕨、鹿蹄草、黑足鳞毛蕨、深绿卷柏、淡竹叶、扇叶铁线蕨等。层间植物有香港瓜馥木、杖藤、木通、三叶崖爬藤和藤黄檀等。

图5-9-4　猴头杜鹃（*Rhododendron simiarum*）

2. 云锦杜鹃林

云锦杜鹃是中国特有种，分布于陕西、湖北、湖南、河南、安徽、浙江、江西、福建、广东、广西、四川、贵州及云南东北部海拔620—2000m的山脊阳处或林下，在局部形成苔藓矮曲林。在福建主要分布于武夷山国家公园，福建峨嵋峰、闽江源国家级自然保护区都有小面积云锦杜鹃林。群落外貌整齐，夏季冠层深绿色（图5-9-5），林内结构简单。在福建调查到2个群丛。

图5-9-5　云锦杜鹃林群落外貌（武夷山）

图 5-9-6 云锦杜鹃（*Rhododendron fortunei*）（1）

　　代表性样地设在福建峨嵋峰国家级自然保护区海拔1680m的近山顶处。土壤为山地黄壤。群落类型为云锦杜鹃-箬竹-麦冬群丛。群落内植物茎上挂满苔藓。乔木层以云锦杜鹃（图5-9-6、图5-9-7）为建群种，其平均高8m、平均胸径10cm，密度为每100m² 6株，伴生交让木、黄山松、半边月、黄山玉兰。灌木层箬竹占优势，伴生波叶红果树、山矾、白檀、杜鹃，以及雷公鹅耳枥的幼树。草本层麦冬占优势，伴生微糙三脉紫菀、大百合（*Cardiocrinum giganteum*）、九仙山薹草（*Carex jiuxianshanensis*）。层间植物有香港双蝴蝶、扶芳藤。

图 5-9-7 云锦杜鹃（*Rhododendron fortunei*）（2）

3. 绢毛杜英林

　　绢毛杜英分布于我国福建、广东、海南、广西和云南，越南也有分布。福建梁野山国家级自然保护区顶部气候温凉、雨量充沛、相对湿度大，在历史上曾经有较大面积和较多类型的山地苔藓矮曲林分布。由于人为影响，部分山地苔藓矮曲林已遭到破坏，但仍存在以绢毛杜英为建群种的苔藓矮曲林。群落外貌整齐，林内结构简单。在福建调查到1个群丛。

　　代表性样地设在福建梁野山国家级自然保护区内云磉通往梁野山寺的海拔1250m处的沟谷。土壤为山地黄红壤。群落类型为绢毛杜英-细齿叶柃-狗脊群丛。群落树干弯曲多分枝，树上和石头上密布附生的苔藓植物。群落总盖度60%—90%。乔木层树种平均高6m，绢毛杜英占优势，马银花和细齿叶柃次之，还有油茶、小果冬青（*Ilex micrococca*）、窄基红褐柃、树参、红楠、厚皮香等种类。灌木层高50—

150cm，以细齿叶柃为主，其他常见种类有草珊瑚、阔叶十大功劳、虎舌红、毛瑞香等，以及木荷、深山含笑、木莲、桃叶石楠等的幼苗和幼树。草本层以狗脊为主，其他常见种类有牯岭藜芦、蛇足石杉、长梗黄精、山姜、阿里山兔儿风等（表5-9-1）。

表5-9-1　绢毛杜英-细齿叶柃-狗脊群落样方表

种名	株数	Drude 多度	样方数	相对多度 /%	相对频度 /%	相对显著度 /%	多频度	重要值
乔木层								
绢毛杜英 Elaeocarpus nitentifolius	25		4	32.47	14.29	46.36		93.12
马银花 Rhododendron ovatum	13		4	16.89	14.29	7.69		38.87
细齿叶柃 Eurya nitida	9		3	11.69	10.71	16.09		38.49
油茶 Camellia oleifera	7		3	9.09	10.71	3.87		23.67
小果冬青 Ilex micrococca	7		3	9.09	10.71	2.66		22.46
窄基红褐柃 Eurya rubiginosa var. attenuata	4		3	5.19	10.71	2.71		18.61
树参 Dendropanax dentiger	4		2	5.19	7.15	4.97		17.31
黄檀 Dalbergia hupeana	1		1	1.30	3.57	11.58		16.45
新木姜子 Neolitsea aurata	4		2	5.19	7.15	1.29		13.63
厚皮香 Ternstroemia gymnanthera	1		1	1.30	3.57	1.15		6.02
红楠 Machilus thunbergii	1		1	1.30	3.57	1.03		5.90
垂枝泡花树 Meliosma flexuosa	1		1	1.30	3.57	0.60		5.47
灌木层								
细齿叶柃 Eurya nitida	28		4	10.22	4.30		14.52	
草珊瑚 Sarcandra glabra	16		4	5.84	4.30		10.14	
阔叶十大功劳 Mahonia bealei	12		4	4.38	4.30		8.68	
绢毛杜英 Elaeocarpus nitentifolius	12		4	4.38	4.30		8.68	
虎舌红 Ardisia mamillata	14		3	5.11	3.23		8.34	
毛瑞香 Daphne kiusiana var. atrocaulis	11		4	4.01	4.30		8.32	
李氏女贞 Ligustrum lianum	11		4	4.01	4.30		8.32	
东方古柯 Erythroxylum kunthianum	11		3	4.01	3.23		7.24	
三花冬青 Ilex triflora	8		4	2.92	4.30		7.22	
窄基红褐柃 Eurya rubiginosa var. attenuata	9		3	3.28	3.23		6.51	
深山含笑 Michelia maudiae	9		3	3.28	3.23		6.51	
刺叶桂樱 Laurocerasus spinulosa	9		3	3.28	3.23		6.51	
树参 Dendropanax dentiger	9		3	3.28	3.23		6.51	
桃叶石楠 Photinia prunifolia	8		3	2.92	3.23		6.15	
朱砂根 Ardisia crenata	8		3	2.92	3.23		6.15	
木荷 Schima superba	7		3	2.55	3.23		5.78	
黄丹木姜子 Litsea elongata	7		3	2.55	3.23		5.78	
冬青 Ilex chinensis	7		3	2.55	3.23		5.78	
红楠 Machilus thunbergii	6		3	2.19	3.23		5.42	
野漆 Toxicodendron succedaneum	6		3	2.19	3.23		5.42	
黄牛奶树 Symplocos cochinchinensis var. laurina	6		3	2.19	3.23		5.42	
油茶 Camellia oleifera	5		3	1.82	3.23		5.05	
山矾 Symplocos sumuntia	7		2	2.55	2.15		4.71	

续表

种名	株数	Drude 多度	样方数	相对多度 /%	相对频度 /%	相对显著度 /%	多频度	重要值
白花灯笼 Clerodendrum fortunatum	7		2	2.55	2.15		4.71	
粗叶木 Lasianthus chinensis	7		2	2.55	2.15		4.71	
中国绣球 Hydrangea chinensis	5		2	1.82	2.15		3.98	
光叶山矾 Symplocos lancifolia	5		2	1.82	2.15		3.98	
新木姜子 Neolitsea aurata	5		2	1.82	2.15		3.98	
吊石苣苔 Lysionotus pauciflorus	4		2	1.46	2.15		3.61	
木莲 Manglietia fordiana	2		2	0.73	2.15		2.88	
罗浮柿 Diospyros morrisiana	4		1	1.46	1.08		2.54	
樟叶泡花树 Meliosma squamulata	3		1	1.09	1.08		2.17	
乐东拟单性木兰 Parakmeria lotungensis	3		1	1.09	1.08		2.17	
腋毛泡花树 Meliosma rhorifolia var. barbulata	3		1	1.09	1.08		2.17	
层间植物								
中华双蝴蝶 Tripterospermum chinensis	11		4	18.97	15.38		34.35	
地锦 Parthenocissus tricuspidata	9		3	15.52	11.54		27.06	
菝葜 Smilax china	8		3	13.79	11.54		25.33	
南五味子 Kadsura longepedunculata	5		3	8.62	11.54		20.16	
土茯苓 Smilax glabra	5		3	8.62	11.54		20.16	
长叶猕猴桃 Actinidia hemsleyana	7		2	12.07	7.69		19.76	
牛尾菜 Smilax riparia	2		4	3.45	15.38		18.83	
鳝藤 Anodendron affine	6		2	10.34	7.69		18.04	
小叶菝葜 Smilax microphylla	3		1	5.17	3.85		9.02	
羊乳 Codonopsis lanceolata	2		1	3.45	3.85		7.29	
草本层								
狗脊 Woodwardia japonica		Cop1	4		7.41			
牯岭藜芦 Veratrum schindleri		Sp	4		7.41			
山姜 Alpinia japonica		Sp	4		7.41			
微糙三脉紫菀 Aster ageratoides var. scaberulus		Sol	4		7.41			
长梗黄精 Polygonatum filipes		Sol	4		7.41			
蛇足石杉 Huperzia serrata		Sol	4		7.41			
异药花 Fordiophyton fordii		Sol	4		7.41			
鼠尾草 Salvia japonica		Sp	3		5.56			
多花黄精 Polygonatum cyrtonema		Sp	3		5.56			
阿里山兔儿风 Ainsliaea macroclinidioides		Sol	3		5.56			
长萼堇菜 Viola inconspicua		Sol	3		5.56			
黄堇 Corydalis pallida		Un	3		5.56			
阔叶山麦冬 Liriope platyphylla		Sp	2		3.70			
楼梯草 Elatostema lineolatum		Sp	2		3.70			
黑足鳞毛蕨 Dryopteris fuscipes		Un	2		3.70			
金钱蒲 Acorus gramineus		Sol	1		1.85			
一枝黄花 Solidago decurrens		Sol	1		1.85			
卷柏 Selaginella tamariscina		Sol	1		1.85			

种名	株数	Drude多度	样方数	相对多度/%	相对频度/%	相对显著度/%	多频度	重要值
隔山香 *Ostericum citriodorum*		Sol	1	1.85				
一把伞南星 *Arisaema erubescens*		Un	1	1.85				

注：调查时间 2001 年 5 月 4 日，地点峨嵋峰云礤至梁野山寺山地（海拔 1250m），陈鹭真、梁洁记录。

4. 小叶黄杨林

小叶黄杨（*Buxus sinica* var. *parvifolia*）分布于安徽、江西、浙江、湖北、重庆、福建一些海拔 1000m 以上的山地，在武夷山国家公园形成小面积群落。群落外貌整齐，林内结构简单。在福建调查到 1 个群丛。

代表性样地设在武夷山国家公园海拔 1900m 的黄岗山近山顶处。土壤为山地黄壤。群落类型为小叶黄杨–毛竿玉山竹–薹草群丛。乔木层平均高 7m，优势种是小叶黄杨，重要值为 83.50、密度为每 100m² 18 株，亚优势种是白檀、重要值为 42.79，并有少量光亮山矾、灯笼树、豆梨、猫儿刺（*Ilex pernyi*）、中华石楠、云锦杜鹃、苦枥木、短柱枹、毛漆树（*Toxicodendron trichocarpum*）、豪猪刺、银钟花、合轴荚蒾、圆锥绣球、鸭椿卫矛（*Euonymus euscaphis*）、蜡子树（*Ligustrum molliculum*）、三桠乌药（*Lindera obtusiloba*）、岩柃、腋毛泡花树、凹叶冬青、宽叶粗榧、钟花樱桃等多种植物。灌木层种类有 6 种，毛竿玉山竹占优势，多频度高达 114.97，圆锥绣球次之。草本层种类较少，仅有 4 种，薹草属 1 种占绝对优势，多频度高达 171.50。层间植物较稀少，各个种多频度差不多。

十、华南悬崖峭壁硬叶林

代表性的硬叶林分布于地中海区域，但在福建的丹霞地貌和花岗岩地貌的悬崖峭壁上，或极为干旱的山地，也分布多种类型的硬叶林，以壳斗科的乌冈栎、尖叶栎最为典型，植物叶片特征与地中海的硬叶林特征相似。除此之外，李振基把福建青冈林、刺柏林、长叶榫树林、尖叶黄杨林、相思树林都列入硬叶林中。刺叶高山栎（*Quercus spinosa*）在福建戴云山国家级自然保护区和诏安均有分布，福建可能有以刺叶高山栎为建群种的硬叶栎林。

1. 乌冈栎林

乌冈栎分布于陕西、浙江、江西、安徽、福建、河南、湖北、湖南、广东、广西、四川、贵州、云南等地海拔 300—1200m 的山坡、山顶和山谷密林中，也见于瘠薄的山地岩石缝隙中，往往形成以乌冈栎为建群种的硬叶林。在泰宁世界自然遗产地、武夷山国家公园、福建茫荡山和戴云山国家级自然保护区、邵武将石省级自然保护区、屏南宜洋鸳鸯溪省级自然保护区，以及周宁等地都有分布，形成小面积硬叶常绿阔叶林（图 5-10-1）。群落外貌参差不齐（图 5-10-2），深绿色与灰绿色夹杂一起，林内结构简单（图 5-10-3）。在福建调查到 15 个群丛。

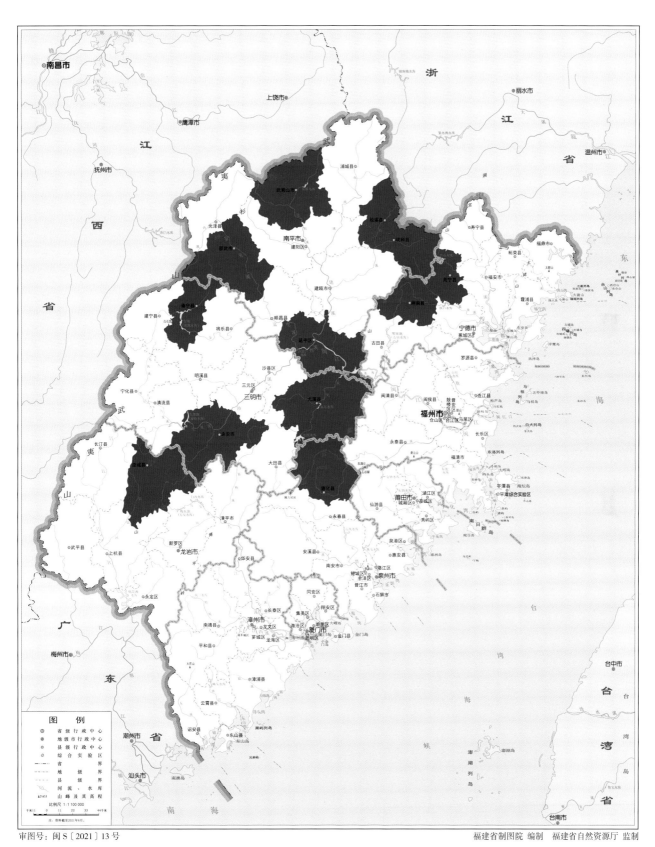

图 5-10-1　乌冈栎林分布图

图 5-10-2　乌冈栎林群落外貌（泰宁）

图 5-10-3 乌冈栎林林内结构（将石）

代表性样地设在泰宁世界自然遗产地内的状元岩海拔370—500m的悬崖峭壁。土壤为紫色土，土层薄。群落类型为乌冈栎–赤楠–石韦群丛。群落总盖度约70%。乔木层以乌冈栎（图5-10-4）为主，其平均高6m、胸径5—12cm，密度为每100m² 8株，林内还有刺柏、马尾松、黄檀。灌木层稀疏，以赤楠为主，其他常见种类有了哥王、满山红、白马骨、蓪梗花（Abelia uniflora）、庭藤、白花苦灯笼、胡枝子、豆腐柴、石斑木、麻叶绣线菊（Spiraea cantoniensis）等。草本层稀疏，以石韦为主，常见种类还有萱草、野豇草、淡竹叶等。层间植物仅日本薯蓣一种（表5-10-1）。

图5-10-4　乌冈栎（Quercus phillyraeoides）

表5-10-1　乌冈栎–赤楠–石韦群落样方表

种名	株数	Drude多度	样方数	相对多度/%	相对频度/%	相对显著度/%	多频度	重要值
乔木层								
乌冈栎 Quercus phillyraeoides	73		5	91.25	45.46	73.82		210.53
刺柏 Juniperus formosana	5		4	6.25	36.36	4.11		46.72
马尾松 Pinus massoniana	1		1	1.25	9.09	21.22		31.56
黄檀 Dalbergia hupeana	1		1	1.25	9.09	0.85		11.19
灌木层								
赤楠 Syzygium buxifolium	27		5	16.37	7.94		24.31	
了哥王 Wikstroemia indica	15		5	9.09	7.94		17.03	
乌冈栎 Quercus phillyraeoides	14		5	8.48	7.94		16.42	
檵木 Loropetalum chinense	14		5	8.48	7.94		16.42	
白马骨 Serissa serissoides	12		5	7.27	7.94		15.21	
刺柏 Juniperus formosana	8		5	4.85	7.94		12.79	
青冈 Cyclobalanopsis glauca	8		5	4.85	7.94		12.79	
毛柱郁李 Cerasus pogonostyla	6		5	3.64	7.94		11.58	
满山红 Rhododendron mariesii	11		3	6.67	4.76		11.43	
石斑木 Rhaphiolepis indica	11		3	6.67	4.76		11.43	
石楠 Photinia serrulata	8		4	4.85	6.34		11.19	
蓪梗花 Abelia uniflora	9		3	5.45	4.76		10.21	
庭藤 Indigofera decora	6		2	3.64	3.17		6.81	
白花苦灯笼 Tarenna mollissima	4		2	2.42	3.17		5.59	
胡枝子 Lespedeza bicolor	4		2	2.42	3.17		5.59	
狗骨柴 Diplospora dubia	4		1	2.42	1.59		4.01	
豆腐柴 Premna microphylla	2		1	1.21	1.59		2.80	
麻叶绣线菊 Spiraea cantoniensis	1		1	0.61	1.59		2.20	
香叶树 Lindera communis	1		1	0.61	1.59		2.20	

续表

种名	株数	Drude多度	样方数	相对多度/%	相对频度/%	相对显著度/%	多频度	重要值
层间植物								
日本薯蓣 *Dioscorea japonica*	7		5	100.00	100.00		200.00	
草本层								
石韦 *Pyrrosia lingua*		Cop1	4	19.05				
萱草 *Hemerocallis fulva*		Sp	5	23.81				
鸭跖草 *Commelina communis*		Sp	3	14.29				
苦苣苔科 1 种 *Gesneriaceae* sp.		Sp	2	9.52				
景天属 1 种 *Sedum* sp.		Un	1	4.76				
槲蕨 *Drynaria roosii*		Un	1	4.76				
白头婆 *Eupatorium japonicum*		Un	1	4.76				
微糙三脉紫菀 *Aster ageratoides* var. *scaberulus*		Un	1	4.76				
阔鳞鳞毛蕨 *Dryopteris championii*		Un	1	4.76				
万寿竹 *Disporum cantoniense*		Un	1	4.76				
淡竹叶 *Lophatherum gracile*		Un	1	4.76				

注：调查时间 2009 年 5 月 6 日，地点泰宁状元岩（海拔 370—500m），吕静记录。

2. 乌冈栎＋青冈林

乌冈栎＋青冈林见于福建茫荡山国家级自然保护区海拔 200—800 m 处的溪源沟谷和依朝村前山。群落外貌参差不齐，深绿色与灰绿色夹杂在一起，林内结构简单。在福建调查到 3 个群丛。

代表性样地设在福建茫荡山国家级自然保护区海拔 800m 的依朝村前山的悬崖峭壁上。土壤为山地红壤，土层薄。群落类型为乌冈栎＋青冈-毛柄连蕊茶-山类芦群丛。群落总盖度约 70%。乔木层以乌冈栎和青冈为主，其高 4—7m、胸径 5—13cm，密度为每 100m² 4 株。灌木层稀疏，以毛柄连蕊茶为主，其他常见的灌木种类有檵木、石斑木、乌药、百两金、短尾越桔、小果珍珠花、满山红、轮叶蒲桃，以及密花树、栲、南酸枣、竹柏、八角枫、山杜英、木蜡树、中华杜英、杨梅叶蚊母树、黄绒润楠、厚皮香、木荷、茜树、柯、甜槠、山乌桕、绒毛润楠、紫果槭等的幼苗和幼树。草本层稀疏，但种类丰富，以山类芦为主，常见种类还有马兰、中华薹草（*Carex chinensis*）、黑足鳞毛蕨、芒、刺芒野古草、淡竹叶、狭翅铁角蕨、里白、芒萁、狗脊、多羽复叶耳蕨、中华锥花（*Gomphostemma chinense*）。

3. 乌冈栎＋福建青冈林

乌冈栎＋福建青冈林见于福建茫荡山国家级自然保护区。群落外貌较整齐，灰绿色，林内结构简单。在福建调查到 3 个群丛。

代表性样地设在福建茫荡山国家级自然保护区海拔 280—450m 的溪源沟谷两侧的悬崖峭壁上。土壤为红壤，土层薄。群落类型为乌冈栎＋福建青冈-轮叶蒲桃-山类芦群丛。群落总盖度约 70%。乔木层以乌冈栎和福建青冈为主，其高 4—6m、胸径 5—15cm，密度为每 100m² 14 株。灌木层稀疏，以轮叶蒲桃为主，其他常见的灌木种类有毛柄连蕊茶、狗骨柴、石斑木、短尾越桔、满山红、鼠刺、小果珍珠花、乌药、杜茎山、毛果杜鹃，以及竹柏、青冈、天料木、柯、罗浮柿、茜树、黄绒润楠、紫果槭、密花树、日本杜英等的幼苗和幼树。草本层稀疏，以山类芦为主，其他常见种类有刺芒野古草、黑足鳞毛蕨、马兰、团羽铁线蕨（*Adiantum capillus-junonis*）、淡竹叶、多羽复叶耳蕨、狗脊。层间植物有链珠藤、亮叶鸡血藤、玉叶金花。

4. 乌冈栎＋杨梅叶蚊母树林

乌冈栎＋杨梅叶蚊母树林见于福建茫荡山国家级自然保护区。群落外貌参差不齐，深绿色与灰绿色夹杂在一起，林内结构简单。在福建调查到3个群丛。

代表性样地设在福建茫荡山国家级自然保护区海拔300—800m的依朝村前山和三千八百坎的悬崖峭壁上。土壤为红壤，土层薄。群落类型为乌冈栎＋杨梅叶蚊母树–毛果杜鹃–山类芦群丛。群落总盖度约65%。乔木层以乌冈栎和杨梅叶蚊母树为主，其高3—5m、胸径5—15cm，密度为每100m² 7株，伴生厚皮香、青冈、密花树、栲、木荷、罗浮锥、赤杨叶、山乌桕、绒毛润楠、紫果槭。灌木层稀疏，以毛果杜鹃为主，其他常见种类有轮叶蒲桃、乌药、石斑木、短尾越桔、鼠刺、马银花、小果珍珠花、满山红。草本层稀疏，但种类丰富，以山类芦为主，常见种类还有薹草、黑莎草、芒、里白、芒萁、狗脊、刺芒野古草、淡竹叶。

5. 尖叶栎林

尖叶栎分布于陕西、四川、甘肃、安徽、浙江、福建、湖北、湖南、广西、贵州等地海拔200—2900m的山顶、山坡、山谷瘠薄的岩石缝隙中，局部形成硬叶林。在福建见于泰宁世界自然遗产地、邵武将石省级自然保护区的悬崖峭壁上。群落外貌参差不齐（图5-10-5），深绿色与灰绿色夹杂在一起，林内结构较简单（图5-10-6）。在福建调查到6个群丛。

图 5-10-5　尖叶栎林群落外貌（泰宁）

图 5-10-6 尖叶栎林林内结构（将石）

代表性样地设在泰宁世界自然遗产地内的状元岩近山顶处。土壤为紫色土，土层薄。群落类型为尖叶栎–密花树–耳基卷柏群丛。群落总盖度约70%。在调查的3个100m²样方中共有乔木10种，总株数129株，乔木层高4—9m，以尖叶栎（图5-10-7）为建群种，伴生香楠、雷公鹅耳枥、刺柏和紫果槭等。灌木层密花树为优势种，伴生山鸡椒、豆腐柴、石岩枫等。草本层种类较丰富，以耳基卷柏为主，另有日本麦氏草、大花石上莲（*Oreocharis maximowiczii*）等。层间植物种类较为丰富，有链珠藤、千金藤（*Stephania japonica*）、窄叶南蛇藤（*Celastrus oblanceifolius*）等（表5-10-2）。

图 5-10-7 尖叶栎（*Quercus oxyphylla*）

表5-10-2 尖叶栎–密花树–耳基卷柏群落样方表

种名	株数	样方数	相对多度/%	相对频度/%	相对显著度/%	多频度	重要值
乔木层							
尖叶栎 Quercus oxyphylla	92	3	71.31	17.65	47.83		136.79
香楠 Aidia canthioides	8	1	6.20	5.88	17.45		29.53
雷公鹅耳枥 Carpinus viminea	4	2	3.10	11.77	12.71		27.58
刺柏 Juniperus formosana	6	3	4.65	17.65	4.74		27.04
紫果槭 Acer cordatum	10	2	7.75	11.77	5.55		25.07
石楠 Photinia serrulata	4	1	3.10	5.88	10.90		19.88
密花树 Myrsine seguinii	2	2	1.55	11.77	0.35		13.67
桃叶石楠 Photinia prunifolia	1	1	0.78	5.88	0.32		6.98
刚竹 Phyllostachys sulphurea var. viridis	1	1	0.78	5.88	0.14		6.80
白蜡树 Fraxinus chinensis	1	1	0.78	5.88	0.00		6.66
灌木层							
密花树 Myrsine seguinii	36	3	24.32	6.38		30.70	
山鸡椒 Litsea cubeba	19	3	12.84	6.38		19.22	
豆腐柴 Premna microphylla	13	3	8.78	6.38		15.16	
了哥王 Wikstroemia indica	11	3	7.44	6.38		13.82	
石岩枫 Mallotus repandus	13	2	8.78	4.26		13.04	
蓪梗花 Abelia uniflora	9	3	6.08	6.38		12.46	
刚竹 Phyllostachys sulphurea var. viridis	10	2	6.76	4.26		11.02	
白马骨 Serissa serissoides	4	2	2.70	4.26		6.96	
杨梅叶蚊母树 Distylium myricoides	3	2	2.03	4.26		6.29	
香楠 Aidia canthioides	3	2	2.03	4.26		6.29	
胡枝子 Lespedeza bicolor	2	2	1.35	4.26		5.61	
粗糠柴 Mallotus philippensis	2	2	1.35	4.26		5.61	
桃叶石楠 Photinia prunifolia	3	1	2.03	2.13		4.16	
石斑木 Rhaphiolepis indica	2	1	1.35	2.13		3.48	
狗骨柴 Diplospora dubia	2	1	1.35	2.13		3.48	
杜鹃 Rhododendron simsii	2	1	1.35	2.13		3.48	
竹叶花椒 Zanthoxylum armatum	1	1	0.68	2.13		2.81	
新木姜子 Neolitsea aurata	1	1	0.68	2.13		2.81	
紫果槭 Acer cordatum	1	1	0.68	2.13		2.81	
香叶树 Lindera communis	1	1	0.68	2.13		2.81	
矮小天仙果 Ficus erecta	1	1	0.68	2.13		2.81	
石楠 Photinia serrulata	1	1	0.68	2.13		2.81	
山乌桕 Triadica cochinchinensis	1	1	0.68	2.13		2.81	
朴树 Celtis sinensis	1	1	0.68	2.13		2.81	
檵木 Loropetalum chinense	1	1	0.68	2.13		2.81	
黄毛楤木 Aralia chinensis	1	1	0.68	2.13		2.81	
海金子 Pittosporum illicioides	1	1	0.68	2.13		2.81	
多花勾儿茶 Berchemia floribunda	1	1	0.68	2.13		2.81	

续表

种名	株数	样方数	相对多度 /%	相对频度 /%	相对显著度 /%	多频度	重要值
白蜡树 *Fraxinus chinensis*	1	1	0.68	2.13		2.81	
白花苦灯笼 *Tarenna mollissima*	1	1	0.68	2.13		2.81	
层间植物							
链珠藤 *Alyxia sinensis*	6	2	19.35	12.50		31.85	
千金藤 *Stephania japonica*	5	2	16.12	12.50		28.62	
三叶崖爬藤 *Tetrastigma hemsleyanum*	4	2	12.90	12.50		25.40	
异叶地锦 *Parthenocissus dalzielii*	4	1	12.90	6.25		19.15	
高粱泡 *Rubus jambertianus*	3	1	9.67	6.25		15.92	
玉叶金花 *Mussaenda pubescens*	2	1	6.45	6.25		12.70	
蘡薁 *Vitis bryoniifolia*	1	1	3.23	6.25		9.48	
窄叶南蛇藤 *Celastrus oblanceifolius*	1	1	3.23	6.25		9.48	
网脉酸藤子 *Embelia rudis*	1	1	3.23	6.25		9.48	
鳝藤 *Anodendron affine*	1	1	3.23	6.25		9.48	
日本薯蓣 *Dioscorea japonica*	1	1	3.23	6.25		9.48	
清香藤 *Jasminum lanceolarium*	1	1	3.23	6.25		9.48	
亮叶鸡血藤 *Callerya nitida*	1	1	3.23	6.25		9.48	
草本层							
耳基卷柏 *Selaginella limbata*	59	2	11.48	4.88		16.36	
稀羽鳞毛蕨 *Dryopteris sparsa*	55	1	10.70	2.44		13.14	
竹叶草 *Oplismenus compositus*	50	1	9.72	2.44		12.16	
野菊 *Dendranthema indicum*	40	1	7.78	2.44		10.22	
薄叶卷柏 *Selaginella delicatula*	40	1	7.78	2.44		10.22	
微糙三脉紫菀 *Aster ageratoides* var. *scaberulus*	20	2	3.89	4.88		8.77	
日本麦氏草 *Molinia japonica*	30	1	5.84	2.44		8.28	
大花石上莲 *Oreocharis maximowiczii*	28	1	5.45	2.44		7.89	
淡竹叶 *Lophatherum gracile*	10	2	1.95	4.88		6.83	
鼠尾草 *Salvia japonica*	22	1	4.28	2.44		6.72	
蜘蛛抱蛋 *Aspidistra elatior*	20	1	3.89	2.44		6.33	
刺芒野古草 *Arundinella setosa*	20	1	3.89	2.44		6.33	
芒萁 *Dicranopteris pedata*	20	1	3.89	2.44		6.33	
一年蓬 *Erigeron annuus*	6	2	1.17	4.88		6.05	
大叶石上莲 *Oreocharis benthamii*	16	1	3.11	2.44		5.55	
小蓬草 *Conyza canadensis*	3	2	0.58	4.88		5.46	
韩信草 *Scutellaria indica*	15	1	2.92	2.44		5.36	
东亚磨芋 *Amorphophallus kiusianus*	2	2	0.39	4.88		5.27	
多花黄精 *Polygonatum cyrtonema*	1	2	0.20	4.88		5.08	
萱草 *Hemerocallis fulva*	8	1	1.56	2.44		4.00	
野雉尾金粉蕨 *Onychium japonicum*	7	1	1.36	2.44		3.80	
乌蕨 *Odontosoria chinensis*	5	1	0.97	2.44		3.41	
石荠苧 *Mosla scabra*	5	1	0.97	2.44		3.41	
景天属 1 种 *Sedum* sp.	5	1	0.97	2.44		3.41	

续表

种名	株数	样方数	相对多度/%	相对频度/%	相对显著度/%	多频度	重要值
阔萼凤仙花 *Impatiens platysepala*	5	1	0.97	2.44		3.41	
玉竹 *Polygonatum odoratum*	4	1	0.78	2.44		3.22	
狗脊 *Woodwardia japonica*	4	1	0.78	2.44		3.22	
沙氏鹿茸草 *Monochasma savatieri*	3	1	0.58	2.44		3.02	
蕺菜 *Houttuynia cordata*	3	1	0.58	2.44		3.02	
南平过路黄 *Lysimachia nanpingensis*	3	1	0.58	2.44		3.02	
粗毛耳草 *Hedyotis mellii*	2	1	0.39	2.44		2.83	
甜麻 *Corchorus aestuans*	1	1	0.20	2.44		2.64	
林生假福王草 *Paraprenanthes diversifolia*	1	1	0.20	2.44		2.64	
九龙盘 *Aspidistra lurida*	1	1	0.20	2.44		2.64	

注：调查时间 2017 年 7 月 11 日，地点泰宁状元岩（海拔 416m），刘韵真记录。

6. 福建青冈林

福建青冈又名钟氏栎、黄槠、黄杜、黄丝椆木等，为中国特有的珍贵用材树种，分布于福建闽清、延平、将乐、永安、武夷山、永泰等 30 个县市区，江西南部的赣县、永丰，广东北部的平远、龙川等 6 个县市区，广西金秀，湖南洞口、沅陵等。其垂直分布一般在海拔 800m 以下的河谷两侧石质陡坡，生境介于一般的常绿阔叶林与硬叶林之间。福建青冈往往小面积分布，很少成片分布。福建青冈在福建分布于中亚热带地区，但仅在福建雄江黄楮林、君子峰国家级自然保护区调查到福建青冈林。群落外貌较整齐（图 5-10-8），林内层次分明（图 5-10-9）。在福建调查到 6 个群丛。

图 5-10-8 福建青冈林群落外貌（雄江黄楮林）

图 5-10-9　福建青冈林林内结构（雄江黄楮林）

代表性样地设在福建雄江黄楮林国家级自然保护区内的汤下村。土壤为砖红壤性红壤，土层瘠薄。群落类型为福建青冈-山血丹-扇叶铁线蕨群丛。群落总盖度约95%。乔木层高达22m，福建青冈占绝对优势，密度为每100m² 11株，平均胸径21.3cm，最大胸径32cm，伴生栲、杨桐、短梗幌伞枫、杜英。灌木层种类较多，常见种类有山血丹、日本五月茶、赤楠、秤星树等，以及福建青冈、杜英、虎皮楠、笔罗子、黄绒润楠、青冈等的幼苗和幼树。草本层较为稀疏，以扇叶铁线蕨为主，有少量狗脊、华山姜等。层间植物有网脉酸藤子、小叶葡萄、尖叶菝葜、藤黄檀等（表5-10-3）。

表5-10-3　福建青冈-山血丹-扇叶铁线蕨群落样方表

种名	株数	Drude多度	样方数	相对多度/%	相对频度/%	相对显著度/%	多频度	重要值
乔木层								
福建青冈 *Cyclobalanopsis chungii*	43		4	82.68	40.00	97.56		220.24
栲 *Castanopsis fargesii*	6		3	11.53	30.00	1.02		42.55
杨桐 *Adinandra millettii*	1		1	1.93	10.00	0.73		12.66
短梗幌伞枫 *Heteropanax brevipedicellatus*	1		1	1.93	10.00	0.51		12.44
杜英 *Elaeocarpus decipiens*	1		1	1.93	10.00	0.18		12.11
灌木层								
山血丹 *Ardisia punctata*	17		4	12.88	5.79		18.67	

种名	株数	Drude 多度	样方数	相对多度 /%	相对频度 /%	相对显著度 /%	多频度	重要值
福建青冈 *Cyclobalanopsis chungii*	9		4	6.83	5.79		12.62	
杜英 *Elaeocarpus decipiens*	8		4	6.06	5.79		11.85	
虎皮楠 *Daphniphyllum oldhami*	7		4	5.30	5.79		11.09	
日本五月茶 *Antidesma japonicum*	7		4	5.30	5.79		11.09	
笔罗子 *Meliosma rigida*	6		4	4.55	5.79		10.34	
赤楠 *Syzygium buxifolium*	7		3	5.30	4.35		9.65	
黄绒润楠 *Machilus grijsii*	7		3	5.30	4.35		9.65	
青冈 *Cyclobalanopsis glauca*	6		3	4.55	4.35		8.90	
秤星树 *Ilex asprella*	6		3	4.55	4.35		8.90	
桃叶石楠 *Photinia prunifolia*	5		3	3.79	4.35		8.14	
南烛 *Vaccinium bracteatum*	5		3	3.79	4.35		8.14	
山杜英 *Elaeocarpus sylvestris*	5		2	3.79	2.90		6.69	
狗骨柴 *Diplospora dubia*	3		2	2.27	2.90		5.17	
细枝柃 *Eurya loquaiana*	3		2	2.27	2.90		5.17	
乌药 *Lindera aggregata*	3		2	2.27	2.90		5.17	
柯 *Lithocarpus glaber*	3		2	2.27	2.90		5.17	
栀子 *Gardenia jasminoides*	3		2	2.27	2.90		5.17	
白花灯笼 *Clerodendrum fortunatum*	3		1	2.27	1.45		3.72	
木蜡树 *Toxiocodendron sylvestre*	2		1	1.51	1.45		2.96	
豆腐柴 *Premna microphylla*	2		1	1.51	1.45		2.96	
短梗幌伞枫 *Heteropanax brevipedicellatus*	2		1	1.51	1.45		2.96	
三花冬青 *Ilex triflora*	2		1	1.51	1.45		2.96	
疏花卫矛 *Euonymus laxiflorus*	2		1	1.51	1.45		2.96	
绒毛润楠 *Machilus velutina*	1		1	0.76	1.45		2.21	
檵木 *Loropetalum chinense*	1		1	0.76	1.45		2.21	
南方荚蒾 *Viburnum fordiae*	1		1	0.76	1.45		2.21	
秀丽锥 *Castanopsis jucunda*	1		1	0.76	1.45		2.21	
杨梅 *Myrica rubra*	1		1	0.76	1.45		2.21	
山矾 *Symplocos sumuntia*	1		1	0.76	1.45		2.21	
野茉莉 *Styrax japonica*	1		1	0.76	1.45		2.21	
毛果算盘子 *Glochidion eriocarpum*	1		1	0.76	1.45		2.21	
八角枫 *Alangium chinensis*	1		1	0.76	1.45		2.21	
层间植物								
网脉酸藤子 *Embelia rudis*	9		4	28.11	25.00		53.11	
小叶葡萄 *Vitis sinocinerea*	6		3	18.75	18.75		37.50	
尖叶菝葜 *Smilax arisanemsis*	7		2	21.87	12.50		34.37	
藤黄檀 *Dalbergia hancei*	4		2	12.50	12.50		25.00	
链珠藤 *Alyxia sinensis*	2		1	6.25	6.25		12.50	
鳝藤 *Anodendron affine*	1		1	3.13	6.25		9.38	
土茯苓 *Smilax glabra*	1		1	3.13	6.25		9.38	
玉叶金花 *Mussaenda pubescens*	1		1	3.13	6.25		9.38	

续表

种名	株数	Drude 多度	样方数	相对多度 /%	相对频度 /%	相对显著度 /%	多频度	重要值
长叶酸藤果 *Embelia longifolia*	1		1	3.13	6.25		9.38	
草本层								
扇叶铁线蕨 *Adiantum flabellulatum*		Cop1	4		21.05			
狗脊 *Woodwardia japonica*		Sp	4		21.05			
华山姜 *Alpinia chinesis*		Sp	4		21.05			
鳞籽莎 *Lepidosperma chinensis*		Sol	4		21.05			
山菅 *Dianella ensifolia*		Sol	3		15.80			

注：调查时间 2005 年 5 月 29 日，地点雄江黄楮林汤下村（海拔 340m），李振基记录。

7. 刺柏林

刺柏广泛分布于亚热带地区，在福建省全省各地常见。一般在贫瘠的土壤上形成群落，属于原生演替的早期阶段的植被类型，在武夷山、邵武、泰宁、连城、永安、明溪等县市区都有一定面积的刺柏林。群落外貌整齐，树冠呈尖塔形，冠层深绿色（图 5-10-10、图 5-10-11），林内结构较简单。在福建调查到 10 个群丛。

图 5-10-10　刺柏林群落外貌（泰宁）

图 5-10-11　刺柏林群落外貌（冠豸山）

代表性样地设在武夷山国家公园大红袍景区附近。土壤为紫色土，土层薄。群落类型为刺柏-肿节少穗竹-大花石上莲群丛。乔木层高5—6m，以刺柏（图5-10-12）为建群种，优势度较高的乔木有马尾松、小果珍珠花和檵木等。灌木层物种较丰富，以肿节少穗竹、胡枝子为主，伴生杜鹃、檵木等。草本层以大花石上莲为主，伴生蔓出卷柏和扇叶铁线蕨等。层间植物有薯蓣和链珠藤等（表5-10-4）。

图 5-10-12　刺柏（*Juniperus formosana*）

表5-10-4 刺柏-肿节少穗竹-大花石上莲群落样方表

种名	株数	样方数	相对多度 /%	相对频度 /%	相对显著度 /%	相对盖度 /%	重要值
乔木层							
刺柏 *Juniperus formosana*	72	4	32.58	12.12	31.29		75.99
马尾松 *Pinus massoniana*	9	3	4.07	9.09	36.96		50.13
小果珍珠花 *Lyonia ovalifolia* var. *elliptica*	38	2	17.19	6.06	9.07		32.32
檵木 *Loropetalum chinense*	34	2	15.38	6.06	5.48		26.92
青冈 *Cyclobalanopsis glauca*	12	4	5.43	12.12	3.95		21.51
石斑木 *Rhaphiolepis indica*	11	4	4.98	12.12	0.51		17.61
杜鹃 *Rhododendron simsii*	7	4	3.17	12.12	1.35		16.63
密花树 *Myrsine seguinii*	9	3	4.07	9.09	3.33		16.50
石楠 *Photinia serrulata*	17	2	7.69	6.06	1.77		15.52
厚皮香 *Ternstroemia gymnanthera*	7	2	3.17	6.06	3.95		13.18
铁冬青 *Ilex rotunda*	3	2	1.36	6.06	1.35		8.76
桃叶石楠 *Photinia prunifolia*	2	1	0.90	3.03	0.99		4.92
灌木层							
肿节少穗竹 *Oligostachyum oedogonatum*	30	4	16.13	6.25		15.71	38.09
胡枝子 *Lespedeza bicolor*	24	3	12.90	4.69		10.47	28.06
杜鹃 *Rhododendron simsii*	11	4	5.91	6.25		8.38	20.54
檵木 *Loropetalum chinense*	11	4	5.91	6.25		7.33	19.49
满山红 *Rhododendron mariesii*	9	4	4.84	6.25		6.28	17.37
海金子 *Pittosporum illicioides*	12	3	6.45	4.69		5.24	16.37
毛冬青 *Ilex pubescens*	11	3	5.91	4.69		5.24	15.84
密花树 *Myrsine seguinii*	11	3	5.91	4.69		4.19	14.79
山矾 *Symplocos sumuntia*	7	3	3.76	4.69		4.19	12.64
石斑木 *Rhaphiolepis indica*	8	3	4.30	4.69		3.14	12.13
小果珍珠花 *Lyonia ovalifolia* var. *elliptica*	9	3	4.84	4.69		2.09	11.62
香楠 *Aidia canthioides*	8	2	4.30	3.13		4.19	11.61
栀子 *Gardenia jasminoides*	5	3	2.69	4.69		3.14	10.52
白马骨 *Serissa serissoides*	5	3	2.69	4.69		2.09	9.47
白花苦灯笼 *Tarenna mollissima*	4	3	2.15	4.69		2.09	8.93
木蜡树 *Toxicodendron sylvestre*	4	3	2.15	4.69		2.09	8.93
紫果槭 *Acer cordatum*	4	3	2.15	4.69		1.57	8.41
蓪梗花 *Abelia uniflora*	3	2	1.61	3.13		3.14	7.88
狗骨柴 *Diplospora dubia*	3	2	1.61	3.13		2.09	6.83
峨眉鼠刺 *Itea omeiensis*	2	1	1.08	1.56		2.09	4.73
窄基红褐柃 *Eurya rubiginosa* var. *attenuata*	1	1	0.54	1.56		1.05	3.15
豺皮樟 *Litsea rotundifolia* var. *oblongifolia*	1	1	0.54	1.56		1.05	3.15
小叶五月茶 *Antidesma montanum* var. *microphyllum*	1	1	0.54	1.56		1.05	3.15
柯 *Lithocarpus glaber*	1	1	0.54	1.56		1.05	3.15
海金子 *Pittosporum illicioides*	1	1	0.54	1.56		1.05	3.15

种名	株数	样方数	相对多度 /%	相对频度 /%	相对显著度 /%	相对盖度 /%	重要值
层间植物							
链珠藤 *Alyxia sinensis*	3	2	23.08	25.00		47.06	95.14
锈毛莓 *Rubus reflexus*	4	2	30.77	25.00		11.76	67.53
土茯苓 *Smilax glabra*	3	2	23.08	25.00		5.88	53.96
流苏子 *Coptosapelta diffusa*	2	1	15.38	12.50		23.53	51.41
薯蓣 *Dioscorea opposita*	1	1	7.69	12.50		11.76	31.96
草本层							
大花石上莲 *Oreocharis maximowiczii*	16	3	14.41	10.00		51.90	76.32
旋蒴苣苔 *Boea hygrometrica*	7	2	6.31	6.67		25.95	38.92
庐山堇菜 *Viola stewardiana*	14	3	12.61	10.00		4.33	26.94
蔓出卷柏 *Selaginella davidii*	12	4	10.81	13.33		0.39	24.53
阔鳞鳞毛蕨 *Dryopteris championii*	6	3	5.41	10.00		8.65	24.06
刺芒野古草 *Arundinella setosa*	11	3	9.91	10.00		0.87	20.77
白背蒲儿根 *Sinosenecio latouchei*	12	2	10.81	6.67		2.16	19.64
韩信草 *Scutellaria indica*	7	3	6.31	10.00		0.17	16.48
扇叶铁线蕨 *Adiantum flabellulatum*	12	1	10.81	3.33		0.39	14.53
过路黄 *Lysimachia christinae*	7	2	6.31	6.67		0.43	13.41
莎草属 1 种 *Cyperaceae* sp.	3	1	2.70	3.33		4.33	10.36
薹草属 1 种 *Carex* sp.	2	1	1.80	3.33		0.04	5.18
襄荷 *Zingiber mioga*	1	1	0.90	3.33		0.35	4.58
通泉草 *Mazus japonicus*	1	1	0.90	3.33		0.04	4.28

注：注：调查时间 2017 年 7 月 6 日，地点武夷山大红袍景区（海拔 327m），刘韵真记录。

8. 竹柏林

竹柏分布于我国浙江、福建、江西、广东、广西、湖南、四川，日本也有分布。在福建虎伯寮、茫荡山国家级自然保护区及永定有竹柏林分布，一般生长于海拔 200—640m 的山腰、山谷、山坡的悬崖峭壁上。群落外貌很不整齐，林内结构较简单（图 5-10-13）。在福建调查到 2 个群丛。

代表性样地设在福建虎伯寮国家级自然保护区内象溪至楼墩的沟谷两边山坡上。土壤为砖红壤性红壤，土层薄。群落类型为竹柏-罗伞树-华山姜群丛。乔木层以竹柏（图5-10-14、图5-10-15）为主，高矮粗细不一，高者可达12m、胸径达21cm，密度为每100m² 9株，群落中尚有野柿、枳椇、华南吴萸、赤杨叶、橄榄、九节。灌木层种类较多，有罗伞树、山血丹、毛冬青、野牡丹、细枝柃、栀子、中国旌节花、杨桐、三桠苦、粗叶木、五月茶、细齿叶柃、榕叶冬青、草珊瑚、黑面神、秤星树等。草本层以华山姜居多，另有深绿卷柏、乌毛蕨、狗脊、淡竹叶、珠芽狗脊、鳞籽莎、金毛狗、单叶对囊蕨、竹叶草、扇叶铁线蕨、团叶陵始蕨、黑足鳞毛蕨、单叶新月蕨等。层间植物较多，有扁担藤、杖藤、寄生藤、玉叶金花、尖叶菝葜、网脉酸藤子、蔓九节、红叶藤、山薯、粉背菝葜、藤黄檀、络石、毛花猕猴桃、龙须藤、粉叶羊蹄甲、网络鸡血藤、白花油麻藤等，部分层间植物长度达几十米。

图 5-10-13 竹柏林林内结构（虎伯寮）

图 5-10-14 竹柏（*Nageia nagi*）（1）

图 5-10-15 竹柏（*Nageia nagi*）（2）

9. 长叶榧树林

　　长叶榧树是国家Ⅱ级重点保护野生植物，为我国特有的珍稀树种，分布于亚热带地区的浙江南部、江西资溪、福建邵武和泰宁。在福建泰宁的寨下、上清溪、许坊、红石沟、山地果场分布着较大面积的长叶榧树林。长叶榧树林是较为稀有的植被类型，也是原生演替过程中的早期群落类型，所处的生境水分较为充足。群落外貌高矮不一（图 5-10-16、图 5-10-17），林内结构简单。在福建调查到 6 个群丛。

　　代表性样地设在泰宁世界自然遗产地内的天成岩。土壤为紫色土，土层薄。群落类型为长叶榧树–白马骨–江南卷柏群丛。乔木层以长叶榧树（图5-10-18、图5-10-19）为主，其平均高7—8m，胸径平均13cm、大者达21cm，密度为每100m² 3株，林内天然更新良好，年龄结构呈金字塔形，局部有光叶毛果枳椇（*Hovenia trichocarpa* var. *robusta*）、棕榈、油茶、杨梅等。灌木层稀疏，白马骨占优势，其他

图 5-10-16　长叶槠树林群落外貌（泰宁）（1）

图 5-10-17　长叶槠树林群落外貌（泰宁）（2）

图 5-10-18　长叶榧树（*Torreya jackii*）（1）

图 5-10-19　长叶榧树（*Torreya jackii*）（2）

常见种类有海金子、蔊梗花、尖叶黄杨（*Buxus sinica*）、杜鹃、檵木、华南桂、石楠、薄叶润楠等。草本层江南卷柏占优势，其他常见种类有阔叶山麦冬、长梗黄精、萱草、大花石上莲、旋蒴苣苔（*Boea hygrometrica*）、铁线蕨（*Adiantum capillus-veneris*）等。

10. 尖叶黄杨林

尖叶黄杨分布于安徽、浙江、福建、江西、湖南、湖北、四川、重庆、广东、广西等地海拔 500—2000m 的水边岩壁上或灌丛中，往往形成稀疏的硬叶林。树冠绿色（图 5-10-20、图 5-10-21），林内结构简单。在福建见于连城冠豸山国家地质公园。在福建调查到 2 个群丛。

图 5-10-20　尖叶黄杨林群落外貌（冠豸山）（1）

图 5-10-21　尖叶黄杨林群落外貌（冠豸山）（2）

代表性样地设在连城冠豸山国家地质公园鲤鱼背，此处地势较陡，坡度34°。土壤为紫色土，土层薄。群落类型为尖叶黄杨–麻叶绣线菊–野菊群丛。乔木层尖叶黄杨（图5-10-22）占绝对优势，伴生乔木仅有石楠、朴树、檵木。灌木层麻叶绣线菊占优势，伴生海金子等，以及美丽胡枝子、尖叶黄杨、石楠、山乌桕、榔

图 5-10-22　尖叶黄杨（*Buxus sinica*）

榆（*Ulmus parvifolia*）、马尾松等的幼苗和幼树。草本层以野菊为主，伴生卷柏、山麦冬、狗尾草等。层间植物有络石和菝葜（表5-10-5）。

表5-10-5　尖叶黄杨-麻叶绣线菊+美丽胡枝子-野菊群落样方表

种名	株数	样方数	相对多度/%	相对频度/%	相对显著度/%	多频度	重要值
乔木层							
尖叶黄杨 *Buxus sinica*	36	2	56.25	25.00	84.38		165.63
石楠 *Photinia serrulata*	15	2	23.44	25.00	12.50		60.94
朴树 *Celtis sinensis*	8	2	12.50	25.00	1.56		39.06
檵木 *Loropetalum chinense*	5	2	7.81	25.00	1.56		34.37
灌木层							
麻叶绣线菊 *Spiraea cantoniensis*	30	2	41.09	18.18		59.27	
美丽胡枝子 *Lespedeza formosa*	25	2	34.25	18.18		52.43	
尖叶黄杨 *Buxus sinica*	7	1	9.59	9.09		18.68	
石楠 *Photinia serrulata*	3	1	4.11	9.09		13.20	
榔榆 *Ulmus pumila*	2	1	2.74	9.09		11.83	
山乌桕 *Triadica cochinchinensis*	2	1	2.74	9.09		11.83	
海金子 *Pittosporumillicioides*	2	1	2.74	9.09		11.83	
马尾松 *Pinus massoniana*	1	1	1.37	9.09		10.46	
檵木 *Loropetalum chinense*	1	1	1.37	9.09		10.46	
层间植物							
络石 *Trachelospermum jasminoides*	7	2	50.00	50.00		100.00	
菝葜 *Smilax china*	7	2	50.00	50.00		100.00	
草本层							
野菊 *Dendranthema indicum*	20	3	27.39	15.00		42.39	
卷柏 *Selaginella tamariscina*	16	3	21.92	15.00		36.92	
山麦冬 *Liriope spicata*	11	2	15.07	10.00		25.07	
狗尾草 *Setaria viridis*	10	2	13.70	10.00		23.70	
仙霞铁线蕨 *Adiantum juxtapositum*	5	2	6.85	10.00		16.85	
长瓣马铃苣苔 *Oreocharis auricula*	3	2	4.11	10.00		14.11	
江南卷柏 *Selaginella moellendorfii*	3	2	4.11	10.00		14.11	
鼠尾草 *Salvia japonica*	2	2	2.74	10.00		12.74	
绵枣儿 *Barnardia japonica*	2	1	2.74	5.00		7.74	
山谷冷水花 *Pilea aquarum*	1	1	1.37	5.00		6.37	

注：调查时间2017年7月13日，地点连城冠豸山（海拔533m），刘韵真记录。

11. 石楠林

石楠广布于东南亚海拔10—2500m的台地、丘陵、山地林中。在福建连城冠豸山国家地质公园调查到小面积石楠为建群种的硬叶林。群落外貌整齐（图5-10-23），林内结构简单。在福建调查到1个群丛。

图 5-10-23 石楠林群落外貌（冠豸山）

代表性样地设在连城冠豸山国家地质公园。土壤为紫色土，土层薄。群落类型为石楠–胡枝子–江南卷柏群丛。乔木层盖度约60%，仅有石楠（图5-10-24），其平均高5m、大树胸径10cm。灌木层以胡枝子为主，伴生海金子，以及檵木、豹皮樟和尖叶黄杨幼树。草本层以江南卷柏为主，其他常见种类有狗尾草、石蒜（*Lycoris radiata*）、鹧鸪草、卷柏等种类。

图 5-10-24 石楠（*Photinia serrulata*）

12. 紫果槭林

紫果槭分布于湖北、四川、贵州、湖南、江西、安徽、浙江、福建、广东、广西低海拔山谷疏林中。在福建泰宁世界自然遗产地调查到以紫果槭为建群种的硬叶林。群落外貌较为整齐，秋季变为紫红色（图5-10-25），林内结构较为简单（图5-10-26）。在福建调查到1个群丛。

代表性样地设在泰宁世界自然遗产地内的游龙峡沟谷中。土壤为紫色土。群落类型为紫果槭-杜茎山-耳基卷柏群丛。群落总盖度约60%。乔木层以紫果槭（图5-10-27）为建群种，树高平均约7m、大树

图 5-10-25　紫果槭林群落外貌（泰宁）

图 5-10-26 紫果槭林林内结构（泰宁）

胸径达40cm，伴生檵木、杜鹃等。灌木层优势种为杜茎山，其他常见种类有狗骨柴、枇杷叶紫珠、荚蒾属1种、白花苦灯笼、白马骨、白棠子树（*Callicarpa dichotoma*），以及柯、青冈、毛冬青、秀丽锥等的幼苗和幼树。草本层耳基卷柏占绝对优势，盖度达20%，常见种类还有莎草属1种、迷人鳞毛蕨、阔叶山麦冬、大花石上莲、鳞毛蕨属1种、蜘蛛抱蛋、淡竹叶等。层间植物主要有链珠藤、鸡矢藤、三叶崖爬藤、玉叶金花等（表5-10-6）。

图 5-10-27 紫果槭（*Acer cordatum*）

表5-10-6 紫果槭-杜茎山-耳基卷柏群落样方表

种名	株数	样方数	相对多度 /%	相对频度 /%	相对显著度 /%	多频度	重要值
乔木层							
紫果槭 *Acer cordatum*	18	4	32.14	19.05	80.04		131.23
檵木 *Loropetalum chinense*	13	4	23.21	19.05	11.71		53.97
杜鹃 *Rhododendron simsii*	15	4	26.78	19.05	2.53		48.36

续表

种名	株数	样方数	相对多度/%	相对频度/%	相对显著度/%	多频度	重要值
枇杷叶紫珠 *Callicarpa kochiana*	4	3	7.14	14.29	0.55		21.98
尖叶栎 *Quercus oxyphylla*	2	2	3.57	9.52	2.45		15.54
短尾鹅耳枥 *Carpinus londoniana*	1	1	1.79	4.76	1.60		8.15
秀丽锥 *Castanopsis jucunda*	1	1	1.79	4.76	0.71		7.26
狗骨柴 *Diplospora dubia*	1	1	1.79	4.76	0.28		6.83
茜树 *Randia cochinchinensis*	1	1	1.79	4.76	0.13		6.68
灌木层							
杜茎山 *Maesa japonica*	32	4	23.88	9.76		33.64	
白马骨 *Serissa serissoides*	20	4	14.93	9.76		24.69	
白棠子树 *Callicarpa dichotoma*	18	2	13.43	4.88		18.31	
毛冬青 *Ilex pubescens*	10	4	7.46	9.76		17.22	
杜鹃 *hododendron simsii*	12	3	8.96	7.31		16.27	
白花苦灯笼 *Tarenna mollissima*	7	4	5.22	9.76		14.98	
狗骨柴 *Diplospora dubia*	7	4	5.22	9.76		14.98	
荚蒾属 1 种 *Viburnum* sp.	7	4	5.22	9.76		14.98	
枇杷叶紫珠 *Callicarpa kochiana*	6	4	4.48	9.76		14.24	
秀丽锥 *Castanopsis jucunda*	5	3	3.73	7.31		11.04	
柯 *Lithocarpus glaber*	4	3	2.99	7.31		10.30	
青冈 *Cyclobalanopsis glauca*	6	2	4.48	4.88		9.36	
层间植物							
链珠藤 *Alyxia sinensis*	34	4	39.53	20.00		59.53	
鸡矢藤 *Paederia foetida*	20	4	23.26	20.00		43.26	
三叶崖爬藤 *Tetrastigma hemsleyanum*	11	3	12.79	15.00		27.79	
亮叶鸡血藤 *Callerya nitida*	6	4	6.98	20.00		26.98	
玉叶金花 *Mussaenda pubescens*	9	3	10.46	15.00		25.46	
地锦 *Parthenocissus tricuspidata*	3	1	3.49	5.00		8.49	
络石 *Trachelospermum jasminoides*	3	1	3.49	5.00		8.49	
草本层							
耳基卷柏 *Selaginella limbata*	867	4	52.29	10.00		62.29	
莎草属 1 种 *Cyperus* sp.	312	4	18.82	10.00		28.82	
大花石上莲 *Oreocharis maximowiczii*	109	4	6.57	10.00		16.57	
迷人鳞毛蕨 *Dryopteris decipiens*	141	3	8.50	7.50		16.00	
阔叶山麦冬 *Liriope muscari*	72	4	4.34	10.00		14.34	
鳞毛蕨属 1 种 *Dryopteris* sp.	56	4	3.38	10.00		13.38	
蜘蛛抱蛋 *Aspidistra elatior*	50	4	3.02	10.00		13.02	
淡竹叶 *Lophatherum gracile*	28	4	1.69	10.00		11.69	
萱草 *Hemerocallis fulva*	15	4	0.91	10.00		10.91	
扇叶铁线蕨 *Adiantum flabellulatum*	4	2	0.24	5.00		5.24	
半边旗 *Pteris semipinnata*	3	2	0.18	5.00		5.18	
山姜 *Alpinia japonica*	1	1	0.06	2.50		2.56	

注：调查时间 2009 年 8 月 27 日，地点泰宁状元岩（海拔 380m），吕静、肖霜霜记录。

13. 台湾相思林

台湾相思主要分布于我国南亚热带地区，耐干旱瘠薄，可以在裸露的岩石缝隙之间立足，并形成森林。在福建沿海大部分地区海拔 400m 以下台地分布大面积的台湾相思林（图 5-10-28）。群落外貌整齐，花期树冠点缀金黄色花（图 5-10-29），林内结构较简单（图 5-10-30）。在福建调查到 9 个群丛。

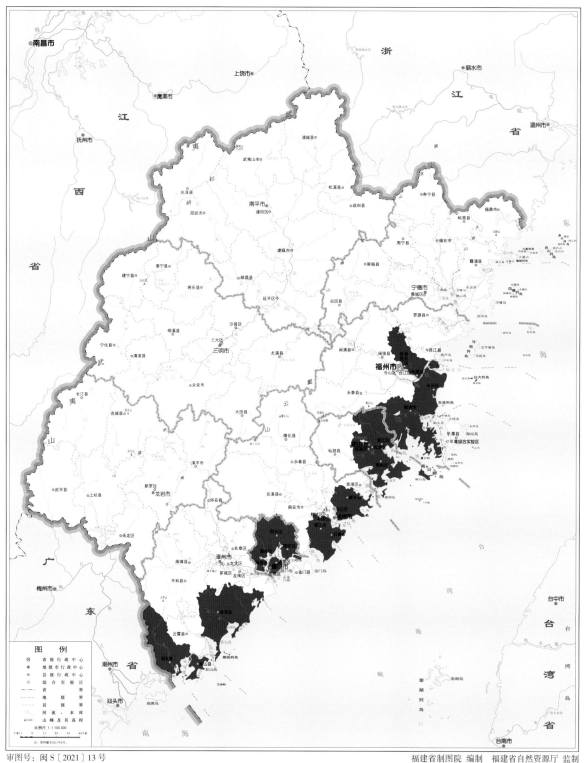

审图号：闽 S〔2021〕13 号

福建省制图院 编制　福建省自然资源厅 监制

图 5-10-28　台湾相思林分布图

图 5-10-29 台湾相思林群落外貌（惠安）

图 5-10-30 台湾相思林林内结构（海沧）

代表性样地设在同安区汀溪镇汪前村。土壤为砖红壤性红壤，土层薄。群落类型为台湾相思–马缨丹–芒萁群丛。乔木层台湾相思（图5-10-31）占优势，其平均高5m，盖度达70%，林内伴生马尾松、野柿和异色山黄麻。灌木层马缨丹占优势，其平均高1.5m，伴生白背叶和黄毛楤木。草本层芒萁占优势，其平均高约0.4m，伴生类芦（*Neyraudia reynaudiana*）、粗毛鸭嘴草（*Ischaemum barbatum*）、五节芒和糙叶丰花草（*Borreria articularis*）。层间植物有酸藤子（表5-10-7）。

图5-10-31 台湾相思（*Acacia confusa*）

表5-10-7 台湾相思-马缨丹-芒萁群落样方表

种名	株数	样方数	相对多度 /%	相对频度 /%	相对显著度 /%	多频度	重要值
乔木层							
台湾相思 *Acacia confusa*	19	4	55.88	40.00	53.82		149.70
马尾松 *Pinus massoniana*	11	4	32.36	40.00	27.11		99.46
野柿 *Diospyros kaki*	2	1	5.88	10.00	13.12		29.00
异色山黄麻 *Trema orientalis*	2	1	5.88	10.00	5.95		21.83
灌木层							
马缨丹 *Lantana camara*	4	4	50.00	57.14		107.14	
白背叶 *Mallotus apelta*	2	2	25.00	28.57		53.57	
黄毛楤木 *Aralia chinensis*	2	1	25.00	14.29		39.29	
层间植物							
酸藤子 *Embelia laeta*	5	4	100.00	100.00		100.00	
草本层							
芒萁 *Dicranopteris pedata*	28	4	48.28	25.00		73.28	
粗毛鸭嘴草 *Ischaemum barbatum*	16	4	27.59	25.00		52.59	
类芦 *Neyraudia reynaudiana*	5	4	8.62	25.00		33.62	
糙叶丰花草 *Borreria articularis*	7	2	12.07	12.50		24.57	
五节芒 *Miscanthus floridulus*	2	2	3.45	12.50		15.95	

注：调查时间2012年9月24日，地点同安区汀溪镇汪前村（海拔300m），江凤英记录。

十一、河口红树林

全球红树林有海岸红树林和河口红树林之分。福建海岸线长，港湾多，在漳江口、九龙江口、泉州湾河口、闽江河口、三都澳都分布有红树林，其中以漳江口的类型最多。

1.木榄林

木榄（*Bruguiera gymnorrhiza*）分布于东南亚海岸潮间带，常形成木榄占优势的红树林。在我国，木榄林主要分布于海南河口海湾较平坦的泥滩或半沙泥滩的近岸高潮区地段，最北分布到福建漳江口红树林国家级自然保护区，但后者在历史上遭到破坏，现面积较小。群落外貌整齐，深绿色，林内结构简单。在福建调查到1个群丛。

代表性样地设在福建漳江口红树林国家级自然保护区内的竹塔村东崎附近。土壤为海滨盐土，土壤盐度3—14。群落类型为木榄群丛。群落总盖度80%—90%。乔木层为木榄（图5-11-1）纯林，偶有秋茄

图5-11-1 木榄（*Bruguiera gymnorrhiza*）

树、蜡烛果混生，呈丛生状萌生林，树高4—6m、平均高5m，平均胸径9.5cm，密度为每100m²10株。层间植物有鱼藤（*Derris trifoliata*），数量较多，较为常见。

2.秋茄树林

秋茄树分布于广东、广西、福建、台湾、香港的海湾，从低潮区外缘到高潮区均有分布，多生长在河口海湾较平坦的泥滩生境中。在福建漳江口红树林国家级自然保护区、龙海九龙江口红树林省级自然保护区、泉州湾河口湿地省级自然保护区等地往往形成以秋茄树为建群种的红树林（图5-11-2）。群落外貌整齐（图5-11-3），青绿色或深绿色，林内结构简单（图5-11-4）。在福建调查到1个群丛。

代表性样地设在福建漳江口红树林国家级自然保护区内的竹塔村附近。土壤类型为淤泥质海滨盐土，土壤盐度10—20。群落类型为秋茄树群丛。群落总盖度70%—85%。乔木层以秋茄树（图5-11-5至图5-11-8）为建群种，偶有蜡烛果、老鼠簕（*Acanthus ilicifolius*）、海榄雌、木榄混生，平均高6m，平均胸径8cm。层间植物有鱼藤。

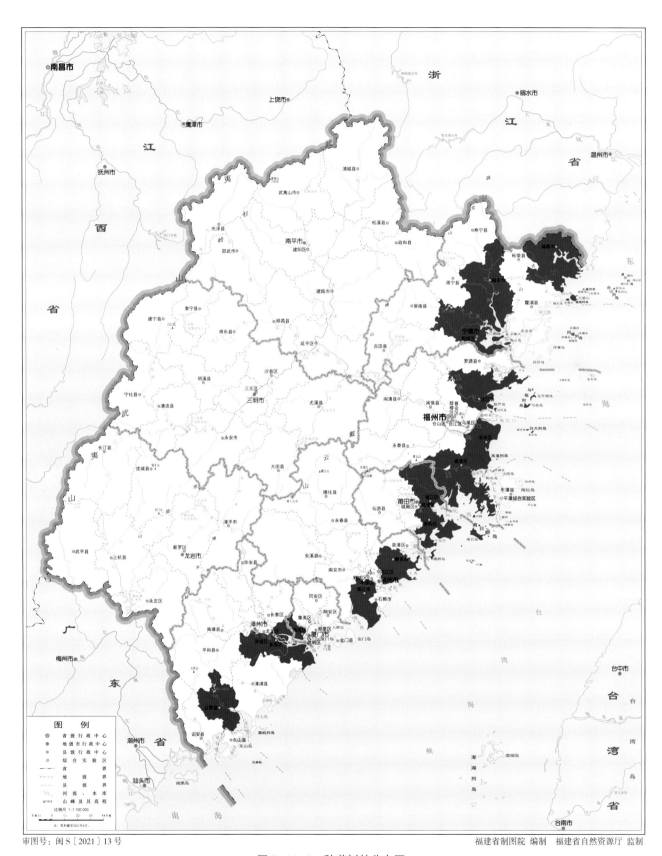

审图号：闽 S〔2021〕13 号　　　　　　　　　　　　　福建省制图院 编制　福建省自然资源厅 监制

图 5-11-2　秋茄树林分布图

图 5-11-3 秋茄树林群落外貌（漳江口）

图 5-11-4 秋茄树林林内结构（九龙江口）

图 5-11-5 秋茄树（*Kandelia obovata*）（1）

图 5-11-6 秋茄树（*Kandelia obovata*）（2）

图 5-11-7 秋茄树（*Kandelia obovata*）（3）

图 5-11-8　秋茄树（*Kandelia obovata*）露出地表的膝状根与不太发达的支柱根

3. 秋茄树＋蜡烛果林

秋茄树＋蜡烛果林分布于广东、广西、福建、台湾、香港的海湾，多生长在河口海湾较平坦的泥滩或半沙泥滩。在福建漳江口红树林国家级自然保护区，龙海九龙江口红树林、泉州湾河口湿地省级自然保护区都有分布。群落外貌整齐，青绿色至深绿色，林内结构简单。在福建调查到 1 个群丛。

代表性样地设在福建漳江口红树林国家级自然保护区内的竹塔村附近。土壤为海滨盐土，土壤盐度 10—20。群落类型为秋茄树＋蜡烛果群丛。群落总盖度 80%—95%。乔木层以秋茄树与蜡烛果为主，偶有海榄雌、老鼠簕、木榄混生其中，呈丛生状萌生林。秋茄树平均高 5m、平均胸径 7cm，蜡烛果平均高 3m、平均胸径 5cm，密度为每 100m² 15 丛。层间植物鱼藤在林内也较为常见。

4. 海榄雌林

海榄雌，又名白骨壤，分布于海南、广东、广西、福建、台湾、香港的海湾，从低潮区外缘到高潮区均有分布，但多生长在河口海湾较平坦的泥滩或半沙泥滩，在河口也可以生长于沙质滩涂。在福建漳江口红树林国家级自然保护区的竹塔村形成天然分布的海榄雌林，有 20hm² 以上，估计为全国目前保存面积最大的海榄雌纯林。群落外貌整齐（图 5-11-9、图 5-11-10），林内结构简单（图 5-11-11）。在福建调查到 1 个群丛。

图 5-11-9　海榄雌林群落外貌（漳江口）

图 5-11-10　海榄雌林群落外貌（漳浦）

图 5-11-11　海榄雌林林内结构（漳江口）

代表性样地设在福建漳江口红树林国家级自然保护区内的竹塔村附近。土壤为海滨沙质盐土，土壤盐度 5—10。群落类型为海榄雌群丛。群落以海榄雌（图 5-11-12）为建群种，总盖度 80% 左右。局部为纯林，偶有秋茄树、蜡烛果、木榄混生，呈丛生状萌生林，高 1.5—3m、平均高 5m，平均基径 14cm，密度为每 100m² 30 株，地面有从表土伸出的指状呼吸根，每 1m² 5—20 条。

图 5-11-12　海榄雌（*Avicennia marina*）

5. 海榄雌＋蜡烛果林

海榄雌＋蜡烛果林分布于广东、广西、福建的大片滩涂上，一般分布于泥滩，也可分布于河口。在福建漳江口红树林国家级自然保护区内的竹塔村岸边海榄雌与蜡烛果形成了共优的红树林。群落外貌整齐，灰绿色间杂黄绿色，林内结构简单。在福建调查到 1 个群丛。

代表性样地设在福建漳江口红树林国家级自然保护区内的竹塔村附近。土壤为海滨盐土，土壤盐度 5—10。群落类型为海榄雌＋蜡烛果群丛。群落总盖度 80%—90%。乔木层以海榄雌和蜡烛果为主，偶有秋茄树、木榄混生，呈丛生状萌生林，树高 2—3m、平均高 2.5m，平均基径 10cm，密度为每 100m² 35 丛。

6. 蜡烛果林

蜡烛果，又名桐花树，有些地方也称为黑枝、黑榄（广西）、浪柴、红蓢（广东）、黑脚梗（海南）、水茭，分布于我国海南、广东、广西、福建，也分布于印度、马来西亚、菲律宾、斯里兰卡、越南、澳大利亚，生长在滩涂上，主要是泥滩，也可分布于河口或小岛边缘的沙砾滩地上。在福建主要分布于福建漳江口红树林国家级自然保护区、龙海九龙江口红树林省级自然保护区。群落外貌整齐，黄绿色（图5-11-13），林内结构简单。在福建调查到1个群丛。

图 5-11-13　蜡烛果林群落外貌（漳江口）

代表性样地设在福建漳江口红树林国家级自然保护区内的竹塔村和浯田村附近。土壤为海滨盐土，土壤盐度5—15。群落类型为蜡烛果群丛。群落以蜡烛果（图5-11-14）为建群种。群落总盖度90%左右。纯林，呈多分枝的丛生状，偶有秋茄树、海榄雌混生，高2—3m、平均高2.5m，平均基径3.5cm，密度接近每100m^2 150丛。林内鱼藤较为常见。

图 5-11-14　蜡烛果（*Aegiceras corniculatum*）

7. 老鼠簕灌丛

老鼠簕分布于我国海南、广东、广西、福建海岸及潮汐能至的滨海地带，为红树林重要组成之一，也分布于柬埔寨、印度、印度尼西亚、马来西亚、缅甸、巴布亚新几内亚、菲律宾、斯里兰卡、泰国、越南、澳大利亚。在福建主要分布于云霄、龙海。群落外貌整齐，深绿色（图5-11-15），林内结构简单。在福建调查到1个群丛。

图5-11-15 老鼠簕灌丛群落外貌（龙海）

代表性样地设在龙海九龙江口红树林省级自然保护区内的甘文片区。土壤为海滨盐土，土壤盐度5—10。群落类型为老鼠簕群丛。群落以老鼠簕（图5-11-16）为建群种，总盖度90%左右。偶有秋茄、蜡烛果和互花米草混生。

图5-11-16 老鼠簕（*Acanthus ilicifolius*）

十二、半红树林

半红树林能够耐受海水短时间的淹没，主要有苦郎树林、黄槿林、海漆林等。

1. 苦郎树林

苦郎树分布于海南、广东、广西、福建等地海岸淤沙较高的内缘沙滩或泥滩，在河口漫滩生长更茂盛，呈半蔓生状。在福建见于云霄、漳浦、龙海、集美、同安等县市区。群落外貌整齐，青绿色，林内结构简单。在福建调查到1个群丛。

代表性样地设在福建漳江口红树林国家级自然保护区内的船场村附近鱼塘边。土壤为海滨盐土。群落类型为苦郎树群丛。群落总盖度90%左右。群落以苦郎树（图5-12-1）为单优种，平均高1m，偶有铺地黍、狗牙根、鼠尾粟（*Sporobolus fertilis*）和毛草龙（*Jussiaea suffruticosa*）混生。

图5-12-1　苦郎树（*Clerodendron inerme*）

2. 黄槿林

黄槿主要分布于我国东南沿海地区，也分布于亚洲热带国家。在福建翔安、思明、龙海、云霄都有小面积黄槿林。群落外貌整齐，灰绿色，林内结构简单。在福建调查到1个群丛。

代表性样地设在龙海区。土壤为海滨盐土。群落类型为黄槿-鸦胆子-龙爪茅群丛。群落总盖度约80%，乔木层以黄槿（图5-12-2）为建群种，平均高6m。灌木层以鸦胆子为主，其他种类有马缨丹、九里香（*Murraya paniculata*）。草本层龙爪茅（*Dactyloctenium aegyptium*）较为常见，还有五节芒、狗牙根、升马唐（*Digitaria ciliaris*）等种类。

图5-12-2　黄槿（*Hibiscus tiliaceus*）

十三、海岸林

朴树林

朴树分布于我国暖温带至热带海拔10—1500m的路旁、山坡、林缘，在福建沿海地区较为常见。群落外貌整齐，春季嫩绿色，林内结构较简单（图5-13-1、图5-13-2）。在福建调查到2个群丛。

图 5-13-1　朴树林林内结构（马尾）（1）

图 5-13-2　朴树林林内结构（马尾）（2）

代表性样地设在马尾区琅岐岛，为海滨沙丘。土壤为海滨沙土。群落类型为朴树-福建胡颓子-麦冬群丛。群落总盖度约90%。乔木层朴树（图5-13-3）占绝对优势，其平均树高16m，胸径大部分约为30cm、最大达74cm。偶见楝（*Melia azedarach*）、罗伞树。灌木层福建胡颓子（*Elaeagnus oldhamii*）占优势，海桐（*Pittosporum tobira*）、白簕、九里香等次之。草本层麦冬占优势，伴生白花丹（*Plumbago zeylanica*）、火炭母、地桃花（*Urena lobata*）、土牛膝、丁香蓼（*Ludwigia prostrata*）、矮生薹草（*Carex pumila*）、糙叶薹草（*Carex scabrifolia*）、狗脊、海芋等。层间植物有天门冬、定心藤、木防己（*Cocculus orbiculatus*）、鸡矢藤、菝葜、钩刺雀梅藤、络石、薜荔等（表5-13-1）。

图 5-13-3　朴树（*Celtis sinensis*）

表5-13-1　朴树-福建胡颓子-麦冬群落样方表

种名	株数	样方数	相对多度 /%	相对频度 /%	相对显著度 /%	多频度	重要值
乔木层							
朴树 *Celtis sinensis*	52	4	89.66	57.13	99.58		246.37
青灰叶下珠 *Phyllanthus glaucus*	4	1	6.90	14.29	0.22		21.40
楝 *Melia azedarach*	1	1	1.72	14.29	0.13		16.14
罗伞树 *Ardisia quinquegona*	1	1	1.72	14.29	0.07		16.08
灌木层							
福建胡颓子 *Elaeagnus oldhamii*	25	4	53.19	30.77		83.96	
九里香 *Murraya paniculata*	12	4	25.53	30.77		56.30	
海桐 *Pittosporum tobira*	3	2	6.38	15.39		21.77	
白簕 *Eleutherococcus trifoliatus*	4	1	8.51	7.69		16.20	
簕榄花椒 *Zanthoxylum avicennae*	2	1	4.26	7.69		11.95	
构棘 *Maclura cochinchinensis*	1	1	2.13	7.69		9.82	
层间植物							
天门冬 *Asparagus cochinchinensis*	22	3	26.19	11.54		37.73	
菝葜 *Smilax china*	16	4	19.05	15.38		34.43	
钩刺雀梅藤 *Sageretia hamosa*	11	4	13.10	15.38		28.48	
络石 *Trachelospermum jasminoides*	11	3	13.10	11.54		24.64	
鸡矢藤 *Paederia foetida*	7	3	8.33	11.54		19.87	
粪箕笃 *Stephania longa*	7	3	8.33	11.54		19.87	
木防己 *Cocculus orbiculatus*	5	3	5.95	11.54		17.49	
定心藤 *Mappianthus iodoides*	3	1	3.57	3.85		7.42	
薜荔 *Ficus pumila*	1	1	1.19	3.85		5.04	
两面针 *Zanthoxylum nitidum*	1	1	1.19	3.85		5.04	

续表

种名	株数	样方数	相对多度/%	相对频度/%	相对显著度/%	多频度	重要值
草本层							
麦冬 *Ophiopogon japonicus*	252	4	37.45	9.30		46.75	
槲蕨 *Drynaria roosii*	125	4	18.57	9.30		27.87	
火炭母 *Polygonum chinense*	112	4	16.64	9.30		25.94	
白花丹 *Plumbago zeylanica*	34	4	5.05	9.30		14.35	
鸭跖草 *Commelina communis*	9	4	1.34	9.30		10.64	
鬼针草 *Bidens pilosa*	22	3	3.27	6.97		10.24	
笔管草 *Hippochaete debile*	11	3	1.63	6.97		8.60	
糙叶薹草 *Carex scabrifolia*	22	2	3.27	4.65		7.92	
矮生薹草 *Carex pumila*	15	2	2.23	4.65		6.88	
土牛膝 *Achyranthes aspera*	13	2	1.93	4.65		6.58	
棕叶狗尾草 *Setaria palmifolia*	25	1	3.71	2.33		6.04	
地桃花 *Urena lobata*	6	2	0.89	4.65		5.54	
华南鳞盖蕨 *Microlepia hancei*	6	1	0.89	2.33		3.22	
丁香蓼 *Ludwigia prostrata*	6	1	0.89	2.33		3.22	
红花酢浆草 *Oxalis debilis*	5	1	0.74	2.33		3.07	
齿果酸模 *Rumex dentatus*	3	1	0.45	2.33		2.77	
拟鼠麴草 *Pseudognaphalium affine*	3	1	0.45	2.33		2.77	
海芋 *Alocasia macrorrhiza*	2	1	0.30	2.33		2.63	
狗脊 *Woodwardia japonica*	1	1	0.15	2.33		2.48	
艳山姜 *Alpinia zerumbet*	1	1	0.15	2.33		2.48	

注：调查时间 2020 年 3 月 25 日，地点马尾区琅岐岛（海拔 18m），黄黎晗记录。

十四、温性竹灌丛

1. 毛竿玉山竹灌丛

毛竿玉山竹分布于武夷山国家公园内的黄岗山海拔 1800—2150m 处，在草甸中常见块状稠密的毛竿玉山竹灌丛，四周为毛秆野古草、芒等组成的中山草甸群落。群落外貌整齐（图 5-14-1），结构简单。在福建调查到 1 个群丛。

代表性样地设在武夷山国家公园内的黄岗山海拔1950—2150m的中山草甸。土壤为中山草甸土，土壤厚度40cm。群落类型为毛竿玉山竹-箱根野青茅群丛。群落高90cm左右。灌木层以毛竿玉山竹（图5-14-2）为建群种，其平均高90cm，盖度75%，每100m² 7450株。草本层盖度40%，分二亚层：第一亚层由箱根野青茅（*Deyeuxia hakonensis*）、芒、日本麦氏草等组成，高60—75cm，盖度10%；第二亚层由牯岭藜芦、薹草属植物、野菊、玉山针蔺、地耳草等组成，高30—50cm，盖度30%。

图 5-14-1　毛竿玉山竹灌丛群落外貌（武夷山）

图 5-14-2　毛竿玉山竹（*Yushania hirticaulis*）

2. 箬竹灌丛

箬竹主要分布于长江流域各省海拔1000m左右的丘陵山地，稍耐寒冷，在局部往往形成单优种的群落。在福建各地常绿阔叶林分布的山区常见。群落外貌整齐，结构简单。在福建调查到2个群丛。

代表性样地设在福建茫荡山国家级自然保护区海拔1300m左右的山地。土壤为山地黄壤。群落类型为箬竹-狗脊群丛。群落总盖度100%。群落为箬竹（图15-14-3、图5-14-4）单优群落，高1—2m，密集成丛。灌木层还有光叶铁仔、百两金、栀子、鼠刺、杨桐，以及笔罗子、木荷、山杜英等的幼苗和幼树。草本层稀疏，以狗脊为主，另有江南星蕨、花葶薹草、淡竹叶等。层间植物有寒莓、流苏子、尖叶菝葜。

图 5-14-3　箬竹（*Indocalamus tessellatus*）（1）

图 5-14-4　箬竹（*Indocalamus tessellatus*）（2）

十五、暖性竹林

福建的竹林类型多，面积大，分布范围广。在中亚热带地区主要以刚竹属、苦竹属、方竹属、少穗竹属、酸竹属竹类形成的竹林为主。

1. 毛竹林

毛竹林是我国竹林中分布最广的一种竹林。东起台湾，西至云南、四川，南自广东和广西中部，北至陕西、河南的南部，从平原到海拔800—1400m（南方可达1400m）都有大面积的毛竹人工林和天然林分布。毛竹适生于气候温暖湿润、土层深厚肥沃和排水良好的生境，往往与常绿阔叶林交错分布或与常绿阔叶树组成混交林。毛竹林是福建最主要的竹林，在福建除沿海一带少数县市区外，其他地区均有分布（图5-15-1）。群落外貌整齐（图5-15-2至图5-15-6），林内结构较简单（图5-15-7至图5-15-10）。在福建调查到38个群丛。

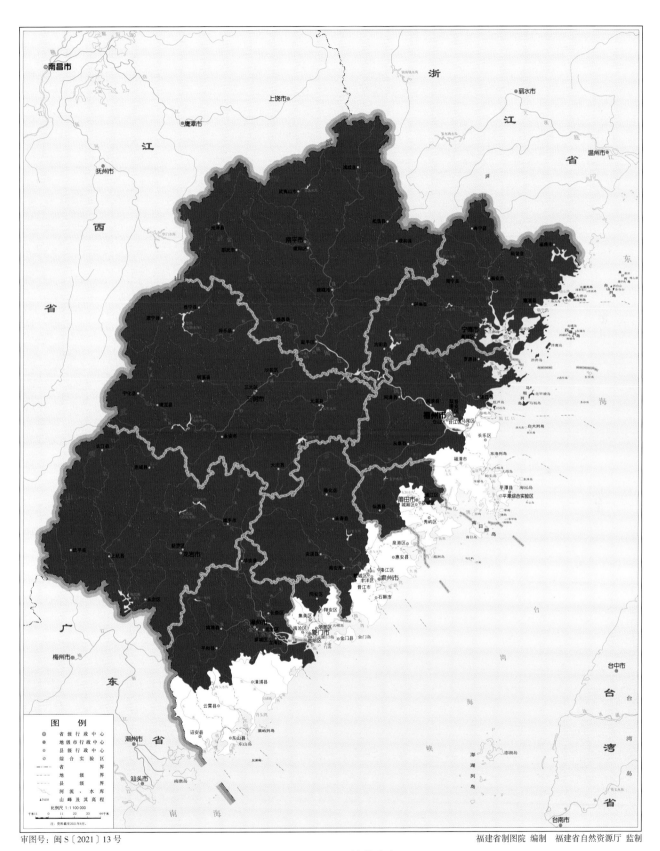

图 5-15-1 毛竹林分布图

审图号：闽S〔2021〕13号　　　　　　　　　　福建省制图院 编制　福建省自然资源厅 监制

图 5-15-2　毛竹林群落外貌（武夷山）

图 5-15-3　毛竹林群落外貌（南靖）

图 5-15-4　毛竹林群落外貌（泰宁）

图 5-15-5　毛竹林群落外貌（新罗）

图 5-15-6　毛竹林群落外貌（牙梳山）

图 5-15-7　毛竹林林内结构（寿宁）

图 5-15-8　毛竹林林内结构（龙栖山）

图 5-15-9　毛竹林林内结构（梁野山）

图5-15-10 毛竹林林内结构（屏南）

代表性样地设在福建梁野山国家级自然保护区孔厦村至山顶途中。土壤为花岗岩风化发育的山地红壤，表土层厚30—80cm。群落类型为毛竹-穗序鹅掌柴-狗脊群丛。群落总盖度约90%。乔木层毛竹占优势，其平均高10m、平均胸径13.2cm，密度为每100m² 25株。乔木层还有南方红豆杉、杉木、凤凰润楠、三尖杉。灌木层种类较多，高度参差不齐，平均高80cm，穗序鹅掌柴占优势，密度为每100m² 10.5株，其他种类有箬竹、杜鹃、草珊瑚、茶、老鼠矢、小槐花等，以及木荷、钟花樱桃、桃叶石楠、枫香树等的幼苗和幼树。草本层狗脊占优势，平均高40cm，常见种类还有多花黄精、楼梯草、微糙三脉紫菀、多羽复叶耳蕨、扇叶铁线蕨、杏香兔儿风、星宿菜等。层间植物也很丰富，有菝葜、中华双蝴蝶、地锦、南五味子、亮叶鸡血藤（表5-15-1）。

表5-15-1 毛竹-穗序鹅掌柴-狗脊群落样方表

种名	株数	Drude多度	样方数	相对多度/%	相对频度/%	相对显著度/%	多频度	重要值
乔木层								
毛竹 *Phyllostachys edulis*	98		4	74.81	28.57	57.56		160.94
南方红豆杉 *Taxus chinensis* var. *mairei*	21		4	16.03	28.57	32.15		76.75
杉木 *Cunninghamia lanceolata*	6		3	4.58	21.43	5.76		31.77
凤凰润楠 *Machilus phoenicis*	5		2	3.82	14.29	4.31		22.41
三尖杉 *Cephalotaxus fortunei*	1		1	0.76	7.14	0.22		8.13
灌木层								
穗序鹅掌柴 *Schefflera delavayi*	42		4	13.91	5.48		19.39	

续表

种名	株数	Drude 多度	样方数	相对多度 /%	相对频度 /%	相对显著度 /%	多频度	重要值
箬竹 *Indocalamus tessellates*	36		4	11.92	5.48		17.48	
杜鹃 *Rhododendron simsii*	31		4	10.26	5.48		15.74	
草珊瑚 *Sarcandra glabra*	29		4	9.60	4.48		15.08	
茶 *Camellia sinensis*	15		4	4.97	5.48		10.45	
老鼠矢 *Symplocos stellaris*	11		3	3.64	4.11		7.75	
木荷 *Schima superba*	5		4	1.66	5.48		7.14	
小槐花 *Desmodium caudatum*	9		3	2.98	4.11		7.09	
钟花樱桃 *Cerasus campanulata*	7		3	2.32	4.11		6.43	
野漆 *Toxiocodendron succedaneum*	7		3	2.32	4.11		6.43	
中国旌节花 *Stachyurus chinensis*	9		2	2.98	2.74		5.72	
桃叶石楠 *Photinia prunifolia*	4		3	1.32	4.11		5.43	
茶荚蒾 *Viburnum setigerum*	8		2	2.65	2.74		5.39	
满山红 *Rhododendron mariesii*	8		2	2.65	2.74		5.39	
枫香树 *Liquidambar formosana*	6		2	1.99	2.74		4.73	
红楠 *Machilus thunbergii*	6		2	1.99	2.74		4.73	
盐肤木 *Rhus chinensis*	6		2	1.99	2.74		4.73	
黄牛奶树 *Symplocos cochinchinensis* var. *laurina*	6		2	1.99	2.74		4.73	
杜英 *Elaeocarpus decipiens*	6		2	1.99	2.74		4.73	
阔叶十大功劳 *Mahonia bealei*	5		2	1.66	2.74		4.40	
厚皮香 *Ternstroemia gymnanthera*	5		1	1.66	1.37		3.03	
秤星树 *Ilex asprella*	5		1	1.66	1.37		3.03	
落萼叶下珠 *Phyllanthus flexuosus*	5		1	1.66	1.37		3.03	
江南越桔 *Vaccinium mandarinorum*	4		1	1.32	1.37		2.69	
细齿叶柃 *Eurya nitida*	3		1	0.99	1.37		2.36	
绢毛杜英 *Elaeocarpus nitentifolius*	3		1	0.99	1.37		2.36	
朱砂根 *Ardisia crenata*	3		1	0.99	1.37		2.36	
树参 *Dendropanax dentiger*	2		1	0.66	1.37		2.03	
石斑木 *Rhaphiolepis indica*	2		1	0.66	1.37		2.03	
刺毛杜鹃 *Rhododendron championiae*	2		1	0.66	1.37		2.03	
细叶青冈 *Cyclobalanopsis myrsinaefolia*	2		1	0.66	1.37		2.03	
珍珠枫 *Callicarpa bodinieri*	2		1	0.66	1.37		2.03	
轮叶蒲桃 *Syzygium grijsii*	2		1	0.66	1.37		2.03	
青榨槭 *Acer davidii*	2		1	0.66	1.37		2.03	
毛瑞香 *Daphne kiusiana* var. *atrocaulis*	2		1	0.66	1.37		2.03	
杨桐 *Adinandra millettii*	2		1	0.66	1.37		2.03	
层间植物								
菝葜 *Smilax china*	12		4	9.09	7.27		16.36	
中华双蝴蝶 *Tripterospermum chinensis*	10		4	7.58	7.27		14.85	
地锦 *Parthenocissus tricuspidata*	11		3	8.33	5.45		13.78	
南五味子 *Kadsura longepedunculata*	7		4	5.30	7.27		12.57	
亮叶鸡血藤 *Callerya nitida*	7		3	5.30	5.45		10.75	

续表

种名	株数	Drude 多度	样方数	相对多度 /%	相对频度 /%	相对显著度 /%	多频度	重要值
鳞果星蕨 *Lepidomicrosorium buergerianum*	9		2	6.82	3.64		10.46	
木通 *Akebia quinata*	6		3	4.54	5.45		9.99	
野木瓜 *Stauntonia chinensis*	5		3	3.79	5.45		9.24	
高粱泡 *Rubus jambertianus*	5		3	3.79	5.45		9.24	
土茯苓 *Smilax glabra*	5		3	3.79	5.45		9.24	
常春藤 *Hedera nepalensis* var. *sinensis*	7		2	5.30	3.64		8.94	
寒莓 *Rubus buergeri*	6		2	4.54	3.64		8.18	
广东蛇葡萄 *Ampelopsis cantoniensis*	6		2	4.54	3.64		8.18	
鳝藤 *Anodendron affine*	6		2	4.54	3.64		8.18	
络石 *Trachelospermum jasminoides*	5		2	3.79	3.64		7.43	
忍冬 *Lonicera japonica*	4		2	3.03	3.64		6.67	
常春卫矛 *Euonymus hederacea*	4		2	3.03	3.64		6.67	
尖叶菝葜 *Smilax arisanensis*	4		1	3.03	1.82		4.85	
长叶猕猴桃 *Actinidia hemsleyana*	3		1	2.27	1.82		4.09	
太平莓 *Rubus pacificus*	2		1	1.52	1.82		3.34	
珍珠莲 *Ficus sarmentosa* var. *henryi*	2		1	1.52	1.82		3.34	
牛尾菜 *Smilax riparia*	2		1	1.52	1.82		3.34	
黄独 *Dioscorea bulbifera*	1		1	0.76	1.82		2.58	
翼梗五味子 *Schisandra henryi*	1		1	0.76	1.82		2.58	
中华猕猴桃 *Actinidia chinensis*	1		1	0.76	1.82		2.58	
羊乳 *Codonopsis lanceolata*	1		1	0.76	1.82		2.58	
草本层								
狗脊 *Woodwardia japonica*		Cop1	4		4.26			
多花黄精 *Polygonatum cyrtonema*		Sp	4		4.26			
楼梯草 *Elatostema lineolatum*		Sp	4		4.26			
微糙三脉紫菀 *Aster ageratoides* var. *scaberulus*		Sp	4		4.26			
多羽复叶耳蕨 *Arachniodes aristata*		Sp	4		4.26			
扇叶铁线蕨 *Adiantum flabellulatum*		Sol	4		4.26			
杏香兔儿风 *Ainsliaea fragrans*		Sol	4		4.26			
星宿菜 *Lysimachia fortunei*		Cop1	3		3.19			
山姜 *Alpinia japonica*		Sp	3		3.19			
瘤足蕨 *Plagiogyria adnata*		Sp	3		3.19			
美丽复叶耳蕨 *Arachniodes amoena*		Sp	3		3.19			
鳞籽莎 *Lepidosperma chinensis*		Sol	3		3.19			
盾蕨 *Neolepisorus ovatus*		Sol	3		3.19			
伏地卷柏 *Selaginella nipponica*		Sol	3		3.19			
紫萁 *Osmunda japonica*		Sol	3		3.19			
花葶薹草 *Carex scaposa*		Sol	3		3.19			
东南金粟兰 *Chloranthus oldhamii*		Sol	3		3.19			
狭叶香港远志 *Polygana hongkongensis* var. *stenophylla*		Un	3		3.19			

续表

种名	株数	Drude 多度	样方数	相对多度 /%	相对频度 /%	相对显著度 /%	多频度	重要值
韩信草 *Scutellaria indica*		Un	3		3.19			
蕨 *Pteridium aquilinum* var. *latiusculum*		Un	3		3.19			
江南星蕨 *Neolepisorus fortunei*		Cop1	2		2.13			
贴生石韦 *Pyrrosia admascens*		Cop1	2		2.13			
肾蕨 *Nephrolepis auriculata*		Cop1	2		2.13			
白英 *Solanum lyratum*		Sp	2		2.13			
凤丫蕨 *Coniogramme japonica*		Sp	2		2.13			
七星莲 *Viola diffusa*		Sp	2		2.13			
倒挂铁角蕨 *Asplenium normale*		Sp	2		2.13			
南岳凤丫蕨 *Coniogramme centrochinensis*		Sol	2		2.13			
溪洞碗蕨 *Dennstaedtia wilfordii*		Un	2		2.13			
土细辛 *Asarum caudigerum*		Un	2		2.13			
龙芽草 *Agrimonia pilosa*		Un	2		2.13			
直刺变豆菜 *Sanicula orthacantha*		Cop1	1		1.06			
鼠尾草 *Salvia japonica*		Sp	1		1.06			
金钱蒲 *Acorus gramineus*		Sol	1		1.06			
黑足鳞毛蕨 *Dryopteris fuscipes*		Un	1		1.06			
七星莲 *Viola diffusa*		Un	1		1.06			

注：调查时间 2001 年 5 月 4 日，地点梁野山孔厦村至山顶途中（海拔 640m），陈鹭真记录。

2. 毛竹＋甜槠林

毛竹＋甜槠林主要分布于武夷山国家公园，福建梁野山、戴云山、峨嵋峰国家级自然保护区等地。群落外貌整齐，林内结构较简单。在福建调查到 1 个群丛。

代表性样地设在福建梁野山国家级自然保护区内孔厦村至山顶的路上，海拔740m。土壤为山地红壤，土层厚0.4—0.9m，表土层为壤土、多孔隙。群落类型为毛竹＋甜槠–鼠刺–中华里白群丛。群落总盖度100%。乔木层高5—21m，以毛竹和甜槠为主，在4个100m²面积中有毛竹56株、甜槠11株。乔木第二、三层伴生赤杨叶、山杜英、栲、黄绒润楠等。灌木层以鼠刺为主，常见种类还有檵木、杨桐、乌药、细齿叶柃、南烛、轮叶蒲桃、草珊瑚、秤星树、毛冬青，以及黄绒润楠、红楠、黄杞、羊舌树等的幼苗和幼树。草本层稀疏，以中华里白居多，另有狗脊、山姜、淡竹叶、薹草属1种、微糙三脉紫菀等。层间植物有菝葜、木通、土茯苓、流苏子和亮叶鸡血藤。

3. 毛竹＋米槠林

毛竹＋米槠林主要分布于武夷山国家公园、福建戴云山国家级自然保护区，邵武龙湖林场等地。群落外貌整齐，林内结构较简单。在福建调查到 1 个群丛。

代表性样地设在福建戴云山国家级自然保护区内的前芹村。土壤为山地黄红壤，土层较厚。群落类型为毛竹＋米槠–乌药–中华里白群丛。群落总盖度约90%。乔木层以毛竹和米槠为主，其高12—21m，伴生南方红豆杉、福建柏、杉木、柳杉、罗浮锥、杨梅叶蚊母树等。灌木层植物种类较多，高1—1.5m，乌药占优势，其他种类有单耳柃、毛冬青、鼠刺、山血丹、轮叶蒲桃、细齿叶柃、杜茎山、草珊瑚、九管血、秤星树，以及米槠、栲、南方红豆杉、福建柏、马尾松、杉木、罗浮锥、南酸枣、多脉青冈、赤杨叶、野漆等的幼苗和幼树。草本层中华里白占优势，平均高1.5cm，常见种类还有淡竹叶、狗脊、芒萁、翠云草、山菅、江南卷柏、剑叶耳草、深绿卷柏、花葶薹草、华山姜等。层间植物有地锦、亮叶鸡血藤、流苏子、大百部（*Stemona tuberosa*）、玉叶金花、菝葜、广东蛇葡萄、南蛇藤等。

4. 毛竹＋钩锥林

毛竹＋钩锥林主要分布于福建戴云山、梁野山国家级自然保护区。群落外貌整齐，林内结构较简单。在福建调查到2个群丛。

代表性样地设在福建戴云山国家级自然保护区内的交藤坑。土壤为山地黄红壤，土层厚。群落类型为毛竹＋钩锥–阔叶箬竹–镰羽瘤足蕨群丛。群落总盖度100%。乔木层以毛竹和钩锥为主，高12—28m，伴生杉木、赤杨叶、罗浮锥、栲等。灌木层植物种类较多，高1—2.5m，阔叶箬竹占优势，其他种类有锐尖山香圆、乌药、毛冬青、南烛、鼠刺、山血丹、轮叶蒲桃、细齿叶柃、杜茎山、草珊瑚，以及钩锥、栲、白背瑞木、杉木、罗浮锥、南酸枣、赤杨叶、野漆等的幼苗和幼树。草本层镰羽瘤足蕨占优势，平均高0.4cm，常见种类还有淡竹叶、深绿卷柏、狗脊、多花黄精、花葶薹草、翠云草、鸭脚茶、中华里白、剑叶耳草、华山姜等。层间植物有地锦、亮叶鸡血藤、流苏子、大百部、玉叶金花、菝葜、广东蛇葡萄、南蛇藤等。

5. 毛竹＋闽楠林

毛竹＋闽楠林主要分布于福建君子峰国家级自然保护区的北坑。群落外貌整齐，林内结构较简单。在福建调查到1个群丛。

代表性样地设在福建君子峰国家级自然保护区内的北坑海拔500m的山坡上。土壤为红壤。群落类型为毛竹＋闽楠–杜茎山–单叶对囊蕨群丛。乔木层高约30m，在100m^{2}的样方中有闽楠28株、平均胸径12.25cm，毛竹73株、平均胸径12.5cm，此外尚有杨梅叶蚊母树、福建含笑、苦槠、南方红豆杉、薄叶润楠、棕榈、黄杞、枫香树、狗骨柴等种类。灌木层种类多而稀疏，高1—1.5m，以杜茎山为主，其他种类有日本粗叶木、单耳柃、杂色榕、毛柄连蕊茶、红紫珠、毛冬青、狗骨柴、朱砂根、窄基红褐柃、山鸡椒、白背瑞木、落萼叶下珠、野鸦椿、轮叶蒲桃、乌药、贵州石楠、光叶山矾、豆腐柴，以及闽楠、南方红豆杉、猴欢喜、毛锥、棕榈、野漆、蚊母树、栲、穗序鹅掌柴、蓝果树、黄檀、树参、木荷、薄叶润楠、深山含笑、苦槠、沉水樟、枫香树、甜槠、赤杨叶、日本杜英、冬青、厚皮香、黄檀、红楠等的幼苗和幼树。草本层稀疏，高0.6—1.2m，以单叶对囊蕨为主，其他常见种类有狗脊、刺头复叶耳蕨、淡竹叶、江南卷柏、华南毛蕨、山麦冬、傅氏凤尾蕨、江南星蕨、线蕨、山姜、赤车、深绿卷柏、凤丫蕨、短毛金线草、半边旗、珠芽狗脊等。层间植物很丰富，有倒卵叶野木瓜、玉叶金花、网络鸡血藤、海金沙、黑老虎、薜荔、亮叶鸡血藤、藤槐、尾叶那藤、白花油麻藤、显齿蛇葡萄、葡蟠、络石、羊乳、大血藤、厚叶铁线莲、乌蔹莓等。

6. 毛竹＋青冈林

原生性的毛竹林多为毛竹与常绿阔叶树的混交林，在明溪可见毛竹与青冈的混交林。群落外貌整齐，林内结构较简单。在福建调查到 1 个群丛。

代表性样地设在福建君子峰国家级自然保护区内的北坑海拔550m的山坡上。土壤为红壤。群落类型为毛竹＋青冈-鼠刺-芒萁群丛。乔木层高约16m，在每100m²的样方中有毛竹28株、平均胸径12cm，青冈7株、平均胸径23cm。灌木层种类多而稀疏，高1—1.5m，鼠刺占优势，其他种类有毛冬青、红紫珠、豆腐柴、檵木、杂色榕、轮叶蒲桃、杜茎山、朱砂根、山鸡椒、落萼叶下珠、乌药、光叶山矾，以及甜槠、蚊母树、贵州石楠、鹅掌柴、沉水樟、青冈、木荷、深山含笑、赤杨叶、树参、薄叶润楠、苦槠、枫香树、日本杜英、冬青、厚皮香、黄檀、红楠等的幼苗和幼树。草本层高0.6—1.2m，以芒萁为主，其他常见种类有山麦冬、淡竹叶、江南卷柏、狗脊、刺头复叶耳蕨、深绿卷柏、凤丫蕨、江南星蕨、傅氏凤尾蕨等。层间植物丰富，有显齿蛇葡萄、亮叶鸡血藤、海金沙、网络鸡血藤、大血藤、玉叶金花、白花油麻藤、葡蟠、络石、雀梅藤（*Sageretia thea*）、南五味子、乌蔹莓等。

7. 桂竹林

桂竹（*Phyllostachys bambusoides*）对水土要求不严，分布较广，主要分布于长江流域。在福建泰宁、永泰均有分布，局部成林。群落外貌整齐（图 5-15-11），林内结构简单。在福建调查到 1 个群丛。

图 5-15-11 桂竹林群落外貌（泰宁）

代表性样地设在泰宁世界自然遗产地内的上清溪。土壤为粗骨性红壤。群落类型为桂竹-龙芽草群丛。群落总盖度约90%。冠层以桂竹为主，平均高5m，伴生种类有宜昌胡颓子、鹿角杜鹃、长瓣短柱茶、圆锥绣球、野山楂等，以及青榨槭的幼苗和幼树。草本层以龙芽草为主，常见种类还有糯米团（*Gonostegia hirta*）、山姜、疏头过路黄（*Lysimachia pseudohenryi*）。层间植物有寒莓。

8. 刚竹林

刚竹分布于长江流域、黄河流域，在闽东、闽中、闽西均有分布，常形成大面积的纯林。在福建天宝岩国家级自然保护区、泰宁世界自然遗产地都有刚竹林分布。群落外貌整齐（图5-15-12），林内结构简单（图5-15-13）。在福建调查到5个群丛。

代表性样地设在福建天宝岩国家级自然保护区内的上坪村，海拔1280m。土壤为山地黄红壤，土层厚0.4—0.7m，表土层为壤质砂土。植被类型为刚竹-光叶铁仔-延羽卵果蕨群丛。群落总盖度约90%。乔木层由刚竹构成，其平均高8m、平均胸径6cm，竹竿通直。灌木层以光叶铁仔为主，常见种类还有鼠刺、大萼杨桐、厚皮香、大叶杨桐、马银花、百两金、石斑木，以及罗浮锥、甜槠、深山含笑、树参、港柯等的幼苗和幼树。草本层稀疏，以延羽卵果蕨为主，另有阿里山兔儿风、鹿蹄草等。层间植物有尖叶菝葜和地锦。

图5-15-12　刚竹林群落外貌（天宝岩）

图 5-15-13　刚竹林林内结构（天宝岩）

9. 灰竹林

灰竹（*Phyllostachys nuda*）在福建主要分布于漳平、新罗、南靖、永安、同安等县市区，在福建虎伯寮国家级自然保护区象溪、鹅仙洞的山坳、沟边，都有灰竹形成的群落。群落外貌整齐（图 5-15-14），

图 5-15-14　灰竹林群落外貌（漳平）

林内结构简单。在福建调查到 1 个群丛。

代表性样地设在福建虎伯寮国家级自然保护区内的六斗山。土壤为砖红壤性红壤。群落类型为灰竹-茶荚蒾-糯米团群丛。灰竹平均高6m，密度大，每100m² 95—100株。林下植物稀少。灌木层有茶荚蒾、白花灯笼。草本层糯米团占优势，伴生种类有鸡眼草（*Kummerowia striata*）、白茅、柳叶箬、刺子莞（*Rhynchospora rubra*）、微糙三脉紫菀等。

10. 苦竹林

苦竹为复轴混生竹类，分布于中亚热带地区山地。在福建分布于永安、新罗、德化、晋安、闽清、尤溪、武夷山、明溪等县市区，一般在海拔1000m以下土壤肥厚的山坡形成纯林，或混生于林缘、灌丛中。群落外貌整齐，林内结构简单（图5-15-15）。在福建调查到 1 个群丛。

图 5-15-15 苦竹林群落外貌（天宝岩）

代表性样地设在福建君子峰国家级
自然保护区。土壤为山地黄红壤。群落类
型为苦竹-牡荆-地桃花群丛。群落以苦
竹（图5-15-16）为建群种。苦竹高4—
6m，胸径1.5—4cm、平均胸径1.6cm。灌
木层牡荆稍占优势，伴生南烛、盐肤木、
檵木、杨桐、山鸡椒等。草本层有地桃
花、地菍。

图 5-15-16　苦竹（*Pleoblastus amarus*）

11. 方竹林

方竹（*Chimonobambusa quadrangularis*）对水分条件要求较高，分布较广，主要分布于长江流域以南
的亚热带地区。在泰宁世界自然遗产地，武夷山国家公园，福建天宝岩国家级自然保护区，邵武将石、
永春牛姆林省级自然保护区，以及延平区王台镇都有方竹林分布。群落外貌整齐（图5-15-17），林内结
构简单（图5-15-18）。在福建调查到2个群丛。

图 5-15-17　方竹林群落外貌（武夷山）

图 5-15-18 方竹林林内结构（泰宁）

代表性样地设在泰宁世界自然遗产地内的寨下村和甘露寺。土壤为粗骨性红壤。群落类型为方竹-杜茎山-卷柏群丛。群落总盖度约95%。竹林平均高5m，以方竹为主，常见种类还有杜茎山、海金子、胡颓子、鹿角杜鹃、长瓣短柱茶、圆锥绣球、野山楂等，以及青榨槭的幼苗和幼树。草本层以卷柏为主，形成背景，常见种类还有福建观音座莲、笔管草、蝴蝶花、雀舌草、糯米团、山姜、疏头过路黄。层间植物有海金沙、亮叶鸡血藤、寒莓。

12. 黄甜竹林

黄甜竹（*Acidosasa edulis*）分布于福建晋安、闽侯、闽清、永泰、尤溪、新罗、德化、仙游等县市区溪流两岸或山地林缘。群落外貌整齐，冠层绿色，竹竿黄色，林内结构简单（图 5-15-19）。在福建雄江黄楮林、戴云山国家级自然保护区等地调查到 5 个群丛。

代表性样地设在福建雄江黄楮林国家级自然保护区内的汤下村溪边。土壤为砖红壤性红壤。群落类型为黄甜竹-草珊瑚-狗脊群丛。群落总盖度约90%。乔木层由黄甜竹构成，其高达14m，平均径粗7cm。灌木层以草珊瑚为主，常见种类还有鼠刺、豆腐柴、毛冬青、虎舌红、日本五月茶、秤星树，以及南酸枣、山杜英、秀丽锥、栲、野柿等的幼苗和幼树。草本层稀疏，以狗脊为主，常见种类还有扇叶铁线蕨、野菊、暗子蓼（*Polygonum opacum*）、牛膝等。层间植物有尖叶菝葜、流苏子、三叶崖爬藤、亮叶鸡血藤和海金沙等。

图 5-15-19　黄甜竹林林内结构（雄江黄楮林）

13. 斑箨酸竹林

斑箨酸竹林见于福建茫荡山国家级自然保护区、宁化牙梳山省级自然保护区，以及邵武、明溪海拔700—1200m山地。群落外貌整齐（图 5-15-20、图 5-15-21），林内结构简单。在福建调查到 3 个群丛。

代表性样地设在福建茫荡山国家级自然保护区。土壤为山地黄壤。群落类型为斑箨酸竹-狗脊群丛。群落总盖度100%。灌木层斑箨酸竹（图5-15-22）占绝对优势，伴生鼠刺、秤星树、美丽胡枝子、杨桐、毛冬青、乌药、檵木、山鸡椒、细齿叶柃、石斑木，以及木荷、马尾松、山槐、檫木、青冈、红楠等的幼苗和幼树。草本层稀疏，以狗脊为主，另有蕨、黑足鳞毛蕨、黑莎草等。层间植物有尖叶菝葜、菝葜、毛花猕猴桃和南五味子。

图 5-15-20　斑箨酸竹林群落外貌（邵武）

图 5-15-21 斑箨酸竹林群落外貌（明溪）

图 5-15-22 斑箨酸竹（*Acidosasa notata*）

14. 肿节少穗竹林

肿节少穗竹稍耐寒冷，产于武夷山、德化、福鼎、建瓯、顺昌等县市区海拔 600—1500m 的山地，在武夷山国家公园、福建戴云山国家级自然保护区局部密集形成单优种的群落。群落外貌整齐（图 5-15-23），林内结构简单。在福建调查到 2 个群丛。

图 5-15-23 肿节少穗竹林群落外貌（武夷山）

代表性样地设在福建戴云山国家级自然保护区内的九仙山山顶。土壤为山地黄壤。群落类型为肿节少穗竹-微糙三脉紫菀群丛。群落总盖度100%。群落高1—3m，密集成丛。灌木层肿节少穗竹占绝对优势，伴生异药花、短尾越桔、杜鹃等。草本层稀疏，仅见微糙三脉紫菀和莎草属1种。层间植物仅见尖叶菝葜和山莓。

15.屏南少穗竹林

屏南少穗竹稍耐寒冷，分布于屏南海拔700—1200m的山地。群落外貌整齐（图5-15-24），林内结构简单。在福建调查到1个群丛。

代表性样地设在屏南宜洋鸳鸯溪省级自然保护区。土壤为山地黄红壤。群落类型为屏南少穗竹-齿牙毛蕨群丛。灌木层屏南少穗竹占绝对优势，伴生乌药、山矾、凹叶冬青、杜鹃等。草本层以齿牙毛蕨为主，有少量芒萁、中华里白等。

图5-15-24　屏南少穗竹林群落外貌（屏南）

16. 晾衫竹林

晾衫竹（*Sinobambusa intermedia*）分布于福建、广东、广西、四川及云南等地，在局部形成单优群落。在福建仅见于明溪。群落外貌整齐，林内结构简单（图5-15-25）。在福建调查到1个群丛。

代表性样地设在福建君子峰国家级自然保护区内的杨坊、罗坊。土壤为山地黄壤。群落类型为晾衫竹-芒萁群丛。竹林茂密，高达6m。灌木层晾衫竹占绝对优势，伴生有鼠刺、檵木、山矾，以及栲、木荷、蓝果树、笔罗子、赤杨叶等的幼树。草本层以芒萁为主，伴生乌毛蕨。

图 5-15-25　晾衫竹林林内结构（君子峰）

十六、热性竹林

在福建南亚热带的竹林，主要以簕竹属、麻竹属、绿竹属竹类形成的竹林为主，为丛生竹林。

1. 麻竹林

麻竹（*Dendrocalamus latiflorus*）是我国南方主要笋用竹种之一，主要分布于福建、台湾、广东、香港、广西、海南、四川、贵州、云南等地的南亚热带地区。在福建的新罗、芗城、南靖、同安、鲤城、永春、仓山、罗源、蕉城、福鼎等县市区均有分布，而以芗城区和新罗区南部最多，在九龙江沿岸麻竹林已经成为一道景观。麻竹林多为人工纯林。群落外貌整齐，林内结构简单（图5-16-1）。在福建调查到1个群丛。

代表性样地设在芗城区通北街道大同村。土壤为砖红壤性红壤。群落类型为麻竹-大青-半边旗群丛。群落总盖度约90%。群落以麻竹（图5-16-2、图5-16-3）为建群种，其平均高达20m、胸径达16cm，每丛5—20株不等，秆梢弧形弯垂，主枝粗壮，叶特别宽大。因集约经营管理，麻竹林下灌木种类稀少，仅见大青。草本层有半边旗、商陆、水蓼（*Polygonum hydropiper*）、牛膝、紫花地丁、竹叶草、蜜甘草（*Phyllanthus ussuriensis*）。层间植物有海金沙。

图 5-16-1 麻竹林林内结构（同安）

图 5-16-2 麻竹（*Dendrocalamus latiflorus*）（1）

图 5-16-3 麻竹（*Dendrocalamus latiflorus*）（2）

2. 簕竹林

簕竹（*Bambusa blumeana*）喜热而不耐严寒，原产印度尼西亚（爪哇岛）和马来西亚东部，在我国福建、台湾、广西、云南等地均有栽培，多种植在海拔300m左右的河流两岸和村落周围。在福建见于诏安、云霄、漳浦、南靖、龙海、漳平、安溪、长泰等县市区，人工种植后多呈野生状，无人管理，多见于溪河两岸及丘陵、山地。簕竹喜肥沃湿润土壤，但亦耐干旱瘠薄土壤。秆高15—20m，胸径8—15cm，秆壁厚，分枝低，秆基部数节树枝退化成锐刺，竹秆密集成丛状。群落外貌整齐（图5-16-4），林内结构简单。在福建调查到1个群丛。

代表性样地设在安溪县城关附近。土壤为冲积沙土。群落类型为簕竹-牛膝群丛。竹丛高大，簕竹平均高15m、平均胸径9.5cm，根深叶茂，分枝低，枝刺密集，丛内盖度高达90%。竹丛中竹高低不一，两年以上的簕竹枝叶茂密，当年生的簕竹则枝叶扶疏，顶部明显下垂。林下受人为影响较大，仅见毛果算盘子、牛膝、莲子草、海金沙等。

图 5-16-4　簕竹林群落外貌（安溪）

3. 绿竹林

绿竹（*Dendrocalamopsis oldhami*）是南方优良笋用竹之一，分布于台湾、福建、广东、广西、浙江。绿竹较麻竹稍耐寒，福建东南沿海地区，以及芗城、南靖等县市区皆有绿竹林。群落外貌整齐（图5-16-5），林内结构简单（图5-16-6）。在福建调查到3个群丛。

图5-16-5 绿竹林群落外貌（漳平）

代表性样地设在龙海区九湖镇大梅溪村塔尾。土壤为砖红壤性红壤。群落类型为绿竹-丁香蓼群丛。群落总盖度约80%。群落为人工种植，绿竹平均高7m、平均胸径5.5cm，每丛8—25株不等。林下植物稀少，甚至缺如，仅见丁香蓼、鸭跖草、狗牙根、莲子草、白花蛇舌草（*Hedyotis diffusa*）、半边莲（*Lobelia chinensis*）、裸柱菊（*Soliva anthemifolia*）等。

图5-16-6 绿竹林林内结构（南靖）

4.孝顺竹林

孝顺竹（*Bambusa multiplex*）为福建特有种，在泰宁世界自然遗产地内的上清溪、福建永安龙头国家湿地公园、建宁闽江源国家湿地公园（试点）、福建冠豸山地质公园都有一定面积的孝顺竹林。群落外貌整齐（图5-16-7），林内结构简单。在福建调查到3个群丛。

代表性样地设在泰宁世界自然遗产地内的上清溪沿岸。土壤为紫色土。群落类型为孝顺竹-檵木-狗脊群丛。群落总盖度约95%。乔木层孝顺竹占绝对优势，其平均高近10m，平均胸径可以达7cm。灌木层以檵木为主，伴生凹叶冬青、鼠刺、秤星树、美丽胡枝子、杨桐、毛冬青、乌药、山鸡椒、细齿叶柃、石斑木，以及黄杞、罗浮柿、木荷、绒毛润楠、青冈、红楠等的幼苗和幼树。草本层稀疏，以狗脊为主，另有乌毛蕨、蕨、黑足鳞毛蕨、黑莎草等。层间植物有尖叶菝葜、菝葜、毛花猕猴桃和南五味子。

图5-16-7 孝顺竹林群落外貌（泰宁）

5. 撑篙竹林

撑篙竹（*Bambusa pervariabilis*）分布于华南河溪两岸及村落附近，常见栽培。在福建仅见于连城。群落外貌整齐，结构简单。在福建调查到1个群丛。

代表性样地设在福建连城冠豸山国家地质公园。土壤为紫色土。群落类型为撑篙竹-杜鹃-芒萁群丛。乔木层撑篙竹占优势，其平均高5m、平均胸径5.2cm，伴生泡桐（*Paulownia kawakamii*）、枫香树、山牡荆、杉木。灌木层杜鹃占优势，伴生轮叶蒲桃、栀子、算盘子、六月雪（*Serissa japonica*）。草本层芒萁占优势，伴生狗脊、乌蕨、镰羽瘤足蕨、地菍、金毛耳草、白花地胆草、扇叶铁线蕨、乌毛蕨。层间植物有菝葜、粪萁笃（*Stephania longa*）、海金沙、土茯苓、玉叶金花、鸡矢藤。

6. 藤枝竹林

藤枝竹（*Bambusa lenta*）较为耐寒，浙江南部、江西南部及福建南部都有分布。在福建，藤枝竹产于南靖、安溪，栽培于低海拔地的河边及村落附近。群落外貌整齐，结构简单。在福建调查到1个群丛。

代表性样地设在安溪县城关附近河岸。土壤为冲积沙土，深厚肥沃。群落类型为藤枝竹-鸭跖草群丛。群落总盖度80%。群落中藤枝竹占优势，其平均高8—9m、平均胸径4.3cm。竹丛甚密，发笋多，每丛40—100株不等，为人工经营竹林。林下植物稀少，仅见鸭跖草、丁香蓼、莲子草、半边莲。

7. 花竹林

花竹（*Bambusa albolineata*）产于浙江、福建、台湾、江西、广东，在福建诏安县太平镇栽培最多。群落外貌整齐，结构简单。在福建调查到2个群丛。

代表性样地设在诏安县太平镇附近低丘。土壤为砖红壤性红壤，较干燥。群落类型为花竹-山芝麻-芒萁群丛。群落总盖度约70%。群落中花竹占优势，其平均高7m、平均胸径2.5cm，丛生，每丛8—25株不等，密度甚大。灌木层以黑面神、山芝麻为主。草本层以芒萁为主，常见者有狗尾草、画眉草（*Eragrostis pilosa*）、白茅、刺芒野古草、积雪草（*Centella asiatica*）等。

十七、落叶阔叶灌丛

1. 满山红灌丛

满山红见于亚热带山地中上部，在福建闽江源、峨嵋峰、戴云山、天宝岩、茫荡山、梁野山国家级自然保护区均有分布。群落外貌整齐（图5-17-1），5月花期点缀紫红色花（图5-17-2），结构简单。在福建调查到4个群丛。

代表性样地设在福建峨嵋峰国家级自然保护区山顶。土壤为山地黄壤。群落类型为满山红-牯岭藜芦群丛。群落总盖度约90%。灌木层高1.2—1.7m，以满山红（图5-17-3）为主，常见种类还有杜鹃、小果

图 5-17-1　满山红灌丛群落外貌（君子峰）

图 5-17-2　满山红灌丛群落外貌（闽江源）

图 5-17-3 满山红（*Rhododendron mariesii*）

珍珠花、荚蒾、毛漆树、野牡丹、岩柃、白檀、长叶冻绿、凹叶冬青、蜡瓣花、云锦杜鹃、云南桤叶树等。草本层以牯岭藜芦为主，常见种类还有微糙三脉紫菀、金兰（*Cephalanthera falcata*）、莎草属1种、蕨、蛇莓（*Duchesnea indica*）。层间植物仅见中华双蝴蝶、土茯苓和忍冬。

2. 云南桤叶树灌丛

云南桤叶树分布较广，在一些山地顶部形成小面积群落，在武夷山国家公园，福建峨嵋峰、茫荡山、闽江源、戴云山国家级自然保护区均有分布。群落外貌整齐（图5-17-4），结构简单。在福建调查到1个群丛。

图 5-17-4　云南桤叶树灌丛群落外貌（峨嵋峰）

代表性样地设在福建峨嵋峰国家级自然保护区山体上部。土壤为山地黄壤。群落类型为云南桤叶树-牯岭藜芦群丛。群落总盖度约80%。灌木层平均高70cm，以云南桤叶树（图5-17-5）为主，常见种类还有杜鹃、麻叶绣线菊、岩柃、金丝桃（*Hypericum monogynum*）、黄山松、小果珍珠花、满山红。草本层以牯岭藜芦为主，常见种类还有微糙三脉紫菀、蓟、蕨。层间植物仅见中华双蝴蝶、忍冬和菝葜。

图5-17-5　云南桤叶树（*Clethra delavayi*）

3. 灯笼树灌丛

灯笼树主要分布在福建峨嵋峰、闽江源国家级自然保护区山体顶部。群落外貌整齐，5月花期点缀红色花（图5-17-6、图5-17-7），结构简单。在福建调查到1个群丛。

图5-17-6　灯笼树灌丛群落外貌（闽江源）

图 5-17-7　灯笼树灌丛群落外貌（峨嵋峰）

代表性样地设在福建峨嵋峰国家级自然保护区山顶。土壤为山地黄壤。群落类型为灯笼树-牯岭藜芦群丛。群落总盖度约90%。灌木层平均高2.5m，以灯笼树（图5-17-8）为主，常见种类还有交让木、杜鹃、满山红、岩柃、扁枝越桔，以及黄山松幼树。草本层以牯岭藜芦为主，常见种类还有微糙三脉紫菀、五岭龙胆、隔山香、九仙山薹草。层间植物仅见中华双蝴蝶、忍冬。

图 5-17-8　灯笼树（*Enkianthus chinensis*）

4. 扁枝越桔灌丛

扁枝越桔主要分布在福建峨嵋峰、闽江源、天宝岩国家级自然保护区山体近顶部。群落外貌整齐，结构简单。在福建调查到1个群丛。

代表性样地设在福建闽江源国家级自然保护区内的金铙山。土壤为山地黄壤。群落类型为扁枝越桔-牯岭藜芦群丛。群落总盖度约70%。灌木层平均高0.6cm，以扁枝越桔（图5-17-9、图5-17-10）为主，常见种类还有杜鹃、长叶冻绿、马银花、岩柃、金丝桃。草本层以牯岭藜芦为主，常见种类还有微糙三脉紫菀、蓟、隔山香、狗脊、五岭龙胆。层间植物仅见忍冬。

图 5-17-9 扁枝越桔（*Vaccinium japonicum* var. *sinicum*）（1）

图 5-17-10 扁枝越桔（*Vaccinium japonicum* var. *sinicum*）（2）

5. 波叶红果树灌丛

波叶红果树主要分布在福建梁野山、峨嵋峰、闽江源国家级自然保护区，永泰藤山省级自然保护区山体近顶部。群落外貌整齐，秋冬季节点缀红叶红果（图 5-17-11、图 5-17-12），结构简单。在福建调查到 2 个群丛。

代表性样地设在福建梁野山国家级自然保护区山顶。土壤为山地黄壤。群落类型为波叶红果树-牯岭藜芦群丛。群落总盖度约75%。灌木层平均高60cm，以波叶红果树（图5-17-13）为主，常见种类还有麻叶绣线菊、小果珍珠花、满山红、杜鹃、窄基红褐桉。草本层以牯岭藜芦为主，常见种类还有微糙三脉紫菀、隔山香、紫萼（*Hosta ventricosa*）、闽浙马尾杉（*Phlegmariurus mingcheensis*）、蕨、斑叶兰（*Goodyera schlechtendaliana*）、小二仙草、升麻（*Cimicifuga foetida*）。层间植物仅见中华双蝴蝶、忍冬。

图 5-17-11 波叶红果树灌丛群落外貌（梁野山）

图 5-17-12　波叶红果树灌丛群落外貌（武夷山）　　　图 5-17-13　波叶红果树（*Stranvaesia davidiana* var. *undulata*）

6. 半边月灌丛

半边月为阳性植物，广布于中亚热带至北亚热带地区。在局部形成半边月占优势的灌丛。在武夷山国家公园，福建闽江源、梁野山国家级自然保护区都有半边月形成的灌丛。群落外貌整齐（图 5-17-14），

图 5-17-14　半边月灌丛群落外貌（梁野山）

结构简单。在福建调查到 1 个群丛。

代表性样地设在福建闽江源国家级自然保护区内的山体海拔500—900m处，群落在弃耕地上演替而成。土壤为山地红壤至山地红黄壤。群落类型为半边月-蕨群丛。群落总盖度约90%。灌木层平均高达4m，以半边月（图5-17-15）为主，常见种类还有杜鹃、鹿角杜鹃、麻叶绣线菊、六月雪、胡枝子、算盘子、伞房荚蒾（*Viburnum corymbiflorum*）、山矾、油茶。草本层以蕨为主，常见种类还有五岭龙胆、微糙三脉紫菀、蛇含委陵菜（*Potentilla kleiniana*）、隔山香。层间植物仅见土茯苓。

图 5-17-15　半边月（*Weigela japonica* var. *sinica*）

7. 胡枝子灌丛

胡枝子广布于东亚大部分地区，在局部形成灌丛。在福建各地山区均有分布。群落外貌整齐，结构简单。在福建调查到 1 个群丛。

代表性样地设在福建闽江源国家级自然保护区内坪岗上附近的山体中部，海拔920m。土壤为山地红黄壤。群落类型为胡枝子-芒萁群丛。群落总盖度约80%。灌木层高1.2—1.4cm，以胡枝子（图5-17-16）为主，常见种类还有杜鹃、栀子、南烛、石斑木、长叶冻绿。草本层以芒萁为主，常见种类还有微糙三脉紫菀、蕨、狗脊。层间植物仅见忍冬。

图 5-17-16　胡枝子（*Lespedeza bicolor*）

8. 过路惊灌丛

过路惊（*Bredia quadrangularis*）分布于福建、浙江、江西海拔 300—1400m 的山坡、山谷林下，生于阴湿的地方或路旁。在福建见于中部和北部。群落外貌矮小而整齐，结构简单。在福建调查到 1 个群丛。

代表性样地设在泰宁世界自然遗产地。土壤为紫色土。群落类型为过路惊-地菍群丛。群落以过路惊（图5-17-17）为建群种，高50cm。群落中偶有杜鹃。草本层以地菍为主，伴生狗脊。

图 5-17-17　过路惊（*Bredia quadrangularis*）

十八、暖性常绿阔叶灌丛

1. 杜鹃灌丛

杜鹃广布于广东、广西、福建、江西、湖南、湖北、浙江、安徽、江苏、四川、云南、贵州、台湾等地海拔50—2500m的山地林缘、灌丛或松林下，在山地灌丛带可以形成杜鹃灌丛。杜鹃灌丛见于福建各地。群落外貌整齐（图5-18-1），4月花期点缀红色花（图5-18-2、图5-18-3），结构简单。在福建调查到3个群丛。

代表性样地设在福建梁野山国家级自然保护区内主峰顶部。土壤为山地黄壤。群落类型为杜鹃-牯岭藜芦群丛。群落总盖度40%—70%。灌木层高50—100cm，以杜鹃（图5-18-4、图5-18-5）为主，常见种类还有小果珍珠花、细齿叶柃、满山红、波叶红果树等。草本层以牯岭藜芦为主，常见种类还有五岭龙胆、星宿菜、小二仙草、长萼堇菜等（表5-18-1）。

图 5-18-1 杜鹃灌丛群落外貌（君子峰）

图 5-18-2 杜鹃灌丛群落外貌（戴云山）（黄志森提供）

图 5-18-3 杜鹃灌丛群落外貌（冠豸山）

图 5-18-4　杜鹃（*Rhododendron simisii*）（1）

图 5-18-5　杜鹃（*Rhododendron simisii*）（2）

表5-18-1　杜鹃-牯岭藜芦群落样方表

种名	株数	Drude 多度	样方数	平均高度 /cm	相对多度 /%	相对频度 /%	多频度
灌木层							
杜鹃 *Rhododendron simisii*	168		4	100	50.45	17.39	67.84
细齿叶柃 *Eurya nitida*	57		3	100	17.12	13.04	30.16
小果珍珠花 *Lyonia ovalifolia*	33		4	100	9.91	17.39	27.30
了哥王 *Wikstroemia indica*	24		3	30	7.21	13.04	20.25
满山红 *Rhododendron mariesii*	22		3	50	6.61	13.04	19.65
波叶红果树 *Stranvaeia davidiana* var. *undulata*	18		3	50	5.40	13.04	18.44
蜜腺小连翘 *Hypericum seniawinii*	7		2	20	2.10	8.71	10.81
窄基红褐柃 *Eurya rubiginosa* var. *attenuata*	4		1	100	1.20	4.35	5.55
草本层							
牯岭藜芦 *Veratrum schindleri*		Cop1	4			10.00	
五岭龙胆 *Gentina davidii*		Sp	4			10.00	
星宿菜 *Lysimachia fortunei*		Sp	4			10.00	
小二仙草 *Halorragis micrantha*		Sol	4			10.00	
长萼堇菜 *Viola inconspicua*		Sol	4			10.00	
鹧鸪草 *Eriachne pallescens*		Sol	4			10.00	
微糙三脉紫菀 *Aster ageratoides* var. *scaberulus*		Sp	3			7.50	
一枝黄花 *Solidago decurrens*		Sp	3			7.50	

续表

种名	株数	Drude 多度	样方数	平均高度 /cm	相对多度 /%	相对频度 /%	多频度
隔山香 *Ostericum citriodorum*		Sol	3			7.50	
蛇含委陵菜 *Potentilla kleiniana*		Sol	2			5.00	
漆姑草 *Sagina japonica*		Sol	2			5.00	
白花前胡 *Peucedanum praeruptorum*		Un	2			5.00	
地菍 *Melastoma dodecandrum*		Un	1			2.50	

注：调查时间 2001 年 5 月 4 日，地点梁野山顶部（海拔 1500m），樊正球、梁洁记录。

2. 杜鹃＋小果珍珠花灌丛

杜鹃＋小果珍珠花主要分布在福建茫荡山国家级自然保护区。群落外貌整齐，结构简单。在福建调查到 1 个群丛。

代表性样地设在福建茫荡山国家级自然保护区主峰海拔 1300—1360m 处。土壤为山地粗骨性黄壤。群落类型为杜鹃＋小果珍珠花-刺芒野古草群丛。群落总盖度约 95%。灌木层高 80—130cm，以杜鹃和小果珍珠花为主，常见种类还有江南越桔、细齿叶柃、满山红、翅柃、截叶铁扫帚（*Lespedeza cuneata*）、野山楂、轮叶蒲桃、美丽胡枝子、凹叶冬青等。草本层以刺芒野古草为主，常见种类还有芒萁、五岭龙胆、牡蒿、星宿菜、小二仙草、龙芽草、长萼堇菜等。层间植物有香花鸡血藤和茅莓（*Rubus parvifolius*）。

3. 凹叶冬青灌丛

凹叶冬青主要分布在福建戴云山、茫荡山、梁野山等国家级自然保护区的山体上部。群落外貌整齐，结构简单。在福建调查到 2 个群丛。

代表性样地设在福建戴云山国家级自然保护区山顶。土壤为山地黄壤。群落类型为凹叶冬青-牯岭藜芦群丛。群落总盖度约 70%。灌木层高 1.2—1.4cm，以凹叶冬青（图 5-18-6）为主，常见种类还有杜鹃、南烛、石斑木、黄山松、岩柃、扁枝越桔。草本层以牯岭藜芦为主，常见种类还有微糙三脉紫菀、隔山香、狗脊、五岭龙胆、平颖柳叶箬。层间植物仅见中华双蝴蝶。

图 5-18-6　凹叶冬青（*Ilex championii*）

4. 岩柃灌丛

岩柃主要分布在福建戴云山、闽江源国家级自然保护区山体上部。群落外貌整齐，结构简单。在福建调查到1个群丛。

代表性样地设在福建闽江源国家级自然保护区内的金铙山顶部。土壤为山地黄壤。群落类型为岩柃-牯岭藜芦群丛。群落总盖度约70%。灌木层高1.2m，以岩柃（图5-18-7）为主，常见种类还有杜鹃、满山红、肿节少穗竹、南烛、石斑木、凹叶冬青、黄山松。草本层以牯岭藜芦为主，常见种类还有微糙三脉紫菀、平颖柳叶箬、五岭龙胆、隔山香、薹草属1种。层间植物仅见中华双蝴蝶。

图 5-18-7　岩柃（*Eurya saxicola*）

十九、热性常绿阔叶灌丛

1. 桃金娘灌丛

桃金娘为南亚热带极度退化的土地的指示植物，在集美、同安、洛江、南安、长汀、连城、武平等县市区有分布（图5-19-1）。群落外貌整齐，结构简单。在福建调查到1个群丛。

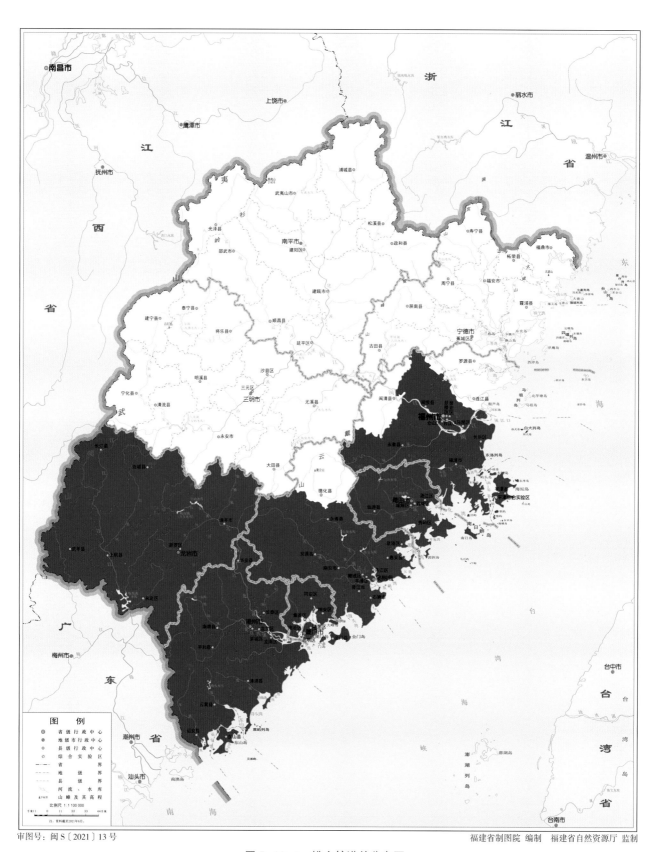

福建省制图院 编制　福建省自然资源厅 监制

图 5-19-1　桃金娘灌丛分布图

代表性样地设在福建梁野山国家级自然保护区海拔400m以下的山麓。土壤为紫色土，酸性壤土。群落类型为桃金娘-芒萁群丛。群落总盖度50%—70%。群落高60—80cm，以旱中生性的桃金娘（图5-19-2）、山芝麻、栀子为主。群落中常见的灌木或乔木的幼苗和幼树还有杨桐、石斑木、盐肤木、木荷、岗松、马尾松、白檀、了哥王等。草本层高30—50cm，盖度20%—40%，芒萁占优势，伴生鹧鸪草、刺芒野古草、毛秆野古草、五节芒、蛇婆子。层间植物有菝葜、玉叶金花、木防己、香花鸡血藤、硕苞蔷薇（*Rosa bracteata*）等。

图 5-19-2 桃金娘（*Rhodomyrtus tomentosa*）

2. 岗松灌丛

岗松一般为灌木，有时可以长成小乔木，分布于我国海南、广东、广西、福建及江西等地，也分布于东南亚地区。一般生于低丘及荒山草坡、灌丛中，是酸性土的指示植物。在思明、南安、长汀、武平、连城、南靖等县市区能见到岗松灌丛。群落外貌整齐（图5-19-3），结构简单。在福建调查到1个群丛。

图 5-19-3 岗松灌丛群落外貌（长汀）

代表性样地设在长汀县河田镇。土壤为红壤，瘠薄。群落类型为岗松-芒萁群丛。灌木层以岗松（图5-19-4）为主，高约2m，伴生桃金娘、车桑子等种类。草本层以芒萁为主，局部有鹧鸪草、刺芒野古草、兰香草（*Caryopteris incana*）。

图5-19-4 岗松（*Baeckea frutescens*）

3. 车桑子灌丛

车桑子分布于我国西南部、南部至东南部，常生于干旱山坡、旷地或海边的砂砾上或沙土上。耐干旱，萌生力强，根系发达，又有丛生习性，在福建南部一些山体上能够形成群落。群落外貌整齐（图5-19-5），结构简单。在福建调查到1个群丛。

代表性样地设在翔安区香山。土壤为粗骨性红壤，瘠薄。群落类型为车桑子-芒萁群丛，以车桑子（图5-19-6）为建群种，有时伴生马缨丹、桃金娘、岗松。草本层有芒萁、山菅、韩信草等。

图5-19-5 车桑子灌丛群落外貌（思明）

图5-19-6 车桑子（*Dodonaea viscosa*）

4. 黑面神灌丛

黑面神分布于南亚热带地区的山坡旷野灌丛中或林缘，局部形成黑面神灌丛。在福建分布于沿海地区低海拔疏林或灌丛中。群落外貌整齐，结构简单。在福建调查到1个群丛。

代表性样地设在集美区天马山。海风影响较大，雨量较内陆偏少，蒸发量大。土壤为粗骨性红壤，土层薄，有机质含量少，含砾量大，较为干旱。群落类型为黑面神-橘草群丛。群落总盖度30%—40%。群落高30—80cm。旱中生性的黑面神（图5-19-7）

图5-19-7 黑面神（*Breynia fruticosa*）

占优势，伴生栀子、桃金娘、山芝麻、了哥王、石斑木、马缨丹等。草本层稀疏，橘草（*Cymbopogon goeringii*）和刺芒野古草占优势，常见种类还有芒萁、一枝黄花、陀螺紫菀（*Aster turbinatus*）、小飞蓬、紫花地丁。层间植物有茅莓、无根藤、鸡矢藤、玉叶金花、钩刺雀梅藤等。

5. 栀子灌丛

栀子适应性强，广布于东南亚地区，在南亚热带瘠薄的台地往往形成栀子灌丛。在福建各地常见，在东山县西埔镇冬古村、湖里区仙岳山等地能够形成群落。群落外貌整齐，结构简单。在福建调查到1个群丛。

代表性样地设在湖里区仙岳山。土壤为粗骨性红壤，瘠薄。群落类型为栀子–细毛鸭嘴草群丛。灌木层旱中生性的栀子（图5-19-8）占优势，平均高70cm，伴生石斑木、黑面神、了哥王等。草本层稀疏，细毛鸭嘴草（*Ischaemum ciliare*）占优势，常见种类还有狗尾草、白花地胆草、蛇婆子等。层间植物有钩刺雀梅藤、无根藤、铁包金（*Berchemia lineata*）等。

图5-19-8　栀子（*Gardenia jasminoides*）

6. 野牡丹灌丛

野牡丹分布于我国南亚热带至热带地区山坡、山谷、沼泽地等，在福建东山、湖里、南靖等县市区能够形成群落。群落外貌整齐，结构简单。在福建调查到1个群丛。

代表性样地设在南靖县仙岭。土壤为弃耕地水稻土。群落类型为野牡丹–细毛鸭嘴草群丛。灌木层平均高40cm，野牡丹（图5-19-9）占优势，伴生桃金娘。草本层细毛鸭嘴草占优势，常见种类还有地桃花、铺地黍、画眉草等。

图5-19-9　野牡丹（*Melastoma malabathricum*）

7. 马缨丹灌丛

马缨丹原产美洲热带地区，现在我国海南、台湾、福建、广东、广西等地有逸生，常生长于低海拔的海边沙滩和空旷地区，在局部形成群落。在福建云霄、东山有马缨丹占优势的灌丛。群落外貌整齐，青绿色，结构简单。在福建调查到1个群丛。

代表性样地设在东山县铜陵镇。土壤为海滨沙土。群落类型为马缨丹-铺地黍群丛。群落总盖度60%左右。群落以马缨丹（图5-19-10）为单优种，平均高45cm。草本层铺地黍为优势种，局部有酢浆草（*Oxalis corniculata*）、细毛鸭嘴草、蔓草虫豆（*Cajanus scarabaeoides*）、海边月见草（*Oenothera drummondii*）、狗尾草、蓟、链荚豆（*Alysicarpus vaginalis*）等。层间植物有五爪金龙（*Ipomoea cairica*）、匍枝栓果菊（*Launaea sarmentosa*）。

图5-19-10 马缨丹（*Lantana camara*）

二十、蕨类草丛

芒萁草丛

芒萁主要分布于我国亚热带地区，喜生于强酸性土的荒坡或林缘，在森林砍伐后或放荒后的坡地上常演替成优势的群落。在福建各地均有分布，主要分布于中低海拔马尾松林下。群落外貌整齐（图5-20-1），结构简单。在福建调查到1个群丛。

代表性样地设在长汀县河田镇。土壤为红壤，瘠薄。群落类型为芒萁群丛。群落以芒萁（图5-20-2）为建群种，平均高40—90cm，常见的伴生种类有五节芒、芒、狗脊、乌毛蕨、淡竹叶、狗尾草、鹧鸪草、细毛鸭嘴草、垂穗石松（*Palhinhaea cernua*）等，有时也有一些灌木种类或小松树散生其间。

图5-20-1 芒萁草丛群落外貌（长泰）

图5-20-2 芒萁（*Dicranopteris pedata*）

二十一、耐旱禾草草丛

1. 刺芒野古草草丛

刺芒野古草分布于福建、江西、广东等地低海拔山体中下部。在福建连城冠豸山国家地质公园，长汀县河田镇、三洲镇有刺芒野古草草丛。群落外貌整齐，绿色，10月开始逐渐枯黄，结构简单，种类稀少。在福建调查到1个群丛。

代表性样地设在连城冠豸山国家地质公园。土壤为粗骨性红壤，瘠薄。群落类型为刺芒野古草群丛。群落总盖度约70%。群落以刺芒野古草（图5-21-1）为建群种。群落中散见灌木，种类仅见木荷、石斑木、檵木、杜鹃等。草本层刺芒野古草占优势，高60cm左右，伴生种类有芒萁、鹧鸪草等。

图 5-21-1　刺芒野古草草丛群落外貌（冠豸山）

2. 毛秆野古草草丛

毛秆野古草分布于福建、江西、广东等地低海拔山体中下部。在福建茫荡山国家级自然保护区、永泰藤山省级自然保护区的东湖尖调查到毛秆野古草群丛。群落外貌整齐，绿色，10月开始逐渐枯黄，结构简单，种类稀少。在福建调查到1个群丛。

代表性样地设在福建茫荡山国家级自然保护区主峰顶部。土壤为山地黄壤，瘠薄。群落类型为毛秆野古草群丛。群落总盖度约70%。群落以毛秆野古草（图5-21-2）为建群种。群落中散见灌木，种类仅见黄山松、木荷、石斑木、檵木、杜鹃等。草本层毛秆野古草占优势，高60cm左右，伴生种类有芒萁、鹧鸪草等。

图 5-21-2　毛秆野古草草丛群落外貌（茫荡山）

3. 鹧鸪草草丛

鹧鸪草分布于福建、江西、广西、广东、海南等地，生于干燥山坡、松林树下和潮湿草地上。在福建长汀县河田镇、连城冠豸山国家地质公园等地的一些极度干旱山坡上，常能见到鹧鸪草草丛。群落稀疏（图 5-21-3），10 月开始逐渐枯黄，结构简单，种类稀少。在福建调查到 1 个群丛。

代表性样地设在连城冠豸山国家地质公园。土壤为粗骨性红壤，瘠薄。群落类型为鹧鸪草群丛。群落以鹧鸪草为建群种，常见的伴生种类有毛秆野古草、华三芒草（*Aristida chinensis*）、刺子莞等。

图 5-21-3　鹧鸪草草丛群落外貌（长汀）

二十二、季节湿润草丛

1. 五节芒草丛

　　五节芒产于江苏、浙江、福建、台湾、广东、海南、广西等地，生于低海拔撂荒地、丘陵潮湿谷地、山坡和草地，在森林遭到火灾等极度破坏，而土壤仍然肥沃湿润的情况下，五节芒往往捷足先登；五节芒进入之后，其硕大的根部与茂密高大的地上部都让许多植物难以与它竞争。在福建各地都能够形成群落。群落外貌整齐，密集成丛，高大，绿色（图 5-22-1、图 5-22-2）。在福建调查到 1 个群丛。

图 5-22-1　五节芒草丛群落外貌（大仙峰）

图 5-22-2　五节芒草丛群落外貌（鸳鸯溪）

代表性样地设在大田大仙峰省级自然保护区。土壤为山地红壤。群落类型为五节芒群丛。群落五节芒（图 5-22-3）占优势，伴生芒、狗脊、乌毛蕨、淡竹叶、地桃花、蕨、野牡丹、芒萁，以及杜鹃、山鸡椒、野柿、台湾毛楤木（*Aralia decaisneana*）、苦竹、盐肤木、南酸枣、楝等乔木或灌木的幼苗和幼树。在没有人为干扰的情况下，五节芒草丛将逐渐向上演替为次生林。

图 5-22-3　五节芒（*Miscanthus floridulus*）

2. 芒草丛

芒广布于中国亚热带地区，分布的海拔较高。在福建各地都能够形成群落。群落外貌绿色。在福建调查到 1 个群丛。

代表性样地设在福建天宝岩国家级自然保护区内的上坪村周边。土壤为红壤。群落类型为芒群丛。群落芒（图 5-22-4、图 5-22-5）占优势，伴生狗脊、蕨、淡竹叶、地桃花、小二仙草，以及杜鹃、山鸡椒、台湾毛楤木、苦竹、盐肤木、南酸枣等乔木或灌木的幼苗和幼树。

图 5-22-4　芒（*Miscanthus sinensis*）（1）

图 5-22-5　芒（*Miscanthus sinensis*）（2）

3. 白茅草丛

白茅广布于中国南方，喜湿，也能够耐干旱，其根状茎可以不断扩散，在火烧迹地、撂荒地、田埂形成小群落。在福建各地低海拔撂荒地均有分布。群落外貌淡绿色，6 月果期一片白色（图 5-22-6）。在福建调查到 1 个群丛。

代表性样地设在福建汀江源国家级自然保护区。土壤为弃耕地水稻土。群落类型为白茅群丛。群落中白茅（图 5-22-7）占绝对优势，伴生地桃花、苘麻（*Abutilon theophrasti*）、芒、五节芒、地菍、狗尾草、橘草、星宿菜、鸡眼草、石香薷（*Mosla chinensis*），以及算盘子、牡荆等灌木的幼苗和幼树。

图 5-22-6　白茅草丛群落外貌（长汀）

图 5-22-7　白茅（*Imperata cylindrica*）

4. 类芦草丛

类芦广泛分布于东南亚地区，在海拔300—1500m处裸露的河边、山坡或砾石中都可以形成群落，甚至在屋顶、墙头也可以利用一丁点儿水分和养分长出。在福建各地，尤其是闽南许多地方，可以见到类芦形成的群落。群落外貌高大，绿色（图5-22-8）。在福建调查到1个群丛。

代表性样地设在龙海区海边。土壤为海滨沙土。群落类型为类芦群丛。群落较为郁闭，平均高可达2m，为类芦（图5-22-9）单优的群丛。

图5-22-8 类芦草丛群落外貌（龙海）

图5-22-9 类芦（*Neyraudia reynaudiana*）

5. 红毛草草丛

红毛草为外来物种，但适应性极强，可在旷地迅速形成群落。在福建漳州、厦门、泉州、福州等市有分布。群落外貌绿色，6月开花之后呈红色（图5-22-10、图5-22-11）。在福建调查到1个群丛。

代表性样地设在翔安区香山。土壤为粗骨性红壤。群落类型为红毛草群丛。群落较郁闭，平均高可达40cm，红毛草占优势，伴生鬼针草、南苜蓿（*Medicago polymorpha*）、翅果菊（*Lactuca indica*）、少花龙葵（*Solanum americanum*）、赛葵（*Malvastrum coromandelianum*）、狗牙根等。

图5-22-10 红毛草草丛群落外貌（翔安）

图5-22-11 红毛草草丛群落外貌（龙海）

6. 菰草丛

菰（即茭白）广布于世界各地，水生或沼生。多为栽培，但在福建汀江源、龙栖山、虎伯寮等国家级自然保护区可以见到野生菰草丛。群落外貌绿色，茂密（图 5-22-12、图 5-22-13）。在福建调查到 1 个群丛。

代表性样地设在福建龙栖山国家级自然保护区内的余家坪。土壤为水稻土。群落类型为菰群丛。群落中菰（图 5-22-14）占优势，伴生野芋、喜旱莲子草（*Alternanthera philoxeroides*）、水芹、鸭跖草等种类。

图 5-22-12 菰草丛群落外貌（长汀）

图 5-22-13 菰草丛群落外貌（新罗）

图 5-22-14 菰（*Zizania latifolia*）

7. 萱草草丛

　　萱草广布于我国暖温带至南亚热带的森林草甸，局部形成群落。在福建泰宁世界自然遗产地、连城冠豸山国家地质公园、永安桃源洞景区的丹霞地貌处很常见。群落外貌春季嫩绿色（图5-22-15、图5-22-16），秋季点缀黄花，形成独特的景观（图5-22-17）。在福建调查到1个群丛。

图5-22-15　萱草草丛群落外貌（将石）（1）

图5-22-16　萱草草丛群落外貌（将石）（2）

图 5-22-17 萱草草丛群落外貌（泰宁，8 月）

代表性样地设在邵武将石省级自然保护区。土壤为紫色土。群落类型为萱草群丛。群落中萱草（图 5-22-18）占优势，伴生卷柏、石蒜、刺芒野古草、多花黄精，局部有石楠、蒗梗花、杜鹃进入。

8. 卷柏草丛

卷柏主要分布于亚洲，在福建见于连城冠豸山国家地质公园、泰宁世界自然遗产地、邵武将石省级自然保护区、永安桃源洞—鳞隐石林风景名胜区、武夷山国家公园、周宁陈峭旅游景区等地，分布地多为丹霞地貌。

图 5-22-18 萱草（*Hemerocallis fulva*）

群落外貌整齐连片，深绿色（图 5-22-19 至图 5-22-21）。在福建调查到 1 个群丛。

图 5-22-19　卷柏草丛群落外貌（将石）

图 5-22-20　卷柏草丛群落外貌（冠豸山）

图5-22-21 卷柏草丛群落外貌（泰宁）

　　代表性样地设在邵武将石省级自然保护区内的鸡公山。土壤为紫色土，几无土层，极为干旱瘠薄。群落类型为卷柏群丛。群落以卷柏（图5-22-22、图5-22-23）为建群种，密集成片，面积可以达10m²，甚至100m²以上，为丹霞地貌区域较为干旱的裸露岩石上原生演替的早期群落类型，平均高或厚5—20cm，为几十年甚至几百年慢慢长成。局部有萱草、白背蒲儿根（*Sinosenecio latouchei*）等生长其中。

图5-22-22 卷柏（*Selaginella tamariscina*）（1）

图5-22-23 卷柏（*Selaginella tamariscina*）（2）

9. 瓶蕨草丛

瓶蕨（*Vandenboschia auriculata*）分布于东南亚地区，在福建见于邵武将石省级自然保护区、泰宁世界自然遗产地和周宁蝙蝠洞的峡谷中。群落外貌淡绿色（图5-22-24）。在福建调查到1个群丛。

代表性样地设在邵武将石省级自然保护区内的天成奇峡。土壤为紫色土，几无土层。群落类型为瓶蕨群丛。群落以瓶蕨（图5-22-25）为建群种，成片生长，为丹霞地貌上较为潮湿生境原生演替过程中出现的小群落。局部有伏地卷柏、白背蒲儿根、柳叶剑蕨、光石韦（*Pyrrosia calvata*）等生长其中。

图 5-22-24　瓶蕨草丛群落外貌（将石）

图 5-22-25　瓶蕨（*Vandenboschia auriculata*）

10. 江南星蕨草丛

江南星蕨在亚热带各地林内岩石上常见，在福建泰宁世界自然遗产地、武夷山国家公园、连城冠豸山国家地质公园、邵武将石省级自然保护区等地丹霞地貌区域形成群落。群落外貌亮绿色（图5-22-26至图5-22-28）。在福建调查到1个群丛。

图 5-22-26　江南星蕨草丛群落外貌（将石）

图 5-22-27　江南星蕨草丛群落外貌（状元岩）

图 5-22-28　江南星蕨草丛群落外貌（武夷山）

图 5-22-29　江南星蕨（*Neolepisorus fortunei*）

代表性样地设在邵武将石省级自然保护区内的天成奇峡。土壤为紫色土，土层极薄，雨季较湿润。群落类型为江南星蕨群丛。群落以江南星蕨（图 5-22-29）为建群种，高 30—40cm，为较潮湿生境原生演替过程中出现的小群聚或小群落，局部有吊石苣苔等生长其中。

11. 光石韦草丛

光石韦分布于中国亚热带地区，在福建见于邵武将石省级自然保护区、泰宁世界自然遗产地、连城冠豸山国家地质公园、周宁陈峭旅游景区。群落外貌亮绿色（图 5-22-30、图 5-22-31）。在福建调查到1个群丛。

图 5-22-30　光石韦草丛群落外貌（将石）

图 5-22-31　光石韦草丛群落外貌（周宁）

图 5-22-32　光石韦（*Pyrrosia calvata*）

　　代表性样地设在泰宁世界自然遗产地内的甘露寺附近。土壤为紫色土，几无土层，在雨季较为湿润。群落类型为光石韦群丛。群落以光石韦（图 5-22-32）为建群种，成片生长，平均高 40cm 左右，为丹霞地貌上中度干旱生境原生演替过程中出现的小群落。群落中伴生中华秋海棠（*Begonia grandis* var. *sinensis*）、兖州卷柏、倒挂铁角蕨、槲蕨、江南星蕨等草本植物，还有扶芳藤等藤本植物生长其中。

12. 石韦草丛

石韦极为耐旱，分布较广，在亚热带各地林间透光裸露的岩石上常见。在福建武夷山国家公园，以及泰宁、连城、邵武的丹霞地貌区域和其他地区常见，在丹霞地貌区域可以成片生长。群落外貌淡绿色，孢子期叶背锈色（图5-22-33、图5-22-34）。在福建调查到1个群丛。

代表性样地设在武夷山国家公园内的大安源。土壤为山地红壤，几无土层。群落类型为石韦群丛。群落为石韦（图5-22-35）单优群落，面积4m²以上。群落平均高10cm左右，为较干旱生境原生演替过程中出现的小群聚或小群落。

图5-22-33　石韦草丛群落外貌（武夷山）

图5-22-34　石韦草丛群落外貌（太姥山）

图5-22-35　石韦（*Pyrrosia lingua*）

13. 柳叶剑蕨草丛

柳叶剑蕨在亚热带各地林内岩石上常见,一般混生在较为潮湿的草丛中。在福建泰宁世界自然遗产地、武夷山国家公园、邵武将石省级自然保护区等丹霞地貌区域可以成片生长,为丹霞地貌上潮湿生境原生演替过程中出现的小群落。群落外貌淡绿色(图5-22-36)。在福建调查到1个群丛。

代表性样地设在泰宁县与邵武市之间的丹霞地貌峡谷中。土壤为紫色土,瘠薄,在雨季较为湿润。群落类型为柳叶剑蕨群丛。群落中柳叶剑蕨(图5-22-37)占优势,平均高25cm左右,局部伴生吊石苣苔等。

图 5-22-36 柳叶剑蕨草丛群落外貌(泰宁)

图 5-22-37 柳叶剑蕨(*Loxogramme salicifolia*)

14. 长叶铁角蕨草丛

长叶铁角蕨（*Asplenium prolongatum*）广布于亚洲亚热带地区，在局部形成群落。在福建泰宁世界自然遗产地，福建天宝岩、雄江黄楮林国家级自然保护区都有分布，但以在泰宁猫儿山森林公园较为集中，一般长在较为阴湿的崖壁上。由于其叶片末端可以长出无性繁殖的芽，因此可以向四周扩散，形成单优群落。群落外貌亮绿色（图5-22-38、图5-22-39），密集成片。在福建调查到1个群丛。

代表性样地设在泰宁世界自然遗产地内的猫儿山。生境阴暗，雨季较湿润。土壤为紫色土，几无土层。群落类型为长叶铁角蕨群丛。群落以长叶铁角蕨（图5-22-40）为建群种，有时伴生抱石莲、吊石苣苔。

图5-22-38　长叶铁角蕨草丛群落外貌（泰宁）

图5-22-39　长叶铁角蕨草丛群落外貌（雄江黄楮林）

图5-22-40　长叶铁角蕨（*Asplenium prolongatum*）

15. 倒挂铁角蕨草丛

倒挂铁角蕨在亚热带各地林内岩石上常见，在福建邵武将石省级自然保护区、泰宁世界自然遗产地、武夷山国家公园、连城冠豸山国家地质公园等丹霞地貌区域，可以成片生长，为较潮湿生境原生演替过程中出现的小群落。群落分布稀疏，绿色（图5-22-41）。在福建调查到1个群丛。

图 5-22-41　倒挂铁角蕨草丛群落外貌（将石）

代表性样地设在邵武将石省级自然保护区。土壤为紫色土，几无土层。群落类型为倒挂铁角蕨群丛。群落中倒挂铁角蕨占优势，平均高 25cm 左右，伴生中华秋海棠、江南星蕨等种类。

16. 槲蕨草丛

槲蕨为极耐旱的附生蕨类植物，分布较广，在亚热带各地林间透光裸露的岩石或大树上常见。在福建泰宁世界自然遗产地、武夷山国家公园、连城冠豸山国家地质公园、邵武将石省级自然保护区等丹霞地貌区域及其他地方常见。在丹霞地貌区域可以成片生长，其根状茎可以不断向前伸长固着（一般向一个方向扩散），形成单优群落。群落外貌亮绿色（图5-22-42），孢子期呈棕黄色（图5-22-43）。在福建调查到1个群丛。

图 5-22-42　槲蕨草丛群落外貌（将石）

图 5-22-43　槲蕨草丛群落外貌（泰宁）

代表性样地设在泰宁世界自然遗产地内状元岩丹霞地貌的崖壁上。土壤为紫色土，几无土层，干旱瘠薄。群落类型为槲蕨群丛。群落以槲蕨（图5-22-44）为建群种，平均高30cm左右，为干旱生境原生演替过程中出现的小群落，其间生长有萱草、大花石上莲、卷柏、乌蕨、珠芽景天、东南景天（*Sedum alfredii*）、相近石韦（*Pyrrosia assimilis*）、刺芒野古草、乌蔹莓、柳叶剑蕨、常春藤等。

图 5-22-44　槲蕨（*Drynaria roosii*）

17. 线蕨草丛

线蕨分布于中国亚热带地区海拔350—1600m树干上或岩石上，日本、越南和印度东北部也有分布。在福建各地阴湿生境中均有分布。群落外貌绿色（图5-22-45）。在福建调查到1个群丛。

代表性样地设在邵武将石省级自然保护区内的天成奇峡。土壤为紫色土，土层薄，雨季较湿润。群落类型为线蕨群丛。群落中线蕨（图5-22-46）占优势，平均高20cm左右，疏生杜茎山、鼠刺、网脉酸藤子等灌木和藤本植物，有赤车、冷水花（*Pilea notata*）等草本植物伴生其中。

图 5-22-45　线蕨草丛群落外貌（将石）

图 5-22-46　线蕨（*Colysis elliptica*）

18. 肾蕨草丛

　　肾蕨为较耐旱的蕨类植物，分布较广，在亚热带地区林间透光且水分较为充足的生境中常见。在福建武夷山、泰宁、连城、邵武的丹霞地貌区域，以及屏南等地形成群落。群落外貌绿色（图 5-22-47、图 5-22-48）。在福建调查到 1 个群丛。

图 5-22-47　肾蕨草丛群落外貌（冠豸山）

图 5-22-48　肾蕨草丛群落外貌（永春）　　　　　图 5-22-49　肾蕨（*Nephrolepis auriculata*）

代表性样地设在连城冠豸山国家地质公园内的竹安寨。土壤为紫色土，土层薄。群落类型为肾蕨群丛。群落为肾蕨（图 5-22-49）单优群落，平均高 40cm 左右，为容易获得水分的干旱生境的小群聚或小群落。

19. 日本水龙骨草丛

日本水龙骨分布于中国亚热带地区海拔 350—1600m 的树干上或岩石上。其匍匐茎不断向四周延伸，在局部成片生长，形成群落。在福建各地常见。群落外貌绿色（图 5-22-50）。在福建调查到 1 个群丛。

图 5-22-50　日本水龙骨草丛群落外貌（将石）

代表性样地设在邵武将石省级自然保护区内的天成奇峡。土壤为紫色土，土层薄。群落类型为日本水龙骨群丛。群落中日本水龙骨（图 5-22-51）占优势，平均高 20cm 左右，疏生杜茎山、吊石苣苔等灌木，有光石韦、虎耳草、白背蒲儿根、临时救（*Lysimachia congestiflora*）、乌蕨、夏天无（*Corydalis decumbens*）等草本植物伴生其中。

图 5-22-51 日本水龙骨（*Polypodium niponicum*）

20. 白背蒲儿根草丛

白背蒲儿根为仅分布在武夷山脉及周边的喜湿的菊科植物，在春季至夏季形成季节性生长、开花、结果的群落，在福建邵武将石省级自然保护区、泰宁世界自然遗产地的寨下景区、连城九龙湖景区较为常见。群落外貌在 3 月下旬开花之前为翠绿色（图 5-22-52），开花时有黄花点缀其间（图 5-22-53）。在福建调查到 1 个群丛。

图 5-22-52 白背蒲儿根草丛群落外貌（将石）（1）

图 5-22-53　白背蒲儿根草丛群落外貌（将石）（2）

　　代表性样地设在邵武将石省级自然保护区内的天成奇峡。土壤为紫色土，土层薄，雨季较湿润。群落类型为白背蒲儿根群丛。群落以白背蒲儿根（图 5-22-54）为建群种，伴生大齿唇柱苣苔（*Chirita juliae*）、玉山针蔺、鞭叶蕨（*Cyrtomidictyum lepidocaulon*）、江南卷柏、临时救、糯米团等。由于它以果实种子形式度过干旱季节，而生长季节处于雨季，岩石上方的植被能够源源不断供给水分，所以不缺水。

图 5-22-54　白背蒲儿根（*Sinosenecio latouchei*）

21. 台湾独蒜兰草丛

台湾独蒜兰（*Pleione formosana*）分布于台湾、福建西部至北部、浙江南部和江西东南部，生于海拔600—1500m（大陆）或1500—2500m（台湾）林下或林缘腐殖质丰富的土壤和岩石上。在福建分布于武夷山国家公园，福建梅花山、君子峰国家级自然保护区，以及浦城福罗山等地。群落外貌绿色（图5-22-55），4月花期一片紫红色（图5-22-56、图5-22-57）。在福建调查到1个群丛。

图 5-22-55　台湾独蒜兰草丛群落外貌（浦城）

图 5-22-56　台湾独蒜兰草丛群落外貌（梅花山）

图 5-22-57　台湾独蒜兰草丛群落外貌（武夷山）

　　代表性样地设在福建梅花山国家级自然保护区内的木陂村。土壤为山地红黄壤，土层薄。群落类型为台湾独蒜兰群丛。群落中台湾独蒜兰（图 5-22-58）占优势，混生滴水珠、稀羽鳞毛蕨、筒花马铃苣苔（*Oreocharis tubiflora*）等。

图 5-22-58　台湾独蒜兰（*Pleione formosana*）

22. 小沼兰草丛

　　小沼兰（*Oberonioides microtatantha*）仅见于福建、江西和台湾海拔200—600m的阴湿岩石上。由于其植株细小，所以群落规模也小，平均高不到2cm，花期黄色小花序高达5cm。在福建邵武、泰宁、永泰等县市区都可以形成小面积的群落。群落外貌绿色，稀疏而呈小点状（图5-22-59、图5-22-60）。在福建调查到1个群丛。

　　代表性样地设在邵武将石省级自然保护区内的天成奇峡。土壤为紫色土，几无土层。群落类型为小沼兰群丛。群落中有时仅见小沼兰（图5-22-61），有些地段有白背蒲儿根、鞭叶蕨、江南卷柏和筒花马铃苣苔进入。

图5-22-59　小沼兰草丛群落外貌（将石）

图5-22-60　小沼兰草丛群落外貌（虎伯寮）

图5-22-61　小沼兰（*Oberonioides microtatantha*）

23. 细叶石仙桃草丛

细叶石仙桃附生于亚热带海拔 200—850m 的林中透光的树上或岩石上，根状茎匍匐且分枝，具有假鳞茎。在武夷山国家公园、福建雄江黄楮林、天宝岩国家级自然保护区，以及泰宁和周宁溪涧的巨石或树干上，都有成片的细叶石仙桃草丛。群落外貌黄绿色（图 5-22-62、图 5-22-63）。在福建调查到 1 个群丛。

代表性样地设在福建雄江黄楮林国家级自然保护区。土壤为花岗岩风化土，土层薄。群落类型为细叶石仙桃群丛。群落总盖度 100%。群落为细叶石仙桃（图 5-22-64）形成的单优群落，平均高 10cm 左右。

图 5-22-62　细叶石仙桃草丛群落外貌（周宁）

图 5-22-63　细叶石仙桃草丛群落外貌（雄江黄楮林）

图 5-22-64　细叶石仙桃（*Pholidota cantonensis*）

24. 多花兰草丛

多花兰生于亚热带地区海拔 100—3300m 的林中或林缘树上，或溪谷旁透光的岩石或岩壁上。福建泰宁世界自然遗产地上清溪一带是其理想的生境，雨季降水的补充和急流中带来的水汽提供了其生长所需的水分。演替进程中苦苣苔类植物和其他植物落叶为其提供了大量养分，所以在局部形成较大面积的多花兰草丛。群落外貌绿色，点缀在崖壁上，4 月花期植株基部布紫红色花（图 5-22-65）。在福建调查到 1 个群丛。

代表性样地设在泰宁世界自然遗产地内的上清溪。土壤为紫色土，土层薄。群落类型为多花兰群丛。群落中多花兰（图 5-22-66）占优势，平均高 25cm 左右，伴生筒花马铃苣苔、野百合、旋蒴苣苔、蒲儿根、滴水珠、多花黄精等种类。层间植物有地锦。

图 5-22-65　多花兰草丛群落外貌（泰宁）　　　　图 5-22-66　多花兰草（*Cymbidium floribundum*）

25. 石蒜草丛

石蒜广布于我国亚热带至暖温带地区的阴湿山坡和溪沟边。在福建武夷山国家公园、连城冠豸山国家地质公园、泰宁世界自然遗产地丹霞地貌区域，以及长汀等地巨石坡面上，有时散生，局部形成群落。石蒜与其他耐旱植物有所不同，抗旱靠的是鳞茎。其生长的坡面往往有丰富的枯枝落叶，或巨石表面已经风化为小石块。当种子定居到这些生境之后，它发芽、开花、结果，依靠鳞茎度过干旱与寒冷季节，不断扩展，形成群落。群落冬季至春季为蓝绿色（图 5-22-67），夏季为花期，开花时地表点缀着大红色花（图 5-22-68）。在福建调查到 1 个群丛。

代表性样地设在连城冠豸山国家地质公园。土壤为紫色土，土层薄。群落类型为石蒜群丛。群落以石蒜（图 5-22-69）为建群种，其他种类稀少。

图 5-22-67　石蒜草丛群落外貌（冠豸山）

图 5-22-68　石蒜草丛群落外貌（长汀）

图 5-22-69　石蒜（*Lycoris radiata*）

26. 虎耳草草丛

虎耳草见于东亚的亚热带至暖温带区域，生于海拔 400—4500m 的林下、灌丛、草甸和阴湿岩隙。虎耳草具有鞭匍枝，一旦落户，可以在局部形成群落。在福建各地阴湿路边均可见。群落外貌灰绿色（图5-22-70）。在福建调查到 1 个群丛。

代表性样地设在福建峨嵋峰国家级自然保护区山麓。土壤为红壤。群落类型为虎耳草群丛。群落中虎耳草（图 5-22-71、图 5-22-72）占优势，平均高仅 10cm，伴生微糙三脉紫菀、麦冬、火炭母、蛇莓、韩信草、齿果酸模等。

图 5-22-70 虎耳草草丛群落外貌（闽江源）

图 5-22-71 虎耳草（*Saxifraga stolongifera*）（1）

图 5-22-72 虎耳草（*Saxifraga stolongifera*）（2）

27. 旋蒴苣苔草丛

旋蒴苣苔广布于中国亚热带至暖温带区域。其叶片多毛，能够耐旱，在邵武、泰宁、连城等县市区的丹霞地貌区域，春季和夏季形成优势群落，到夏秋季让位于田麻（*Corchoropsis crenata*）等植物。群落外貌淡绿色（图 5-22-73）。在福建调查到 1 个群丛。

图 5-22-73　旋蒴苣苔草丛群落外貌（将石）　　　图 5-22-74　旋蒴苣苔（*Boea hygrometrica*）

　　代表性样地设在邵武将石省级自然保护区内的天成奇峡。土壤为紫色土，土层极薄。群落类型为旋蒴苣苔群丛。群落以旋蒴苣苔（图 5-22-74）为建群种，平均高仅 10cm 左右，伴生七星莲等种类。

28. 大齿唇柱苣苔草丛

　　大齿唇柱苣苔见于福建、江西、广东、湖南等地，主要分布于丹霞地貌区域。其叶片宽大、肥厚，为喜湿耐旱的苦苣苔科植物，可形成春季至夏季生长、开花、结果的季节性群落。群落外貌亮绿色（图 5-22-75、图 5-22-76）。在福建调查到 1 个群丛。

图 5-22-75　大齿唇柱苣苔草丛群落外貌（将石）

图 5-22-76 大齿唇柱苣苔草丛群落外貌（冠豸山）　　　　图 5-22-77 大齿唇柱苣苔（*Chirita juliae*）

　　代表性样地设在邵武将石省级自然保护区内的天成奇峡。土壤为紫色土，土层薄。群落类型为大齿唇柱苣苔群丛。群落总盖度 30% 左右。群落以大齿唇柱苣苔（图 5-22-77）为建群种，平均高 10cm 左右，伴生中华秋海棠、滴水珠、兖州卷柏、稀羽鳞毛蕨、尖叶唐松草（*Thalictrum acutifolium*）、鞭叶蕨、白背蒲儿根、鳞果星蕨等，局部有星毛冠盖藤。

29. 大花石上莲草丛

　　大花石上莲仅见于福建、江西海拔 210—800m 的丹霞地貌区域的山坡路旁及林下岩石上。在泰宁等县市区形成春季至夏季生长、开花、结果的季节性群落。群落外貌灰绿色，花期点缀紫红花（图 5-22-78）。在福建调查到 1 个群丛。

图 5-22-78 大花石上莲草丛群落外貌（泰宁）

代表性样地设在泰宁世界自然遗产地内的红石沟。土壤为紫色土，土层薄。群落类型为大花石上莲群丛。群落中大花石上莲（图 5-22-79）占优势，伴生卷柏、白背蒲儿根、短柄粉条儿菜（*Aletris scopulorum*）、萱草、多花黄精。层间植物有地锦。

图 5-22-79 大花石上莲（*Oreocharis maximowiczii*）

30. 长瓣马铃苣苔草丛

长瓣马铃苣苔叶片多毛，喜湿耐旱，见于中亚热带至南亚热带区域海拔 400—1400m 的山谷、沟边及林下潮湿岩石上。在福建武夷山、邵武、泰宁、连城等县市区丹霞地貌区域形成春季至夏季生长、开花、结果的季节性群落。群落外貌绿色。在福建调查到 1 个群丛。

代表性样地设在武夷山国家公园。土壤为紫色土，土层薄。群落类型为长瓣马铃苣苔群丛。群落中长瓣马铃苣苔（图 5-22-80）占优势，平均高 10cm 左右，伴生白背蒲儿根、薹草属 1 种、求米草等种类。

图 5-22-80 长瓣马铃苣苔（*Oreocharis auricula*）

31. 筒花马铃苣苔草丛

筒花马铃苣苔为福建特有种，叶片多毛，喜湿耐旱，仅见于邵武、泰宁、延平等县市区海拔350—730m的山谷、沟边及林下潮湿岩石上，为丹霞地貌区域春季至夏季生长、开花、结果的季节性群落。群落外貌灰绿色（图5-22-81）。在福建调查到1个群丛。

图 5-22-81 筒花马铃苣苔草丛群落外貌（将石）

代表性样地设在邵武将石省级自然保护区。土壤为紫色土，土层薄。群落类型为筒花马铃苣苔群丛。群落总盖度约50%。群落中筒花马铃苣苔（图5-22-82）占优势，覆盖在裸露的岩石表面，平均高10cm左右，仅伴生江南卷柏和小沼兰。

图 5-22-82 筒花马铃苣苔（ *Oreocharis tubiflora* ）

32. 阔叶山麦冬草丛

阔叶山麦冬分布于亚热带东部地区海拔 100—1400m 的山坡、山谷林下或潮湿处，在福建泰宁、武夷山、邵武等县市区丹霞地貌区域的局部肥沃地块形成小面积群落。群落外貌绿色（图 5-22-83）。在福建调查到 1 个群丛。

图 5-22-83　阔叶山麦冬草丛群落外貌（泰宁）

代表性样地设在泰宁世界自然遗产地内上清溪丹霞地貌区域的崖壁上。土壤为紫色土，土层薄。群落类型为阔叶山麦冬群丛。群落总盖度约 90%。群落中阔叶山麦冬（图 5-22-84）占优势，平均高 40cm 左右，伴生卷柏、旋蒴苣苔、淡竹叶、萱草、多花黄精、东亚磨芋、长瓣马铃苣苔等，也有胡枝子、亮叶鸡血藤、地锦进入群落中。群落生境向着中生生境发展。

图 5-22-84　阔叶山麦冬（*Liriope muscari*）

33. 舞花姜草丛

舞花姜（*Globba racemosa*）生于中国亚热带地区低海拔林缘、山谷潮湿处，在福建泰宁、邵武等县市区丹霞地貌区域形成小面积群落。群落外貌绿色（图 5-22-85、图 5-22-86）。在福建调查到 1 个群丛。

图 5-22-85 舞花姜草丛群落外貌（将石）（1）

图 5-22-86 舞花姜草丛群落外貌（将石）（2）

代表性样地设在邵武将石省级自然保护区。土壤为紫色土，土层薄，在雨季较为湿润。群落类型为舞花姜群丛。群落以舞花姜（图 5-22-87、图 5-22-88）为建群种，局部盖度可达 90% 以上，平均高可达 60cm。群落中还有多花黄精、中华秋海棠、短小蛇根草（*Ophiorrhiza pumila*）、冷水花、三角形冷水花（*Pilea swinglei*）、滴水珠、江南星蕨、求米草、倒挂铁角蕨等。

图 5-22-87　舞花姜（*Globba racemosa*）（1）

图 5-22-88　舞花姜（*Globba racemosa*）（2）

34. 中华秋海棠草丛

中华秋海棠生于中国亚热带至温带地区海拔 300—2900m 山谷悬崖阴湿处、疏林阴处、荒坡阴湿处，以及山坡林下。在福建武夷山国家公园，以及泰宁、邵武、尤溪等地阴湿悬崖上形成小面积群落。群落外貌绿色（图 5-22-89、图 5-22-90）。在福建调查到 1 个群丛。

图 5-22-89　中华秋海棠草丛群落外貌（邵武）

图 5-22-90　中华秋海棠草丛群落外貌（泰宁）　　　图 5-22-91　中华秋海棠（*Begonia grandis* var. *sinensis*）

代表性样地设在邵武将石省级自然保护区。土壤为紫色土，土层薄，在雨季较为湿润。群落类型为中华秋海棠群丛。群落中中华秋海棠（图 5-22-91）占优势，局部盖度达 80% 以上，开花季节平均高达 40cm。群落中伴生江南星蕨、多花黄精、阔萼凤仙花、五节芒、江南卷柏、半边旗、乌蕨、求米草等草本植物，玉叶金花、绿叶地锦等藤本植物，还有毛冬青、山牡荆等灌木种类。

35. 杜若草丛

杜若主要分布于亚热带地区海拔 1200m 以下的山谷阴湿林缘，在福建邵武、泰宁、连城等县市区丹霞地貌区域形成小面积群落。群落外貌在春季呈翠绿色，在夏、秋季呈深绿色（图 5-22-92、图 5-22-93）。在福建调查到 1 个群丛。

图 5-22-92　杜若草丛群落外貌（将石）（1）

图 5-22-93 杜若草丛群落外貌（将石）（2）

代表性样地设在邵武将石省级自然保护区。土壤为紫色土，土层厚约 5cm，较为湿润肥沃。群落类型为杜若群丛。群落中杜若（图 5-22-94）占优势，平均高约 40cm，伴生糯米团、翠云草、毛蓼（*Polygonum barbatum*）、珠芽艾麻（*Laportea bulbifera*）、东亚磨芋等草本植物。周边有常绿阔叶林，所以绿叶地锦、薯蓣等藤本植物开始进入。

图 5-22-94 杜若（*Pollia japonica*）

36. 血水草草丛

血水草主要分布于我国中亚热带地区海拔 400—1800m 的常绿阔叶林分布区域肥沃、潮湿的林下、溪边或路旁。在福建武夷山、邵武、泰宁等县市区山谷或常绿阔叶林林缘往往密集形成群落。群落外貌蓝绿色（图 5-22-95、图 5-22-96）。在福建调查到 1 个群丛。

代表性样地设在邵武将石省级自然保护区。土壤为紫色土，土层较厚。群落类型为血水草群丛。群落中血水草（图 5-22-97、图 5-22-98）占优势，平均高约 20cm，伴生蝴蝶花、金钱蒲、凤丫蕨、糯米团、赤车、微糙三脉紫菀、冷水花、假斜方复叶耳蕨（*Arachniodes hekiana*）等。

图 5-22-95　血水草草丛群落外貌（将石）（1）

图 5-22-96　血水草草丛群落外貌（将石）（2）

图 5-22-97　血水草（*Eomecon chionantha*）（1）

图 5-22-98　血水草（*Eomecon chionantha*）（2）

37. 地锦苗草丛

地锦苗（*Corydalis sheareri*）主要分布于我国亚热带地区海拔 200—2600m 的水边或林下潮湿地，在局部形成小面积春季季节性群落。在福建见于邵武、泰宁、建宁、沙县、长汀等县市区。群落外貌嫩绿色，有紫色的花点缀其中（图 5-22-99）。在福建调查到 1 个群丛。

代表性样地设在邵武将石省级自然保护区。土壤为紫色土，土层薄。群落类型为地锦苗群丛。群落中地锦苗（图 5-22-100）占优势，平均高约 30cm，伴生天南星、夏天无、北越紫堇（*Corydalis balansae*）、短小蛇根草、冷水花、临时救等草本植物。

图 5-22-99　地锦苗草丛群落外貌（将石）

图 5-22-100 地锦苗（*Corydalis sheareri*）

38. 滴水珠草丛

滴水珠分布于我国亚热带地区海拔 800m 以下的林下溪旁、潮湿草地、岩隙中或岩壁上。在福建武夷山、泰宁、邵武等县市区的崖壁上形成群落。群落外貌绿色（图 5-22-101、图 5-22-102）。在福建调查到 1 个群丛。

图 5-22-101 滴水珠草丛群落外貌（将石）（1）

图 5-22-102　滴水珠草丛群落外貌（将石）（2）　　　图 5-22-103　滴水珠（*Pinellia cordata*）

代表性样地设在邵武将石省级自然保护区。土壤为紫色土，土层薄，在雨季较为湿润。群落类型为滴水珠群丛。群落中滴水珠（图 5-22-103）占优势，平均高 5—10cm，伴生白背蒲儿根、倒挂铁角蕨、薹草属 1 种、矮冷水花（*Pilea peploides*）等。

39. 玉山针蔺草丛

玉山针蔺分布于亚洲热带、亚热带地区，在我国生长于亚热带东部海拔 700—2300m 的悬崖季节湿地、林边湿地、山溪旁、山坡路旁湿地上或灌木丛中。在福建武夷山、邵武一些悬崖峭壁上形成群落。群落外貌绿色（图 5-22-104）。在福建调查到 1 个群丛。

代表性样地设在邵武将石省级自然保护区内的天成奇峡。土壤为紫色土，土层薄。群落类型为玉山针蔺群丛。群落中玉山针蔺（图 5-22-105）占绝对优势，平均高达 70cm，伴生筒花马铃苣苔、大齿唇柱苣苔、滴水珠等。

图 5-22-104　玉山针蔺草丛群落外貌（将石）

图 5-22-105　玉山针蔺（*Trichophorum subcapitatum*）

二十三、湿地草甸

1. 钻叶紫菀草甸

钻叶紫菀（*Aster subulatus*）原产北美，我国东部均有逸生。在福建思明、惠安、福安、三元、长汀等县市区形成小面积群落。群落外貌绿色（图 5-23-1）。在福建调查到 1 个群丛。

代表性样地设在福安市环三都澳。土壤为海滨沙土。群落类型为钻叶紫菀群丛。群落中钻叶紫菀（图 5-23-2）占优势，平均高 70cm 左右，有时伴生类芦、少花龙葵、白茅、青葙（*Celosia argentea*）、马唐等。

图 5-23-1　钻叶紫菀草甸群落外貌（福安）

图 5-23-2　钻叶紫菀（*Aster subulatus*）

2. 羊蹄草甸

羊蹄（*Rumex japonicus*）广布于亚洲东部，在我国东部海拔 30—3400m 的田边路旁、河滩、沟边湿地均有分布。在福建集美、武夷山、三元、涵江、长汀、漳平、南靖等县市区湿地中形成小面积群落。群落外貌绿色（图 5-23-3）。在福建调查到 1 个群丛。

代表性样地设在集美区坂头水库。土壤为水稻土。群落类型为羊蹄群丛。群落中羊蹄（图 5-23-4）占优势，有时伴生艾（*Artemisia argyi*）、银胶菊（*Parthenium hysterophorus*）、藿香蓟（*Ageratum conyzoides*）、小蓬草等。

图 5-23-3　羊蹄草甸群落外貌（集美）　　　　图 5-23-4　羊蹄（*Rumex japonicus*）

3. 接骨草草甸

接骨草（*Sambucus javanica*）主要分布于中国中亚热带区域海拔 300—2600m 的山坡、林下、沟边和草丛中，在此范围的南北和东部也有零星分布。在福建武夷山、新罗、同安等县市区水分过饱和地块形成小面积群落。群落外貌绿色。在福建调查到 1 个群丛。

代表性样地设在武夷山国家公园内的桐木村。土壤为水稻土。群落类型为接骨草群丛。群落中接骨草（图 5-23-5、图 5-23-6）占优势，平均高达 1m，伴生艾、葎草（*Humulus scandens*）、小蓬草、喜旱莲子草等。

图 5-23-5　接骨草（*Sambucus javanica*）（1）　　　　图 5-23-6　接骨草（*Sambucus javanica*）（2）

4.海芋草甸

海芋分布于亚洲热带至南亚热带区域海拔 1700m 以下的热带雨林或季风常绿阔叶林林缘或河谷，局部延伸到中亚热带地区。在福建武夷山、邵武、泰宁、武平、南靖等县市区林缘和路边形成小面积群落。群落外貌鲜绿色（图 5-23-7）。在福建调查到 1 个群丛。

代表性样地设在武平中山河国家湿地公园。土壤为水稻土。群落类型为海芋群丛。群落中海芋（图 5-23-8）占优势，其平均高达 1m 以上，有时伴生大苞鸭跖草（*Commelina paludosa*）、板蓝（*Strobilanthes cusia*）、直刺变豆菜、锈毛莓、葎草、鬼针草等。

图 5-23-7　海芋草甸群落外貌（中山河）

图 5-23-8　海芋（*Alocasia macrorrhiza*）

5.笔管草草甸

笔管草（*Equisetum ramosissimum* subsp. *debile*）广布于亚洲暖温带以南海拔 3200m 以下的区域，在我国华北以南各地均有分布。在福建泰宁世界自然遗产地，福建虎伯寮、汀江源国家级自然保护区的溪涧中形成小面积群落。群落外貌深绿色（图 5-23- 9 、图 5-23-10）。在福建调查到 1 个群丛。

图 5-23-9　笔管草草甸群落外貌（泰宁）

图 5-23-10　笔管草草甸群落外貌（汀江源）

图 5-23-11　笔管草（*Hippochaete debile*）

代表性样地设在泰宁世界自然遗产地内的寨下大峡谷。土壤为紫色土，生境湿润。群落类型为笔管草群丛。群落中笔管草（图5-23-11）占优势，平均高60cm左右，有时伴生乌蔹莓、溪边凤尾蕨、金钱蒲、五节芒、海金沙等。

6. 金钱蒲草甸

金钱蒲分布于黄河以南地区海拔20—2600m的溪中石上或湿地中，印度东北部至泰国北部也有。在福建武夷山、邵武、泰宁、沙县、将乐、建宁、长汀等县市区林下路边或溪涧中形成小面积群落。群落外貌亮绿色（图5-23-12、图5-23-13）。在福建调查到1个群丛。

图 5-23-12　金钱蒲草甸群落外貌（将石）

图 5-23-13　金钱蒲草甸群落外貌（武夷山）　　　　图 5-23-14　金钱蒲（*Acorus gramineus*）

　　代表性样地设在邵武将石省级自然保护区内的天成奇峡。土壤为紫色土，生境湿润。群落类型为金钱蒲群丛。群落中金钱蒲（图 5-23-14）占优势，总盖度 85% 左右，平均高 25cm 左右，有时伴生单叶对囊蕨、深绿卷柏、蝴蝶花。

二十四、山地草甸

1. 黄花菜草甸

　　黄花菜（*Hemerocallis citrina*）分布于秦岭以南地区（包括甘肃和陕西的南部，不包括云南），以及河北、山西和山东，生于海拔 2000 米以下的山坡、山谷、荒地或林缘。在福建仅见于武夷山、上杭和周宁较高海拔的草甸生境。群落外貌绿色（图 5-24-1）。在福建调查到 1 个群丛。

图 5-24-1　黄花菜草甸群落外貌（武夷山）

代表性样地设在武夷山国家公园内的黄岗山近顶部。土壤为山地草甸土。群落类型为黄花菜群丛。草甸中黄花菜占优势，伴生五节芒、日本麦氏草，周边有黄山松、铁杉和白檀的幼树。

2. 日本麦氏草草甸

日本麦氏草分布于安徽、浙江、福建等地海拔 900m 以上的山地草甸及湿润地。在武夷山国家公园、福建闽江源国家级自然保护区等地有日本麦氏草草甸，面积较大。群落外貌绿色（图 5-24-2）。在福建调查到 1 个群丛。

图 5-24-2　日本麦氏草草甸群落外貌（峨嵋峰）

代表性样地设在武夷山国家公园内的黄岗山。土壤为山地草甸土，土层较瘠薄。群落类型为日本麦氏草群丛。群落总盖度达100%。群落中日本麦氏草（图5-24-3）占优势，散见杜鹃、金丝桃、庐山小檗（*Berberis virgetorum*）等灌木种类。草本植物中日本麦氏草占优势，短柄粉条儿菜为亚优势种，伴生种类有牯岭藜芦、莎草属1种、小二仙草、紫萼、隔山香、金兰、微糙三脉紫菀、闽浙马尾杉等。层间植物有中华双蝴蝶、蛇莓。

图5-24-3 日本麦氏草（*Molinia japonica*）（陈炳华提供）

3. 无芒耳稃草草甸

无芒耳稃草分布于广东、广西、香港、海南、云南、福建的潮湿地。在福建见于福建茫荡山国家级自然保护区。群落外貌绿色。在福建调查到1个群丛。

代表性样地设在福建茫荡山国家级自然保护区内海拔1150—1350m的山体顶部，面积较大。土壤为山地草甸土，土层瘠薄。群落类型为无芒耳稃草群丛。群落总盖度约70%。群落中无芒耳稃草占优势，散见灌木，种类有杜鹃、小果珍珠花、细齿叶柃、石斑木、短尾越桔、乌药、轮叶蒲桃、南烛、长叶冻绿。草本植物还有玉山针蔺、平颖柳叶箬、地耳草、地菍、假婆婆纳（*Stimpsonia chamaedryoides*）、五岭龙胆、圆叶茅膏菜（*Drosera rotundlfolia*）。

4. 林荫千里光草甸

林荫千里光（*Senecio nemorensis*）广布于欧亚大陆的温带区域或亚热带山地，在我国的中部以北地区都有分布，在南方山地海拔770—3000m的林中空旷处、草地或溪边分布，局部形成小面积群落。在福建仅见于武夷山国家公园。群落外貌绿色。在福建调查到1个群丛。

代表性样地设在武夷山国家公园内海拔1900m以上的草甸。土壤为山地草甸土。群落类型为林荫千里光群丛。群落中林荫千里光（图5-24-4、图5-24-5）占优势，伴生艾、求米草、鸭跖草、薯莨（*Dioscorea cirrhosa*）等。

图5-24-4 林荫千里光（*Senecio nemorensis*）（1）

图5-24-5 林荫千里光（*Senecio nemorensis*）（2）

二十五、高草草甸

1. 肿柄菊草甸

肿柄菊（*Tithonia diversifolia*）原产于墨西哥，在我国南亚热带至热带地区的溪边湿地均有分布，形成高草草甸。在福建东山、云霄、漳浦、翔安、思明、南靖、华安等县市区形成小面积群落。群落外貌绿色，花期点缀金黄色花（图 5-25-1、图 5-25-2）。在福建调查到 1 个群丛。

代表性样地设在东山县乌礁湾海滨。土壤为海滨沙土。群落类型为肿柄菊群丛。群落中肿柄菊（图 5-25-3）占绝对优势，平均高达 3m。

图 5-25-1　肿柄菊草甸群落外貌（东山）

图 5-25-2　肿柄菊草甸群落外貌（翔安）

图 5-25-3　肿柄菊（*Tithonia diversifolia*）

2. 野蕉草甸

野蕉（*Musa balbisiana*）分布于亚洲南部、东南部的潮湿热带雨林、亚热带常绿阔叶林地区的沟谷中，在我国分布于云南、广西、广东、福建的常绿阔叶林和季风常绿阔叶林区域的湿润沟谷坡地中。在福建汀江源、雄江黄楮林国家级自然保护区和新罗龙崆洞景区内的溪涧中形成小面积群落。群落外貌绿色（图5-25-4、图5-25-5）。在福建调查到1个群丛。

代表性样地设在福建雄江黄楮林国家级自然保护区。土壤为红壤。群落类型为野蕉群丛。群落中野蕉（图5-25-6）占优势，平均高达3m，伴生鹅掌柴、蝴蝶戏珠花（*Viburnum plicatum* var. *tomentosum*）等灌木。草本层伴生临时救、麦冬等。

图 5-25-4 野蕉草甸群落外貌（新罗）

图 5-25-5 野蕉草甸群落外貌（汀江源）

图 5-25-6 野蕉（*Musa balbisiana*）

二十六、沼泽化草甸

1. 短叶水蜈蚣草甸

短叶水蜈蚣（*Kyllinga brevifolia*）主要分布于非洲、亚洲、大洋洲和美洲的热带、亚热带地区海拔600m以下的山坡荒地、路旁草丛、田边草地、溪边、海边沙滩上，在我国海南、广东、广西、云南、福建、江西、浙江、湖南、湖北、安徽、贵州、四川、重庆等地都有分布。在福建厦门、南靖的沙滩、路边形成小面积群落。群落外貌绿色（图5-26-1）。在福建调查到1个群丛。

代表性样地设在翔安区香山。土壤为海滨沙土。群落类型为短叶水蜈蚣群丛。群落中短叶水蜈蚣（图5-26-2）占优势，伴生龙爪茅、碎米莎草（*Cyperus iria*）等。

图5-26-1 短叶水蜈蚣草甸群落外貌（翔安）

图5-26-2 短叶水蜈蚣（*Kyllinga brevifolia*）（吕静提供）

2. 异型莎草草甸

异型莎草（*Cyperus difformis*）分布于亚洲、非洲和中美洲地区的稻田中或水边潮湿处。在我国分布很广，东北各地均常见到。在福建集美、将乐、武夷山局部形成小面积群落。群落外貌绿色。在福建调查到1个群丛。

代表性样地设在福建龙栖山国家级自然保护区。土壤为水稻土。群落类型为异型莎草群丛。群落中异型莎草（图5-26-3）占优势，伴生笄石菖（*Juncus prismatocarpus*）等。

图5-26-3 异型莎草（*Cyperus difformis*）（陈炳华提供）

3. 水莎草草甸

水莎草（*Cyperus serotinus*）分布于欧洲至亚洲的温带至亚热带地区的浅水中、水边沙土上。在福建集美、延平、诏安、漳浦、涵江、马尾等县市区浅水中、水边沙土上形成小面积群落。群落外貌绿色。在福建调查到1个群丛。

代表性样地设在福建茫荡山国家级自然保护区。土壤为水稻土。群落类型为水莎草群丛。群落中水莎草（图5-26-4）占优势，伴生车前、稗（*Echinochloa crusgalli*）、谷精草（*Eriocaulon buergerianum*）。

图 5-26-4　水莎草（*Cyperus serotinus*）（陈炳华提供）

4. 粗根茎莎草草甸

粗根茎莎草（*Cyperus stoloniferus*）分布于亚洲热带地区潮湿的盐渍土上，在福建沿海的诏安、漳浦、集美形成小面积群落。群落外貌绿色。在福建调查到1个群丛。

代表性样地设在漳浦县海滨。土壤为海滨沙土。群落类型为粗根茎莎草群丛。群落为粗根茎莎草的单优群落。

5. 高秆莎草草甸

高秆莎草（*Cyperus exaltatus*）主要分布于亚洲热带地区、非洲和大洋洲海拔20—2600m的溪中石上或湿地中。在我国分布于海南、广东、福建、江苏阴湿多水处。在福建沿海的诏安、漳浦、集美、涵江、马尾形成小面积群落。群落外貌绿色。在福建调查到1个群丛。

代表性样地设在集美区马銮湾。土壤为海滨沙土。群落类型为高秆莎草群丛。群落为高秆莎草的单优群落。

6. 碎米莎草草甸

碎米莎草广布于亚洲、美洲、大洋洲和非洲北部的田间、山坡、路旁阴湿处。在福建各地路边、湿地均有分布，局部形成小群落。群落外貌绿色。在福建调查到1个群丛。

代表性样地设在集美区马銮湾。土壤为海滨沙土。群落类型为碎米莎草群丛。群落为碎米莎草的单优群落。

7. 具芒碎米莎草草甸

具芒碎米莎草（*Cyperus microiria*）分布于东亚河岸边、路旁、草原湿处。在福建各地路边、湿地均有分布，局部形成小群落。群落外貌浅绿色。在福建调查到 1 个群丛。

代表性样地设在集美区马銮湾。土壤为海滨沙土。群落类型为具芒碎米莎草群丛。群落为具芒碎米莎草的单优群落。

8. 球柱草草甸

球柱草（*Bulbostylis barbata*）分布于亚洲温带至热带地区海拔 130—500m 的海边沙地或河滩沙地上，有时亦生长于田边、沙田中的湿地上。在福建各地路边、湿地均有分布，局部形成小群落。群落外貌绿色。在福建调查到 1 个群丛。

代表性样地设在泰宁世界自然遗产地内的大金湖。土壤为水稻土。群落类型为球柱草群丛。群落为球柱草的单优群落。

9. 芙兰草草甸

芙兰草（*Fuirena umbellata*）主要分布于亚洲热带地区海拔 1000m 以下的湿地、河边。在我国广东、海南、广西、台湾、福建沿海有分布。在福建南靖、长泰、芗城、湖里、南安均有分布，局部形成小群落。群落外貌绿色。在福建调查到 1 个群丛。

代表性样地设在芗城区。土壤为水稻土。群落类型为芙兰草群丛。群落为芙兰草的单优群落。

10. 圆果雀稗草甸

圆果雀稗（*Paspalum scrobiculatum* var. *orbiculare*）从亚洲东南部至大洋洲均有分布，广泛生于低海拔地区的荒坡、草地、路旁、田间。在福建各地局部形成小面积群落。群落外貌绿色，高矮不整齐（图 5-26-5）。在福建调查到 1 个群丛。

代表性样地设在集美区坂头水库。土壤为水稻土。群落类型为圆果雀稗群丛。群落中圆果雀稗（图 5-26-6）占优势，伴生铺地黍、水烛（*Typha angustifolia*）等。

图 5-26-5　圆果雀稗草甸群落外貌（集美）

图 5-26-6　圆果雀稗（*Paspalum scrobiculatum* var. *orbiculare*）

11. 牛筋草草甸

牛筋草（*Eleusine indica*）主要分布于全世界温带和热带地区。在我国南北各地的草地及道路旁常见。在福建各地常见，往往形成小面积群落。群落外貌绿色（图 5-26-7）。在福建调查到 1 个群丛。

图 5-26-7 牛筋草草甸群落外貌（天宝岩）

代表性样地设在福建天宝岩国家级自然保护区内的上坪村。土壤为水稻土。群落类型为牛筋草群丛。群落中牛筋草（图 5-26-8）占优势，伴生单叶对囊蕨、鸭跖草状凤仙花、深绿卷柏等。

12. 假俭草草甸

假俭草（*Eremochloa ophiuroides*）主要分布于中亚热带至南亚热带潮湿草地及河岸、路旁。在福建见于集美、将乐、建宁、延平、顺昌、长汀、连城、南靖、平和、安溪、德

图 5-26-8 牛筋草（*Eleusine indica*）

化等县市区。群落外貌绿色。在福建调查到1个群丛。

代表性样地设在集美区坂头水库。土壤为水稻土。群落类型为假俭草群丛。群落为假俭草的单优群落。

13.平颖柳叶箬草甸

平颖柳叶箬主要分布在我国中亚热带至南亚热带海拔 1000—1500m 的山坡草地或林缘。在福建见于上杭、德化。群落外貌绿色。在福建调查到1个群丛。

代表性样地设在福建戴云山国家级自然保护区内山体顶部的莲花池。土壤为泥炭土。群落类型为平颖柳叶箬群丛。群落总盖度约90%。群落以平颖柳叶箬（图5-26-9）为主，常见种类还有灯心草（*Juncus effusus*）、小二仙草、地耳草、谷精草、西南水芹（*Oenanthe dielsii*）等。

14.中华结缕草草甸

图5-26-9 平颖柳叶箬（*Isachne truncata*）（陈炳华提供）

中华结缕草（*Zoysia sinica*）分布于亚洲东部滨海的海边沙滩、河岸、路旁的草丛中。在福建翔安等县市区海边沙滩、河岸、路旁的草丛中形成小面积群落。群落外貌绿色。在福建调查到1个群丛。

代表性样地设在翔安区。土壤为海滨沙土。群落类型为中华结缕草群丛。群落为中华结缕草的单优群落。

二十七、乔木沼泽

1.水松林

水松为我国特有种，主要分布在珠江、闽江及九龙江流域海拔1000m以下的山间沼泽湿地，江西、四川、广西和云南有零星分布。在福建分布于屏南、尤溪、漳平、邵武等县市区（图5-27-1）。群落外貌整齐，树冠塔形（图5-27-2、图5-27-3），林内结构简单。在福建调查到1个群丛。

代表性样地设在屏南县岭下乡上楼村海拔1250m的中山湿地。土壤为沼泽土。群落类型为水松-扁枝越桔-白茅群丛。乔木层以水松为单优种（图5-27-4到图5-27-7）。灌木层仅见扁枝越桔。草本层以白茅为主。

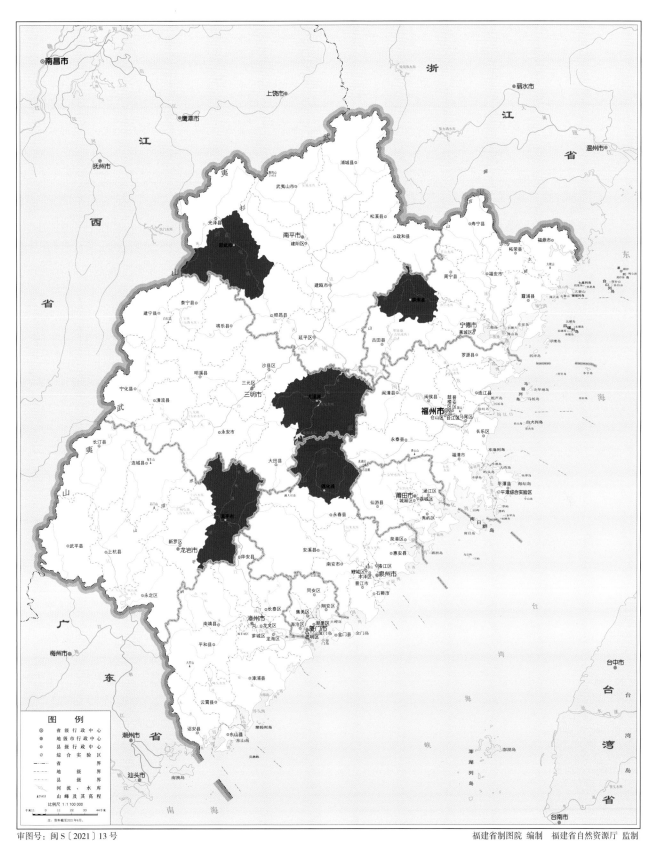

图 5-27-1　水松林分布图

图 5-27-2　水松林群落外貌（屏南）

图 5-27-3　水松林群落外貌（邵武）

图 5-27-4　水松（*Glyptostrobus pensilis*）（1）

图 5-27-5 水松（*Glyptostrobus pensilis*）（2）

图 5-27-6 水松（*Glyptostrobus pensilis*）（3）

图 5-27-7 水松（*Glyptostrobus pensilis*）（4）

2.江南桤木林

江南桤木具有喜光、耐水湿、根系发达等特点，产于东亚地区，在安徽、江苏、浙江、江西、福建、广东、湖南、湖北、河南海拔200—1500m的山谷或河谷中都有分布，其形成的群落零散分布于亚热带低山丘陵的平浅沟洼地或溪流边，属于乔木沼泽植被亚型。在福建见于泰宁、建阳、上杭、连城、宁德等县市区。福建峨嵋峰国家级自然保护区内的江南桤木林可能是南方最典型的一片乔木沼泽之一，其林相、林冠比较整齐，种类组成及群落结构简单，可以分为乔木、灌木及草本三层（图5-27-8、图5-27-9）。在福建调查到3个群丛。

代表性样地设在福建峨嵋峰国家级自然保护区内的东海洋。土壤为沼泽土，常年积水。群落类型为江南桤木–水竹–永安薹草群丛。群落总盖度60%—80%。乔木层一般高10—15m，江南桤木（图5-27-10、图5-27-11）为建群种，伴生树种极为贫乏。沼泽中部几乎为江南桤木纯林。林缘常有湖北海棠、交让木、山矾伴生，局部地段与江南桤木成共建种，连同青榨槭、五裂槭、石楠属1种、多脉青冈等共同组成乔木层。灌木层高一般为1—5m，水竹（*Phyllostachys heteroclada*）占优势，常出现的种类主要有总状山矾、木姜子属1种、浙江新木姜子、朱砂根、东方古柯、腺叶桂樱、落霜红等，在样地外群落交界处常出现一定数量的江南桤木幼树。草本层由于小生境水热条件不同而在不同地段出现不同的优势种，永安薹草占优势，伴生禾本科1种、异药花等，且常常在局部地段为单优种或多优种。层间植物有香港双蝴蝶、南五味子等（表5-27-1）。

图 5-27-8　江南桤木林群落外貌（峨嵋峰，3月中旬）

图 5-27-9 江南桤木林群落外貌（峨嵋峰，9 月下旬）

图 5-27-10 江南桤木（*Alnus trabeculosa*）（1）

图 5-27-11 江南桤木（*Alnus trabeculosa*）（2）

表5-27-1 江南桤木-水竹-永安薹草群落样方表

种名	株数	样方数	相对多度/%	相对频度/%	相对显著度/%	相对盖度/%	重要值
乔木层							
江南桤木 Alnus trabeculosa	110	7	73.83	26.92	6.56		107.32
湖北海棠 Malus hupehensis	2	1	1.35	3.84	34.96		40.15
交让木 Daphniphyllum macropodum	10	5	6.71	19.23	3.24		29.18
山矾 Symplocos sumuntia	7	3	4.70	11.54	12.35		28.59
银叶柳 Salix chienii	4	1	2.68	3.84	8.74		15.26
青榨槭 Acer davidii	3	2	2.01	7.69	4.80		14.50
五裂槭 Acer oliverianum	3	2	2.01	7.69	3.71		13.41
石楠属 1 种 Photinia sp.	2	1	1.34	3.85	7.25		12.44
冬青属 1 种 Ilex sp.	1	1	0.67	3.85	6.90		11.42
多脉青冈 Cyclobalanopsis multinervis	5	1	3.36	3.85	3.68		10.89
钟花樱桃 Cerasus campanulata	1	1	0.67	3.85	4.42		8.94
三花冬青 Ilex triflora	1	1	0.67	3.85	3.38		7.90
灌木层							
水竹 Phyllostachys heteroclada	15	2	18.08	5.71		70.41	94.20
总状山矾 Symplocos botryantha	13	3	15.67	8.57		23.76	48.00
木姜子属 1 种 Litsea sp.	6	3	7.23	8.57		2.73	18.53
浙江新木姜子 Neolitsea aurata var. chekiangensis	7	3	8.44	8.57		1.32	18.33
朱砂根 Ardisia crenata	7	3	8.44	8.57		0.09	17.10
东方古柯 Erythroxylum sinense	6	3	7.23	8.57		0.09	15.89
杜鹃 Rhododendron simsii	10	1	12.05	2.86		0.44	15.35
腺叶桂樱 Laurocerasus phaeosticta	2	2	2.41	5.71		0.09	8.21
落霜红 Ilex serrata	2	2	2.41	5.71		0.09	8.21
红淡比 Cleyera japonica	2	2	2.41	5.71		0.09	8.21
交让木 Daphniphyllum macropodum	2	2	2.41	5.71		0.09	8.21
凹叶冬青 Ilex championii	1	1	1.20	2.86		0.09	4.15
石楠属 1 种 Photinia sp.	1	1	1.20	2.86		0.09	4.15
湖北海棠 Malus hupehensis	2	1	2.41	2.86		0.09	5.36
细齿叶柃 Eurya nitida	2	1	2.41	2.86		0.09	5.36
冬青属 1 种 Ilex sp.	1	1	1.20	2.86		0.09	4.15
茶荚蒾 Viburnum setigerum	1	1	1.20	2.86		0.09	4.15
福建假卫矛 Microtropis fokienensis	1	1	1.20	2.86		0.09	4.15
青榨槭 Acer davidii	1	1	1.20	2.86		0.09	4.15
马银花 Rhododendron ovatum	1	1	1.20	2.86		0.09	4.15
层间植物							
香港双蝴蝶 Tripterospermum nienkui	3	2	37.5	33.33		55.55	126.38
悬钩子属 1 种 Rubus sp.	2	1	25.0	16.67		11.11	52.78
南五味子 Kadsura longipedunculata	1	1	12.5	16.67		11.11	40.28
菝葜属 1 种 Smilax sp.	1	1	12.5	16.67		11.11	40.28
九仙莓 Rubus yanyunii	1	1	12.5	16.67		11.11	40.28

续表

种名	株数	样方数	相对多度 /%	相对频度 /%	相对显著度 /%	相对盖度 /%	重要值
草本层							
永安薹草 *Carex yonganensis*	453	2	72.83	14.29		82.28	169.40
禾本科 1 种 *Poaceae* sp.	81	3	13.02	21.43		16.46	50.91
多花黄精 *Polygonatum cyrtonema*	28	3	4.50	21.43		0.20	26.13
异药花 *Fordiophyton fordii*	19	3	3.05	21.43		0.07	24.55
单穗擂鼓荔 *Mapania wallichii*	30	1	4.83	7.14		0.33	12.30
禾叶山麦冬 *Liriope graminifolia*	8	1	1.29	7.14		0.33	8.76
竹叶草 *Oplismenus compositus*	3	1	0.48	7.14		0.33	7.95

注：调查时间 2013 年 8 月 7 日，地点峨嵋峰东海洋（海拔 1430m），陶伊佳记录。

3. 喜树林

喜树（*Camptotheca acuminata*）广布于长江流域，一般生长于潮湿的沟边或溪边，很少成林。在泰宁世界自然遗产地，邵武将石省级自然保护区，福建梁野山、君子峰国家级自然保护区，永安龙头国家湿地公园都有喜树林。群落外貌绿色，林内分层不明显（图 5-27-12、图 5-27-13）。在福建调查到 4 个群丛。

图 5-27-12 喜树林林内结构（泰宁）

图 5-27-13　喜树林林内结构（将石）

　　代表性样地设在邵武将石省级自然保护区。土壤为紫色土，终年积水。群落类型为喜树–箬竹–长柄线蕨群丛。群落总盖度约95%。乔木层树种以喜树（图5-27-14）为主，密度为每100m² 3—6株，其平均高达 15m、平均胸径达23.5cm，局部混生冬青、鼠刺、虎皮楠、薄叶润楠、山杜英。灌木层以箬竹为主，平均高130cm，常见种类还有栀子、水团花、锐尖山香圆、广东紫珠，以及薄叶润楠、青冈、柯等的幼树。草本层中长柄线蕨占优势，常见种类还有江南卷柏、北川细辛、血水草、铁角蕨、贯众、菜蕨（*Callipteris esculenta*）、背囊复叶耳蕨等。层间植物有玉叶金花、菝葜、珍珠莲、亮叶鸡血藤等。

图 5-27-14　喜树（*Camptotheca acuminata*）

4. 枫杨林

枫杨（*Pterocarya stenoptera*）广布于亚热带地区海拔 1500m 以下的河滩、溪涧阴湿的林中。在福建武夷山国家公园、建宁闽江源国家湿地公园（试点）、长汀汀江国家湿地公园的河滩均有分布。群落外貌绿色（图 5-27-15、图 5-27-16）。在福建调查到 1 个群丛。

图 5-27-15　枫杨林群落外貌（建宁）

图 5-27-16　枫杨林群落外貌（长汀）

代表性样地设在建宁闽江源国家湿地公园（试点）。土壤为水稻土。群落类型为枫杨-细叶水团花-菜蕨群丛。乔木层由粗大的枫杨（图5-27-17）构成，其平均树高达16m、平均胸径达40cm，密度为每100m² 3株，伴生喜树、木蜡树。灌木层细叶水团花（*Adina rubella*）占优势，平均高3m左右，伴生秤星树、鼠刺和大叶白纸扇。草本层菜蕨占优势，平均高40cm，伴生蕺菜、鸭跖草、野线麻、博落回、四棱草（*Schnabelia oligophylla*）。层间植物有南蛇藤、三叶木通、山莓。

图 5-27-17　枫杨（*Pterocarya stenoptera*）

5. 乌桕林

乌桕广布于亚洲暖温带至热带地区旷野、塘边或疏林中，耐水淹，在淡水沼泽湿地生长良好。在福建见于长汀汀江国家湿地公园、武平中山河国家湿地公园、永安龙头国家湿地公园，以及南靖、集美等地。群落外貌绿色（图5-27-18、图5-27-19）。在福建调查到1个群丛。

图 5-27-18　乌桕林群落外貌（长汀）

图 5-27-19　乌桕林群落外貌（武平）

代表性样地设在武平中山河国家湿地公园内河流两侧。土壤为水稻土。群落类型为乌桕-琴叶榕-铺地黍群丛。乔木层以乌桕（图5-27-20）为建群种，其平均高8m、平均胸径10cm，盖度仅50%，偶见香叶树、豆梨。灌木层琴叶榕（*Ficus pandurata*）占优势，伴生枇杷叶紫珠，以及野柿、盐肤木的幼树。草本层铺地黍占优势，伴生夏枯草（*Prunella vulgaris*）、火炭母、如意草。

图 5-27-20　乌桕（*Triadica sebifera*）

6. 银叶柳林

银叶柳分布于亚热带地区海拔 500—600m 的溪流两岸。在福建主要分布在建宁闽江源国家湿地公园，邵武将石省级自然保护区，以及泰宁许坊水库、李家岩、甘露寺和连城冠豸山等地。群落外貌绿色（图5-27-21），林内结构简单（图5-27-22、图5-27-23）。在福建调查到 3 个群丛。

图 5-27-21　银叶柳林群落外貌（泰宁）

图 5-27-22　银叶柳林林内结构（冠豸山）

图 5-27-23　银叶柳林林内结构（建宁）

代表性样地设在泰宁世界自然遗产地内的许坊水库。土壤为紫色土。群落类型为银叶柳-水竹-灯心草群丛。群落总盖度约80%。乔木层仅有银叶柳（图5-27-24），其平均高16m、平均胸径23cm。灌木层以耐水湿的水竹为主，伴生琴叶榕。草本层种类丰富，以灯心草为主，常见种类还有糯米团、蛇莓、婆婆纳（*Veronica polita*）、车前、龙芽草、笄石菖、羊蹄、天胡荽（*Hydrocotyle sibthorpioides*）、柯孟披碱草（*Elymus kamoji*）、星宿菜、拟鼠麹草、一年蓬、艾、如意草、蛇含委陵菜等。

图 5-27-24　银叶柳（*Salix chienii*）

二十八、灌木沼泽

1. 风箱树灌丛

风箱树（*Cephalanthus tetrandrus*）广布于东南亚，在华南地区略荫蔽的水沟旁或溪畔都有分布，部分沼泽地形成以风箱树为建群种的灌木沼泽。在福建虎伯寮国家级自然保护区、邵武龙湖林场、福建连城冠豸山国家地质公园等地有风箱树灌丛。群落外貌绿色（图5-28-1），林内结构简单。在福建调查到1个群丛。

代表性样地设在泰宁世界自然遗产地内的许坊废弃的冷浆田。土壤为水稻土。群落类型为风箱树-圆锥绣球-莎草群丛。群落总盖度约80%。乔木层仅有风箱树（图5-28-2），其平均高7m、平均胸径12cm。灌木层以耐水湿的圆锥绣球为主。草本层种类丰富，以莎草为主，常见种类还有东亚舌唇兰（*Platanthera ussuriensis*）、车前、龙芽草、星宿菜、崇安鼠尾草（*Salvia chunganensis*）、九头狮子草、拟鼠麹草、一年蓬、艾、如意草、蛇含委陵菜等。

图 5-28-1　风箱树灌丛群落外貌（泰宁）

图 5-28-2　风箱树（*Cephalanthus tetrandrus*）

2. 轮叶蒲桃灌丛

轮叶蒲桃分布于福建、广东、广西、江西、浙江、安徽、湖南、湖北、贵州等地海拔100—900m开阔的林地、溪边、山坡、谷地，或在常绿阔叶林林下，在高于常年淹水水面的溪岸常形成耐水湿的灌丛。在福建各地常见，局部形成灌木沼泽。群落外貌绿色，结构简单。在福建调查到1个群丛。

代表性样地设在武夷山国家公园内的九曲溪上游溪岸边。土壤为山地红壤。群落类型为轮叶蒲桃-金钱蒲群丛。灌木层仅见轮叶蒲桃（图5-28-3、图5-28-4），平均高2m左右。草本层仅见金钱蒲。

图 5-28-3　轮叶蒲桃（*Syzygium grijsii*）（1）　　　　图 5-28-4　轮叶蒲桃（*Syzygium grijsii*）（2）

3. 细叶水团花灌丛

细叶水团花分布于广东、广西、福建、江西、湖南、浙江、江苏、陕西、安徽、湖北、贵州、河南等地的溪边、河边、沙滩等湿润地区，朝鲜也有分布。在福建各地都有分布，局部形成小面积群落。群落外貌绿色，结构简单。在福建调查到1个群丛。

代表性样地设在武夷山国家公园内的大安源溪岸边。土壤为山地红壤。群落类型为细叶水团花-金钱蒲群丛。灌木层仅见细叶水团花（图5-28-5）。草本层仅见金钱蒲。

图 5-28-5　细叶水团花（*Adina rubella*）

4. 水竹灌丛

水竹对水土要求不严，分布较广，主要分布于长江流域的中亚热带地区。在福建分布于建宁、泰宁、连城、永安、邵武等县市区。群落外貌绿色（图5-28-6），结构简单。在福建调查到4个群丛。

图 5-28-6　水竹灌丛群落外貌（天宝岩）

代表性样地设在福建闽江源国家级自然保护区海拔1100m左右的山体中部的石燕岩山间积水处。土壤为山地黄红壤。群落类型为水竹-山姜群丛。群落总盖度约95%。灌木层以水竹为主，高5m，常见种类还有胡颓子、鹿角杜鹃、长瓣短柱茶、圆锥绣球、野山楂等，以及青榨槭的幼苗。草本层仅见山姜、疏头过路黄。层间植物有寒莓。

二十九、水藓沼泽

中位泥炭藓沼泽

泥炭藓是喜湿耐酸的藓类植物，在地表过湿或局部积水的地段易形成群落。我国中位泥炭藓沼泽主要分布在东北大兴安岭、小兴安岭和长白山等地，在华中、云贵高原也有分布。近年来，在武夷山国家公园，福建峨嵋峰、天宝岩、戴云山、君子峰国家级自然保护区内均调查到面积大小不一的中位泥炭藓沼泽。群落外貌绿色（图5-29-1），结构简单。在福建调查到1个群丛。

代表性样地设在福建峨嵋峰国家级自然保护区的东海洋。土壤为泥炭土。群落类型为中位泥炭藓群丛。群落总盖度约90%。部分生长于水塘周边，常为中位泥炭藓（*Sphagnum magellanicum*）单优种，偶见笄石菖等。局部为低矮藓丘，标志着沼泽化的形成。有捕虫植物圆叶茅膏菜，标志着该沼泽进入贫营养沼泽阶段（表5-29-1）。在江南桤木林间空地上分布着的纯泥炭藓群落，面积较小，活泥炭藓厚15cm，总盖度达100%，犹如一片绿茵地毯铺在丛林中，十分醒目。

图 5-29-1　中位泥炭藓群落外貌（峨嵋峰）

表 5-29-1 中位泥炭藓群落样方表

种名	株数	样方数	相对多度/%	相对频度/%	相对盖度/%	重要值
中位泥炭藓 *Sphagnum magellanicum*	210	4	59.32	33.33	81.11	173.76
灯心草 *Juncus effusus*	76	2	21.47	16.67	8.11	46.25
毛秆野古草 *Arundinella hirta*	16	2	4.52	16.67	5.07	26.26
圆叶茅膏菜 *Drosera rotundifolia*	35	1	9.89	8.33	5.07	23.29
华南谷精草 *Eriocaulon sexangulare*	12	2	3.39	16.67	0.51	20.57
笄石菖 *Juncus prismatocarpus*	5	1	1.41	8.33	0.13	9.87

注：调查时间 2013 年 8 月 6 日，地点峨嵋峰东海洋（海拔 1430m），朱攀记录。

三十、草本沼泽

1. 曲轴黑三棱沼泽

曲轴黑三棱（*Sparganium fallax*）广布于东南亚，在浙江、福建、台湾、贵州、云南等地湖泊、沼泽、河沟、水塘边浅水处可以形成或大或小的挺水植物群落。在福建峨嵋峰、君子峰国家级自然保护区及集美等地都可以形成小面积群落。群落外貌鲜绿色（图 5-30-1），结构简单。在福建调查到 1 个群丛。

图 5-30-1 曲轴黑三棱群落外貌（峨嵋峰）

代表性样地设在福建峨嵋峰国家级自然保护区内的东海洋。土壤为沼泽土。群落类型为曲轴黑三棱群丛。群落总盖度约60%。群落中曲轴黑三棱（图5-30-2）占优势，平均高0.5m，群落中有少量野慈姑（*Sagittaria trifolia*）、鸭跖草、竹节菜（*Commelina diffusa*）。

2. 龙师草沼泽

龙师草广布于江苏、浙江、安徽、湖南、江西、河南、福建、广西、台湾等地沟边、池边和湿地等潮湿处。在福建主要分布在武夷山国家公园，福建峨嵋峰、戴云山、龙栖山国家级自然保护区、邵武将石、永春牛姆林省级自然保护区内的湿润崖壁与

图5-30-2　曲轴黑三棱（*Sparganium fallax*）

沟边。群落外貌绿色，结构简单。在福建调查到1个群丛。

代表性样地设在福建峨嵋峰国家级自然保护区内的东海洋水塘边。土壤为沼泽土。群落类型为龙师草群丛。群落总盖度约85%。群落以龙师草为主，其平均高20cm、重要值达150.78，小二仙草次之，群落中常见物种还有如意草、星宿菜、灯心草、禾叶挖耳草（*Utricularia graminifolia*）、华南谷精草、矮扁鞘飘拂草（*Fimbristylis complanata*）、细叶刺子莞（*Rhynchospora faberi*）、细叶小苦荬（*Ixeridium gracile*）等（表5-30-1）。

表5-30-1　龙师草群落样方表

种名	株数	样方数	相对多度/%	相对频度/%	相对盖度/%	重要值
龙师草 *Eleocharis tetraquetra*	356	4	61.17	15.38	74.23	150.78
小二仙草 *Gonocarpus micrantha*	123	3	21.13	11.54	19.00	51.67
如意草 *Viola arcuata*	19	3	3.27	11.54	1.19	16.00
灯心草 *Juncus effusus*	30	2	5.15	7.69	0.59	13.43
星宿菜 *Lysimachia fortunei*	7	2	1.20	7.69	2.97	11.86
细叶小苦荬 *Ixeridium gracile*	15	2	2.58	7.69	0.30	10.57
华南谷精草 *Eriocaulon sexangulare*	12	2	2.06	7.69	0.59	10.34
矮扁鞘飘拂草 *Fimbristylis complanata*	5	2	0.86	7.69	0.06	8.61
细叶刺子莞 *Rhynchospora faberi*	3	2	0.52	7.69	0.18	8.39
禾叶挖耳草 *Utricularia graminifolia*	6	1	1.03	3.85	0.18	5.06
竹叶草 *Oplismenus compositus*	3	1	0.52	3.85	0.59	4.96
地耳草 *Hypericum japonicum*	2	1	0.34	3.85	0.06	4.25
笄石菖 *Juncus prismatocarpus*	1	1	0.17	3.85	0.06	4.08

注：调查时间2013年8月6日，地点峨嵋峰东海洋（海拔1430m），朱攀记录。

3. 牛毛毡沼泽

牛毛毡（*Eleocharis yokoscensis*）广布于亚洲海拔 3000m 以下的弃耕水田、池塘边或湿黏土上，几乎遍布于全国。在福建见于屏南、福清、闽侯、湖里、南靖等县市区，常局部形成小面积群落。群落外貌亮绿色（图 5-30-3），结构单一。在福建调查到 1 个群丛。

代表性样地设在闽侯县。土壤为沼泽土。群落类型为牛毛毡群丛。群落为牛毛毡单优群落，偶见泥花草（*Lindernia antipoda*）。

图 5-30-3 牛毛毡群落外貌（闽侯）（陈炳华提供）

4. 球穗扁莎沼泽

球穗扁莎（*Pycreus flavidus*）从非洲南部与地中海沿岸到亚洲泛热带区域，再到大洋洲都有分布，生长于田边或溪边湿润处。在福建各地常见。群落外貌亮绿色（图 5-30-4），结构简单。在福建调查到 1 个群丛。

代表性样地设在福建戴云山国家级自然保护区内九仙山的山体中部海拔 1533m 的莲花寺附近。土壤为沼泽土，土壤中水分过饱和。群落类型为球穗扁莎群丛。群落总盖度约 80%。群落以球穗扁莎为主，平均高

图 5-30-4 球穗扁莎群落外貌（闽侯）（陈炳华提供）

50cm，其间混生短叶茳芏、谷精草、毛蓼。

5. 三棱水葱沼泽

三棱水葱（*Schoenoplectus triqueter*）为广布种，在福建各地水沟、水塘、山溪边或沼泽地都有分布。群落外貌绿色，结构简单。在福建调查到 1 个群丛。

代表性样地设在福建峨嵋峰国家级自然保护区内的东海洋。土壤为沼泽土。群落类型为三棱水葱群丛。群落总盖度约70%。群落以三棱水葱为单优种，平均高约 80cm。

6. 水毛花沼泽

水毛花（*Schoenoplectus mucronatus*）广布于欧亚大陆海拔 500—1500m 的池塘、山间洼地、水潭等湿地，常和野慈姑、莲同生，我国除新疆、西藏外，均有分布。在福建峨嵋峰国家级自然保护区、宁化牙梳山省级自然保护区、泰宁世界自然遗产地等地均有分布。群落外貌亮绿色（图 5-30-5、图 5-30-6），结构简单。在福建调查到 1 个群丛。

代表性样地设在福建峨嵋峰国家级自然保护区内的东海洋。土壤为沼泽土。群落类型为水毛花群丛。群落总盖度约80%。群落为挺水植物群落，以水毛花（图 5-30-7）为主，平均高约 40cm。群落中混生龙师草、笄石菖（表 5-30-2）。

图 5-30-5　水毛花群落外貌（牙梳山）

图 5-30-6　水毛花群落外貌（峨嵋峰）　　　　图 5-30-7　水毛花（*Schoenoplectus mucronatus*）

表 5-30-2　水毛花群落样方表

种名	株数	样方数	相对多度 /%	相对频度 /%	相对盖度 /%	重要值
水毛花 *Schoenoplectus mucronatus*	305	4	75.31	57.14	89.39	221.85
龙师草 *Eleocharis tetraquetra*	76	2	18.76	28.57	9.09	56.42
笄石菖 *Juncus prismatocarpus*	24	1	5.93	14.29	1.52	21.73

注：调查时间 2013 年 8 月 6 日，地点峨嵋峰东海洋（海拔 1430m），陶伊佳记录。

7. 灯心草沼泽

灯心草广布于全国各地，在沼泽中生长较好，在路边也常见。在福建戴云山、闽江源、峨嵋峰国家级自然保护区和邵武龙湖林场等地都能够形成群落。群落外貌灰绿色（图 5-30-8），结构简单。在福建调查到 1 个群丛。

代表性样地设在福建峨嵋峰国家级自然保护区内的东海洋。土壤为沼泽土。群落类型为灯心草群丛。群落总盖度约 80%。群落中灯心草（图 5-30-9）占绝对优势。样地中常见种类还有星宿菜、朝鲜薹草、长苞谷精草（*Eriocaulon decemflorum*）、小灯心草（*Juncus bufonius*）、小二仙草、光头稗（*Echinochloa colona*）、莎草属 1 种、华南谷精草、泥炭藓属 1 种、细叶小苦荬等（表 5-30-3）。

图 5-30-8 灯心草群落外貌（峨嵋峰）

图 5-30-9 灯心草（*Juncus effusus*）

表 5-30-3 灯心草群落样方表

种名	株数	样方数	相对多度 /%	相对频度 /%	相对盖度 /%	重要值
灯心草 *Juncus effusus*	327	4	50.08	22.22	51.48	123.78
星宿菜 *Lysimachia fortunei*	79	2	12.10	11.11	11.63	34.84
朝鲜薹草 *Carex dickinsii*	62	2	9.49	11.11	10.30	30.90
长苞谷精草 *Eriocaulon decemflorum*	68	2	10.41	11.11	1.66	23.18
小灯心草 *Juncus bufonius*	56	1	8.58	5.56	8.30	22.43
小二仙草 *Gonocarpus micranth*	20	2	3.06	11.11	2.66	16.83
光头稗 *Echinochloa colona*	9	1	1.38	5.56	8.30	15.24
莎草属 1 种 *Cyperaceae* sp.	12	1	1.84	5.56	3.32	10.72
华南谷精草 *Eriocaulon sexangulare*	7	1	1.07	5.56	1.66	8.29
泥炭藓属 1 种 *Sphagnum* sp.	12	1	1.84	5.56	0.66	8.06
细叶小苦荬 *Ixeridium gracile*	1	1	0.15	5.56	0.03	5.74

注：调查时间 2013 年 8 月 6 日，地点峨嵋峰东海洋（海拔 1430m），朱攀记录。

8. 笄石菖沼泽

笄石菖广布于长江以南的沼泽湿地。在福建各地湿地常见。群落外貌亮绿色（图 5-30-10），结构简单。在福建调查到 1 个群丛。

图 5-30-10 笄石菖群落外貌（泰宁）（陈炳华提供）　　图 5-30-11 笄石菖（*Juncus prismatocarpus*）

　　代表性样地设在福建峨嵋峰国家级自然保护区内的东海洋水塘边潮湿地段。土壤为沼泽土。群落类型为笄石菖群丛。笄石菖（图 5-30-11）平均高 20cm，在群落中占绝对优势，偶见水毛花、地耳草、光头稗和东方水韭（表 5-30-4）。

表 5-30-4　笄石菖群落样方表

种名	株数	样方数	相对多度 /%	相对频度 /%	相对盖度 /%	重要值
笄石菖 *Juncus prismatocarpus*	276	4	88.46	50.00	92.39	230.85
水毛花 *Schoenoplectus mucronatus*	12	1	3.85	12.50	3.62	19.97
地耳草 *Hypericum japonicum*	10	1	3.21	12.50	1.09	16.79
光头稗 *Echinochloa colona*	5	1	1.60	12.50	2.54	16.64
东方水韭 *Isoetes orientalis*	9	1	2.88	12.50	0.36	15.75

注：调查时间 2013 年 8 月 6 日，地点峨嵋峰东海洋（海拔 1430m），朱攀记录。

9. 谷精草沼泽

　　谷精草分布于亚洲亚热带地区的稻田、水边。在福建各地的淡水湿地中常见，往往形成小面积群落。群落外貌翠绿色（图 5-30-12），结构简单。在福建调查到 1 个群丛。

　　代表性样地设在福建峨嵋峰国家级自然保护区内的中山沼泽湿地中。土壤为沼泽土。群落类型为谷精草群丛。群落总盖度约 50%。群落中谷精草（图 5-30-13）占优势，植株矮小，平均高约 20cm。

图 5-30-12　谷精草群落外貌（峨嵋峰）

图 5-30-13　谷精草（*Eriocaulon buergerianum*）

10. 长苞谷精草沼泽

长苞谷精草分布于欧亚大陆东部湿地中，在局部形成草本沼泽。在福建峨嵋峰、闽江源、雄江黄楮林国家级自然保护区内形成群落。群落外貌翠绿色（图 5-30-14、图 5-30-15），结构简单。在福建调查到 1 个群丛。

代表性样地设在福建峨嵋峰国家级自然保护区内的东海洋湿地中。土壤为沼泽土。群落类型为长苞谷精草群丛。群落中长苞谷精草（图 5-30-16）占优势，植株矮小，平均高 15cm，偶见鸭跖草、谷精草、多种飘拂草。

图 5-30-14　长苞谷精草群落外貌（峨嵋峰）

图 5-30-15　长苞谷精草群落外貌（闽江源）（陈炳华提供）

图 5-30-16　长苞谷精草（*Eriocaulon decemflorum*）

11. 三白草沼泽

三白草分布于华东、华南等地的沟边、塘边、溪旁。在福建闽江源、汀江源国家级自然保护区，武夷山国家公园，以及集美均能形成群落。群落外貌绿色（图5-30-17），结构简单。在福建调查到1个群丛。

代表性样地设在福建闽江源国家级自然保护区内海拔600m的朱家坳。土壤为沼泽土。群落类型为三白草群丛。群落总盖度约95%。群落高20—50cm。种类组成丰富，三白草（图5-30-18）占绝对优势，伴生水芹、鼠曲草、马兰、垂盆草（*Sedum sarmentosum*）、半边莲。层间植物有鹿藿（*Rhynchosia volubilis*）。

图5-30-17　三白草群落外貌（汀江源）

图5-30-18　三白草（*Saururus chinensis*）

12. 野慈姑沼泽

野慈姑几乎在全国的湖泊、池塘、沼泽、沟渠等水域均有分布。在福建见于武夷山国家公园，泰宁世界自然遗产地内的寨下景区，福建峨嵋峰、君子峰国家级自然保护区，往往在沼泽生境的淤泥积水处生长，形成或大或小的挺水植物群落。群落外貌亮绿色（图5-30-19），结构简单。在福建调查到1个群丛。

图5-30-19　野慈姑群落外貌（峨嵋峰）

图 5-30-20 野慈姑（*Sagittaria trifolia*）

代表性样地设在福建峨嵋峰国家级自然保护区内的东海洋。土壤为沼泽土。群落类型为野慈姑群丛。群落总盖度约 80%。群落中野慈姑（图 5-30-20）占优势，平均高 0.4m，伴生种有灯心草、永安薹草、朝鲜薹草等（表 5-30-5）。

表 5-30-5 野慈姑群落样方表

种名	株数	样方数	相对多度 /%	相对频度 /%	相对盖度 /%	重要值
野慈姑 *Sagittaria trifolia*	31	4	6.55	25.00	23.89	55.44
灯心草 *Juncus effusus*	79	2	16.70	12.50	20.48	49.68
永安薹草 *Carex yonganensis*	105	1	22.20	6.25	17.07	45.52
朝鲜薹草 *Carex dickinsii*	112	1	23.68	6.25	15.36	45.29
华南谷精草 *Eriocaulon sexangulare*	89	1	18.82	6.25	13.65	38.72
如意草 *Viola arcuata*	5	3	1.06	18.75	0.34	20.15
莎草属 1 种 *Cyperaceae* sp.	35	1	7.40	6.25	5.12	18.77
火炭母 *Polygonum chinense*	2	2	0.42	12.50	3.41	16.33
小二仙草 *Gonocarpus micrantha*	15	1	3.17	6.25	0.68	10.10

注：调查时间 2013 年 8 月 6 日，地点峨嵋峰东海洋（海拔 1430m），陶伊佳记录。

13. 狐尾藻沼泽

狐尾藻（*Myriophyllum verticillatum*）广布于世界各地的池塘、河沟、沼泽中，在一些湿地形成群落。在福建各地湿地常见。群落外貌鲜绿色（图 5-30-21），结构简单。在福建泰宁、龙海调查到 1 个群丛。

代表性样地设在泰宁世界自然遗产地内的李家岩废弃的冷浆田。土壤为沼泽土。群落类型为狐尾藻群丛。群落总盖度约 70%。群落中狐尾藻（图 5-30-22）占优势，伴生野慈姑、竹节菜。

图 5-30-21　狐尾藻群落外貌（泰宁）

图 5-30-22　狐尾藻（*Myriophyllum verticillatum*）

14. 东方水韭沼泽

东方水韭仅见于福建泰宁和浙江松阳，往往在沼泽生境的淤泥积水处生长，形成或大或小的沼泽。群落外貌亮绿色（图5-30-23），结构简单。在福建泰宁调查到1个群丛。

代表性样地设在福建峨嵋峰国家级自然保护区内的东海洋。土壤为沼泽土。群落类型为东方水韭群丛。群落总盖度约50%。群落以东方水韭（图5-30-24）为建群种，平均高0.2m，伴生谷精草、笄石菖等。

图5-30-23　东方水韭群落外貌（峨嵋峰）

图5-30-24　东方水韭（*Isoetes orientalis*）

15. 野生稻沼泽

野生稻（*Oryza rufipogon*）产于亚洲热带地区海拔 600m 以下的江河流域，平原地区的池塘、溪沟、稻田、沟渠、沼泽等低湿地。在福建仅见于漳浦。群落外貌绿色，结构简单。在福建调查到 1 个群丛。

代表性样地设在漳浦县湖西畲族乡岭脚村。土壤为沼泽土。群落类型为野生稻群丛。群落中野生稻占绝对优势，平均高可达 1m，伴生鸭舌草（*Monochoria vaginalis*）、竹节菜等。

16. 大苞鸭跖草沼泽

大苞鸭跖草广布于亚洲热带地区的水边、沟边，往往形成草本沼泽。在福建各地均有分布。群落外貌绿色（图 5-30-25、图 5-30-26），结构简单。在泰宁、同安和南靖调查到 1 个群丛。

代表性样地设在同安区汀溪。土壤为沼泽土。群落类型为大苞鸭跖草群丛。群落中大苞鸭跖草（图 5-30-27）占优势，平均高 40cm，伴生鸭跖草等。

图 5-30-25　大苞鸭跖草群落外貌（泰宁）

图 5-30-26 大苞鸭跖草群落外貌（同安）

图 5-30-27 大苞鸭跖草（*Commelina paludosa*）

17. 竹节菜沼泽

竹节菜广布于亚洲亚热带地区的稻田、沟渠中，往往形成草本沼泽。在福建各地稻田常见。群落外貌深绿色（图 5-30-28），结构简单。在福建天宝岩国家级自然保护区、宁化牙梳山省级自然保护区调查到 1 个群丛。

代表性样地设在福建天宝岩国家级自然保护区内的上坪村。土壤为沼泽土。群落类型为竹节菜群丛。群落为竹节菜（图 5-30-29）的单优群落。

图 5-30-28 竹节菜群落外貌（天宝岩）

图 5-30-29 竹节菜（*Commelina diffusa*）

18. 聚花草沼泽

聚花草（*Floscopa scandens*）广布于亚洲热带至大洋洲热带地区海拔 1700m 以下的水边、沟边，往往形成草本沼泽。在福建长汀、沙县、宁化、连城、新罗、南靖、永安均有分布。群落外貌翠绿色（图 5-30-30、图 5-30-31），结构简单。在福建调查到 1 个群丛。

代表性样地设在福建汀江源国家级自然保护区内的中磺水塘。土壤为沼泽土。群落类型为聚花草群丛。群落中聚花草（图 5-30-32）占优势，平均高 40cm，混生竹节菜、鸭跖草、四角刻叶菱（*Trapa incisa*）等。

图 5-30-30　聚花草群落外貌（泰宁）

图 5-30-31　聚花草群落外貌（天宝岩）

图 5-30-32　聚花草（*Floscopa scandens*）

三十一、盐沼

1.芦苇盐沼

芦苇盐沼广布于世界各地的湖泊、浅水洼地、河流沿岸、滨海滩涂和河口。在淤泥沼泽土、腐殖质沼泽土、泥炭沼泽土、泥炭土和滨海盐土上都可生长，对水分的适应幅度很广，从地表过湿到常年积水，从水深几厘米到 1m 以上，都能生长。在福建福安、霞浦、罗源、连江、长乐、福清、惠安、漳浦等县市区都可见芦苇盐沼（图 5-31-1）。群落外貌灰绿色（图 5-31-2、图 5-31-3），结构简单。在福建调查到 1 个群丛。

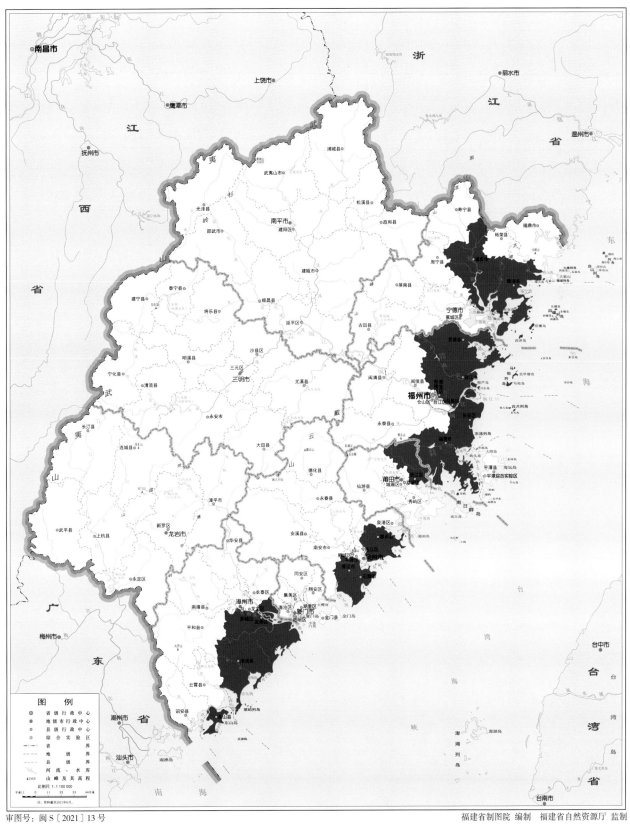

图 5-31-1 芦苇盐沼分布图

图 5-31-2　芦苇群落外貌（漳江口）

图 5-31-3　芦苇群落外貌（福安）

代表性样地设在福建漳江口红树林国家级自然保护区内的竹塔村附近。土壤为海滨盐土。群落类型为芦苇群丛。群落总盖度在 80%—90%。群落以芦苇（图 5-31-4）为单优种，平均高 2m，偶有鬼针草、喜旱莲子草、凤眼蓝（*Eichhornia crassipes*）、合萌（*Aeschynomene indica*）、鱼藤混生（表 5-31-1）。

图 5-31-4　芦苇（*Phragmites communis*）

表 5-31-1　芦苇群落样方表

种名	Drude 多度	高度 /cm	样方数	相对频度 /%
芦苇 *Phragmites communis*	Soc	200	4	36.37
鬼针草 *Bidens pilosa*	Sol	30	2	18.18
喜旱莲子草 *Alternanthera philoxeroides*	Sol	30	2	18.18
凤眼蓝 *Eichhornia crassipes*	Un	30	1	9.09
合萌 *Aeschynomene indica*	Un	25	1	9.09
鱼藤 *Derris trifoliata*（层间植物）	Sol	200	1	9.09

注：调查时间 2016 年 1 月 2 日，地点漳江口竹塔村（海拔 5m），耿晓磊记录。

2. 互花米草盐沼

互花米草原产北美大西洋沿岸，为外来物种，自引入我国以后，从江苏沿海一路南下，在海岸潮间带定居，现已在浙江、福建、广东等地的海湾与河口泥滩地立足，土壤盐度3—10。在福建漳江口、漳浦、九龙江口、泉州湾河口、闽江口、环三都澳等地都有互花米草盐沼。群落外貌青绿色（图5-31-5至图5-31-7），结构简单。在福建调查到1个群丛。

代表性样地设在福建漳江口红树林国家级自然保护区内的浯田村附近。土壤为海滨盐土。群落类型为互花米草群丛。群落总盖度90%左右。群落以互花米草（图5-31-8）为单优种，平均高1.6m。

图5-31-5　互花米草群落外貌（漳江口）

图 5-31-6 互花米草群落外貌（泉州湾河口）

图 5-31-7 互花米草群落外貌（福安）

图 5-31-8 互花米草（*Spartina alterniflora*）

3. 水烛盐沼

水烛盐沼分布于广东、广西、福建、浙江等地的河滩和海湾的河口滩地，土壤盐度 3—10。在福建云霄、漳浦、晋江、福清、长乐、福安等县市区都有较大面积的水烛盐沼（图 5-31-9）。群落外貌青绿色（图 5-31-10），结构简单。在福建调查到 1 个群丛。

代表性样地设在集美区杏林街道西滨村附近。土壤为海滨盐土。群落类型为水烛群丛。群落总盖度 90% 左右。群落以水烛（图 5-31-11）为单优种，平均高 2m，偶有铺地黍、鸭跖草、喜旱莲子草等伴生。

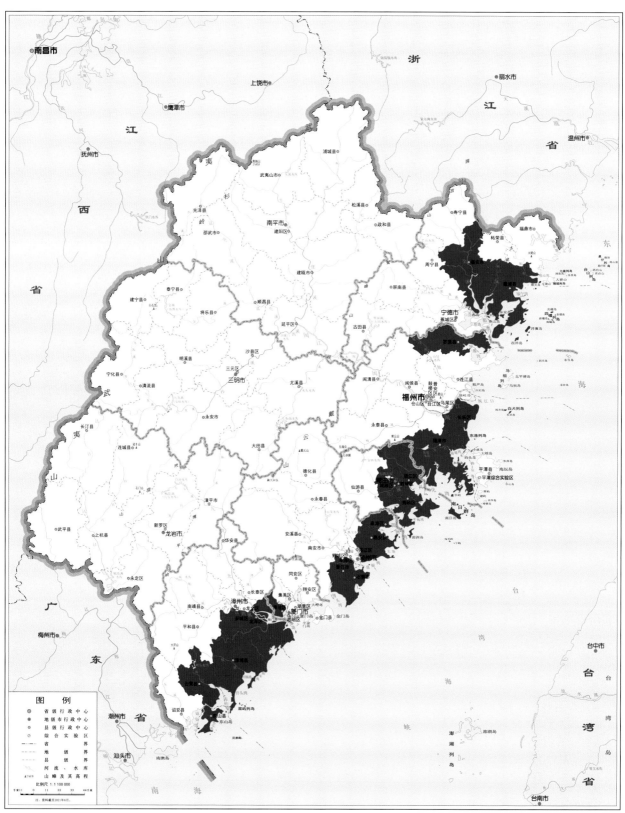

审图号：闽S〔2021〕13号　　　　　　　　　　　　　　　　　　　福建省制图院 编制　福建省自然资源厅 监制

图 5-31-9　水烛盐沼分布图

图 5-31-10　水烛群落外貌（翔安）

图 5-31-11　水烛（*Typha angustifolia*）

4. 短叶茳芏盐沼

短叶茳芏盐沼分布于广东、广西、福建、浙江等地的河滩和海湾的河口滩地，土壤盐度 3—10。在福建见于云霄漳江口、龙海九龙江口、厦门海域、泉州湾河口、长乐闽江口。群落外貌绿色，结构简单。在福建调查到 1 个群丛。

代表性样地设在龙海九龙江口红树林省级自然保护区内的浮宫河道。土壤为海滨盐土。群落类型为短叶茳芏群丛。群落总盖度约 90%。群落以短叶茳芏为单优种，平均高 1.1m，偶有蜡烛果、秋茄树、鱼藤混生。

5. 盐地鼠尾粟盐沼

盐地鼠尾粟（*Sporobolus virginicus*）分布于广东、福建、浙江、台湾等地沿海滩涂，也分布于西半球的热带区域。在福建沿海地区常见。群落外貌灰绿色（图 5-31-12），结构简单。在福建漳浦调查到 1 个群丛。

代表性样地设在漳浦县海滨。土壤为海滨盐土。群落类型为盐地鼠尾粟群丛。群落总盖度约 80%。群落以盐地鼠尾粟为单优种，平均高 20cm，偶见南方碱蓬（*Suaeda australis*）混生。

图 5-31-12　盐地鼠尾粟群落外貌（漳浦）

6. 铺地黍盐沼

铺地黍盐沼广布于热带、亚热带地区的湖泊、浅水洼地、河流沿岸、滨海滩涂和河口。在淤泥沼泽土、腐殖质沼泽土和滨海盐土上都可生长，对水分的适应幅度很广，从地表较湿到常年积水，从水深几厘米到 1m 以上，都能生活。群落外貌绿色（图 5-31-13），结构简单。在福建云霄、集美、翔安、秀屿调查到 1 个群丛。

图 5-31-13　铺地黍群落外貌（翔安）

图 5-31-14　铺地黍（*Panicum repens*）

　　代表性样地设在福建漳江口红树林国家级自然保护区内的竹塔村附近。土壤为海滨盐土。群落类型为铺地黍群丛。群落总盖度约 90%。群落以铺地黍（图 5-31-14）为单优种，平均高 30cm，偶有秋茄树、鱼藤、赛葵、狗牙根混生。

7. 狗牙根盐沼

狗牙根广布于我国黄河以南地区，多生长于村庄附近、道旁河岸、荒地山坡。其根茎蔓延力强，为良好的固堤保土植物。在福建云霄、龙海、翔安、惠安、平潭、福安沿海常见。群落外貌绿色（图 5-31-15），结构简单。在福建调查到 1 个群丛。

代表性样地设在福建漳江口红树林国家级自然保护区内的浯田村附近。土壤为海滨盐土。群落类型为狗牙根群丛。群落生长于鱼塘堤岸上，总盖度 60% 左右。群落以狗牙根（图 5-31-16）为单优种，平均高 15cm，偶有铺地黍、牛筋草混生。

图 5-31-15　狗牙根群落外貌（福安）

图 5-31-16　狗牙根（*Cynodon dactylon*）

8. 南方碱蓬盐沼

南方碱蓬分布于我国南方沿海的广东、广西、福建、台湾，在大洋洲及日本南部沿海地区也有分布，生于海边泥滩，常成片形成群落。在福建云霄、漳浦、集美和福安海边均有南方碱蓬盐沼。春夏之交叶片和花序呈粉绿色带紫红色（图 5–31–17、图 5–31–18），群落结构简单。在福建调查到 1 个群丛。

图 5–31–17 南方碱蓬群落外貌（漳浦）

图 5–31–18 南方碱蓬群落外貌（福安）

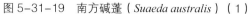

图 5-31-19　南方碱蓬（*Suaeda australis*）（1）

图 5-31-20　南方碱蓬（*Suaeda australis*）（2）

代表性样地设在漳浦县海滨。土壤为海滨盐土。群落类型为南方碱蓬群丛。由于受盐度与潮位的影响，群落中仅见南方碱蓬（图 5-31-19、图 5-31-20），低潮位的边缘有互花米草。

9. 田菁盐沼

田菁（*Sesbania cannabina*）主要分布于亚洲和大洋洲热带地区，在中国渤海湾以南的盐碱地广泛分布。在福建各地撂荒地，尤其是沿海地区撂荒地常见。群落外貌绿色（图 5-31-21），结构简单。在福建漳浦、福安、翔安、云霄调查到 1 个群丛。

代表性样地设在漳浦县海滨。土壤为海滨盐土。群落类型为田菁群丛。群落总盖度达 90% 以上。群落以田菁（图 5-31-22）为优势种，高达 2m，伴生鬼针草、银胶菊等种类。

图 5-31-21　田菁群落外貌（漳浦）

图 5-31-22　田菁（*Sesbania cannabina*）

三十二、挺水植物群落

1. 莲群落

莲（*Nelumbo nucifera*）在亚洲和大洋洲均有分布，产于我国南北各地，自生或栽培在池塘或水田内。福建各地均有栽培，以建宁、武夷山栽培较为普遍。群落外貌翠绿色（图5-32-1、图5-32-2），结构简单。在福建建宁、长汀、宁化调查到1个群丛。

代表性样地设在建宁闽江源国家湿地公园（试点）。土壤为水稻土。群落类型为莲群丛。群落总盖度约90%。群落以莲（图5-32-3）为优势种，其间混生谷精草、鸭舌草、浮萍（*Lemna minor*）等。

图 5-32-1 莲群落外貌（建宁）（1）

图 5-32-2　莲群落外貌（建宁）（2）

图 5-32-3　莲（*Nelumbo nucifera*）

2. 野芋群落

野芋产于江南地区，常生长于林下阴湿的沟渠。在福建见于泰宁、武夷山、思明、明溪。群落外貌翠绿色（图 5-32-4、图 5-32-5），结构简单。在福建调查到 1 个群丛。

图 5-32-4　野芋群落外貌（泰宁）

图 5-32-5　野芋群落外貌（思明）

图 5-32-6　野芋（*Colocasia antiquorum*）

代表性样地设在泰宁世界自然遗产地内的寨下。土壤为水稻土。群落类型为野芋群丛。群落中野芋（图 5-32-6）占优势，伴生有竹节菜、鸭跖草等。

3. 毛草龙群落

毛草龙广布于亚洲、非洲、大洋洲、南美洲及太平洋岛屿热带与亚热带地区海拔 750m 以下地区的田边、湖塘边、沟谷旁及空旷湿润处，在我国分布于中亚热带至热带地区，局部形成群落。在福建各地常见。群落外貌整齐，结构简单。在福建南靖和龙海调查到 1 个群丛。

代表性样地设在南靖县和溪镇。土壤为水稻土。群落类型为毛草龙群丛。群落中毛草龙（图 5-32-7、图 5-32-8）占优势，平均高 40cm 左右，伴生天胡荽。

图 5-32-7　毛草龙（*Jussiaea suffruticosa*）（1）

图 5-32-8　毛草龙（*Jussiaea suffruticosa*）（2）

4.水龙群落

水龙（*Ludwigia adscendens*）广布于亚洲至大洋洲热带地区池塘、水流速度缓慢的溪河中，形成挺水植物群落。在福建泰宁、同安等县市区有分布。群落外貌亮绿色（图 5-32-9 至图 5-32-11），结构简单。在福建调查到 1 个群丛。

图 5-32-9　水龙群落外貌（永春）

图 5-32-10　水龙群落外貌（泰宁）

图 5-32-11 水龙群落外貌（长汀）   图 5-32-12 水龙（*Ludwigia adscendens*）

代表性样地设在永春桃溪国家湿地公园。土壤为水稻土。群落类型为水龙群丛。群落总盖度约70%。群落中水龙（图 5-32-12）占优势。在静水中往往有水鳖（*Hydrocharis dubia*）、浮萍、槐叶苹（*Salvinia natans*）混生。

5. 毛蓼群落

毛蓼广布于亚洲热带地区的沟边湿地、水边。在福建宁化、翔安等县市区可见群落。群落外貌整齐，花期点缀桃红色花（图 5-32-13），结构简单。在福建调查到 1 个群丛。

图 5-32-13 毛蓼群落外貌（翔安）

代表性样地设翔安区香山。土壤为水稻土。群落类型为毛蓼群丛。群落总盖度达 90% 以上。群落中毛蓼（图 5-32-14）占优势，平均高 6cm，伴生铺地黍、杠板归（*Polygonum perfoliatum*）、喜旱莲子草、羊蹄和乌桕的幼苗等。

图 5-32-14　毛蓼（*Polygonum barbatum*）

6. 水蓼群落

水蓼广布于北半球海拔 50—3500m 的河滩、水沟边、山谷湿地。在福建翔安、尤溪、宁化等县市区都有分布，局部形成群落。群落外貌绿色（图 5-32-15），结构简单。在福建调查到 1 个群丛。

图 5-32-15　水蓼群落外貌（翔安）

代表性样地设在翔安区香山。土壤为水稻土。群落类型为水蓼群丛。群落总盖度达70%以上。水蓼（图5-32-16）高50cm左右，群落中伴生铺地黍、喜旱莲子草等。

7. 光蓼群落

光蓼（*Polygonum glabrum*）分布于亚洲、美洲与非洲，在我国湖南、湖北、福建、广东、海南及广西海拔30—700m的河边、沟边、池塘边常见，局部形成群落。在福建见于集美、云霄。群落外貌灰绿色（图5-32-17），结构简单。在集美调查到1个群丛。

图 5-32-16　水蓼（*Polygonum hydropiper*）（陈炳华提供）

图 5-32-17　光蓼群落外貌（集美）

代表性样地设在集美区马銮湾。土壤为水稻土。群落类型为光蓼群丛。群落总盖度达 90% 以上。群落中光蓼占优势，平均高 60cm 左右。

8. 石龙芮群落

石龙芮（*Ranunculus sceleratus*）在北半球广布，在我国各地均有分布，生于河沟边及平原湿地，在局部形成群落。在福建各地常见。群落外貌亮绿色，结构简单。在福建连城冠豸山国家地质公园、福建汀江源国家级自然保护区调查到 1 个群丛。

代表性样地设在福建汀江源国家级自然保护区。土壤为水稻土。群落类型为石龙芮群丛。群落总盖度可达 70%。群落中石龙芮（图 5-32-18、图 5-32-19）占优势，平均高约 40cm。

图 5-32-18　石龙芮（*Ranunculus sceleratus*）（1）　　　图 5-32-19　石龙芮（*Ranunculus sceleratus*）（2）

9. 喜旱莲子草群落

喜旱莲子草原产巴西，我国北京、江苏、浙江、江西、湖南、福建均有引种，已逸为野生，生长在池沼、水沟内，能够适应各地池塘生境，泛滥成灾。在福建屏南、集美、龙海等县市区有分布。群落外貌绿色（图 5-32-20），结构简单。在福建调查到 1 个群丛。

代表性样地设在屏南宜洋鸳鸯溪省级自然保护区。土壤为水稻土。群落类型为喜旱莲子草群丛。群落总盖度可达 90% 以上。群落中喜旱莲子草（图 5-32-21）占优势，在水面上高 30cm，伴生铺地黍、鸭跖草、银胶菊。

图 5-32-20 喜旱莲子草群落外貌（鸳鸯溪）

图 5-32-21 喜旱莲子草（*Alternanthera philoxeroides*）

三十三、浮叶植物群落

1. 荇菜群落

荇菜（*Nymphoides peltata*）分布于欧亚大陆，在我国绝大多数地区海拔 60—1800m 的池塘或水流较缓的河溪中都有分布。在福建仅见于宁化。群落外貌绿色（图 5-33-1），结构简单。在福建调查到 1 个群丛。

图 5-33-1　荇菜群落外貌（牙梳山）

代表性样地设在宁化牙梳山省级自然保护区内的弃耕农田。土壤为水稻土。群落类型为荇菜群丛。群落总盖度可达 80%。群落中荇菜（图 5-33-2）占优势，伴生满江红（*Azolla pinnata* subsp. *asiatica*）、水芹、稻（*Oryza sativa*）等。

图 5-33-2　荇菜（*Nymphoides peltata*）

2. 水鳖群落

水鳖分布于亚洲和大洋洲稻田或静水池沼中，局部形成群落。在福建蕉城、屏南、福安、松溪一带均有分布，形成群落。群落外貌绿色（图5-33-3），结构简单。在福建调查到1个群丛。

图5-33-3　水鳖群落外貌（鸳鸯溪）

代表性样地设在屏南宜洋鸳鸯溪省级自然保护区。土壤为水稻土。群落类型为水鳖群丛。群落总盖度约90%。群落中水鳖（图5-33-4）占优势，在水面上平均高20cm左右，伴生槐叶苹、浮萍、紫萍（*Spirodela polyrhiza*）等。

图5-33-4　水鳖（*Hydrocharis dubia*）

3. 龙舌草群落

龙舌草（*Ottelia alismoides*）广布于非洲东北部、亚洲东部及东南部至大洋洲热带地区，常生于湖泊、沟渠、水塘、水田及积水洼地。在福建武平、龙海、集美、湖里、永安、邵武、连城等县市区均有分布，形成群落。群落外貌绿色（图5-33-5），结构简单。在福建调查到1个群丛。

代表性样地设在福建梁野山国家级自然保护区。土壤为水稻土。群落类型为龙舌草群丛。群落中龙舌草（图5-33-6）占优势，伴生铺地黍、浮萍、金鱼藻（*Ceratophyllum demersum*）。

图5-33-5 龙舌草群落外貌（梁野山）

图5-33-6 龙舌草（*Ottelia alismoides*）

4. 萍蓬草群落

萍蓬草（*Nuphar pumilum*）广布于欧亚大陆的湖泊、池塘中，在我国多地都有分布，可以形成萍蓬草群落。在福建仅见于建宁。群落外貌整齐（图 5-33-7），结构简单。在福建仅在闽江源国家级自然保护区调查到 1 个群丛。

图 5-33-7　萍蓬草群落外貌（泰宁，栽培）

代表性样地设在福建闽江源国家级自然保护区内王坪栋的弃耕冷浆田和山麓的水塘。土壤为水稻土，土层深度在 100cm 以上。群落类型为萍蓬草群丛。群落总盖度约 80%。群落中以萍蓬草（图 5-33-8）为主，其平均高 20cm。群落中伴生镜子薹草、西南水芹、灯心草、小灯心草、翅茎灯心草（*Juncus alatus*）、毛茛（*Ranunculus japonicus*）、三角叶堇菜（*Viola triangulifolia*）、莎草属 1 种、矮桃（*Lysimachia clethroides*）、猪殃殃（*Galium spurium*）。

图 5-33-8　萍蓬草（*Nuphar pumilum*）

5. 睡莲群落

睡莲（*Nymphaea tetragona*）分布较广，往往在沼泽生境的池塘中生长，分布于水深 0.5—1.0 m 处，形成或大或小的浮叶植物群落。在福建峨嵋峰、戴云山、天宝岩国家级自然保护区和泰宁世界自然遗产地都有分布。群落外貌整齐（图 5-33-9、图 5-33-10），结构简单。在福建调查到 1 个群丛。

图 5-33-9　睡莲群落外貌（峨嵋峰）

图 5-33-10　睡莲群落外貌（泰宁）

代表性样地设在福建峨嵋峰国家级自然保护区内的东海洋湿地。土壤为沼泽土。群落类型为睡莲群丛。群落总盖度达 70%—80%。群落中睡莲（图 5-33-11）占优势，伴生灯心草、水毛花（表 5-33-1）。

图 5-33-11　睡莲（*Nymphaea tetragona*）

表 5-33-1　睡莲群落样方表

种名	株数	样方数	相对多度 /%	相对频度 /%	相对盖度 /%	重要值
睡莲 *Nymphaea tetragona*	15	4	46.88	50.00	93.02	189.90
灯心草 *Juncus effusus*	15	2	46.88	25.00	5.82	77.70
水毛花 *Schoenoplectus mucronatus*	2	2	6.25	25.00	1.16	32.41

注：调查时间 2013 年 8 月 6 日，地点峨嵋峰东海洋（海拔 1430m），陶伊佳记录。

6. 荼菱群落

荼菱是多年生水生草本，广布于欧亚大陆东部的池塘或湖泊中，形成浮叶植物群落。在福建仅见于泰宁、连城。群落外貌深绿色（图 5-33-12），结构简单。在福建泰宁调查到 1 个群丛。

代表性样地设在福建泰宁世界自然遗产地内的许坊水库。土壤为水稻土。群落类型为荼菱群丛。群落在水面上的总盖度约 50%，主要在水体中。群落中荼菱（图 5-33-13）占优势，在静水中往往伴生水鳖、浮萍、槐叶苹。

图 5-33-12　茶菱群落外貌（泰宁）

图 5-33-13　茶菱（*Trapella sinensis*）

7. 四角刻叶菱群落

四角刻叶菱广布于亚洲热带地区沟渠中，局部形成群落。在福建汀江源国家级自然保护区及南靖县和溪镇有一定面积的四角刻叶菱群落。群落外貌绿色（图5-33-14），结构简单。在福建调查到1个群丛。

代表性样地设在福建汀江源国家级自然保护区内的中磺。土壤为水稻土。群落类型为四角刻叶菱群丛。群落中四角刻叶菱（图5-33-15）占优势，伴生浮萍、喜旱莲子草、眼子菜（*Potamogeton distinctus*）。

图 5-33-14　四角刻叶菱群落外貌（汀江源）

图 5-33-15　四角刻叶菱（*Trapa incisa*）

8. 鸡冠眼子菜群落

鸡冠眼子菜（*Potamogeton cristatus*）产于东亚各地，在我国东部各地静水池塘及水稻田中均有分布。群落外貌黄绿色（图 5-33-16 至图 5-33-18），结构简单。在福建长汀调查到 1 个群丛。

代表性样地设在长汀县河田镇。土壤为水稻土。群落类型为鸡冠眼子菜群丛。群落水面上总盖度约50%，但在水体中体量更大。在花期前仅有沉水叶，看起来如同沉水植物群落；花期长出浮水叶。

图 5-33-16　鸡冠眼子菜群落外貌（长汀）（1）

图 5-33-17　鸡冠眼子菜群落外貌（长汀）（2）

图 5-33-18　鸡冠眼子菜群落外貌（梁野山）

9.眼子菜群落

眼子菜广布于东亚，在我国南北大多数地区池塘、水田和水沟等静水中都有分布，在福建见于武夷山国家公园，福建梁野山、汀江源国家级自然保护区，宁化牙梳山省级自然保护区等地，形成浮水植物群落。群落外貌翠绿色（图5-33-19、图5-33-20），结构简单。在福建调查到1个群丛。

图 5-33-19　眼子菜群落外貌（梁野山）

图 5-33-20　眼子菜群落外貌（牙梳山）

代表性样地设在福建梁野山国家级自然保护区。土壤为水稻土。群落类型为眼子菜群丛。群落水面总盖度约50%，主要在水体中。群落中眼子菜（图5-33-21、图5-33-22）占优势，往往伴生水鳖、茶菱、浮萍、槐叶苹。

图5-33-21 眼子菜（*Potamogeton distinctus*）（1）

图5-33-22 眼子菜（*Potamogeton distinctus*）（2）

10. 沼生水马齿群落

沼生水马齿（*Callitriche palustris*）主要分布于北半球温带地区，我国东北、华东至西南各地海拔700—3800m的静水中或沼泽地水中或湿地均有分布。在福建马尾、连城、宁化、龙海均有沼生水马齿群落。群落外貌翠绿色（图5-33-23、图5-33-24），结构简单。在福建调查到1个群丛。

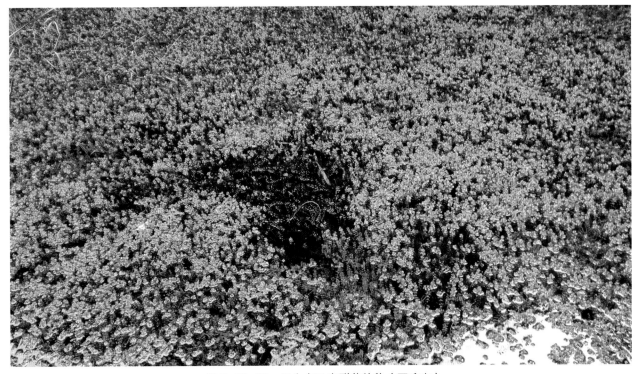

图5-33-23 沼生水马齿群落外貌（冠豸山）

图 5-33-24　沼生水马齿群落外貌（牙梳山）

代表性样地设在宁化牙梳山省级自然保护区。土壤为水稻土。群落类型为沼生水马齿群丛。群落中沼生水马齿占优势，伴生满江红等种类。

三十四、沉水植物群落

1. 金鱼藻群落

金鱼藻（*Ceratophyllum demersum*）为全世界广布植物，在我国广泛分布，生在水流速度缓慢的溪河、池塘、河沟中。在福建君子峰国家级自然保护区及泰宁均有分布。群落外貌绿色（图 5-34-1），结构简单。在福建调查到 1 个群丛。

代表性样地设在福建君子峰国家级自然保护区内的紫云村溪沟。土壤为水稻土。群落类型为金鱼藻群丛。群落局部盖度达 100%，往往形成单优群落。

图 5-34-1　金鱼藻群落外貌（泰宁）

2. 细金鱼藻群落

细金鱼藻（*Ceratophyllum submersum*）分布于亚洲、欧洲和非洲北部，在我国福建、台湾等地小河及池沼中均有分布。在福建仅见于连城。群落外貌绿色（图 5-34-2），结构简单。在福建调查到 1 个群丛。

代表性样地设在连城冠豸山国家地质公园内的天池。土壤为水稻土。群落类型为细金鱼藻群丛。群落局部盖度达 60%，为单优群落。

图 5-34-2　细金鱼藻群落外貌（冠豸山）

3. 黑藻群落

黑藻（*Hydrilla verticillata*）广布于欧亚大陆热带至温带地区。在我国东北、华北、华东、华中、华南、西南都有分布，生于流水缓慢的几无污染的淡水中。在福建见于武夷山国家公园，以及泰宁、同安、长汀、上杭等地水流速度缓慢的溪河中。群落为沉水植物群落，外貌绿色（图 5-34-3 至图 5-34-6），结构简单。在福建调查到 1 个群丛。

图 5-34-3　黑藻群落外貌（武夷山）

图 5-34-4　黑藻群落外貌（泰宁）

图 5-34-5　黑藻群落外貌（长汀）

图 5-34-6　黑藻群落外貌（上杭）

代表性样地设在武夷山国家公园内的大红袍景区。土壤为水稻土。群落类型为黑藻群丛。群落中黑藻（图5-34-7）占优势，局部伴生有菰、野芋。

4. 小眼子菜群落

小眼子菜（*Potamogeton pusillus*）在北半球温带水域常见，在我国南北各地均有分布，生于池塘、沼地、沟渠等静水或缓流之中，形成浮水植物群落。在福建仅见于长汀。群落外貌翠绿色，结构简单。在福建调查到1个群丛。

代表性样地设在长汀县城沟渠。土壤为水稻土。群落类型为小眼子菜群丛。群落在水面上总盖度约50%，主要在水体中。群落中小眼子菜（图5-34-8）占优势，往往伴生水鳖、四角刻叶菱、浮萍、紫萍、槐叶苹。

图 5-34-7　黑藻（*Hydrilla verticillata*）

图 5-34-8　小眼子菜（*Potamogeton pusillus*）

5. 竹叶眼子菜群落

竹叶眼子菜（*Potamogeton wrightii*）为亚洲广布种，在我国南北各地均有分布，生于池塘、水沟、灌渠及缓流的污染较轻的河水中，水体多呈微酸性。在福建见于长汀、连城，形成群落。群落外貌深绿色（图5-34-9、图5-34-10），结构简单。在福建长汀调查到1个群丛。

代表性样地设在长汀汀江国家湿地公园内的蔡坊河段。土壤为冲积土。群落类型为竹叶眼子菜群丛。群落为较大面积的沉水植物群落，在水面上总盖度可达90%以上。群落中竹叶眼子菜（图5-34-11）占优势，伴生少量金鱼藻和浮萍。

图 5-34-9　竹叶眼子菜群落外貌（长汀）（1）

图 5-34-10　竹叶眼子菜群落外貌（长汀）（2）

图 5-34-11　竹叶眼子菜（*Potamogeton wrightii*）

6. 苦草群落

苦草（*Vallisneria natans*）分布于亚洲和大洋洲，在我国东部各地水流速度缓慢的溪沟、河流、池塘、湖泊中都有分布，往往形成沉水植物群落。在福建各地河流中上游河道中常见，形成群落。群落外貌深绿色（图5-34-12），结构简单。在福建长汀调查到1个群丛。

代表性样地设在长汀汀江国家湿地公园的蔡坊河段。土壤为冲积土。群落类型为苦草群丛。群落中苦草（图5-34-13）占优势，混生金鱼藻和鸡冠眼子菜。

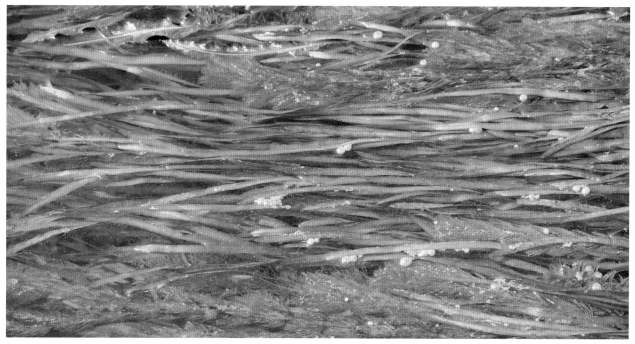

图 5-34-12　苦草群落外貌（长汀）

图 5-34-13　苦草（*Vallisneria natans*）

7. 挖耳草群落

挖耳草（*Utricularia bifida*）主要分布于亚洲和大洋洲热带地区，在我国热带、亚热带地区广布，生于海拔 40—1350m 的湿地中，形成单优群落。在福建各地均有分布。群落外貌绿色，9 月份花期点缀金黄色花（图 5-34-14、图 5-34-15），结构简单。在福建调查到 1 个群丛。

代表性样地设在福建君子峰国家级自然保护区内的张坊。土壤为沼泽土。群落类型为挖耳草群丛。群落中挖耳草占优势，偶见芒和谷精草。

图 5-34-14 挖耳草群落外貌（君子峰）（1）

图 5-34-15 挖耳草群落外貌（君子峰）（2）

8. 川苔草群落

川苔草（*Cladopus doianus*）分布于福建和广东海拔 200—400m 的河道石头上。在福建仅见于长汀。群落外貌在夏季深绿色，秋冬季红褐色（图 5-34-16、图 5-34-17），结构简单。在福建调查到 1 个群丛。

代表性样地设在长汀县古城镇元口村的河道。土壤为冲积土。群落类型为川苔草群丛。群落总盖度约 65%。群落为川苔草单优群落（图 5-34-18），平均高仅 0.5cm。

图 5-34-16　川苔草群落外貌（汀江源）（陈炳华提供）（1）

图 5-34-17　川苔草群落外貌（汀江源）（陈炳华提供）（2）

图 5-34-18　川苔草（*Cladopus chinensis*）（陈炳华提供）

9. 川藻群落

川藻（*Terniopsis sessilis*）分布于福建长汀、南安等县市区水流湍急的水底岩石、木桩上、河道石头上。群落外貌绿色，花期紫红色，结构简单。在福建长汀调查到1个群丛。

代表性样地设在长汀汀江国家湿地公园的河道。土壤为冲积土。群落类型为川藻群丛。群落总盖度约55%。群落为川藻单优群落，平均高仅0.2cm。

三十五、漂浮植物群落

1. 浮萍群落

浮萍在全球温暖地区广布，在我国分布于南北各地水田、池沼或其他静水水域，常与紫萍混生，形成密布水面的漂浮植物群落。在武夷山国家公园、福建梁野山国家级自然保护区，以及泰宁有分布。群落外貌绿色（图5-35-1），结构简单。在福建调查到1个群丛。

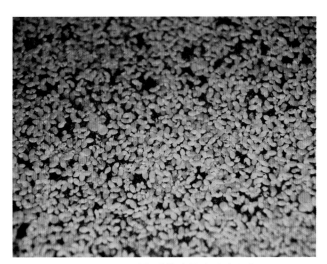 

图5-35-1　浮萍群落外貌（武夷山）　　　　图5-35-2　浮萍（*Lemna minor*）

代表性样地设在武夷山国家公园。土壤为水稻土。群落类型为浮萍群丛。群落总盖度约85%。群落中浮萍（图5-35-2）占优势，往往伴生鸭跖草、竹节菜、茶菱等。

2. 紫萍群落

紫萍为全球温带和热带广布植物，在我国南北各地水田、水塘、水沟、湖湾中均有分布，常与浮萍形成覆盖水面的漂浮植物群落。在福建各地常见。群落外貌绿色（图5-35-3），结构简单。在福建调查到1个群丛。

代表性样地设在福建天宝岩国家级自然保护区内的上坪村。土壤为水稻土。群落类型为紫萍群丛。群落总盖度约95%。群落中紫萍（图5-35-4）占优势，往往伴生浮萍、鸭跖草、竹节菜、四角刻叶菱等。

图 5-35-3　紫萍群落外貌（天宝岩）

图 5-35-4　紫萍（*Spirodela polyrhiza*）

3. 满江红群落

满江红广布于长江流域和南北各地的水田和静水沟塘中，朝鲜、日本也有分布。在福建各地稻田和静水沟塘中常形成群落。在宁化牙梳山省级自然保护区、福建泰宁世界自然遗产地和福建汀江源国家级自然保护区都调查到了满江红群落。群落外貌在不同季节呈不同色彩（绿色到棕红色，图5-35-5、图5-35-6），结构简单。在福建调查到1个群丛。

代表性样地设在宁化牙梳山省级自然保护区。土壤为水稻土。群落类型为满江红群丛。群落总盖度达 100%。群落以满江红为建群种，往往有眼子菜、浮萍、竹节菜等生长在其中，局部形成单优群落。

图 5-35-5　满江红群落外貌（牙梳山）

图 5-35-6　满江红群落外貌（汀江源）

4. 凤眼蓝群落

凤眼蓝原产巴西，广布世界各地的水塘中，在我国广布于长江、黄河流域及华南各地海拔200—1500m的水塘、沟渠及稻田中。在福建建宁闽江源国家湿地公园（试点）、长汀汀江国家湿地公园，以及闽清、洛江、南靖有分布。群落外貌亮绿色，花季点缀紫色花（图5-35-7、图5-35-8），结构简单。在福建调查到1个群丛。

代表性样地设在建宁闽江源国家湿地公园（试点）。土壤为水稻土。群落类型为凤眼蓝群丛。群落为凤眼蓝（图5-35-9）单优群落，在水面上平均高20cm，一般由单一种类组成。

图 5-35-7　凤眼蓝群落外貌（建宁）

图 5-35-8 凤眼蓝群落外貌（汀江源）　　　　　　图 5-35-9　凤眼蓝（*Eichhornia crassipes*）

5. 大薸群落

　　大薸（*Pistia stratiotes*）原产巴西，引到世界其他地区后，很快适应各地生态环境而泛滥成灾，在福建、台湾、广东、广西、云南等地形成群落。在福建洛江、长汀、东山有分布。群落外貌嫩绿色（图 5-35-10、图 5-35-11），结构简单。在福建调查到 1 个群丛。

　　代表性样地设在洛江区河道。土壤为冲积土。群落类型为大薸群丛。群落一般为大薸单优群落，在水面上平均高 10cm，偶有浮萍、紫萍、水龙伴生。

图 5-35-10　大薸群落外貌（洛江）

图 5-35-11　大薸群落外貌（长汀）

三十六、滨海沙生植被

1. 厚藤群落

厚藤（*Ipomoea pes-caprae*）耐盐、耐沙、耐旱、抗风，适应性较强，分布于广东、广西、福建、台湾、香港等地的海岸潮上带。在福建漳江口红树林国家级自然保护区，以及龙海、思明、东山都很常见。群落外貌亮绿色（图 5-36-1），结构简单。在福建调查到 1 个群丛。

图 5-36-1　厚藤群落外貌（龙海）

　　代表性样地设在福建漳江口红树林国家级自然保护区内的船场村附近。土壤为滨海沙土。群落类型为厚藤群丛。植被繁茂而整齐，群落总盖度60%左右。群落以厚藤（图5-36-2）为单优种，平均高15cm，偶有盐地鼠尾粟、铺地黍、狗牙根、海边月见草、番杏（*Tetragonia tetragonioides*）、碎米荠（*Cardamine hirsuta*）混生其间。

图5-36-2　厚藤（*Ipomoea pes-caprae*）

2. 草海桐群落

　　草海桐（*Scaevola sericea*）生长于开阔的海岸沙滩或岩石上，中国、印度、印度尼西亚、日本、马来西亚、缅甸、巴布亚新几内亚、巴基斯坦、菲律宾、斯里兰卡、泰国、越南、澳大利亚等国有分布。在我国海南、台湾、福建、广东、广西有分布。在福建海沧和东山有小面积群落。群落外貌亮绿色，花期点缀白色花，结构简单。在福建调查到1个群丛。

　　代表性样地设在东山县。土壤为滨海沙土。群落类型为草海桐群丛。群落总盖度60%左右。群落以草海桐（图5-36-3）为单优种，平均高1m。草本层山菅和琴叶紫菀（*Aster panduratus*）较为常见。

图 5-36-3　草海桐（*Scaevola sericea*）

3. 老鼠芳群落

老鼠芳（*Spinifex littoreus*）又名鬣刺，分布于中国、印度、缅甸、斯里兰卡、马来西亚、越南和菲律宾，我国台湾、福建、广东、广西等地海边沙滩有分布。在福建平潭、东山和惠安海滩有老鼠芳群落分布。群落外貌深绿色（图 5-36-4），结构简单。在福建调查到 1 个群丛。

代表性样地设在平潭县。土壤为滨海沙土。群落类型为老鼠芳群丛。群落中老鼠芳（图 5-36-5）占优势，偶见海边月见草。

图 5-36-4　老鼠芳群落外貌（平潭）（郑文教提供）

图 5-36-5 老鼠芳（*Spinifex littoreus*）

4. 龙爪茅群落

龙爪茅分布于华东、华南和中南等地区，多生于山坡或草地。在福建沿海尤其常见，在翔安、秀屿形成群落。群落外貌浅绿色（图 5-36-6），结构简单。在福建调查到 1 个群丛。

代表性样地设在翔安区香山。土壤为滨海沙土。群落类型为龙爪茅群丛。群落总盖度低，一般 30% 左右。群落龙爪茅（图 5-36-7）占优势，高 5—10cm，有时伴生升马唐。

图 5-36-6 龙爪茅群落外貌（惠安）

图5-36-7 龙爪茅（*Dactyloctenium aegyptium*）（华海丽提供）

5. 台湾虎尾草群落

台湾虎尾草（*Chloris formosana*）分布于福建、台湾及广东等地沿海沙地。在福建沿海地区较为常见，常形成小面积的群落。群落外貌翠绿色，结构简单。在福建调查到1个群丛。

代表性样地设在思明区。土壤为滨海沙土。群落类型为台湾虎尾草群丛。群落中台湾虎尾草占优势，平均高40cm左右，偶见龙爪茅。

6. 海马齿群落

海马齿（*Sesuvium portulacastrum*）广布于全球热带和亚热带海岸，在福建福安、海沧、云霄、东山沙滩有小面积分布。群落外貌深绿色（图5-36-8），结构简单。在福建调查到1个群丛。

代表性样地设在福安市。土壤为滨海沙土。群落类型为海马齿群丛。群落平均高5cm，仅见海马齿（图5-36-9）。

图 5-36-8　海马齿群落外貌（福安）（陈炳华提供）

图 5-36-9　海马齿（*Sesuvium portulacastrum*）

7. 番杏群落

番杏分布于亚洲、大洋洲、南美洲，我国见于福建、浙江、江苏、广东、台湾等地的海滩。在福建龙海、福安局部形成群落。群落外貌淡绿色（图 5-36-10、图 5-36-11），结构简单。在福建调查到 1 个群丛。

代表性样地设在龙海区海门岛。土壤为滨海沙土。群落类型为番杏群丛。群落总盖度 80% 左右。群落以番杏（图 5-36-12）为建群种，平均高 40cm，有时伴生海滨藜（*Atriplex maximowicziana*）、野茼蒿、铺地黍、狗牙根、翅果菊等种类。

图 5-36-10　番杏群落外貌（龙海）

图 5-36-11　番杏群落外貌（福安）

图 5-36-12　番杏（*Tetragonia tetragonioides*）

8.海边月见草群落

海边月见草原产美国大西洋海岸与墨西哥湾海岸。我国福建、广东等地有栽培,在沿海沙滩逸为野生,形成群落。在福建见于惠安、秀屿、东山。群落外貌绿色(图5-36-13),结构简单。在福建调查到1个群丛。

代表性样地设在东山县乌礁湾。土壤为滨海沙土。群落类型为海边月见草群丛。群落以海边月见草(图5-36-14)为优势种,平均高20cm,局部盖度可达60%。伴生匐枝栓果菊、老鼠芳、番杏等种类。

图5-36-13 海边月见草群落外貌(惠安)(陈炳华提供)

图 5-36-14　海边月见草（*Oenothera drummondii*）

9. 海滨藜群落

海滨藜分布于中国、日本、夏威夷等地，在中国见于福建、台湾、广东、海南的海滨滩涂。在福建漳浦局部形成群落。群落外貌灰绿色，结构简单。在福建调查到 1 个群丛。

代表性样地设在漳浦县。土壤为滨海沙土。群落类型为海滨藜群丛。群落总盖度 40% 左右。群落中仅见海滨藜（图 5-36-15）。

图 5-36-15　海滨藜（*Atriplex maximowicziana*）

10. 单叶蔓荆群落

单叶蔓荆（*Vitex rotundifolia*）分布于我国渤海湾以南滨海沙滩，在日本、印度、缅甸、泰国、越南、马来西亚、澳大利亚、新西兰也有分布，局部形成群落。在福建分布于沿海沙滩。群落外貌灰绿色（图5-36-16），结构简单。在福建平潭调查到1个群丛。

代表性样地设在思明区曾厝垵海边。土壤为滨海沙土。群落类型为单叶蔓荆-厚藤群丛。群落总盖度50%左右。灌木层仅见单叶蔓荆（图5-36-17、图5-36-18），平均高仅30cm。草本层有厚藤、海边月见草等。

图 5-36-16　单叶蔓荆群落外貌（平潭）（陈炳华提供）

图 5-36-17　单叶蔓荆（*Vitex rotundifolia*）（1）

图 5-36-18 单叶蔓荆（*Vitex rotundifolia*）（2）

11.苦槛蓝群落

苦槛蓝分布于浙江省洞头区以南的海滨滩涂，在日本、越南也有分布。在福建漳浦局部形成群落。群落外貌绿色，结构简单。在福建调查到 1 个群丛。

代表性样地设在漳浦县。土壤为滨海沙土。群落类型为苦槛蓝-盐地鼠尾粟群丛。群落总盖度40%左右。灌木层以苦槛蓝（图5-36-19）为单优种，平均高约80cm。草本层有盐地鼠尾粟等。

图 5-36-19 苦槛蓝（*Myoporum bontioides*）

12. 福建胡颓子群落

福建胡颓子分布于福建、广东、台湾沿海地区海拔 500m 以下的开阔区域。在福建东山、集美、湖里、翔安、晋安都有分布，局部形成群落。群落外貌黄绿色（图 5-36-20），结构简单。在福建调查到 1 个群丛。

代表性样地设在翔安区香山。土壤为滨海沙土。群落类型为福建胡颓子群丛。群落总盖度 40% 左右。灌木层以福建胡颓子为单优种，平均高可达 2m。草本层有小蓬草、红毛草等。

图 5-36-20　福建胡颓子群落外貌（湖里）

13. 露兜树群落

露兜树群落分布于海南、广东、福建、台湾、香港等地的沙滩内缘或滨海沙丘，常与有刺灌丛混生。在福建仅见于云霄、东山。群落外貌深绿色（图5-36-21），结构简单。在福建调查到1个群丛。

代表性样地设在福建漳江口红树林国家级自然保护区内的竹塔村附近。土壤为滨海沙土，松散无结构，有机质较少，含盐量较低。群落类型为露兜树群丛。群落植被繁茂，总盖度在60%左右。群落以露兜树（图5-36-22）为单优种，平均高1.5m，最高可达3.5m，偶有白茅、小蓬草（*Conyza canadensis*）、龙舌兰（*Agave americana*）混生。

图5-36-21　露兜树群落外貌（东山）

图5-36-22　露兜树（*Pandanus tectorius*）

第六章　福建植被动态过程分析

植被在其长期的发展过程中，由于受内因（主要是建群种的生长发育）和外因（人为干扰等）的作用，必然发生有规律的植被类型更替，其更替规律依植被类型、生境条件和受外力干扰程度等的不同而有差异。

一、原生演替、次生演替过程分析

1. 原生演替

原生演替可以根据生境条件的不同，分为许多基本类型，如水生演替（包括盐生演替、酸沼演替等）、旱生演替（包括岩生演替）、沙生演替。

（1）水生演替系列

水生演替系列包括湖泊、池沼、河流、酸沼、河口三角洲、海岸水生生境发生的演替。淡水的湖泊、河渠中的植物群落，通常经历沉水植物群落阶段、浮叶植物群落阶段、挺水植物群落阶段、木本沼泽植物阶段等，以福建峨嵋峰国家级自然保护区的东海洋、长汀县汀江流域、宁化牙梳山省级自然保护区与永春桃溪国家湿地公园较为典型。

①沉水植物群落阶段（图6-1-1、图6-1-2）。一个湖泊或水流不太快的河渠，其全部或近岸水深6m以上的区域，常常生长许多沉水植物。在我国常见的沉水植物有黑藻、菹草（*Potamogeton crispus*）、小茨藻（*Najas minor*）、金鱼藻和狐尾藻等。它们的根固着于库区或湖底泥土中，茎则在水中随水流而波动。其生长的深度因植物种类和水体的水环境质量而不同。在夏季生长旺盛时，它们可以满布水中。当然，即使比较浅的库区或湖泊，也可能有一部分的水中没有植物生长。若干年之后，一方面由于水流从上游带来的泥沙，经过这些植物减速和阻碍，沉淀了下来；另一方面这些植物死亡后，植物体沉积下来，而水中氧不足，不能完全分解，以至于把原来的泥沙凝结得比较紧密，湖床或库区也日渐变浅，因此不适宜于原有沉水植物的生长，使适合于这种浅水环境的挺水植物有了生长机会。

②浮叶植物群落阶段（图6-1-3至图6-1-5）。在水深2—3m的地方，有些浮叶植物开始生长。最常见的浮叶植物有芡实（*Euryale ferox*）、睡莲、各种浮叶的眼子菜、荇菜、四角刻叶菱等有地下繁殖体的种类。起初浮叶植物和沉水植物并存，不久由于浮叶植物的繁殖更快，导致沉水植物所能接收到的光线减少。虽然沉水植物可能向水中央区域发展，但无茎的漂浮植物与浮叶植物如浮萍、满江红、槐叶苹、睡莲、水鳖、四角刻叶菱等到达水中央区域，就会遮盖住光线，且浮叶植物纠缠能力较强，大量堆积水中淤泥，结果水深日渐减低。即使没有别的植物迁移进来，也会使沉水植物不能生存。

③挺水植物群落阶段（蒲草挺水沼泽阶段）（图6-1-6、图6-1-7）。由于水深越来越浅，致使

图 6-1-1　长汀汀江蔡坊段的沉水植物群落（竹叶眼子菜群落、金鱼藻群落为主）

图 6-1-2　长汀城区沟渠中的沉水植物群落（黑藻群落为主）

图 6-1-3　宁化安远池沼中的浮叶植物群落（四角刻叶菱群落）

图 6-1-4　四角刻叶菱群落中依稀可见前一演替阶段的金鱼藻

图 6-1-5　宁化牙梳山的浮叶植物群落（满江红群落、荇菜群落占优势，已有挺水植物进入）

图6-1-6　永春桃溪国家湿地公园内的挺水植物群落（毛蓼群落、水龙群落，河道中间为处于沉水植物群落阶段的黑藻群落、浮叶植物群落阶段的沼生水马齿群落）

图 6-1-7　福建漳江口红树林国家级自然保护区内的芦苇群落

挺水植物有了生长机会。在水深 0.3—1.3m 的湖泊或河渠里，水烛、芦苇、菰、慈姑、泽泻（*Alisma plantagoaquatica*）、蓼、互花米草、野生稻等进入。如水烛的繁殖力很强，生长快，可以很快形成水烛群落。三棱水葱能在水深 2m 的地方生长，并形成群落。芦苇主要长在浅水中，所以通常在水烛群落之后，才有芦苇群落。它们也常常镶嵌混生，没有一定的界限。这些植物之所以繁殖很快，是因为它们的地下茎发达，因此截留的泥沙和累积的腐殖质更多，水深更易变浅。同时，由于它们繁殖快而荫蔽了浮叶植物的光线，浮叶植物的生机日弱，或者只好向深水中繁殖。蒲草类植物高大，有发达且不易分解的机械组织，截留泥沙多，基质中腐殖质增加很快。

④挺水植物群落阶段（薹草挺水沼泽阶段）（图 6-1-8）。当水面浅到一定程度，在旱季水位较低的时候，土壤全部露出，生境已经不能适应蒲草类植物生存。这时，薹草类植物，如曲轴黑三棱、三棱水葱、薹草、灯心草、荸荠（*Eleocharis dulcis*）等逐渐迁移进来，结束了昔日的挺水植物沼泽阶段，形成了薹草草丛。这些植物有缠结能力强的地下茎和大量的根，因而形成薹草状群落，有时形成塔状，高低不平。湿季也许还会被水漫淹，但干季可能成饱和土，甚至水位低于土壤 10cm 以上。在这个阶段，水和风搬运来的土壤、枯枝落叶与植物繁殖体越来越多，蒸发作用也愈来愈大。最后薹草类不适应干燥生长而让位给中生植物，在干燥气候环境下形成更稳定的草原群落，而在湿润的气候区域内，会向木本植物群落演替。

⑤木本沼泽植物阶段（图 6-1-9）。当生境中水分仅在湿季饱和时，许多耐水湿的灌木或乔木开始生长。江南桤木、银叶柳、风箱树、水松等往往是先进入的物种，它们的种子可以在潮湿生境生根发芽，迅速扩繁，经过一段时间，形成浓密的木本沼泽。这些植物的树冠挡住了很大一部分阳光并改变光质，成土作用明显，蒸腾作用巨大，地下水位也随之下降。对光线和水分需求较高的薹草类植物，成为其中

图 6-1-8 福建峨嵋峰国家级自然保护区内的挺水植物群落

图 6-1-9 福建峨嵋峰国家级自然保护区内的木本沼泽植物群落

的草本层优势种，同时耐阴的植物如落霜红、水竹、木荷等也迁移进来。等到腐殖质积聚更多，土壤微生物更丰富时，更多树木进入，形成了青冈、虎皮楠、樟、枫杨、江南桤木、朴、榔榆、白栎等的混交林，且有与这种森林连在一起生长的灌木和草本植物。但是等到它们在已经比较干燥、通气比较良好的土壤里愈生愈密的时候，先进来的种类由于它们的幼苗不能忍耐阴暗而渐渐稀少。几代以后形成耐阴性更强的植物群落，这时群落的变化更为缓慢，形成更稳定的群落。

上述群落演替过程，有时在湖边或海边也可以看到。

（2）旱生演替系列

对于植物来说，裸露的岩石表面的环境条件是极端恶劣的：缺乏土壤，光照强，温度变化大，极为干燥。尽管如此，在这样的生境中，从地衣开始仍然进行着缓慢的演替。邵武将石省级自然保护区、泰宁丹霞地貌世界自然遗产地、冠豸山国家地质公园、武夷山国家公园都有很典型的在丹霞地貌裸岩上开始的旱生演替。

①地衣植物阶段（图6-1-10、图6-1-11）。在干旱的岩面"裸地"上，最先出现的是地衣植物阶段，一般是壳状地衣首先定居。壳状地衣的繁殖体落到岩石上，在雨后湿润的情况下开始生长，从假根上分泌有机酸，腐蚀岩石表面；加上岩石表面的风化作用，以及壳状地衣的一些残体的聚集，还有大气中微乎其微的养分的沉降，就逐渐形成了一些微量的"土壤"，由此壳状地衣越长越大，紧贴地表，向外扩展。在壳状地衣的长期作用下，环境条件（首先是土壤条件）有了改善，此时叶状地衣也悄悄进入。

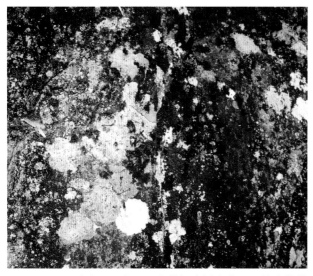
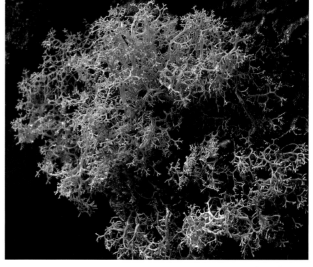

图6-1-10　武夷山国家公园内的桐木村中岩石上的壳状地衣植物群落

图6-1-11　福建戴云山国家级自然保护区内的枝状地衣植物群落

叶状地衣可以涵养较多的水分，积聚更多的腐殖质，使土壤增加得更快。在表面被叶状地衣遮没的岩石上，出现枝状地衣。

枝状地衣可以说是立体的多枝体，生长能力更强，之后就全部代替了叶状地衣群落。

地衣植物是岩石表面植物群落原生演替系列的先锋植物群落。地衣植物阶段在整个系列过程中需要的时间最长。一般越到后面，由于环境条件的逐渐改善，发展所需的时间就越短。在地衣群落发展的后期，就有苔藓植物出现。

②苔藓植物阶段（图6-1-12）。生长在岩石表面的苔藓植物，与地衣相似，可以在干旱缺水时停止生长，进入休眠状态，待到湿润多雨时再生长。这类植物能积累更多的土壤，为以后生长的植物创造更好的条件。

地衣植物阶段和苔藓植物阶段两个最初阶段，与环境的关系主要表现在土壤的形成和积累方面，至于对岩面小气候的影响，虽也有一点作用，但不显著。

③草本植物阶段（图6-1-13）。群落的演替继续向前发展，就进入草本植物阶段。草本植物中首先是卷柏、石韦、槲蕨等蕨类植物及被子植物中一些一年生或二年生植物（大多是低矮和耐旱的种类），在苔藓植物群落中开始出现个别植株，以后大量增加而取代了苔藓植物。土壤断断续续增加，小气候开始形成，多年生草本植物出现了。一开始，多为高35cm以下的"低草"，随着条件的逐渐改善，"中草"（高70cm左右）和"高草"（高1m以上）先后出现，形成不同阶段的群落。

图6-1-12 武夷山国家公园裸岩表面的苔藓植物

图6-1-13 邵武将石省级自然保护区丹霞地貌表面的草本植物

在草本植物群落各阶段中，原有岩面的环境条件有了较大的改变。首先在草丛郁闭下，土壤增厚，且有了遮阴，减少了蒸发，调节了温度和湿度，土壤中真菌、细菌和小动物的活动也增强，生境不那么严酷了。

草本植物群落为木本植物进入营造了适宜的生活环境，演替继续进行。

④木本植物阶段（图6-1-14、图6-1-15）。在草本植物群落发展到一定时期，首先是一些喜光的阳

图 6-1-14　邵武将石省级自然保护区丹霞地貌表面的木本植物

图 6-1-15　邵武将石省级自然保护区丹霞地貌峡谷内的顶极植物群落

性灌木出现，它常与"高草"混生而形成"高草"灌木群落。以后灌木大量增加，成为优势的灌木群落。进而，阳性的乔木树种生长，逐渐形成森林。至此，林下形成荫蔽环境，使耐阴的树种得以定居。随着耐阴树种的增加，阳性树种因在林内不能更新而逐渐从群落中消失，林下有了耐阴的灌木和草本植物，复合的森林群落就形成了。

丹霞地貌地区，具有独特的群落演替过程和现象：

崖顶：地衣群落—卷柏、蕨类群落—刺芒、野古草群落—刺柏群落（局部地形顶极）；

干旱崖面：牛毛藓、苔藓群落—卷柏、蕨类群落—刺柏干旱针叶林—马尾松、暖性针叶林—顶极常绿阔叶林；

潮湿崖面：珠藓、苔藓群落—单叶对囊蕨群落—柯、次生常绿阔叶林—顶极常绿阔叶林；

谷底水塘：沉水植物群落—水竹群落—风箱树灌木群落—银叶柳乔木群落—中生性群落；

山麓：蛇苔、苔藓群落—翠云草、蕨类植物群落—狼尾草、草本植物群落—毛锥、常绿阔叶林群落（地带性顶极群落）。

有时岩石表面只要有很浅一层土壤，很多草本植物就能生长。因此，草本植物和藓类在岩石上同时生长，阴湿地方的附生植物，如蕨类植物、兰科植物，以及秋海棠科、苦苣苔科的一些植物，明显存在这种情形。

此外，在有裂缝的岩石，特别是陡岩，如果裂缝较大，能够积聚一点土壤，草本植物、灌木，甚至乔木，就可以直接进入，不必经过地衣植物和苔藓植物阶段。例如在福建常常可以看到，在新开不久的公路、坑道，或铁路的边坡岩壁上，草本植物还没有生长，马尾松、山乌桕、木蜡树幼苗已经高达10cm了。这些都说明群落的形成和演替因具体条件而异，并不是一成不变的。除气候条件外，岩隙中能不能直接生长高等植物，要看岩石的物理和化学性质，以及落入的泥沙和腐殖质的情况而定。通常细砾和粗砾所形成的岩壁发展比较快，草本植物常常是群落的先锋，待腐殖质增加到一定程度后，灌木和乔木就在其上生长了。

（3）沙生演替系列

沙生演替系列也是中生演替的一个类型。由风力形成的沙丘，除非有植物生长，否则很难固定，因为风可以再把沙丘吹去。据调查，沙丘上植物群落的发展，一般经历3个阶段。

①初期沙丘（图6-1-16）。在福建沿海的东山、漳浦、思明、惠安、平潭等地都有沙滩。一般情况下，沙粒较重，且地下水位高，只要沙滩面积不大，不容易形成沙丘。在局部较大的海湾，海水水文处于上升流的情况下，沙滩的面积会越来越大，沿海来的风会把细沙刮到离海岸线较远的海边，这些地方可能生长老鼠芳、厚藤、海边月见草、单叶蔓荆、海马齿等种类。这些滨海植物留住吹来的细沙，逐渐形成初期沙丘。

②流动沙丘。当初期沙丘的植物被人为破坏，如不断踩踏等干扰，缺乏植被覆盖时，在连续较大的台风影响下，沙丘可能被瞬间搬运，形成流动沙丘，尤其是大面积细沙区域更容易发生这种情况。在20世纪五六十年代，东山县曾经发生过流动沙丘掩埋村落的情况。

③稳定沙丘（图6-1-17、图6-1-18）。在沙丘植被稳定的情况下，尤其在朴树、台湾相思、黄连木等进入的情况下，沙丘就成为稳定沙丘，植被更茂密，腐殖质不断增加，土壤逐渐由沙土向壤土转变。如在福建马尾区琅岐岛上，形成了前顶极的森林群落。

图 6-1-16　东山县尚不够稳定的沙丘

图 6-1-17　东山县稳定沙丘上的木麻黄树与肿柄菊

图 6-1-18　琅岐岛沙丘上演替形成的前顶极森林群落

2. 次生演替

次生演替要比原生演替容易，时间也较短，因为次生裸地不仅有土壤，而且还可能有土壤微生物和丰富的植物繁殖体。例如遭到砍伐的林地，还有灌木和草本植物，已砍伐的树桩也可能萌发新苗，这样就可以由灌木阶段直接发展成乔木阶段。即便在火烧迹地上，也常是灌木和草本植物同时出现，只要过几年，就形成茂密的草本植物群落或灌木群落。假如环境条件有利于乔木生长，那么很快就会形成乔木群落。

原生植被受到了破坏，就会发生次生演替，并将出现各种各样的次生植被，这种次生植被的形成过程就是次生演替系列。

次生演替的最初发生由外界因素的作用引起。外界因素除火烧、病虫害、寒害、干旱、水淹、冰雹打击等外，最主要和最大规模的是人为的干扰，如森林的过伐、草原过度放牧和割草等。各种各样的次生植被往往是在人为活动的作用下产生的，因此对于次生演替的研究具有很大的实际意义。因为在我们利用和改造植被的工作中，所涉及的绝大部分都是次生演替的问题。可是，认识和分析次生演替在很大程度上有赖于对原生演替的一般规律的了解，这样才能做到合理开发利用，又维护生态平衡。

森林被采伐后，森林群落的性质（如针叶林或阔叶林）和采伐方式（如皆伐或择伐、炼山）不同，对于林内优势树种的幼苗、幼树和地被物的破坏程度不同，对群落演替的影响也不同。皆伐并炼山对于森林群落的影响最大，生态恢复要经历较长的时间。

南方常绿阔叶林区域在森林采伐迹地上，首先生长各种禾草或芒萁，继之是桃金娘、檵木等形成的灌丛。在肥力较高的山地则多为山鸡椒、赤杨叶、山乌桕、南酸枣等阳性树种，稍荫蔽后，木荷、枫香树发展起来，当林相郁闭后才逐渐出现阴性的常绿阔叶林的种类。采伐迹地上，如有树桩存在，也可能出现丛生常绿阔叶灌丛林，从而形成次生常绿阔叶林（图6-1-19）。

图 6-1-19　宁化牙梳山省级自然保护区内次生演替群落

二、进展演替、逆向演替过程分析

一般来说，相对稳定性较高的地带性植被类型，即使受到人工择伐等较轻度的干扰，导致林窗地有阳性或相对较喜光的植物种如赤杨叶、山鸡椒、马尾松、木荷等侵入生长，群落也可凭自身较强的调节力快速恢复。然而，如外力干扰超过了群落自身调节力的极限（阈值），则群落将逆行演替，严重者将崩溃，造成生态失衡。

福建中亚热带常绿阔叶林遭到皆伐，其迹地上一般首先生长五节芒、蕨等草本植物，并混生山鸡椒、檵木、短尾越桔、杜鹃、美丽胡枝子、细齿叶柃、杨桐等阳性小乔木、灌木种，组成中生灌草丛。继之就有南酸枣、山乌桕、赤杨叶、马尾松、木荷、枫香树、鳞荷锥、栲等阳性树种进入生长。在该地带北部，有白栎、短柄枹、水青冈、光叶水青冈、亮叶桦等阳性落叶乔、灌木出现，发展成阳性乔木、灌木林并过渡到针阔叶混交林。随着时间的进程、群落覆盖度的提高和生境条件的改善，原群落中的主要乔木种如锥属、青冈属、柯属和樟科等树种也在其中得以生长，于是逐渐恢复为与原群落类型性质相似的阴性乔木林（图6-2-1）。

福建省南亚热带的地带性植被类型如红锥林、红鳞蒲桃林、厚壳桂林等被皆伐后，其迹地上通常有五节芒、地桃花等多种草本植物生长，其间混生山鸡椒、山乌桕、木蜡树、猴耳环、香楠、白楸等小乔

图 6-2-1　地处中亚热带的邵武龙湖林场停止择伐后，逐渐向顶极演替的米槠群落

木和灌木，继之即有马尾松、鹅掌柴、木荷、枫香树、黧蒴锥、山牡荆、臀果木、黄杞等乔木出现，逐渐发展成针阔叶混交林，进而过渡到以红锥、红鳞蒲桃、厚壳桂等为主要建群种，与原群落性质相似的南亚热带季风常绿阔叶林（图 6-2-2）。

图 6-2-2　地处南亚热带的福建虎伯寮国家级自然保护区内逐渐向顶极演替的红锥群落

以上所述的是群落遭到破坏后植被在其迹地上演替的一般趋势，它是在停止对迹地的外力干扰下进行的。倘若群落被皆伐后，其迹地仍遭到外力的反复干扰，将导致生境日益干旱贫瘠化，迹地上的植被将逆行演替为灌草丛，甚至沦为童山秃岭。

三、变化镶嵌体稳态分析

变化镶嵌体稳态学说源于植物群落的格局—过程观点（White, 1979；安树青等，1998），即植物群落是由具有不同动态特征的斑块组成的，其演替是内源自控过程的时间格局，是循序渐进的，并最终趋于稳定。而这种稳态则是不同性质、不同动态过程的斑块在大尺度群落上的表现（Borman and Likens，1979；Borman，1981）。

变化镶嵌体稳态过程是植物群落演替到了顶极之后发生的。植物群落演替到顶极之前，几乎整个群落的动态过程是同步的，但到顶极之后，群落中的优势种的树龄不一，有的早枯死或被风吹倒，有的树龄较大而枯死，留下了林窗，林窗下土壤种子库中丰富的种子迅速萌发。于是，整片森林变成了此起彼伏的变化镶嵌体（图 6-3-1）。

图 6-3-1　福建天宝岩国家级自然保护区内常绿阔叶林内局部从林窗开始演替

四、火成演替过程分析

　　火成演替在世界各地都比较常见，但容易为大家所忽视。许许多多的针叶林是火成演替的结果（图6-4-1）。有些地段每隔几十年或几百年遇到一次火灾，或在大旱之后遇到火灾。火灾为针叶树的进入提供了机会，也有些地方的森林中原本有针叶树的大树，火灾之后，其种子在火烧迹地快速生长，而后在较长一段时间内，成为较为稳定的植被。据研究，火灾之后，森林中有林窗的情况下，长苞铁杉的发芽率比在郁闭的林下要高得多（朱小龙等，2008）。

图 6-4-1　福建天宝岩国家级自然保护区内火成演替而成的长苞铁杉林

五、人为保护对森林植被的促进作用

　　人为保护对森林植被的促进作用非常明显，如武夷山国家公园内的一些地段，在 1978 年之前曾经择伐过，如今已经是郁郁葱葱的米槠林（图 6-5-1）；又如福建漳江口红树林国家级自然保护区内的红树林，近 20 年来红树林的面积有所扩大，海榄雌林已经从高 2m 左右长到 6m 多了。

图 6-5-1　武夷山国家公园内皮坑口周边的米槠林

第七章　福建自然保护地建设

一、福建森林保护事例

福建森林植被的保护历史悠久，从史书中可以找到相关证据的有万木林，其保护历史可以上溯到元末；从族谱等资料可以考证的有虎伯寮，其保护历史可以上溯到明初；从禁碑可以找到证据的有天宝岩、茫荡山，其保护历史可以上溯到明末清初。

1.万木林

按明朝嘉靖年间编写的《建宁府志》记载，万木林在元代名为大富山，是龙津里（今建瓯市房道镇漈村村）的风水林，杨达卿是龙津里很有威望的长者。其时，兵荒马乱，民不聊生，杨达卿从救济灾民出发，让大家种树。他对灾民讲："谁在我的山上栽一棵树，我就给谁一斗稻谷。"《建宁府志》上记载："随山之高下曲直，皆有木矣。逾数年，木长茂，望之蔚然成林，既之森然成列。"又过几年，木已成材。杨达卿晚年常告诫子孙，大富山上的树木不能出卖，只有几种情况才可以动用，盖庙宇、学校，造船，搭桥，给老人盖房，或贫苦人家没有房舍的、没有棺木的，给予帮助。乡亲们很敬仰他，给这座山起了一个名字，叫"万木山"。明初建宁知府阮德柔得知杨达卿"涉书史，明古今大义，乐善好施"，特意请他给自己的子弟做老师。阮德柔还专门画了一幅万木林图，把杨达卿为民植树的功绩画了下来。杨达卿去世后，他的孙子杨荣在明朝为官，任工部尚书。明朝永乐年间胡广写下了《万木山记》，杨荣自己作了《万木图事实记》，把杨达卿的事迹用文字记录下来，府志中保存了这段文字（图7-1-1）。

图 7-1-1　建瓯万木林省级自然保护区内的《万木图事实记》碑

从万木林森林植被中的观光木和沉水樟等大树（图7-1-2、图7-1-3）看，万木林的保护早于元末。没有数千年的保护，不可能有这么多粗大的树木，也不可能呈现出中亚热带地区的原始森林的结构。只是杨达卿的善举留下了历史记载。

图7-1-2　建瓯万木林省级自然保护区内观光木等大树　　　图7-1-3　建瓯万木林省级自然保护区内沉水樟等大树

中华人民共和国成立后，万木林的保护工作得到政府和有关专家的高度重视。

1956年，苏联生态学家、科学院院士苏卡切夫和我国林业部刘文辉部长等考察了中国许多地方（包括万木林）森林植被后，认为我国植物种类繁多，是世界上研究植物资源科学问题的理想场所。

1956年，秉志等5位代表在全国人民代表大会上提交《请政府在全国各省（区）划定天然森林禁伐区，保存自然植被以供科学研究的需要》提案后，林业部将全国40余处天然林划定为森林禁伐区，建瓯县房道乡的万木林名列其中。

1957年省、地、县人民委员会发出通知，划定万木林天然森林禁伐区面积约107.2hm²。

1976年经建瓯县林业局同意，原房道公社成立建瓯万木林管理小组。

1980年经福建省人民政府批准，成立福建建瓯万木林自然保护区管理站。

1981年建瓯县人民政府颁布了《建瓯万木林保护管理条例》，保护区面积扩大到现有的189hm²。

2. 虎伯寮

南靖和溪乐土雨林（南亚热带季风常绿阔叶林）是有悠久历史的风水林。据六斗黄氏大宗祠记载，六斗黄氏开基祖黄英，是黄姓得姓以来的第一百一十六世。明洪武二年（1369年），黄英迁到现在的六斗村开基。他的子孙昌盛，传到第五代已有20多个男丁分房。从第五代起，黄姓子孙开始往外迁移，迁到本省的福州、龙岩、漳州，广东的潮州、揭阳，江西会昌，以及四川、广西等地。到清初，六斗黄氏子孙开始大批向台湾迁移，主要聚居地是嘉义市六斗厝。

明代，黄氏二代孟昌，知识渊博，熟悉地理，选择卧牛睡姿地形，依靠风水林建黄氏大宗祠"龙湖祠"（图7-1-4、图7-1-5）。祠内有上、下厅，左右辅厝，共11间，为标准祖祠结构，占地面积20亩

图 7-1-4　福建虎伯寮国家级自然保护区外围的黄氏"龙湖祠"（1）

图 7-1-5　福建虎伯寮国家级自然保护区外围的黄氏"龙湖祠"（2）

（1.3hm²）。祠堂后后山有风水林300亩（20hm²），即今天的虎伯寮国家级自然保护区的乐土片区。祠里供奉开基始祖黄英的神位。至清乾隆二十六年（1761年），黄氏族人在原祠基础上重建，成为三堂两横古典中原祠庙式样祠堂，古色古香，十分气派。他们确定宗祠四至区，东至大宗坑，西至田边，南至池塘下路脚，北至五代坟地外，不准他人占用。

中华人民共和国成立之后，有关专家对虎伯寮开展了科学考察工作，同时有关政府部门相继出台了一系列保护政策措施。

1953年，厦门大学何景在闽南进行植物调查时，发现了南靖和溪六斗山有一片典型的南亚热带雨林（季风常绿阔叶林）。何景认为这片雨林非常适合作为厦门大学生物系生产实习基地。随后，他提出保护建议上报福建省人民委员会。

1959年，福建省人民委员会批转了厦门大学关于划六斗山（即乐土）为保护区的报告，通令封禁。福建省科学技术委员会和厦门大学一起将和溪乐土森林区由社有林买为公有林。

1960年，南靖县人民革命委员会通知和溪公社和乐土生产大队划六斗山为禁伐区，交给福建亚热带作物试验站管理，并颁发封禁通知，绘出地形图，标明界线。

1962年，福建省科学技术委员会与和溪公社乐土大队签订合同，将六斗山划为永久性封禁区。南靖县人民革命委员会下文要求切实做好封禁六斗山亚热带雨林工作。

1963年，福建省人民委员会批准乐土雨林为永久封禁区，省长魏金水签署了〔（63）省科魏字第0183号〕布告："查南靖县和溪公社乐土大队六斗山森林，属亚热带雨林，具有重要的科学研究价值，必须严加保护。现省人委决定，将此处森林的林权收归国有，并实行永久封禁保护，供国家科学研究机关管理使用。具体封禁、保护范围：东和东南至白塘坑，东北至古坑村，西和西北至崩红心，西南至乐土大队业进厝。所有机关、团体、部队、学校、工矿企事业和群众，应一律遵照执行，不得随意进行砍伐、破坏。违者，视其情节轻重予以惩处。"（图7-1-6）

1980年，福建省政府批准设立乐土南亚热带雨林省级自然保护区管理站。1981年，福建省林业厅副厅长路湘云到南靖视察，提出应在原22hm²保护区的基础上，扩大保护面积。

1982年，福建省林业设计院庄垂智等专程到树海林区调查，建议尽快建立树海自然保护区。

1990年，福建省政协组织专家到树海林区调查，向省委、省政府提交《尽快建立南靖虎伯寮自然保护区》的提案，建议把南靖县大岭村、象溪村、北坑村等的天然次生林加以保护，建立虎伯寮等自然保护区。

1995年，南靖县人民政府发出通告，对紫

图7-1-6　1963年福建省人民委员会所立布告

荆山实行封山育林。金山镇政府对鹅仙洞的森林资源进行保护，制定乡规民约进行封禁，对珍贵树种实施挂牌保护。

1995年，南靖县人民政府建立虎伯寮亚热带雨林县级自然保护区。

1998年，厦门大学林鹏带领团队对拟扩区的范围进行科学考察。

1999年，福建省人民政府批准原自然保护区扩区，并更名为南靖虎伯寮省级自然保护区。

2001年，国务院批准成立福建虎伯寮国家级自然保护区。

3. 天宝岩

在福建天宝岩国家级自然保护区内曾经发现3块禁碑（郑凌峰等，2006），可以表明森林保护的历史。发现最早的一块立于乾隆四十七年（1782年），其碑文写道："祖山祖坟族众坟木，洋内两峡水尾荫木，竹林内松杉等木不论大小，不许批卖伤伐祖堂并前坪，须宜洁净，不许堆积秽物，祖蒸苗田不许盗卖，乡内不许容藏匪类，凡有不公之事，须投族亲理论，不许外引棍徒唆扰滋事，田禾不许盗梳，以上违者罚银三两六钱正。族众竹林不许妄砍冬笋，春笋不许妄掘，菜蔬不许盗采，牧牛养鸭不许伤害生理，以上违者罚银伍钱正。乾隆四十七年十月河南族众公立。"

另外两块分别是清朝嘉庆十年（1805年）由熊、吴、肖3个姓氏宗族共同树立的禁伐碑（图7-1-7），清同治三年（1864年）由当地肖氏家族所立的禁伐碑（图7-1-8）。

图7-1-7　福建天宝岩国家级自然保护区内清嘉庆十年（1805年）所立的禁伐碑

图7-1-8　福建天宝岩国家级自然保护区内清同治三年（1864年）所立的禁伐碑

前面两块都涉及祖宗墓地周边的山林禁伐,第二块涉及的范围更大,第三块主要涉及肖姓宗族在本畲、香木岭一直到龙潭的森林的保护。时至今日,那里面的森林仍接近于原始森林(图7-1-9)。

中华人民共和国成立后,尤其是改革开放后,天宝岩的森林保护工作日益得到重视。

1988年,永安市人民政府批准建立永安市天宝岩自然保护区。

1988年,经福建省人民政府批准,成立天宝岩省级自然保护区。

2002年开始,林鹏带领团队对天宝岩自然保护区进行综合科学考察。

2003年,经国务院批准成立福建天宝岩国家级自然保护区。

图7-1-9　福建天宝岩国家级自然保护区内清朝以来受到保护的森林

4.茫荡山

清道光二十六年(1846年),今福建茫荡山国家级自然保护区内的岩头村已经立了"奉宪严禁"的石碑,碑上刻有严禁盗伐、烧山放火等村规民约,以保护森林资源。

中华人民共和国成立后,特别是改革开放后,有关政府部门出台了一系列对茫荡山森林保护的政策措施。

1987年，由建阳地区行政公署建立茫荡山县级自然保护区。

1988年，经福建省人民政府批准，成立茫荡山省级自然保护区，保护区面积为1974.6hm²。

2002年开始，林鹏带领团队对茫荡山进行综合科学考察。

2010年，经福建省人民政府批准调整，调整后保护区面积9442.3hm²。

2013年，经国务院批准成立福建茫荡山国家级自然保护区。

二、福建自然保护地建设历程

中华人民共和国成立以来，福建自然保护地建设逐步走上正轨。具体来说，可分为4个阶段，即起步阶段（1951—1977）、走上正轨阶段（1978—1998）、快速发展阶段（1999—2016）、优化整合阶段（2017至今）。

1. 起步阶段（1951—1977）

1951年开始，何景来福建后，到各地做了大量考察。他对南靖和溪乐土雨林的保护与利用非常关注，将此地作为厦门大学生物系的教学科研基地，并获得福建省科学技术委员会的支持。1960年，乐土雨林成为禁伐区。1962年，福建省科学技术委员会拨款买下这片雨林，委托华东亚热带植物研究所（现为福建省亚热带植物研究所）管理。1963年，福建省人民委员会颁发布告，把这片雨林划为永久性保护，同时立碑划界，标明四至。

1956年，秉志等5位专家代表在全国人民代表大会第一届第三次会议中提交《请政府在全国各省（区）划定天然森林禁伐区，保存自然植被以供科学研究的需要》的提案，林业部在办理该提案时，将全国40余处天然林划定为森林禁伐区，建瓯县房道乡的万木林名列其中。1957年福建省政府、南平专员公署、建瓯县人民委员会也相继发出通知，划定万木林天然森林禁伐区面积约107.2hm²。

此后，林业部、福建省人民委员会、南平专员公署先后行文，将武夷山的天然林列为禁伐区，加以保护。

1958年，晋江专员公署将永春天湖山（含牛姆林）一带南亚热带季风常绿阔叶林集中分布区划为森林禁伐区。

1958年，郑万钧来到三明莘口考察天然森林资源时提出"要保护三明市附近一片以格氏栲（即吊皮锥）、米槠林为主的特殊罕见的森林群落类型"的建议。1960年，三明市林业局在三明莘口设置格氏栲天然林保护区管理站。

2. 走上正轨阶段（1978—1998）

1978年10月，福建农学院赵修复提出《关于建立大竹岚、挂墩自然保护区的紧急呼吁》。11月21日，《光明日报》总编室《情况反映》274期刊光明日报社驻福建记者站记者白京兆的文章《福建农学院教授赵修复紧急呼吁保护名闻世界的崇安县生物资源》。第二天，邓小平即批示："请福建省委采取有力措施。"福建省委立即采取了有力的落实措施。1979年4月，福建省武夷山自然保护区正式建立。1979年7月，国务院批准将武夷山自然保护区列为国家重点自然保护区。

1980 年，经福建省人民政府批准设立福建建瓯万木林自然保护区管理站和三明格氏栲省级自然保护区管理站。

1983 年开始，福建省人民政府先后逐年批准建立了三明市萝卜岩省级自然保护区、屏南宜洋鸳鸯猕猴省级自然保护区、福建闽西梅花山省级自然保护区、德化戴云山省级自然保护区、闽清黄楮林省级自然保护区、邵武将石省级自然保护区、东山珊瑚省级自然保护区、延平茫荡山省级自然保护区、龙海九龙江口红树林省级自然保护区、将乐龙栖山省级自然保护区、厦门白鹭省级自然保护区、漳江口红树林省级自然保护区、平潭三十六脚湖省级自然保护区、厦门中华白海豚省级自然保护区等。

1988 年开始，梅花山、深沪湾海底古森林遗迹、龙栖山先后经国务院批准成为国家级自然保护区。

3. 快速发展阶段（1999—2016）

1999 年以来，福建省人民政府先后批准了武平梁野山省级自然保护区、宁化牙梳山省级自然保护区、福安瓜溪桫椤省级自然保护区、长汀圭龙山省级自然保护区、泰宁峨嵋峰省级自然保护区、永泰藤山省级自然保护区、建宁闽江源省级自然保护区、尤溪九阜山省级自然保护区、安溪云中山省级自然保护区、惠安洛阳江省级自然保护区（现更名为泉州湾河口湿地省级自然保护区）、莆田老鹰尖省级自然保护区、松溪白马山省级自然保护区、大田大仙峰省级自然保护区、明溪均峰山省级自然保护区、明溪君子峰省级自然保护区、清流莲花山省级自然保护区、闽江河口湿地省级自然保护区、仙游木兰溪源省级自然保护区、武夷山黄龙岩省级自然保护区、顺昌七台山省级自然保护区、永春县牛姆林省级自然保护区等。

与此同时，林鹏带领团队，先后到虎伯寮、天宝岩、梁野山、漳江口、戴云山、茫荡山、闽江源、君子峰、雄江黄楮林等自然保护区考察，这些保护区先后获批成为国家级自然保护区。

2002 年 4 月，刘剑秋、许友勤、唐兆和、周冬良等呼吁抢救性保护闽江河口湿地，引起社会较大反响。时任福建省省长的习近平做了重要批示。根据习近平省长的批示精神，地方政府和有关部门很快撤销了原拟在闽江河口湿地鳝鱼滩修建滨江大道及围垦项目的计划。随后，长乐市人民政府批准建立了长乐闽江河口湿地县级自然保护区。2007 年 12 月，福建省人民政府批准建立闽江河口湿地省级自然保护区。2013 年 6 月，经国务院批准成为国家级自然保护区。

2007 年以后，李振基带领团队到汀江源、峨嵋峰自然保护区进行综合科学考察，汀江源、峨嵋峰先后获批成为国家级自然保护区。

4. 优化整合阶段（2017 至今）

2017 年 6 月，国家发展改革委员会批复了《武夷山国家公园体制试点区试点实施方案》，武夷山成为全国首批 10 个国家公园体制试点之一；8 月，武夷山列入《国家生态文明试验区（福建）实施方案》中国家公园试点区域的范围。2017 年 9 月，中共中央办公厅、国务院办公厅印发《建立国家公园体制总体方案》；同年 10 月，党的十九大报告明确提出建立以国家公园为主体的自然保护地体系。2019 年 6 月，中共中央办公厅、国务院办公厅印发了《关于建立以国家公园为主体的自然保护地体系的指导意见》，明确了到 2025 年完成自然保护地整合归并优化，2035 年全面建成中国特色自然保护地体系的战略目标。2019 年 12 月，国家林草局对全国 10 个国家公园试点组织开展了中期评估。2021 年 9 月，国务院同意设立武夷山国家公园。

2020年4月，福建省林业局启动了全省的自然保护地整合优化工作，按照"保护面积不减少、保护强度不降低、保护性质不改变"的原则，对交叉重叠、相邻相近的自然保护地进行归并整合，对边界范围和功能分区进行合理调整，并实事求是地解决城镇建成区、村落、永久基本农田、成片人工商品林、矿业权、开发区等历史遗留问题，并与生态保护红线划定相衔接，形成了《福建省自然保护地整合优化预案》，自然保护地整合优化工作稳步推进。

三、福建自然保护地类型

截至2020年，福建省有各种类型自然保护地373个（其中2个世界自然遗产、世界地质公园与其他自然保护地区域几乎相同），总面积达15484.61km²，扣去重复的面积，仍然有14250.00km²，保护地面积占福建国土面积的11.49%。

1.世界自然遗产

福建有两处世界自然遗产，其中一处是武夷山。武夷山，1999年列入世界文化与自然遗产，总面积99975hm²。世界遗产委员会评价：武夷山脉是中国东南部最负盛名的生物多样性保护区，也是大量古代孑遗植物的避难所，其中许多生物为中国所特有。九曲溪两岸峡谷秀美，寺院庙宇众多，但其中也有不少早已成为废墟。该地区为唐宋理学的发展和传播提供了良好的地理环境，自11世纪以来，理学对东亚地区文化产生了相当深刻的影响。公元1世纪时，汉朝统治者在城村附近建立了一处较大的行政首府，厚重坚实的围墙环绕四周，极具考古价值。

另一处是泰宁。泰宁丹霞地貌，2010年列入世界自然遗产，总面积23487hm²。世界遗产委员会评价：中国丹霞是中国境内由陆源相红色砂砾岩在内生力量（包括隆起）和外来力量（包括风化和侵蚀）共同作用下形成的各种地貌景观的总称。这一遗产包括中国西南部亚热带地区的6处景观。它们的共同特点是壮观的红色悬崖和一系列侵蚀地貌，包括雄伟的天然岩柱、岩塔、沟壑、峡谷和瀑布等。这里跌宕起伏的地貌，对保护包括400种左右稀有或受威胁物种在内的亚热带常绿阔叶林和丰富的动植物起到了重要作用。

2.国家公园

武夷山国家公园体制试点开始于2016年，中共中央办公厅、国务院办公厅印发的《国家生态文明试验区（福建）实施方案》中确定了武夷山国家公园试点区域的范围。

2017年，武夷山国家公园管理局正式组建成立。2020年，体制试点范围为100141hm²。按照生态系统功能、保护目标和利用价值划分为特别保护区、严格控制区、生态修复区和传统利用区。体制试点区域包括原福建武夷山国家级自然保护区、原武夷山国家森林公园、原福建武夷天池国家森林公园、原福建武夷山风景名胜区的一级保护区等。2021年9月，国务院同意设立武夷山国家公园。

按照《武夷山国家公园条例（试行）》规定，武夷山国家公园主要保护对象如下：森林、山岭、草地、荒地、水流、滩涂及其他湿地；野生动植物；丹霞地貌、地质遗迹；具有历史、艺术、科学价值的古建筑、纪念性建筑物、古遗址、古墓葬和摩崖石刻；近现代重要史迹、历史建筑，特色民居；朱子文化及茶文化、民俗、民间音乐舞蹈等传统文化；其他需要保护的资源。

3. 自然保护区

自然保护区是指在具有代表性的自然生态系统，珍稀动植物的天然分布区，重要的自然风景区、水源涵养区，具有特殊意义的地质构造、地质剖面和化石产地，以及其他为了自然保护的目的，需要进行特殊保护和管理而划分出的一定地域的总称。建立自然保护区具有重要意义。

福建是全国主要林区之一，自然条件优越，生物种类繁多，生态系统类型丰富。这不仅是大自然赋予福建的宝贵遗产，也是全人类的稀有财富。福建自然保护区建设开始于1957年，最早建立的是万木林自然保护区。1978年以来，福建自然保护区工作进入走上正轨阶段，1999年以来进入快速发展阶段，表现在保护区的数量迅速增加、保护区类型逐渐丰富、保护区的建设和管理工作有所改进、科研工作也在许多保护区内逐步开展。截至2021年，福建省已建成国家级自然保护区16个（不含原武夷山国家级自然保护区），省级自然保护区23个，市级自然保护区10个，县级自然保护区44个，保护的面积达3703.91km²，占福建国土面积的2.99%（表7-3-1）。部分县级自然保护区将优化整合为省级自然保护区。

表 7-3-1　福建的自然保护区

保护区名称	行政区域	现有面积/hm²	主要保护对象	类型	始建时间
福建梅花山国家级自然保护区	上杭县、连城县、新罗区	22168.5	以华南虎为代表的珍稀动植物和典型森林生态系统	森林生态	1985-04-02
福建深沪湾海底古森林遗迹国家级自然保护区	晋江市	3100	海底古森林遗迹和古牡蛎海滩岩及地质地貌	古生物遗迹	1991-10-09
福建龙栖山国家级自然保护区	将乐县	15693	中亚热带森林生态系统,金钱豹、云豹、黄腹角雉等野生动物	森林生态	1984-09-11
厦门珍稀海洋物种国家级自然保护区	厦门市	7588	中华白海豚、白鹭、文昌鱼等珍稀动物	海洋海岸	1991-01-01
福建虎伯寮国家级自然保护区	南靖县	3001	南亚热带雨林森林生态系统	森林生态	1963-01-08
福建天宝岩国家级自然保护区	永安市	11015.38	长苞铁杉林、猴头杜鹃林、南方山间盆地泥炭藓沼泽	森林生态	1988-12-26
福建漳江口红树林国家级自然保护区	云霄县	2360	红树林生态系统和东南沿海水产种质资源	海洋海岸	1992-07-01
福建梁野山国家级自然保护区	武平县	14365	南方红豆杉林和钩锥林、观光木林生态系统	森林生态	1995-01-01
福建戴云山国家级自然保护区	德化县	13472.4	南方红豆杉、长苞铁杉及东南沿海典型的山地森林生态系统	森林生态	1985-05-16
福建闽江源国家级自然保护区	建宁县	13022	大面积的伯乐树和南方红豆杉原生种群	森林生态	2000-03-15
福建君子峰国家级自然保护区	明溪县	18060.5	中亚热带原生性常绿阔叶林、南方红豆杉种群	森林生态	1995-12-20
福建雄江黄楮林国家级自然保护区	闽清县	12513.3	福建青冈、中亚热带南缘常绿阔叶林及两栖爬行动物	森林生态	1985-08-02
福建茫荡山国家级自然保护区	延平区	9442.3	杉木原生种群和典型的中亚热带沟谷森林生态系统	森林生态	1987-02-01
福建闽江河口湿地国家级自然保护区	长乐区	2100	河口湿地生态系统及水禽	内陆湿地	2003-08-20

续表

保护区名称	行政区域	现有面积 /hm²	主要保护对象	类型	始建时间
福建汀江源国家级自然保护区	长汀县	10379.7	原生性的中亚热带常绿阔叶林生态系统及野生动植物	森林生态	2001-06-09
福建峨嵋峰国家级自然保护区	泰宁县	10299.59	东方水韭、珍稀雉科鸟类、海南虎斑鸦等珍稀野生动植物	野生植物	2001-06-09
建瓯万木林省级自然保护区	建瓯市	189	中亚热带常绿阔叶林和珍贵树种	森林生态	1957-06-07
三明格氏栲省级自然保护区	三元区	1105.7	格氏栲、米槠等野生植物	野生植物	1958-01-01
三明萝卜岩省级自然保护区	沙县区	340.93	闽楠等珍稀动植物及森林生态系统	野生植物	1983-03-28
永春牛姆林省级自然保护区	永春县	264.84	森林生态系统及候鸟	森林生态	1984-07-29
屏南宜洋鸳鸯猕猴省级自然保护区	屏南县	1457.3	鸳鸯、猕猴及其生境	野生动物	1984-08-07
邵武将石省级自然保护区	邵武市	1187.13	典型的硬叶栎常绿阔叶林生态系统及长叶榧	森林生态	1986-03-27
龙海九龙江口红树林省级自然保护区	龙海区	420.2	红树林生态系统及濒危动植物	海洋海岸	1988-02-12
福安瓜溪桫椤省级自然保护区	福安市	1509.32	桫椤及其生境	野生植物	1997-03-25
平潭三十六脚湖省级自然保护区	平潭综合实验区	1340	海蚀地貌及淡水湖泊	地质遗迹	1997-07-03
东山珊瑚礁省级自然保护区	东山县	3680	珊瑚礁生态系统	海洋海岸	1997-07-03
永泰藤山省级自然保护区	永泰县	21204.59	常绿阔叶林生态系统和珍稀动植物	森林生态	1997-11-01
宁化牙梳山省级自然保护区	宁化县	4733	中亚热带常绿阔叶林生态系统及野生动植物	森林生态	1999-02-09
清流莲花山省级自然保护区	清流县	1776	中亚热带常绿阔叶林及野大豆、南方红豆杉	森林生态	2001-01-01
尤溪九阜山省级自然保护区	尤溪县	2308.3	中亚热带常绿阔叶林生态系统及珍稀动植物	森林生态	2001-10-08
安溪云中山省级自然保护区	安溪县	4164.5	晋江、九龙江源头生态系统及黄腹角雉	森林生态	2001-10-08
莆田老鹰尖省级自然保护区	涵江区	2830.9	南亚热带北缘森林生态系统及珍稀动植物	森林生态	2002-02-26
泉州湾河口湿地省级自然保护区	惠安县、洛江区	7065.31	红树林和滨海湿地生态系统及珍稀濒危物种	海洋海岸	2002-02-26
大田大仙峰省级自然保护区	大田县	6886.1	中亚热带常绿阔叶林生态系统及野生动植物	森林生态	2003-02-11
松溪白马山省级自然保护区	松溪县	3755.32	中亚热带森林植被及珍稀濒危动植物	森林生态	2003-02-11
马尾闽江河口湿地省级自然保护区	马尾区	1029	河口湿地生态系统及水禽	内陆湿地	2007-02-01
仙游木兰溪源省级自然保护区	仙游县	18025	中亚、南亚热带过渡区山地森林生态系统及珍稀濒危野生动植物	森林生态	2012-12-24
顺昌七台山省级自然保护区	顺昌县	2054.28	以乐东拟单性木兰为代表的珍稀濒危野生动植物	野生植物	2015-05-27
武夷山黄龙岩省级自然保护区	武夷山市	4765.16	中亚热带中山森林生态系统及珍稀濒危野生动物	森林生态	2015-05-27
秀屿平海海滩岩、沙丘岩市级自然保护区	秀屿区	20	海滩岩、沙丘岩	地质遗迹	1995-03-31

续表

保护区名称	行政区域	现有面积/hm²	主要保护对象	类型	始建时间
福安环三都澳湿地水禽红树林市级自然保护区	蕉城区	2406.29	红树林生态系统及珍稀水禽	海洋海岸	1997-03-25
古田人工湖市级自然保护区	古田县	4930	湿地生态系统及水禽、防护林	内陆湿地	1997-03-25
屏南仙山市级自然保护区	屏南县	2000	阔叶林森林生态系统及穿山甲等珍稀动物	森林生态	1997-03-25
柘荣东狮山市级自然保护区	柘荣县	2360	阔叶林森林生态系统及苏门羚、猫头鹰、白鹇	森林生态	1997-03-25
福安白云山市级自然保护区	福安市	1030	阔叶林森林生态系统及苏门羚、猫头鹰、白鹇	森林生态	1997-03-25
福鼎台山列岛市级自然保护区	福鼎市	7300	海岸湿地生态系统及水禽	海洋海岸	1997-03-25
福鼎太姥山杨家溪市级自然保护区	福鼎市	17753	森林生态系统及穿山甲、猕猴、云豹、白颈长尾雉	森林生态	1997-03-25
宁化化石市级自然保护区	宁化县	200	第四纪脊椎动物化石	古生物遗迹	1997-07-03
厦门五缘湾栗喉蜂虎市级自然保护区	湖里区	40	栗喉蜂虎	内陆湿地	2011-07-03
华安贡鸭山县级自然保护区	华安县	400	森林生态系统	森林生态	1995-12-01
霞浦杯溪县级自然保护区	霞浦县	1043	森林生态系统及野生动植物	森林生态	1997-01-01
漳浦眉力鸟类县级自然保护区	漳浦县	1400	珍稀鸟类及阔叶林森林生态系统	野生动物	1997-04-01
漳浦坪水县级自然保护区	漳浦县	2000	亚热带常绿阔叶林	森林生态	1997-04-01
浦城浮盖山县级自然保护区	浦城县	619	天然灌木林及黑麂、娃娃鱼、穿山甲等珍稀动物	森林生态	1997-12-01
顺昌宝山县级自然保护区	顺昌县	1093	常绿阔叶林及三尖杉、金斑喙凤蝶等野生动植物	森林生态	1998-04-01
顺昌郭岩山县级自然保护区	顺昌县	3034	南方红豆杉、猕猴、白鹇等动植物及常绿阔叶林	森林生态	1998-04-01
顺昌华阳山县级自然保护区	顺昌县	726	闽楠、含笑及常绿阔叶林	森林生态	1998-04-01
福州晋安区日溪鸟毛巢县级自然保护区	晋安区	1044	森林生态系统	森林生态	1999-05-14
福州晋安区日溪山仔县级自然保护区	晋安区	1624	森林生态系统	森林生态	1999-05-15
平和大芹山县级自然保护区	平和县	708.3	蟒蛇、虎纹娃及常绿针阔混交林	森林生态	1999-08-01
平和灵通县级自然保护区	平和县	1521.3	森林生态系统及火山峰丛地貌、各类火山构造	森林生态	1999-08-01
平和三坪县级自然保护区	平和县	1321.3	常绿针阔混交林生态系统及珍稀野生动物	森林生态	1999-08-01
连江山仔县级自然保护区	连江县	5308.6	阔叶林及鸟类	森林生态	1999-09-22
长泰天柱山县级自然保护区	长泰区	3121	常绿阔叶林及野生动物	森林生态	1999-10-01
永泰东湖尖县级自然保护区	永泰县	8600	常绿阔叶林及珍稀动植物	森林生态	1999-12-28
漳浦莱屿列岛县级自然保护区	漳浦县	3200	天然紫菜、鲍鱼等海洋生物资源	海洋海岸	2000-12-01
长乐南阳县级自然保护区	长乐区	2000	森林植被	森林生态	2000-12-15
平和大溪赤坑刺桫椤县级自然保护区	平和县	46.6	桫椤、眼镜王蛇及常绿针阔混交林	森林生态	2001-06-01
平和欧寮太极峰县级自然保护区	平和县	800	鸳鸯及常绿针阔混交林	森林生态	2001-06-01
寿宁碑坑头县级自然保护区	寿宁县	121.8	穿山甲、苏门羚及其生境	森林生态	2001-06-29

续表

保护区名称	行政区域	现有面积/hm²	主要保护对象	类型	始建时间
寿宁槽坑山坑县级自然保护区	寿宁县	10.93	森林生态系统及穿山甲等动植物	森林生态	2001-06-29
寿宁村尾县级自然保护区	寿宁县	217.13	穿山甲、香樟等野生动植物	森林生态	2001-06-29
寿宁大皇岗县级自然保护区	寿宁县	35.8	穿山甲、蟒蛇等珍稀动物及其生境	野生动物	2001-06-29
寿宁官田后门山县级自然保护区	寿宁县	13.27	森林生态系统及穿山甲等野生动植物	森林生态	2001-06-29
寿宁龟岭县级自然保护区	寿宁县	86.47	米槠、石楠等珍贵树种	野生植物	2001-06-29
寿宁横山后门山县级自然保护区	寿宁县	2.73	穿山甲、香樟等珍稀物种及其生境	森林生态	2001-06-29
寿宁甲坑云豹县级自然保护区	寿宁县	157.53	云豹及栖息地	野生动物	2001-06-29
寿宁坑底楼县级自然保护区	寿宁县	3.4	木荷、穿山甲及生境	森林生态	2001-06-29
寿宁六六溪流域县级自然保护区	寿宁县	1070.87	白鹇、鸳鸯、穿山甲、苏门羚等濒危动物及生境	森林生态	2001-06-29
寿宁南山顶县级自然保护区	寿宁县	1336.8	河麂、赤麂、穿山甲等动物	野生动物	2001-06-29
寿宁山羊尖县级自然保护区	寿宁县	546.2	森林生态系统及苏门羚、伯乐树等珍稀动植物	森林生态	2001-06-29
寿宁上大洋县级自然保护区	寿宁县	13.4	穿山甲等珍稀动植物及生境	森林生态	2001-06-29
寿宁石井县级自然保护区	寿宁县	8.4	穿山甲、白鹇等珍稀动物及生境	野生动物	2001-06-29
寿宁炭山穿山甲县级自然保护区	寿宁县	74.47	穿山甲等珍稀动物及生境	野生动物	2001-06-29
寿宁西山顶县级自然保护区	寿宁县	397	森林生态系统及穿山甲、苏门羚等珍稀物种	森林生态	2001-06-29
寿宁下岗后县级自然保护区	寿宁县	98.07	森林生态系统及穿山甲、苏门羚等动植物	森林生态	2001-06-29
寿宁小托水库县级自然保护区	寿宁县	288.87	苏门羚、穿山甲、鸳鸯及水源涵养林	森林生态	2001-06-29
寿宁新村苏门羚县级自然保护区	寿宁县	44.73	苏门羚、河麂及森林植被	野生动物	2001-06-29
寿宁杨溪头县级自然保护区	寿宁县	176.4	森林生态系统及穿山甲等珍稀动植物	森林生态	2001-06-29
寿宁应加山后门山县级自然保护区	寿宁县	8.47	穿山甲、南方红豆杉、木荷等野生动植物	森林生态	2001-06-29
泰宁长叶榧县级自然保护区	泰宁县	3386.5	长叶榧等珍稀植物	野生植物	2001-11-09
龙海九龙江河口湿地县级自然保护区	龙海区	4360	红树林等湿地生态系统及鸟类	海洋海岸	2004-11-25
寿宁杨梅洲大鲵县级自然保护区	寿宁县	19610	大鲵及栖息地	野生动物	2007-04-11

注：各自然保护区面积按批准成立时公布的面积。

4. 风景名胜区

福建的风景名胜区建设开始于1982年，当时武夷山风景名胜区获批成为国家级风景名胜区。1988年，鼓浪屿—万石山、太姥山、清源山成为国家级风景名胜区。截至2021年，福建省有18个国家级风景名胜区（不含原武夷山风景名胜区），35个省级风景名胜区，风景名胜区总面积达229198hm²（表7-3-2）。风景名胜区有利于保护生物多样性，但开放的景区内，大众旅游对生物多样性的保护有一定的影响。武夷山风景名胜区已划入武夷山国家公园。鼓浪屿—万石山风景名胜区、泰宁风景名胜区、冠豸山风景名胜区、鸳鸯溪风景名胜区、杨梅洲风景名胜区与当地的自然保护区或地质公园有部分重叠，正在优化整合中。

表 7-3-2　福建的风景名胜区

序号	名称	级别	所在县市区	建立时间	面积 / hm²
1	清源山风景名胜区	国家级	丰泽区	1988 年	6200
2	鼓浪屿—万石山风景名胜区	国家级	思明区	1988 年	24688
3	太姥山风景名胜区	国家级	福鼎市	1988 年	9202
4	桃源洞—鳞隐石林风景名胜区	国家级	永安市	1994 年	3023
5	泰宁风景名胜区	国家级	泰宁县	1994 年	13677
6	鸳鸯溪风景名胜区	国家级	屏南县	1994 年	6600
7	海坛风景名胜区	国家级	平潭综合实验区	1994 年	11661
8	冠豸山风景名胜区	国家级	连城县	1994 年	12300
9	鼓山风景名胜区	国家级	晋安区	2002 年	4970
10	玉华洞风景名胜区	国家级	将乐县	2002 年	4300
11	十八重溪风景名胜区	国家级	闽侯县	2004 年	5053
12	青云山风景名胜区	国家级	永泰县	2004 年	5250
13	佛子山风景名胜区	国家级	政和县	2009 年	5600
14	宝山风景名胜区	国家级	顺昌县	2009 年	8500
15	白云山风景名胜区	国家级	福安市	2009 年	6900
16	灵通山风景名胜区	国家级	平和县	2012 年	3232
17	湄洲岛风景名胜区	国家级	秀屿区	2012 年	4930
18	九龙漈风景名胜区	国家级	周宁县	2017 年	950
19	风动石—塔屿风景名胜区	省级	东山县	1987 年	1900
20	石竹山风景名胜区	省级	福清市	1987 年	4748
21	青芝山风景名胜区	省级	连江县	1991 年	650
22	茫荡山风景名胜区	省级	延平区	1991 年	4500
23	凤凰山风景名胜区	省级	城厢区	1991 年	1100
24	清水岩风景名胜区	省级	安溪县	1991 年	1110
25	支提山风景名胜区	省级	蕉城区	1991 年	7800
26	天鹅洞风景名胜区	省级	宁化县	1991 年	1114
27	龙硿洞风景名胜区	省级	新罗区	1991 年	666
28	云洞岩风景名胜区	省级	龙文区	1991 年	1260
29	七仙洞—淘金山风景名胜区	省级	沙县区	1992 年	648
30	归宗岩风景名胜区	省级	建瓯市	1992 年	2385
31	瑞云山风景名胜区	省级	三元区	1992 年	304
32	湛卢山风景名胜区	省级	松溪县	1998 年	2600
33	东狮山风景名胜区	省级	柘荣县	1998 年	1349
34	九鲤湖风景名胜区	省级	仙游县	1998 年	2532
35	浮盖山风景名胜区	省级	浦城县	1998 年	2285
36	九侯山风景名胜区	省级	诏安县	1998 年	500
37	北辰山风景名胜区	省级	同安区	1998 年	1220
38	洞宫山风景名胜区	省级	政和县	2002 年	4174
39	翠屏湖风景名胜区	省级	古田县	2002 年	4900

续表

序号	名称	级别	所在县市区	建立时间	面积 / hm²
40	仙公山风景名胜区	省级	洛江区	2002 年	1338
41	前亭—古雷海湾风景名胜区	省级	漳浦县	2002 年	12060
42	菜溪岩风景名胜区	省级	仙游县	2004 年	3500
43	九龙湖风景名胜区	省级	清流县	2004 年	3090
44	三平风景名胜区	省级	平和县	2004 年	2385
45	卧龙—南屏山风景名胜区	省级	长汀县	2004 年	364
46	香山风景名胜区	省级	翔安区	2004 年	848
47	杨梅洲风景名胜区	省级	寿宁县	2004 年	3980
48	姬岩风景名胜区	省级	永泰县	2004 年	665
49	东冲半岛风景名胜区	省级	霞浦县	2007 年	5017
50	乌君山风景名胜区	省级	光泽县	2007 年	5250
51	大鹏山—魁星岩风景名胜区	省级	永春县	2015 年	1550
52	陈家山大峡谷风景名胜区	省级	建瓯市	2016 年	1630
53	擎天岩风景名胜区	省级	建瓯市	2018 年	2730

5. 森林公园

中国的森林公园建设开始于 1982 年，其主要功能在于休闲度假、疗养保健、科考科普。福建的森林公园建设开始于 1988 年。福州国家森林公园原名福州树木园，创建于 1960 年 2 月，1988 年经林业部批准建立福州森林公园，1993 年获批为国家森林公园，面积 2891.3hm²。截至 2021 年，福建省有 30 个国家森林公园、128 个省级森林公园、20 个县级森林公园，总面积 200065.67hm²（表 7-3-3）。武夷山国家森林公园、武夷天池国家森林公园已划入武夷山国家公园，猫儿山国家森林公园、杨梅洲峡谷国家森林公园与当地的地质公园或保护区有部分重叠，正在整合中。

表 7-3-3　福建的森林公园

序号	名称	级别	所在县市区	建立时间	面积 / hm²
1	福州国家森林公园	国家级	晋安区	1988 年	2891.30
2	福建天柱山国家森林公园	国家级	长泰区	1995 年	2983.00
3	福建省平潭海岛国家森林公园	国家级	平潭综合实验区	1999 年	1295.00
4	福建旗山国家森林公园	国家级	闽侯县	2000 年	3586.90
5	华安国家森林公园	国家级	华安县	2000 年	8153.33
6	福建龙岩国家森林公园	国家级	新罗区	2000 年	2200.00
7	福建猫儿山国家森林公园	国家级	泰宁县	2000 年	2560.00
8	福建三元国家森林公园	国家级	三元区	2000 年	4572.00
9	福建省灵石山国家森林公园	国家级	福清市	2001 年	2275.00
10	福建东山国家森林公园	国家级	东山县	2002 年	874.60
11	福建莲花国家森林公园	国家级	同安区	2003 年	3824.00
12	上杭国家森林公园	国家级	上杭县	2003 年	4894.92
13	将乐天阶山国家森林公园	国家级	将乐县	2003 年	939.00
14	福建三明仙人谷国家森林公园	国家级	三元区	2003 年	1488.00
15	福建德化石牛山国家森林公园	国家级	德化县	2003 年	8411.00

序号	名称	级别	所在县市区	建立时间	面积 / hm²
16	诏安乌山国家森林公园	国家级	诏安县	2004 年	6920.20
17	福建王寿山国家森林公园	国家级	永定区	2004 年	1535.20
18	福建漳平天台山国家森林公园	国家级	漳平市	2004 年	3851.10
19	福建武夷山国家森林公园	国家级	武夷山市	2004 年	3085.00
20	福建九龙谷国家森林公园	国家级	城厢区	2006 年	1091.50
21	宁德支提山国家森林公园	国家级	蕉城区	2006 年	2299.93
22	福建长乐国家森林公园	国家级	长乐区	2008 年	1823.17
23	福建闽江源国家森林公园	国家级	建宁县	2008 年	1182.52
24	福建永安九龙竹海森林公园	国家级	永安市	2008 年	1704.60
25	福建天星山国家森林公园	国家级	屏南县	2008 年	1861.90
26	福建匡山国家森林公园	国家级	浦城县	2009 年	2175.13
27	福建南靖土楼国家森林公园	国家级	南靖县	2010 年	2233.83
28	福建武夷天池国家森林公园	国家级	光泽县	2013 年	2525.27
29	福建五虎山国家森林公园	国家级	闽侯县	2014 年	2668.73
30	福建杨梅洲峡谷国家森林公园	国家级	寿宁县	2017 年	3322.73
31	寿宁杨梅洲省级森林公园	省级	霞浦县	2012 年	1250.00
32	厦门坂头省级森林公园	省级	集美区	1992 年	4816.13
33	长乐大鹤海滨省级森林公园	省级	长乐区	1993 年	369.33
34	同安汀溪省级森林公园	省级	同安区	1993 年	3892.13
35	厦门天竺山省级森林公园	省级	海沧区	1993 年	2651.07
36	晋江深沪湾省级森林公园	省级	晋江市	1993 年	234.47
37	连城冠豸山省级森林公园	省级	连城县	1995 年	88.00
38	惠安崇武海滨省级森林公园	省级	惠安县	1999 年	333.60
39	三明金丝湾省级森林公园	省级	三元区	2001 年	1152.00
40	莆田瑞云山省级森林公园	省级	涵江区	2001 年	1302.00
41	周宁仙风山省级森林公园	省级	周宁县	2001 年	666.70
42	古田溪省级森林公园	省级	古田县	2001 年	5996.70
43	霞浦杨梅岭省级森林公园	省级	霞浦县	2001 年	1200.00
44	闽清白云山省级森林公园	省级	闽清县	2002 年	1840.00
45	仙游大蜚山省级森林公园	省级	仙游县	2002 年	1435.00
46	南安灵应省级森林公园	省级	南安市	2002 年	300.00
47	德化唐寨山省级森林公园	省级	德化县	2002 年	407.00
48	罗溪省级森林公园	省级	洛江区	2002 年	1189.00
49	漳州天宝山省级森林公园	省级	芗城区	2003 年	1091.80
50	莆田壶公山省级森林公园	省级	荔城区	2003 年	1766.30
51	莆田夹漈草堂省级森林公园	省级	涵江区	2003 年	968.93
52	惠安科山省级森林公园	省级	惠安县	2003 年	1133.00
53	泉州森林公园	省级	丰泽区	2003 年	380.00
54	安溪凤山省级森林公园	省级	安溪县	2003 年	179.70
55	永春魁星岩省级森林公园	省级	永春县	2003 年	844.40
56	福州西溪温泉森林公园	省级	连江县	2004 年	756.40
57	惠安文笔山省级森林公园	省级	惠安县	2004 年	1103.35

续表

序号	名称	级别	所在县市区	建立时间	面积/hm²
58	平潭县十八村省级森林公园	省级	平潭综合实验区	2005 年	1151.80
59	明溪紫云省级森林公园	省级	明溪县	2005 年	386.80
60	清流大丰山省级森林公园	省级	清流县	2005 年	2681.00
61	沙县大佑山省级森林公园	省级	沙县区	2005 年	360.00
62	尤溪罗汉山省级森林公园	省级	尤溪县	2005 年	717.40
63	尤溪枕头山省级森林公园	省级	尤溪县	2005 年	398.67
64	永安东坡省级森林公园	省级	永安市	2005 年	705.73
65	大田大谷山省级森林公园	省级	大田县	2005 年	100.00
66	永春碧卿省级森林公园	省级	永春县	2005 年	852.10
67	南安罗山省级森林公园	省级	南安市	2005 年	1400.00
68	南安五台山省级森林公园	省级	南安市	2005 年	910.73
69	石狮灵秀山省级森林公园	省级	石狮市	2005 年	337.60
70	安溪阆苑岩省级森林公园	省级	安溪县	2005 年	392.69
71	长汀汀州省级森林公园	省级	长汀县	2006 年	226.73
72	明溪雪峰山省级森林公园	省级	明溪县	2006 年	508.40
73	宁化客家祖地省级森林公园	省级	宁化县	2006 年	1608.20
74	大田一顶尖省级森林公园	省级	大田县	2006 年	1022.00
75	松溪来龙山省级森林公园	省级	松溪县	2006 年	377.87
76	南平马头山省级森林公园	省级	延平区	2006 年	185.00
77	顺昌红菇山省级森林公园	省级	顺昌县	2006 年	268.06
78	莆田尖山寨省级森林公园	省级	涵江区	2006 年	373.50
79	莆田天马山省级森林公园	省级	城厢区	2006 年	215.00
80	福安富春溪省级森林公园	省级	福安市	2006 年	255.17
81	安溪龙门省级森林公园	省级	安溪县	2006 年	1598.90
82	将乐金溪省级森林公园	省级	将乐县	2007 年	189.80
83	沙县天湖省级森林公园	省级	沙县区	2007 年	318.96
84	沙县罗岩山省级森林公园	省级	沙县区	2007 年	181.20
85	浦城漳元山省级森林公园	省级	浦城县	2007 年	311.53
86	建阳庵山省级森林公园	省级	建阳区	2007 年	2520.69
87	莆田望江山省级森林公园	省级	涵江区	2007 年	581.50
88	罗源吕洞省级森林公园	省级	罗源县	2011 年	435.00
89	连江贵安省级森林公园	省级	连江县	2011 年	288.93
90	闽侯白沙省级森林公园	省级	闽侯县	2011 年	540.40
91	永泰壁舟里省级森林公园	省级	永泰县	2011 年	291.27
92	华安仙溪省级森林公园	省级	华安县	2011 年	556.67
93	漳州圆山省级森林公园	省级	龙海区	2011 年	123.50
94	南靖永丰省级森林公园	省级	南靖县	2011 年	164.87
95	平和天马山省级森林公园	省级	平和县	2011 年	320.40
96	云霄狮头山省级森林公园	省级	云霄县	2011 年	423.60
97	漳浦中西省级森林公园	省级	漳浦县	2011 年	593.00
98	漳平五一省级森林公园	省级	漳平市	2011 年	1385.00
99	永定仙崀省级森林公园	省级	永定区	2011 年	2054.00

序号	名称	级别	所在县市区	建立时间	面积 / hm²
100	长汀楼子坝省级森林公园	省级	长汀县	2011 年	763.13
101	泰宁炉峰山省级森林公园	省级	泰宁县	2011 年	534.80
102	建宁小溪源省级森林公园	省级	建宁县	2011 年	125.80
103	宁化寨头里省级森林公园	省级	宁化县	2011 年	448.10
104	清流桂溪省级森林公园	省级	清流县	2011 年	212.64
105	大田七星湖省级森林公园	省级	大田县	2011 年	764.80
106	浦城棋盘山省级森林公园	省级	浦城县	2011 年	154.13
107	光泽狮子峰省级森林公园	省级	光泽县	2011 年	105.33
108	松溪下洋省级森林公园	省级	松溪县	2011 年	547.00
109	建阳范桥省级森林公园	省级	建阳区	2011 年	287.40
110	政和金峰山省级森林公园	省级	政和县	2011 年	321.60
111	邵武龟山谷省级森林公园	省级	邵武市	2011 年	344.87
112	建瓯水西省级森林公园	省级	建瓯市	2011 年	193.20
113	南平大峰山省级森林公园	省级	延平区	2011 年	128.73
114	古田鼎古云省级森林公园	省级	古田县	2011 年	733.53
115	德化葛坑省级森林公园	省级	德化县	2011 年	515.50
116	安溪白濑省级森林公园	省级	安溪县	2011 年	691.00
117	安溪龙涓省级森林公园	省级	安溪县	2011 年	787.13
118	连江长龙省级森林公园	省级	连江县	2012 年	151.40
119	闽侯北凤省级森林公园	省级	闽侯县	2012 年	234.70
120	闽清美菰林省级森林公园	省级	闽清县	2012 年	420.00
121	华安九龙山省级森林公园	省级	华安县	2012 年	672.10
122	华安万世青省级森林公园	省级	华安县	2012 年	668.80
123	华安葛山省级森林公园	省级	华安县	2012 年	816.30
124	龙海九龙岭省级森林公园	省级	龙海区	2012 年	220.30
125	南靖半山省级森林公园	省级	南靖县	2012 年	208.53
126	平和金芦溪省级森林公园	省级	平和县	2012 年	101.80
127	平和白沙省级森林公园	省级	平和县	2012 年	351.00
128	漳浦浮头湾省级森林公园	省级	漳浦县	2012 年	116.20
129	长泰良岗山省级森林公园	省级	长泰区	2012 年	335.80
130	诏安湖内省级森林公园	省级	诏安县	2012 年	549.37
131	诏安龙伞崇省级森林公园	省级	诏安县	2012 年	212.53
132	连城邱家山省级森林公园	省级	连城县	2012 年	518.60
133	武平南坊省级森林公园	省级	连城县	2012 年	840.53
134	上杭白砂省级森林公园	省级	武平县	2012 年	776.40
135	莘口月亮湾省级森林公园	省级	三元区	2012 年	377.78
136	浦城雷公寨省级森林公园	省级	浦城县	2012 年	368.13
137	光泽南山省级森林公园	省级	光泽县	2012 年	109.73
138	邵武道峰山省级森林公园	省级	邵武市	2012 年	514.60
139	邵武万峰山省级森林公园	省级	邵武市	2012 年	128.33
140	顺昌路马头省级森林公园	省级	顺昌县	2012 年	387.66
141	洋口杉木主题省级森林公园	省级	顺昌县	2012 年	212.53

序号	名称	级别	所在县市区	建立时间	面积/hm²
142	南平市郊省级森林公园	省级	延平区	2012 年	163.93
143	南平来舟省级森林公园	省级	延平区	2012 年	101.60
144	南平凤山省级森林公园	省级	延平区	2012 年	214.40
145	南平屏山省级森林公园	省级	延平区	2012 年	138.00
146	莆田黄龙省级森林公园	省级	涵江区	2012 年	359.90
147	莆田白云省级森林公园	省级	涵江区	2012 年	349.07
148	仙游溪口省级森林公园	省级	仙游县	2012 年	352.40
149	福鼎大洋山省级森林公园	省级	福鼎市	2012 年	435.67
150	福安蟾溪省级森林公园	省级	福安市	2012 年	324.47
151	福安化蛟省级森林公园	省级	福安市	2012 年	358.13
152	周宁仙岗山省级森林公园	省级	周宁县	2012 年	691.53
153	屏南古峰省级森林公园	省级	屏南县	2012 年	157.30
154	宁德霍童溪省级森林公园	省级	蕉城区	2012 年	400.47
155	霞浦福宁湾省级森林公园	省级	霞浦县	2012 年	608.30
156	永春天湖山省级森林公园	省级	永春县	2012 年	417.33
157	安溪丰田省级森林公园	省级	安溪县	2012 年	503.70
158	安溪虎邱省级森林公园	省级	安溪县	2012 年	519.53
159	安溪县白濑县级森林公园	县级	安溪县	2002 年	1248.00
160	建阳白塔山县级森林公园	县级	建阳区	2003 年	3545.59
161	安溪县泰山岩县级森林公园	县级	安溪县	2003 年	340.80
162	安溪县官桥犀山县级森林公园	县级	安溪县	2003 年	366.20
163	安溪县晋江源县级森林公园	县级	安溪县	2003 年	1407.70
164	安溪县凤冠山县级森林公园	县级	安溪县	2003 年	2071.73
165	安溪县骑虎岩县级森林公园	县级	安溪县	2003 年	362.10
166	安溪县清风洞县级森林公园	县级	安溪县	2003 年	505.20
167	南安雪峰县级森林公园	县级	南安市	2003 年	1000.00
168	泉州市陈潭山市级森林公园	县级	洛江区	2004 年	616.30
169	永春县岱山岩县级森林公园	县级	永春县	2004 年	1834.00
170	永春北溪县级森林公园	县级	永春县	2004 年	560.00
171	鲤城区紫帽山县级森林公园	县级	鲤城区	2004 年	840.00
172	南安南山县级森林公园	县级	南安市	2004 年	422.00
173	泉港大雾山县级森林公园	县级	泉港区	2004 年	2173.50
174	永春船山岩县级森林公园	县级	永春县	2005 年	1452.00
175	永春蓬壶仙洞山县级森林公园	县级	永春县	2005 年	1801.00
176	大田仙亭山县级森林公园	县级	大田县	2006 年	160.00
177	建阳潭山城市县级森林公园	县级	建阳区	2008 年	222.47
178	大田北洋崎县级森林公园	县级	大田县	2009 年	1200.00

6. 湿地公园

福建的湿地公园建设开始于 2011 年，当时永安龙头国家湿地公园获批。此后，长汀汀江国家湿地公园等 7 个国家湿地公园获批,另有 2 个在建中的省级湿地公园。截至 2021 年,福建湿地公园总面积 7261.41hm^2(表 7-3-4)。

表 7-3-4　福建的湿地公园

序号	名称	级别	所在县市区	建立时间	面积 / hm^2
1	永安龙头国家湿地公园	国家级	永安市	2011 年	3073.80
2	长汀汀江国家湿地公园	国家级	长汀县	2014 年	590.90
3	永春桃溪国家湿地公园试点	国家级	永春县	2017 年	332.10
4	政和念山国家湿地公园试点	国家级	政和县	2017 年	731.90
5	建宁闽江源国家湿地公园试点	国家级	建宁县	2017 年	395.30
6	长乐闽江河口国家湿地公园	国家级	长乐区	2015 年	281.85
7	漳平南洋国家湿地公园	国家级	漳平市	2019 年	326.26
8	武平中山河国家湿地公园	国家级	武平县	2019 年	1529.30
9	福建鸣溪省级湿地公园	在建省级	明溪县		609.64
10	福建屏南水松林省级湿地公园	在建省级	屏南县		28.87

7. 海洋公园

福建的海洋公园建设开始于 2011 年,当时厦门国家级海洋公园获批。此后,福瑶列岛国家级海洋公园等 6 个国家级海洋公园获批,另有 3 个市级特别保护区。福建海洋公园总面积达 77853.2hm^2(表 7-3-5)。其中厦门国家级海洋公园与厦门珍稀海洋物种国家级自然保护区部分重叠,在优化整合中。

表 7-3-5　福建的海洋公园

序号	名称	级别	所在县市区	建立时间	面积 / hm^2
1	厦门国家级海洋公园	国家级	思明区	2011 年	2487.0
2	福瑶列岛国家级海洋公园	国家级	福鼎市	2012 年	6783.0
3	长乐国家级海洋公园	国家级	长乐区	2012 年	2444.0
4	湄洲岛国家级海洋公园	国家级	秀屿区	2012 年	6911.0
5	城洲岛国家级海洋公园	国家级	诏安县	2012 年	225.2
6	福建崇武国家级海洋公园	国家级	惠安县	2014 年	1355.0
7	平潭综合实验区海坛湾国家级海洋公园	国家级	平潭综合实验区	2016 年	3490.0
8	宁德市海洋生态市级特别保护区	市级	福鼎市等	2002 年	36926.0
9	平潭岛礁海洋市级特别保护区	市级	平潭综合实验区	2004 年	7242.0
10	莆田湄洲岛海洋生态市级特别保护区	市级	秀屿区	2005 年	9990.0

8. 地质公园

福建的地质公园建设开始于 2001 年,当时泰宁地质公园、大金湖地质公园、漳州滨海火山地貌地质公园成为国家地质公园。此后,泰宁地质公园、宁德地质公园成为世界地质公园。截至 2021 年,福建省有 2 个世界地质公园、16 个国家地质公园、7 个省级地质公园,地质公园总面积 439450.7hm^2(表 7-3-6)。泰宁世界地质公园、大金湖国家地质公园、连城冠豸山国家地质公园、寿宁杨梅洲省级地质公园与当地的风景名胜区或自然保护区部分重叠,正在优化整合中。

表 7-3-6 福建的地质公园

序号	名称	级别	所在县市区	建立时间	面积 / hm²
1	泰宁世界地质公园	世界级	泰宁县	2005 年	49250.0
2	宁德世界地质公园	世界级	福鼎市等	2010 年	266034.0
3	漳州滨海火山地貌国家地质公园	国家级	漳浦县、龙海区	2001 年	6134.0
4	大金湖国家地质公园	国家级	泰宁县	2001 年	23858.0
5	晋江深沪湾国家地质公园	国家级	晋江市	2004 年	3056.0
6	福鼎太姥山国家地质公园	国家级	福鼎市	2004 年	7080.0
7	宁化天鹅洞群国家地质公园	国家级	宁化县	2004 年	3971.0
8	永安国家地质公园	国家级	永安市	2005 年	3636.0
9	德化石牛山国家地质公园	国家级	德化县	2005 年	8682.0
10	屏南白水洋国家地质公园	国家级	屏南县	2005 年	7734.0
11	连城冠豸山国家地质公园	国家级	连城县	2011 年	10467.0
12	政和佛子山国家地质公园（资格）	国家级	政和县	2011 年	7689.3
13	白云山国家地质公园	国家级	福安市	2012 年	7687.0
14	清流温泉国家地质公园（资格）	国家级	清流县	2014 年	2400.7
15	宁德三都澳国家地质公园（资格）	国家级	蕉城区	2018 年	2781.0
16	平潭国家地质公园（资格）	国家级	平潭综合实验区	2018 年	3730.0
17	平和灵通山国家地质公园	国家级	平和县	2019 年	746.0
18	三明郊野国家地质公园	国家级	三元区、沙县区	2019 年	4767.0
19	寿宁杨梅洲省级地质公园	省级	寿宁县	2014 年	4376.0
20	尤溪汤川省级地质公园	省级	尤溪县	2015 年	3003.0
21	浦城省级地质公园	省级	浦城县	2015 年	6278.0
22	光泽省级地质公园	省级	光泽县	2015 年	4453.0
23	将乐玉华洞省级地质公园	省级	将乐县	2016 年	442.0
24	明溪古火山口省级地质公园	省级	明溪县	2017 年	756.0
25	永泰百漈沟省级地质公园	省级	永泰县	2018 年	439.7

四、自然保护地的保护与合理利用

福建森林植被中，生物多样性非常丰富，如福建虎伯寮国家级自然保护区的乐土片区森林，植物种类繁多，有紫金牛、粗叶木等。建瓯万木林省级自然保护区，森林茂密，林内有粗大的沉水樟、观光木和乐东拟单性木兰等珍稀物种，这样的顶极森林植被是千万年演替才能形成的。

在保护的基础上加以利用，保护区才能可持续发展。如南靖县和溪镇和溪村的毛竹林中，留有许多粗大的杉木，杉木和毛竹相得益彰，都可以源源不断地带给村民福利。

只有保护和合理利用自然资源，维护好生态系统的平衡，才能协调好植物、动物、微生物之间的关系。

1. 保护野生种质资源

福建树种资源丰富，有些种类是福建省特有或著名的孑遗树种，有些树种是唯独福建省还保留成片或零星野生状态的，如银杏、鹅掌楸等，具有科研价值；有些树种具有较高的粮油、医药、工业等经济价值。经过几十年来的采伐和破坏，珍贵树种天然面积大大缩小，不少优良树种，特别是珍贵用材树种、工业特种用材树种破坏严重。许多原来资源较多的珍贵树种，如银杏、福建青冈、乐东拟单性木兰、红锥等，资源已经枯竭；有的珍稀树种已濒临绝迹。就连原来资源比较丰富的樟、闽楠、檫木、福建柏资源，现在也非常稀少了。因此，保护现存的珍贵树种，并在保护的基础上进一步研究如何繁殖发展及合理利用珍贵树种资源，已经成为当下刻不容缓的工作。

由于森林遭到砍伐，动植物物种濒临灭绝，赖以生存的动物也趋于消失。华南虎已野外灭绝，豹、云豹、毛冠鹿等已难得一见；红翅凤头鹃、红嘴相思鸟和挂墩髭蟾等濒临灭绝。因此，必须大力宣传保护生物多样性的重要意义，限制狩猎与禁伐等，采取有力措施做好保护工作。除要切实保护好已建立的国家、省、市、县级自然保护地外，还要进一步加强保护地之外的生物多样性的保护，让尽可能多的动植物生存下来，繁衍下去，为人类造福。

在武夷山国家公园和福建戴云山、梅花山、茫荡山等国家级自然保护区内，大面积的中亚热带森林生态系统得到了有效保护；福建虎伯寮国家级自然保护区内，除森林生态系统作为主要保护对象外，也保护了橄榄、黑桫椤（图 7-4-1）、竹柏等极小种群；福建闽江源国家级自然保护区内保护了伯乐树、鹅掌楸（图 7-4-2）、

图 7-4-1　福建虎伯寮国家级自然保护区内的极小种群（黑桫椤 *Alsophila podophylla*）

图 7-4-2　福建闽江源国家级自然保护区内的极小种群（鹅掌楸 *Liriodendron chinense*）

闽楠、萍蓬草等种质资源；福建峨嵋峰国家级自然保护区内保护了东方水韭、睡莲、毛漆树、柔毛金腰（*Chrysosplenium pilosum* var. *valdepilosum*）等种质资源及雉科鸟类等。

2. 合理利用植物资源

植物的不同部位往往都具有不同的利用价值，如马尾松可生产木材、松脂、松叶、松子等，竹子可以产笋，产竹材，还具有观赏价值。植物又是以群落存在于各地，一种资源植物常常伴有其他资源植物。耐阴森林中的乔木树种甜槠、红锥、吊皮锥、米槠、苦槠、薯树、观光木等，除可作为用材外，有的还是木本淀粉植物；阳性乔木树种有油桐、山乌桕、木荷、厚朴等经济植物；灌木有油茶、杨梅、野山楂等；林下还生长有多种药用植物，如巴戟天（*Morinda officinalis*）、草珊瑚、三叶崖爬藤、七叶一枝花、淡竹叶等；有些植物是蜜蜂、蝴蝶和其他昆虫的蜜源。保护和培育多层植物群落，做到综合利用植物资源，可以大幅度提高单位面积的生产力。

开发利用植物资源要注意生物分布的地域性和多种经营的全面发展。生物资源具有强烈的地域性，在多种经营全面发展中，引种驯化经济作物还要注意生态幅中的高生产力范围。例如香蕉（*Musa nana*）、杧果（*Mangifera indica*）、荔枝（*Litchi chinensis*）在戴云山、博平岭以南地区能正常生长并开花结果。植物资源的地域性是我们开发利用植物资源的重要依据。要因地制宜，不宜贪大贪齐贪全，不宜大面积发展单一水果或作物，不宜用不可持续的化学农业的路子毁灭所在地块的生物多样性。大面积马尾松林遭松材线虫危害就是前车之鉴。闽南地区已是杉木生态幅的下限，如种植中亚热带的杉木，则生长不良。闽南大量种植巨尾桉林，也对当地生物多样性与农村生态环境造成严重影响。要发展可直接提供某种商品的植物，同时也要注意发展与它相关的非原料性质的植物。因为有时一种资源植物常常要依赖其他种生物同住或共生，如豆科植物与根瘤菌共生、长泰砂仁需要乔木作为遮阴树。动物依赖植物而生存，是次级生产者和消费者，要注意发展能提供饵料和饲料的植物。

福建山地、丘陵除造林外，还适宜发展油茶、茶叶、果树等多种经济作物。如闽东南地区植被类型为南亚热带雨林区域，有利于发展热带、南亚热带果树，如龙眼（*Dimocarpus longan*）、荔枝、番石榴（*Psidium guajava*）、香蕉、凤梨（*Ananas comosus*）、鸡蛋果（*Passiflora edulis*）等，也可适当种些砂仁（*Amomum villosum*）等喜热药用植物，但应严格选好宜植地。各种作物生产，要充分考虑生物资源生态特性，因地制宜发展高生产力的生物资源。

参考文献

BARKMAN J J. 1979. The investigation of vegetation texture and structure［M］//WERGER M J A. The Study of Vegetation. The Hague：Dr. W. Junk Publishers. 123–160.

DANSEREAU P. 1957. Biogeography：an Ecological Perspective［M］. New York：Ronald Press.

LI Z J，CHEN J K，RUAN Y Q，et al. 2009. A new system for understanding the biodiversity in different nature reserves：capacity，connectivity and quality of biodiversity［J］. Frontiers of Biology in China，4（1）：69–74.

PAIJMANS K. 1970. An analysis of four tropical rain forest sites in New Guinea［J］. Journal of Ecology，58：77–101.

陈圣宾，欧阳志云，方瑜，等. 2011. 中国种子植物特有属的地理分布格局［J］. 生物多样性，19（4）：414–423.

陈圣宾，宋爱琴，李振基. 2005. 森林幼苗更新对光环境异质性的响应研究进展［J］. 应用生态学报，16：365–370.

陈小勇，林鹏，李振基，等. 1998. 福建省和溪南亚热带雨林下木层植物的滴水叶尖和滴水大小［J］. 厦门大学学报（自然科学版），37（3）：424–428.

福建省地方志编纂委员会. 2001. 福建省志·地理志［M］. 北京：方志出版社.

耿晓磊. 2017. 福建苔藓矮曲林群落生态学研究［D］. 厦门：厦门大学.

何建源，李凌浩，刘初钿，等. 1994. 武夷山自然保护区植被［M］// 何建源. 武夷山研究：自然资源卷. 厦门：厦门大学出版社，39–117.

何建源，刘初钿，李振基，等. 2003. 武夷山亮叶水青冈林物种多样性研究［J］. 武夷科学，19：149–153.

何景. 1955. 从福建南靖县和溪镇"雨林"的发现谈到我国东南亚热带雨林区［J］. 厦门大学学报（自然科学版），5：31–41.

何景. 1951. 福建之植物区域与植物群落［J］. 中国科学，2（2）：193–214.

侯学煜. 1960. 中国的植被［M］. 北京：人民教育出版社.

黄建辉，陈灵芝. 1994. 北京东灵山地区森林植被的物种多样性分析［J］. 植物学报，36（增刊）：178–186.

黄绳全，陈忠仁，施金生. 1984. 武夷山自然保护区常绿阔叶林初步研究［J］. 武夷科学，4：31–46.

黄威廉. 1993. 台湾植被［M］. 北京：中国环境科学出版社.

黄雨佳. 2020. 福建省观光木的种群与群落生态学研究［D］. 厦门：厦门大学.

蒋有绪，王伯荪，臧润国，等. 2002. 海南岛热带林生物多样性及其形成机制［M］. 北京：科学出版社.

江凤英. 2014. 福建东海洋沼泽湿地形成原因与群落生态学研究［D］. 厦门：厦门大学.

江昕怡. 2017. 福建省常见锥林的群落生态学研究［D］. 厦门：厦门大学.

孔祥海. 2008. 福建梅花山国家级自然保护区常绿阔叶林生态学研究［D］. 厦门：厦门大学.

孔祥海，李振基. 2011. 福建梅花山国家级自然保护区常绿阔叶林的群落学特征［J］. 厦门大学学报（自然科学版），50（3）：645-650.

郎惠卿，祖文辰，金树仁. 1983. 中国沼泽［M］. 济南：山东科学技术出版社.

郎惠卿. 1999. 中国湿地植被［M］. 北京：科学出版社.

李振基，丘喜昭，林鹏. 1995. 福建南靖和溪毛竹林的群落分析［J］. 厦门大学学报（自然科学版），34（4）：634-639.

李振基，林鹏，吕兆平，等. 1998. 武夷山甜槠群落高等植物的物种多样性研究［M］//林鹏. 武夷山研究：森林生态系统（1）. 厦门：厦门大学出版社：55-63.

李振基，刘初钿，林鹏，等. 1998. 武夷山甜槠群落的物种沿生境梯度周转速率研究［M］//林鹏. 武夷山研究：森林生态系统（1）. 厦门：厦门大学出版社：71-75.

李振基，林鹏，樊正球，等. 1999. 植被资源［M］//林鹏. 福建省南靖南亚热带雨林自然保护区科学考察报告. 厦门：厦门大学出版社，103-138.

李振基，刘初钿，杨志伟，等. 2000. 武夷山自然保护区郁闭稳定甜槠林与人为干扰甜槠林物种多样性比较［J］. 植物生态学报，24（1）：64-68.

李振基，陈鹭真，樊正球，等. 2001. 植被资源［M］//林鹏. 福建梁野山自然保护区综合科学考察报告. 厦门：厦门大学出版社，97-132.

李振基，林鹏，张宜辉，等. 2001. 植被资源［M］//林鹏. 福建漳江口红树林湿地自然保护区综合科学考察报告. 厦门：厦门大学出版社，32-39.

李振基，陈鹭真，张宜辉，等. 2002. 植被资源［M］//林鹏. 福建天宝岩自然保护区综合科学考察报告. 厦门：厦门大学出版社，87-130.

李振基，陈鹭真，林清贤，等. 2002. 武夷山自然保护区生物多样性研究：1. 小叶黄杨矮曲林物种多样性. 厦门：厦门大学学报（自然科学版）. 41（5）：574-578.

李振基，杨志伟，林鹏，等. 2003. 植被资源［M］//林鹏. 福建戴云山自然保护区综合科学考察报告. 厦门：厦门大学出版社，109-136.

李振基，陈鹭真，裴丽，等. 2003. 植被资源［M］//林鹏. 福建茫荡山自然保护区综合科学考察报告. 厦门：厦门大学出版社，120-153.

李振基，陈圣宾，魏博，等. 2003. 马銮湾植被及植物种类［M］//林鹏. 厦门马銮湾湿地及其生态重构示范区生态背景调查报告. 厦门：厦门大学出版社，19-35.

李振基，陈鹭真，魏博，等. 2004. 植被资源［M］//林鹏. 福建闽江源自然保护区综合科学考察报告. 厦门：厦门大学出版社，155-179.

李振基，叶文，徐新武，等. 2005. 植被资源［M］//林鹏，李振基，张健. 福建君子峰自然保护区综合科学考察报告. 厦门：厦门大学出版社，163-186.

李振基，林鹏，叶文，等. 2006. 武夷山脉南北维管束植物生物多样性流［J］. 自然科学进展，16（8）：959-964.

李振基，陈小麟，刘长明. 2010. 福建雄江黄楮林自然保护区综合科学考察报告［M］. 厦门：厦门大学出版社.

李振基，陈圣宾.2011.群落生态学［M］.北京：气象出版社.

李振基.2012.一个新的全球植被分类系统［M］//马克平.中国生物多样性保护与研究进展9.北京：气象出版社：220-228.

李振基，陈小麟，刘长明.2012.泰宁世界自然遗产地生物多样性研究［M］.北京：科学出版社.

李振基，金斌松，刘新锐，等.2014.福建汀江源自然保护区生物多样性研究［M］.北京：科学出版社.

李振基，陈小麟，刘长明，等.2015.福建峨嵋峰自然保护区生物多样性研究［M］.北京：科学出版社.

李振宇.1994.龙栖山植物［M］.北京：中国科学技术出版社.

连玉武，林鹏，张娆挺，等.1998.东山岛植被资源和物种多样性特征［J］.台湾海峡，17（3）：330-336.

连玉武，丘喜昭，张娆挺，等.1998.福建南亚热带雨林封禁30年的群落特征［J］.生态学报，18（5）：559-563.

连玉武，张宜辉，朱小龙，等.2000.福建南亚热带雨林物种多样性与群落演替趋势分析［J］.厦门大学学报（自然科学版），39（3）：392-399.

林鹏，丘喜昭，张娆挺.1984.福建沿海中部平潭、南日和湄洲三岛的植被［J］.植物生态学与地植物学丛刊，8（1）：74-80.

林鹏，丘喜昭.1985.福建省植被区划概要［J］.武夷科学，5：247-254.

林鹏.1961.福建境内亚热带雨林分布及其名称的商讨［J］.厦门大学学报（自然科学版），8（1）：24-34.

林鹏，丘喜昭.1986.福建三明瓦坑赤枝栲林［J］.植物生态学与地植物学学报，10（4）：241-253.

林鹏，丘喜昭.1987.福建南靖县和溪的亚热带雨林［J］.植物生态学与地植物学学报，11：161-169.

林鹏.1986.植物群落学［M］.上海：上海科学技术出版社.

林鹏.1990.福建植被［M］.福州：福建科学技术出版社.

林鹏.1997.中国红树林生态系［M］.北京：科学出版社.

林益明，杨志伟，李振基.2001.武夷山常绿林研究［M］.厦门：厦门大学出版社.

刘剑秋.2006.闽江河口湿地研究［M］.北京：科学出版社.

刘韵真.2018.福建丹霞地貌上常绿硬叶阔叶林的群落结构研究［D］.厦门：厦门大学.

马克平，黄建辉，于顺利，等.1995.北京东灵山地区植物群落多样性的研究：Ⅱ丰富度、均匀度和物种多样性指数［J］.生态学报，15（3）：268-277.

彭少麟.1996.南亚热带森林群落动态学［M］.北京：科学出版社.

祁承经.1990.湖南植被［M］.长沙：湖南科学技术出版社.

丘喜昭.1993.福建长泰县植被类型［J］.武夷科学，10：74-76.

丘喜昭.1994.福建甜槠林的地理分布特点［J］.厦门大学学报（自然科学版），33（3）：390-393.

丘喜昭，李振基.1998.关联分析用于福建植被区划［J］.厦门大学学报（自然科学版），37（2）：273-277.

丘喜昭，陈在荣.1999.福建永定县的常绿阔叶林［J］.武夷科学，15：68-71.

丘喜昭，林鹏.1986.闽北建溪流域常绿阔叶林的群落分析［J］.武夷科学，6：339-349.

丘喜昭，林鹏. 1987. 福建南亚热带的山地照叶林［J］. 武夷科学，7：318-326.

丘喜昭，林鹏. 1993. 闽西梅花山自然保护区植被［J］. 武夷科学，10：68-73.

丘喜昭，林鹏. 1989. 福建中亚热带常绿阔叶林壳斗科树种的水平分布特点［J］. 植物生态学与地植物学学报，13（1）：36-41.

裘晓雯. 2010. 万木林保护史及其对生态建设的启示［J］. 北京林业大学学报（社会科学报），9（2）：6-9.

宋永昌，张绅，王献溥，等. 1982. 浙江泰顺县乌岩岭常绿阔叶林的群落分析［J］. 植物生态学与地植物学丛刊，6（1）：14-35.

宋永昌. 1999. 中国东部森林植被带划分之我见［J］. 植物学报，41（5）：541-552.

宋永昌. 2001. 植被生态学［M］. 上海：华东师范大学出版社.

宋永昌. 2004. 中国常绿阔叶林分类试行方案［J］. 植物生态学报，28（4）：435-448.

孙书存，陈灵芝. 1999. 蒙古栎植冠的构型分析［J］. 植物生态学报，23（5）：433-440.

王伯荪，马曼杰. 1982. 鼎湖山自然保护区森林群落的演变［J］. 热带亚热带森林生态系统研究，1：142-156.

王伯荪，彭少麟. 1997. 植被生态学：群落与生态系统［M］. 北京：中国环境科学出版社.

王伯荪，张炜银，张军丽. 2001. 海南岛热带山地雨林种类组成的局域分布与垂直分布［J］. 应用生态学报，12（5）：641-647.

王伯荪. 1987. 植物群落学［M］. 北京：高等教育出版社.

王仁卿，藤原一绘，尤海梅. 2002. 森林植被恢复的理论和实践：用乡土树种重建当地森林——宫胁森林重建法介绍［J］. 植物生态学报，26（增刊）：133-139.

王仁卿，周光裕. 2000. 山东植被［M］. 济南：山东科学技术出版社.

王献溥，蒋高明. 2000. 广西常绿阔叶林的分类和地理分布研究［J］. 武汉植物学研究，18（3）：195-205.

王献溥. 1990. 广西亚热带山地针阔混交林的群落学特点［J］. 武汉植物学研究，8：243-253.

温远光，和太平，谭伟福. 2004. 广西热带和亚热带山地的植物多样性及其群落［M］. 北京：气象出版社.

吴建河，丘喜昭. 1995. 厦门海沧地区植被考察［J］. 武夷科学，12：152-156.

吴征镒. 1991. 中国种子植物属的分布区类型［J］. 云南植物研究，增刊Ⅳ：1-139.

吴征镒. 1980. 中国植被［M］. 北京：科学出版社.

吴中伦. 2000. 中国森林［M］. 北京：中国林业出版社.

向伟，李振基，龙寒，等. 2005. 不同群落类型的长苞铁杉林的根际微生物研究［J］. 厦门大学学报（自然科学版），44（增刊）：62-65.

肖纯华，丘喜昭. 1993. 福建安溪县常绿阔叶林群落分析［J］. 武夷科学，10：78-83.

许再富. 1994. 榕树——滇南热带雨林生态系统中的一类关键植物［J］. 生物多样性，2（1）：21-23.

杨钦周. 1990. 中国—喜马拉雅地区硬叶栎林的特点与分类［J］. 植物生态学报，14（3）：197-211.

杨小波，林英，梁淑群. 1994. 海南岛五指山的森林植被：Ⅰ. 五指山的森林植被类型［J］. 海南大学学报（自然科学版），12（3）：220-234.

叶万辉. 2000. 物种多样性与植物群落的维持机制［J］. 生物多样性，8（1）：17-24.

叶永忠，翁梅，杨修. 1995. 伏牛山栎类群落多样性研究［J］. 植物学通报，12（生态学专辑）：79-84.

云南大学生物系. 1980. 植物生态学［M］. 北京：人民教育出版社.

《云南植被》编写组. 1987. 云南植被［M］. 北京：科学出版社.

臧润国，蒋有绪. 1998. 热带树木构筑学研究概述［J］. 林业科学，34（5）：112-119.

臧润国，杨彦承，蒋有绪. 2001. 海南岛霸王岭热带山地雨林群落结构及树种多样性特征的研究［J］. 植物生态学报，25（3）：270-275.

臧润国，杨彦承，林瑞昌，等. 2003. 海南霸王岭热带山地雨林森林循环与群落特征研究［J］. 林业科学，39（5）：1-9.

张炳荣. 1982. 福建柏天然林组成结构与生长规律的调查［J］. 武夷科学，2：49-54.

张大勇. 2000. 理论生态学研究［M］. 北京：高等教育出版社.

郑凌峰，马涛，陈家宽. 2006. 中国自然保护重要历史文物——福建天宝岩禁碑的发现与科学价值［J］. 生态经济，（10）：36-39.

郑世佑，吴河流，张绍基，等. 1995. 福建宁化县的常绿阔叶林［J］. 武夷科学，12：162-166.

周淑荣，张大勇. 2006. 群落生态学的中性理论［J］. 植物生态学报，30（5）：868-877.

朱小龙，李振基. 2002. 南靖和溪南亚热带雨林林隙内树种更新初步研究［J］. 厦门大学学报（自然科学版），41（5）：589-595.

朱小龙，赖志华，黄承勇，等. 2008. 长苞铁杉幼苗在林窗不同位置的建立［J］. 广西植物，28（4）：473-477.

福建重要植被群系索引

（按首字拼音顺序排列）